清华大学测控技术与仪器系列教材

Fiber Optics and Technology Fundamentals

光纤光学与技术基础

闫 平 赵 莹 肖起榕 编著

Yan Ping Zhao Ying Xiao Qirong

清华大学出版社

北 京

内 容 简 介

本书从电磁理论出发，系统阐述了光纤中光线传输轨迹和波导模式特性，重点讨论了光纤波导的损耗、色散、双折射和非线性效应，深入剖析了特种光纤、光纤无源器件以及光纤激光器的工作原理和技术，并详细介绍了光纤系统的常用连接方法和纤上处理工艺。此外，本书还从光纤通信、光纤传感和高功率光纤激光光源等现代光纤系统出发，说明了光纤光学和技术在当今信息社会中的广泛应用和科技进步。

本书可作为高等院校测控技术与仪器、光电信息科学与工程、通信工程、纳米材料与技术等专业本科生的教材，也可供高校相关专业的师生及光纤通信、智能制造、精密仪器等领域的相关技术人员参考。

图书在版编目（CIP）数据

光纤光学与技术基础 / 闫平，赵莹，肖起榕编著. 北京 ：清华大学出版社，2024. 8. --（清华大学测控技术与仪器系列教材）. -- ISBN 978-7-302-67189-3

Ⅰ. TN25

中国国家版本馆 CIP 数据核字第 2024QT4591 号

责任编辑：王　欣　赵从棉
封面设计：傅瑞学
责任校对：欧　洋
责任印制：刘　菲

出版发行：清华大学出版社
网　　址：https://www.tup.com.cn，https://www.wqxuetang.com
地　　址：北京清华大学学研大厦 A 座　　**邮　　编**：100084
社 总 机：010-83470000　　**邮　　购**：010-62786544
投稿与读者服务：010-62776969，c-service@tup.tsinghua.edu.cn
质量反馈：010-62772015，zhiliang@tup.tsinghua.edu.cn
印 装 者：天津鑫丰华印务有限公司
经　　销：全国新华书店
开　　本：185mm×260mm　　**印　　张**：25.75　　**字　　数**：622 千字
版　　次：2024 年 8 月第 1 版　　**印　　次**：2024 年 8 月第1 次印刷
定　　价：78.00 元

产品编号：098967-01

前　言

光纤光学与物理光学、几何光学、信息光学一起构成了光学学科的四大分支，是光学理论体系的重要组成部分。光纤光学是研究光导纤维的光学特性及其应用的一门学科。光纤光学这一名称出现于20世纪50年代，随着激光技术、半导体技术、微电子技术、光纤制作技术的迅速发展，尤其是光纤通信、光纤传感和激光应用的牵引，光纤光学得到了迅速发展，内涵越来越丰富，相应的光纤技术更是日新月异，精彩纷呈。光纤光学在通信、医疗、军事、科学研究等诸多领域有着广泛的应用并不断发挥着巨大的作用。

本书详细介绍了光纤光学的基础知识和先进技术，帮助读者建立完善的光纤光学知识体系，为全面掌握光纤光学及其技术打下坚实的基础。我们期待本书能够对读者学习和研究光纤光学产生积极的影响，并希望读者能够在本书的帮助下探索光纤光学的奥秘，拓展光纤光学的应用。

本教材是作者在近十年教学工作经验的基础上，结合长期科研工作成果编著完成的。本书在编写中突出基本概念，注重理论和实际应用的结合、基础知识与最新发展的结合、课堂教学与课外实践的结合，力求反映最新成果，确保系统性与完整性。使读者在掌握扎实理论基础的同时，了解最新的研究方法和实际应用技术。本书具有如下特色：

（1）重视基础，内容完备。注重全书的逻辑性和严谨性，物理概念和物理过程阐述准确、清晰、透彻；系统介绍光纤理论、方法、技术、应用四方面的内容，涵盖不同范围的拓展知识单元，满足多层面教学的需求。

（2）吐故纳新、与时俱进。紧跟光电子技术和适应性教学改革的发展，注重反映本学科领域的最新成果和研究方向，引入前沿技术、高端/高精技术以及应用技术等近期发展的新内容。

（3）拓宽专业基础，加强实践环节。适当拓宽专业基础知识的范围，以增强教学的适应性；注重实践环节的设置，以促进学生的实际动手能力和创新能力的发展，增强收获感。

（4）注重立体化建设。内容深入浅出，章节后不仅配以习题，还设置了课程实践、课后拓展等环节，其中课程实践安排了软件分析、光纤器件和系统设计以及光纤参数测试实验等特色内容，这使教材更加易学，从而提升学生的学习热情和兴趣。

全书共分8章，第1章简要介绍了光纤的结构、基本表征和制备方法；第2章系统阐述了光纤传输的基本理论和特点，从几何光学和波动光学理论出发，建立了光纤的光线方程和波导场方程以及非正规光波导的模耦合方程，揭示了阶跃型折射率光纤和变折射率光纤的光线传输特性和波导模式特性；第 3 章对光纤的四大特性——光纤的损耗、色散和双折射以及非线性效应的成因和规律进行了说明。前三章是光纤光学的核心内容，为了让读者更好地理解其中的物理图像，而不必过于拘泥于数学推导过程，本书对公式的数学推导过程从略处理，以突出物理意义的阐述。第 4 章介绍了光纤系统的连接与纤上工艺；第 5 章介绍了常用的特种光纤性能及其发展趋势；第 6 章介绍了各种光纤无源器件；第 7 章介绍了光纤激光器基础和基本设计方法。第 4～7 章是光纤技术的核心内容，全面介绍了光纤系统中核心无源和有源光纤器件的原理和性能，特种光纤性能和纤上工艺，使读者具备开展光纤系统研究的能力。第 8 章以光纤通信、光纤传感和高功率光纤激光光源三种典型系统应用为背景，介绍了光纤光学与技术在通信、传感以及智能制造领域中的应用原理和行业发展水平，展现了国民经济各行各业对光纤光学与技术的旺盛需求，以及光纤光学核心技术发展的可观前景。

在本书的编写过程中，许多教师及研究生提出了宝贵意见。在此特别感谢华中科技大学武汉光电国家研究中心邢颖滨副研究员对第 1 章和第 5 章进行的修改和审核、北京理工大学光电学院冯泽心副教授对第 4 章光束变换进行的修改和审核，感谢清华大学精密仪器系光纤技术团队巩马理教授、李丹副研究员以及博士研究生吴与伦、符国浩、王乐乐、何田田、阳优司和蔡越轩等对教材编写工作的大力帮助和支持。

由于作者水平有限，书中难免存在疏漏之处，热切欢迎读者批评指正。

编著者

2024 年 2 月于清华园

目　录

第1章 光纤结构与基本表征

伴随着激光技术和光电子技术在应用领域的突破，光纤光学与光纤技术迅速发展起来，成为了高新技术领域的一个重要分支。光纤全称光导纤维，光纤及光纤技术在光纤传像、光纤照明与能量传输、光信号控制，特别是光纤通信、光纤传感、激光光源等民用与军用重要领域得到广泛应用，在信息科学和光子光学技术领域展现出强大的生命力以及广阔的应用前景。

本章通过介绍光纤光学的发展历史以及光纤技术的典型应用，展现光纤光学丰富的内涵，以及光纤技术对国民经济和人民生活的深刻影响。同时，通过介绍光纤的基本结构、光纤特征参数和光纤制备方法，建立学习光纤光学的基本概念，为后续章节的学习打下基础。

本章重点内容：

(1) 了解光纤光学发展史。

(2) 了解光纤通信、光纤传感和光纤激光光源的发展趋势及在国民经济中的作用。

(3) 掌握光纤的结构和分类。

(4) 理解并掌握光纤特征参数的概念。

(5) 了解光纤的制备过程。

1.1 引　　言

光纤光学是以光纤为研究基础的一门科学。光纤光学是光子学中"信息光子学"的重要分支，也是一门覆盖面很广的学科：从光子源到传输链路，从信号放大到逻辑控制，从单元器件(无源或有源)到整个网络(骨干网或接入网)，从通信应用到传感检测，几乎与光相关的领域都可以找到光纤的影子。

1.1.1 光纤光学发展史

光纤光学的起源最早可以追溯到19世纪70年代，英国物理学家Joan Tyndall用实验验证了光可以在弯曲的水流中传播。该发现证明了光波的全内反射现象的存在，为光纤的发明奠定了理论基础。

1951年，研究人员设计出第一个光导纤维镜，它可以用于传输人体内部器官的图像。1953年，在伦敦皇家科学技术学院工作的Narinder S. Kapany开发出了用不同光学玻璃作芯和包层的光导纤维，这也就诞生了今天所用光纤的结构，"光纤"这个名词就是Kapany给出的。但是，如果光纤要成为光导设备，必须能实现长距离传输，就有一个新的问题需要解决，即光衰减（随着光的传输，光的能量减小的现象）。

1966 年，高锟博士在他的著名论文《光频率介质纤维表面波导》中首次明确提出，通过改进制备工艺，减少原材料杂质，可使石英光纤的损耗大幅下降，并有可能拉制出损耗低于 20dB/km 的光纤，从而使光纤可用于通信。1970 年，康宁公司的 Rober Maurer、Donald Keck 和 Peter Schult 根据高锟博士的理论，首次采用化学气相沉积（chemical vapor deposition，CVD）工艺拉制出损耗小于 20dB/km 的光纤。1973 年，美国贝尔实验室拉制的光纤的损耗降低到 2.5dB/km。1974 年，贝尔实验室将光纤损耗进一步降低到 1.1dB/km。1990 年，光纤的损耗已下降到 0.14dB/km，这时的低损光纤的损耗已经接近石英光纤的理论衰减极限值 0.1dB/km。

在应用方面，1978 年，加拿大的 K. Hill 博士首次将光学反射镜以及滤波器写入光纤，开拓了光纤光栅的研究与应用。1980 年，贝尔实验室首次在光纤中观察到了脉宽为 7ps 的光孤子，并提出将光纤中的光孤子用作传递信息的载体，构建一种新的光纤通信系统方案，该方案称为光孤子通信。20 世纪 80 年代末期，波长为 1.55μm 的掺铒光纤放大器被研制成功并投入使用，将光纤通信的波段移到光纤最低的损耗窗口，成为光纤通信发展史上另一个重要的里程碑。到 20 世纪 90 年代初，光纤通信容量扩大了 50 倍，速率达到 2.5Gb/s。至 2019 年，全球铺设的海底光缆的总长度已经超过 140 万 km，全部连起来可以绕地球 35 圈。到 2021 年，国际带宽使用量超过 2500Tb/s。

光纤通信技术从最初的低速传输发展到现在的高速传输，已成为支撑信息社会的骨干技术之一，并形成了一个庞大的学科与社会领域。今后，随着社会对信息传递需求的不断增加，光纤通信系统及网络技术将向超大容量、智能化、集成化的方向演变，在提升传输性能的同时不断降低成本，为服务民生、助力构建信息社会发挥重要作用。

根据 CRU（英国国家大气科学中心）披露的数据，2010—2018 年，全球光纤产量增长显著，2017 年，全球光纤产量为 5.34 亿芯千米，同比增长 13.38%。2023 年，全年全球光纤光缆需求量将达到 6.5 亿芯千米，同比增长 7.8%。受益于光纤光缆需求的迅速增长，全球光棒行业发展同样迅猛，目前光纤预制棒在全球范围内供不应求，这推动了光纤预制棒扩产项目的进行。2012 年，全世界光纤预制棒产量约 9000t，2020 年，受到疫情影响，产量略有下降。2021 年，增长到约 2 万 t，其中约 1.5 万 t 来源于亚洲和大洋洲。

中国光纤预制棒产量如图 1.1.1 所示，中国光棒行业产能从 2014 年的 4271t 增长到了 2021 年的 13 373t，2022 年，我国光纤预制棒产量为 13 500t，同比增长 0.95%；2023 年产量约为 13 710t。随着 5G 网络建设的加快，光纤预制棒的需求将继续上升，预计 2024 年产量将达到 13 860t。

由于实际应用需求的牵引以及光纤技术的快速发展，光纤光学发展非常迅速，形成了众多研究领域和发展方向，按照不同的分类方法，可以归纳为：

（1）从光纤波导来分，光纤可以分为普通光纤、特种光纤、光子晶体光纤和微纳光纤。近些年的研究热点也逐步深入到微纳尺度，以及与光子动力学有关的领域。

（2）从技术层次上分，光纤技术可以分为光纤光缆、光纤器件、功能模块、光纤系统和光纤网络等。光纤网络包括了全光纤光子集成系统的研究，即基于全光纤化完成多路超高速光信息的发生、发射、传输、中继与分插接收等全部通信功能。

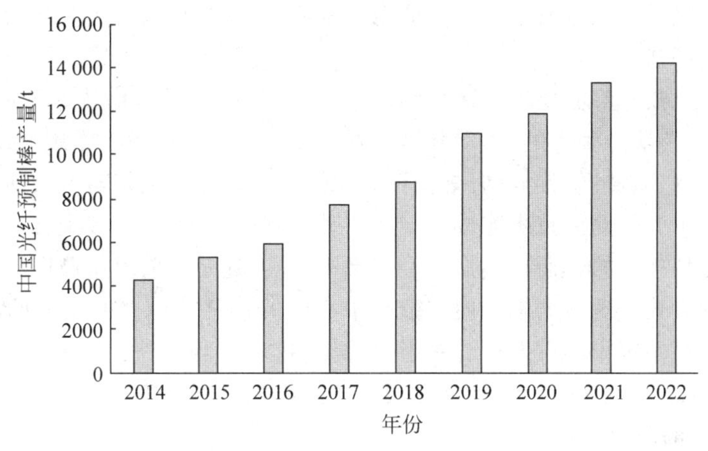

图 1.1.1　2014—2022 年中国光纤预制棒产量

(3) 从应用上分，光纤系统可以分为光纤光子源、光信息处理、光纤通信、光纤传感、微波光子学和光纤医学(或生物光子学)等。

1.1.2　光纤技术的应用

光纤技术已经渗透到国民经济和日常生活的各个方面，特别是在光纤通信、光纤传感和光纤光源三大领域取得了突破性的成就，深刻影响着社会的进步和人民生活质量的提高。光纤通信是用激光作为信息的载体，以光纤作为传输介质的一种高速实时通信方式。光纤传感以光纤作为信息传感和导光元件或二者兼备，以激光作为信息的载体，利用外界物理量变化直接或间接地改变光纤中光场振幅、相位、频率、偏振态或波长等参量的方式，实现对外界物理信息的精确快速感知。而光纤光源一般是指利用掺杂光纤作为增益介质实现的耐用高性能激光光源。接下来将分别介绍光纤通信、光纤传感和光纤激光光源系统，并重点阐述光纤光学原理和技术在其中的核心作用以及这些重要光纤系统的发展情况。

1. 光纤通信

光纤通信是利用光波在光纤中传递信息的一种通信方式，属于有线通信的一种。光波经过调制(modulation)后便能携带信息。

光纤通信具有传输容量大、保密性好、抗干扰等许多优点。光纤通信现已成为最主要的有线通信方式。光纤通信系统的工作过程为：在发送端将需发送的信息输入发送机，将信息叠加或调制到作为信号载体的载波上，然后将已调制的载波通过光纤发送到远处的接收端，由接收机解调出原来的信息。根据信号调制方式的不同，光纤通信可以分为数字光纤通信和模拟光纤通信。

在过去的 30 年，互联网上每秒传送的比特量每 16 个月翻一番，骨干网光纤的传输带宽每 9～12 个月翻一番，连接带宽呈现出 Gb/s→Tb/s→Pb/s→Eb/s→Zb/s 的指数型增长趋势。作为网络信息传输基石的光纤通信网络，承载了全球 90% 以上的数据传输任务。其传输容量从 8Mb/s 到 96 100Gb/s，提升了约 1200 万倍；传输距离从 10km 到 3000km，扩展了 300 倍；电交叉容量从 64Mb 到 64Tb，提高了 100 万倍；在器件成本方面，1550nm 光模块的成本从 2 万元降到 100 元，降低为原来的 1/200。《科学美国人》杂志曾评价：光纤通信是第二次世界大战以来最有意义的四大发明之一，如果没有光纤通信，就不会有今天的互联网和通信网络。

当前各类信息技术都需要依靠通信网络来传递信息，光纤通信技术可以连接至各类通信网络，构成信息传输过程中的"大动脉"，并在信息传输中发挥重要作用。现代通信网络架构主要包括核心网、城域网、接入网、蜂窝网、局域网、数据中心网络与卫星网络等，不同网络之间的连接都可由光纤通信技术完成。如在移动蜂窝网中，基站连接到城域网、核心网的部分都是由光纤通信构成的。而在数据中心网络中，光互连是当前应用最广泛的一种方式，即采用光纤通信的方式实现数据中心内与数据中心间的信息传递。由此可见，光纤通信技术在现在的通信网络系统中不仅发挥着主干道的作用，还充当了诸多关键的支线道路的作用。可以说，由光纤通信技术构筑的光纤传送网是其他业务网络的基础承载网络。

1）光纤通信的演变历程

从 1960 年美国科学家希奥多·哈罗德·梅曼(Theodore Harold Maiman)发明第一台红宝石激光器解决了光源问题开始，人类逐步揭开了光纤通信的神秘面纱；1966 年，华裔科学家高锟提出了光导纤维作为信息传输介质的可行性；1970 年，美国康宁公司(Corning Incorporated)拉制出了第一根衰减为 20dB/km 的低损耗石英光纤；与此同时，美国贝尔实验室(Alcatel-Lucent Bell Labs)成功研制出室温下连续工作的双异质结半导体激光器。光纤和激光器的结合促使光纤通信技术从实验室研究进入到实用化工程应用，开启了人类通信史的新篇章。此后 50 年中，不断引入的新技术推动着光纤通信系统传输容量的持续提升，传输容量呈现每 10 年 1000 倍的爆炸式增长，发展速度前所未有，其历程可大致分为 4 个主要时代，相关技术发展历程如图 1.1.2 所示。

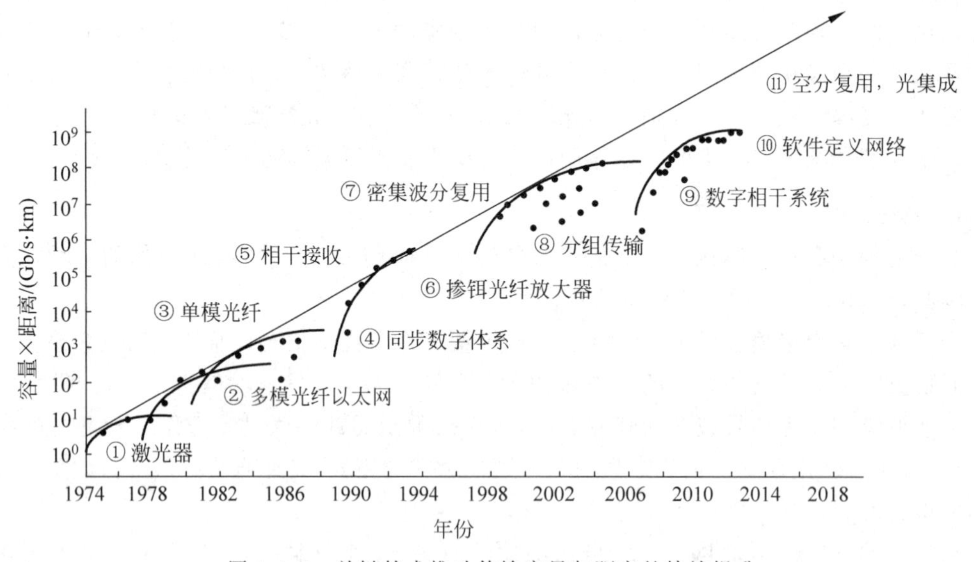

图 1.1.2　关键技术推动传输容量与距离的持续提升

第 1 个时代是逐段光电再生系统(1977—1995)。早期跨段式光电再生传输系统的容量取决于收发器的接口速率，无论是在商用系统还是实验研究中，接口速率的增长都非常缓慢。图 1.1.3(a)显示了商用系统中的接口速率大约每年提升 20%，而实验研究中的接口速率增长更慢，每年约为 14%。在这期间，主要采用时分复用(TDM)技术推动传输容量的提升，从多模光纤到单模光纤，再到同步数字体系(SDH)，系统容量约以每年 0.5dB 的速率增长。

第 2 个时代是放大的色散管理系统(1995—2008)。实用型掺铒光纤放大器(erbium-doped fiber amplifier，EDFA)的发明堪称光纤通信史上的一个里程碑，它使得直接进行光中继的长距离高速传输成为可能，并促成波分复用(wavelength division multiplexing，WDM)系统的诞生。20 世纪 90 年代初，几项与 EDFA 中光纤非线性管理相关的核心发明，使得商用 WDM 系统容量从 20 世纪 90 年代中期到 21 世纪初以每年 100% 的速率显著增长，实验研究的增长速率比商用系统慢，为每年 78%，如图 1.1.3(a)所示。WDM 技术结合 EDFA 技术开启了光纤通信的新纪元，通过增加传输的信道数，传输容量呈现爆炸性增长，如图 1.1.3(b)所示。

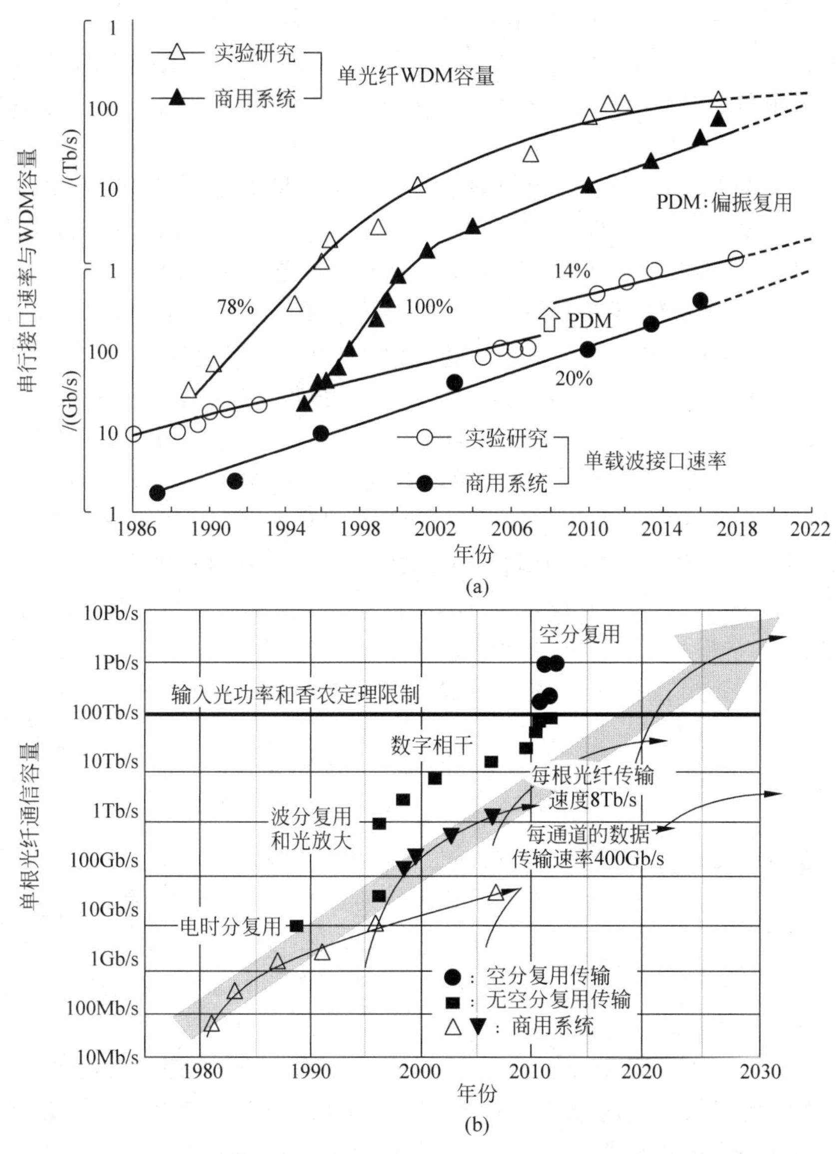

图 1.1.3 单载波接口速率和 WDM 容量，以及单根光纤通信容量

(a) 单载波接口速率和 WDM 容量；(b) 单根光纤通信容量演变图

第 3 个时代是放大的数字相干系统(2008—2014)：数字相干接收技术的引入，使得基本被占满的频谱资源得到更好的利用，系统谱效率(spectral efficiency，SE)进一步提升，WDM 的传输容量持续突破，单信道 Tb/s 级传输系统陆续出现，WDM 传输系统容量持续增长至单纤 100Tb/s 左右。到 2020 年 6 月，两家美国电信公司创造了光纤传输距离的新纪录，开发和维护了一根 730km 的光纤线路，传输速率达到了 800Gb/s；2020 年 8 月，来自英国伦敦大学学院的工程师刷新了一项通过单根光纤传输数据的新纪录，在 40km 距离上传输速度达到了 178Tb/s，比原纪录高 20%。

第 4 个时代是空分复用系统(2014 年至未来)。单模单纤 WDM 光传输系统容量提升受限于现有技术，光的幅度、时间/频率、正交相位和偏振 4 个物理维度已通过高阶调制格式、数字相干接收、偏振复用、频分复用等光传输技术被利用到接近极限。引入空间这一个还没有被利用的维度参数被认为是当前和今后一段时间内超大容量光传输的主要发展方向之一。模式复用和多芯复用等空分复用技术的相继出现，将使得光纤通信系统容量达到 Pb/s 量级或更高，如图 1.1.3(b)所示。

2020 年，日本国立信息技术与情报通信研究机构在世界光通信大会上报道了基于 38 芯 3 模的多芯少模光纤，结合 C+L 波段的波分复用技术，实现了高达 10.66Pb/s 的空分复用光传输世界纪录；2021 年，日本的科学家实现了四芯光缆在 3001km 的距离以 319Tb/s 的速率传输数据，该团队使用了最新的放大技术(掺杂稀土元素，如铥，铒)，以及分布式拉曼放大技术，其跨越了 S、C 和 L 三个信号波段；2022 年 10 月，丹麦技术大学和瑞典哥德堡查尔姆斯理工大学的研究人员使用单个激光器和单个光学芯片实现了超过 1Pb/s 的数据速率，团队使用一个光源在 37 芯、7.9km 长的光纤上成功实现了 1.84Pb/s 的传输速率。

在国内，2019 年，中国信息通信科技集团利用自主研制的 19 芯单模多芯光纤实现了 1.06Pb/s 相干光 DFT-S(多频带离散傅里叶变换扩频)OFDM(正交频分复用)16QAM(正交幅度调制)大容量光传输，成为中国首个超 1Pb/s 的空分复用光传输系统。2021 年我国启动粤港澳大湾区超级光网络建设，总长度超过 160km，连接广州和深圳，正在打造目前世界上距离最长、容量最大的空分复用光通信"超级高速公路"，采用了自主研制的高性能 7 芯光纤光缆，2022 年中期阶段敷设的竣工，标志着我国多芯光纤向商业化迈上了新台阶。

2) 光纤通信的优势

从 20 世纪 70 年代初到现在，光纤通信技术能够得到迅速的发展，主要是由于它具有以下几点优势：

(1) 传输频带宽，通信容量大。通信容量和载波频率成正比，通过提高载波频率，可以达到扩大通信容量的目的。光波的频率要比无线通信的频率高很多，因此其通信容量也要大很多。光纤通信的工作频率为 $10^{12} \sim 10^{16}$ Hz，假设一个话路的频带为 4kHz，则在一对光纤上可传输 10 亿路以上的电话。目前采用的单模光纤的带宽极宽，因此用单模光纤传输光载频信号可获得极大的通信容量。

(2) 传输损耗小，中继距离长。传输距离和线路上的传输损耗成反比，即传输损耗越小，则无中继距离越长。目前，SiO_2 光纤线路工作在 1.55μm 波长时，传输损耗可低于 0.2dB/km，系统最大中继距离可达 200km；在采用光放大器实现中继放大的系统中，无电再生(不通过电子设备进行中继放大，无须将光信号转换为电信号再转换为光信号)最大中继距离可达 600km 以上。这样，在保证传输质量的前提下，长途干线上无电中继的距离越长，则中继站的数目可以越少，这对于提高通信的可靠性和稳定性具有非常重要的意义。

（3）抗电磁干扰的能力强。光纤是绝缘体材料，无电磁干扰。它不受自然界的雷电干扰、电离层的变化和太阳黑子活动的干扰，也不受高压设备等工业电器的干扰。此外，它可以与高压输电线平行架设或与电力导体复合构成复合光缆，如电力通信光缆、铁道通信光缆等。

（4）无串音干扰，保密性好。光波在光缆中传输时很难从光纤中泄漏出来，即使在转弯处，弯曲半径很小时漏出的光波也十分微弱，若在光纤或光缆的表面涂上一层消光剂，效果会更好。这样，即使光缆内光纤总数很多，也可实现无串音干扰，在光缆外面也无法窃听到光纤中传输的信息。

此外，光纤纤芯细、重量轻，而且制作光纤的原材料很丰富。

由于光纤通信具有以上优越性，因此发展速度非常快，在信息社会中光纤通信占有非常重要的地位。

3）提升光纤通信系统容量的关键技术

在早期光纤通信中，为了能传输多个信道的信号，常常依靠增加光纤数量来达到增加传输容量的目的。可这种方式会造成光纤带宽的浪费，同时使得维护成本大大增加。为了进一步提升光纤通信系统容量，需要从频率、时间、正交、偏振和空间5个物理维度努力（见图1.1.4），各种复用技术应运而生。常见的复用技术有光波分复用技术、时分复用技术、正交幅度调制技术、偏分复用技术以及空分复用技术等。

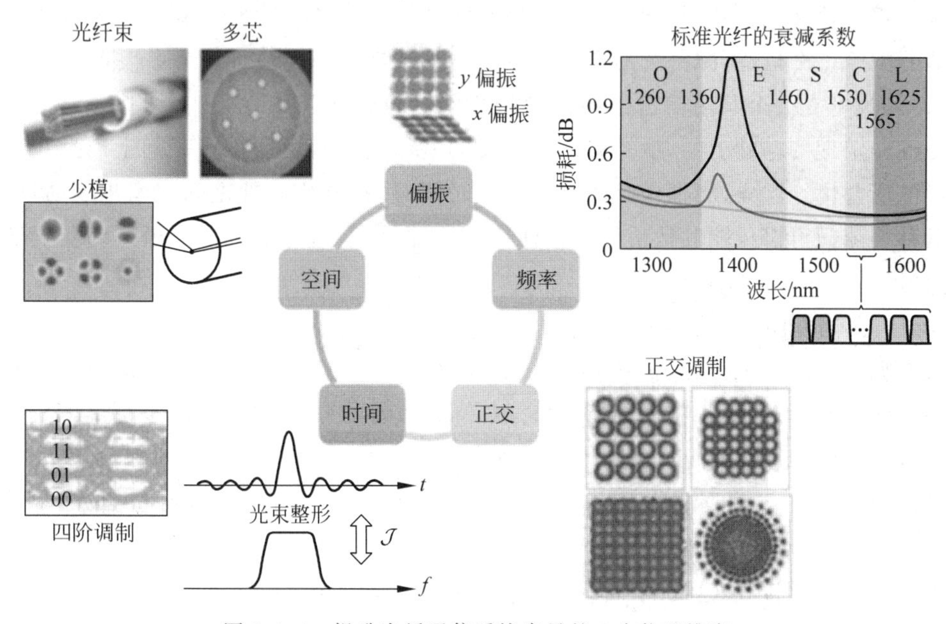

图1.1.4　提升光纤通信系统容量的5个物理维度

（1）光波分复用技术（WDM技术）

光波分复用（wavelength division multiplexing，WDM）技术是指利用光波长划分技术，将两种或多种不同波长的光载波信号（携带各种信息）在发送端经复用器汇合在一起，并耦合到光线路的同一根光纤中进行传输的技术。在接收端，经过解复用器（demultiplexer）将各种波长的光载波分离，然后由光接收机做进一步处理以恢复原信号。光波分复用技术具有大容量、高速率和易扩展等优点，被认为是光纤通信技术的一次伟大革新。

根据波长间隔的疏密，波分复用可以分为密集波分复用(dense wavelength division multiplexing，DWDM)和稀疏波分复用(coarse wavelength division multiplexing，CWDM)。CWDM的波道间隔是20nm，波道数支持最大16个。DWDM的波道间隔为0.4nm或0.8nm左右。一般我们用的40波系统就是采用C波段波道间隔0.8nm，而80波系统一般采用C波段波道间隔缩小一半，即0.4nm，这时可容纳波道数量增加一倍。在80波不能满足容量要求的时候可以使用L波段。根据ITU-T(国际电联电信标准组织)G.692建议，WDM中心波长的偏差不超过信道间隔±20%。

(2) 时分复用技术(TDM技术)

时分复用(time division multiplexing，TDM)技术是指在同一个信道上利用不同的时隙来传递多路光脉冲信号(语音、数据或图像)；在接收端再用同步技术，将各个时间段内的信号提取出来还原成原始信号的通信技术。

时分复用技术将多个通道的数字信息(低速率)以时间分割的方式插入同一个物理信道。复用之后的数字信息成为高速率的数字流，数字流由帧组成。帧定义了信道上的时间区域，在这个区域内信号以一定的格式传送。时分复用必须采取同步技术来使远距离的接收端能够识别和恢复这种帧结构。例如发送端在每帧开始的时候发送一个特殊的码组，而接收端利用检测这个特征码组来进行帧定位。特征码组(或称帧定位码组)按一定的周期重复出现。每一帧又包含若干个时间区域，该时间区域称为时隙(TS)。每个时隙在通信时被严格地分配给一个信道，即每个信道的数字信息是严格相等且时间上保持严格的同步关系。

TDM技术在一个共用信道上各路信号之间的传输相互独立，互不干扰。时分复用是建立在抽样定理的基础上的，抽样定理使连续的基带信号有可能被在时间上离散出现的抽样脉冲值所替代。这样，当抽样脉冲占据较短时间时，在抽样脉冲之间就留出了时间空隙，利用这种空隙便可以传输其他信号的抽样值。因此，就有可能沿一条信道同时传送若干个基带信号。

(3) 正交幅度调制技术(QAM技术)

正交幅度调制(quadrature amplitude modulation，QAM)技术是将调幅和调相相结合的调制方法，相比传统的相位调制信号(PSK)和幅度键控信号(ASK)具有更高的信息容量和频谱效率，特别是以8QAM(调制格式中有8个不同的符号)和16QAM(调制格式中有16个不同的符号)为代表的偏分复用信号被认为是用来承载下一代100G甚至400G网络中的标准信号格式之一。在长距离相干光通信系统中，8QAM和16QAM信号可以通过相干检测的方式进行有效接收，这有利于降低信息远距离传输的每比特成本。

(4) 偏分复用技术(PDM技术)

偏分复用(polarization division multiplexing，PDM)技术是指将传输波长的两个独立且相互正交的偏振态作为独立信道来分别传输两路信号，从而实现频谱利用率加倍(即系统带宽容量加倍)，达到节约光纤资源的目的。

需要注意的是，在光纤通信系统中，光信号的偏振特性具有两面性：一方面可以使光纤通信系统受益，例如偏分复用技术使光纤通信系统传输容量加倍；另一方面，一些偏振效应又可以使在光纤中传输的光信号产生损伤，例如随机偏振旋转、偏振模色散、偏振相关损耗等均会使光纤通信系统产生误码。因此,对光纤中偏振效应的研究是十分必要的。

(5) 空分复用技术(SDM 技术)

空分复用(space division multiplexing,SDM)技术顾名思义是指通过增加纤芯或模式的空间利用率来进一步增加光纤的通信容量。随着云计算、大数据、工业互联网、5G 无线等新一代信息技术的快速发展,全球互联网数据持续迅猛增长。光纤通信网络承载着全球互联网 90%以上的数据传输流量,数据流量的激增对光纤通信网络造成了容量危机。通过扩展光纤的传输带宽,采用时分、波分、偏振复用和高阶调制等先进的通信技术,单模单芯光纤的传输容量已实现了高达 100Tb/s 的传输容量,但受到光纤非线性效应、放大器带宽和光纤熔断现象的限制,单芯光纤的容量已逼近香农传输极限。如何进一步挖掘光纤的传输容量潜力,是光纤通信技术研究领域的核心问题。

在各种突破单模光纤理论极限的新型传输技术中,空分复用技术有望从根本上避开单芯光纤的容量瓶颈,是未来宽带光通信网络的必由之路。空分复用是利用空间维度,将不同信道的信号通过空间维度进行复用并同时传输,通过在"同一条信息高速公路"中增加"车道",光纤的传输容量随着纤芯或"车道"数量的增长而成倍增加,并同时能够兼容传统的复用及高阶调制技术,进而解决单芯光纤遇到的容量危机。

目前,空分复用技术的实现方式主要包括多芯光纤(multi-core fiber,MCF),少模光纤(few mode fiber,FMF) 及少模多芯光纤(few mode multi-core fiber,FM-MCF)。空分复用技术通过利用多个平行空间信道,能够成倍提升系统传输容量,在容量提升空间上具有其他技术无法比拟的优势,适用于数据中心等空间敏感的应用场景。在空分复用技术的支持下,未来光纤通信容量将由 Tb/s 级向 Pb/s 级,甚至 Eb/s、Zb/s 级演变。

2. 光纤传感

光纤传感的发展始于 20 世纪 70 年代,是光电技术发展最活跃的分支之一。光纤传感技术以光纤作为信息传感和传输的介质,以激光作为信息的载体,利用外界物理量变化直接或间接地改变光纤中光场的振幅、相位、频率、偏振态或波长等参量的方式,实现对外界物理信息的精确快速感知。

光纤传感技术以抗电磁干扰、耐腐蚀、易集成、本质安全、精度高、绝缘等优势,被人们关注并广泛研究。目前,光纤传感技术主要分为分布式光纤传感和点式光纤传感两大类。分布式光纤传感主流技术包括基于拉曼散射的分布式光纤测温(DTS),基于布里渊散射的分布式温度和应变监测(BOTDA、BOTDR),基于瑞利散射效应的分布式光纤振动监测(Φ-OTDR、COTDR)和光频域反射计(OFDR),基于迈克耳孙(Michelson)、马赫-曾德尔(Mach-Zehnder,M-Z)、塞格纳克(Sagnac)干涉原理的分布式振动监测等;点式光纤传感主流技术包括光纤光栅(FBG)、荧光光纤、F-P 腔传感器等。光纤传感技术可以检测的物理量包括温度、压力、流量、位移、振动、转动、弯曲、液位、速度、加速度、声场、电流、电压、磁场量及辐射等。

分布式光纤传感技术主要是基于光纤内的瑞利散射、拉曼散射、布里渊散射效应以及双路或环路干涉原理。根据国内外当前光纤传感公司的产品与工程应用成熟情况的调研分析,目前的主要技术情况如表 1.1.1 所示。分布式光纤传感因其特有的长距离监测、工程施工便宜、精度高等特点,在大型长距离工程项目中应用优势明显。

表 1.1.1 分布式光纤传感的主要技术情况

技 术 名 称	技 术 原 理	关键指标(当前)	物理量
DTS 测温	拉曼散射	最高精度为±0.5℃,测温范围为−190～700℃,定位精度为 0.5m,最大监测距离为 30km	温度
防区型光纤振动	Michelson、Mach-Zehnder、Sagnac 干涉原理	单防区最大探测距离为 2km,误报、漏报指标有待考核	振动
定位型光纤振动(Φ-OTDR、COTDR)	瑞利散射	监测距离为 120km,定位精度为 50m,误报、漏报指标有待考核	振动
DOTDA/BOTDR	布里渊散射	监测距离为 60km(环路 120km),定位精度为 0.5m,温度范围为−190～700℃,温度精度为 0.5℃,应变范围为−4000～6000με,应变精度为±20με	温度、应变
光频域反射计(OFDR)	瑞利散射	最大监测距离为 3km,最高定位精度为 0.5mm,温度范围为−50～300℃,温度精度为±0.2℃,应变范围为±13 000με,应变精度为±2με	温度、应变

点式光纤传感技术主要是基于波长调制的光纤光栅(FBG)、基于荧光效应的光纤荧光测温、基于 F-P 腔干涉原理的系列传感器。根据国内外当前光纤传感公司的产品与工程应用成熟情况的调研分析,目前的主要技术情况如表 1.1.2 所示。

表 1.1.2 点式光纤传感的主要技术情况

技 术 名 称	技 术 原 理	关 键 指 标	物 理 量
光纤光栅	光纤周期折射率变化	波长范围为 1510～1590nm 或 1525～1565nm,波长分辨率为 0.5pm,最大扫描频率为 5kHz	温度、应变、压力、位移、电磁场等
光纤荧光	荧光效应	测温范围为−40～200℃,测温精度为±1℃	温度
F-P 腔传感器	光的干涉	温度精度为 0.1℃,压力精度为 3psi,测压范围为 0～20 000psi	温度、压强、液位

注: 1psi=6.895kPa。

光纤传感技术以其特有的优势在军事、国防、航天航空、交通运输、工矿企业、能源环保、工业控制、医药卫生、计量测试、建筑、家用电器等众多领域有着广泛的应用前景。为了适应社会发展的需求,小型化、多功能、高性能、低成本的光纤传感技术成为社会发展的必然趋势。

3. 光纤激光光源

激光器作为性能独特的能量光源,是 20 世纪的重大发明之一。1998 年,随着双包层光纤概念的提出和包层泵浦技术的发展,光纤激光器输出能力大幅提升,从此揭开了高能光纤激光光源的新篇章。光纤激光器凭借电光转换效率高、光束质量好、散热性好、性能稳定、结构紧凑、性价比高等优点,广泛应用于工业加工、科学研究等领域,并已成为激光技术发展主流方向和激光产业应用主力军,同时也是世界各大国竞相发展的科技与战略要地。

光纤激光光源在很多方面优于传统的激光光源(如 CO_2 激光器、棒状或板条固体激光器),这主要体现在以下几个方面: 其一,在激光增益过程中,光纤的波导结构使得不符合波导模式的光场被不断剔除(边生长边“修剪”),因而最终输出激光的光束质量更易于受控,更容易获得高光束质量的激光；其二,在光纤中,激光增益过程发生的区域到光纤外表面的距离(通常在百微米量级)比固体中的对应距离(可达毫米、厘米量级)要短很多,这样在施加了合理的散热装置后光纤更容易将内部积累的热量导出,对于会产生大量废热的高能激光而言这是非常有利的,利于高功率光纤激光器长期稳定运行,可靠性高；其三,光纤本身具有柔性的外形,可以根据需要对其进行弯曲盘绕,这极大地提升了激光器内部结构的灵活性,同时光纤激光光源的外光路可以很方便地被调整和改变,从而实现对复杂形状的加工；其四,光纤激光器可以实现全光纤化,即在谐振腔部分无需透镜等空间光耦合系统,更利于缩小系统体积,实现紧凑、轻量的整体系统。

在智能制造大时代,被誉为“最快的刀、最准的尺、最亮的光”的光纤激光及其制造行业迎来新机遇。2023 年中国激光产业发展报告数据显示,中国工业激光器市场中,光纤激光器占比已经高达 69%,成为激光器主流。在《中国制造 2025》行动纲领和激光行业十四五发展规划引领下,新能源车、动力电池、显示面板、消费电子等领域的需求旺盛,光纤激光器光源应用前景可观。

高功率光纤激光加工装备具有优良的性能和灵活的场景适用性,可以应用于激光切割(laser cutting)、激光打孔(laser perforation)、激光打标(laser marking)(在物体表面上烙印标记)、激光雕刻(laser carving)、激光焊接(laser welding)、激光烧结(laser sintering)、激光 3D 打印(laser 3D printing)、激光清洗(laser cleaning)、激光去毛刺、激光去油墨(手机等微电子产品制造中的工序)、光熔覆(laser cladding)、激光硬化(laser hardening)等制造过程中。光纤激光切割金属板和焊接的工作场景如图 1.1.5 所示。以激光清洗为例,其细分应用如表 1.1.3 所示,可以服务于新能源动力电池、航天航空、3C 产业、汽车制造、海洋船舶、轨道交通、石油化工等领域,产生优良的经济和社会效益。

(a)

(b)

图 1.1.5　光纤激光切割金属板和焊接的工作场景
(a) 光纤激光切割金属板；(b) 激光焊接

表 1.1.3　光纤激光器在激光清洗中的应用

应用领域	具体应用
新能源动力电池	锂电池极片清洗、极柱清洗、注液口清洗、盖板清洗、蓝色膜清洗等
航空航天	发动机零部件焊前、焊后清洗,运载火箭储料箱焊前、焊后清洗,复合材料除漆、除脱模剂,飞机蒙皮去除,密封胶去除,模具清洗等

续表

应 用 领 域	具 体 应 用
模具制品	轮胎模具、封装模具、注塑模具、密封圈模具、食品模具等除积碳层
3C 产业	电路板选区除漆、晶圆清洗、手机壳除漆、PVD 镀膜夹具清洗等
汽车制造	车身焊前清洗、轮毂清洗、车身选区除漆、静音轮胎清洗等
海洋船舶	焊前焊后清洗、零部件除油漆、除油清洗等
桥梁、高速公路维修	桥梁结构件除漆、除锈,高速公路护栏除漆等
轨道交通	铝合金车身焊前焊后清洗、轮对自动化清洗、转向架清洗、电机清洗等
石油化工	海上采油平台涂层去除,管道除漆、除锈等
食品行业	酱油发酵罐、金属烤盘、模具清洗等
保温杯	保温杯杯底、杯壁除漆等
其他行业	金属油滤器、过滤管清洗,不锈钢抛光,激光除锈、除氧化物等

根据《2024 中国激光产业发展报告》(以下简称《报告》)数据,2023 年,中国激光设备市场总体稳中向好,我国激光设备市场销售收入达到 910 亿元,同比增长 5.6%,充分说明了产业的发展活力和市场韧性。在细分市场方面,2023 年我国光纤激光器市场整体销量稳中有升,达 135.9 亿元,同比增长 10.8%。

《报告》还统计了 2023 年光纤激光器在我国市场销售份额变化情况。国内龙头企业锐科激光实现了增长,反超原居第一的美国 IPG 光子公司。IPG 光子在中国市场的销售额同比下降 25%,市场占比为近十年来最低。1~3kW、3~6kW 的光纤激光器国产化率已达到 98%以上;10kW 以上功率段光纤激光器市场,国产激光器渗透率已快速增长至近 70%。

中国光纤激光器的市场集中度较高,2018—2022 年市场份额前三名均为武汉锐科激光、美国 IPG 和深圳创鑫激光。随着国产化替代推进,IPG 在国内市场占有率逐年下降,截至 2022 年年末,锐科激光在国内光纤激光器市场销售份额达 26.8%,首次超越 IPG 在国内的份额,跃居行业第一。国产光纤激光器已逐步成为市场的主流。

1.2 光纤的基本结构及类型

光纤作为光通信的传输介质、精密传感系统中的敏感器件以及激光光源的增益材料,是光纤应用系统中的核心基础材料,对系统性能至关重要。

1.2.1 光纤的基本结构

石英光纤是常规光纤的代表,其主要成分是二氧化硅(SiO_2)。二氧化硅的熔点随不同晶体结构而异,在 1600~1723℃之间,典型折射率范围是 1.45~1.5。石英的化学组分是非常稳定的,它是不吸湿的。石英在很宽的波长范围内都是光学透明的,在近红外光光谱区域,尤其是在 1500nm 波长附近,具有很低的吸收和散射损耗。石英光纤具有很强的机械强度,可以抵抗拉伸甚至弯曲,采用一个聚合物保护套可以进一步提高光纤的机械强度。

石英光纤的结构通常由纤芯、包层、涂覆层和护套层组成(见图 1.2.1)。光纤纤芯的折射率较高,主要成分为掺杂二氧化锗(GeO_2)的二氧化硅(SiO_2),掺杂的目的是提高纤芯的折射率,纤芯直径一般为 5~50μm;包层的折射率略低于纤芯的折射率,成分一般为纯二氧化硅,包层直径标准值为 125μm;涂覆层的成分为环氧树脂、硅橡胶等高分子材料,其外径约 250μm,涂覆的目的在于增强光纤的机械强度和柔韧性;护套层的作用是保护光纤,防止机械损伤和有害物质的侵蚀。

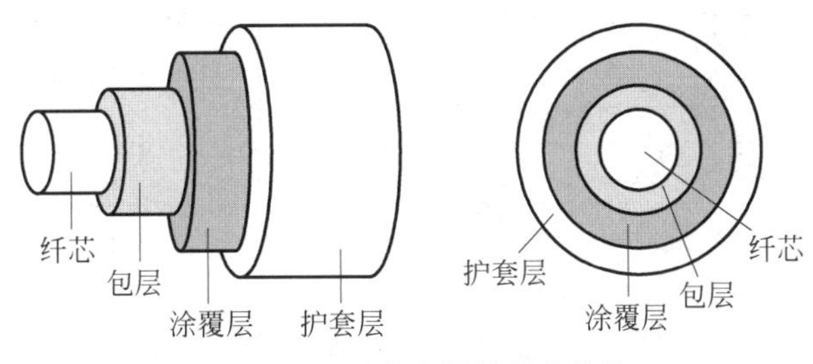

图 1.2.1　石英光纤的基本结构

在实际应用中,为使光纤免受机械和环境的影响和损害,通常把光纤做成光缆。光缆是以单芯或多芯光纤或导光束等光纤元件制成的结构。无论何种结构(见图 1.2.2)形式的光缆,基本上都是由缆芯、加强元件和护套层三部分组成。

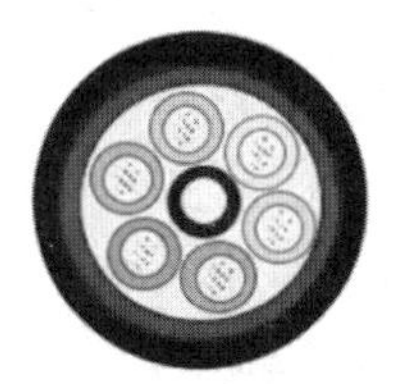

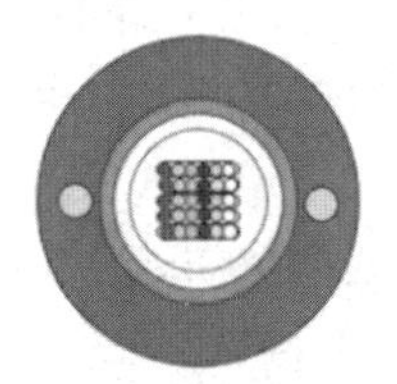

图 1.2.2　光缆结构

石英光纤可以掺杂各种材料。掺杂的一个目的是提高折射率(例如掺杂 GeO_2 或 Al_2O_3)或者降低折射率(例如掺氟或 B_2O_3)。此外,石英光纤也可以掺杂激光活性离子以得到活性光纤(也称为有源光纤或增益光纤),有源光纤可以作为光纤激光器的增益介质。

1.2.2　光纤的典型分类

一般而言,光纤可分为两大类:一类是通信用光纤,另一类是非通信用光纤。前者主要用于各种光纤通信系统中,后者则在光纤传感、光纤信号处理、光纤测量及各种常规光学系统中广为应用。通信用光纤在工作波长处需满足低损耗、宽频带(即大容量)以及与元器件(如光源、探测器和光无源器件)之间高效率耦合等要求。同时,也要求光纤具有良好的机械稳定性、低廉的成本和环境适应性等。对于非通信用光纤,通常要求具有特殊的性能,如高双折射、高非线性及高敏感性等,而在其他方面的要求则相应降低。

但是,根据光纤材料特性进行分类,更有益于理解光纤自身的特点,常用的分类方式有以下四种。

1. 根据折射率分布特征分类

根据纤芯横截面上折射率 $n(r)$ 的径向分布特征,可以将光纤大致地分为阶跃光纤和渐变光纤两类,如图 1.2.3 所示。

阶跃光纤(step index optical fiber,SIOF)的折射率在纤芯与包层中均保持恒定,但在纤芯与包层的交界面上发生跃变。光在纤芯与包层的界面发生全反射,光线的轨迹为多次

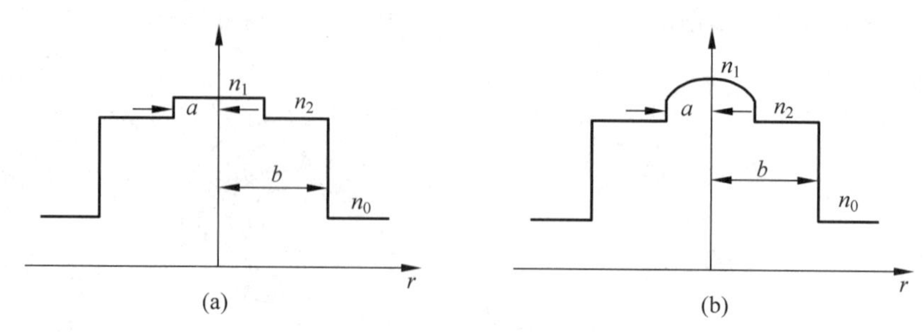

图 1.2.3 光纤的横截面和折射率分布

(a) 阶跃光纤；(b) 渐变光纤

折返的直线。

渐变光纤(graded index optical fiber,GIOF)的折射率在纤芯内按某种规律逐渐变化。由于纤芯的折射率分布不均匀,光线的轨迹不再是直线而是曲线。

2. 根据光纤的传输模式分类

根据光纤的传输模式分类,可以将光纤分为单模光纤(SMF)和多模光纤(MMF)。

在给定工作波长下只能传输单一电磁模式的光纤称为单模光纤。标准单模光纤折射率呈阶跃型分布,纤芯直径较小(芯径一般为 4～10μm),如表 1.2.1 所示。单模光纤无模间色散,总色散很小,因此传输带宽极大,可用于高速传输系统。

在给定工作波长下可以传输多个电磁模式的光纤称为多模光纤。多模光纤的纤芯直径较大(芯径一般为 50μm 或 62.5μm),可传输数百到上千种模式。根据折射率在纤芯和包层中径向分布的不同,多模光纤可以分为阶跃多模光纤和渐变多模光纤,如表 1.2.1 所示。相比于阶跃多模光纤,渐变多模光纤的模间色散更小,传输带宽较大,但是由于折射率需要精确控制,其制造工艺更加复杂一些。

表 1.2.1 单模光纤与多模光纤对比

光纤类型	横截面	典型参数	折射率分布	典型光线传播路径
单模光纤	2b 2a	$2a=4\sim10\mu m$ $2b=125\mu m$	r n(r)	
阶跃多模光纤	2b 2a	$2a=62.5\mu m$ (OM1) $2b=125\mu m$	r n(r)	
渐变多模光纤	2b 2a	$2a=50\mu m$ (OM2/3/4) $2b=125\mu m$	r n(r)	

3. 根据传输的偏振态分类

根据传输的偏振态,单模光纤又可进一步分为偏振保持光纤(即保偏光纤)和非偏振保持光纤(即非保偏光纤),二者的差异在于能否传输偏振光。保偏光纤(PMF)又可分为单偏振光纤(只能传输一种偏振模式的光波)、高双折射光纤(只能传输正交模式且其传输速度相差很大的光波)、低双折射光纤(只能传输正交偏振模式且其传输速度近于相等的光波)和圆保偏光纤(能传输圆偏振光波)4 种。

4. 根据光纤材料分类

根据光纤材料分类,光纤更是种类繁多,以下是一些典型实例。

(1) 石英光纤,即通信用光纤,通常在其中掺杂锗、五氧化二磷或氧化硼以形成必要的折射率差来进行光传导。

(2) 塑料光纤,亦称为聚合物光纤,具有相对较高的损耗,在短波长使用时损耗更大。该光纤只适合在接近室温和短距离传输的条件下运行,具有坚固、不易断裂等优点。塑料光纤可用于光纤位移(或曲率)的感测。塑料光纤是光纤到户(FTTH)工程中最有希望的传输介质。

(3) 红外光纤,可分为玻璃红外光纤、晶体红外光纤和空芯红外光纤 3 类。一般而言,制造前两类光纤有一定困难。其特点是可传输大功率光能,可透过近红外(1～5μm)或中红外(5～10μm)的光波。

(4) 有源光纤,即纤芯是用含有增益激活成分的材料制作的光纤。这种光纤在外光源泵浦下可输出高亮度激光或对外来微弱光信号进行直接光放大。

此外,人们还根据科学研究和工程需要设计并研制出多芯光纤、双包层光纤、微结构光纤、耐辐射光纤、负色散光纤、弯曲不敏感光纤、液芯光纤、发光光纤以及空气光纤等。2014年,美国科学家利用超强激光脉冲在空气中电离出超细"光丝",制作出以空气为材质的新型光纤——"空气光纤"。据报道,该光纤摆脱了固体材料自身性能的局限,能够在太空中实现超远距离的激光通信,还可以应用于大气污染监测、高分辨率地图、军用激光武器等领域。

1.3　光纤的特征参数

光纤的工作原理主要是基于光全内反射(total internal reflection)的物理机制,这种机制可以使大部分光场被束缚在纤芯中传输。为了满足全内反射条件,通常包层的折射率需要略小于纤芯的折射率。

除了需要关注纤芯和包层的折射率外,光纤的几何尺寸、数值孔径、损耗、模式、色散以及双折射等物理量也是光纤十分重要的特征参数。

1. 几何尺寸

光纤的几何尺寸主要是指纤芯与包层的直径(或半径)标称值与容差,以及同心度和包层不圆度等。不同光纤的尺寸具有相应的工艺规范。

其中,单模光纤用模场直径代替几何意义上的纤芯直径。为了减小单模光纤之间的连接损耗,需对光纤模场直径的容差和芯/包同心度误差大小进行严格控制。最新的标准中要求,模场直径的容差应控制在 0.7μm 内,芯/包同心度误差应不大于 0.8μm。

2. 数值孔径(NA)

数值孔径是由包层和纤芯折射率分布决定的一个重要光纤参数,其定义为入射介质折射率 n_0 与最大入射角 θ_0 的正弦值之积,其表达式为

$$\mathrm{NA} = n_0 \sin\theta_0 \tag{1.3.1}$$

NA 的大小表征了光纤接收光功率能力的大小，即只有落入以 θ_0 为半锥角的锥形区域之内的光线才能够被光纤接收。从增加进入光纤的光功率的角度来看，NA 越大越好；但是 NA 过大，会使光纤的模间色散加大，从而影响光纤的传输带宽。

3. 损耗

光纤损耗定义为每单位长度光纤光功率衰减的分贝数，其表达式为

$$\alpha = -\frac{10\lg\left(\frac{P_{\text{out}}}{P_{\text{in}}}\right)}{L} \quad (\text{dB/km}) \tag{1.3.2}$$

式中，P_{in} 和 P_{out} 分别代表注入光纤的有效功率和从光纤输出的光功率；L 为光纤的长度。单模光纤在 1310nm 和 1550nm 波长区的损耗分别为 0.32～0.8dB/km 和 0.17～0.25dB/km。

实现光纤通信，一个重要的问题是尽可能地降低光纤的损耗。光纤损耗的高低直接影响传输距离或中继站间隔距离的远近，因此，了解光纤的损耗来源并降低光纤的损耗对光纤通信有着重大的现实意义。光信号在光纤传输过程中的损耗主要来自光纤材料的吸收和散射损耗、光纤的弯曲损耗，以及光纤的连接和耦合损耗。

4. 模式

光纤中的模式是指光纤中的光场在传播过程中所呈现出的空间分布，如图 1.3.1 所示。从数学形式上看，它们是满足光纤边界条件下的亥姆霍兹方程的一组本征解。光纤中光场的空间分布形式是由入射光的角度、频率以及光纤参数共同决定的。不同模式在空间可能具有交叠性，当受到扰动时，它们将发生耦合（能量交换），分布形式也将发生改变。

5. 色散

由于光纤内的传输信号存在不同的频率成分或模式成分，当信号沿着光纤传输时，这些频率或模式分量将因群速度不同而互相散开，从而引起传输信号脉冲展宽和波形失真，这种物理现象称为色散。色散导致的信号脉冲畸变是光通信系统性能恶化的主要来源之一，限制了系统的容量和传输带宽，一直以来受到研究者的重视。

光纤中的色散一般为材料色散、波导色散、模间色散和偏振模色散四种。单模光纤由于只传输一个模式，无模间色散，其色散主要由材料色散、波导色散和偏振模色散组成。

6. 双折射

在单模光纤中存在两个极化方向互相垂直的线偏振模式，即横向电场沿 x 方向极化的模式 LP_{01}^x 和沿 y 方向极化的模式 LP_{01}^y。在理想的轴对称的光纤中，这两个模式具有相同的传输相位常数，即 $\beta_x=\beta_y$，它们彼此是相互简并的。但在实际光纤中，由于光纤的形状、折射率及应力等的分布不均匀，两种模式具有不同的相位传输常数，即 $\beta_x\neq\beta_y$，形成相位差 $\Delta\beta$，简并受到破坏，这种现象称为光纤的双折射现象。由于双折射的存在，光纤中传输光的偏振态将沿光纤传输方向不断发生变化。

单模光纤偏振模色散可达几十 ps/km，这对低速率光纤通信系统的影响一般不大，但对于高速率系统则成为一个必须要考虑的问题。此外，在有些应用场合，如偏振调制的光纤传感系统以及相干光通信系统等，偏振态的随机变化会带来许多不利的影响，因此需要进行偏振态控制，以保持光纤中基模场的偏振态恒定不变。

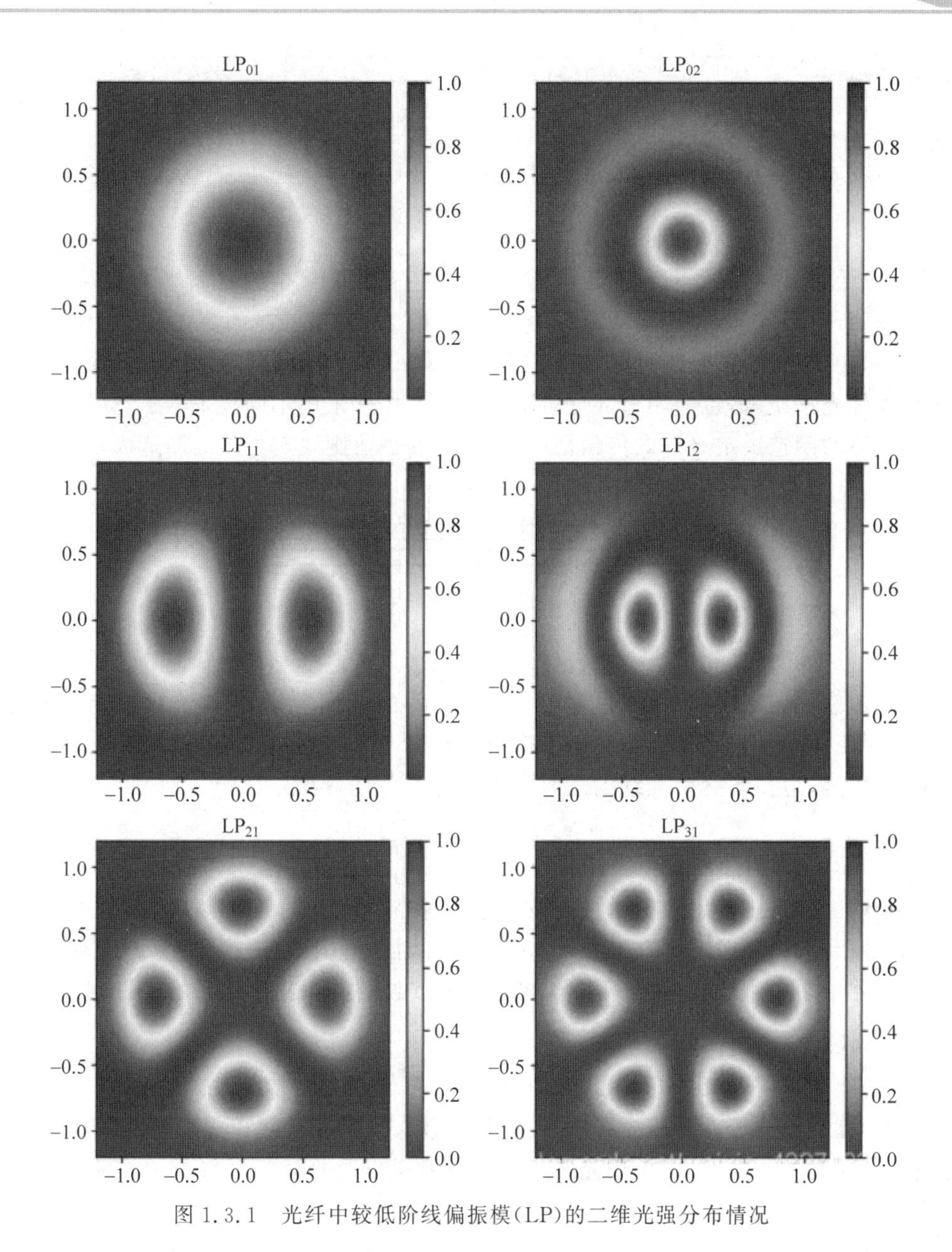

图 1.3.1 光纤中较低阶线偏振模(LP)的二维光强分布情况

1.4 光 纤 制 备

1966年,高锟等学者在论文中首次提出将玻璃纤维作为光波导并用于通信的理论,这一理论中,原材料石英的纯度成为制作光学纤维的重要问题。此后,在这一理论的指导下,经过三十多年的发展,光纤制造技术逐渐趋于成熟。光纤基本结构主要由纤芯、包层与涂覆层组成,为拉制出上述结构,光纤制造经过图 1.4.1 所示的流程。该流程包含原料制备、原料提纯、预制棒制备、拉丝、涂覆、筛选六个环节,其中预制棒制备和拉丝是两个主要流程。

预制棒是拉制光纤的材料预制件,也是控制光纤性能的原始棒体材料,如图 1.4.2 所

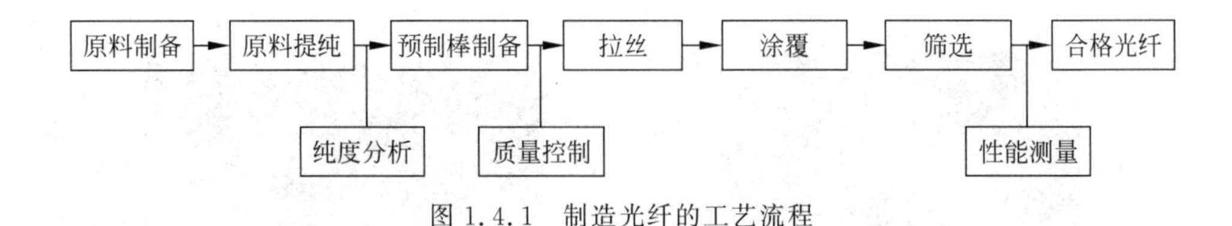

图 1.4.1 制造光纤的工艺流程

示。这一原始材料的内外两层(芯棒与外包层)也正是预制了光纤的纤芯与包层两部分,其中内层为高折射率的纤芯,外层为低折射率的包层。石英预制棒的制备在早期一般采用一步法,1980 年年初,石英预制棒制备工艺完成了从一步法向两步法的转变,即先制造芯棒(为保证光纤光学质量,也会制造部分包层),再在芯棒外采用不同技术覆盖包层。这一制备过程中,芯棒的制造决定光纤的传输性能,而包层的覆盖则决定光纤的制造成本。

图 1.4.2 预制棒基本结构图示

石英预制棒在制备完成后会进行拉丝工艺。这一工艺主要是将预制棒放置在高温拉丝塔中,经加温软化、拉丝及涂覆等过程形成线径不一的玻璃丝,也就是光纤。光纤中的纤芯与包层的厚度比例及折射率分布和预制棒中的一致。

预制棒与经过拉丝之后光纤的几何参数具有以下关系:

$$L_{纤}=L_{棒}(D_{棒}/D_{纤})^2 \tag{1.4.1}$$

式中,$L_{棒}$、$L_{纤}$ 分别为预制棒和光纤的长度,$D_{棒}$、$D_{纤}$ 分别为预制棒和光纤的直径。这一关系为预制棒几何参数提供了指导,可以按照想要制造的光纤的几何参数与折射率分布得到需要制备的预制棒的几何参数与折射率分布。例如,在几何参数方面,若预制棒直径为 30mm,想要拉制长度为 10m、直径为 0.25mm 的光纤,仅需要长度为 0.69mm 的预制棒。

1. 预制棒制备工艺

根据想要制造的光纤的几何参数及折射率分布得到预制棒相关参数与性质,预制棒的这些参数与性质对光纤有着重要影响。在通信领域,预制棒一般长一到数米,单根预制棒即可拉制上千千米的光纤,且通信用光纤的有效折射率以及衰减损耗等重要性质对预制棒的其他参数也有所要求。但在工业用光纤激光器中情况有所不同,随着光纤激光器突破万瓦级别,光纤中的热效应与受激布里渊散射效应又成了光纤激光器输出功率进一步提升的两个主要限制因素。这一问题反映到预制棒上,研究人员在对热分布和非线性效应进行控制与优化时,需要考量光纤折射率分布、光纤机械强度和原材料纯度等相应参数与性质。

预制棒的相关参数与性质取决于工艺方法与步骤。石英预制棒制备工艺已基本成熟,一般采用两步法。其中大规模预制棒的芯棒制造技术当前普遍采用改进的化学气相沉积法(modified chemical vapor deposition, MCVD)、轴向气相沉积法(vapor phase axial deposition, VAD)、棒外化学气相沉积法(outside chemical vapor deposition, OVD)和等离子激活化学气相沉积法(plasma activated chemical vapor deposition, PCVD)四大主流工艺,这四大主流工艺都属于气相沉积法。光棒外部包层的制造则一般采用套管法[早期是小尺寸套管法(RIT),后来演进为大尺寸套管法(RIC)]和全合成法(OVD、VAD)。

近20年来，石英预制棒制备的新方法几乎都是在这四种工艺上发展出来的，将两步法中的芯棒制造工艺与包层制造工艺的不同方法进行组合，其中包括保偏、单偏等具有特殊功能的光纤所需要的预制棒，或直接改良上述组合中的一种或两种方法。至于其余特种光纤所需要的预制棒，也可以利用液相沉积法等非气相沉积法这些完全不同的工艺去制备。除了石英预制棒，塑料预制棒也可以作为光纤的预备材料，其方法亦多种多样。

四种主流工艺又可以分为管内沉积工艺（MCVD、PCVD）与管外沉积工艺（OVD、VAD）。

1）管内沉积工艺（MCVD、PCVD）

这两种管内沉积工艺包括沉积与成棒两个步骤。图1.4.3和图1.4.4分别展现了MCVD与PCVD工艺中的沉积步骤，而成棒则是将沉积好的石英玻璃移至玻璃车床，熔缩成实心的光纤预制棒芯棒。其中沉积步骤最为关键。

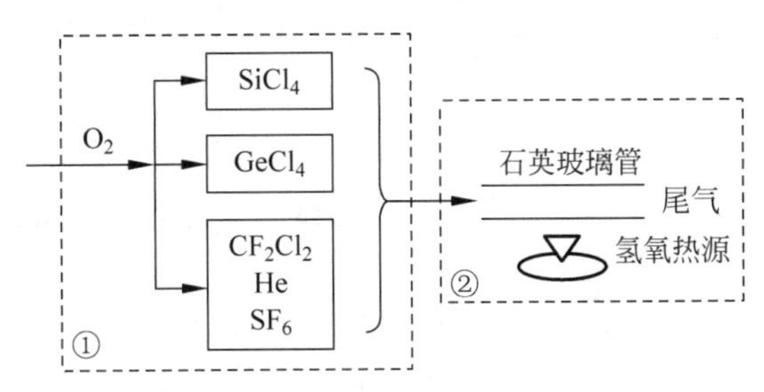

图1.4.3　MCVD工艺中的沉积步骤

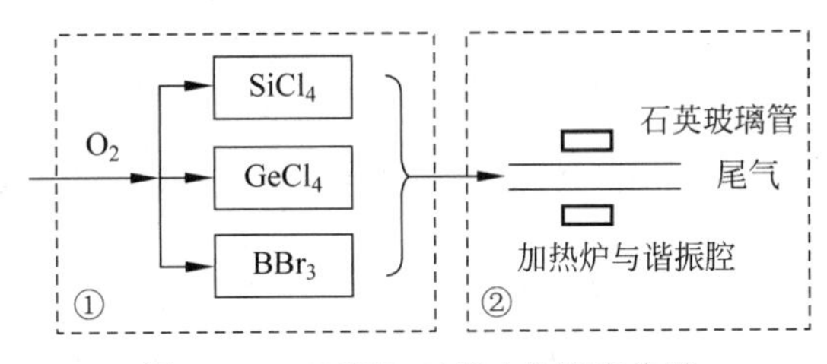

图1.4.4　PCVD工艺中的沉积步骤

美国贝尔实验室在1966年高锟等学者的专著发表之后，紧随其后开始研究MCVD工艺，但因一直采用合成玻璃，损耗远大于20dB/km，直到受到美国康宁公司工艺的启发，技术人员在包层中掺氟、芯棒中掺锗，以此提高相对折射率，并于1974年由Mac Chesney等人改进，提高了掺杂时GeO_2的沉积速率，从而成功实现商用化。

PCVD则是由德国飞利浦实验室研究发明，并在1975年由荷兰飞利浦公司的Koenings等人提出微波工艺。不同于美国贝尔实验室的移动氢氧火焰，PCVD法采用微波等离子体作为热源。

观察图1.4.3与图1.4.4，可以发现两种工艺均需在石英玻璃管中沉积，而不同之处主要在于加热方式和反应机理，即两者虽都是利用高温氧化在玻璃管内实现气相沉积，但达到高温与氧化的方法却有所区别。

图1.4.3的第①部分标明了MCVD中参与反应的原材料，而第②部分是高温氧化，采取可以移动的氢氧热源来达到高温，氧化则是由$SiCl_4$、$GeCl_4$与O_2生成SiO_2、GeO_2，实现

芯棒为掺锗石英玻璃的目标，而 F 元素则被掺杂进内包层中，实现上文所述提高相对折射率。作为对比，可以看到图 1.4.4 中第①部分展示了 PCVD 中参与反应的原材料，第②部分的高温氧化则是采取微波热源，激活反应气体，使之成为等离子体，这些等离子体重新结合，释放热能，从而使气体氧化，生成 SiO_2、GeO_2 来作为芯棒，B 元素（可换成 F 元素）被掺杂进入内包层。

通过以上两种工艺的对比，可以清晰地看出 PCVD 的沉积步骤相较于 MCVD 可以降低氢氧含量，而在生产中 PCVD 凭借极高的沉积效率也具有一定优势。并且，这两种工艺受到氧化的限制，沉积速率较低（MCVD 略高于 PCVD），因此，这两种工艺所制备的预制棒体积较小（也考虑到其余限制）。但是，通过控制进入玻璃管的流量与成分，可以很好地操纵沉积过程，从而精确实现复杂的折射率分布（MCVD 每层沉积为几十微米到一百微米，PCVD 则可精确到 0.1μm）。这两种工艺制造单模或者多模光纤都比较容易。此处讨论正是工艺决定相关参数与性质的体现，而工艺的缺点也可以通过分析作出针对性的改进。

2）管外沉积工艺（OVD、VAD）

这两种工艺具有沉积与烧结两个步骤。图 1.4.5 和图 1.4.6 分别展示了 OVD 工艺与 VAD 工艺的沉积步骤，烧结则是将沉积好的预制棒芯棒进行烧结处理，除去残留水分，从而获得一根透明无水分的光纤预制棒芯棒。

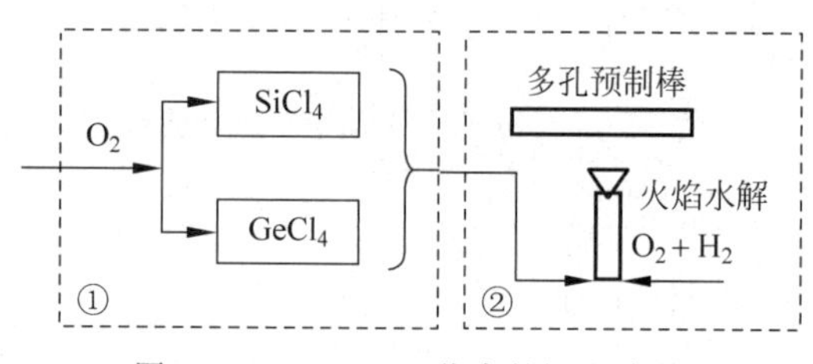

图 1.4.5　OVD 工艺中的沉积步骤

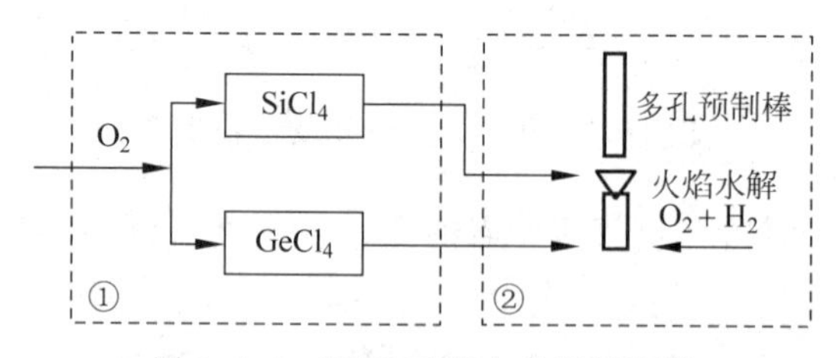

图 1.4.6　VAD 工艺中的沉积步骤

早在 1930 年，美国康宁公司的科学家就发明了化学气相沉积工艺来生产纯石英玻璃。1952 年，麻省理工学院的低温物理学博士 Maurer 建立了著名的康宁小组，由陶瓷专业博士 Schultz 和物理学博士 Keck 等研究人员组成。经过许多尝试与改进，他们终于在 1970 年小规模实现了可以通过氢氧火焰水解的方式使 $SiCl_4$ 与 $TiCl_4$ 气体混合，从而生成 SiO_2 与 TiO_2 粉末并逐渐一层一层沉积。之后，这一方法又被改进，因掺钛石英玻璃较为脆弱，TiO_2 被换为 GeO_2，OVD 工艺终臻成熟。

VAD 工艺则是由日本电报电话公司（NTT）的 Tatsuo Izawa 等人为避免与康宁公司 OVD 专利的纠纷所发明的连续工艺，同样采取火焰水解的方法，不同的是，VAD 工艺沉积获得的预制棒的生长方向是由下向上垂直轴向生长。

图 1.4.5 与图 1.4.6 展示了这两种工艺，虽均采取火焰水解，但是 OVD 采取径向生长，而 VAD 则是轴向生长，且沉积与烧结步骤在同一设备的不同空间同时完成，实现了预制棒的连续制造。通过对比图 1.4.5 和图 1.4.6 可知，OVD 的径向生长需要提前放置一根芯轴，芯轴在生长完成后需要被抽取出来，这一操作可能会损坏芯棒结构，但 VAD 的轴向生长则没有这个顾虑。根据火焰水解与生长方式，这两种工艺沉积速率很高，没有尺寸上的限制，可以制作大尺寸预制棒；同时生产成本比较低，对原材料要求也较低；只是火焰水解方法的沉积效率较低，粉尘处理代价高，设备也复杂昂贵，同时实现折射率分布的精确控制也不甚容易。采用两种工艺制造单模光纤极为容易，制造多模光纤则较为困难。之后的很长一段时间里也发展出了针对这些缺点的改进方法。

图 1.4.7 展示了光纤预制棒的实物照片；表 1.4.1 显示了四种制棒工艺在反应机理、热源、沉积方向、沉积速率、预制棒尺寸等方面的对比。

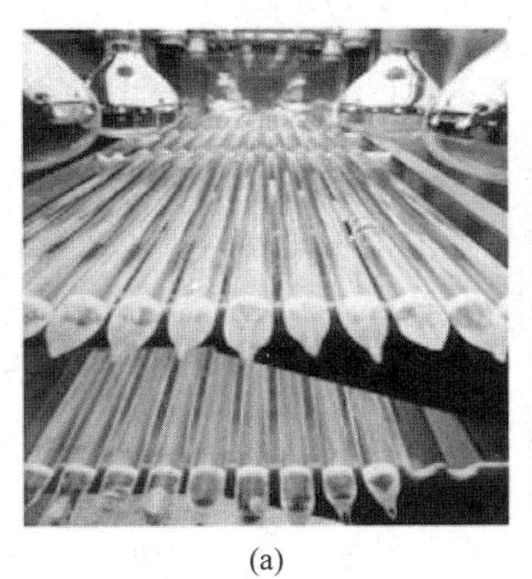

(a)

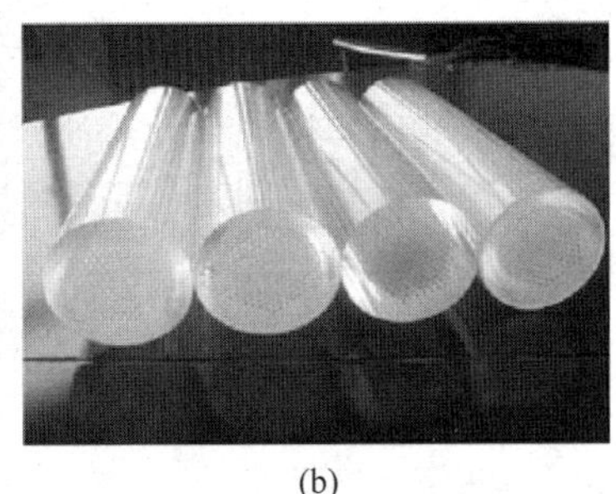

(b)

图 1.4.7　光纤预制棒的实物照片

(a) 单模/多模光纤预制棒；(b) 光子晶体光纤预制棒

表 1.4.1　气相沉积工艺的特点

方法		MCVD	PCVD	OVD	VAD
反应机理		高温氧化	低温氧化	火焰水解	火焰水解
热源		氢氧焰	等离子体	甲烷或氢氧焰	氢氧焰
沉积方向		管内表面	管内表面	靶棒外径向	靶棒外轴向
沉积速率		中	低	高	高
沉积工艺		间歇	间歇	间歇	连续
预制棒尺寸		小	小	大	大
折射率分布控制	单模	容易	容易	极易	极易
	多模	容易	容易	稍难	稍难
原料纯度要求		严格	严格	不严格	不严格

2. 拉丝工艺

预制棒制备完成以后，将其放入拉丝塔中来拉丝并接受涂覆层的涂覆，从而制成长度、直径不一的光纤。在拉制过程中，一般都能保持芯-包比和折射率分布不变。这是因为玻璃

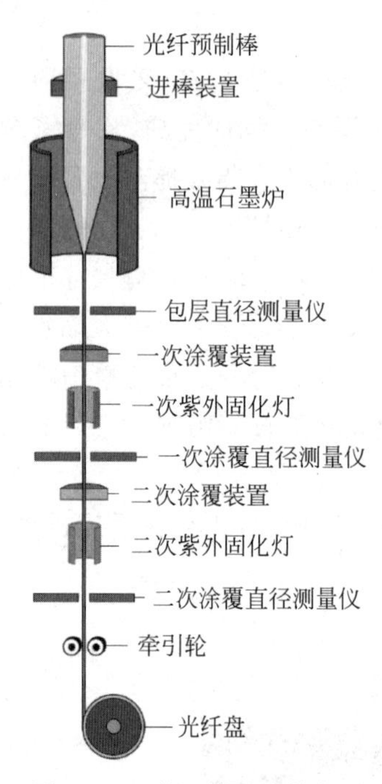

图 1.4.8 拉丝塔基本结构图

中的分子扩散要比晶体中的难得多，即使加热到 2000℃的高温去熔融预制棒，已掺棒体中的掺杂剂也不会扩散，从而保持原预制棒中的折射率分布。

图 1.4.8 展现了拉丝工艺中需要用到的设备——拉丝塔。首先，预制棒在高温石墨炉中被加热、熔化，因受到重力而向下坠落，进入退火管，然后接受第一次纤径测量并降温，此时光纤的直径已经在冷却管中基本固定了。紧接着会进行涂覆与固化步骤，其中的两次涂覆中会进行纤径与同心度的测量。这些步骤的顺序与重复逻辑可以充分保证光纤的质量，防止拉丝过程中光纤的直径不均匀或出现壁偏等问题。最后经过光纤张力测量而成功制作出光纤，完成光纤制造的所有基本步骤。通过实现温度、张力、芯棒与设备各个组成部分之间的最佳匹配，提高拉丝工艺的速度与质量。

特种光纤的拉丝工艺中，测量的不仅仅只有纤径与同心度。在拉制过程中，虽然理论上厚度比例与折射率分布并不会发生改变，但实际操作中却会有些许误差，这需要针对光纤特性设计拉制过程中的测量顺序与重复逻辑以保证光纤的顺利制造。

1.5 总 结

1. 光纤技术的主要应用

光纤技术主要应用于三大领域：光纤通信、光纤传感和光纤光源。光纤通信是用激光作为信息的载体，以光纤作为传输介质的一种通信方式。光纤传感技术以光纤作为信息的传感和传输介质，以光信号作为信息的载体，通过外界物理量变化直接或间接地改变光纤中光波的振幅、相位、频率、偏振态或波长等参量，从而实现对外界物理信息的感知。光纤光源是利用掺杂光纤作为增益介质来实现激光输出，不仅携带光学信息，还具有光能量。

2. 光纤的组成和分类

石英光纤的结构通常由纤芯、包层、涂覆层和护套层组成。光纤纤芯的折射率较高，包层折射率略低于纤芯的折射率(为满足光的全反射定律)。

一般而言，光纤可分为两大类，即通信用光纤与非通信用光纤。根据横截面上折射率的径向分布特征，可以将光纤大致地分为阶跃型和渐变型两类；根据传输模式，可以将光纤分为单模光纤和多模光纤；根据传输的偏振态，单模光纤又可进一步分为偏振保持光纤(即保偏光纤)和非偏振保持光纤(即非保偏光纤)；根据光纤的材料分类，又可以将光纤分为石英光纤、塑料光纤、红外光纤、液芯光纤等。

3. 光纤的主要特征参数

光纤的主要特征参数有几何尺寸、数值孔径、损耗、模式、色散以及双折射等。单模光纤用模场直径代替几何意义上的纤芯直径，为了减小单模光纤的接续损耗，需对光纤的模场直径的容差和芯/包同心度误差大小进行严格控制；数值孔径是由包层和纤芯折射率分布决定的一个重要光纤参数，其值的大小表征了光纤接收光功率能力的大小；光纤损耗定义为每单位长度光纤光功率衰减的分贝数，实现光纤通信的一个重要问题是尽可能地降低光纤的损耗；光纤中的模式是指光纤中的光在传播过程中所呈现出的空间分布形式；色散导致的信号脉冲畸变是光通信系统性能恶化的主要原因之一，限制了系统的容量和传输带宽；由于双折射的存在，光纤中传输光的偏振态将沿光纤传输方向不断发生变化，在有些应用场合，偏振态的随机变化会带来许多不利的影响。

4. 光纤制备流程和预制棒制备流程

光纤制备流程包含原料制备、原料提纯、预制棒制备、拉丝、涂覆和筛选六个环节，其中预制棒制备和拉丝是两个主要环节。

石英预制棒制备工艺一般采用两步法，其中大规模预制棒的芯棒制造技术当前普遍采用改进的化学气相沉积法（MCVD）、轴向气相沉积法（VAD）、棒外化学气相沉积法（OVD）和等离子激活化学气相沉积法（PCVD）四大主流工艺，这四大主流工艺都属于气相沉积法。光棒外部包层的制造则一般采用套管法和全合成法（OVD 和 VAD）。

思考题与习题 1

1. 光纤技术是如何发展起来的？
2. 光纤在通信中有哪些应用？
3. 光纤在传感中有哪些应用？
4. 构成光纤波导的必要条件是什么？光纤的包层主要起什么作用？光纤去掉包层其导光特性有何改变？
5. “单模光波导”中总模式数目是多少？
6. 多模阶跃型折射率光纤和多模渐变型折射率光纤有什么区别？各有什么优缺点？
7. 光纤的特征参数有哪些？影响这些特征参数的因素有哪些？
8. PCVD 工艺与 MCVD 工艺相比，主要优点是什么？
9. OVD 工艺与 VAD 工艺的主要特点是什么？
10. 除了本章介绍的光纤应用技术，你还知道或者你认为光纤还有哪些用途？

参考文献

[1] 祝宁华，闫连山，刘建国. 光纤光学前沿[M]. 北京：科学出版社，2011.
[2] 许党朋. 高功率高能光纤激光光场调控关键技术研究[D]. 绵阳：中国工程物理研究院，2017.
[3] SNITZER E，PO H，HAKIMI F，et al. Double clad，offset core Nd fiber laser[C]//Optical fiber sensors. Optica Publishing Group，1988：PD5.
[4] 余少华，何炜. 光纤通信技术发展综述[J]. 中国科学：信息科学，2020，50(9)：1361-1376.
[5] 涂佳静，李朝晖. 空分复用光纤研究综述[J]. 光学学报，2021，41(1)：0106003.
[6] 魏忠诚. 光纤材料制备技术[M]. 北京：北京邮电大学出版社，2016.

第 2 章 光纤传输的基本理论与分析

在信息爆炸的时代，光纤作为信息传输的重要介质，得到了迅猛的发展，各式各样的光纤也应运而生。为了满足实际应用需求，需要了解和掌握光纤波导中光的传输特性以及光纤模场分布特点，本章将系统介绍光纤传输的基本理论与分析方法，为光纤技术应用奠定基础。

光有波粒二象性，既可以将其看成光波，也可以将其看成由光子组成的粒子流。因此，在描述光的传输特性时相应地也有两种理论，即波动理论和光线理论。前者描述起来比较复杂，需要求解麦克斯韦方程，但是它可以精确地描述光的传播规律；后者描述起来比较简单直观，易于理解。

本章将以光线理论和波动理论为依托，在理论分析的基础上，阐述光纤中光线传输轨迹的特点以及光纤中传输的波导场特性。在光线理论中，依据程函方程和射线方程分析光在光纤中的传播特性，并对光纤中的传播轨迹及其基本性质进行讨论；在波动理论中，依据光纤波导的边界条件，求解满足波导场方程的本征值和本征解，并根据导模的截止条件和远离截止条件对光纤中的模式特性进行分析和讨论。

本章重点内容：

(1) 程函方程和射线方程。

(2) 均匀折射率以及变折射率光纤中的光线轨迹特点。

(3) 均匀折射率光纤模场的矢量分析与标量分析方法。

(4) 均匀折射率光纤中的模式特性。

(5) 非正规光波导模式耦合概念与分析方法。

2.1 光波导的一般理论

迄今为止，已有许多种研究光纤波导的理论。这里只介绍其中最基本的两种，即光线理论和波动理论。

当光纤芯径远大于光波波长 λ_0 时，可近似认为 $\lambda_0 \to 0$(忽略衍射条件)，从而将光波近似看成由一根根光线构成。因此，可采用几何光学的方法来分析光线的入射、传播(轨迹)以及时延(色散)和光强分布等特性。这种分析方法即为光线理论。

光线理论的主要优点是简单直观，在分析芯径较粗的多模光纤时可以得到较精确的结果。但由于采用了几何光学近似，光线理论不能够解释诸如模式分布、包层模、模式耦合等现象；而且，当不满足 λ_0 远小于芯径的近似条件时(如对于单模光纤)，光线理论的分析结果存在很大的误差。

波动理论是一种更为严格的分析方法，其严格性在于：从光波的本质特性——电磁波出发，通过求解电磁波所遵从的麦克斯韦方程组，导出电磁场的场分布，具有理论上的严谨性；未作任何前提近似，因此适用于各种折射率分布的单模光纤和多模光纤。

两种理论分析问题的基本思路如图 2.1.1 所示。光线理论和波动理论都源自麦克斯韦方程组，麦克斯韦方程组只给出场和场源之间的关系，即电场强度 $\boldsymbol{E}$、电位移矢量 $\boldsymbol{D}$、磁感应强度 $\boldsymbol{B}$ 以及磁场强度 $\boldsymbol{H}$ 之间的相互关系。为了求解光波在光纤中的传播规律，应进一步求出每一个场矢量随时间和空间的变化规律，也就是要从麦克斯韦方程组中求解 $\boldsymbol{E}$、$\boldsymbol{H}$ 随时间、空间的变化关系。在麦克斯韦方程组的基础上，以及 $\rho=0$，$\boldsymbol{J}=\boldsymbol{0}$，$\nabla\mu=\boldsymbol{0}$(其中，$\boldsymbol{J}$ 为传导电流密度；ρ 为场中自由电荷密度；∇为哈密顿算符；μ 为介质的磁导率)的近似条件下，光纤中所满足的波动方程实现了电矢量与磁矢量的分离。在单色光近似的条件下，亥姆霍兹方程进一步实现了电磁场的时间坐标和空间坐标的分离。光线理论从程函方程和光线方程出发，描述光线在任意光纤波导中的传播轨迹。波动理论是严格地在边界条件下，求解满足波导场方程的本征值和本征解，进而得到光纤中的模场分布特性。

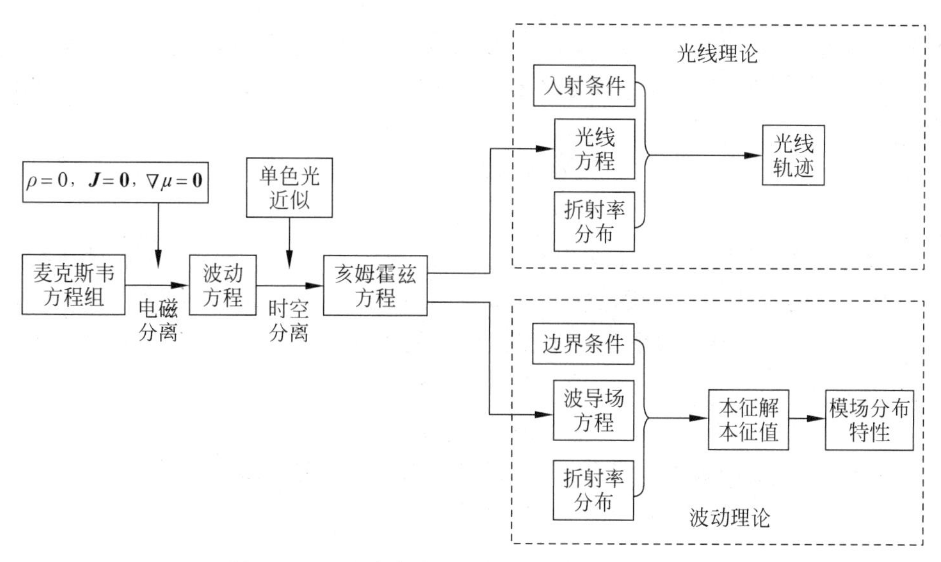

图 2.1.1　光纤光线理论与波动理论的分析思路

2.1.1　麦克斯韦方程组

1984 年，麦克斯韦(J. C. Maxwell)回顾和总结前人关于电磁现象的实验研究成果，提出了一套完整的宏观电磁场方程组，预言了电磁波的存在并提出了“光是一种电磁波”的重要论断，从而解释了光波的本质，开创了光的经典电磁场理论的新纪元。迄今为止，麦克斯韦的经典电磁场理论仍然是分析光传输问题的理论基础。光波在光纤中传输的一些基本性质都可以从麦克斯韦方程组推导出来。

电磁场可以用电场强度 $\boldsymbol{E}$、电位移矢量 $\boldsymbol{D}$、磁感应强度 $\boldsymbol{B}$ 以及磁场强度 $\boldsymbol{H}$ 四个场矢量来描述。场矢量随时间和空间的变化关系由下述麦克斯韦方程组给出：

$$\nabla \times \boldsymbol{E} = -\frac{\partial \boldsymbol{B}}{\partial t} \tag{2.1.1}$$

$$\nabla \times \boldsymbol{H} = \boldsymbol{J} + \frac{\partial \boldsymbol{D}}{\partial t} \tag{2.1.2}$$

$$\nabla \cdot \boldsymbol{D} = \rho \tag{2.1.3}$$

$$\nabla \cdot \boldsymbol{B} = 0 \tag{2.1.4}$$

一般情况下,方程组中的各个物理量都是关于位置 $\boldsymbol{r}$ 和时间 t 的函数。方程(2.1.1)称为法拉第电磁感应定律,它表明了时变的磁场可以激发电场,它是感应电场的涡旋源。方程(2.1.2)称为全电流安培环路定理,它表明了电流和时变的电场都可以激发磁场,它们都是磁场的涡旋源。方程(2.1.3)称为高斯定理,它表示了电场的通量源是电荷,即空间中的电荷分布决定了电场的散度。方程(2.1.4)称为磁通连续性原理,它表明了磁场无通量源,磁场是管形场,不存在"磁荷"。其中,前两个方程表示了电场和磁场的涡旋性质,特别反映了电场和磁场的相互作用;后两个方程则表示了电场和磁场各自的通量性质。

由于利用方程(2.1.1)和方程(2.1.2),以及电流连续性方程(电荷守恒定律):

$$\nabla \cdot \boldsymbol{J} = -\frac{\partial \rho}{\partial t} \tag{2.1.5}$$

可以推导出方程(2.1.3)和方程(2.1.4),所以方程(2.1.1)和方程(2.1.2)是最基本的方程。但是为了求解 $\boldsymbol{E}$、$\boldsymbol{D}$、$\boldsymbol{B}$、$\boldsymbol{H}$,除上述基本方程外,还必须借助电磁场与介质的相互作用关系,即物质方程:

$$\boldsymbol{D} = \varepsilon_0 \boldsymbol{E} + \boldsymbol{P} \tag{2.1.6}$$

$$\boldsymbol{B} = \mu_0 (\boldsymbol{H} + \boldsymbol{M}) \tag{2.1.7}$$

式中,$\boldsymbol{P}$ 为介质的电极化强度;$\boldsymbol{M}$ 为磁化强度;ε_0 和 μ_0 分别为真空介电常量和真空磁导率。如果是各向同性的线性介质,这时,$\boldsymbol{E}$ 和 $\boldsymbol{D}$ 方向相同,$\boldsymbol{H}$ 和 $\boldsymbol{B}$ 方向相同,则其电极化强度和磁化强度分别与电场强度和磁场强度呈线性关系,即

$$\boldsymbol{P} = \varepsilon_0 \chi_e \boldsymbol{E} \tag{2.1.8}$$

$$\boldsymbol{M} = \chi_m \boldsymbol{H} \tag{2.1.9}$$

式中,χ_e 和 χ_m 分别是介质的电极化率和磁导率,则物质方程可简化为

$$\boldsymbol{D} = \varepsilon_0 \varepsilon_r \boldsymbol{E} = \varepsilon \boldsymbol{E} \tag{2.1.10}$$

$$\boldsymbol{B} = \mu_0 \mu_r \boldsymbol{H} = \mu \boldsymbol{H} \tag{2.1.11}$$

式中,$\varepsilon_r = 1 + \chi_e$,$\mu_r = 1 + \chi_m$,分别是介质的相对介电常数和相对磁导率;$\varepsilon$ 和 μ 分别是介质的介电常量和磁导率。介质的折射率 $n = \sqrt{\varepsilon_r \mu_r}$,对于非铁磁介质,$\mu_r \approx 1$,因此认为一般情况下介质的折射率 $n = \sqrt{\varepsilon_r}$。

在各向异性介质中,介质的电极化强度和磁化强度与电磁场的方向有关,它们都要用二阶张量表示。物质方程在直角坐标系中需写成

$$\begin{bmatrix} D_x \\ D_y \\ D_z \end{bmatrix} = \begin{bmatrix} \varepsilon_{11} & \varepsilon_{12} & \varepsilon_{13} \\ \varepsilon_{21} & \varepsilon_{22} & \varepsilon_{23} \\ \varepsilon_{31} & \varepsilon_{32} & \varepsilon_{33} \end{bmatrix} \begin{bmatrix} E_x \\ E_y \\ E_z \end{bmatrix} \tag{2.1.12}$$

$$\begin{bmatrix} B_x \\ B_y \\ B_z \end{bmatrix} = \begin{bmatrix} \mu_{11} & \mu_{12} & \mu_{13} \\ \mu_{21} & \mu_{22} & \mu_{23} \\ \mu_{31} & \mu_{32} & \mu_{33} \end{bmatrix} \begin{bmatrix} H_x \\ H_y \\ H_z \end{bmatrix} \tag{2.1.13}$$

当介质无吸收和无旋光性时,ε_{ij} 是实数,并且介电张量是对称的,即 $\varepsilon_{ij}=\varepsilon_{ji}$。式(2.1.12)经主轴变换后,介电张量只有三个对角分量,在主轴坐标系中物质方程可以表示为

$$\begin{bmatrix} D_x \\ D_y \\ D_z \end{bmatrix} = \begin{bmatrix} \varepsilon_x & 0 & 0 \\ 0 & \varepsilon_y & 0 \\ 0 & 0 & \varepsilon_z \end{bmatrix} \begin{bmatrix} E_x \\ E_y \\ E_z \end{bmatrix} \tag{2.1.14}$$

上述的物质方程均是基于对线性介质的讨论。但是当强光入射光纤时,由于光纤纤芯的光功率密度很大,介质难免会发生非线性极化过程,电极化强度与电场强度不再呈简单的线性关系,此时就需要将光纤视为非线性介质来处理,这就涉及非线性光学的范畴,关于此部分的讨论将在后续章节展开,本章节所要讨论的内容均是基于线性介质展开的。

2.1.2　电矢量与磁矢量分离:波动方程

麦克斯韦方程只给出场和场源之间的关系,即 $\boldsymbol{E}$、$\boldsymbol{D}$、$\boldsymbol{B}$、$\boldsymbol{H}$ 之间的相互关系。为了求出光波在光纤中的传播规律,应进一步求出每一个量随时间和空间的变化规律,也就是要从麦克斯韦方程组中求解 $\boldsymbol{E}$、$\boldsymbol{H}$ 随时、空的变化关系。

下面对各向同性的介质进行推导。利用式(2.1.1)和式(2.1.2)可得

$$\nabla\times(\nabla\times\boldsymbol{E}) = -\nabla\times\frac{\partial\boldsymbol{B}}{\partial t} = -\frac{\partial(\nabla\times\mu\boldsymbol{H})}{\partial t} \tag{2.1.15}$$

$$\nabla\times(\nabla\times\boldsymbol{H}) = \frac{\partial(\nabla\times\varepsilon\boldsymbol{E})}{\partial t} + \nabla\times\boldsymbol{J} \tag{2.1.16}$$

而

$$\nabla\times\nabla\times\boldsymbol{E} = \nabla(\nabla\cdot\boldsymbol{E}) - \nabla^2\boldsymbol{E} \tag{2.1.17}$$

将式(2.1.17)代入式(2.1.15)中,可得

$$\nabla(\nabla\cdot\boldsymbol{E}) - \nabla^2\boldsymbol{E} = -\frac{\partial(\mu\nabla\times\boldsymbol{H} + \nabla\mu\times\boldsymbol{H})}{\partial t} \tag{2.1.18}$$

由式(2.1.3)和式(2.1.10)及矢量恒等式,有

$$\nabla\cdot(\varepsilon\boldsymbol{E}) = \varepsilon\nabla\cdot\boldsymbol{E} + \boldsymbol{E}\cdot\nabla\varepsilon \tag{2.1.19}$$

可得

$$\nabla\cdot\boldsymbol{E} = \frac{\rho}{\varepsilon} - \frac{\boldsymbol{E}\cdot\nabla\varepsilon}{\varepsilon} \tag{2.1.20}$$

$$\frac{\partial(\mu\nabla\times\boldsymbol{H})}{\partial t} = \mu\frac{\partial(\nabla\times\boldsymbol{H})}{\partial t} = \mu\varepsilon\frac{\partial^2\boldsymbol{E}}{\partial t^2} + \mu\frac{\partial\boldsymbol{J}}{\partial t} \tag{2.1.21}$$

$$\frac{\partial(\nabla\mu\times\boldsymbol{H})}{\partial t} = \nabla\mu\times\frac{\partial\boldsymbol{H}}{\partial t} = -\nabla\mu\times\frac{\nabla\times\boldsymbol{E}}{\mu} \tag{2.1.22}$$

此处已设 μ 与时间无关。把式(2.1.20)、式(2.1.21)、式(2.1.22)代入式(2.1.18),可得

$$\nabla^2\boldsymbol{E} + \nabla\left(\boldsymbol{E}\cdot\frac{\nabla\varepsilon}{\varepsilon}\right) - \nabla\left(\frac{\rho}{\varepsilon}\right) + \frac{\nabla\mu}{\mu}\times\nabla\times\boldsymbol{E} = \mu\varepsilon\frac{\partial^2\boldsymbol{E}}{\partial t^2} + \mu\frac{\partial\boldsymbol{J}}{\partial t} \tag{2.1.23}$$

同理，对于磁矢量 $\boldsymbol{H}$ 有

$$\nabla^2 \boldsymbol{H} + \nabla\left(\boldsymbol{H} \cdot \frac{\nabla \mu}{\mu}\right) + \frac{\nabla \varepsilon}{\varepsilon} \times \nabla \times \boldsymbol{H} = \mu\varepsilon \frac{\partial^2 \boldsymbol{H}}{\partial t^2} + \frac{\nabla \varepsilon}{\varepsilon} \times \boldsymbol{J} - \nabla \times \boldsymbol{J} \tag{2.1.24}$$

式(2.1.23)和式(2.1.24)就是各向同性、非均匀介质中的波动方程，它们描述了光在介质中传输时光场随时间和空间的变化规律。

由于目前我们关心的是光波在光纤中的传输问题，因此有 $\rho=0, \boldsymbol{J}=\boldsymbol{0}, \nabla\mu=\boldsymbol{0}$。于是式(2.1.23)和式(2.1.24)的波动方程简化为

$$\nabla^2 \boldsymbol{E} + \nabla\left(\boldsymbol{E} \cdot \frac{\nabla \varepsilon}{\varepsilon}\right) = \mu\varepsilon \frac{\partial^2 \boldsymbol{E}}{\partial t^2} \tag{2.1.25}$$

$$\nabla^2 \boldsymbol{H} + \frac{\nabla \varepsilon}{\varepsilon} \times \nabla \times \boldsymbol{H} = \mu\varepsilon \frac{\partial^2 \boldsymbol{H}}{\partial t^2} \tag{2.1.26}$$

显见，式(2.1.25)和式(2.1.26)仍很复杂，求解困难。但是对于均匀光纤（ε 为常数，$\nabla\varepsilon=0$）或 ε 变化缓慢的光纤（如在 1μm 距离上折射率的变化小于 4×10^{-4}，可以近似认为$\nabla\varepsilon=0$），方程(2.1.25)和方程(2.1.26)可进一步化简为

$$\nabla^2 \boldsymbol{E} = \mu\varepsilon \frac{\partial^2 \boldsymbol{E}}{\partial t^2} \tag{2.1.27}$$

$$\nabla^2 \boldsymbol{H} = \mu\varepsilon \frac{\partial^2 \boldsymbol{H}}{\partial t^2} \tag{2.1.28}$$

这就是最简单的波动方程。

2.1.3 时间和空间坐标分离：亥姆霍兹方程

如果在光纤中传播的是单色光波，即电磁波具有确定的角频率 ω，此时光波在直角坐标系中可表示为

$$\boldsymbol{E}(x,y,z,t) = \boldsymbol{E}(x,y,z)\mathrm{e}^{\mathrm{i}\omega t} \tag{2.1.29}$$

$$\boldsymbol{H}(x,y,z,t) = \boldsymbol{H}(x,y,z)\mathrm{e}^{\mathrm{i}\omega t} \tag{2.1.30}$$

即$\frac{\partial}{\partial t}=\mathrm{i}\omega, \frac{\partial^2}{\partial t^2}=-\omega^2$，则式(2.1.25)和式(2.1.26)变为

$$\nabla^2 \boldsymbol{E} + \nabla\left(\boldsymbol{E} \cdot \frac{\nabla \varepsilon}{\varepsilon}\right) = -k^2 \boldsymbol{E} \tag{2.1.31}$$

$$\nabla^2 \boldsymbol{H} + \frac{\nabla \varepsilon}{\varepsilon} \times \nabla \times \boldsymbol{H} = -k^2 \boldsymbol{H} \tag{2.1.32}$$

相应地，式(2.1.27)和式(2.1.28)变为

$$\nabla^2 \boldsymbol{E} + k^2 \boldsymbol{E} = 0 \tag{2.1.33}$$

$$\nabla^2 \boldsymbol{H} + k^2 \boldsymbol{H} = 0 \tag{2.1.34}$$

式中，k 为光纤中光波的波数，$k^2=\omega^2\varepsilon\mu=n^2k_0^2$。其中，$n$ 为光纤材料的折射率；k_0 为真空中光波的波数。式(2.1.33)和式(2.1.34)是**矢量亥姆霍兹方程**，它描述了当光场的频率为确定值时光场随空间的变化规律，其中拉普拉斯算符为

$$\nabla^2 = \frac{\partial^2}{\partial x^2} + \frac{\partial^2}{\partial y^2} + \frac{\partial^2}{\partial z^2} \tag{2.1.35}$$

在直角坐标系中，$\boldsymbol{E}$、$\boldsymbol{H}$ 的 x、y、z 分量均满足**标量亥姆霍兹**方程：

$$\nabla^2\psi + k^2\psi = 0 \tag{2.1.36}$$

式中，ψ 代表 $\boldsymbol{E}$ 或 $\boldsymbol{H}$ 的各个分量。

若考虑在柱面坐标系下，则拉普拉斯算符为如下形式：

$$\nabla^2 = \frac{1}{r}\cdot\frac{\partial}{\partial r}\left(r\frac{\partial}{\partial r}\right) + \frac{1}{r^2}\cdot\frac{\partial^2}{\partial\varphi^2} + \frac{\partial^2}{\partial z^2} \tag{2.1.37}$$

课后拓展

英国科学期刊《物理世界》曾让读者投票评选了“最伟大的公式”，最终榜上有名的十个公式里，有著名的 $E=mc^2$、复杂的傅里叶变换、简洁的欧拉公式等，但麦克斯韦方程组排名第一，成为“世上最伟大的公式”。

麦克斯韦方程组以一种近乎完美的方式统一了电和磁，揭示了电荷、电流、电场、磁场之间的普遍联系以及电场与磁场相互转化中产生的对称性优美，并预言了光就是一种电磁波，这是电磁学发展史上一个划时代的里程碑。对麦克斯韦方程组比较谦虚的评价是：“一般地，宇宙间任何的电磁现象，皆可由此方程组解释。”

为了便于读者更加深入地了解麦克斯韦方程组背后的物理内涵，以及在日后的学习和科研中更加灵活地运用麦克斯韦方程组，本节阅读推荐如下：

1. 麦克斯韦方程组（积分篇）。
2. 麦克斯韦方程组（微分篇）。
3. 如何从麦克斯韦方程组推出电磁波。

2.2　均匀折射率光纤的光线理论与特性

本节将运用光线理论的方法以及全反射的原理，依次研究子午光线和斜光线在均匀折射率光纤中的传输规律，并在此基础上分析光纤端面倾斜、光纤弯曲、圆锥形光纤情况下光线的传播特性。这里所研究的均匀折射率光纤主要针对多模光纤。

应当指出，将光视为“光线”来处理是一种视 $\lambda_0\to 0$ 的近似方法，只在所讨论研究对象的几何尺度远大于光的波长，可忽略衍射效应时才是有效的。因此，用光线理论分析均匀折射率分布的多模光纤具有良好的近似程度。

2.2.1　子午光线的传播

通过光纤中心轴的任何平面都称为子午面，位于子午面内的光线则称为子午光线。显然，子午面有无数个。根据光的反射定律（入射光线、反射光线和分界面的法线均在同一平面），光线在光纤的芯-包分界面反射时，其分界面法线就是纤芯的半径。因此，子午光线的入射光线、反射光线和分界面的法线三者均在子午面内，如图 2.2.1 所示，这是子午光线传播的特点。

由图 2.2.1 可知，光线以 α 角入射，对应的光纤内的折射角为 θ，到达光纤的芯-包分界面的入射角为 ψ。其中，纤芯和包层的折射率分别为 n_1、n_2，光纤周围介质的折射率为 n_0，纤芯的直径为 $2a$。

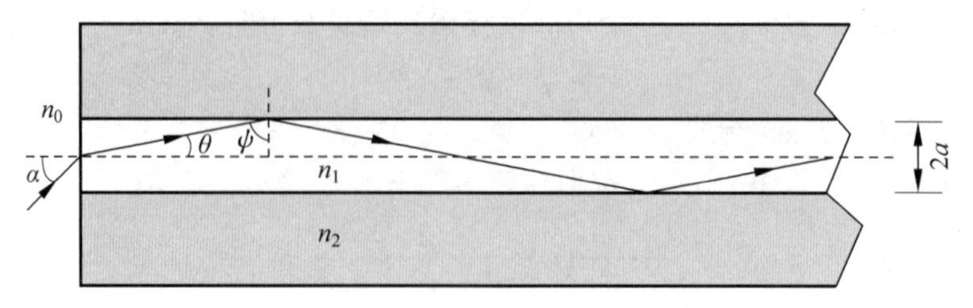

图 2.2.1　子午光线的全反射

要能将光完全限制在光纤内传输，应使光线在光纤的芯-包分界面发生全反射，即入射角 ψ 大于或等于临界角 ψ_0，即

$$\sin\psi_0 = \frac{n_2}{n_1}, \quad \psi \geqslant \psi_0 = \arcsin\left(\frac{n_2}{n_1}\right) \quad \text{或} \quad \sin\theta_0 = \sqrt{1-\left(\frac{n_2}{n_1}\right)^2}$$

式中，$\theta_0 = 90° - \psi_0$。

再利用 $n_0\sin\alpha = n_1\sin\theta$，可得

$$n_0\sin\alpha_0 = n_1\sin\theta_0 = \sqrt{n_1^2 - n_2^2}, \quad \alpha \leqslant \alpha_0 = \arcsin\frac{\sqrt{n_1^2 - n_2^2}}{n_0}$$

相应于临界角 ψ_0 的入射角 α_0，称为孔径角。与此类似，$n_0\sin\alpha_0$ 则定义为光纤的数值孔径，一般用 NA 表示，即

$$\mathrm{NA}_{子} = n_0\sin\alpha_0 = \sqrt{n_1^2 - n_2^2} \approx n_1(2\Delta)^{\frac{1}{2}} \tag{2.2.1}$$

$$\Delta = \frac{n_1 - n_2}{n_1} \tag{2.2.2}$$

式中，下标“子”表示子午面内的数值孔径；Δ 为纤芯和包层的相对折射率差。光纤的数值孔径表征了光纤收集光能力的大小，其与光纤的纤芯折射率分布以及纤芯和包层的相对折射率差有关。数值孔径越大，纤芯对光能量的束缚能力越强，光纤抗弯曲性能越好，从光源到光纤的耦合效率越高。但数值孔径越大，经光纤传输后产生的信号畸变越大，因而限制了信息传输容量。由于子午光线在光纤内的传播路径是折线，所以光线在光纤中的路径长度一般都大于光纤的长度。

由图 2.2.1 中的几何关系可得长度为 L 的光纤中，总光路的长度 $S'_{子}$ 和总反射次数 $\eta'_{子}$ 分别为

$$S'_{子} = LS_{子} = \frac{L}{\cos\theta}$$

$$\eta'_{子} = L\eta_{子} = \frac{L\tan\theta}{2a}$$

式中，$S_{子}$ 和 $\eta_{子}$ 分别为单位长度内的光路长和全反射次数；a 为纤芯半径。$S_{子}$ 和 $\eta_{子}$ 的表达式分别为

$$S_{子} = \frac{1}{\cos\theta} = \frac{1}{\sin\psi} \tag{2.2.3}$$

$$\eta_{子} = \frac{\tan\theta}{2a} = \frac{1}{2a \cdot \tan\psi} \tag{2.2.4}$$

以上关系式说明：光线在光纤中传播的光路长度只取决于入射角 α 和相对折射率 n_2/n_1，而与光纤直径无关；全反射次数则与纤芯直径 $2a$ 成反比。显见，反射次数越多，光能损失越大。

2.2.2 斜光线的传播

光纤纤芯内存在的另一类光线是不与轴相交的空间折线，称为斜光线。这种光线通过反射，在柱面内既旋转又前进，其光路轨迹是空间螺旋折线。此折线既可为左旋，也可为右旋，但始终与轴保持一定的距离，如图 2.2.2 所示。

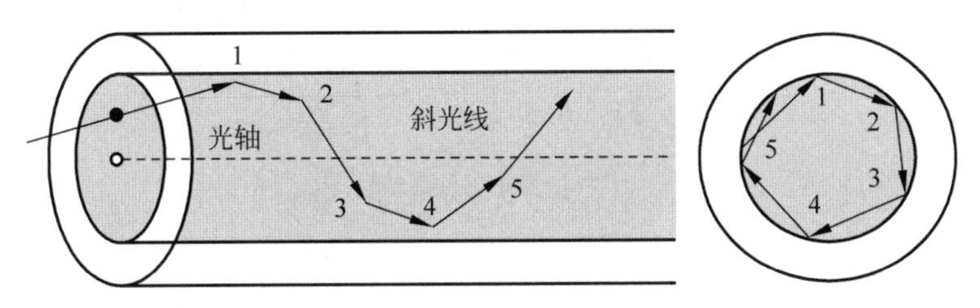

图 2.2.2 光纤长度方向上的斜光线路径以及截面投射视图

为了确定光线的传播方向，需要两个参量：轴向角和方位角。轴向角 θ_z 是光线与轴线的夹角；方位角 φ_r 是光线在横截面上的投影线与反射点和径向连线的夹角。图 2.2.3 给出了部分斜光线的全反射光路。图 2.2.3 中，点 O、O'、O''均为光纤横截面的圆心，点 K 为光线在光纤端面的入射点，点 Q 为光线在光纤内的第一次反射点，点 H 为点 K 在光纤横截面上的投影，KQH 面所在平面为光纤内入射面，KQ 为入射在光纤中的斜光线，它与光纤轴 OO'不共面；角 α 和 θ_z 分别为空气与纤芯界面的入射角和折射角，角 γ 为光线在纤芯与包层界面的全反射角；从点 H 作垂线 $HT \perp QO'$，$\angle QTH=90°$，$\angle KTQ=90°$。设空气、纤芯和包层的折射率分别为 n_0、n_1 和 n_2，光纤的纤芯半径为 a。由图 2.2.3 中的几何关系得到

$$\sin\theta_z = \frac{QH}{KQ} = \frac{QH}{QT} \cdot \frac{QT}{KQ} = \frac{\cos\gamma}{\cos\varphi_r}$$

当 γ 为全反射临界角时，有

$$\sin\gamma = \frac{n_2}{n_1}$$

于是有

$$\cos\gamma = \cos\varphi_r \sin\theta_z = \sqrt{1 - \left(\frac{n_2}{n_1}\right)^2}$$

再利用空气与纤芯界面关系的折射定律 $n_0 \sin\alpha = n_1 \sin\theta_z$，可得在光纤中传播的斜光线应满足(满足全反射条件)

$$\sin\alpha \cos\varphi_r \leqslant \frac{\sqrt{n_1^2 - n_2^2}}{n_0}$$

斜光线的数值孔径则为

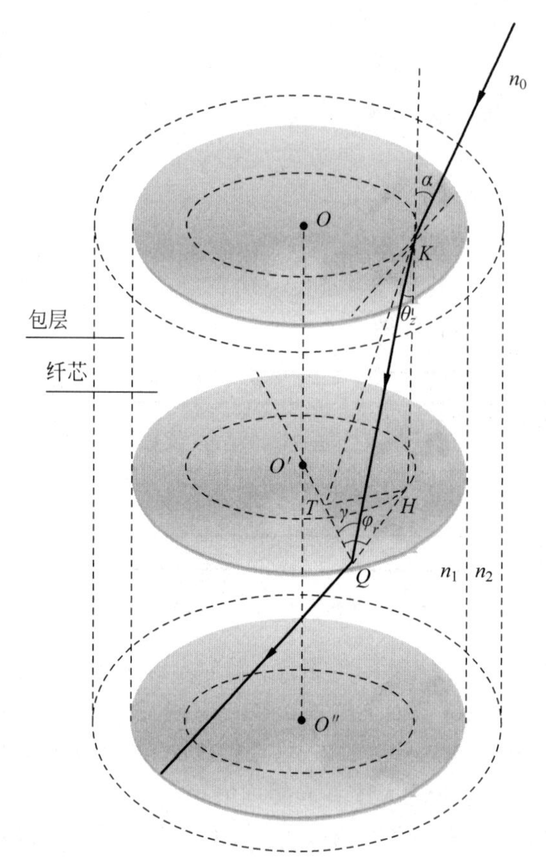

图 2.2.3　斜光线的全反射光路

$$\mathrm{NA}_{斜} = n_0 \sin\alpha_0 = \frac{\sqrt{n_1^2 - n_2^2}}{\cos\varphi_r} \tag{2.2.5}$$

由于 $\cos\varphi_r \leqslant 1$,因而斜光线的数值孔径比子午光线的大。

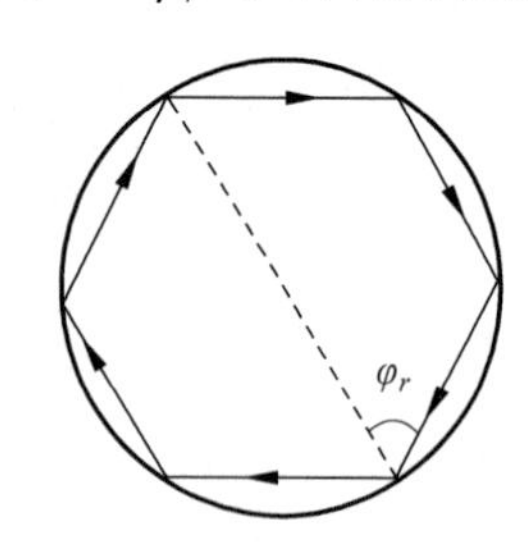

图 2.2.4　$n=6$ 时,光线在横向投影面上的分布情况

由图 2.2.3 还可以求出单位长度光纤中斜光线的光路长度 $S_{斜}$ 和全反射次数 $\eta_{斜}$ 为

$$S_{斜} = \frac{1}{\cos\theta_z} = S_{子}, \quad \eta_{斜} = \frac{\tan\theta_z}{2a \cdot \cos\varphi_r} = \frac{\eta_{子}}{\cos\varphi_r}$$

若满足条件

$$2n\varphi_r = (n-2) \times 180° \quad (n\ 为正整数)$$

则斜光线在横向投影面上实现闭合。如图 2.2.4 所示,当 $\varphi_r = 60°$时,经过 6 次全反射后,光线在横向投影面上实现闭合。

2.2.3　光纤的弯曲

实际使用中,光纤经常处于弯曲状态。这时其光路长度、数值孔径等诸参数都会发生变化。图 2.2.5 为光纤弯曲时光线传播的情况。设光纤在 P 处发生弯曲,光线在离中心轴 h

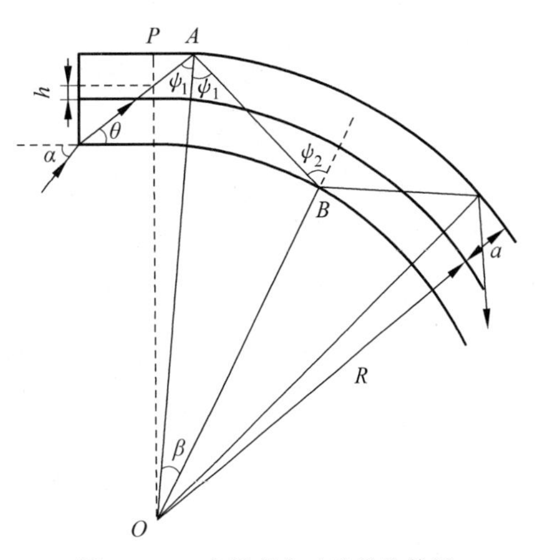

图 2.2.5　光纤弯曲时光线的传播

处进入弯曲区域，点 A 和点 B 分别为光线在纤芯与包层界面的第一次和第二次全反射点，角 α 和角 θ 分别为空气与纤芯界面的入射角和折射角，角 ψ_1 和角 ψ_2 分别为光线在纤芯与包层界面的第一次和第二次全反射角，角 β 为直线 OA 和 OB 的夹角。设空气、纤芯和包层的折射率分别为 n_0、n_1 和 n_2，光纤的纤芯半径为 a，光纤弯曲半径为 R。

由正弦定理可得

$$\frac{AB}{\sin\beta}=\frac{R-a}{\sin\psi_1}$$

光纤未发生弯曲时，单位长度光纤上子午光线的光路长度 $S_{子}$ 为

$$S_{子}=\frac{1}{\sin\psi_1}$$

光纤弯曲时，单位长度光纤上子午光线的光路长度 S_0 为

$$S_0=\frac{AB}{\beta R}=\frac{(R-a)\sin\beta}{\beta R\cdot\sin\psi_1} \tag{2.2.6}$$

$$\frac{S_0}{S_{子}}=\frac{AB}{\beta R/\sin\psi_1}=\frac{(R-a)\sin\beta}{\beta R}$$

$$S_0=\frac{\sin\beta}{\beta}\left(1-\frac{a}{R}\right)S_{子} \tag{2.2.7}$$

由于$(\sin\beta/\beta)<1$，$a/R<1$，因而有 $S_0<S_{子}$。这说明光纤弯曲时子午光线的光路长度减小了。

同理可得

$$\frac{R-a}{\sin\psi_1}=\frac{R+a}{\sin\psi_2}=\frac{R+a}{\sin(\beta+\psi_1)}$$

假定 β 为小量，可得

$$\frac{R-a}{\sin\psi_1}=\frac{R+a}{\sin\psi_1+\beta\cdot\cos\psi_1}$$

$$\beta R=2a\cdot\tan\psi_1+a\beta$$

光纤未发生弯曲时，单位长度光纤上子午光线的反射次数 $\eta_{子}$ 为

$$\eta_{子}=\frac{1}{2a\cdot\tan\psi_1} \tag{2.2.8}$$

光纤发生弯曲时，单位长度光纤上子午光线的反射次数 η_0 为

$$\eta_0=\frac{1}{\beta R}=\frac{1}{\dfrac{1}{\eta_{子}}+a\beta} \tag{2.2.9}$$

不难看出，其单位长度的反射次数也变少了，即 $\eta_0<\eta_{子}$。

利用图 2.2.5 中的几何关系还可求出光纤弯曲时的临界孔径角 α_0（此时，ψ_1 为全反射

临界角)的表达式。

当 ψ_1 为全反射临界角时,有

$$\sin\psi_1=\frac{n_2}{n_1}$$

根据正弦定理可得

$$\frac{R+a}{\cos\theta}=\frac{R+h}{\sin\psi_1}$$

$$\cos\theta=\frac{R+a}{R+h}\sin\psi_1$$

$$\sin\theta=\left[1-\left(\frac{R+a}{R+h}\right)^2\left(\frac{n_2}{n_1}\right)^2\right]^{\frac{1}{2}}$$

进而可得

$$\sin\alpha_0=\frac{1}{n_0}\left[n_1^2-n_2^2\left(\frac{R+a}{R+h}\right)^2\right]^{\frac{1}{2}} \tag{2.2.10}$$

由此可见,光纤弯曲时其入射端面上各点的临界孔径角不相同,是沿光纤弯曲方向由大变小。

2.2.4 光纤端面的倾斜效应

光纤端面与光纤轴不垂直时,光线在光纤中的传播方向会发生偏折,这是工作中应注意的一个实际问题。图 2.2.6 是入射端面倾斜的情况,β 是端面的倾斜角,α 和($\theta-\beta$)是端面倾斜时光线的入射角和折射角。由图 2.2.6 中几何关系以及恰好发生全反射的条件可得

$$\sin\beta=\sin[\theta-(\theta-\beta)]=\left[1-\left(\frac{n_2}{n_1}\right)^2\right]^{\frac{1}{2}}\left[1-\left(\frac{n_0\sin\alpha}{n_1}\right)^2\right]^{\frac{1}{2}}-\frac{n_0n_2}{n_1^2}\sin\alpha \tag{2.2.11}$$

式(2.2.11)说明:当 n_1、n_2、n_0 不变时,倾斜角 β 越大,入射角 α 就越小。所以,光纤入射端面倾斜后,要接收入射角为 α 的光线,其孔径角要大于正常端面的孔径角。若光线入射方向和倾斜端面的法线方向分别在光纤中心轴的两侧,则其接收光的范围就增大了 β 角。

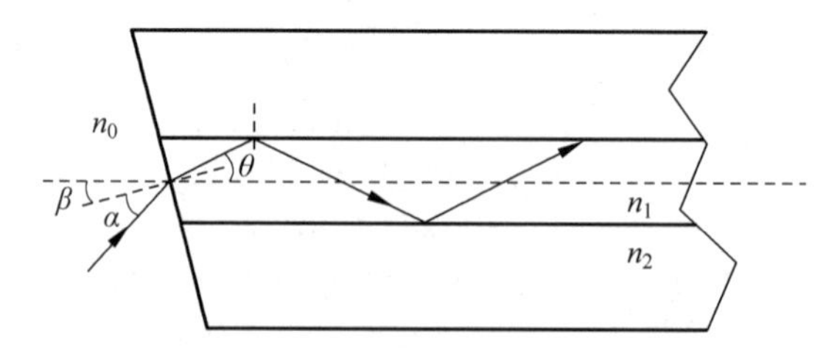

图 2.2.6 入射端面倾斜时光纤中的光路

同样,光纤出射端面的倾斜(见图 2.2.7)会引起出射光线的角度发生变化。若 β 是出射端面的倾斜角,当 $\beta\neq0$ 时,出射光线对光纤轴要发生偏折,以平行光线出射为例,其偏向角度 α' 为

$$\alpha'=\arcsin\left(\frac{n_1}{n_0}\sin\beta\right)-\beta \tag{2.2.12}$$

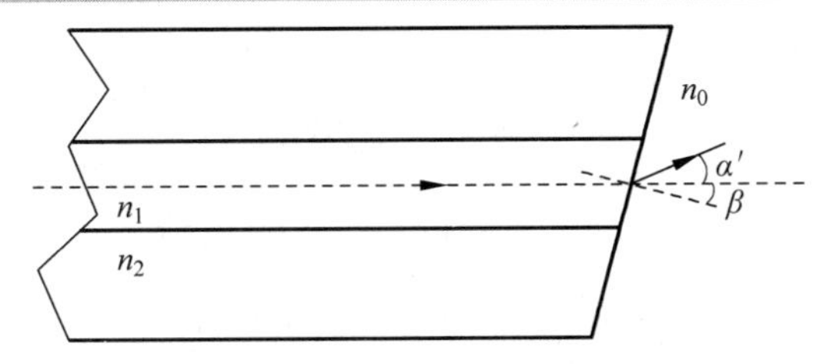

图 2.2.7　出射端面倾斜时光纤中的光路

斜面对信号光在单模纤芯内端面的反射影响很大，很小的角度就可以大大降低端面回波。当研抛角度大于 6°时，端面反射率低于 0.5%；采用 8°角研抛的 APC 技术，能将单模纤芯端面的回波损耗控制在 30dB 以上，精密抛光时甚至可达 60dB。

2.2.5　圆锥形光纤

圆锥形光纤是指其直径随光纤长度呈线性变化的光纤。圆锥形光纤由于具有一系列特殊性能，因而可制成许多光纤器件，在光纤与光纤、光纤与光源、光纤与光学元件的耦合中应用广泛。图 2.2.8 是子午光线通过圆锥形光纤的光路。设 δ 为圆锥形光纤的锥角。由图 2.2.8 可知，在圆锥形光纤中，光线在芯-包分界面上的反射角 ψ 随反射次数增加而逐渐减小。由图 2.2.8 中几何关系以及折射定律可得

$$\psi_n = 90° - \arcsin\left(\frac{n_0}{n_1}\sin\alpha\right) - (2m-1)\frac{\delta}{2} \tag{2.2.13}$$

式中，m 是反射次数。

式(2.2.13)说明，当光线从圆锥形光纤的大端入射时，由于反射角总随反射次数的增加而不断减小，因而全反射条件易被破坏，可能会出现全反射条件不满足的情况。

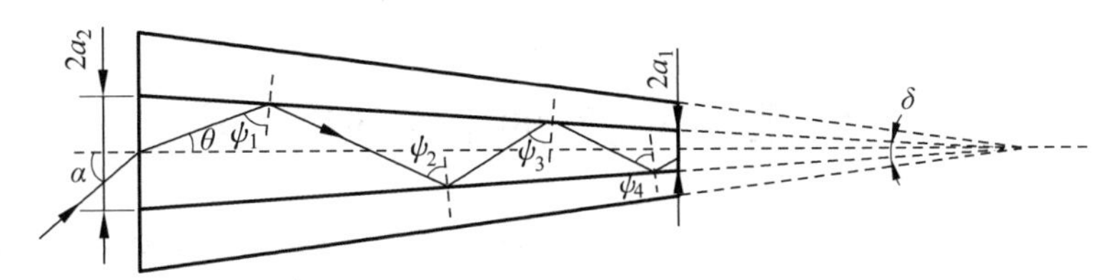

图 2.2.8　入射圆锥形光纤中的光路

根据全反射条件，要使入射光线都能从光纤另一端出射，则应满足

$$\sin\left(\theta + \frac{\delta}{2}\right) \leqslant \frac{a_1}{a_2}\left[1 - \left(\frac{n_2}{n_1}\right)^2\right]^{\frac{1}{2}}$$

式中，a_1 和 a_2 分别是光纤出射端(小端)和入射端(大端)的半径。若 $\cos(\delta/2) \approx 1$，则由上式可得

$$\sin\left(\frac{\delta}{2}\right) \leqslant \frac{\frac{a_1}{a_2}\left[1 - \left(\frac{n_2}{n_1}\right)^2\right]^{\frac{1}{2}} - \sin\theta}{\cos\theta}$$

这是一般情况下光纤聚光的条件。再利用

$$\sin\left(\frac{\delta}{2}\right) = \frac{a_2 - a_1}{l}$$

式中，l 是光纤长度，可得

$$l \geqslant \frac{(a_2 - a_1)\cos\theta}{\frac{a_1}{a_2}\left[1-\left(\frac{n_2}{n_1}\right)^2\right]^{\frac{1}{2}} - \sin\theta} \tag{2.2.14}$$

式(2.2.14)说明，为使圆锥形光纤聚光，光纤有个最小长度 l_0。

上面描述的是光线从大口径端向小口径端的传播情形，随着反射次数的增加，入射角不断减小。因此，在圆锥形光纤中，光线的传播模式随着在纤芯和包层发生反射次数的不同而改变，模式由低次模向高次模转变，全反射条件易受到破坏，部分高次模将渗透到包层及光纤外，从而造成能量的损失。

光线从小口径端向大口径端的传播情形和从大口径端入射的情况相同，在圆锥形光纤中，光线的传播模式随着在纤芯和包层发生反射次数的不同也是改变的。但是，从小口径端入射时，光线的模式由高次模向低次模转变，全反射条件没有被破坏，不存在模式的转换造成的能量损失。对于模式的理解，将在本章后面进行介绍。

课后拓展

本节讲到了圆锥形光纤的光线轨迹。圆锥形光纤的特点是光纤包层和纤芯的直径沿轴向逐渐变小(或变大)，一般可认为在整个锥区包层和纤芯的直径之比保持恒定。由于结构上的独特性，圆锥形光纤在抑制光纤激光器功率放大过程中的非线性效应，提升大模场有源光纤的传输性能、光纤传感等诸多方面都显示出了独特的优势。

为了拓展读者对圆锥形光纤的认识和了解，本节阅读推荐如下：

1. 锥形-可变芯径光纤。
2. 适用于超快激光放大的掺镱大模场锥形光纤。

2.3 变折射率光纤的光线理论与轨迹

在变折射率光纤中，由于纤芯的折射率分布不均匀，光射线的轨迹不再是直线而是曲线。本节将从亥姆霍兹方程出发，推导出光线理论的基本方程——光线方程，并据此分析光线在变折射率光纤中的传播规律。

2.3.1 程函方程和光线方程

在几何光学中，光线定义为等相面的法线，若将场矢量任一分量 $\psi(x,y,z)$ 写成下列形式：

$$\psi(x,y,z) = \psi_0(x,y,z)\exp[-\mathrm{i}k_0 Q(x,y,z)] \tag{2.3.1}$$

$$Q(x,y,z) = \int n(x,y,z)\mathrm{d}S$$

式中，ψ_0 为 ψ 的振幅；$-\mathrm{i}k_0 Q$ 为 ψ 的相位延迟；k_0 为自由空间的波数；$Q(x,y,z)$为光程函数；S 为光线轨迹；$n(x,y,z)$为折射率分布。将式(2.3.1)代入亥姆霍兹方程(2.1.36)中，利用梯度算符运算法则进行化简、整理，并按 k_0 的幂降幂排列，有

$$k_0^2\left(\frac{k^2}{k_0^2} - \nabla Q \cdot \nabla Q\right)\psi_0 - \mathrm{i}k_0(2\,\nabla Q \cdot \nabla\psi_0 + \psi_0\nabla^2 Q) + \nabla^2\psi_0 = 0 \tag{2.3.2}$$

根据光线理论的几何光学近似条件，有光波长 $\lambda_0 \to 0$ 或 $k_0 \to 0$，故式(2.3.2)近似为

$$(\nabla Q)^2 = \frac{k^2}{k_0^2} = n^2(x,y,z) \tag{2.3.3}$$

式(2.3.3)称为程函方程。当折射率分布已知时，可由程函方程求出光程函数 Q，进而由下式确定等相位面：

$$Q(x,y,z) = \text{const} \tag{2.3.4}$$

其中，const 为任意常数。已知光线的传播方向与等相位面的方向垂直，因此等相位面的法线方向即为光线的传播方向，由此便可以确定光线在光纤中的传播轨迹。然而，在光线理论中通常希望能够直接确定光线轨迹的数学表达式，而不是由程函方程建立等相位面来间接确定光线轨迹。

考察图2.3.1所示的光线，其轨迹可由光线 AB 上各点到参考点 O 的矢径 $\boldsymbol{r}$ 描述：

$$\boldsymbol{r} = x\boldsymbol{e}_x + y\boldsymbol{e}_y + z\boldsymbol{e}_z$$

设 S 为光线轨迹，则光线上任意一点的切向单位矢量 $\boldsymbol{\tau}$ 为

$$\boldsymbol{\tau} = \frac{\mathrm{d}\boldsymbol{r}}{\mathrm{d}S} \tag{2.3.5}$$

另外，$\boldsymbol{\tau}$ 垂直于等相位面，所以应与 ∇Q 平行。由程函方程得

$$\boldsymbol{\tau} = \frac{\nabla Q}{n(\boldsymbol{r})} \tag{2.3.6}$$

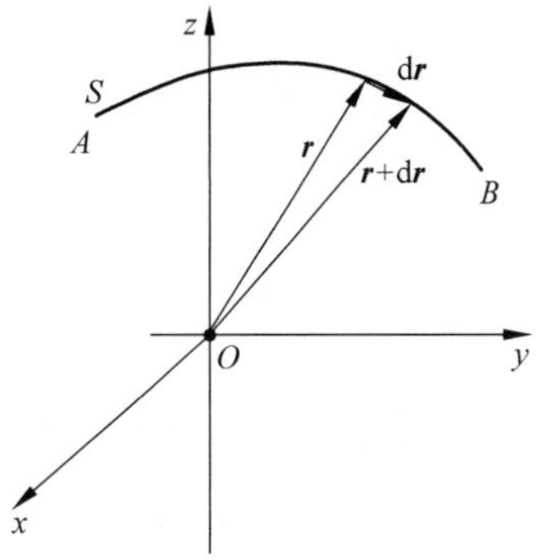

图2.3.1　光线轨迹图

由式(2.3.5)与式(2.3.6)可得

$$n(\boldsymbol{r})\frac{\mathrm{d}\boldsymbol{r}}{\mathrm{d}S} = \nabla Q \tag{2.3.7}$$

对式(2.3.3)求导，可得

$$\nabla Q \cdot \nabla\nabla Q = n(\boldsymbol{r})\nabla n(\boldsymbol{r}) \tag{2.3.8}$$

将式(2.3.7)代入式(2.3.8)：

$$\left(n(\boldsymbol{r})\frac{\mathrm{d}\boldsymbol{r}}{\mathrm{d}S}\cdot\nabla\right)\nabla Q = n(\boldsymbol{r})\nabla n(\boldsymbol{r}) \tag{2.3.9}$$

利用 $\frac{\mathrm{d}}{\mathrm{d}S} = \sum_i \frac{\mathrm{d}x_i}{\mathrm{d}S}\frac{\partial}{\partial x_i} = \frac{\mathrm{d}\boldsymbol{r}}{\mathrm{d}S}\cdot\nabla$ 变换关系以及式(2.3.7)，式(2.3.9)可化简为

$$\frac{\mathrm{d}}{\mathrm{d}S}\left[n(\boldsymbol{r})\frac{\mathrm{d}\boldsymbol{r}}{\mathrm{d}S}\right] = \nabla n(\boldsymbol{r}) \tag{2.3.10}$$

式(2.3.10)一般称为光线方程，它将光线轨迹(由 $\boldsymbol{r}$ 描述)和空间折射率分布 n 联系起来。在已知 $n(\boldsymbol{r})$ 的分布以及给定坐标系后，由初始条件以及式(2.3.10)就可求出光线的轨迹。由于通用性，光线方程可以描述光线在任意光纤波导中传播的光线轨迹。

当光线与 z 轴的夹角很小时，光线方程可取近似形式：

$$\frac{\mathrm{d}}{\mathrm{d}z}\left[n(\boldsymbol{r})\frac{\mathrm{d}\boldsymbol{r}}{\mathrm{d}z}\right] = \nabla n(\boldsymbol{r}) \tag{2.3.11}$$

对于阶跃型折射率光纤(SIOF)，纤芯折射率和包层折射率均为常数，但它们的折射率之间存在跃变。若不考虑跃变点，在两次反射点之间光线轨迹满足的规律如下：

$$n(\boldsymbol{r})\frac{\mathrm{d}\boldsymbol{r}}{\mathrm{d}S}=\text{const} \tag{2.3.12}$$

由式(2.3.12)可知，在阶跃型折射率光纤中光线以直线的形式传播，如图2.3.2(a)所示。

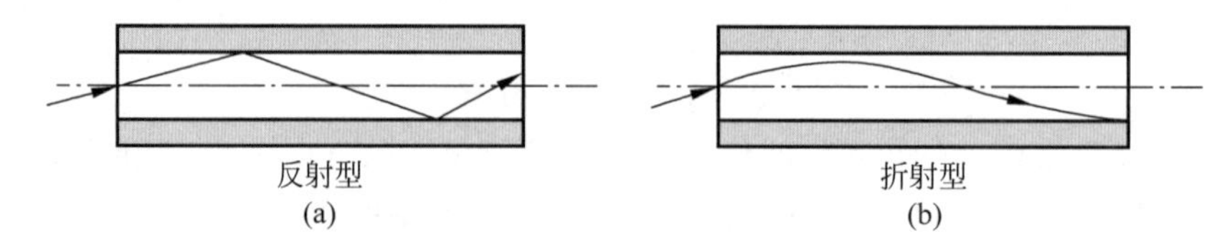

图2.3.2 光纤中的光线传播轨迹

(a) 阶跃型折射率光纤中的光线轨迹；(b) 渐变型折射率光纤中的光线轨迹

【例题1】 求在变折射率光纤中光线传播的轨迹。

解：变折射率光纤是指折射率分布在纵向是均匀的，而在横向是不均匀的光纤，即

$$n(x,y,z)=n(\boldsymbol{r})$$

根据数学关系可得

$$\boldsymbol{N}\cdot\frac{\mathrm{d}}{\mathrm{d}S}\left(\frac{\mathrm{d}\boldsymbol{r}}{\mathrm{d}S}\right)=\frac{1}{R}$$

其中，R 为光线弯曲的曲率半径；$\boldsymbol{N}$ 为光线法向单位矢量。式(2.3.10)变形为

$$\frac{1}{R}=\frac{1}{n(\boldsymbol{r})}\boldsymbol{N}\cdot\nabla n(\boldsymbol{r}) \tag{2.3.12-1}$$

因此，在变折射率光纤中，$\frac{\mathrm{d}\boldsymbol{r}}{\mathrm{d}S}$为一变量，这表示光线在传播过程中会发生弯曲。当光线在光纤中向着折射率减小的方向传输时，$\nabla(\boldsymbol{r})$为负的。由于 $\boldsymbol{N}\cdot\nabla(\boldsymbol{r})$是负值，$1/R$ 也为负值，表示曲率半径为负的。在这种情况下，光线总是向折射率高的区域弯曲，如图2.3.2(b)所示。

2.3.2 变折射率光纤中的光线理论与特性

在变折射率光纤(GIOF)中，折射率随离轴距离的增加而不断改变，其一般形式是：

$$n(r)=\begin{cases} n_1\left[1-2\Delta\left(\dfrac{r}{a}\right)^g\right]^{\frac{1}{2}} & (0\leqslant r\leqslant a) \\ n_2 & (r>a) \end{cases} \tag{2.3.13}$$

相对折射率差为

$$\Delta=\frac{n_1^2-n_2^2}{n_1^2+n_2^2}\approx\frac{n_1^2-n_2^2}{2n_1^2}\approx\frac{n_1-n_2}{n_1} \tag{2.3.14}$$

式中，a 是纤芯半径；n_1 是光纤轴上的折射率；n_2 是光纤包层的折射率；$n(r)$为距离轴 r 处的折射率。当 $g\to\infty$时，折射率分布变为普通的阶跃型；当 $g=2$ 时，光纤为平方律分布光纤(聚焦光纤)；当 $g=1$ 时，纤芯中的折射率随 r 的增大而线性减小。

在理想情况下，变折射率光纤中的折射率分布为轴对称的。在柱坐标系(r,φ,z)中(取光纤轴为 z 轴)，光线方程(2.3.10)可以写成如下分量形式：

$$r\text{ 分量：}\frac{\mathrm{d}}{\mathrm{d}S}\left(n\frac{\mathrm{d}r}{\mathrm{d}S}\right)-nr\left(\frac{\mathrm{d}\varphi}{\mathrm{d}S}\right)^2=\frac{\mathrm{d}n}{\mathrm{d}r} \tag{2.3.15}$$

$$\varphi\text{ 分量：}n\frac{\mathrm{d}r}{\mathrm{d}S}\frac{\mathrm{d}\varphi}{\mathrm{d}S}+\frac{\mathrm{d}}{\mathrm{d}S}\left(nr\frac{\mathrm{d}\varphi}{\mathrm{d}S}\right)=0 \tag{2.3.16}$$

$$z\text{ 分量：}\frac{\mathrm{d}}{\mathrm{d}S}\left(n\frac{\mathrm{d}z}{\mathrm{d}S}\right)=0 \tag{2.3.17}$$

式中，$r=\sqrt{x^2+y^2}$，是光线轨迹上任意一点到光纤轴的距离。

为求解上述柱坐标系(r,φ,z)中的光线方程，首先需要确定初始条件，如图 2.3.3 所示，一根光线从折射率为 n_0 的自由空间入射到光纤端面处，假定入射点的坐标为 $r=r_0$、$z=0$、$\varphi=0$。光纤端面处折射光线的波矢 $\boldsymbol{K}$ 与 $\boldsymbol{K}_z$ 方向的夹角为 θ_z，轨迹切线在横截面上的投影与 $\boldsymbol{K}_r$ 方向的夹角为 ψ_r。

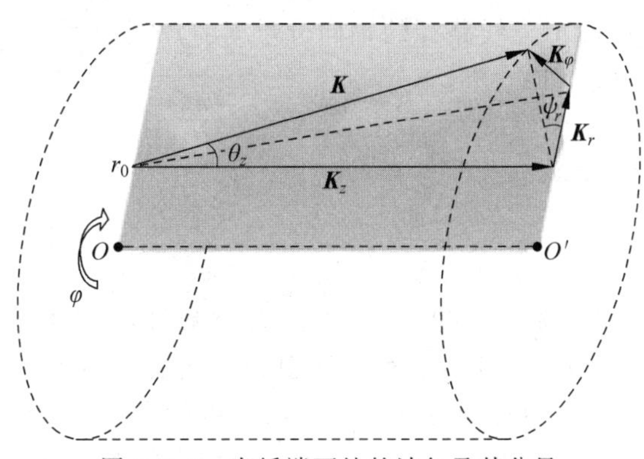

图 2.3.3　光纤端面处的波矢及其分量

由图 2.3.3 可见，光纤端面折射光线的波矢 $\boldsymbol{K}$ 的柱坐标分量为

$$K_r=n(r_0)K_0\sin\theta_z(r_0)\cos\psi_r(r_0) \tag{2.3.18}$$

$$K_\varphi=n(r_0)K_0\sin\theta_z(r_0)\sin\psi_r(r_0) \tag{2.3.19}$$

$$K_z=n(r_0)K_0\cos\theta_z(r_0) \tag{2.3.20}$$

其中，K_0 为真空中的波矢。由于波矢 $\boldsymbol{K}$ 是光线的方向矢量，因此它与光线路径的微分是相互平行的：$\mathrm{d}S/\!/\boldsymbol{K}$，所以有

$$\frac{\mathrm{d}r}{\mathrm{d}S}=\sin\theta_z(r)\cos\psi_r(r) \tag{2.3.21}$$

$$r\frac{\mathrm{d}\varphi}{\mathrm{d}S}=\sin\theta_z(r)\sin\psi_r(r) \tag{2.3.22}$$

$$\frac{\mathrm{d}z}{\mathrm{d}S}=\cos\theta_z(r) \tag{2.3.23}$$

得初始条件：

$$\varphi\,|_{r=r_0}=z\,|_{r=r_0}=0 \tag{2.3.24}$$

$$\left.\frac{\mathrm{d}r}{\mathrm{d}S}\right|_{r=r_0}=\sin\theta_z(r_0)\cos\psi_r(r_0) \tag{2.3.25}$$

$$\left.r\frac{\mathrm{d}\varphi}{\mathrm{d}S}\right|_{r=r_0}=\sin\theta_z(r_0)\sin\psi_r(r_0) \tag{2.3.26}$$

$$\left.\frac{\mathrm{d}z}{\mathrm{d}S}\right|_{r=r_0}=\cos\theta_z(r_0) \tag{2.3.27}$$

接下来分别从轴向、角向以及径向三个方向来描述光线在变折射率光纤中的传播规律。

1. 求解轴向分量

由方程(2.3.17)可得

$$n\frac{\mathrm{d}z}{\mathrm{d}S}=\text{const}=n(r)\cos\theta_z(r)=n(r_0)\cos\theta_z(r_0)=\bar{n} \tag{2.3.28}$$

式中，r_0 是起始径向坐标。式(2.3.28)即为广义折射定律。$\bar{n}$ 是 GIOF 中光线传播的一个射线不变量，称为径向光线常数，它描述了光线的轴向运动。因此，在 GIOF 中，光线遵从的是"广义折射定律"，故有人称之为"折射型光纤"；而在 SIOF 中，光线遵从的是"内全反射原理"，故有人称之为"反射型光纤"。

在传播过程中，波矢 $\boldsymbol{K}$ 沿光线路径的轴向分量 $K_z(r)$ 可以写成

$$K_z(r)=n(r)K_0\frac{\mathrm{d}z}{\mathrm{d}S}=n(r)K_0\cos\theta_z(r)=n(r_0)K_0\cos\theta_z(r_0)=\text{const} \tag{2.3.29}$$

$$K_z=\beta=n(r_0)K_0\cos\theta_z(r_0)=\bar{n}K_0 \tag{2.3.30}$$

$$v_p=\frac{\omega}{\beta}=\frac{c}{\bar{n}} \tag{2.3.31}$$

式中，β 为 z 向传播常数，v_p 为相速度。由式(2.3.29)可知，波矢的轴向分量在传播过程中始终保持不变。式(2.3.31)说明变折射率光纤中的光线沿 z 轴传播的相速度恒定不变，与光线的轴向夹角 θ_z 无关。通过优化变折射率光纤的折射率分布，可以实现比阶跃型折射率光纤更小的模间色散，这意味着在光通信系统中运用变折射率光纤可以实现更大的带宽。

2. 求解角向分量

为求解方程(2.3.16)，先对方程两边同乘 r：

$$nr\frac{\mathrm{d}r}{\mathrm{d}S}\frac{\mathrm{d}\varphi}{\mathrm{d}S}+r\frac{\mathrm{d}}{\mathrm{d}S}\left(nr\frac{\mathrm{d}\varphi}{\mathrm{d}S}\right)=0 \tag{2.3.32}$$

$$\frac{\mathrm{d}}{\mathrm{d}S}\left(nr^2\frac{\mathrm{d}\varphi}{\mathrm{d}S}\right)=\frac{\mathrm{d}}{\mathrm{d}S}\left(r\cdot nr\frac{\mathrm{d}\varphi}{\mathrm{d}S}\right)=nr\frac{\mathrm{d}\varphi}{\mathrm{d}S}\frac{\mathrm{d}r}{\mathrm{d}S}+r\frac{\mathrm{d}}{\mathrm{d}S}\left(nr\frac{\mathrm{d}\varphi}{\mathrm{d}S}\right) \tag{2.3.33}$$

将关系式(2.3.33)代入方程(2.3.32)中，可得

$$\frac{\mathrm{d}}{\mathrm{d}S}\left(nr^2\frac{\mathrm{d}\varphi}{\mathrm{d}S}\right)=0 \tag{2.3.34}$$

$$nr^2\frac{\mathrm{d}\varphi}{\mathrm{d}S}=\text{const}=n(r)r\sin\theta_z(r)\sin\psi_r(r)=n(r_0)r_0\sin\theta_z(r_0)\sin\psi_r(r_0) \tag{2.3.35}$$

在传播过程中，波矢 $n(r)\boldsymbol{K}_0$ 沿光线路径的角向分量可以写成

$$\boldsymbol{K}_\varphi=n(r)K_0r\frac{\mathrm{d}\varphi}{\mathrm{d}S}=n(r)K_0\sin\theta_z(r)\sin\psi_r(r)=\frac{r_0}{r}n(r_0)K_0\sin\theta_z(r_0)\sin\psi_r(r_0) \tag{2.3.36}$$

由式(2.3.36)可知，角向分量在传播过程中要变化，其变化系数为 r_0/r。

引入另一个射线不变量 $\bar{I}$：

$$\bar{I}=nr^2\frac{\mathrm{d}\varphi}{\mathrm{d}S}=n\frac{\mathrm{d}z}{\mathrm{d}S}\cdot r^2\frac{\mathrm{d}\varphi}{\mathrm{d}z}=n(r_0)r_0\sin\theta_z(r_0)\sin\psi_r(r_0) \tag{2.3.37}$$

显然，$\bar{I}$ 描述了光线的角向运动，称之为角向光线常数。

在柱坐标系(r,φ,z)中，传播角度 φ 随传播距离 z 的变化规律为

$$\frac{\mathrm{d}\varphi}{\mathrm{d}z}=\frac{\bar{I}}{\bar{n}r^2}=\frac{r_0}{r^2}\tan\theta_z(r_0)\sin\psi_r(r_0) \tag{2.3.38}$$

由式(2.3.38)可知，要想得知传播角度 φ 随传播距离 z 的变化轨迹，除了需要知道光纤的折射率分布 $n(r)$，初始条件 r_0、$\theta_z(r_0)$、$\psi_r(r_0)$，还需要求出径向分量 r 与传播距离 z 的关系。

注意到光子轨道角动量 J 和角向运动速度 v_J 的定义：

$$J=r^2\omega=r^2\frac{\mathrm{d}\varphi}{\mathrm{d}t}=r^2\frac{\mathrm{d}\varphi}{\mathrm{d}z}\cdot\frac{\mathrm{d}z}{\mathrm{d}t}=\frac{\bar{I}}{\bar{n}}\cdot v_p=\frac{\bar{I}c}{\bar{n}^2} \tag{2.3.39}$$

$$v_J=r\omega=\frac{J}{r}=\frac{\bar{I}c}{r\bar{n}^2} \tag{2.3.40}$$

因此，光线的角动量 J 将保持不变。而光线的角向运动速度 v_J 取决于光线轨迹到光纤轴的距离 r：在最大的 r 处光线转动最慢；在最小的 r 处光线转动最快。

【例题 2】 说明子午光线传播角度的变化规律。

解：对于子午光线来说，

$$\psi_r=0,\quad \sin\psi_r=0 \tag{2.3.41}$$

于是有

$$\bar{I}=0 \tag{2.3.42}$$

角度变化率为

$$\frac{\mathrm{d}\varphi}{\mathrm{d}z}=0 \tag{2.3.43}$$

由于在柱坐标系(r,φ,z)中传播角度 φ 不随传播距离 z 发生变化，因此光线总是保持在同一平面内传播。

3. 求解径向分量

为求解方程(2.3.15)，先对方程两边同乘 n

$$n\frac{\mathrm{d}}{\mathrm{d}S}\left(n\frac{\mathrm{d}r}{\mathrm{d}S}\right)-n^2r\left(\frac{\mathrm{d}\varphi}{\mathrm{d}S}\right)^2=n\frac{\mathrm{d}n}{\mathrm{d}r} \tag{2.3.44}$$

$$n\frac{\mathrm{d}}{\mathrm{d}S}\left(n\frac{\mathrm{d}r}{\mathrm{d}S}\right)=n\frac{\mathrm{d}z}{\mathrm{d}S}\frac{\mathrm{d}}{\mathrm{d}z}\left(n\frac{\mathrm{d}z}{\mathrm{d}S}\frac{\mathrm{d}r}{\mathrm{d}z}\right)=\bar{n}\frac{\mathrm{d}r}{\mathrm{d}z}\frac{\mathrm{d}}{\mathrm{d}r}\left(\bar{n}\frac{\mathrm{d}r}{\mathrm{d}z}\right)=\frac{1}{2}\times\frac{\mathrm{d}}{\mathrm{d}r}\left[\left(\bar{n}\frac{\mathrm{d}r}{\mathrm{d}z}\right)^2\right] \tag{2.3.45}$$

$$n^2r\left(\frac{\mathrm{d}\varphi}{\mathrm{d}S}\right)^2=\frac{n^2r^4\left(\frac{\mathrm{d}\varphi}{\mathrm{d}S}\right)^2}{r^3}=\frac{\bar{I}^2}{r^3}=-\frac{1}{2}\times\frac{\mathrm{d}}{\mathrm{d}r}\left(\frac{\bar{I}^2}{r^2}\right) \tag{2.3.46}$$

$$n\frac{\mathrm{d}n}{\mathrm{d}r}=\frac{1}{2}\times\frac{\mathrm{d}}{\mathrm{d}r}[n^2(r)] \tag{2.3.47}$$

将式(2.3.45)、式(2.3.46)和式(2.3.47)代入方程(2.3.44)中，得

$$\frac{\mathrm{d}}{\mathrm{d}r}\left[\left(\bar{n}\frac{\mathrm{d}r}{\mathrm{d}z}\right)^2\right]+\frac{\mathrm{d}}{\mathrm{d}r}\left(\frac{\bar{I}^2}{r^2}\right)=\frac{\mathrm{d}}{\mathrm{d}r}[n^2(r)] \tag{2.3.48}$$

对式(2.3.48)由 r_0 到 r 积分，可得

$$\left(\bar{n}\frac{\mathrm{d}r}{\mathrm{d}z}\right)^2=n^2(r)-\frac{\bar{I}^2}{r^2}-\bar{n}^2 \tag{2.3.49}$$

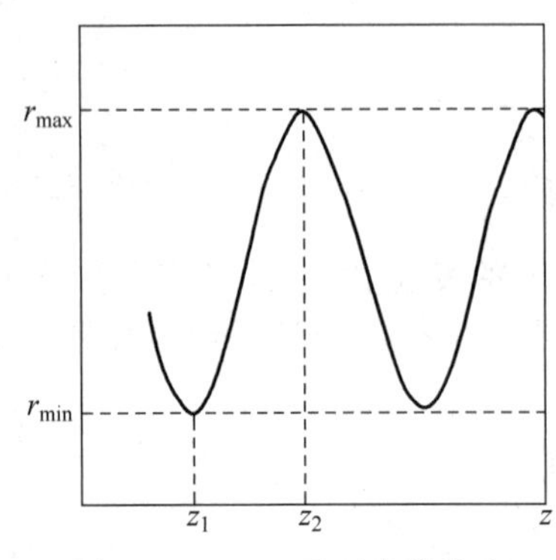

图 2.3.4 r-z 平面光线轨迹

式(2.3.49)即为描述径向运动的方程。对于同一 r 值，$\frac{dr}{dz}$可正可负。当$\frac{dr}{dz}=0$ 时，在径向达到极值点的位置。假定光线在 z_1 和 z_2 处分别达到径向的最小值和最大值，则 r-z 关系曲线关于光纤轴对称并呈周期性振荡，如图 2.3.4 所示。

当$\left.\frac{dr}{dz}\right|_{r=r_0}>0\left(\left.\frac{dr}{dz}\right|_{r=r_0}<0\text{,过程同理}\right)$时，将下列关系式

$\bar{n}=n(r_0)\cos\theta_z(r_0)$，$\bar{l}=n(r_0)r_0\sin\theta_z(r_0)\sin\psi_r(r_0)$

代入式(2.3.49)中，可得

$$\frac{dr}{dz}=\left[\frac{n^2(r)}{n^2(r_0)\cos^2\theta_z(r_0)}-1-\tan^2\theta_z(r_0)\sin^2\psi_r(r_0)\left(\frac{r_0}{r}\right)^2\right]^{\frac{1}{2}} \tag{2.3.50}$$

若对式(2.3.50)由 r_0 到 $r\left(r\text{ 取值范围要保证}\left.\frac{dr}{dz}\right|_{r=r_0}>0\text{ 恒成立}\right)$积分，可得

$$z=\int_{r_0}^{r}\frac{1}{\left[\frac{n^2(r)}{n^2(r_0)\cos^2\theta_z(r_0)}-1-\tan^2\theta_z(r_0)\sin^2\psi_r(r_0)\left(\frac{r_0}{r}\right)^2\right]^{\frac{1}{2}}} \tag{2.3.51}$$

由式(2.3.51)可知，只要知道折射率分布 $n(r)$，初始条件 r_0、$\theta_z(r_0)$、$\psi_r(r_0)$，就可求出 r 与 z 的关系。求解角向分量时提到，在得知光纤的折射率分布 $n(r)$，初始条件 r_0、$\theta_z(r_0)$、$\psi_r(r_0)$，r 与 z 的关系的基础上，可以进一步得到传播角度 φ[在柱坐标系(r,φ,z)中]随传播距离 z 的变化轨迹。因此可以说，初始条件 r_0、$\theta_z(r_0)$、$\psi_r(r_0)$决定了光线在变折射率光纤中的传输轨迹。

光线在变折射率光纤中的传播规律如表 2.3.1 所示。

表 2.3.1 光线在变折射率光纤中的传播规律

	分　量	性　质	不变量的引入
传播规律	轴向	光线沿 z 轴传播的相速度恒定不变	径向光线常数 $\bar{n}$，描述了光线的轴向运动
	角向	光线的角动量保持不变。光线的角向运动速度取决于光线轨迹到光纤轴的距离 r：在最大的 r 处光线转动最慢；在最小的 r 处光线转动最快	角向光线常数 $\bar{l}$，描述了光线的角向运动
	径向	周期性振荡	
结论	在变折射率光纤的折射率分布确定的情况下，光线在变折射率光纤中的传输轨迹是由初始条件 r_0、$\theta_z(r_0)$、$\psi_r(r_0)$决定的		

4. 变折射率光纤中的光线分类

为了便于对变折射率光纤中的光线分类，在式(2.3.49)中，令

$$g(r)=n^2(r)-\frac{\bar{l}^2}{r^2}-\bar{n}^2 \tag{2.3.52}$$

式(2.3.52)可作为光线分类的判据：当 $g(r)\geqslant 0$ 时，光线存在；当 $g(r)<0$ 时，光线不

存在，为光线禁区。下面根据式(2.3.52)来讨论 GIOF 中光线传播的一般特点。为此，将 $g(r)$表达式中的 $n^2(r)$与 $n^2(r)-\dfrac{\bar{I}^2}{r^2}$分别画出，得到图 2.3.5 所示的曲线。

(1) 当满足 $n_2^2<\bar{n}^2<n_1^2$，即 $n_2<n(r_0)\cos\theta_z(r_0)<n_1$ 时，在 $0\leqslant r\leqslant a$ 的区域存在两个极值点 r_{g1} 与 r_{g2}，使得 $g(r)=0$；在 $r<r_{g1}$ 以及 $r>r_{g2}$ 的区域均有 $g(r)<0$，光线不存在。因此，光线被约束在 $r_{g1}\leqslant r\leqslant r_{g2}$ 的"圆筒"中传播，这种光线称为约束光线(导模)，两约束面分别称为内散焦面($r=r_{g1}$)和外散焦面($r=r_{g2}$)，如图 2.3.6 所示(a 为纤芯半径，b 为包层半径)。

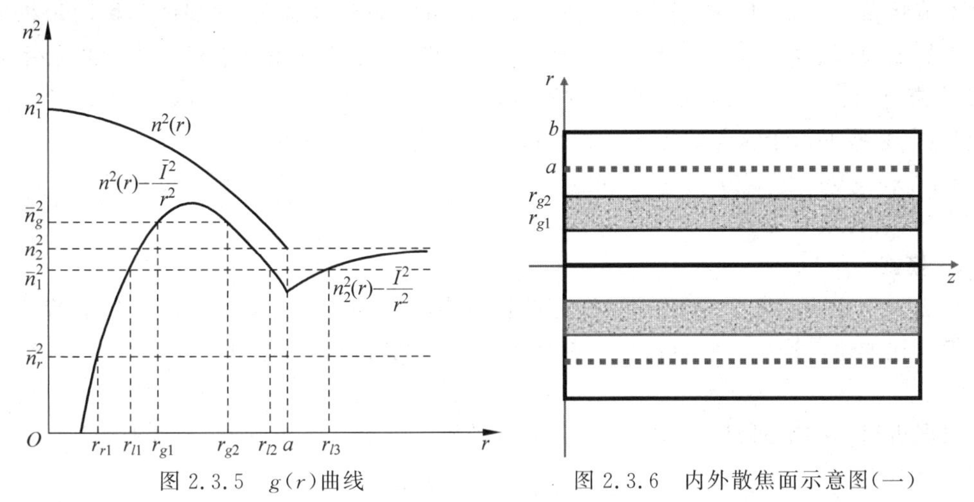

图 2.3.5　$g(r)$曲线　　图 2.3.6　内外散焦面示意图(一)

(2) 当满足 $n_2^2-\bar{I}^2/a^2<\bar{n}^2<n_2^2$ 时，出现三个极值点 r_{l1}、r_{l2} 和 r_{l3}($r_{l3}>a$)，均使得 $g(r)=0$。这时，在纤芯中的 $r_{l1}\leqslant r\leqslant r_{l2}$ 区域以及包层中 $r\geqslant r_{l3}$ 的区域均有 $g(r)>0$，有光线存在；而 $r\leqslant r_{l1}$ 及 $r_{l2}\leqslant r\leqslant r_{l3}$ 的区域是光线禁区。因此，光线不仅在纤芯的内散焦面($r=r_{l1}$)、外散焦面($r=r_{l2}$)之间传播，而且还透过 $r_{l2}\leqslant r\leqslant r_{l3}$ 的光线禁区泄漏到包层中传播。这种光线称为隧道光线(泄漏模)，如图 2.3.7 所示。

(3) 当满足 $0<\bar{n}^2<n_2^2-\bar{I}^2/a^2$ 时，仅有一个极值点 r_{r1} 使得 $g(r)=0$，在 $r>r_{r1}$ 的所有区域均有光线存在，因此光线的约束作用完全消失，光线毫无阻挡地进入包层中传播，这种光线称为折射光线(辐射模)，如图 2.3.8 所示。

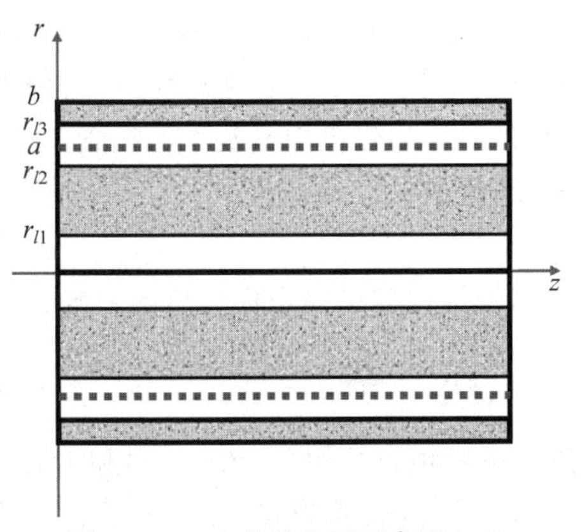

图 2.3.7　内外散焦面示意图(二)

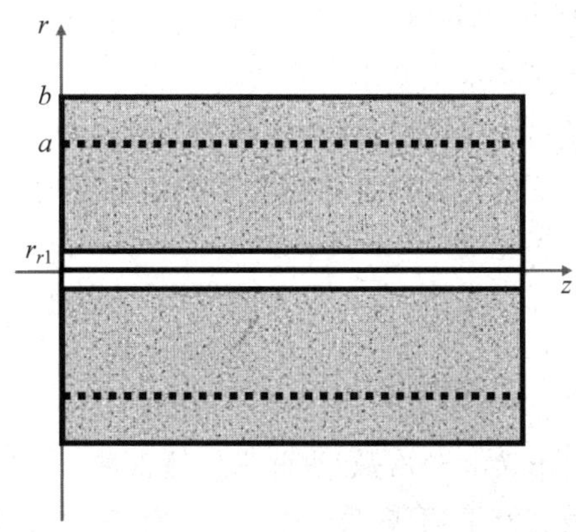

图 2.3.8　内外散焦面示意图(三)

由于光线的初始条件 r_0、$\theta_z(r_0)$决定了 $\bar{n}=n(r_0)\cos\theta_z(r_0)$，光纤中光线的分类情况再次说明了光线在某一变折射率光纤中的传输轨迹是由初始条件 r_0、$\theta_z(r_0)$、$\psi_r(r_0)$决定的。为了实现约束光线(导模)传输，入射光线初始条件要满足变折射率光纤 $n_2^2<\bar{n}^2<n_1^2$ 的要求。

2.4 均匀折射率光纤的波动理论与模场特性

本节将重点介绍均匀折射率光纤波动理论的分析思路和方法，并据此分析均匀折射率光纤中的导模模式特点，以及导模模式临近截止和远离截止的条件。对于均匀折射率光纤而言，其折射率分布不仅沿纵向是均匀的，而且沿横截面的分布也是分区域均匀的。或者说，它只在某些平行于纵向的柱状区域的边界上有折射率的突变。

2.4.1 模式及模式场

1. 模式

由 2.1.2 节波动方程的推导可见，光纤折射率的空间分布是影响光波导传输特性的主要因素。在上述讨论中已假定这种分布是线性、时不变和各向同性的，即

$$n=n(x,y,z)$$

根据折射率的空间分布的均匀性，光波导的分类如表 2.4.1 所示。

表 2.4.1 光波导的分类

名称	分类	细分
光波导	正规光波导(纵向均匀)	横向分层均匀的光波导(均匀光波导)
		横向非均匀的光波导(非均匀光波导)
	非正规光波导(纵向非均匀)	缓变光波导
		迅变光波导
		突变光波导

利用折射率的空间分布分类的方法便于理论分析：不同类型的光波导对应求解不同类型的微分方程。至于实际的光纤，可根据需要划分为其中的某一类。为求解波动方程，尚需注意光纤的结构特征——纵向(光纤的轴向，即光传输的方向)和横向的差别，这是光纤的基本特征。这个基本特征决定了光纤中纵向和横向场解的不同。对于正规光波导，它表现出明显的导光性质，而由正规光波导引出的模式概念则是光波导理论中最基本的概念。

正规光波导是指折射率分布沿纵向均匀的光波导，数学描述为

$$n(x,y,z)=n(x,y)$$

可以证明，在正规光波导中，光场的分布可以表示为横向和纵向坐标分离的形式：

$$\begin{bmatrix}\boldsymbol{E}(x,y,z,t)\\ \boldsymbol{H}(x,y,z,t)\end{bmatrix}=\begin{bmatrix}\boldsymbol{E}(x,y)\\ \boldsymbol{H}(x,y)\end{bmatrix}\mathrm{e}^{\mathrm{i}(\omega t-\beta z)} \tag{2.4.1}$$

式中，β 为相位常数，也称为传播常数，表征了光波传输单位距离的相移；$\boldsymbol{E}(x,y)$和 $\boldsymbol{H}(x,y)$都是复矢量，有幅度、相位和方向，表示了 $\boldsymbol{E}$ 和 $\boldsymbol{H}$ 沿光纤横截面的分布，称为模式场。若不涉及光纤中的非线性问题，则光波在光纤中传输时 ω 保持不变。这种情况下，$\mathrm{e}^{\mathrm{i}\omega t}$ 项可略

去，式(2.4.1)可简化成

$$\begin{bmatrix} \boldsymbol{E}(x,y,z) \\ \boldsymbol{H}(x,y,z) \end{bmatrix} = \begin{bmatrix} \boldsymbol{E}(x,y) \\ \boldsymbol{H}(x,y) \end{bmatrix} \mathrm{e}^{-\mathrm{i}\beta z} \tag{2.4.2}$$

把式(2.4.2)代入式(2.1.31)和式(2.1.32)中，经过计算，可得只有(x,y)两个变量的偏微分方程：

$$\begin{cases} [\nabla_t^2 + (k^2 - \beta^2)]\boldsymbol{E}(x,y) + \nabla_t \left[\boldsymbol{E}(x,y) \cdot \dfrac{\nabla_t \varepsilon}{\varepsilon}\right] - \mathrm{i}\beta \boldsymbol{e}_z \left[\boldsymbol{E}(x,y) \cdot \dfrac{\nabla_t \varepsilon}{\varepsilon}\right] = 0 \\ [\nabla_t^2 + (k^2 - \beta^2)]\boldsymbol{H}(x,y) + \dfrac{\nabla_t \varepsilon}{\varepsilon} \times [\nabla_t \times \boldsymbol{H}(x,y)] - \mathrm{i}\beta \boldsymbol{e}_z \left[\boldsymbol{H}(x,y) \cdot \dfrac{\nabla_t \varepsilon}{\varepsilon}\right] = 0 \end{cases} \tag{2.4.3}$$

式中，下标 t 表示垂直于 z 方向的横向；$\boldsymbol{e}_z$ 为沿 z 方向的单位矢量。根据偏微分方程理论，对于给定的边界条件，简化的麦克斯韦方程组有无穷多个离散的特征解，并可进行排序。每一个特征解为

$$\begin{bmatrix} \boldsymbol{E}_i(x,y) \\ \boldsymbol{H}_i(x,y) \end{bmatrix} \mathrm{e}^{-\mathrm{i}\beta_i z}$$

上述方程的一个特征解为一个模式，光纤中总的光场分布则是这些模式的线性组合：

$$\begin{bmatrix} \boldsymbol{E} \\ \boldsymbol{H} \end{bmatrix} = \sum_i \begin{bmatrix} a_i & \boldsymbol{E}_i(x,y) \\ b_i & \boldsymbol{H}_i(x,y) \end{bmatrix} \mathrm{e}^{-\mathrm{i}\beta_i z}$$

式中，a_i、b_i 是分解系数，其模值表示该模式的相对大小。光纤中的模式可以理解为光纤中的光在传播过程中所呈现出的空间分布形式，它是由入射光的角度和频率以及光纤参数决定的。需要注意的是，由方程(2.4.3)求出的模式只是光波导中光场的一个可能的分布形式，是否真正存在，要看激励条件。不同模式在空间可能具有交叠性，在受到扰动时它们会发生耦合(能量交换)，其分布形式会发生改变。

模式具有以下特性：

(1) 稳定性。一个模式沿纵向传输时，其场分布形式不变，即沿 z 方向有稳定的分布。

(2) 有序性。模式是波动方程的一系列特征解，是离散的、可以排序的。排序方法有两种：按 β 排序和按(x,y)排序。

(3) 叠加性。光波导中总的场分布是这些模式的线性叠加。

(4) 正交性。一个正规光波导的不同模式之间满足正交关系。设$(\boldsymbol{E}_i,\boldsymbol{H}_i)$为第 i 次模，$(\boldsymbol{E}_k,\boldsymbol{H}_k)$为第 k 次模，则可以证明下式成立：

$$\int_{A\to\infty} (\boldsymbol{E}_i \times \boldsymbol{H}_k^*) \cdot \mathrm{d}\boldsymbol{A} = \int_{A\to\infty} (\boldsymbol{E}_i^* \times \boldsymbol{H}_k) \cdot \mathrm{d}\boldsymbol{A} = 0 \quad (i \neq k)$$

式中，A 为积分范围；角标 * 表示取共轭。这就是模式正交性的数学表达式。

2. 模式场的纵向分量和横向分量的关系

在求解光纤中的光场时，可将其分解为纵向分量和横向分量，即有

$$\boldsymbol{E}(x,y,z) = \boldsymbol{E}_t(x,y,z) + \boldsymbol{E}_z(x,y,z)$$

$$\boldsymbol{H}(x,y,z) = \boldsymbol{H}_t(x,y,z) + \boldsymbol{H}_z(x,y,z)$$

其中，下标 z 和 t 分别对应纵向和横向。微分算符∇也可表示为纵向和横向的叠加，即

$$\nabla=\nabla_t+\boldsymbol{e}_z\frac{\partial}{\partial z}$$

式中,$\boldsymbol{e}_z$ 为 z 方向的单位矢量。将以上公式代入各向同性的麦克斯韦方程组,并使等式两边纵向和横向分量各自相等,则可得到光场的纵向分量和横向分量的关系

$$\nabla_t\times\boldsymbol{E}_t(x,y,z)=-\mathrm{i}\omega\mu\boldsymbol{H}_z(x,y,z)\tag{2.4.4}$$

$$\nabla_t\times\boldsymbol{H}_t(x,y,z)=\mathrm{i}\omega\varepsilon\boldsymbol{E}_z(x,y,z)\tag{2.4.5}$$

$$\nabla_t\times\boldsymbol{E}_z(x,y,z)+\boldsymbol{e}_z\times\frac{\partial\boldsymbol{E}_t(x,y,z)}{\partial z}=-\mathrm{i}\omega\mu\boldsymbol{H}_t(x,y,z)\tag{2.4.6}$$

$$\nabla_t\times\boldsymbol{H}_z(x,y,z)+\boldsymbol{e}_z\times\frac{\partial\boldsymbol{H}_t(x,y,z)}{\partial z}=\mathrm{i}\omega\varepsilon\boldsymbol{E}_t(x,y,z)\tag{2.4.7}$$

式(2.4.4)和式(2.4.5)表明横向分量沿横截面的分布永远是有旋的,并取决于对应的纵向分量;式(2.4.6)和式(2.4.7)则表明纵向分量沿横截面的旋度不仅取决于对应的横向分量,还取决于自己的横向分量。

显然,对于二维的模式场,同样有

$$\boldsymbol{E}(x,y)=\boldsymbol{E}_t(x,y)+\boldsymbol{E}_z(x,y),\quad \boldsymbol{H}(x,y)=\boldsymbol{H}_t(x,y)+\boldsymbol{H}_z(x,y)$$

将

$$\begin{bmatrix}\boldsymbol{E}_t(x,y,z)\\\boldsymbol{E}_z(x,y,z)\\\boldsymbol{H}_t(x,y,z)\\\boldsymbol{H}_z(x,y,z)\end{bmatrix}=\begin{bmatrix}\boldsymbol{E}_t(x,y)\\\boldsymbol{E}_z(x,y)\\\boldsymbol{H}_t(x,y)\\\boldsymbol{H}_z(x,y)\end{bmatrix}\mathrm{e}^{-\mathrm{i}\beta z}$$

代入光场的纵向分量和横向分量的关系式(2.4.4)~式(2.4.7)中,可得简化的纵横关系

$$\nabla_t\times\boldsymbol{E}_t(x,y)=-\mathrm{i}\omega\mu\boldsymbol{H}_z(x,y)\tag{2.4.8}$$

$$\nabla_t\times\boldsymbol{H}_t(x,y)=\mathrm{i}\omega\varepsilon\boldsymbol{E}_z(x,y)\tag{2.4.9}$$

$$\nabla_t\times\boldsymbol{E}_z(x,y)-\mathrm{i}\beta\boldsymbol{e}_z\times\boldsymbol{E}_t(x,y)=-\mathrm{i}\omega\mu\boldsymbol{H}_t(x,y)\tag{2.4.10}$$

$$\nabla_t\times\boldsymbol{H}_z(x,y)-\mathrm{i}\beta\boldsymbol{e}_z\times\boldsymbol{H}_t(x,y)=\mathrm{i}\omega\varepsilon\boldsymbol{E}_t(x,y)\tag{2.4.11}$$

由式(2.4.10)和式(2.4.11),利用

$$\nabla_t\times\boldsymbol{E}_z(x,y)=-\boldsymbol{e}_z\times\nabla_t\boldsymbol{E}_z(x,y),\quad \nabla_t\times\boldsymbol{H}_z(x,y)=-\boldsymbol{e}_z\times\nabla_t\boldsymbol{H}_z(x,y)$$

可得

$$-\mathrm{i}\beta\boldsymbol{e}_z\times\boldsymbol{E}_t(x,y)+\mathrm{i}\omega\mu\boldsymbol{H}_t(x,y)=\boldsymbol{e}_z\times\nabla_t E_z(x,y)\tag{2.4.10-1}$$

$$-\mathrm{i}\beta\boldsymbol{e}_z\times\boldsymbol{H}_t(x,y)-\mathrm{i}\omega\varepsilon\boldsymbol{E}_t(x,y)=\boldsymbol{e}_z\times\nabla_t H_z(x,y)\tag{2.4.11-1}$$

再利用 $\boldsymbol{e}_z\times[\boldsymbol{e}_z\times\boldsymbol{E}_t(x,y)]=-\boldsymbol{E}_t(x,y)$,可得

$$\boldsymbol{E}_t(x,y)=\frac{\mathrm{i}}{\omega^2\varepsilon\mu-\beta^2}[\omega\varepsilon\boldsymbol{e}_z\times\nabla_t H_z(x,y)-\beta\cdot\nabla_t E_z(x,y)]\tag{2.4.12}$$

$$\boldsymbol{H}_t(x,y)=\frac{\mathrm{i}}{\omega^2\varepsilon\mu-\beta^2}[\beta\cdot\nabla_t H_z(x,y)-\omega\varepsilon\boldsymbol{e}_z\times\nabla_t E_z(x,y)]\tag{2.4.13}$$

由式(2.4.12)和式(2.4.13)可见,模式场的横向分量可由纵向分量沿横截面的分布唯一确定。可以证明 $\boldsymbol{E}_z$ 和 $\boldsymbol{H}_z$ 在时间上是同相的。由式(2.4.12)和式(2.4.13)还可以得出:若 $\boldsymbol{E}_z$ 和 $\boldsymbol{H}_z$ 为实数,则 $\boldsymbol{E}_t$ 和 $\boldsymbol{H}_t$ 必为纯虚数,即纵向和横向分量之间有 90°的相位差。这种

相位关系说明正规光波导有明显的导光性质。因为光纤中电磁波中的坡印亭矢量 $\boldsymbol{s}$ 表示为

$$\boldsymbol{s}=\boldsymbol{E}\times\boldsymbol{H}^{*}=(\boldsymbol{E}_t+\boldsymbol{E}_z)\times(\boldsymbol{H}_t^{*}+\boldsymbol{H}_z^{*})=\boldsymbol{E}_t\times\boldsymbol{H}_t^{*}+\boldsymbol{E}_t\times\boldsymbol{H}_z^{*}+\boldsymbol{E}_z\times\boldsymbol{H}_t^{*}$$

第一项为实数,代表沿 z 方向的传输能量;后两项为纯虚数,方向为横向,说明横向有功率振荡,但不传输(没有实际的能量流动)。

根据模式场在空间的方向特征,或者说根据包含纵向分量的情况,通常把光纤中的模式分为以下三类:

(1) TEM 模。模式只有横向分量,而无纵向分量,即 $\boldsymbol{E}_z=\boldsymbol{H}_z=\boldsymbol{0}$。

(2) TE 模或 TM 模。模式只有一个纵向分量,即 TE 模有 $\boldsymbol{E}_z=\boldsymbol{0}$,但 $\boldsymbol{H}_z\neq\boldsymbol{0}$;TM 模有 $\boldsymbol{H}_z=\boldsymbol{0}$,但 $\boldsymbol{E}_z\neq\boldsymbol{0}$。

对于 TE 模,由于 $\boldsymbol{E}_z=\boldsymbol{0}$,由式(2.4.10-1)可得

$$\boldsymbol{E}_t=\frac{\omega\mu}{\beta}\boldsymbol{e}_z\times\boldsymbol{H}_t$$

上式说明:电场和磁场的横向分量 $\boldsymbol{E}_t$ 和 $\boldsymbol{H}_t$ 相互垂直,相位相反(在 $\boldsymbol{E}_t$、$\boldsymbol{H}_t$、$\boldsymbol{e}_z$ 三者组成的右手螺旋定则的规定下),幅度大小成比例;比例系数 $\frac{\omega\mu}{\beta}$ 具有阻抗的量纲,定义为 TE 模的波阻抗。

对于 TM 模,由于 $\boldsymbol{H}_z=\boldsymbol{0}$,由式(2.4.11-1)可得

$$\boldsymbol{E}_t=-\frac{\beta}{\omega\varepsilon}\boldsymbol{e}_z\times\boldsymbol{H}_t$$

上式说明:电场和磁场的横向分量 $\boldsymbol{E}_t$ 和 $\boldsymbol{H}_t$ 相互垂直,相位相同,幅度大小成比例;比例系数 $\frac{\beta}{\omega\varepsilon}$ 是波阻抗,但由于 $\varepsilon=\varepsilon(x,y)$,所以波导中各点 TM 模的波阻抗不一定相同,这是与 TE 模的不同之处。

(3) EH 模或 HE 模。模式的两个纵向分量均不为零,即 EH 模有 $\boldsymbol{H}_z\neq\boldsymbol{0}$ 且 $\boldsymbol{E}_z\neq\boldsymbol{0}$,但 $\boldsymbol{E}_z$ 相对较大;HE 模有 $\boldsymbol{H}_z\neq\boldsymbol{0}$ 且 $\boldsymbol{E}_z\neq\boldsymbol{0}$,但 $\boldsymbol{H}_z$ 相对较大。这时,由式(2.4.12)和式(2.4.13)可得

$$\boldsymbol{E}_t\cdot\boldsymbol{H}_t=\frac{1}{\omega^2\mu_0\varepsilon-\beta^2}(\nabla_t E_z)\cdot(\nabla_t H_z)$$

由于 $\boldsymbol{E}_z$、$\boldsymbol{H}_z$ 都不为零,又不为常数,所以 $\boldsymbol{E}_t\cdot\boldsymbol{H}_t\neq 0$,即 $\boldsymbol{E}_t$ 与 $\boldsymbol{H}_t$ 互不垂直,亦无波阻抗概念。

由此可见,光纤中的光场分布和自由空间中的光场分布有明显的差别:一是光纤中的光波无横波(即不存在 TEM 模);二是光纤中的场解是离散的。对于前者,可以证明:当光波导中的 $\boldsymbol{E}_z=\boldsymbol{H}_z=\boldsymbol{0}$ 时,将其分别代入式(2.4.12)和式(2.4.13),得到 $\boldsymbol{E}_t$ 和 $\boldsymbol{H}_t$ 均为零,即光纤中不存在电磁场,所以光纤中不可能存在 TEM 模。虽然如此,有时为了分析方便,在 $|\boldsymbol{E}_z|\ll|\boldsymbol{E}_t|$,$|\boldsymbol{H}_z|\ll|\boldsymbol{H}_t|$ 的情况下(很多情况下是满足的),仍可把这些模式当 TEM 模处理。

2.4.2　阶跃型折射率光纤的模式分析

阶跃型折射率光纤(二层圆均匀光纤)只有纤芯和一个包层,是一种结构最为简单的均匀折射率光纤。本节将以均匀折射率光纤为例,采用理想的数学模型,即认为光纤是一种无限大的直圆柱系统,包层沿径向无限延展,并利用波动光学的方法对其进行模式分析。

均匀折射率光纤中模场的求解一般有两种方法：矢量法和标量法。矢量法是求解 $\boldsymbol{E}$、$\boldsymbol{H}$ 两个特征参量的三个分量，是一种精确求解方法。标量法则是认为光纤中模场的横向分量无取向性，即各方向机会均等。矢量法和标量法的求解过程不同，所得结果和模场的表示方法也有差别。矢量法是先求纵向分量，再由已求得的纵向分量求横向分量。标量法则是先求横向分量，再由横向分量求纵向分量。下面对此分别说明。

1. 矢量法

矢量法的求解思路如下：首先求解关于纵向分量 $\boldsymbol{E}_z$、$\boldsymbol{H}_z$ 的波导场方程；再根据纵向分量与横向分量的关系求出其余各分量；然后根据边界条件导出求解关于相位常数 β 的特征方程；接下来分别在特征方程中的 $W\to 0$ 和 $W\to\infty$ 时，得到模式临近截止和远离截止的情形；最后绘出色散曲线。

1）柱坐标系下的纵横关系式

根据式(2.4.2)，在柱坐标系(r,φ,z)下，均匀折射率光纤中的场分布可表示为

$$\begin{bmatrix}\boldsymbol{E}(r,\varphi,z,t)\\ \boldsymbol{H}(r,\varphi,z,t)\end{bmatrix}=\begin{bmatrix}\boldsymbol{E}(r,\varphi)\\ \boldsymbol{H}(r,\varphi)\end{bmatrix}\mathrm{e}^{\mathrm{i}(\omega t-\beta z)} \tag{2.4.14}$$

根据纵横关系式(2.4.12)和式(2.4.13)，E_r、E_φ、H_r 和 H_φ 与 E_z、H_z 分量满足如下关系：

$$E_r(r,\varphi)=\frac{-\mathrm{i}}{\omega^2\varepsilon\mu-\beta^2}\left[\beta\frac{\partial E_z(r,\varphi)}{\partial r}+\frac{\omega\mu}{r}\frac{\partial H_z(r,\varphi)}{\partial\varphi}\right] \tag{2.4.15}$$

$$E_\varphi(r,\varphi)=\frac{-\mathrm{i}}{\omega^2\varepsilon\mu-\beta^2}\left[\frac{\beta}{r}\frac{\partial E_z(r,\varphi)}{\partial\varphi}-\omega\mu\frac{\partial H_z(r,\varphi)}{\partial r}\right] \tag{2.4.16}$$

$$H_r(r,\varphi)=\frac{\mathrm{i}}{\omega^2\varepsilon\mu-\beta^2}\left[\frac{\omega\varepsilon}{r}\frac{\partial E_z(r,\varphi)}{\partial\varphi}-\beta\frac{\partial H_z(r,\varphi)}{\partial r}\right] \tag{2.4.17}$$

$$H_\varphi(r,\varphi)=\frac{-\mathrm{i}}{\omega^2\varepsilon\mu-\beta^2}\left[\omega\varepsilon\frac{\partial E_z(r,\varphi)}{\partial r}+\frac{\beta}{r}\frac{\partial H_z(r,\varphi)}{\partial\varphi}\right] \tag{2.4.18}$$

由式(2.4.15)至式(2.4.18)可见，场分量 E_r、E_φ、H_r 和 H_φ 仅与 E_z、H_z 有关。因此，均匀折射率光纤中模场的求解问题可化简为求解光纤的纵向场分量。

2）纵向场分量的求解

阶跃型折射率光纤的折射率分布为

$$n(r)=\begin{cases}n_1(\text{常数}), & r\leqslant a\\ n_2(\text{常数}), & r>a\end{cases}$$

光纤内光场所满足的矢量亥姆霍兹方程为

$$\begin{cases}\nabla^2\boldsymbol{E}(r,\varphi,z)+k^2\boldsymbol{E}(r,\varphi,z)=0\\ \nabla^2\boldsymbol{H}(r,\varphi,z)+k^2\boldsymbol{H}(r,\varphi,z)=0\end{cases}$$

对于柱坐标系，有

$$(\nabla^2\boldsymbol{E}_z)_z=\nabla^2\boldsymbol{E}_z,\quad(\nabla^2\boldsymbol{H}_z)_z=\nabla^2\boldsymbol{H}_z$$

因此，在柱坐标系中，$\boldsymbol{E}_z$、$\boldsymbol{H}_z$ 分量满足同样形式的标量方程，即

$$\begin{cases}\nabla^2E_z(r,\varphi,z)+k^2E_z(r,\varphi,z)=0\\ \nabla^2H_z(r,\varphi,z)+k^2H_z(r,\varphi,z)=0\end{cases} \tag{2.4.19}$$

将 $E_z(r,\varphi,z)=E_z(r,\varphi)\mathrm{e}^{-\mathrm{i}\beta z}$ 和 $H_z(r,\varphi,z)=H_z(r,\varphi)\mathrm{e}^{-\mathrm{i}\beta z}$ 代入式(2.4.19)中，并利用关系式 $k^2=n^2k_0^2$，可得纵向场分量 E_z、H_z 在柱坐标系下满足如下波导场方程：

$$\begin{cases}\dfrac{\partial^2 E_z(r,\varphi)}{\partial r^2}+\dfrac{1}{r}\dfrac{\partial E_z(r,\varphi)}{\partial r}+\dfrac{1}{r^2}\dfrac{\partial E_z(r,\varphi)}{\partial \varphi^2}+(n^2k_0^2-\beta^2)E_z(r,\varphi)=0\\ \dfrac{\partial^2 H_z(r,\varphi)}{\partial r^2}+\dfrac{1}{r}\dfrac{\partial H_z(r,\varphi)}{\partial r}+\dfrac{1}{r^2}\dfrac{\partial H_z(r,\varphi)}{\partial \varphi^2}+(n^2k_0^2-\beta^2)H_z(r,\varphi)=0\end{cases} \tag{2.4.20}$$

当 $n=n_1$ 时，方程(2.4.20)对应于纤芯的解；当 $n=n_2$ 时，方程(2.4.20)对应于包层的解。不难看出，光纤纵向电场分量 E_z 和纵向磁场分量 H_z 具有相同的形式。因此，求解出 E_z，H_z 的形式也可得知。

采用分离变量法：设 $E_z(r,\varphi)=R(r)\varphi(\varphi)$，将其代入方程(2.4.20)中，可得

$$\frac{r^2R''(r)}{R(r)}+\frac{rR'(r)}{R(r)}+\frac{\varphi''(\varphi)}{\varphi(\varphi)}+r^2(n^2k_0^2-\beta^2)=0 \tag{2.4.21}$$

令 $\dfrac{\varphi''(\varphi)}{\varphi(\varphi)}=-m^2(m=0,\pm1,\pm2,\pm3,\cdots)$，得

$$\phi''(\varphi)+m^2\phi(\varphi)=0 \tag{2.4.22}$$

$$r^2R''(r)+rR'(r)+[r^2(n^2k_0^2-\beta^2)-m^2]R(r)=0 \tag{2.4.23}$$

方程(2.4.22)与介质的折射率无关，因而在纤芯和包层中的解具有相同的形式，即

$$\phi(\varphi)=\mathrm{e}^{-\mathrm{i}m\varphi},\quad m=0,\pm1,\pm2,\pm3,\cdots$$

而方程(2.4.23)与介质的折射率有关，在纤芯和包层中的解具有不同的形式。

(1) 当 $n=n_1$ 时，光在纤芯内传播，$n_1^2k_0^2-\beta^2>0$ 代表传播模式。方程(2.4.23)为 m 阶贝塞尔方程，其解为

$$R(r)=A\mathrm{J}_m(\sqrt{n_1^2k_0^2-\beta^2}\,r)+B\mathrm{Y}_m(\sqrt{n_1^2k_0^2-\beta^2}\,r)$$

其中，J_m 和 Y_m 分别为第一类贝塞尔函数和第二类贝塞尔函数，如图 2.4.1 所示。

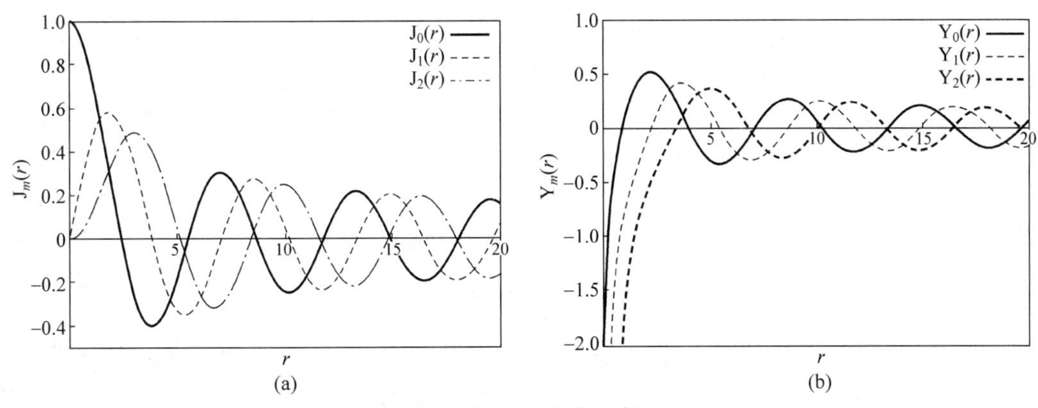

图 2.4.1　贝塞尔函数

(a) 第一类贝塞尔函数；(b) 第二类贝塞尔函数

由于 $r\rightarrow0$ 时，$\mathrm{J}_0=1$，$\mathrm{J}_m=0(m\neq0)$，$\mathrm{Y}_m\rightarrow\infty$，受自然边界条件所限，故光纤内只保留 $\mathrm{J}_m(\sqrt{n_1^2k_0^2-\beta^2}\,r)$ 项。

(2) 当 $n=n_2$ 时，光在包层内传播，$n_2^2k_0^2-\beta^2<0$ 代表衰减模式。方程(2.4.23)为 m 阶虚宗量贝塞尔方程，其解为

$$R(r)=C\mathrm{I}_m(\sqrt{\beta^2-n_2^2k_0^2}\,r)+D\mathrm{K}_m(\sqrt{\beta^2-n_2^2k_0^2}\,r)$$

其中，I_m 和 K_m 分别为第一类虚宗量贝塞尔函数和第二类虚宗量贝塞尔函数，如图 2.4.2 所示。值得注意的是，包层中的光沿径向传播，当到达包层外表面时，场已经衰减至很小，可以忽略不计，则可以认为包层很厚，径向延伸至无穷远处。

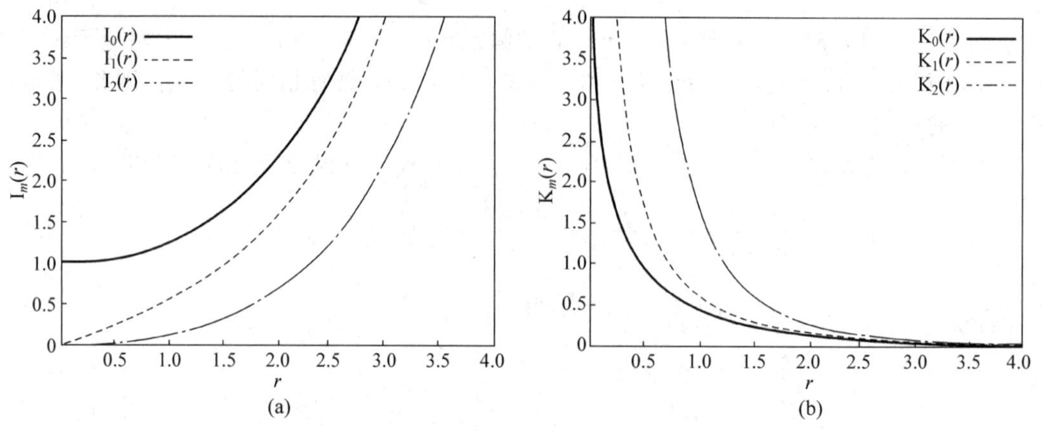

图 2.4.2 虚宗量贝塞尔函数

(a) 第一类虚宗量贝塞尔函数；(b) 第二类虚宗量贝塞尔函数

根据虚宗量贝塞尔函数的性质，有

$$\mathrm{I}_m(r)\approx\frac{\mathrm{e}^r}{\sqrt{2\pi r}},\quad r\rightarrow\infty$$

$$\mathrm{K}_m(r)\approx\sqrt{\frac{\pi}{2r}}\,\mathrm{e}^{-r},\quad r\rightarrow\infty$$

由于 $r\rightarrow\infty$ 时，$\mathrm{I}_m\rightarrow\infty$，$\mathrm{K}_m\rightarrow 0$，受自然边界条件所限，故光纤内只保留 $\mathrm{K}_m(\sqrt{\beta^2-n_2^2k_0^2}\,r)$ 项。

综上所述，光纤中纵向电场分量和磁场分量可表示为

$$E_z(r,\varphi)=\begin{cases}A\mathrm{J}_m(\sqrt{n_1^2k_0^2-\beta^2}\,r)\mathrm{e}^{-\mathrm{i}m\varphi}, & r\leqslant a\\ D\mathrm{K}_m(\sqrt{\beta^2-n_2^2k_0^2}\,r)\mathrm{e}^{-\mathrm{i}m\varphi}, & r>a\end{cases}\tag{2.4.24}$$

$$H_z(r,\varphi)=\begin{cases}A'\mathrm{J}_m(\sqrt{n_1^2k_0^2-\beta^2}\,r)\mathrm{e}^{-\mathrm{i}m\varphi}, & r\leqslant a\\ D'\mathrm{K}_m(\sqrt{\beta^2-n_2^2k_0^2}\,r)\mathrm{e}^{-\mathrm{i}m\varphi}, & r>a\end{cases}\tag{2.4.25}$$

式中，A、D、A' 和 D' 均为待定常数。公式(2.4.24)和公式(2.4.25)的含义是：在光纤纤芯中的场是振荡着衰减的；在包层中的场以近乎指数的速率迅速衰减。因此，光场绝大部分都约束在纤芯之中，但这并不意味着在包层中的光场就为零，在包层中仍存在一小部分能量。

3) 本征方程

将 $E_z(r,\varphi)=E_z(r)\mathrm{e}^{-\mathrm{i}m\varphi}$，$H_z(r,\varphi)=H_z(r)\mathrm{e}^{-\mathrm{i}m\varphi}$ 代入式(2.4.15)～式(2.4.18)中，得到简化的纵横关系式：

$$E_r(r)=\frac{-\mathrm{i}}{\omega^2\varepsilon\mu-\beta^2}\left(\beta\frac{\mathrm{d}E_z(r)}{\mathrm{d}r}-\frac{\mathrm{i}m\omega\mu}{r}H_z(r)\right) \tag{2.4.26}$$

$$E_\varphi(r)=\frac{\mathrm{i}}{\omega^2\varepsilon\mu-\beta^2}\left(\frac{\mathrm{i}m\beta}{r}E_z(r)+\omega\mu\frac{\mathrm{d}H_z(r)}{\mathrm{d}r}\right) \tag{2.4.27}$$

$$H_r(r)=\frac{-\mathrm{i}}{\omega^2\varepsilon\mu-\beta^2}\left(\frac{\mathrm{i}m\omega\varepsilon}{r}E_z(r)+\beta\frac{\mathrm{d}H_z(r)}{\mathrm{d}r}\right) \tag{2.4.28}$$

$$H_\varphi(r)=\frac{-\mathrm{i}}{\omega^2\varepsilon\mu-\beta^2}\left(\omega\varepsilon\frac{\mathrm{d}E_z(r)}{\mathrm{d}r}-\frac{\mathrm{i}m\beta}{r}H_z(r)\right) \tag{2.4.29}$$

为了简化计算，引入两个新变量，它们满足：

$$\begin{cases}U^2=(n_1^2k_0^2-\beta^2)a^2\\ W^2=(\beta^2-n_2^2k_0^2)a^2\end{cases},\quad 且\ V^2=U^2+W^2$$

式中，U 和 W 分别称为归一化径向相位常数和归一化径向衰减常数，分别代表了光场在纤芯和包层中沿径向的衰减速度；V 称为光纤归一化频率。此时，式(2.4.24)和式(2.4.25)化简为

$$E_z(r,\varphi)=\begin{cases}A\mathrm{J}_m\left(\frac{U}{a}r\right)\mathrm{e}^{-\mathrm{i}m\varphi}, & r\leqslant a\\ D\mathrm{K}_m\left(\frac{W}{a}r\right)\mathrm{e}^{-\mathrm{i}m\varphi}, & r>a\end{cases} \tag{2.4.30}$$

$$H_z(r,\varphi)=\begin{cases}A'\mathrm{J}_m\left(\frac{U}{a}r\right)\mathrm{e}^{-\mathrm{i}m\varphi}, & r\leqslant a\\ D'\mathrm{K}_m\left(\frac{W}{a}r\right)\mathrm{e}^{-\mathrm{i}m\varphi}, & r>a\end{cases} \tag{2.4.31}$$

将式(2.4.30)和式(2.4.31)代入式(2.4.26)～式(2.4.29)中，可得 E_r、E_φ、H_r 和 H_φ 分量。

(1) 在纤芯($r\leqslant a$)中有

$$\begin{bmatrix}E_r(r)\\E_\varphi(r)\\H_r(r)\\H_\varphi(r)\end{bmatrix}=\frac{\mathrm{i}a}{U^2}\begin{bmatrix}-\beta U\mathrm{J}'_m\left(\frac{U}{a}r\right) & \frac{\mathrm{i}m\omega\mu a}{r}\mathrm{J}_m\left(\frac{U}{a}r\right)\\ \frac{\mathrm{i}m\beta a}{r}\mathrm{J}_m\left(\frac{U}{a}r\right) & \omega\mu U\mathrm{J}'_m\left(\frac{U}{a}r\right)\\ \frac{-\mathrm{i}m\omega\varepsilon_1 a}{r}\mathrm{J}_m\left(\frac{U}{a}r\right) & -\beta U\mathrm{J}'_m\left(\frac{U}{a}r\right)\\ -\omega\varepsilon_1U\mathrm{J}'_m\left(\frac{U}{a}r\right) & \frac{\mathrm{i}m\beta a}{r}\mathrm{J}_m\left(\frac{U}{a}r\right)\end{bmatrix}\begin{bmatrix}A\\A'\end{bmatrix} \tag{2.4.32}$$

(2) 在包层($r>a$)中有

$$\begin{bmatrix}E_r(r)\\E_\varphi(r)\\H_r(r)\\H_\varphi(r)\end{bmatrix}=\frac{\mathrm{i}a}{W^2}\begin{bmatrix}\beta W\mathrm{K}'_m\left(\frac{W}{a}r\right) & \frac{-\mathrm{i}m\omega\mu a}{r}\mathrm{K}_m\left(\frac{W}{a}r\right)\\ \frac{-\mathrm{i}m\beta a}{r}\mathrm{K}_m\left(\frac{W}{a}r\right) & -\omega\mu W\mathrm{K}'_m\left(\frac{W}{a}r\right)\\ \frac{\mathrm{i}m\omega\varepsilon_2 a}{r}\mathrm{K}_m\left(\frac{W}{a}r\right) & \beta W\mathrm{K}'_m\left(\frac{W}{a}\right)\\ \omega\varepsilon_2W\mathrm{K}'_m\left(\frac{W}{a}r\right) & \frac{-\mathrm{i}m\beta a}{r}\mathrm{K}_m\left(\frac{U}{a}r\right)\end{bmatrix}\begin{bmatrix}D\\D'\end{bmatrix} \tag{2.4.33}$$

式(2.4.32)和式(2.4.33)为均匀折射率分布光纤模式场的解析解。利用场在边界条件上的连续条件,可得出求解 β 的方程。由于模式场的解析式中只有 4 个未知量(A、D、A'、D'),所以只需取 4 个连续的条件,即电场和磁场在纤芯和包层界面满足切向分量连续:

$$\begin{bmatrix} E_\varphi(a) \\ H_\varphi(a) \\ E_z(a) \\ H_z(a) \end{bmatrix}_{\text{纤芯}} = \begin{bmatrix} E_\varphi(a) \\ H_\varphi(a) \\ E_z(a) \\ H_z(a) \end{bmatrix}_{\text{包层}} \tag{2.4.34}$$

$$\begin{bmatrix} E_\varphi(a) \\ H_\varphi(a) \\ E_z(a) \\ H_z(a) \end{bmatrix}_{\text{纤芯}} = \begin{bmatrix} \dfrac{-m\beta a}{U^2}\mathrm{J}_m(U) & \dfrac{\mathrm{i}\omega\mu a}{U}\mathrm{J}'_m(U) \\ \dfrac{-\mathrm{i}\omega\varepsilon_1 a}{U}\mathrm{J}'_m(U) & \dfrac{-m\beta a}{U^2}\mathrm{J}_m(U) \\ \mathrm{J}_m(U) & 0 \\ 0 & \mathrm{J}_m(U) \end{bmatrix} \begin{bmatrix} A \\ A' \end{bmatrix} = G(U)\begin{bmatrix} A \\ A' \end{bmatrix} \tag{2.4.35}$$

$$\begin{bmatrix} E_\varphi(a) \\ H_\varphi(a) \\ E_z(a) \\ H_z(a) \end{bmatrix}_{\text{包层}} = \begin{bmatrix} \dfrac{m\beta a}{W^2}\mathrm{K}_m(W) & \dfrac{-\mathrm{i}\omega\mu a}{W}\mathrm{K}'_m(W) \\ \dfrac{\mathrm{i}\omega\varepsilon_2 a}{W}\mathrm{K}'_m(W) & \dfrac{m\beta a}{W^2}\mathrm{K}_m(W) \\ \mathrm{K}_m(W) & 0 \\ 0 & \mathrm{K}_m(W) \end{bmatrix} \begin{bmatrix} D \\ D' \end{bmatrix} = H(W)\begin{bmatrix} D \\ D' \end{bmatrix} \tag{2.4.36}$$

要使方程(2.4.34)有非零解,其行列式必须为零:

$$\begin{vmatrix} \dfrac{-m\beta a}{U^2}\mathrm{J}_m(U) & \dfrac{\mathrm{i}\omega\mu a}{U}\mathrm{J}'_m(U) & \dfrac{-m\beta a}{W^2}\mathrm{K}_m(W) & \dfrac{\mathrm{i}\omega\mu a}{W}\mathrm{K}'_m(W) \\ \dfrac{-\mathrm{i}\omega\varepsilon_1 a}{U}\mathrm{J}'_m(U) & \dfrac{-m\beta a}{U^2}\mathrm{J}_m(U) & \dfrac{-\mathrm{i}\omega\varepsilon_2 a}{W}\mathrm{K}'_m(W) & \dfrac{-m\beta a}{W^2}\mathrm{K}_m(W) \\ \mathrm{J}_m(U) & 0 & -\mathrm{K}_m(W) & 0 \\ 0 & \mathrm{J}_m(U) & 0 & -\mathrm{K}_m(W) \end{vmatrix} = 0 \tag{2.4.37}$$

式(2.4.37)化简后得

$$\beta^2 m^2\left(\frac{1}{U^2}+\frac{1}{W^2}\right)^2 = \left[\frac{1}{U}\frac{\mathrm{J}'_m(U)}{\mathrm{J}_m(U)}+\frac{1}{W}\frac{\mathrm{K}'_m(W)}{\mathrm{K}_m(W)}\right]\left[\frac{n_1^2k_0^2}{U}\frac{\mathrm{J}'_m(U)}{\mathrm{J}_m(U)}+\frac{n_2^2k_0^2}{W}\frac{\mathrm{K}'_m(W)}{\mathrm{K}_m(W)}\right] \tag{2.4.38}$$

利用关系式 $U^2/(n_1^2k_0^2-\beta^2)=W^2/(\beta^2-n_2^2k_0^2)$,式(2.4.38)可以改写成

$$m^2\left(\frac{1}{U^2}+\frac{1}{W^2}\right)\left(\frac{n_1^2}{U^2}+\frac{n_2^2}{W^2}\right) = \left[\frac{1}{U}\frac{\mathrm{J}'_m(U)}{\mathrm{J}_m(U)}+\frac{1}{W}\frac{\mathrm{K}'_m(W)}{\mathrm{K}_m(W)}\right]\left[\frac{n_1^2}{U}\frac{\mathrm{J}'_m(U)}{\mathrm{J}_m(U)}+\frac{n_2^2}{W}\frac{\mathrm{K}'_m(W)}{\mathrm{K}_m(W)}\right] \tag{2.4.39}$$

式(2.4.38)和式(2.4.39)即为本征方程,它实际上是一个关于 β 的超越方程。当 n_1、n_2、a 和 k_0 给定时,对于不同的 m 值,可求得相应的 β 值。因为贝塞尔函数及其导数具有周期振荡性质,对于每一个 m 值,满足上述方程的 β 通常有多个解,所以本征方程可以有多

个不同的解 $\beta_{mn}(m=1,2,\cdots)$，每一个 β_{mn} 都对应于一个导模。

令

$$\bar{J}_m=\frac{1}{U}\frac{J'_m(U)}{J_m(U)},\quad \bar{K}_m=\frac{1}{W}\frac{K'_m(W)}{K_m(W)}$$

将其代入式(2.4.39)中，可得

$$m^2\left(\frac{1}{U^2}+\frac{1}{W^2}\right)\left(\frac{n_1^2}{U^2}+\frac{n_2^2}{W^2}\right)=(\bar{J}_m+\bar{K}_m)(n_1^2\bar{J}_m+n_2^2\bar{K}_m) \tag{2.4.40}$$

式(2.4.40)可视为 $\bar{J}_m$ 的一元二次方程，其解为

$$\bar{J}_m=-\frac{1}{2}\left(1+\frac{n_2^2}{n_1^2}\right)\bar{K}_m\pm\frac{1}{2}\sqrt{\left(1+\frac{n_2^2}{n_1^2}\right)^2\bar{K}_m^2-4\left[\frac{n_2^2}{n_1^2}\bar{K}_m^2-m^2\left(\frac{1}{U^2}+\frac{n_2^2}{n_1^2}\frac{1}{W^2}\right)\left(\frac{1}{U^2}+\frac{1}{W^2}\right)\right]} \tag{2.4.41}$$

式(2.4.41)右侧第二项取正号时的模式定义为 EH_{mn} 模；取负号时的模式定义为 HE_{mn} 模。对于弱导光纤有 $n_1\approx n_2$，则式(2.4.41)可化简为

$$\bar{J}_m=-\bar{K}_m\pm m\left(\frac{1}{U^2}+\frac{1}{W^2}\right) \tag{2.4.42}$$

式(2.4.41)和式(2.4.42)是光纤场解的一般结果，要由它求出光纤的具体解仍然很困难。但有两种可很容易地确定本征值的情形，这就是导模处于截止状态和远离截止状态。截止状态是指光纤中传输的光波，处于纤芯和包层分界面全反射的临界点，不满足全反射的光波就不可能在光纤中沿光纤轴继续传播，而是泄漏到包层中去。截止条件为 $W\to 0, U\to V$。远离截止状态则是指纤芯中光波沿近于光纤轴的方向传播，始终满足全反射条件。远离截止条件为 $V\to\infty, W\to\infty, U\to$ 有限值。

4）模式本征值的求解与截止条件

(1) TE 模(TE_{0n})

对于 TE 模，$E_z=0, m=0, H_z\neq 0$，满足的本征值方程为

$$\frac{1}{U}\frac{J'_0(U)}{J_0(U)}+\frac{1}{W}\frac{K'_0(W)}{K_0(W)}=0 \tag{2.4.43}$$

利用贝塞尔函数的递推公式：

$$\begin{cases}J'_0(U)=-J_1(U)\\ K'_0(W)=-K_1(W)\end{cases} \tag{2.4.44}$$

此时，本征值方程(2.4.43)变为

$$\frac{1}{U}\frac{J_1(U)}{J_0(U)}+\frac{1}{W}\frac{K_1(W)}{K_0(W)}=0 \tag{2.4.45}$$

当 TE_{0n} 模截止($W\to 0$)时

$$W\to 0,\quad K_0(W)\to -\ln\left(\frac{W}{2}\right),\quad K_1(W)\to\frac{1}{W}$$

所以

$$W\to 0,\quad \frac{WK_0(W)}{K_1(W)}\to 0$$

因此有

$$W \to 0, \quad \frac{U\mathrm{J}_0(U)}{\mathrm{J}_1(U)} \to 0, \quad U \neq 0$$

得截止条件为

$$\mathrm{J}_0(U_{0n}^{\mathrm{c}}) = 0$$

其中，U_{0n}^{c} 即为 TE_{0n} 模截止时的本征值，它是 $\mathrm{J}_0=0$ 的根，根据 $\mathrm{J}_0(U)$ 的函数曲线（见图 2.4.3），可得到截止时的本征值分别为 $U_{01}^{\mathrm{c}}=2.405$，$U_{02}^{\mathrm{c}}=5.520$，$U_{03}^{\mathrm{c}}=8.654$，$U_{04}^{\mathrm{c}}=11.792$，……。

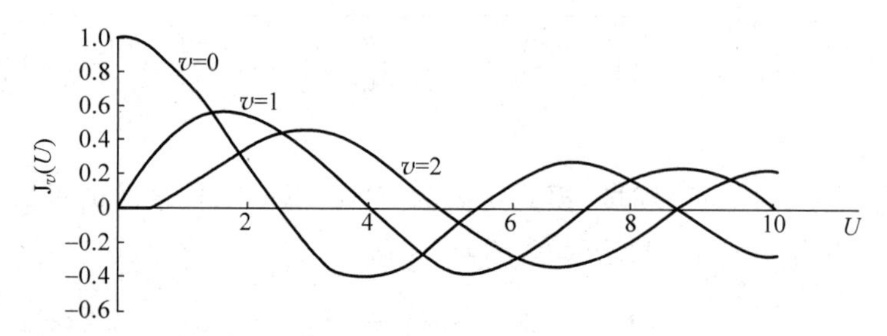

图 2.4.3 $\mathrm{J}_v(U)$的函数曲线

当 TE_{0n} 模远离截止（$W\to\infty$）时

$$W \to \infty, \quad \mathrm{K}_m(W) \to \sqrt{\frac{\pi}{2W}}\mathrm{e}^{-W}$$

所以

$$W \to \infty, \quad \frac{\mathrm{K}_1(W)}{W\mathrm{K}_0(W)} \to 0$$

因此有

$$W \to \infty, \quad \frac{\mathrm{J}_1(U)}{U\mathrm{J}_0(U)} \to 0$$

得远离截止条件为

$$\mathrm{J}_1(U_{0n}^{\infty}) = 0, \quad U_{0n}^{\infty} \neq 0$$

其中，U_{0n}^{∞} 即为 TE_{0n} 模远离截止时的本征值，它是 $\mathrm{J}_1=0$ 的根。注意到 $U\to 0$ 时，$\frac{\mathrm{J}_1(U)}{U\mathrm{J}_0(U)}\to\frac{1}{2}$，即 $U=0$ 不满足远离截止时的本征方程。所以，TE_{0n} 模远离截止时的本征值不包括 $U=0$。根据 $\mathrm{J}_1(U)$ 的函数曲线（见图 2.4.3），可得到远离截止时的本征值分别为 $U_{01}^{\infty}=3.823$，$U_{02}^{\infty}=7.106$，$U_{03}^{\infty}=10.173$，$U_{04}^{\infty}=13.324$，……。

（2）TM 模（TM_{0n}）

对于 TM 模，$H_z=0$，$m=0$，$E_z\neq 0$，满足的本征值方程为

$$\frac{1}{U}\frac{\mathrm{J}_0'(U)}{\mathrm{J}_0(U)} + \frac{1}{W}\frac{\mathrm{K}_0'(W)}{\mathrm{K}_0(W)} = 0 \tag{2.4.46}$$

利用贝塞尔函数的递推公式（2.4.44），此时，方程（2.4.46）变为

$$\frac{1}{U}\frac{J_1(U)}{J_0(U)}+\frac{1}{W}\frac{K_1(W)}{K_0(W)}=0 \tag{2.4.47}$$

进行类似的分析(同 TE_{0n} 模)，可得到 TM_{0n} 模的截止条件和远离截止条件分别为

$$J_0(U_{0n}^{c})=0$$

$$J_1(U_{0n}^{\infty})=0,\quad U_{0n}^{\infty}\neq 0$$

这表明，TE_{0n} 模和 TM_{0n} 模在截止和远离截止时具有相同的本征值，即两种模式处于简并态。

(3) HE 模(HE_{mn})

在式(2.4.41)的根号前取负号时的模式定义为 HE_{mn} 模，为了简单起见，采用弱导近似条件。此时，HE 模满足的本征值方程为

$$\frac{1}{U}\frac{J'_m(U)}{J_m(U)}+\frac{1}{W}\frac{K'_m(W)}{K_m(W)}=-m\left[\frac{1}{U^2}+\frac{1}{W^2}\right] \tag{2.4.48}$$

利用贝塞尔函数关系式：

$$\begin{cases} K'_m(W)=-K_{m-1}(W)-\dfrac{m}{W}K_m(W)=-K_{m+1}(W)+\dfrac{m}{W}K_m(W) \\ J'_m(U)=-\dfrac{m}{U}J_m(U)+J_{m-1}(U)=\dfrac{m}{U}J_m(U)-J_{m+1}(U) \end{cases}$$

有

$$\frac{1}{W}\frac{K'_m(W)}{K_m(W)}=-\frac{1}{W}\frac{K_{m-1}(W)}{K_m(W)}-\frac{m}{W^2} \tag{2.4.49}$$

$$\frac{1}{U}\frac{J'_m(U)}{J_m(U)}=-\frac{m}{U^2}+\frac{1}{U}\frac{J_{m-1}(U)}{J_m(U)} \tag{2.4.50}$$

把式(2.4.49)和式(2.4.50)代入方程(2.4.48)，本征值方程化为

$$\frac{1}{U}\frac{J_{m-1}(U)}{J_m(U)}-\frac{1}{W}\frac{K_{m-1}(W)}{K_m(W)}=0 \tag{2.4.51}$$

① 当 $m=1$ 时

HE_{1n} 模满足的本征值方程为

$$\frac{J_0(U)}{UJ_1(U)}-\frac{K_0(W)}{WK_1(W)}=0 \tag{2.4.52}$$

当 HE_{1n} 模截止($W\to 0$)时，

$$W\to 0,\quad \frac{WK_1(W)}{K_0(W)}\to 0$$

因此有

$$W\to 0,\quad \frac{UJ_1(U)}{J_0(U)}\to 0$$

得截止条件为

$$J_1(U_{1n}^{c})=0$$

其中，U_{1n}^{c} 即为 HE_{1n} 模截止时的本征值，它是 $J_1=0$ 的根。注意，这里包括零根。因此，截止时的本征值分别为 $U_{11}^{c}=0$，$U_{12}^{c}=3.823$，$U_{13}^{c}=7.106$，$U_{14}^{c}=10.173$，……，由于 TE_{01}、

TM_{01} 模的截止值是 2.405，所以它们是不容易截止的第二个模式，只要 $V<2.405$，就能在光纤中得到单模 HE_{11} 的传输。所以，对应于“0”根的 HE_{11} 模称为基模。

当 HE_{1n} 模远离截止($W\to\infty$)时，

$$W\to\infty,\quad \frac{K_0(W)}{WK_1(W)}\to 0$$

因此有

$$W\to\infty,\quad \frac{J_0(U)}{UJ_1(U)}\to 0$$

得远离截止条件为

$$J_0(U_{1n}^{\infty})=0$$

其中，U_{1n}^{∞} 即为 HE_{1n} 模远离截止时的本征值，它是 $J_0=0$ 的根。因此，可得远离截止时的本征值分别为 $U_{11}^{\infty}=2.405$，$U_{12}^{\infty}=5.520$，$U_{13}^{\infty}=8.654$，$U_{14}^{\infty}=11.792$，……。

② 当 $m\geqslant 2$ 时

HE_{mn} 满足的本征值方程如式(2.4.51)所示。

当 HE_{mn} 模截止($W\to 0$)时，

$$W\to 0,\quad K_m(W)\to(m-1)!2^{m-1}W^{-m},\quad m\geqslant 1$$

所以

$$W\to 0,\quad \frac{1}{U}\frac{J_{m-1}(U)}{J_m(U)}\to\frac{1}{2(m-1)} \tag{2.4.53}$$

利用关系式：

$$\frac{m-1}{U}J_{m-1}(U)=\frac{1}{2}[J_{m-2}(U)+J_m(U)]$$

式(2.4.53)可化为

$$W\to 0,\quad \frac{J_{m-2}(U)}{J_m(U)}\to 0$$

得截止条件为

$$J_{m-2}(U_{mn}^{c})=0,\quad U_{mn}^{c}\neq 0$$

其中，U_{mn}^{c} 即为 HE_{mn} 模截止时的本征值，它是 $J_{m-2}=0$ 的根。注意到 $U\to 0$ 时，$\frac{J_{m-2}(U)}{J_m(U)}\to\infty$，因此 $U=0$ 不满足截止时的本征方程。例如，HE_{4n} 模截止时的本征值为 $U_{41}^{c}=5.136$，$U_{42}^{c}=8.417$，$U_{43}^{c}=11.620$，……。

当 HE_{mn} 模远离截止($W\to\infty$)时，

$$W\to\infty,\quad \frac{1}{W}\frac{K_{m-1}(W)}{K_m(W)}\to 0$$

因此有

$$W\to\infty,\quad \frac{1}{U}\frac{J_{m-1}(U)}{J_m(U)}\to 0$$

得远离截止条件为

$$J_{m-1}(U_{mn}^{\infty})=0,\quad U_{mn}^{\infty}\neq 0$$

其中，U_{mn}^{∞} 为 HE_{mn} 模远离截止时的本征值，它是 $J_{m-1}=0$ 的根。注意到 $U\to 0$ 时，$\frac{1}{U}\frac{J_{m-1}(U)}{J_m(U)}\to\infty$，因此 $U=0$ 不满足截止时的本征方程。

(4) EH 模(EH_{mn})

在式(2.4.41)的根号前取正号时的模式定义为 EH_{mn} 模，为了简单起见，采用弱导近似条件(ε 变化很小)。此时，EH 模满足的本征值方程为

$$\frac{1}{U}\frac{J'_m(U)}{J_m(U)}+\frac{1}{W}\frac{K'_m(W)}{K_m(W)}=m\left(\frac{1}{U^2}+\frac{1}{W^2}\right) \tag{2.4.54}$$

利用贝塞尔函数关系式，方程(2.4.54)可化为

$$\frac{1}{U}\frac{J_{m+1}(U)}{J_m(U)}+\frac{1}{W}\frac{K_{m+1}(W)}{K_m(W)}=0 \tag{2.4.55}$$

进行类似的分析(同 HE_{mn} 模)，可得 EH_{mn} 模的截止条件和远离截止条件分别为

$$J_m(U_{mn}^{c})=0,\quad U_{mn}^{c}\neq 0$$

$$J_{m+1}(U_{mn}^{\infty})=0,\quad U_{mn}^{\infty}\neq 0$$

综上所述，均匀折射率光纤中，各类模式临近截止条件与远离截止条件见表 2.4.2。

表 2.4.2　模式临近截止条件与远离截止条件

模式	临近截止	远离截止
TE_{0n}、TM_{0n}	$J_0(U_{0n}^{c})=0$	$J_1(U_{0n}^{\infty})=0, U_{0n}^{\infty}\neq 0$
HE_{mn}	$J_1(U_{1n}^{c})=0, m=1$ $J_{m-2}(U_{mn}^{c})=0, U_{mn}^{c}\neq 0, m\geqslant 2$	$J_{m-1}(U_{mn}^{\infty})=0, U_{mn}^{\infty}\neq 0$
EH_{mn}	$J_m(U_{mn}^{c})=0, U_{mn}^{c}\neq 0$	$J_{m+1}(U_{mn}^{\infty})=0, U_{mn}^{\infty}\neq 0$

除了 HE_{1n} 模以外，U 不能为零。一般情形下，U 的值在截止条件和远离截止条件之间，即 $U_{mn}^{c}<U<U_{mn}^{\infty}$。表 2.4.3 给出了几组低阶模式截止与远离截止时的本征值。

表 2.4.3　几组低阶模式截止与远离截止时的本征值

m \ n	1		2		3		4		模式截止与远离截止条件	
	U_{mn}^{c}	U_{mn}^{∞}	U_{mn}^{c}	U_{mn}^{∞}	U_{mn}^{c}	U_{mn}^{∞}	U_{mn}^{c}	U_{mn}^{∞}		
0	2.405	3.823	5.520	7.016	8.654	10.173	11.792	13.324	TE_{0n} TM_{0n}	$J_0(U_{0n}^{c})=0$ $J_1(U_{0n}^{\infty})=0$
1	0	2.405	3.823	5.520	7.016	8.654	10.173	11.792	HE_{1n}	$J_1(U_{1n}^{c})=0$ $J_0(U_{1n}^{\infty})=0$
1	3.823	5.136	7.016	8.417	10.173	11.620	13.324	14.796	EH_{1n}	$J_1(U_{1n}^{c})=0$ $J_2(U_{1n}^{\infty})=0$
2	2.405	3.823	5.520	7.016	8.654	10.173	11.792	13.324	HE_{2n}	$J_0(U_{2n}^{c})=0$ $J_1(U_{2n}^{\infty})=0$
2	5.136	6.380	8.417	9.761	11.620	13.015	14.796	16.223	EH_{2n}	$J_2(U_{2n}^{c})=0$ $J_3(U_{2n}^{\infty})=0$

续表

m \ n	1		2		3		4		模式截止与远离截止条件	
	U_{mn}^{c}	U_{mn}^{∞}	U_{mn}^{c}	U_{mn}^{∞}	U_{mn}^{c}	U_{mn}^{∞}	U_{mn}^{c}	U_{mn}^{∞}		
3	3.823	5.136	7.016	8.417	10.173	11.620	13.324	14.796	HE_{3n}	$J_1(U_{3n}^{c})=0$ $J_2(U_{3n}^{\infty})=0$
3	6.380	7.588	9.761	11.065	13.015	14.700	16.223	17.616	EH_{3n}	$J_3(U_{3n}^{c})=0$ $J_4(U_{3n}^{\infty})=0$
4	5.136	6.380	8.417	9.761	11.620	13.015	14.796	16.223	HE_{4n}	$J_2(U_{4n}^{c})=0$ $J_3(U_{4n}^{\infty})=0$

5）色散曲线与单模条件

在给定结构参数的光纤中，模式分布是固定的。根据本征值方程(2.4.38)，可以通过数值计算得到各导模传播常数 β 与光纤归一化频率 V 值的关系曲线，该曲线称为色散曲线。因此，该本征值方程又称为色散方程。

图 2.4.4 给出了阶跃型折射率分布光纤中几组低阶模式的色散曲线。图 2.4.4 中横坐标为 V，纵坐标采用了有效折射率 $n_{\text{eff}}=\dfrac{\beta}{k_0}$，$n_{\text{eff}}$ 在 n_1 和 n_2 之间取值。图 2.4.4 中每一条曲线都对应一个导模。对于给定 V 值的光纤($V=V_f$)，过 V_f 点作平行于竖轴的竖线，它与色散曲线的交点数目就是该光纤中允许存在的导模数，由交点的纵坐标可求出相应导模的传播常数 β。由图 2.4.4 可知，V_f 越大，导模数越多；反之亦然。当 $V_f<2.405$ 时，在光纤中只存在 HE_{11} 模，其他导模均截止。由此得到单模光纤的工作条件为

$$V_c=\frac{2\pi a}{\lambda_0}\sqrt{n_1^2-n_2^2}<2.405 \quad (\text{仅适用于 SIOF}) \tag{2.4.56}$$

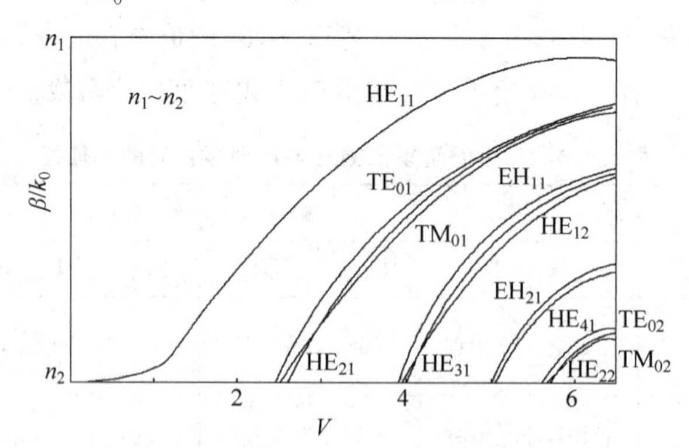

图 2.4.4　阶跃型折射率分布光纤中几组低阶模式的色散曲线

这样，一方面，当给定工作波长 λ_0、n_1 与 n_2 时得单模光纤截止尺寸为

$$a_c=\frac{1.202\lambda_0}{\pi\sqrt{n_1^2-n_2^2}} \tag{2.4.57}$$

若 $\lambda_0=1.3\mu m$，NA=0.10，则 $a_c=4.97\mu m$，因此，单模光纤一般芯径很细，这就使得单模光纤在连接耦合上有相当的困难，需要给予关注。

另一方面，当给定 a、n_1 与 n_2 时得单模光纤截止波长为

$$\lambda_c = \frac{\pi a \sqrt{n_1^2 - n_2^2}}{1.202} \tag{2.4.58}$$

或表示为截止频率：

$$f_c = \frac{1.202c}{\pi a \sqrt{n_1^2 - n_2^2}} \tag{2.4.59}$$

式中，c 为真空中的光速。仅当 $\lambda > \lambda_c$ 或 $f < f_c$ 时方可在光纤中实现单模传输。这时，在光纤中传输的是 HE_{11} 模，该模式称为基模或主模。紧邻 HE_{11} 模的高阶模是 TE_{01} 模、TM_{01} 模和 HE_{21} 模，其截止值均为 $V_c = 2.405$。

应注意，基模 HE_{11} 是圆对称光纤中唯一不能截止的模式。因为，当 HE_{11} 模截止时，其本征值 $U_{11}^c = 0$，这相当于 $V_c = 0$，则要求 $\lambda_0 \to \infty$ 或 $a \to 0$ 或 $\Delta \to 0$，这都是实际中不可能出现的情况，所以 HE_{11} 模在任何情况下都不会截止。实际上，在任何对称波导中基模都不会截止。需要指出的是，第 5 章介绍的光子晶体光纤和非对称光纤波导等特殊光纤中，基模可能截止。

还应指出，选择单模光纤工作点时，在保证单模传输条件下，V 值应尽可能取高值，以避免弯曲损耗。实际上取 $V < 3$ 仍可基本上保证单模工作(高阶模已出现，但衰减得很快)。

2. 标量法

由上述讨论可见，光纤中的模式场分布求解过程比较复杂。为了简化运算，在弱导条件下，Gloge 等人提出了标量近似法(即标量法)，此法的基础是线偏振模(称为 LP 模式)。线偏振模是把模式场在直角坐标系下分解，各分量就有固定的线偏振方向，这些模式可分为两组：$[0, E_y, E_z, H_x, H_y, H_z]$ 和 $[E_x, 0, E_z, H_x, H_y, H_z]$。

标量法整体的分析思路和矢量法大致相同，标量法的分析思路是：首先求解关于横向分量 E_y(或 E_x)的波导场方程，再根据各分量之间的关系求出其余各分量；然后根据边界条件导出关于相位常数 β 的特征方程；接下来分别让特征方程中的 $W \to 0$ 和 $W \to \infty$，得到模式临近截止和远离截止的情形；最后绘出色散曲线。

1) 各分量之间的关系

根据光场的纵向分量和横向分量的关系式(2.4.8)、式(2.4.9)、式(2.4.12)和式(2.4.13)，在直角坐标系下，它们满足如下关系：

$$\begin{cases} \dfrac{\partial E_y}{\partial x} - \dfrac{\partial E_x}{\partial y} = -\mathrm{i}\omega\mu H_z \\ \dfrac{\partial H_y}{\partial x} - \dfrac{\partial H_x}{\partial y} = \mathrm{i}\omega\varepsilon E_z \\ \dfrac{\partial H_z}{\partial y} + \mathrm{i}\beta H_y = \mathrm{i}\omega\varepsilon E_x \\ \mathrm{i}\beta H_x + \dfrac{\partial H_z}{\partial x} = -\mathrm{i}\omega\varepsilon E_y \\ \dfrac{\partial E_z}{\partial y} + \mathrm{i}\beta E_y = -\mathrm{i}\omega\mu H_x \\ \mathrm{i}\beta E_x + \dfrac{\partial E_z}{\partial x} = \mathrm{i}\omega\mu H_y \end{cases} \tag{2.4.60}$$

这时若取第一组模式，即 $E_x=0$，再设 E_y 为已知，则其余 4 个变量可由上述 6 个方程中的 4 个求出。例如，由式(2.4.60)前 4 个方程解得

$$\begin{cases} H_z=\dfrac{\mathrm{i}}{\omega\mu}\dfrac{\partial E_y}{\partial x} \\ H_y=-\dfrac{1}{\omega\beta\mu}\dfrac{\partial^2 E_y}{\partial x\partial y} \\ H_x=-\dfrac{1}{\omega\beta\mu}\dfrac{\partial^2 E_y}{\partial^2 x}-\dfrac{\omega\varepsilon}{\beta}E_y \\ E_z=-\dfrac{\mathrm{i}}{\beta}\dfrac{\partial E_y}{\partial y} \end{cases} \tag{2.4.61}$$

标量近似法考虑到光纤中每层折射率变化不大，因而假设：在模式场的表达式中，二阶以上的变化率均可忽略。这种 ε 变化很小的光纤称为弱导光纤，所以标量近似又可称为弱导近似。在弱导条件下，Δn 很小，光纤中的光线几乎平行于 z 轴，即大部分光线为近轴光线，此时 E_z、H_z 分量很小，横向分量 E_t、H_t 占优势，电磁波接近于平面波。因此，弱导条件下标量近似是能够成立的，而且 Δn 越小，近似越好。这时式(2.4.61)简化成

$$\begin{cases} H_z=\dfrac{\mathrm{i}}{\omega\mu}\dfrac{\partial E_y}{\partial x} \\ H_y\approx 0 \\ H_x\approx-\dfrac{\omega\varepsilon}{\beta}E_y \\ E_z=-\dfrac{\mathrm{i}}{\beta}\dfrac{\partial E_y}{\partial y} \end{cases} \tag{2.4.62}$$

所以在标量近似下，两组线偏振模的各分量为$[0,E_y,E_z,H_x,0,H_z]$和$[E_x,0,E_z,0,H_y,H_z]$。这种线偏振模具有以下特征：横向分量互相垂直，幅度成比例，比例系数为波阻抗。因此这种线偏振模类似于矢量法中的 TE 模和 TM 模，但这时 E_z、H_z 均不为零。

在标量近似下的线偏振模(LP 模式)仍具有圆对称性，$E_y(r,\varphi)=E_y(r)\mathrm{e}^{-\mathrm{i}m\varphi}(m=0,\pm1,\pm2,\cdots)$，但这时的 m 和矢量法中 m 的含义不同，这时的 $m=0$ 不再表示 TE 模、TM 模。

2) 各分量的求解、本征方程

根据矢量法求得波导场方程，同理可得出 $E_y(r)$满足的贝塞尔方程：

$$r^2E''_y(r)+rE'_y(r)+[r^2(n^2k_0^2-\beta^2)-m^2]E_y(r)=0$$

即得

$$E_y(r,\varphi)=\begin{cases} A\mathrm{J}_m\left(\dfrac{U}{a}r\right)\mathrm{e}^{-\mathrm{i}m\varphi}, & r\leqslant a \\ B\mathrm{K}_m\left(\dfrac{W}{a}r\right)\mathrm{e}^{-\mathrm{i}m\varphi}, & r>a \end{cases} \tag{2.4.63}$$

再由

$$\begin{aligned} E_z(r,\varphi)&=-\frac{\mathrm{i}}{\beta}\frac{\partial E_y(r,\varphi)}{\partial y}=-\frac{\mathrm{i}}{\beta}\left[\frac{\partial E_y(r,\varphi)}{\partial r}\frac{\partial r}{\partial y}+\frac{\partial E_y(r,\varphi)}{\partial\varphi}\frac{\partial\varphi}{\partial y}\right] \\ &=-\frac{\mathrm{i}}{\beta}\left[\sin\varphi\frac{\partial E_y(r,\varphi)}{\partial r}+\frac{\cos\varphi}{r}\frac{\partial E_y(r,\varphi)}{\partial\varphi}\right] \end{aligned}$$

可得

$$E_z(r,\varphi)=\begin{cases}-A\ \dfrac{\mathrm{i}}{\beta}\mathrm{e}^{-\mathrm{i}m\varphi}\left[\dfrac{U\sin\varphi}{a}\mathrm{J}'_m\left(\dfrac{U}{a}r\right)-\dfrac{\mathrm{i}m\cos\varphi}{r}\mathrm{J}_m\left(\dfrac{U}{a}r\right)\right], & r\leqslant a\\ -B\ \dfrac{\mathrm{i}}{\beta}\mathrm{e}^{-\mathrm{i}m\varphi}\left[\dfrac{W\sin\varphi}{a}\mathrm{K}'_m\left(\dfrac{W}{a}r\right)-\dfrac{\mathrm{i}m\cos\varphi}{r}\mathrm{K}_m\left(\dfrac{W}{a}r\right)\right], & r>a\end{cases}\tag{2.4.64}$$

同理

$$\begin{aligned}H_z(r,\varphi)&=\frac{\mathrm{i}}{\omega\mu}\frac{\partial E_y(r,\varphi)}{\partial x}=\frac{\mathrm{i}}{\omega\mu}\left[\frac{\partial E_y(r,\varphi)}{\partial r}\frac{\partial r}{\partial x}+\frac{\partial E_y(r,\varphi)}{\partial\varphi}\frac{\partial\varphi}{\partial x}\right]\\&=\frac{\mathrm{i}}{\omega\mu}\left[\cos\varphi\frac{\partial E_y(r,\varphi)}{\partial r}-\frac{\sin\varphi}{r}\frac{\partial E_y(r,\varphi)}{\partial\varphi}\right]\end{aligned}$$

可得

$$H_z(r,\varphi)=\begin{cases}A\ \dfrac{\mathrm{i}}{\omega\mu}\mathrm{e}^{-\mathrm{i}m\varphi}\left[\dfrac{U\cos\varphi}{a}\mathrm{J}'_m\left(\dfrac{U}{a}r\right)+\dfrac{\mathrm{i}m\sin\varphi}{r}\mathrm{J}_m\left(\dfrac{U}{a}r\right)\right], & r\leqslant a\\ B\ \dfrac{\mathrm{i}}{\omega\mu}\mathrm{e}^{-\mathrm{i}m\varphi}\left[\dfrac{W\cos\varphi}{a}\mathrm{K}'_m\left(\dfrac{W}{a}r\right)+\dfrac{\mathrm{i}m\sin\varphi}{r}\mathrm{K}_m\left(\dfrac{W}{a}r\right)\right], & r>a\end{cases}\tag{2.4.65}$$

利用 E_y 连续和 E_z 连续的边界条件，令 $r=a$，由上列诸式可得

$$\begin{cases}A\mathrm{J}_m(U)-B\mathrm{K}_m(W)=0\\ A[U\sin\varphi\mathrm{J}'_m(U)-\mathrm{i}m\cos\varphi\mathrm{J}_m(U)]-B[W\sin\varphi\mathrm{K}'_m(W)-\mathrm{i}m\cos\varphi\mathrm{K}_m(W)]=0\end{cases}$$

要使此齐次方程有非零解，其行列式必须为零：

$$\begin{vmatrix}\mathrm{J}_m(U) & -\mathrm{K}_m(W)\\ U\sin\varphi\mathrm{J}'_m(U)-\mathrm{i}m\cos\varphi\mathrm{J}_m(U) & -W\sin\varphi\mathrm{K}'_m(W)+\mathrm{i}m\cos\varphi\mathrm{K}_m(W)\end{vmatrix}=0$$

化简后可得本征方程

$$\frac{U\mathrm{J}'_m(U)}{\mathrm{J}_m(U)}=\frac{W\mathrm{K}'_m(W)}{\mathrm{K}_m(W)}\tag{2.4.66}$$

利用贝塞尔函数关系式

$$\begin{cases}\mathrm{K}'_m(W)=-\mathrm{K}_{m-1}(W)-\dfrac{m}{W}\mathrm{K}_m(W)=-\mathrm{K}_{m+1}(W)+\dfrac{m}{W}\mathrm{K}_m(W)\\ \mathrm{J}'_m(U)=-\dfrac{m}{U}\mathrm{J}_m(U)+\mathrm{J}_{m-1}(U)=\dfrac{m}{U}\mathrm{J}_m(U)-\mathrm{J}_{m+1}(U)\end{cases}$$

本征方程(2.4.66)可化为

$$\frac{U\mathrm{J}_{m+1}(U)}{\mathrm{J}_m(U)}=\frac{W\mathrm{K}_{m+1}(W)}{\mathrm{K}_m(W)}$$

或

$$\frac{U\mathrm{J}_{m-1}(U)}{\mathrm{J}_m(U)}=-\frac{W\mathrm{K}_{m-1}(W)}{\mathrm{K}_m(W)}$$

这就是常见的 LP 模式的特征方程，比矢量法的特征方程要简洁得多。

3) LP_{mn} 模式的求解与截止条件

(1) $m=0$ 时，LP_{0n} 模式满足的本征方程为

$$\frac{U\mathrm{J}_1(U)}{\mathrm{J}_0(U)}=\frac{W\mathrm{K}_1(W)}{\mathrm{K}_0(W)}\tag{2.4.67}$$

当 LP_{0n} 模式截止($W\to0$)时，

$$W \to 0, \quad \frac{W\mathrm{K}_1(W)}{\mathrm{K}_0(W)} \to 0$$

因此有

$$W \to 0, \quad \frac{U\mathrm{J}_1(U)}{\mathrm{J}_0(U)} \to 0$$

得截止条件为

$$\mathrm{J}_1(U_{0n}^{\mathrm{c}}) = 0$$

其中,U_{0n}^{c} 即为 LP_{0n} 模式截止时的本征值,它是 $\mathrm{J}_1=0$ 的根。注意,这里包括零根。

当 LP_{0n} 模式远离截止($W\to\infty$)时,

$$W \to \infty, \quad \frac{\mathrm{K}_0(W)}{W\mathrm{K}_1(W)} \to 0$$

因此有

$$W \to \infty, \quad \frac{\mathrm{J}_0(U)}{U\mathrm{J}_1(U)} \to 0$$

得远离截止条件为

$$\mathrm{J}_0(U_{0n}^{\infty}) = 0$$

(2) 当 $m\geqslant 1$ 时,LP_{mn} 模式满足的本征值方程为

$$\frac{U\mathrm{J}_{m-1}(U)}{\mathrm{J}_m(U)} + \frac{W\mathrm{K}_{m-1}(W)}{\mathrm{K}_m(W)} = 0 \tag{2.4.68}$$

当 LP_{mn} 模式截止($W\to 0$)时,

$$W \to 0, \quad \mathrm{K}_m(W) \to (m-1)!2^{m-1}W^{-m}, \quad m \geqslant 1$$

有

$$W \to 0, \quad \frac{W\mathrm{K}_{m-1}(W)}{\mathrm{K}_m(W)} \approx \frac{W^2}{2(m-1)} \to 0 \tag{2.4.69}$$

所以

$$W \to 0, \quad \frac{U\mathrm{J}_{m-1}(U)}{\mathrm{J}_m(U)} \to 0$$

得截止条件为

$$\mathrm{J}_{m-1}(U_{mn}^{\mathrm{c}}) = 0, \quad U_{mn}^{\mathrm{c}} \neq 0$$

其中,U_{mn}^{c} 即为 LP_{mn} 模式截止时的本征值,它是 $\mathrm{J}_{m-1}=0$ 的根。注意,这里不包括零根。

当 LP_{mn} 模式远离截止($W\to\infty$)时,可得 LP_{mn} 模式远离截止条件为

$$\mathrm{J}_m(U_{mn}^{\infty}) = 0, \quad U_{mn}^{\infty} \neq 0$$

综上所述,LP_{mn} 模式截止与远离截止条件见表 2.4.4,较低阶 LP 模式截止和远离截止时的 U 值见表 2.4.5。

表 2.4.4 LP_{mn} 模式截止与远离截止条件

模　式	临近截止	远离截止
LP_{mn}	$\mathrm{J}_1(U_{0n}^{\mathrm{c}})=0, m=0$ $\mathrm{J}_{m-1}(U_{mn}^{\mathrm{c}})=0, U_{mn}^{\mathrm{c}}\neq 0, m\geqslant 1$	$\mathrm{J}_m(U_{mn}^{\infty})=0, U_{mn}^{\infty}\neq 0$

表 2.4.5　较低阶 LP 模式截止和远离截止时的 U 值

LP 模式	U^{c}	U^{∞}
LP_{01}	0	2.405
LP_{11}	2.405	3.832
LP_{21}	3.832	5.136
LP_{02}	3.832	5.520
LP_{31}	5.136	6.380
LP_{12}	5.520	7.016
LP_{41}	6.380	7.588
LP_{22}	7.016	8.417
LP_{03}	7.016	8.654
LP_{51}	7.588	8.771

4） LP_{mn} 模场分布及下标 m、n 的物理含义

图 2.4.5、图 2.4.6 和图 2.4.7 分别给出了 LP_{01} 模式、LP_{11} 模式和 LP_{21} 模式远离截止和临近截止时的归一化光功率分布。当远离截止时，模场分布相对比较集中；当临近截止时，模场分布比较分散，更多的模场会渗透到包层中。

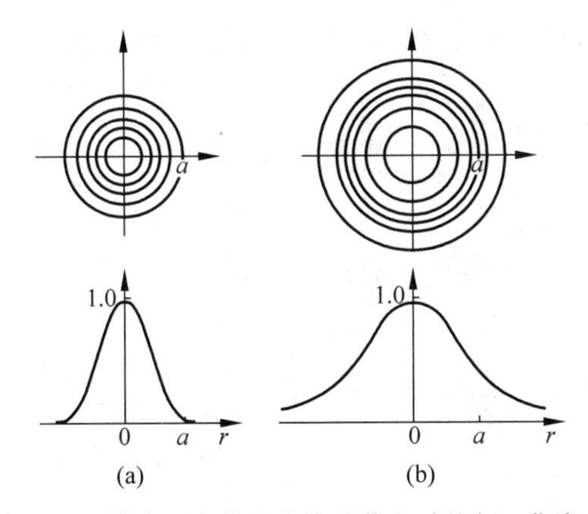

图 2.4.5　LP_{01} 模式远离截止和临近截止时的归一化光功率分布

（a）远离截止；（b）临近截止

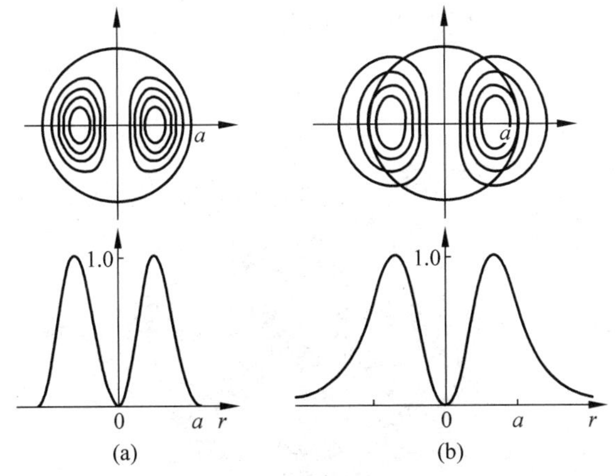

图 2.4.6　LP_{11} 模式远离截止和临近截止时的归一化光功率分布

（a）远离截止；（b）临近截止

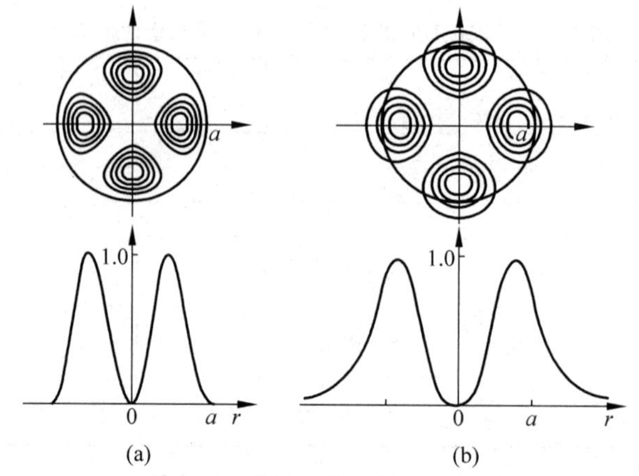

图 2.4.7 LP_{21} 模式远离截止和临近截止时的归一化光功率分布

(a) 远离截止；(b) 临近截止

图 2.4.8 给出了几组较低阶 LP_{mn} 模式的二维光强分布情况。从图 2.4.8 中不难发现，标量 LP 模式的下角标 m 和 n 具有明确的物理意义：沿角向的亮斑数为 $2m$，沿径向的亮斑数为 n；当 $m=0$ 时，中心为亮斑，$m\neq0$ 时，中心为暗斑。

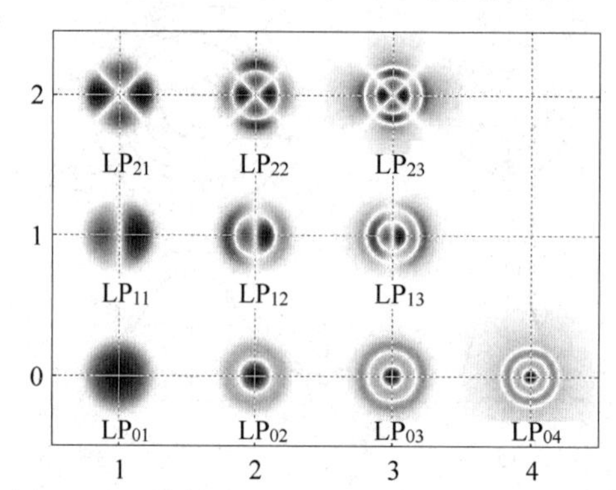

图 2.4.8 较低阶 LP_{mn} 模式二维光强分布情况

【例题 3】 画出 LP_{45} 模式的模斑图，并简要说明 LP_{45} 的模场分布规律。

解：如图 2.4.9 所示，LP_{45} 模式中心为暗斑，沿角向的亮斑数为 8，沿径向的亮斑数为 5。

图 2.4.9 LP_{45} 模式的模斑图

5）矢量模与线偏振模之间的关系

因为标量近似就是弱导近似，因此比较标量近似的本征方程和 $n_1 \approx n_2$ 时矢量模的特征方程，就可得到两者之间的关系。当 $n_1 \approx n_2$ 时，矢量模的特征方程为

$$\frac{1}{U}\frac{J'_m(U)}{J_m(U)}+\frac{1}{W}\frac{K'_m(W)}{K_m(W)}=\pm m\left[\frac{1}{U^2}+\frac{1}{W^2}\right] \tag{2.4.70}$$

当 $m=0$ 时，式(2.4.70)化为

$$\frac{1}{U}\frac{J_1(U)}{J_0(U)}+\frac{1}{W}\frac{K_1(W)}{K_0(W)}=0 \tag{2.4.71}$$

式(2.4.71)与 $m=1$ 时标量模的方程一致。所以矢量模 TE_{0n}、TM_{0n} 和标量模 LP_{1n} 有近似相同的 β。

当 $m \neq 0$ 时，对矢量模 HE_{mn}，式(2.4.70)取“－”号，有

$$\frac{1}{U}\frac{J_{m-1}(U)}{J_m(U)}-\frac{1}{W}\frac{K_{m-1}(W)}{K_m(W)}=0 \tag{2.4.72}$$

式(2.4.72)与 $LP_{m-1,n}$ 模式的本征方程相同。

对矢量模 EH_{mn}，式(2.4.70)取“＋”号，有

$$\frac{1}{U}\frac{J_{m+1}(U)}{J_m(U)}+\frac{1}{W}\frac{K_{m+1}(W)}{K_m(W)}=0 \tag{2.4.73}$$

式(2.4.73)与 $LP_{m+1,n}$ 模式的本征方程相同。由此可见，LP 模式是由一组传播常数 β 十分接近的矢量模简并而成的。

表 2.4.6 给出了几组较低阶 LP 模式和所对应的矢量模的名称、简并度、截止和远离截止时的 U 值。可以发现，LP_{0n} 模式即 HE_{1n} 模式；LP_{1n} 模式由 TE_{0n} 模式、TM_{0n} 模式和 HE_{2n} 模式构成；$LP_{mn}(m>1)$模式由 $HE_{m+1,n}$ 模式和 $EH_{m-1,n}$ 模式构成。因为每个 HE（或 EH）模式都包含两个相互正交的偏振态，故除 LP_{0n} 模式为两重简并之外，其余 LP_{mn} $(m \neq 0)$模式均为四重简并。例如，矢量模 TE_{01}、TM_{01} 和 HE_{21} 与线偏振模 LP_{11} 之间的关系如图 2.4.10 所示。应当指出，LP_{mn} 模式的简并态是以光纤的弱导近似为前提的。实际上，n_1 和 n_2 不可能相等，因此 $HE_{m+1,n}$ 模式和 $EH_{m-1,n}$ 模式的传播常数 β 不可能完全相等，即两者的相速度并不完全相同。

表 2.4.6　较低阶 LP 模式和所对应的矢量模的名称、简并度、截止和远离截止时的 U 值

LP 模式	矢量模的名称×个数	简并度	U_0	U_∞
LP_{01}	$HE_{11}\times 2$	2	0	2.40483
LP_{11}	$HE_{21}\times 2$, TE_{01}, TM_{01}	4	2.404 83	3.831 71
LP_{21}	$EH_{11}\times 2$, $HE_{31}\times 2$	4	3.831 71	5.135 62
LP_{02}	$HE_{12}\times 2$	2	3.831 71	5.520 08
LP_{31}	$EH_{21}\times 2$, $HE_{41}\times 2$	4	5.135 62	6.380 16
LP_{12}	$HE_{22}\times 2$, TE_{02}, TM_{02}	4	5.520 08	7.015 59
LP_{41}	$EH_{31}\times 2$, $HE_{51}\times 2$	4	6.380 16	7.588 34
LP_{22}	$EH_{12}\times 2$, $HE_{32}\times 2$	4	7.015 59	8.417 24
LP_{03}	$HE_{13}\times 2$	2	7.015 59	8.653 73
LP_{51}	$EH_{41}\times 2$, $HE_{61}\times 2$	4	7.588 34	8.771 42

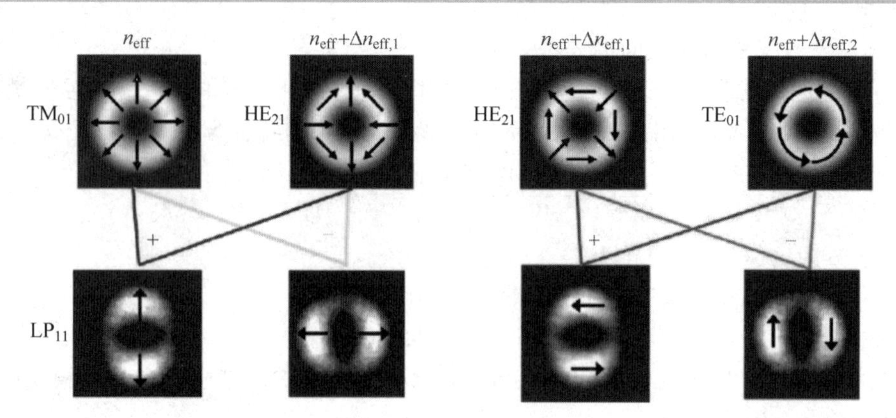

图 2.4.10 矢量模 TE_{01}、TM_{01} 和 HE_{21} 与线偏振模 LP_{11} 的四重简并的关系

注：n_{eff} 为 TM_{01} 模式的有效折射率；$\Delta n_{eff,1}$，$\Delta n_{eff,2}$ 为折射率差。箭头表示电场矢量的方向。

此外，也可以从以下角度来考虑 LP_{mn} 模式的简并情况：

(1) 径向两种模式：沿 x 或 y 方向偏振。

(2) 角向的两种变化：$\cos(m\varphi)$或 $\sin(m\varphi)$。

通过分析，可以得出：当 $m=0$ 时，LP_{0n} 模式只有两重简并，即只有径向变化，没有角向变化；当 $m>0$ 时，每一个 LP_{mn} 模式有四重简并。

图 2.4.11 给出了阶跃型折射率分布光纤矢量模与 LP 模式的 β/k_0 和 V 值的关系曲线。图 2.4.11 说明：V 值确定后，对于每个具体的模式，可以由图 2.4.11 中曲线查出 β/k_0 值。不难发现，同一 V 值下，构成 LP_{1n} 模式的 TE_{0n} 模式、TM_{0n} 模式和 HE_{2n} 模式以及构成 $LP_{mn}(m>1)$模式的 $HE_{m+1,n}$ 模式和 $EH_{m-1,n}$ 模式所对应的β/k_0 值有略微差别。此外，V 值越大，能够传输的模式越多。当可传播的模式数 N 足够大时，N 与 V 值的关系可以近似表示为

$$N \approx \frac{1}{2}V^2 \quad (\text{适用于阶跃型折射率分布光纤}) \tag{2.4.74}$$

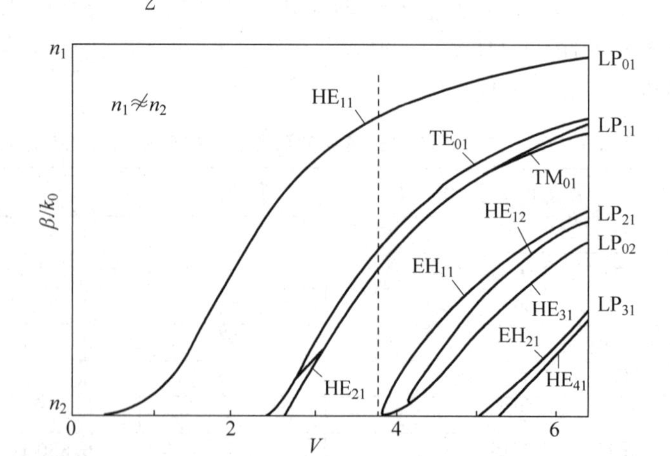

图 2.4.11 阶跃型折射率分布光纤矢量模与 LP 模式的 β/k_0 和 V 值的关系曲线

图 2.4.12 给出了阶跃型折射率分布光纤 U 和 V 的关系曲线。从图 2.4.12 中可以明显看出，对于同一 V 值，不同模式的 U 值是不同的。当 $V\leqslant 2.405$ 时，光纤只能支持 LP_{01}

模式的传输；当 $V>2.405$ 时，光纤中可支持其他高阶模式的传输。图 2.4.13 给出了低阶模 U 的变化范围和贝塞尔函数的关系。

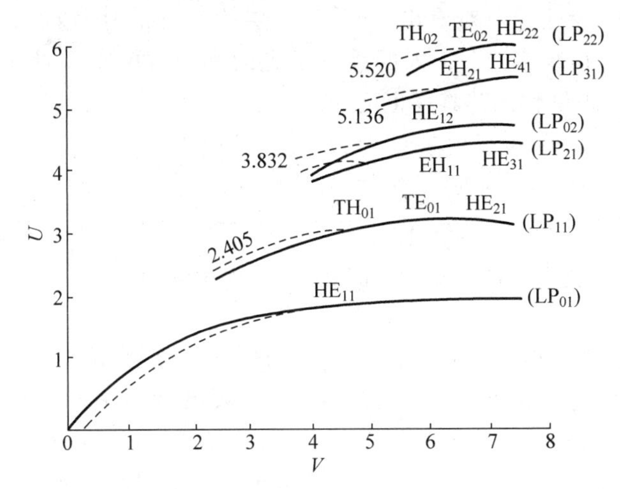

图 2.4.12　阶跃型折射率分布光纤 U 和 V 的关系曲线

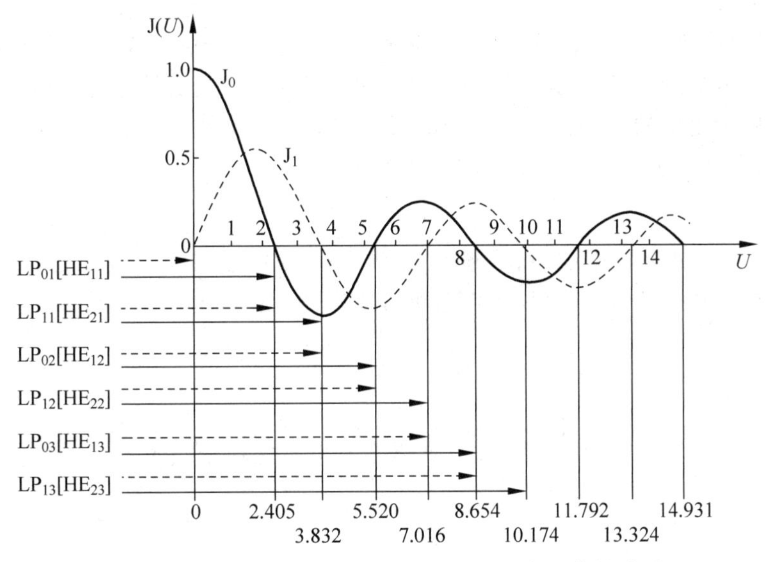

图 2.4.13　低阶模 U 的变化范围和贝塞尔函数的关系

2.4.3　均匀折射率单模光纤分析

1. 单模光纤特性

单模光纤是指在一定工作波长下，只传输基本模式 HE_{11} 或 LP_{01} 的光纤。与多模光纤相比，单模光纤的主要特点如下。

1）芯径小，折射率差小

单模光纤的芯径和折射率差比多模光纤要小。在阶跃型折射率分布光纤中，这两个量应满足下列关系：

$$V=ak_0(n_1^2-n_2^2)^{1/2}\approx ak_0n_1(2\Delta)^{1/2}\leqslant 2.405$$

对于具体的光纤，V 值会有差别。对于可见光和近红外光，纤芯直径的范围一般是 4～11μm(熔石英光纤)。从上式不难看出，纤芯与包层的相对折射率差 Δ 和纤芯半径 a 的相互制约关系：a 增加时，Δ 减小。a 大的优点是光的耦合效率高和对准误差要求较低。Δ 大，则可使 NA 增加，但制作工艺难度也增加。

当给定 a、n_1 与 n_2 时，可得到单模光纤的截止波长为

$$\lambda_c=\frac{\pi a\sqrt{n_1^2-n_2^2}}{1.202},\quad V=2.405\frac{\lambda_c}{\lambda}$$

对于给定的光纤，当波长大于此截止波长时，方可实现单模传输。

2）色散小

由于单模光纤没有多模光纤所具有的模间色散(虽然单模光纤中的偏振色散实质上仍为模间色散，但其值很小)，因此单模光纤的总色散比多模光纤要小。对于实际的单模光纤(熔石英光纤)，其色散值比多模光纤要小一两个数量级，因而相应的传输带宽要大很多，可达几十吉赫 ·千米。在相同损耗的情况下，单模光纤的中继距离就大大加长了，这对于长途通信，特别是海底光缆通信，具有重要的经济意义。

3）双折射

双折射是单模光纤与多模光纤的最大区别。多模光纤传输的模式极多，多达几百甚至几千，因此不必考虑各模式的偏振问题。对于单模光纤，模式的偏振态在传输过程中的变化，则是一个极为重要的问题。光纤本身的固有双折射以及外界因素对光纤双折射的影响，是光纤的使用者和制造者都极为重视的问题。

2. 模式分布

根据 2.4.2 节中标量模的讨论，理想阶跃型单模光纤在满足弱导近似条件时，基模 $HE_{11}(LP_{01})$的场分布可表示为(E_x 或 E_y 两者之一取零)

$$E_{y(x)}(r,\varphi)=-\frac{1}{n_2}\left(\frac{\mu_0}{\varepsilon_0}\right)^{1/2}H_{x(y)}(r,\varphi)=E_0\begin{cases}\dfrac{J_0\left(\dfrac{U}{a}r\right)}{J_0(U)}, & 0<r\leqslant a\\[2ex] \dfrac{K_0\left(\dfrac{W}{a}r\right)}{K_0(W)}, & r>a\end{cases}\tag{2.4.75}$$

$$H_{x(y)}(r,\varphi)=-n_2E_0\left(\frac{\varepsilon_0}{\mu_0}\right)^{1/2}\begin{cases}\dfrac{J_0\left(\dfrac{U}{a}r\right)}{J_0(U)}, & 0<r\leqslant a\\[2ex] \dfrac{K_0\left(\dfrac{W}{a}r\right)}{K_0(W)}, & r>a\end{cases}\tag{2.4.76}$$

$$E_z(r,\varphi)=\mathrm{i}\frac{E_0}{k_0n_2a}\binom{\sin\varphi}{\cos\varphi}\begin{cases}\dfrac{UJ_1\left(\dfrac{U}{a}r\right)}{J_0(U)}, & 0<r\leqslant a\\[2ex] \dfrac{WK_1\left(\dfrac{W}{a}r\right)}{K_0(W)}, & r>a\end{cases}\tag{2.4.77}$$

$$H_z(r,\varphi)=-\mathrm{i}\,\frac{E_0}{k_0a}\left(\frac{\varepsilon_0}{\mu_0}\right)^{1/2}\binom{\cos\varphi}{\sin\varphi}\begin{cases}\dfrac{U\mathrm{J}_1\left(\dfrac{U}{a}r\right)}{\mathrm{J}_0(U)}, & 0<r\leqslant a\\[2ex] \dfrac{W\mathrm{K}_1\left(\dfrac{W}{a}r\right)}{\mathrm{K}_0(W)}, & r>a\end{cases}\tag{2.4.78}$$

式中，括号内的上、下函数对应不同的偏振态，E_0 为归一化常数。如果 $E_x=0$，则 E_z、H_z 分别取 $\binom{\sin\varphi}{\cos\varphi}$、$\binom{\cos\varphi}{\sin\varphi}$ 中的第一个因子；如果 $E_y=0$，则 E_z、H_z 分别取第二个因子。上面诸式中的 U、W 应同时满足

$$\begin{gathered}U^2+V^2=W^2,\quad 0\leqslant V\leqslant 2.405\\ \frac{U\mathrm{J}_1(U)}{\mathrm{J}_0(U)}=\frac{W\mathrm{K}_1(W)}{\mathrm{K}_0(W)}\end{gathered}\tag{2.4.79}$$

这个模沿光纤所传输的总功率为

$$P_{\mathrm{t}}=\frac{1}{2}\int_0^{\infty}\int_0^{2\pi}\mathrm{Re}(\boldsymbol{E}\times\boldsymbol{H}^*)\boldsymbol{e}_z r\,\mathrm{d}r\,\mathrm{d}\varphi\tag{2.4.80}$$

式中，Re 是实部标记；上标 * 是取共轭复数；$\boldsymbol{e}_z$ 是沿光纤方向的单位矢量。令 $P_{\mathrm{t}}=1$，得

$$E_0=\frac{U}{V}\frac{\mathrm{K}_0(W)}{\mathrm{K}_1(W)}\left(\frac{2}{\pi a^2 n_2}\sqrt{\frac{\mu_0}{\varepsilon_0}}\right)^{1/2}=\frac{W}{V}\frac{\mathrm{J}_0(U)}{\mathrm{J}_1(U)}\left(\frac{2}{\pi a^2 n_2}\sqrt{\frac{\mu_0}{\varepsilon_0}}\right)^{1/2}\tag{2.4.81}$$

对于给定 V 值的阶跃型光纤，可以由式(2.4.79)求出 LP_{01} 模式的本征值 U(或 W)。由于式(2.4.79)是一个超越方程，需要很复杂的数值计算，对于实际工程应用，常采用如下近似：

$$W\approx 1.428V-0.9960\approx 2.7484\frac{\lambda_{\mathrm{c}}}{\lambda}-0.9960\tag{2.4.82}$$

$$U^2=V^2-W^2$$

按上式计算的 U 值，和精确值相比，在 $1.5\leqslant V\leqslant 2.5$ 的范围内，相对误差小于 0.1%；在 $1\leqslant V\leqslant 3$ 的范围内，相对误差增至 1%。

求出 U、W 值之后，即可由式(2.4.75)求出 LP_{01} 模式的场分布。当光波频率为零(或波长 $\lambda\to\infty$)时，在光纤截面内场是均匀分布的；当光波频率为无穷大(或波长 $\lambda\to 0$)时，场全部集中在纤芯内；其他情况下，光纤轴上场最强，随半径的增加，场逐渐减弱。图 2.4.14 给出了不同 V 值下，LP_{01} 模式的强度分布。

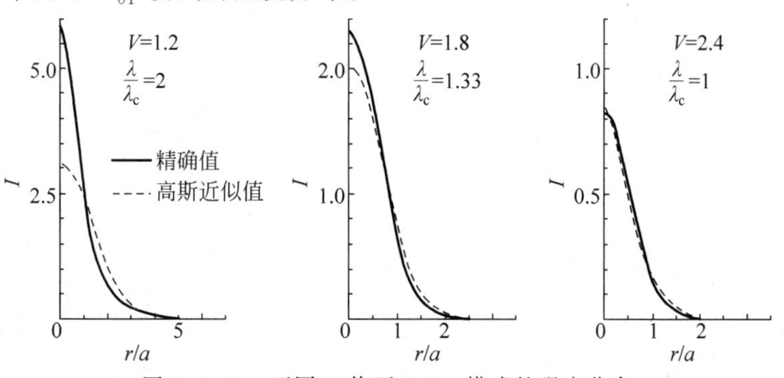

图 2.4.14　不同 V 值下，LP_{01} 模式的强度分布

由图 2.4.14 可见，当光纤结构一定时，传输光波长越接近截止波长（参数 V 越接近 2.4），基模 LP_{01} 的分布越接近高斯分布，因此可用高斯分布来近似表达精确的场分布。为了寻求对 LP_{01} 模式最佳的高斯近似，可用不同的判据。一般通过使其对 LP_{01} 模式有最大耦合效率来选择高斯分布。LP_{01} 模式的高斯分布写为

$$E_{y\text{高}}(r,\varphi)=\frac{2}{\sqrt{\pi}s}\exp\left[-\left(\frac{r}{s}\right)^2\right] \tag{2.4.83}$$

功率的耦合效率为

$$\eta=\left(\frac{1}{2}\int_0^{\infty}\int_0^{2\pi}E_{y\text{高}}H_{x\text{实}}r\mathrm{d}r\mathrm{d}\varphi\right)^2=\left(\frac{2\sqrt{\pi}}{s}\int_0^{\infty}E_{y\text{高}}H_{x\text{实}}r\mathrm{d}r\right)^2 \tag{2.4.84}$$

式中，s 为高斯光场的半径，$H_{x\text{实}}$ 为 LP_{01} 模式实际光场的分布。取 η 为最大值时，高斯光场的半径为模场半径，记为 s_0。对式(2.4.84)进行微分，得

$$\frac{\mathrm{d}}{\mathrm{d}s}\left(\frac{2\sqrt{\pi}}{s}\int_0^{\infty}E_{y\text{高}}H_{x\text{实}}r\mathrm{d}r\right)^2=0 \tag{2.4.85}$$

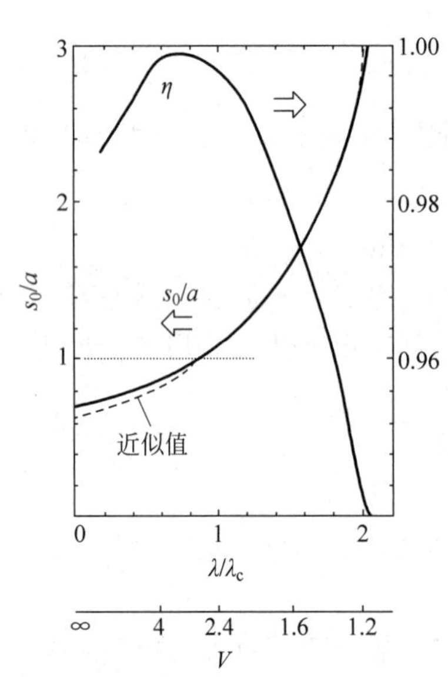

图 2.4.15 s_0/a 和 η 随 $\lambda/\lambda_c(V)$ 的变化关系

式(2.4.85)的零点值即为模场半径 s_0。经过简单的微分运算，可以得到 s_0 满足以下方程：

$$s_0^2=2\frac{\int_0^{\infty}E_{y\text{高}}H_{x\text{实}}r^3\mathrm{d}r}{\int_0^{\infty}E_{y\text{高}}H_{x\text{实}}r\mathrm{d}r} \tag{2.4.86}$$

图 2.4.15 给出了 s_0/a 和 η 随 $\lambda/\lambda_c(V)$ 的变化关系。从 s_0/a 随 $\lambda/\lambda_c(V)$ 的变化曲线可以看出，随着 λ/λ_c 值的增大（即参数 V 值减小），基模 LP_{01} 的模场半径 s_0 逐渐增大，即光场在光纤中分布越不集中，这表明高斯近似的结果符合实际。从 η 随 $\lambda/\lambda_c(V)$ 的变化曲线可以看出，在 λ/λ_c 的取值接近 1（即参数 V 值接近 2.405）时，耦合效率 η 较大，即高斯分布近似度较好。在 λ/λ_c 的常用范围（0.8～1.8）内，$\eta>96\%$，因此认为高斯近似是可用的。

从图 2.4.15 可以看出，模场半径 s_0 可以大于光纤纤芯半径 a，也可以小于光纤纤芯半径 a，视光纤结构和工作波长而定。

在 $0.8\leqslant\lambda/\lambda_c\leqslant2$ 的范围内，s_0/a 可用以下近似式表达：

$$\begin{aligned}\frac{s_0}{a}&=0.85+0.434\left(\frac{\lambda}{\lambda_c}\right)^{\frac{3}{2}}+0.0149\left(\frac{\lambda}{\lambda_c}\right)^6\\&=0.65+1.619V^{-\frac{3}{2}}+2.879V^{-6}\end{aligned} \tag{2.4.87}$$

在图 2.4.15 中用虚线近似值表示，其不确定度小于 1%。

3. 功率分布

1) 纤芯内的功率比

由式(2.4.80)得到纤芯内的功率比为

$$\frac{P_{\text{core}}}{P_{\text{t}}}=\frac{\int_0^a\int_0^{2\pi}\text{Re}(\boldsymbol{E}\times\boldsymbol{H}^*)\boldsymbol{e}_z r\mathrm{d}r\mathrm{d}\varphi}{\int_0^\infty\int_0^{2\pi}\text{Re}(\boldsymbol{E}\times\boldsymbol{H}^*)\boldsymbol{e}_z r\mathrm{d}r\mathrm{d}\varphi} \tag{2.4.88}$$

利用 J_0、J_1、K_0 和 K_1 之间的关系，得

$$\frac{P_{\text{core}}}{P_{\text{t}}}=1-\left(\frac{U}{V}\right)^2\left\{1-\left[\frac{K_0(W)}{K_1(W)}\right]^2\right\} \tag{2.4.89}$$

若用高斯近似式代替精确的场表达式，可得

$$\frac{P_{\text{core}}}{P_{\text{t}}}=1-\exp\left[-2\left(\frac{a}{s_0}\right)^2\right] \tag{2.4.90}$$

图 2.4.16 给出了$\frac{P_{\text{core}}}{P_{\text{t}}}$-$\frac{\lambda}{\lambda_c}$ 关系曲线。由图 2.4.16 可见，纤芯内的功率比随着 λ/λ_c 的增大而减小，且高斯近似有较好的准确度。

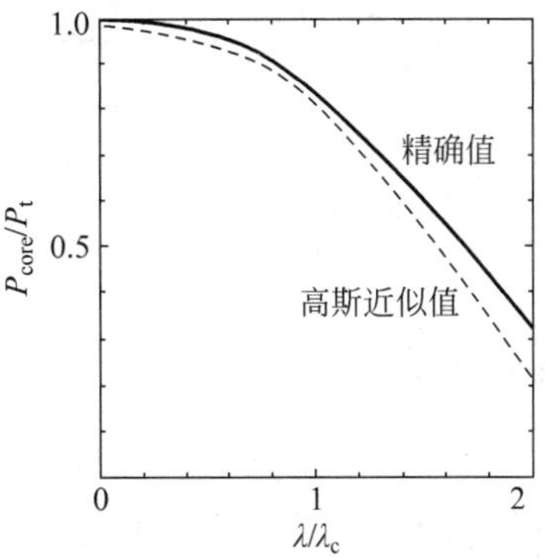

图 2.4.16　$\frac{P_{\text{core}}}{P_{\text{t}}}$-$\frac{\lambda}{\lambda_c}$ 关系曲线

2）某一半径内的功率比

由式(2.4.80)得到某一半径 r_0 内的功率比为

$$\frac{P_{r_0,\text{inside}}}{P_{\text{t}}}=\frac{\int_0^{r_0}\int_0^{2\pi}\text{Re}(\boldsymbol{E}\times\boldsymbol{H}^*)\boldsymbol{e}_z r\mathrm{d}r\mathrm{d}\varphi}{\int_0^\infty\int_0^{2\pi}\text{Re}(\boldsymbol{E}\times\boldsymbol{H}^*)\boldsymbol{e}_z r\mathrm{d}r\mathrm{d}\varphi} \tag{2.4.91}$$

在高斯近似下有

$$\frac{P_{r_0,\text{inside}}}{P_{\text{t}}}=1-\exp\left[-2\left(\frac{r_0}{s_0}\right)^2\right] \tag{2.4.92}$$

图 2.4.17 给出了$\frac{P_{r_0,\text{inside}}}{P_{\text{t}}}$-$\frac{r_0}{a}$关系曲线。不难看出，当 λ/λ_c 越接近 1 时，高斯近似值越接近精确值。

3）某一半径外的功率比

由式(2.4.80)得到某一半径 r_0 外的功率比为

$$\frac{P_{r_0,\text{outside}}}{P_{\text{t}}}=\frac{\int_{r_0}^\infty\int_0^{2\pi}\text{Re}(\boldsymbol{E}\times\boldsymbol{H}^*)\boldsymbol{e}_z r\mathrm{d}r\mathrm{d}\varphi}{\int_0^\infty\int_0^{2\pi}\text{Re}(\boldsymbol{E}\times\boldsymbol{H}^*)\boldsymbol{e}_z r\mathrm{d}r\mathrm{d}\varphi} \tag{2.4.93}$$

这时用高斯近似得不到正确的结果，但可用下式近似：

$$\frac{P_{r_0,\text{outside}}}{P_{\text{t}}}\approx\frac{\pi}{2}\left[\frac{U}{VWK_1(W)}\right]^2\exp\left[-2\left(W\frac{r_0}{a}\right)\right] \tag{2.4.94}$$

图 2.4.18 给出了$\frac{P_{r_0,\text{outside}}}{P_{\text{t}}}$-$\frac{r_0}{a}$关系曲线。当 $\frac{r_0}{a}$一定时，随着 λ/λ_c 的增大(临近截止)，半径 r_0 外所包含功率越大，这表明有更多的光功率渗透到包层中。

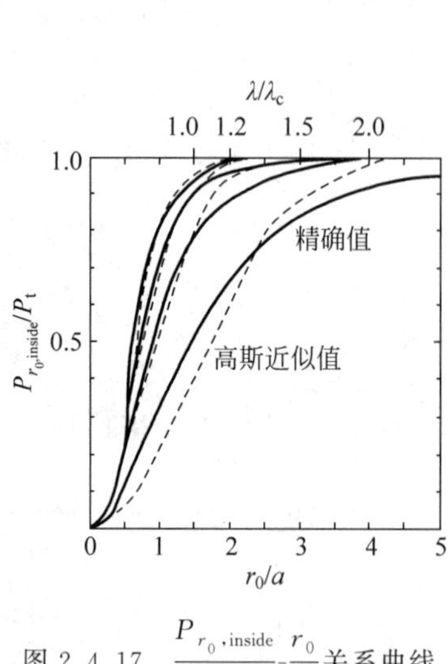

图 2.4.17 $\frac{P_{r_0,\text{inside}}}{P_t}$-$\frac{r_0}{a}$关系曲线

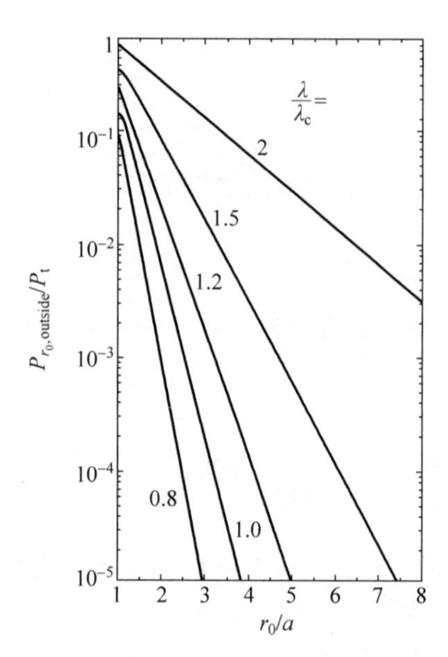

图 2.4.18 $\frac{P_{r_0,\text{outside}}}{P_t}$-$\frac{r_0}{a}$关系曲线

课后拓展

为了使读者对光纤模式的本征方程有更为直观的了解，本次课后拓展提供一种利用MATLAB求解弱导光纤模式的简单方法。

在Gloge等人提出的标量近似条件下，光纤中标量模式(LP模式)所满足的本征方程为

$$\frac{U\mathrm{J}_{m-1}(U)}{\mathrm{J}_m(U)}=-\frac{W\mathrm{K}_{m-1}(W)}{\mathrm{K}_m(W)} \tag{2.4.95}$$

其中

$$U=\sqrt{a^2(k_0^2n_1^2-\beta^2)},\quad W=\sqrt{a^2(\beta^2-k_0^2n_2^2)} \tag{2.4.96}$$

式中，n_1 为光纤纤芯折射率；n_2 为包层折射率；a 为纤芯半径；k_0 为真空中的波数；β 为传播常数。

具体求解思路如下[9]：

(1) 根据本征方程构造函数 $f(\beta)$。

$$f(\beta)=\frac{U\mathrm{J}_{m-1}(U)}{\mathrm{J}_m(U)}+\frac{W\mathrm{K}_{m-1}(W)}{\mathrm{K}_m(W)} \tag{2.4.97}$$

(2) 参数设置。主要包括光纤纤芯折射率 n_1、包层折射率 n_2、纤芯半径 a、光波波长 λ、区间个数 N(即求解本征方程时将 β 的取值范围划分的区间个数)以及阶数 m 的设置。

(3) 确定自变量采样点 β_i。依据光纤模式理论，β 的取值范围为 $n_2k\leqslant\beta\leqslant n_1k$，将该范围均匀分成 N 个区间，求出 β 的步长 $\Delta\beta=(n_1k-n_2k)/N$，得到采样点

$$\beta_i=n_2k+(i-1)\cdot\Delta\beta\quad(i=1,2,\cdots,N+1)$$

(4) 计算函数 $f(\beta_i)$。根据式(2.4.96)计算每个 β_i 值对应的 U_i 和 W_i 的值，从而计算出函数 $f(\beta_i)$的值。

(5) 找出本征方程的根。满足 $f(\beta_i)=0$ 的 β 值即是本征方程的根。在得到每个 β_i 值对应的 $f(\beta_i)$后，计算相邻的函数值乘积 $f(\beta_i)\cdot f(\beta_{i+1})$的值，若 $f(\beta_i)\cdot f(\beta_{i+1})<0$，则 $\beta_{mn}=(\beta_i+\beta_{i+1})/2$ 被确定为本征方程的根。对于确定的阶数 m，本征方程的根依次记为 β_{m1}、β_{m2}、β_{m3}，……。(上述采用二分法求解本征方程的根，也可以采用其他求解根的方法，这里不再赘述。)

(6) 绘制模式图。利用求得的本征方程的根 β_{mn}，画出光纤各个 LP 模式在光纤横截面上的二维光强分布图。

2.5　变折射率光纤的波动理论

本节将从波动理论出发，研究变折射率光纤的波导场方程、平方律光纤的解析解以及利用近似解法分析一般变折射率光纤的模场分布等方面的内容。之后，以等效阶跃型光纤法和高斯模场等效法为例，介绍变折射率单模光纤的模场分析方法。

2.5.1　波导场方程

变折射率光纤是指折射率分布在纵向是均匀的，而在横向是不均匀的光纤，即

$$\varepsilon(x,y,z)=\varepsilon(r) \tag{2.5.1}$$

由于 $\varepsilon(r)$具有圆对称性，因而有

$$\nabla\varepsilon(r)=\boldsymbol{e}_r\frac{\mathrm{d}\varepsilon(r)}{\mathrm{d}r} \tag{2.5.2}$$

式中，$\boldsymbol{e}_r$ 为光纤径向方向的单位矢量，把式(2.5.2)代入式(2.4.3)可得(分为两个方程)：

$$\begin{cases}[\nabla_t^2+(n^2(r)k_0^2-\beta^2)]\boldsymbol{E}_t(r,\varphi)+\nabla_t\left(\boldsymbol{E}_t(r,\varphi)\cdot\boldsymbol{e}_r\dfrac{\mathrm{d}\varepsilon(r)}{\varepsilon(r)\mathrm{d}r}\right)=0\\[2ex][\nabla_t^2+(n^2(r)k_0^2-\beta^2)]\boldsymbol{E}_z(r,\varphi)-\mathrm{i}\beta\boldsymbol{e}_z\left(\boldsymbol{E}_t(r,\varphi)\cdot\boldsymbol{e}_r\dfrac{\mathrm{d}\varepsilon(r)}{\varepsilon(r)\mathrm{d}r}\right)=0\end{cases} \tag{2.5.3}$$

同理，对 $\boldsymbol{H}(r,\varphi)$也有

$$\begin{cases}[\nabla_t^2+(n^2(r)k_0^2-\beta^2)]\boldsymbol{H}_t(r,\varphi)+\boldsymbol{e}_r\dfrac{\mathrm{d}\varepsilon(r)}{\varepsilon(r)\mathrm{d}r}\times(\nabla_t\times\boldsymbol{H}_t(r,\varphi))=0\\[2ex][\nabla_t^2+(n^2(r)k_0^2-\beta^2)]\boldsymbol{H}_z(r,\varphi)-\boldsymbol{e}_r\dfrac{\mathrm{d}\varepsilon(r)}{\varepsilon(r)\mathrm{d}r}\times(\nabla_t\times\boldsymbol{H}_z(r,\varphi))-\mathrm{i}\beta\boldsymbol{e}_z\left(\boldsymbol{H}_t(r,\varphi)\cdot\boldsymbol{e}_r\dfrac{\mathrm{d}\varepsilon(r)}{\varepsilon(r)\mathrm{d}r}\right)=0\end{cases} \tag{2.5.4}$$

由此可见，在均匀折射率分布光纤中关于 $\boldsymbol{E}_z$、$\boldsymbol{H}_z$ 的齐次方程，此时已变成非齐次方程，且非齐次项中包括横向分量；关于 $\boldsymbol{E}_t$、$\boldsymbol{H}_t$ 的齐次方程也变成非齐次方程，但非齐次项中不含纵向分量。这时由于波动方程都不是齐次方程，严格说来，不存在线偏振模，不可假定模场($\boldsymbol{E}_x,\boldsymbol{E}_y,\boldsymbol{H}_x,\boldsymbol{H}_y$)中的任一个为零。

由于 $\boldsymbol{E}$、$\boldsymbol{H}$ 的任一分量都不能独立满足波动方程(同一方程中有两个以上分量)，因此，为求解此方程须采用一些近似方法，其中最重要的近似方法就是标量近似。先假定折射率沿横截面的变化很小，把非齐次方程变成齐次方程，再用各种近似法来求解折射率是变数的齐次方程。假设$\dfrac{\mathrm{d}\varepsilon(r)}{\varepsilon(r)\mathrm{d}r}\to 0$，则式(2.5.3)和式(2.5.4)为

$$\begin{cases}[\nabla_t^2+(n^2(r)k_0^2-\beta^2)]\begin{bmatrix}\boldsymbol{E}_t(r,\varphi)\\ \boldsymbol{H}_t(r,\varphi)\end{bmatrix}=0\\ [\nabla_t^2+(n^2(r)k_0^2-\beta^2)]\begin{bmatrix}\boldsymbol{E}_z(r,\varphi)\\ \boldsymbol{H}_z(r,\varphi)\end{bmatrix}=0\end{cases} \tag{2.5.5}$$

因此，将 $E_z(r,\varphi)=E_z(r)\mathrm{e}^{-\mathrm{i}m\varphi}(m=0,\pm1,\pm2,\cdots)$ 代入波动方程(2.5.5)，可得

$$E''_z(r)+\frac{1}{r}E'_z(r)+\left[n^2(r)k_0^2-\beta^2-\frac{m^2}{r^2}\right]E_z(r)=0 \tag{2.5.6}$$

此外，在 ε 变化小的近似条件下，可以得到满足齐次方程的线偏振模 $[0,E_y,E_z,H_x,H_y,H_z]$ 和 $[E_x,0,E_z,H_x,H_y,H_z]$。如果再把场分量的二阶横向变化率略去，则两种 LP 模式的场分量为 $[0,E_y,E_z,H_x,0,H_z]$ 和 $[E_x,0,E_z,0,H_y,H_z]$，它们分别满足齐次标量波动方程。以 $E_x=0$ 为例：

$$[\nabla_t^2+(n^2(r)k_0^2-\beta^2)]E_y(r,\varphi)=0 \tag{2.5.7}$$

在标量近似下的线偏振模仍具有圆对称性，即 $E_y(r,\varphi)=E_y(r)\mathrm{e}^{-\mathrm{i}m\varphi}(m=0,\pm1,\pm2,\cdots)$。将其代入波动方程可得

$$E''_y(r)+\frac{1}{r}E'_y(r)+\left[n^2(r)k_0^2-\beta^2-\frac{m^2}{r^2}\right]E_y(r)=0 \tag{2.5.8}$$

方程(2.5.8)即为变折射率光纤的波导场方程，由于 $n(r)$ 不是常数，方程(2.5.6)和方程(2.5.8)不是严格意义下的贝塞尔方程。求解的方法有多种，如平方律光纤的解析解、WKB 分析法和级数近似法等，简单介绍如下。

2.5.2 平方律光纤的解析解

所谓平方律光纤是指假设芯径 a 为无限大，且满足如下折射率分布的光纤，即

$$n^2(r)=n_1^2\left[1-2\Delta\left(\frac{r}{a}\right)^2\right] \tag{2.5.9}$$

式中，$n_1=n(0)$ 为光纤轴心处的折射率，设 $n(a)$ 为包层的折射率，则

$$\Delta=\frac{n^2(0)-n^2(a)}{2n^2(0)} \tag{2.5.10}$$

令

$$E_z(r)=\mathrm{e}^{-\frac{s}{2}}S^{\frac{1}{2}}Y(S) \tag{2.5.11}$$

其中

$$S=\frac{n_1k_0\sqrt{2\Delta}}{a}r^2$$

将式(2.5.11)代入方程(2.5.6)中，经过一系列的数学变换，可将方程(2.5.6)化为

$$S\,\frac{\mathrm{d}^2Y(S)}{\mathrm{d}S^2}+(m+1-S)\,\frac{\mathrm{d}Y(S)}{\mathrm{d}S}+\frac{A-2m-2}{4}Y(S)=0 \tag{2.5.12}$$

其中

$$A=\left(\frac{a}{n_1k_0\sqrt{2\Delta}}\right)\cdot(n_1^2k_0^2-\beta^2)$$

当满足如下条件时：

$$\frac{A-2m-2}{4}=n,\quad n=0,1,2,\cdots \tag{2.5.13}$$

方程(2.5.12)称为广义拉盖尔方程，其解 Y(S)为 m 阶 n 次广义拉盖尔多项式：

$$\mathrm{Y}(S)=L_n^{(m)}(S)=S^{-m}\mathrm{e}^S\frac{\mathrm{d}^n}{\mathrm{d}S^n}(S^{m+n}\mathrm{e}^{-S}) \tag{2.5.14}$$

m 阶从 0 到 2 次广义拉盖尔多项式如下：

$$\mathrm{L}_0^{(m)}=1$$

$$\mathrm{L}_1^{(m)}=1+m-S$$

$$\mathrm{L}_2^{(m)}=[(m+2)(m+1)-2(m+2)S+S^2]^{1/2}$$

于是求得场的本征解为

$$\begin{bmatrix}E_z(r,\varphi)\\H_z(r,\varphi)\end{bmatrix}=\begin{bmatrix}A\\B\end{bmatrix}\left(\sqrt{2}\,\frac{r}{W_0}\right)^m\mathrm{L}_n^{(m)}\left(\frac{2r^2}{W_0^2}\right)\exp\left[-\left(\frac{r}{W_0}\right)^2\right]\mathrm{e}^{-\mathrm{i}m\varphi} \tag{2.5.15}$$

式中，参数 W_0 定义为

$$W_0=\left(\frac{2a}{n_1k_0\sqrt{2\Delta}}\right)^{1/2}=\left(\frac{a\lambda_0}{n_1\pi\sqrt{2\Delta}}\right)^{1/2}$$

该参数决定了场分布沿径向延伸的程度。式(2.5.15)表明，平方律光纤沿径向的分布为高斯函数与拉盖尔多项式之积，即拉盖尔-高斯函数。随着 r 的增加，函数可自动地由振荡型过渡到指数衰减型，且阶次越高，函数振荡区越宽。

式(2.5.13)规定了式(2.5.12)有解析解的条件，即要求导模传输条件为

$$\beta_{mn}=n_1k_0\left[1-\frac{2\sqrt{2\Delta}}{n_1k_0a}(2n+m+1)\right]^{\frac{1}{2}} \tag{2.5.16}$$

式中，m、n 均为整数。这表明，β_{mn} 取值是分立的，每一个 β_{mn} 对应一个导模，共有 $2n+m$ 个(取值组合)导模具有相同的 β_{mn} 值，这些导模是简并的。式(2.5.16)即为平方律分布光纤导模本征值。

2.5.3　WKB 分析法

对于非平方律的光纤，则不可能通过严格求解波导场方程获得解析解。为此，人们提出了多种近似求解方法，以得到导模本征函数(场分布)和本征值(传输常数)。其中，WKB 分析法是一种最常见的近似方法。历史上，WKB 分析法最初是在量子力学中分析粒子在一维势阱中运动时求解一维薛定谔方程的一种经典近似方法。WKB 分析法是由 Wentzel、Kramers 与 Brollouin 提出的，故取三人姓氏第一个字母，简称为 WKB 分析法。

WKB 分析法实际上是一种几何光学近似，其基本思想是认为光纤中传播的导模场分布的变化主要体现在相位的变化上，因此可将场分布函数 $E_z(r)$ 写成如下形式：

$$E_z(r)=r^{-\frac{1}{2}}\psi(r) \tag{2.5.17}$$

式中

$$\psi(r)=A(r)\mathrm{e}^{\mathrm{i}k_0S(r)} \tag{2.5.18}$$

将式(2.5.17)代入式(2.5.6)，得到的方程为

$$\frac{\mathrm{d}^2\psi(r)}{\mathrm{d}r^2}+g^2(r)\psi(r)=0 \tag{2.5.19}$$

式中

$$g(r)=\left[n^2(r)k_0^2-\beta^2-\frac{1}{r^2}\cdot\left(m^2-\frac{1}{4}\right)\right]^{\frac{1}{2}} \tag{2.5.20}$$

这样，就将空间辐射场在微小距离上快速的相位变化 $k_0S(r)$ 与缓慢的振幅变化 $A(r)$ 分开，从而将 $E_z(r)$ 的求解归结于求光程函数 $S(r)$ 表达式，从而将问题简化。

相对于光波波长而言，$A(r)$ 与 $S(r)$ 均可以认为是缓慢变化的，因而可将 $S(r)$ 展开成 $1/k_0=\lambda_0/2\pi$ 的幂级数，即

$$S(r)=S_0(r)+\frac{1}{k_0}S_1(r)+\cdots \tag{2.5.21}$$

根据 WKB 分析法的近似条件，应有 $\lambda_0\to0$，$k_0\to\infty$，即 $1/k_0\to0$。将式(2.5.21)和式(2.5.18)代入式(2.5.19)，整理并略去式中 $(1/k_0)^2$ 以上的高阶微小量，得到

$$\mathrm{i}k_0\frac{\mathrm{d}^2S_0(r)}{\mathrm{d}r^2}+\mathrm{i}\frac{\mathrm{d}^2S_1(r)}{\mathrm{d}r^2}-k_0^2\left[\frac{\mathrm{d}S_0(r)}{\mathrm{d}r}\right]^2-2k_0\frac{\mathrm{d}S_0(r)}{\mathrm{d}r}\cdot\frac{\mathrm{d}S_1(r)}{\mathrm{d}r}+g^2(r)=0 \tag{2.5.22}$$

由于 $S_1(r)$ 为一阶小量，因此可以认为

$$\mathrm{i}\frac{\mathrm{d}^2S_1(r)}{\mathrm{d}r^2}=0$$

又因 $k_0\to\infty$，$k_0^2\to\infty$，为使式(2.5.22)成立，需满足含 k_0 和 k_0^2 的项同时为 0，即有

$$k_0^2\left[\frac{\mathrm{d}S_0(r)}{\mathrm{d}r}\right]^2-g^2(r)=0 \tag{2.5.23}$$

$$\mathrm{i}k_0\frac{\mathrm{d}^2S_0(r)}{\mathrm{d}r^2}-2k_0\frac{\mathrm{d}S_0(r)}{\mathrm{d}r}\cdot\frac{\mathrm{d}S_1(r)}{\mathrm{d}r}=0 \tag{2.5.24}$$

对式(2.5.23)和式(2.5.24)分别积分，可得到

$$k_0S_0(r)=\pm\int g(r)\mathrm{d}r \tag{2.5.25}$$

$$S_1(r)=\frac{\mathrm{i}}{2}\ln\left[\frac{\mathrm{d}S_0(r)}{\mathrm{d}r}\right]=\frac{\mathrm{i}}{2}\ln\left[\frac{g(r)}{k_0}\right] \tag{2.5.26}$$

将 $S_0(r)$、$S_1(r)$ 表达式以及式(2.5.21)代入式(2.5.18)，得到

$$\psi(r)=A(r)\exp\left\{\mathrm{i}k_0\left[S_0(r)+\frac{1}{k_0}S_1(r)\right]\right\}=A(r)\sqrt{\frac{k_0}{g(r)}}\mathrm{e}^{\pm\mathrm{i}\int g(r)\mathrm{d}r} \tag{2.5.27}$$

于是求得场的本征解为

$$\begin{bmatrix}E_z(r,\varphi)\\H_z(r,\varphi)\end{bmatrix}=\begin{bmatrix}A(r)\\B(r)\end{bmatrix}\cdot\sqrt{\frac{k_0}{g(r)}}\mathrm{e}^{\pm\mathrm{i}\int g(r)\mathrm{d}r}\cdot\mathrm{e}^{-\mathrm{i}m\varphi} \tag{2.5.28}$$

由式(2.5.28)可知，本征解的特性与 $g(r)$ 性质有关：当 $g^2(r)>0$ 时，$g(r)$ 为实数，场解为振荡型驻波场；当 $g^2(r)<0$ 时，$g(r)$ 为虚数，场解为指数衰减型消逝场。这种场分布特点也体现了导模场分布的特征。WKB 分析法将求场的本征解归结为通过式(2.5.25)积

分求场的相位，因此 WKB 分析法又称为相位积分法。

2.5.4 级数近似法

级数近似法是一种适用范围更广泛且较为简单的近似解法，其主要步骤是：首先用级数表示纤芯的折射率分布，然后用横向电场沿半径方向的标量波导场方程求出级数表示的场解，最后把场解代入边界条件后求出特征方程、场分布和传输常数。具体解法简介如下。

设纤芯的折射率分布 $n^2(r)$ 为

$$n^2(r)=n_1^2\left[1-2\Delta\cdot f\left(\frac{r}{a}\right)\right] \tag{2.5.29}$$

式中

$$f\left(\frac{r}{a}\right)=f(\eta)=g_2\eta^2+g_4\eta^4+\cdots+g_N\eta^N \tag{2.5.30}$$

$\eta=r/a$；$g_2,g_4,\cdots,g_N$ 为常系数。考虑到纤芯和包层交界处有扩散的情况，$f(\eta)$的展开式中只取了偶数项。在纤芯和包层交界处，应满足

$$\sum_N g_N=1 \tag{2.5.31}$$

以求解 y 方向的场为例，把式(2.5.29)和式(2.5.30)代入方程(2.5.8)中，整理得到

$$E''_y(r)+\frac{1}{r}E'_y(r)+\left[n_1^2k_0^2-\beta^2-2\Delta\cdot n_1^2k_0^2f\left(\frac{r}{a}\right)-\frac{m^2}{r^2}\right]E_y(r)=0 \tag{2.5.32}$$

令 $\eta=r/a$，式(2.5.32)可化为

$$E''_y(\eta)+\frac{1}{\eta}E'_y(\eta)+\left[U^2-V^2f(\eta)-\frac{m^2}{\eta^2}\right]E_y(\eta)=0 \tag{2.5.33}$$

其中，$U^2=a^2(n_1^2k_0^2-\beta^2)$，$V^2=2\Delta\cdot a^2n_1^2k_0^2$。

为求级数的解，把式(2.5.33)改写为

$$\eta^2E''_y(\eta)+\eta E'_y(\eta)+Q(\eta)E_y(\eta)=0 \tag{2.5.33-1}$$

式中

$$Q(\eta)=\sum_{n=0}^{\frac{N}{2}}q_{2n}\eta^{2n} \tag{2.5.34}$$

$$\begin{cases}q_0=-m^2\\ q_2=U^2\\ q_4=-V^2g_2\\ \vdots\\ q_{2n}=-V^2g_{2n-2}\\ \vdots\\ q_{N+2}=-V^2g_N\end{cases} \tag{2.5.35}$$

方程(2.5.33-1)的解具有如下形式：

$$E_y(\eta)=\eta^s\sum_{k=0}C_k\eta^k \tag{2.5.36}$$

其中，s 为引入的中间参量。把式(2.5.36)代入方程(2.5.33-1)，得到

$$\sum_{k=0}^{\infty} C_k (k+s)(k+s-1)\eta^{k+s} + \sum_{k=0}^{\infty} C_k (k+s)\eta^{k+s} + \sum_{n=0}^{\frac{N}{2}} q_{2n}\eta^{2n} \cdot \sum_{k=0}^{\infty} C_k \eta^{k+s} = 0 \tag{2.5.37}$$

对比各相同阶数的 η，可以得出偶数项系数 C_{2n} 的递推公式如下：

$$\begin{cases} C_0(s^2+q_0)=0 \\ C_2[(s+2)^2+q_0]+C_0 q_2=0 \\ \vdots \\ C_{2n}[(s+2n)^2+q_0]+C_{2n-2}q_2+\cdots+C_0 q_{2n}=0 \end{cases} \tag{2.5.38}$$

所有奇数项的系数 $C_{2n+1}=0$，因为 $n(r)$ 的级数展开式中只有偶数项。从式(2.5.38)第一式可知，若使纤芯区的模场有界，需 $C_0 \neq 0$，则有

$$s^2+q_0=0 \tag{2.5.39}$$

即

$$s=\pm m \tag{2.5.40}$$

若使纤芯区的模场满足自然边界条件，此处只能取 $s=+m$，此时偶数项的系数的递推公式可化为

$$C_{2n}=\frac{-1}{4n(n+m)} \cdot \sum_{i=1}^{n} C_{2(n-i)} q_{2i} \tag{2.5.41}$$

由此，得到方程式(2.5.33)的解为

$$E_y(\eta)=\eta^m \sum_{n=0} C_{2n}\eta^{2n} \tag{2.5.42}$$

即

$$E_y\left(\frac{r}{a}\right)=\left(\frac{r}{a}\right)^m \sum_{n=0} C_{2n}\left(\frac{r}{a}\right)^{2n} \tag{2.5.43}$$

由此可进一步求出其余分量和 β 的表达式。

2.5.5 变折射率单模光纤分析

实际的单模由于制作工艺等原因，其折射率不会是理想的阶跃型分布，而是渐变分布的。单模光纤中 LP_{01} 模式的场分布对光纤折射率分布不敏感，而多模光纤的场分布对折射率很敏感。对于单模光纤，无论纤芯中折射率如何分布，其场沿 r 的分布都接近于贝塞尔函数，而贝塞尔函数又与高斯分布相差不大，因此实际的变折射率单模光纤的模场可以用阶跃型光纤的模场分布或高斯模场来等效。下面分别以等效阶跃型光纤法和高斯模场等效法为例，介绍变折射率单模光纤的分析方法。

1. 等效阶跃型光纤法

等效阶跃型光纤(equivalent step-index，ESF)法近似的基本思想是寻找一个适当的阶跃型光纤去等效实际的变型光纤。而阶跃型光纤的场解是已知的，这样就得到了变型光纤的场解。

1）等效光纤的参数

实际光纤的折射率分布可表示为

$$n^2(r)=n_1^2\left[1-2\Delta\cdot f\left(\frac{r}{a}\right)\right] \tag{2.5.44}$$

其中

$$\Delta=\frac{n_1^2-n_2^2}{2n_1^2}\approx\frac{n_1-n_2}{n_1}$$

$$f\left(\frac{r}{a}\right)=\begin{cases}\left(\dfrac{r}{a}\right)^g, & 0\leqslant r\leqslant a\\ 1, & r>a\end{cases}$$

式中，$n_1=n(0)$为光纤轴心处的折射率；$n_2=n(a)$为包层的折射率；g为折射率分布的参数。等效阶跃型光纤的折射率分布$\bar{n}$可以表示为

$$\bar{n}^2(r)=\bar{n}_1^2\left[1-2\bar{\Delta}\cdot\bar{f}\left(\frac{r}{\bar{a}}\right)\right] \tag{2.5.45}$$

其中

$$\bar{\Delta}=\frac{\bar{n}_1^2-n_2^2}{2\bar{n}_1^2}\approx\frac{\bar{n}_1-n_2}{\bar{n}_1}$$

$$\bar{f}\left(\frac{r}{\bar{a}}\right)=\begin{cases}0, & 0\leqslant r\leqslant\bar{a}\\ 1, & r>\bar{a}\end{cases}$$

式中，$\bar{n}_1$为纤芯等效折射率；$\bar{a}$为等效半径。

图2.5.1给出了ESF法等效示意图，等效阶跃型光纤的归一化频率为

$$\bar{V}=\bar{a}k_0\bar{n}_1\sqrt{2\bar{\Delta}}=\sqrt{\bar{U}^2+\bar{W}^2}$$

等效阶跃型光纤的意义在于：把式(2.5.44)中的$f(r/a)=(r/a)^g$变换为$\bar{f}(r/\bar{a})=0$，将光纤纤芯的变折射率分布等效为阶跃型，即$n_1\Rightarrow\bar{n}_1$。求解的方法是利用β^2的变分表达式求出等效的$\bar{V}$、$\bar{a}$和$\bar{\beta}$值。

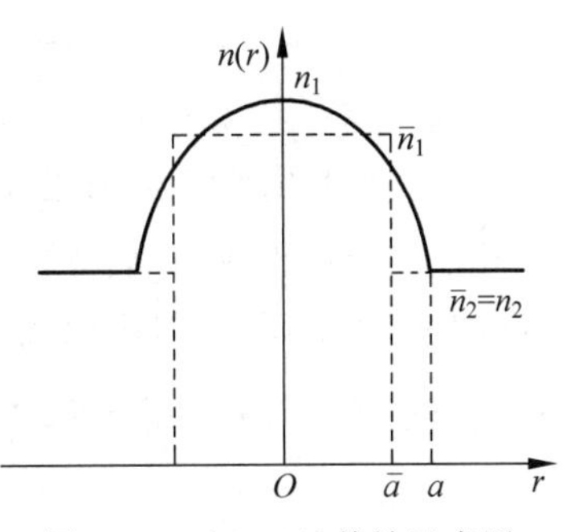

图2.5.1　ESF法等效示意图

2）求β^2与$\bar{\beta}^2$的表达式

设实际变折射率光纤的场分布为$\psi(r)$，传输常数为β，等效阶跃型光纤场分布为$\bar{\psi}(r)$。在弱导条件下，LP_{01}模式的场分布满足波导场方程(2.5.7)，即

$$(\nabla_t^2+k^2)\psi(r)=\beta^2\psi(r) \tag{2.5.46}$$

对式(2.5.46)两边同乘$\psi(r)$，积分得到β^2的表达式为

$$\beta^2=\frac{\int_0^\infty(\nabla_t^2\psi^2+k^2\psi^2)r\,\mathrm{d}r}{\int_0^\infty\psi^2r\,\mathrm{d}r} \tag{2.5.47}$$

对于等效阶跃型光纤，假设其场函数$\bar{\psi}(r)$近似等于实际光纤的场函数$\psi(r)$，即

$$\psi \approx \bar{\psi} = \begin{cases} \dfrac{J_0\left(\bar{U}\dfrac{r}{\bar{a}}\right)}{J_0(\bar{U})}, & 0 \leqslant r \leqslant \bar{a} \\ \dfrac{K_0\left(\bar{W}\dfrac{r}{\bar{a}}\right)}{K_0(\bar{W})}, & r > \bar{a} \end{cases} \tag{2.5.48}$$

其中

$$\bar{U}^2 + \bar{W}^2 = \bar{V}^2 = \left(\frac{2\pi}{\lambda_0}\right)^2 \bar{a}^2 (\bar{n}_1^2 - n_2^2) \tag{2.5.49}$$

$$\bar{W} K_1(\bar{W}) J_0(\bar{U}) = \bar{U} J_0(\bar{W}) J_1(\bar{U}) \tag{2.5.50}$$

等效阶跃型光纤法的要点是：把形如式(2.5.48)的贝塞尔函数作为试探函数，通过变分法求出较为精确的 $\bar{\beta}$ 值。由式(2.5.46)和式(2.5.47)得到的等效关系式为

$$(\nabla_t^2 + \bar{k}^2)\bar{\psi}(r) = \bar{\beta}^2 \bar{\psi}(r) \tag{2.5.51}$$

$$\bar{\beta}^2 = \frac{\int_0^\infty (\nabla_t^2 \bar{\psi}^2 + \bar{k}^2 \bar{\psi}^2) r \mathrm{d}r}{\int_0^\infty \bar{\psi}^2 r \mathrm{d}r} \tag{2.5.52}$$

由于 β^2 对于场分布函数不敏感，故可以在式(2.5.47)中用 $\bar{\psi}$ 代替 ψ 后得到 $\bar{\beta}^2$。$\bar{\beta}^2$ 与 β^2 相减，得到：

$$\beta^2 \approx \bar{\beta}^2 + \frac{\int_0^\infty (k^2 - \bar{k}^2)\bar{\psi}^2 r \mathrm{d}r}{\int_0^\infty \bar{\psi}^2 r \mathrm{d}r} = \bar{\beta}^2 + \frac{\int_0^\infty (n^2 - \bar{n}^2)\bar{\psi}^2 r \mathrm{d}r}{\int_0^\infty \bar{\psi}^2 r \mathrm{d}r} \bar{\beta}^2 \tag{2.5.53}$$

式(2.5.53)就是实际变折射率光纤导模的传输常数关系式。显然，该关系式并不限于基模，对于其他高阶模也成立，只要选择 $\bar{\psi}$ 为相应的横向导模电场分布。这表明，ESF 法可以在更宽的范围内适用，不但可以确定基模参数，而且还可以确定相邻的高阶模的参数(如截止波长或截止频率等)。由于 $\bar{a}$、$\bar{V}$ 和 $\bar{k}$ 均未知且求解困难，为此可采用如下 S—S 判据进行求解。

3) 判据求解 $\bar{V}$ 和 $\bar{a}$

S—S 判据是由澳大利亚科学家 A. W. Snyder 和 R. A. Sammut 提出的。他们认为，等效阶跃型光纤 $\bar{V}$ 和 $\bar{a}$ 的选择应使实际光纤的基模具有最大的传播常数 β，这就意味着应使式(2.5.53)中的 β 取最大值，或使 U 为最小值，其数学关系式为

$$\frac{\partial \beta^2}{\partial \bar{V}} = 0 \quad 或 \quad \frac{\partial U^2}{\partial \bar{V}} = 0 \tag{2.5.54}$$

利用 S—S 判据求解 $\bar{V}$ 和 $\bar{a}$ 的步骤如下。

第一步：导出 U^2 变分形式。

由定义有

$$\beta^2 = n_1^2 k_0^2 - \frac{U^2}{a^2}$$

$$\bar{\beta}^2 = \bar{n}_1^2 k_0^2 - \frac{\bar{U}^2}{\bar{a}^2}$$

$$n^2(r)k_0^2 = n_1^2 k_0^2 - \left(\frac{V^2}{a^2}\right) \cdot f\left(\frac{r}{a}\right)$$

$$\bar{n}^2(r)k_0^2 = \bar{n}_1^2 k_0^2 - \left(\frac{\bar{V}^2}{\bar{a}^2}\right) \cdot \bar{f}\left(\frac{r}{\bar{a}}\right)$$

将此式代入式(2.5.53)，得到U^2的变分表达式为

$$U^2 \approx \frac{a^2}{\bar{a}^2}(\bar{U}^2 - \bar{V}^2 \bar{I}) + V^2 I \tag{2.5.55}$$

其中，

$$\bar{I} = \frac{\int_0^\infty \bar{f}(r/\bar{a})\bar{\psi}^2 r \, \mathrm{d}r}{\int_0^\infty \bar{\psi}^2 r \, \mathrm{d}r}$$

$$I = \frac{\int_0^\infty f(r/a)\bar{\psi}^2 r \, \mathrm{d}r}{\int_0^\infty \bar{\psi}^2 r \, \mathrm{d}r}$$

第二步：求解$\bar{V}$和$\bar{a}$。

在式(2.5.55)中，$f(r/a)$、$\bar{f}(r/\bar{a})$、V和a均已给定，$\bar{U}$可通过近似关系式(2.4.71)和式(2.4.72)表示为$\bar{V}$的函数，因此只有$\bar{V}$和$\bar{a}$是未知量。根据S—S判据，使U最小的$\bar{V}$和$\bar{a}$就是所求的等效阶跃型光纤参数，据此可确定U值。求出U值也就确定了传播常数β值。同时，由$\bar{V}$和$\bar{a}$也可确定$\bar{n}_1$、$\bar{U}$、$\bar{W}$和$\bar{\beta}$，从而确定等效场分布。

2. 高斯模场等效法

实际光纤的折射率分布仍用式(2.5.44)表示为

$$n^2(r) = n_1^2 \left[1 - 2\Delta \cdot f\left(\frac{r}{a}\right)\right]$$

其中

$$\Delta = \frac{n_1^2 - n_2^2}{2n_1^2} \approx \frac{n_1 - n_2}{n_1}$$

$$f\left(\frac{r}{a}\right) = \begin{cases} \left(\frac{r}{a}\right)^g, & 0 \leqslant r \leqslant a \\ 1, & r > a \end{cases}$$

式中，$n_1 = n(0)$为光纤轴心处的折射率；$n_2 = n(a)$为包层的折射率；g为折射率分布的参数。

2.4.3节讲到均匀折射率单模光纤的模场分布可以采用高斯函数来近似，实际上可用高斯分布来描述任意折射率分布的单模弱导光纤的场型，其精确程度取决于确定高斯模场的半径的不同判据。在高斯近似下，模场半径和传播常数可以由β^2稳定判据求得。β^2稳定判据是指在无损弱导光纤中的传播常数β对于场解是稳定的，即β对于场分布函数不敏

感，对于折射率分布也不敏感。下面以 β^2 稳定判据为例来展开介绍。

1）导出 β 变分形式

在高斯近似下，单模变折射率光纤的基模横向电场可以表示为

$$\psi(r)=\exp\left[-\left(\frac{r}{s_0}\right)^2\right] \tag{2.5.56}$$

其遵从的波导场方程为

$$\frac{\mathrm{d}^2\psi(r)}{\mathrm{d}r^2}+\frac{1}{r}\frac{\mathrm{d}\psi(r)}{\mathrm{d}r}+[k_0^2n^2(r)-\beta^2]\psi(r)=0 \tag{2.5.57}$$

式(2.5.57)左右两边同乘以 $r\psi(r)$，得

$$r\psi(r)\frac{\mathrm{d}^2\psi(r)}{\mathrm{d}r^2}+\psi(r)\frac{\mathrm{d}\psi(r)}{\mathrm{d}r}+rk_0^2n^2(r)\psi^2(r)=r\beta^2\psi^2(r) \tag{2.5.58}$$

利用关系式

$$\frac{\mathrm{d}}{\mathrm{d}r}\left(r\psi(r)\frac{\mathrm{d}\psi(r)}{\mathrm{d}r}\right)=r\psi(r)\frac{\mathrm{d}^2\psi(r)}{\mathrm{d}r^2}+\psi(r)\frac{\mathrm{d}\psi(r)}{\mathrm{d}r}+r\left(\frac{\mathrm{d}\psi(r)}{\mathrm{d}r}\right)^2 \tag{2.5.59}$$

方程(2.5.58)可化为

$$\frac{\mathrm{d}}{\mathrm{d}r}\left(r\psi(r)\frac{\mathrm{d}\psi(r)}{\mathrm{d}r}\right)-r\left(\frac{\mathrm{d}\psi(r)}{\mathrm{d}r}\right)^2+rk_0^2n^2(r)\psi^2(r)=r\beta^2\psi^2(r) \tag{2.5.60}$$

对式(2.5.60)积分，可得

$$r\psi(r)\frac{\mathrm{d}\psi(r)}{\mathrm{d}r}\bigg|_0^\infty+\int_0^\infty\left[k_0^2n^2(r)\psi^2(r)-\left(\frac{\mathrm{d}\psi(r)}{\mathrm{d}r}\right)^2\right]r\mathrm{d}r=\int_0^\infty\beta^2\psi^2(r)r\mathrm{d}r \tag{2.5.61}$$

而由边界条件应有 $r\psi(r)\frac{\mathrm{d}\psi(r)}{\mathrm{d}r}\bigg|_0^\infty=0$，故得

$$\beta^2=\frac{\int_0^\infty\left[k_0^2n^2(r)\psi^2(r)-\left(\frac{\mathrm{d}\psi(r)}{\mathrm{d}r}\right)^2\right]r\mathrm{d}r}{\int_0^\infty\psi^2(r)r\mathrm{d}r} \tag{2.5.62}$$

这就是 β^2 变分表达式。

2）求解 β 值

由于场的变化实际上可归结于高斯模场半径 s_0 的变化，根据 β^2 稳定定理应有

$$\frac{\mathrm{d}\beta^2}{\mathrm{d}s_0}=0 \tag{2.5.63}$$

通过式(2.5.63)即可求出模场半径 s_0，再将求出的 s_0 值代入式(2.5.62)即可求出 β 值。

【例题 4】 已知某一光纤折射率分布为高斯型，即

$$n^2(r)=n_2^2+(n_1^2-n_2^2)\cdot\exp\left[-\left(\frac{r}{a}\right)^2\right] \tag{2.5.64}$$

求其等效光纤的模场半径 s_0 和传输常数 β。

解：将式(2.5.56)和式(2.5.64)代入 β^2 变分表达式(2.5.62)中，经代数运算可得

$$\beta^2=n_2^2k_0^2+\frac{2V^2}{s_0^2+2a^2}-\frac{2}{s_0^2} \tag{2.5.65}$$

再由式(2.5.63)得

$$s_0=\frac{\sqrt{2}a}{\sqrt{V-1}}(V>1) \tag{2.5.66}$$

再将式(2.5.66)代入式(2.5.65)，得

$$\beta^2=n_2^2k_0^2+\frac{(V-1)^2}{a^2} \tag{2.5.67}$$

当$V>1$(实际单模光纤均满足此条件)时，可由式(2.5.66)先求出等效光纤的模场半径s_0，然后由式(2.5.67)确定传输常数β。

再由这些结果可进一步获得光强的空间分布I和集中光的最优光纤尺寸。

光强的空间分布I的表达式为

$$I=\frac{1}{2}E_xH_y=\frac{1}{2}\sqrt{\frac{\varepsilon}{\mu}}\cdot e^{-2\left(\frac{r}{s_0}\right)^2}=\frac{1}{2}\sqrt{\frac{\varepsilon}{\mu}}\cdot e^{-\left(\frac{r}{a}\right)^2\cdot(V-1)} \tag{2.5.68}$$

分析式(2.5.68)可知，光纤的V值越大，光强沿光纤半径衰减得越快。因此实际中为减小传输损耗，应选用V值适合的光纤。应注意，单模光纤的V_c值会随折射率分布而变，例如：对于均匀折射率光纤，$V_c=2.405$；对于高斯型折射率分布的光纤，$V_c=2.59$；对于平方律光纤，$V_c=3.518$。实际上，由于光纤的不完善性引起的高阶模的损耗大，在V值略超过V_c值时仍可得单模传输，为准单模传输。

课后拓展

近年来，时空锁模(横模和纵模的相干叠加、共同锁定)成为超快光纤激光领域的前沿热点之一。利用变折射率多模光纤(GRIN MMF)的时空锁模，在理论上可获得很高的峰值功率，而且近年来发现的光束自清洁(self-cleaning)效应有望改善输出光束质量。若读者想进一步了解变折射率多模光纤中光束自清洁动力学的相关知识，可参考：

1. 多模光纤中空间光束的克尔自清洁。

2. Ugur Tegin, Babak Rahmani, Eirini Kakkava, Demetri Psaltis, Christophe Moser. "Single-mode output by controlling the spatiotemporal nonlinearities in mode-locked femtosecond multimode fiber lasers" Adv. Photon. 2(5) 056005(16 October 2020). https://doi.org/10.1117/1.AP.2.5.056005.

2.6　非正规光波导的模耦合理论

2.6.1　非正规光波导

前面几节介绍了纤芯为均匀折射率分布的光纤和纤芯为非均匀折射率分布的光纤的波动理论。这类光纤都属于正规光波导，或称为规则光波导，其特点是：折射率分布沿纵向是均匀的；存在模式的概念，即存在一系列沿纵向稳定的各横截面分布都不变的场分布，而光纤中的光场是上述模式的线性叠加：

$$\begin{bmatrix}\boldsymbol{E}(x,y,z)\\ \boldsymbol{H}(x,y,z)\end{bmatrix}=\sum_i\begin{bmatrix}a_i & \boldsymbol{E}_i(x,y)\\ b_i & \boldsymbol{H}_i(x,y)\end{bmatrix}f_i(z) \tag{2.6.1}$$

其中，下标 i 为模式的序号；a_i，b_i 为分解系数；$\boldsymbol{E}_i(x,y)$、$\boldsymbol{H}_i(x,y)$分别表示模式 i 的电场和磁场分布；$f_i(z)$表示纵向传播规律，对于导模 $f_i(z)=\mathrm{e}^{-\mathrm{i}\beta_i z}$。

在实际应用中，光纤纤芯的折射率分布常与 z 有关，即这种波导存在纵向不均匀性，这种波导称为非正规光波导。

引起纵向分布不均匀的原因有多种，如表 2.6.1 所示。

表 2.6.1　光纤纵向分布不均匀的原因

制造原因	光纤的纤芯与包层的界面不规整，出现随机起伏
	光纤的直径沿纵向大小不一，例如锥形、抛物线形等
	折射率分布形式随纵向变化
使用原因	在成盘、敷设、安装、接续等使用光纤的过程中，光纤不可避免要弯曲
	折射率随温度、应力等外界因素随机变化
人为原因	有意利用纵向非均匀性制造成非正规光波导，比如光纤光栅

非正规光波导从总体上可以分为折射率纵向独立变化的和纵向非独立变化的两类。所谓“独立变化”是指折射率随 z 的变化规律与横向坐标(x,y)无关。纵向独立变化的非正规波导又可分为“缓变的”“迅变的”和“突变的”三种。

当纵向的折射率相对变化很小，即$\dfrac{1}{\varepsilon}\dfrac{\partial\varepsilon}{\partial z}\to 0$ 时，这种光波导称为缓变光波导。事实上许多光纤的长度相对于芯径大很多倍，$\dfrac{1}{\varepsilon}\dfrac{\partial\varepsilon}{\partial z}\to 0$ 这一条件常常被满足，许多光纤都是缓变光波导。通常的宏观不规则性都导致缓变光波导，如宏弯曲、制棒与拉丝的非规则性、宏应力等都导致缓变光波导。

但是另外一些光纤，它的折射率有随机起伏，芯-包界面存在严重的微观非均匀性，在很小的可与波长比拟的长度 Δz 上引起的折射率变化却很大，因此不可看作缓变光波导。比如光纤的微弯曲、热应力及光纤光栅等，都导致迅变光波导。

除此之外，在光纤的端头处，或在两光纤的接头处，存在折射率突然变化，即$\dfrac{1}{\varepsilon}\dfrac{\partial\varepsilon}{\partial z}\to\infty$，这就是突变光波导。此时，光波在端面处发生反射或折射，服从菲涅耳定律。

非正规光波导的主要特征是：由于存在纵向不均匀，不存在严格意义下的模式，即无 $E(x,y)\mathrm{e}^{-\mathrm{i}\beta z}$ 形式的场解来同时满足非正规光波导的麦克斯韦方程和边界条件。但是在这种情况下可以找到某一个正规光波导（见图 2.6.1），使得非正规光波导内的场可以近似成这个正规光波导的一系列模式之和，即

$$\boldsymbol{E}(x,y,z)=\sum_j a_j(z)\boldsymbol{E}_j(x,y)\mathrm{e}^{-\mathrm{i}\beta_j z} \tag{2.6.2}$$

这种分解不仅包括导模的离散和，还包括辐射模的连续和（求积分）。这时，光在光纤中传输的总功率不变，但各个模的功率 $a_j^2(z)$都在变，这相当于一些模式的功率转换给另一些模式，这种现象称为模式耦合。当两个波导靠得很近时，一个波导中的能量将耦合到另一个波导中，在另一个波导中激发出导模，这一导模场反过来又会对原来的波导产生影响，这种相互耦合称为横向耦合。另一方面，波导的纵向不均匀性会导致光波反射，因此波导中存在正、负两个方向传播的光波。这时传播模式的正交性（概念见 2.4.1 节）也会受到破坏，不同

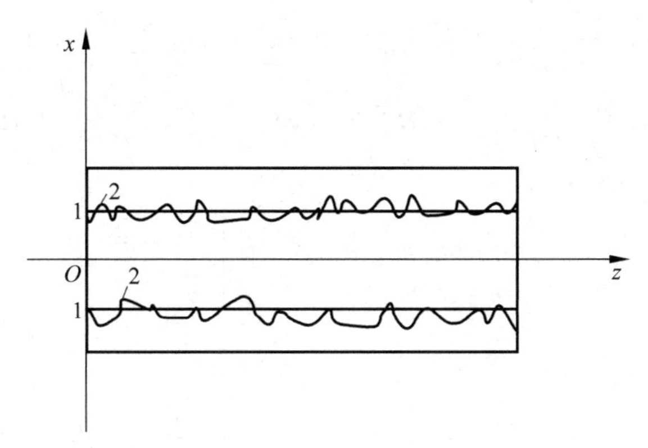

1—参考光纤的芯-包界面；2—实际光纤的芯-包界面

图 2.6.1　非正规光波导用正规光波导近似示意图

模式之间产生模式耦合，这种耦合模式称为纵向耦合。耦合是非正规光波导的重要特征。

2.6.2　非正规光波导的模耦合方程

前面已推导出任意光波导中，场的纵向分量与横向分量满足下列关系：

$$\nabla_t \times \boldsymbol{E}_t(x,y,z) = -\mathrm{i}\omega\mu \boldsymbol{H}_z(x,y,z) \tag{2.6.3}$$

$$\nabla_t \times \boldsymbol{H}_t(x,y,z) = \mathrm{i}\omega\varepsilon \boldsymbol{E}_z(x,y,z) \tag{2.6.4}$$

$$\nabla_t \times \boldsymbol{E}_z(x,y,z) + \boldsymbol{e}_z \times \frac{\partial \boldsymbol{E}_t(x,y,z)}{\partial z} = -\mathrm{i}\omega\mu \boldsymbol{H}_t(x,y,z) \tag{2.6.5}$$

$$\nabla_t \times \boldsymbol{H}_z(x,y,z) + \boldsymbol{e}_z \times \frac{\partial \boldsymbol{H}_t(x,y,z)}{\partial z} = \mathrm{i}\omega\varepsilon \boldsymbol{E}_t(x,y,z) \tag{2.6.6}$$

将式(2.6.3)和式(2.6.4)两边分别取旋度，整理得

$$\begin{cases} \nabla_t \times [\nabla_t \times \boldsymbol{E}_t(x,y,z)] - n^2 k_0^2 \boldsymbol{E}_t(x,y,z) = \mathrm{i}\omega\mu \boldsymbol{e}_z \times \dfrac{\partial \boldsymbol{H}_t(x,y,z)}{\partial z} \\ \nabla_t \times \left[\dfrac{1}{n^2} \nabla_t \times \boldsymbol{H}_t(x,y,z)\right] - k_0^2 \boldsymbol{H}_t(x,y,z) = -\mathrm{i}\omega\varepsilon_0 \boldsymbol{e}_z \times \dfrac{\partial \boldsymbol{E}_t(x,y,z)}{\partial z} \end{cases} \tag{2.6.7}$$

式(2.6.7)是联系任意光波导的电场与磁场的横向分量的方程。式(2.6.4)和式(2.6.6)中 $\varepsilon=\varepsilon(x,y,z)=\varepsilon_0 n^2(x,y,z)$（弱磁条件下）是非正规波导的折射率分布。取一个正规光波导作为此待求非正规光波导的近似，正规光波导的折射率分布为 $n'(x,y)$，其模式场的横向分量可表示为

$$\begin{bmatrix} \boldsymbol{E}_t(x,y,z) \\ \boldsymbol{H}_t(x,y,z) \end{bmatrix} = \begin{bmatrix} \boldsymbol{E}_t(x,y) \\ \boldsymbol{H}_t(x,y) \end{bmatrix} \mathrm{e}^{-\mathrm{i}\beta z} \tag{2.6.8}$$

$\boldsymbol{E}_t(x,y)$、$\boldsymbol{H}_t(x,y)$ 显然满足对应的方程：

$$\begin{cases} \nabla_t \times [\nabla_t \times \boldsymbol{E}_t(x,y)] - n'^2 k_0^2 \boldsymbol{E}_t(x,y) = \beta\omega\mu \boldsymbol{e}_z \times \boldsymbol{H}_t(x,y) \\ \nabla_t \times \left[\dfrac{1}{n'^2} \nabla_t \times \boldsymbol{H}_t(x,y)\right] - k_0^2 \boldsymbol{H}_t(x,y) = -\beta\omega\varepsilon_0 \boldsymbol{e}_z \times \boldsymbol{E}_t(x,y) \end{cases} \tag{2.6.9}$$

把非正规光波导的 $\boldsymbol{E}_t$、$\boldsymbol{H}_t$ 展开成一系列的正规光波导的模式场之和（包括传导模和辐射模）：

$$\begin{cases} \boldsymbol{E}_t(x,y,z)=\sum_{\mu}c_{\mu}(z)[\boldsymbol{E}_{t,\mu}(x,y)\mathrm{e}^{-\mathrm{i}\beta_{\mu}z}]=\sum_{\mu}a_{\mu}(z)\boldsymbol{E}_{t,\mu}(x,y) \\ \boldsymbol{H}_t(x,y,z)=\sum_{\mu}d_{\mu}(z)[\boldsymbol{H}_{t,\mu}(x,y)\mathrm{e}^{-\mathrm{i}\beta_{\mu}z}]=\sum_{\mu}b_{\mu}(z)\boldsymbol{H}_{t,\mu}(x,y) \end{cases} \tag{2.6.10}$$

式中

$$\begin{cases} a_{\mu}(z)=c_{\mu}(z)\mathrm{e}^{-\mathrm{i}\beta_{\mu}z} \\ b_{\mu}(z)=d_{\mu}(z)\mathrm{e}^{-\mathrm{i}\beta_{\mu}z} \end{cases} \tag{2.6.11}$$

将上述结果代入式(2.6.7),得

$$\sum_{\mu}[\nabla_t\times(\nabla_t\times\boldsymbol{E}_{t,\mu}(x,y))a_{\mu}(z)-n^2k_0^2a_{\mu}(z)\boldsymbol{E}_{t,\mu}(x,y)] =\mathrm{i}\omega\mu\boldsymbol{e}_z\times\sum_{\mu}\boldsymbol{H}_{t,\mu}(x,y)\frac{\mathrm{d}b_{\mu}(z)}{\mathrm{d}z} \tag{2.6.12}$$

$$\sum_{\mu}\left[\nabla_t\times\left(\frac{1}{n^2}\nabla_t\times\boldsymbol{H}_{t,\mu}(x,y)\right)b_{\mu}(z)-k_0^2b_{\mu}(z)\boldsymbol{H}_{t,\mu}(x,y)\right] =-\mathrm{i}\omega\varepsilon_0\boldsymbol{e}_z\times\sum_{\mu}\boldsymbol{E}_{t,\mu}(x,y)\frac{\mathrm{d}a_{\mu}(z)}{\mathrm{d}z} \tag{2.6.13}$$

将式(2.6.12)中$\nabla_t\times(\nabla_t\times\boldsymbol{E}_{t,\mu}(x,y))$用式(2.6.9)替代后,整理可得

$$\sum_{\mu}\left[\left(\frac{\mathrm{d}b_{\mu}(z)}{\mathrm{d}z}+\mathrm{i}\beta_{\mu}a_{\mu}(z)\right)(\boldsymbol{e}_z\times\boldsymbol{H}_{t,\mu}(x,y))+\frac{k_0^2(n^2-n'^2)a_{\mu}(z)}{\mathrm{i}\omega\mu}\boldsymbol{E}_{t,\mu}(x,y)\right]=0 \tag{2.6.14}$$

同理,可得

$$\sum_{\mu}\left[\left(\frac{\mathrm{d}a_{\mu}(z)}{\mathrm{d}z}+\mathrm{i}\beta_{\mu}b_{\mu}(z)\right)(\boldsymbol{e}_z\times\boldsymbol{E}_{t,\mu}(x,y))-\frac{\mathrm{i}b_{\mu}(z)}{\omega\varepsilon_0}\nabla_t\times\left(\frac{1}{n^2}-\frac{1}{n'^2}\right)\nabla_t\times\boldsymbol{H}_{t,\mu}(x,y)\right]=0 \tag{2.6.15}$$

用另一模式ν的电场强度$\boldsymbol{E}_{t,\nu}^*(x,y)$点乘方程式(2.6.14),用其磁场强度$\boldsymbol{H}_{t,\nu}^*(x,y)$点乘方程式(2.6.15),并在无穷大平面上积分,同时利用正交性条件:

$$\iint[\boldsymbol{E}_{t,\nu}^*(x,y)\times\boldsymbol{H}_{t,\mu}(x,y)]\cdot\mathrm{d}\boldsymbol{A}=0,\quad \mu\neq\nu$$

可以得到

$$\frac{\mathrm{d}b_{\mu}(z)}{\mathrm{d}z}+\mathrm{i}\beta_{\mu}a_{\mu}(z)=-\mathrm{i}\omega\varepsilon_0\sum_{\nu}a_{\nu}(z)\frac{\iint(n^2-n'^2)\boldsymbol{E}_{t,\nu}^*(x,y)\cdot\boldsymbol{E}_{t,\mu}(x,y)\mathrm{d}A}{\iint[\boldsymbol{E}_{t,\mu}^*(x,y)\times\boldsymbol{H}_{t,\mu}(x,y)]\cdot\mathrm{d}\boldsymbol{A}} \tag{2.6.16}$$

$$\frac{\mathrm{d}a_{\mu}(z)}{\mathrm{d}z}+\mathrm{i}\beta_{\mu}b_{\mu}(z)=\frac{\mathrm{i}}{\omega\varepsilon_0}\sum_{\nu}b_{\nu}(z)\frac{\iint\boldsymbol{H}_{t,\nu}^*(x,y)\cdot\nabla_t\times\left(\frac{1}{n^2}-\frac{1}{n'^2}\right)\nabla_t\times\boldsymbol{H}_{t,\mu}(x,y)\mathrm{d}A}{\iint[\boldsymbol{E}_{t,\mu}(x,y)\times\boldsymbol{H}_{t,\mu}^*(x,y)]\cdot\mathrm{d}\boldsymbol{A}} \tag{2.6.17}$$

式(2.6.16)和式(2.6.17)就是按理想正规光波导的本征模式展开时获得的模耦合方程,通常写成如下形式:

$$\frac{\mathrm{d}b_{\mu}(z)}{\mathrm{d}z}+\mathrm{i}\beta_{\mu}a_{\mu}(z)=\sum_{\nu}k_{\nu\mu}^{(1)}a_{\nu}(z) \tag{2.6.18}$$

$$\frac{\mathrm{d}a_{\mu}(z)}{\mathrm{d}z}+\mathrm{i}\beta_{\mu}b_{\mu}(z)=\sum_{\nu}k_{\nu\mu}^{(2)}b_{\nu}(z) \tag{2.6.19}$$

其中

$$k_{\nu\mu}^{(1)}=-\mathrm{i}\omega\varepsilon_{0}\frac{\iint(n^{2}-n'^{2})\boldsymbol{E}_{t,\nu}^{*}(x,y)\cdot\boldsymbol{E}_{t,\mu}(x,y)\mathrm{d}A}{\iint[\boldsymbol{E}_{t,\mu}^{*}(x,y)\times\boldsymbol{H}_{t,\mu}(x,y)]\cdot\mathrm{d}\boldsymbol{A}} \tag{2.6.20}$$

$$\begin{aligned}k_{\nu\mu}^{(2)}&=\frac{\mathrm{i}}{\omega\varepsilon_{0}}\frac{\iint\boldsymbol{H}_{t,\nu}^{*}(x,y)\cdot\nabla_{t}\times\left(\frac{1}{n^{2}}-\frac{1}{n'^{2}}\right)\nabla_{t}\times\boldsymbol{H}_{t,\mu}(x,y)\mathrm{d}A}{\iint[\boldsymbol{E}_{t,\mu}(x,y)\times\boldsymbol{H}_{t,\mu}^{*}(x,y)]\cdot\mathrm{d}\boldsymbol{A}}\\&=\frac{\mathrm{i}}{\omega\varepsilon_{0}}\frac{\iint\boldsymbol{H}_{t,\nu}^{*}(x,y)\cdot\nabla_{t}\times\left(\frac{1}{n^{2}}-\frac{1}{n'^{2}}\right)\mathrm{i}\omega\varepsilon_{0}n'^{2}\boldsymbol{E}_{z,\mu}(x,y)\mathrm{d}A}{\iint[\boldsymbol{E}_{t,\mu}(x,y)\times\boldsymbol{H}_{t,\mu}^{*}(x,y)]\cdot\mathrm{d}\boldsymbol{A}}\\&=\frac{\iint\nabla_{t}\times\boldsymbol{H}_{t,\nu}^{*}(x,y)\cdot\left(\frac{n'^{2}}{n^{2}}-1\right)\boldsymbol{E}_{z,\mu}(x,y)\mathrm{d}A}{\iint[\boldsymbol{E}_{t,\mu}(x,y)\times\boldsymbol{H}_{t,\mu}^{*}(x,y)]\cdot\mathrm{d}\boldsymbol{A}}\\&=-\mathrm{i}\omega\varepsilon_{0}\frac{\iint\frac{n'^{2}}{n^{2}}(n^{2}-n'^{2})\boldsymbol{E}_{z,\nu}^{*}(x,y)\cdot\boldsymbol{E}_{z,\mu}(x,y)\mathrm{d}A}{\iint[\boldsymbol{E}_{t,\mu}(x,y)\times\boldsymbol{H}_{t,\mu}^{*}(x,y)]\cdot\mathrm{d}\boldsymbol{A}}\end{aligned} \tag{2.6.21}$$

$k_{\nu\mu}^{(1)}$、$k_{\nu\mu}^{(2)}$ 称为模耦合系数，分别描述了模式 μ 的电场和模式 ν 的电场之间的耦合程度以及模式 μ 的磁场和模式 ν 的磁场之间的耦合程度。

通常情况下，纵场分量远小于横场分量，所以一般 $k_{\nu\mu}^{(2)}\ll k_{\nu\mu}^{(1)}$。由式(2.6.18)和式(2.6.19)可以看出，各模展开系数的变化不是独立的，磁场的模系数 $b_{\mu}(z)$ 的变化受所有电场模系数 $a_{\nu}(z)$ 的影响，反之亦然。这说明模式之间有耦合，而且电场和磁场之间也存在交叉耦合。对于正规光波导，$n'=n$，$k_{\nu\mu}^{(1)}=0$，$k_{\nu\mu}^{(2)}=0$，这时模耦合方程可以表示为关于 $a_{\mu}(z)$、$b_{\mu}(z)$ 的两个独立的方程，这表明每个模独立地、不受干扰地传播，模式间无耦合。

在弱导光纤中，因为 $\boldsymbol{E}_{z}$ 很小，可忽略，因而假定 $k_{\nu\mu}^{(2)}\approx 0$。由此可得

$$b_{\mu}(z)=\frac{\mathrm{i}}{\beta_{\mu}}\frac{\mathrm{d}a_{\mu}(z)}{\mathrm{d}z} \tag{2.6.22}$$

将式(2.6.22)代入式(2.6.18)，最后有

$$\frac{\mathrm{d}^{2}a_{\mu}(z)}{\mathrm{d}z^{2}}+\beta_{\mu}^{2}a_{\mu}(z)=-\mathrm{i}\beta_{\mu}\sum_{\nu}k_{\nu\mu}^{(1)}a_{\nu}(z) \tag{2.6.23}$$

2.6.3　双向模耦合方程的微扰解

基于理想正规模式的模耦合方程(2.6.18)和方程(2.6.19)，其等号右边的求和项表示模式之间的相互作用，耦合强度由耦合系数 $k_{\nu\mu}^{(1)}$ 和 $k_{\nu\mu}^{(2)}$ 中的 $n^{2}-n'^{2}$ 决定。一般对于具有微弱不规则性的波导，这一差值很小，因此可以认为耦合是正规模式受到微扰产生的。为了

求解耦合方程,首先取零级近似,$n^2=n'^2$,$k_{\nu\mu}^{(1)}=0$,$k_{\nu\mu}^{(2)}=0$,则由

$$\begin{cases}\dfrac{\mathrm{d}b_\mu}{\mathrm{d}z}+\mathrm{i}\beta_\mu a_\mu=0\\ \dfrac{\mathrm{d}a_\mu}{\mathrm{d}z}+\mathrm{i}\beta_\mu b_\mu=0\end{cases}\tag{2.6.24}$$

二式分别相加减,得

$$\begin{cases}\dfrac{\mathrm{d}}{\mathrm{d}z}(a_\mu+b_\mu)+\mathrm{i}\beta_\mu(a_\mu+b_\mu)=0\\ \dfrac{\mathrm{d}}{\mathrm{d}z}(a_\mu-b_\mu)-\mathrm{i}\beta_\mu(a_\mu-b_\mu)=0\end{cases}\tag{2.6.25}$$

解得

$$\begin{cases}a_\mu=c_\mu^+\mathrm{e}^{-\mathrm{i}\beta_\mu z}+c_\mu^-\mathrm{e}^{\mathrm{i}\beta_\mu z}\\ b_\mu=c_\mu^+\mathrm{e}^{-\mathrm{i}\beta_\mu z}-c_\mu^-\mathrm{e}^{\mathrm{i}\beta_\mu z}\end{cases}\tag{2.6.26}$$

$\mathrm{e}^{-\mathrm{i}\beta_\mu z}$ 项代表沿 z 轴正方向传播的模式,$\mathrm{e}^{\mathrm{i}\beta_\mu z}$ 项代表沿 z 轴反向传播的模式,这说明展开系数由正、反向两行波组成,c_μ^+ 和 c_μ^- 为正、反向的模振幅。显然零级解表示无耦合的正规光波导模式,c_μ^+ 和 c_μ^- 为常数。采用变换常数法,解模耦合方程(2.6.18)和方程(2.6.19),令形式解仍为式(2.6.26),但其中的 c_μ^+ 和 c_μ^- 是 z 的函数。

$$2\frac{\mathrm{d}}{\mathrm{d}z}(c_\mu^+\mathrm{e}^{-\mathrm{i}\beta_\mu z})+2\mathrm{i}\beta_\mu c_\mu^+\mathrm{e}^{-\mathrm{i}\beta_\mu z}=\sum_\nu(k_{\nu\mu}^{(1)}+k_{\nu\mu}^{(2)})c_\nu^+\mathrm{e}^{-\mathrm{i}\beta_\nu z}+\sum_\nu(k_{\nu\mu}^{(1)}-k_{\nu\mu}^{(2)})c_\nu^-\mathrm{e}^{\mathrm{i}\beta_\nu z}\tag{2.6.27}$$

$$2\frac{\mathrm{d}}{\mathrm{d}z}(c_\mu^-\mathrm{e}^{\mathrm{i}\beta_\mu z})-2\mathrm{i}\beta_\mu c_\mu\mathrm{e}^{\mathrm{i}\beta_\mu z}=\sum_\nu(k_{\nu\mu}^{(2)}-k_{\nu\mu}^{(1)})c_\nu^+\mathrm{e}^{-\mathrm{i}\beta_\nu z}-\sum_\nu(k_{\nu\mu}^{(1)}+k_{\nu\mu}^{(2)})c_\nu^-\mathrm{e}^{\mathrm{i}\beta_\nu z}\tag{2.6.28}$$

令

$$K_{\nu\mu}^+=\frac{1}{2}(k_{\nu\mu}^{(1)}+k_{\nu\mu}^{(2)})$$

$$K_{\nu\mu}^-=\frac{1}{2}(k_{\nu\mu}^{(1)}-k_{\nu\mu}^{(2)})$$

对式(2.6.27)和式(2.6.28)进行整理,得

$$\frac{\mathrm{d}}{\mathrm{d}z}c_\mu^+=\sum_\nu[K_{\nu\mu}^+c_\nu^+\mathrm{e}^{\mathrm{i}(\beta_\mu-\beta_\nu)z}+K_{\nu\mu}^-c_\nu^-\mathrm{e}^{\mathrm{i}(\beta_\mu+\beta_\nu)z}]\tag{2.6.29}$$

$$\frac{\mathrm{d}}{\mathrm{d}z}c_\mu^-=-\sum_\nu[K_{\nu\mu}^-c_\nu^+\mathrm{e}^{-\mathrm{i}(\beta_\mu+\beta_\nu)z}+K_{\nu\mu}^+c_\nu^-\mathrm{e}^{-\mathrm{i}(\beta_\mu-\beta_\nu)z}]\tag{2.6.30}$$

式(2.6.29)和式(2.6.30)是模式耦合的另一种表示形式,这说明正向、反向传播模都参与耦合。

光波传输时的实际功率为

$$P=\sum_\mu P_\mu=\sum_\mu a_\mu b_\mu^*\tag{2.6.31}$$

根据式(2.6.26),又可以写为

$$P=\sum_{\mu}(c_{\mu}^{+}\mathrm{e}^{-\mathrm{i}\beta_{\mu}z}+c_{\mu}^{-}\mathrm{e}^{\mathrm{i}\beta_{\mu}z})(c_{\mu}^{+*}\mathrm{e}^{\mathrm{i}\beta_{\mu}z}-c_{\mu}^{-*}\mathrm{e}^{-\mathrm{i}\beta_{\mu}z})$$
$$=\sum c_{\mu}^{+}c_{\mu}^{+*}-\sum c_{\mu}^{-}c_{\mu}^{-*}=P^{+}-P^{-} \tag{2.6.32}$$

式中，P^{+}为所有正向模功率之和；P^{-}为所有反向模功率之和。式(2.6.32)的推导中，略去了 $\mathrm{e}^{\pm 2\mathrm{i}\beta_{\mu}z}$ 的高频振荡项，只保留了"稳流"部分。这个结果说明，在沿传播方向折射率不均匀的情况下，模式耦合的作用将激发反向的光波传播。所谓功率 P，代表沿正向的净功率流，它等于 $P^{+}-P^{-}$，在"稳流"情况下，这个差值是不变的。因为在没有辐射也没有损耗的情况下，通过每一个横截面的光波功率都应该是相同的，否则将违背能量守恒定律。

以展开系数 $a_{\mu}(z)$和 $b_{\mu}(z)$形式给出的模耦合方程(2.6.24)和方程(2.6.25)，与以正反模振幅 c_{μ}^{+} 和 c_{μ}^{-} 形式给出的模耦合方程(2.6.29)和方程(2.6.30)，在理论上是等价的，可互相代换。但 c_{μ}^{+} 和 c_{μ}^{-} 分别代表了正向模和反向模，不仅具有明显的物理含义，而且由于快变因子 $\mathrm{e}^{\pm\mathrm{i}\beta_{\mu}z}$ 被分离，c_{μ}^{+} 和 c_{μ}^{-} 成为慢变振幅，求解过程采取近似方法更为方便。

模耦合方程的双向模耦合分析法经常运用于光纤光栅等器件的特性分析中(参见第 6 章)。

课后拓展

本节谈到光在非正规光波导中传输时，由于非正规光波导的纵向非均匀性，不同的模式间将发生模式耦合以及能量转换的过程。在高功率光纤激光器领域，有一个重要的物理现象——横向模式不稳定性，当其发生时同样也会伴随上述的模式耦合以及能量转化的过程。

横向模式不稳定性(transverse mode instability，TMI)是指激光在达到/超过某阈值后，光纤激光的输出模式由稳定的基模变为基模和高阶模相对成分随时间迅速变化的非稳态模式，可近似理解为纤芯中的基模开始与高阶模发生非线性耦合，输出激光功率在基模与高阶模之间来回跳变，光束质量急剧退化的现象。TMI 是近十年来才被发现和逐渐认知的，其已成为限制高功率光纤激光器功率提升的一个重要因素。若读者有兴趣进一步了解相关内容，可参考以下材料。

1. TMI 学习。

2. Jauregui，C.，Limpert，J. & Tünnermann，A. High-power fibre lasers. Nature Photon 7，861-867(2013). https://doi.org/10.1038/nphoton.2013.273.

2.7　总　　结

本章主要讨论均匀折射率和变折射率光纤中光线传输轨迹特性以及光纤模式特性，学习本章内容后，读者应理解和掌握以下内容：

本章重点内容：

1. 光纤的数值孔径的含义

(1) 光纤的数值孔径表征了光纤收集光能力的大小，与光纤的纤芯折射率分布以及纤芯和包层的相对折射率差有关。

(2) 数值孔径越大，纤芯对光能量的束缚能力越强，光纤抗弯曲性能越好，从光源到光纤的耦合效率越高。

2. 光线理论中光线方程的物理意义

(1) 光线方程将光线轨迹(由矢径 $\boldsymbol{r}$ 描述)和光纤的空间折射率分布 n 联系起来。

(2) 光线方程可以描述光线在任意光纤波导中传播的光线轨迹。

3. 变折射率光纤中光线轨迹的分析思路,传输轨迹遵守的准则

(1) 分别从轴向、周向以及径向三个方向,描述光线在变折射率光纤中的传播规律。

(2) 当变折射率分布确定后,光线在变折射率光纤中的传输轨迹是由初始条件 r_0、$\theta_z(r_0)$、$\psi_r(r_0)$决定的,并且光线传输过程中保持两个不变量: $\bar{n}$ 和 $\bar{I}$。

4. 光纤中模式的基本特点

(1) 稳定性、有序性、叠加性、正交性。

(2) 光纤中的模式是光纤波导的固有特性。

(3) 光纤中不可能存在 TEM 模,只有 TE 模、TM 模、EH 模和 HE 模。

5. 均匀折射率光纤波动理论分析思路和方法

(1) 均匀折射率光纤中模场的求解一般有两种方法: 矢量法和标量法。

(2) 矢量法的求解思路如下: 首先求解关于纵向分量 E_z、H_z 的波导场方程; 再根据纵向分量与横向分量关系求出其余各分量; 然后根据边界条件导出关于相位常数 β 的特征方程,可进一步获得模场径向传播常数 U 和 W,从而可得到某一模式的场分布。分别让特征方程中的 $W\to 0$ 和 $W\to\infty$,得到模式临近截止和远离截止的情形,最后绘出色散曲线。

(3) 标量法整体的求解思路和矢量法大致相同,但标量法的求解思路是: 首先求解关于横向分量 $E_y(E_x)$的波导场方程,再根据各分量之间的关系求出其余各分量; 然后根据边界条件导出关于相位常数 β 的特征方程。可分别让特征方程中的 $W\to 0$ 和 $W\to\infty$,得到模式临近截止和远离截止的情形。

6. 均匀折射率光纤中导模场的基本特征

(1) 沿光纤横截面分布的模式场,在光纤纤芯中的场是振荡着衰减的,服从贝塞尔函数分布; 在包层的场以近乎指数的速率迅速衰减,服从虚宗量贝塞尔函数分布。光场绝大部分都约束在纤芯之中,但这并不意味着在包层的光场就为零,包层中仍存在一小部分能量。

(2) 影响导模场分布的因素有: 相位常数 β,归一化径向相位常数 U 和归一化径向衰减常数 W,模阶次 m 和 n,以及光纤结构参数 V。

7. 均匀折射率光纤中模式截止和远离截止的条件

(1) 截止是指光纤中传输的光波处于纤芯和包层分界面全反射的临界点。不满足全反射的光波就不可能在光纤中沿光纤轴继续传播,而是泄漏到包层中去。截止条件为 $W\to 0$, $U\to V$。

(2) 远离截止则是指纤芯中光波沿接近光纤轴的方向传播,始终满足全反射条件。远离截止的条件为 $V\to\infty$, $W\to\infty$, $U\to$有限值。

8. 均匀折射率光纤中线偏振模和矢量模的关系

LP_{0n} 模式即 HE_{1n} 模式; LP_{1n} 模式由 TE_{0n} 模式、TM_{0n} 模式和 HE_{2n} 模式构成; $LP_{mn}(m>1)$模式由 $HE_{m+1,n}$ 模式和 $EH_{m-1,n}$ 模式构成。

9. 均匀折射率光纤基模 LP_{01} 模式的基本特征参数以及影响各参数的因素

(1) 基本特征参数有截止波长、模场半径(有效模场面积)、传播常数、有效折射率、纤芯内的功率比等。

(2) 各参数受纤芯半径、相对折射率差、数值孔径、传输波长等因素影响。

10. 变折射率单模光纤的分析方法与模式特点

(1) 单模光纤中 LP_{01} 模式的场分布对光纤折射率分布不敏感,无论纤芯中折射率如何分布,其场沿径向的分布都接近于贝塞尔函数,而贝塞尔函数又与高斯分布相差不大,因此实际的变折射率单模光纤的模场可以用阶跃型光纤的模场分布或高斯模场来等效。

(2) 等效阶跃型光纤近似的基本思想是寻找一个适当的阶跃型光纤去等效实际的渐变型光纤。而阶跃型光纤的场解是已知的,这样就得到了渐变型光纤的场解。

(3) 实际上可以用高斯分布来描述任意折射率分布的单模弱导光纤的场型,其精确程度取决于确定高斯模场的半径的不同判据。

11. 非正规光波导的模耦合方程

非正规光波导的模耦合方程可以定量描述非正规光波导中不同模式的相对占比随传输距离的演变规律。

课程实践

分析光纤模式的常用软件有 Comsol、Rosoft 以及 RP Fiber Calculator 等。相比 Comsol、Rosoft 等软件,RP Fiber Calculator 软件操作流程更为简单,既能达到模式分析的目的,也便于读者熟练操作。因此,课程实践中选用 RP Fiber Calculator 软件(需要注意的是,本实践采用的是 RP Fiber Calculator 软件 2021 年的版本,不同版本的仿真结果可能略有不同,但以下的分析过程及思路适用于不同版本)。

实践目标: 熟悉 RP Fiber Calculator 软件的常用功能,掌握该软件基本的操作方法,并能熟练应用该软件对特定折射率分布的光纤进行模式计算与分析,熟悉光纤中模式场分布,了解光纤结构参数对导模参数(有效折射率、相位传输常数、有效模式面积、功率在纤芯内所占的比例)的影响。

软件准备: 下载 Demo 版 RP Fiber Calculator 软件(RP 官网)。

功能介绍: RP Fiber Calculator 软件的功能区共分为六个模块,分别为 Index profile、Guided modes、Launching a beam、Propagation、Fiber to fiber 和 Fiber ends,它们的功能如下:

(1) Index profile(折射率分布): 定义径向折射率分布(定义纤芯半径、纤芯的分层数、折射率分布形状等参数)。

(2) Guided modes(导模): 计算在定义的折射率分布下导模的属性参数,包括模式的有效折射率、相位传输常数、有效模式面积、功率在纤芯内所占的比例等。

(3) Launching a beam(发射光束): 计算将定义的高斯光束入射到光纤端面后(光纤端面与入射光束的相对位置可以自由定义),光纤中所激发出的导模的类型以及所占的比例。

(4) Propagation(传播): 模拟和展示光在光纤中的传播情况,包括光强度和光场分布的变化。

(5) Fiber to fiber(耦合)：计算光线从一根光纤耦合到另一根光纤的效率(仅限 PRO 版本的功能)。

(6) Fiber ends：计算光纤端面与模式相关的反射率(仅限 PRO 版本的功能)。

【实践 1】 计算 8.2/125μm Corning SMF-28e 光纤在 1310nm 波长处可以传输的模式场分布和模场参数。

步骤 1：在 Index profile 功能区进行径向折射率分布的定义。设置包层折射率 $n_2=1.44681$，纤芯折射率 $n_1=1.45205$，纤芯半径为 4.1μm，操作界面如图 1 所示：

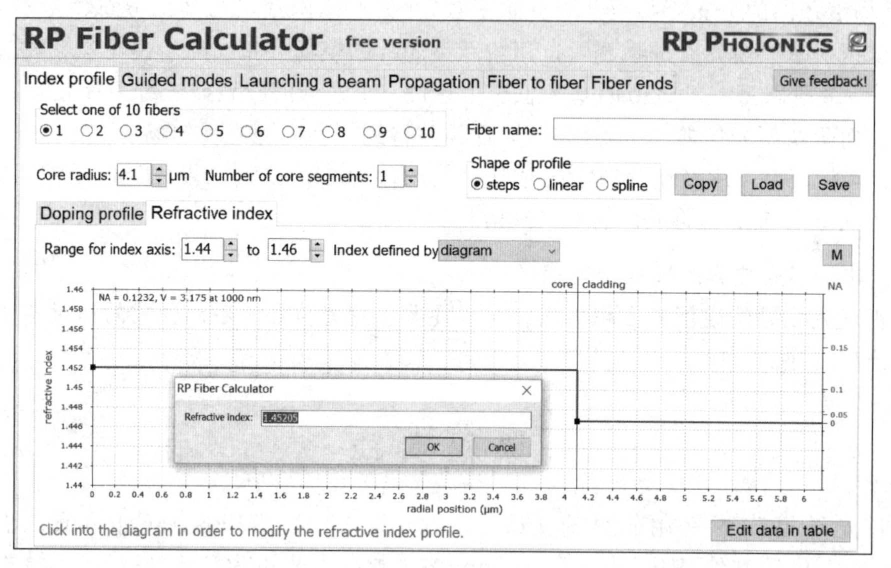

图 1 在 Index profile 功能区进行径向折射率分布的定义

步骤 2：在 Guided modes 功能区进行模式计算。设置传输波长为 1310nm，通过计算器得到图 2 所示的结果：

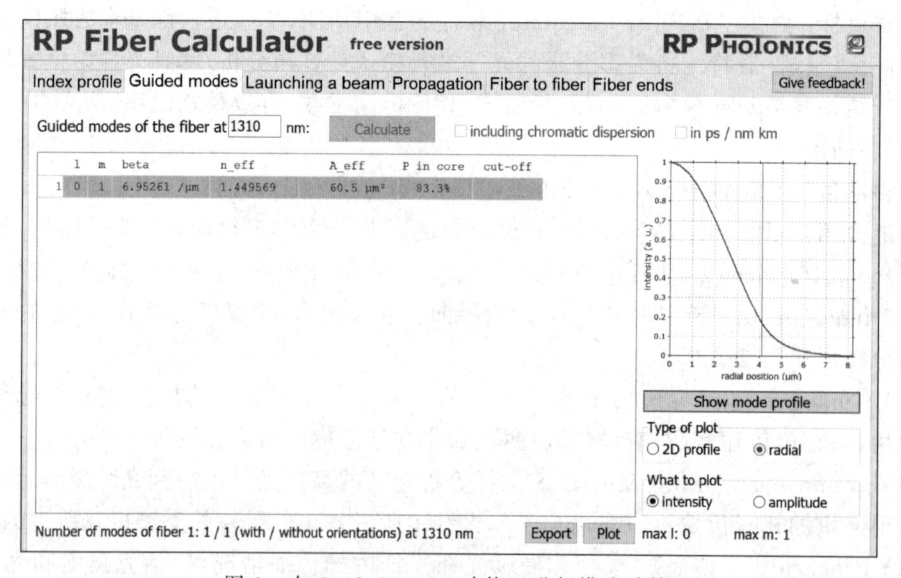

图 2 在 Guided modes 功能区进行模式计算

从图 2 所示的结果中可以看出，传输波长为 1310nm 时，Corning SMF-28e 光纤中仅支持 LP_{01} 模式的传输，传输常数 $\beta=6.95261\mu m^{-1}$，有效折射率 $n_{eff}=1.449569$，模场面积 $A_{eff}=60.5\mu m^2$，功率在纤芯中所占的比例为 83.3%。除了可以获得图 2 所示的一维光场强度分布外，还可以获得图 3 所示的二维光场强度分布。

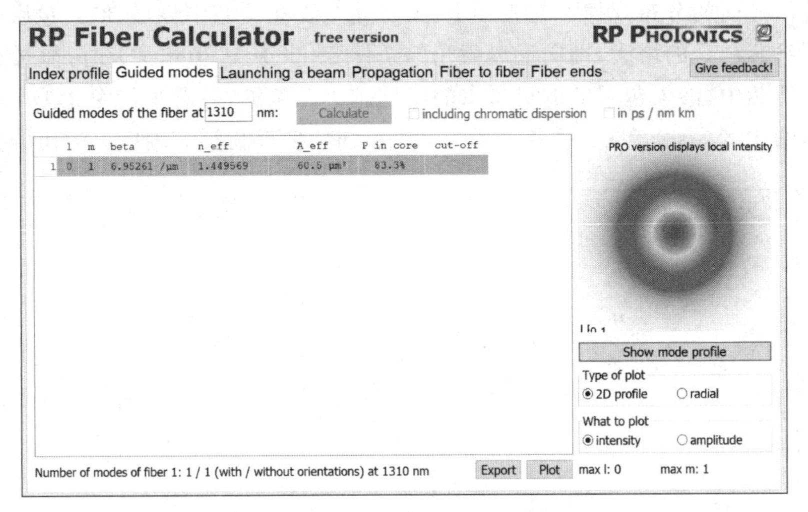

图 3　LP_{01} 模式二维光场强度分布

【实践 2】 在实践 1 的基础上，适当改变芯径，或 NA，或波长，计算并总结光纤模式特性。根据光纤的特征参量：

$$V=ak_0\sqrt{n_1^2-n_2^2}=\frac{2\pi a}{\lambda}\cdot \mathrm{NA}$$

(1) 其他条件保持不变，改变纤芯半径，计算结果如表 1～表 3 所示。

表 1　纤芯半径 3.1μm

	l	m	beta	n_eff	A_eff	P in core	cut-off
1	0	1	6.948 13μm^{-1}	1.448 636	52.2μm^2	68.8%	—

表 2　纤芯半径 5.1μm

	l	m	beta	n_eff	A_eff	P in core	cut-off
1	0	1	6.955 71μm^{-1}	1.450 217	76.7μm^2	90.0%	—
2	1	1	6.943 78μm^{-1}	1.447 730	100.6μm^2	66.0%	1615.16

表 3　纤芯半径 7.1μm

	l	m	beta	n_eff	A_eff	P in core	cut-off
1	0	1	6.959 15μm^{-1}	1.450 933	119.8μm^2	95.7%	—
2	1	1	6.951 25μm^{-1}	1.449 286	120.0μm^2	87.2%	2248.56
3	2	1	6.941 73μm^{-1}	1.447 301	162.6μm^2	69.0%	1423.10
4	0	2	6.940 07μm^{-1}	1.446 956	321.3μm^2	41.6%	1422.95

随着纤芯半径的增大，特征参量 V 值也会增大，光纤中允许传输的模式数也会增多。

从表3中不难发现，当纤芯半径为7.1μm时，光纤中除了能传输LP_{01}模式外，还能传输LP_{11}、LP_{21}、LP_{02}模式。

对于特定的一个模式，随着纤芯半径的增大，模式的有效折射率、相位常数、功率在纤芯内所占的比例均会增大。图4给出了纤芯半径分别为3.1μm、5.1μm、7.1μm时，LP_{01}模式的光场强度沿径向的分布规律。在光纤中，虽然光主要在纤芯中传播，但是包层中也有光的渗入。随着纤芯半径的增大，即向远离截止的条件变化（即V值增大）时，能量越集中地分布在光纤的纤芯中，渗入包层的能量所占的比例越小。例如，纤芯半径为3.1μm时，功率在纤芯内所占的比例为68.8%；纤芯半径为7.1μm时，功率在纤芯内所占的比例为95.7%。

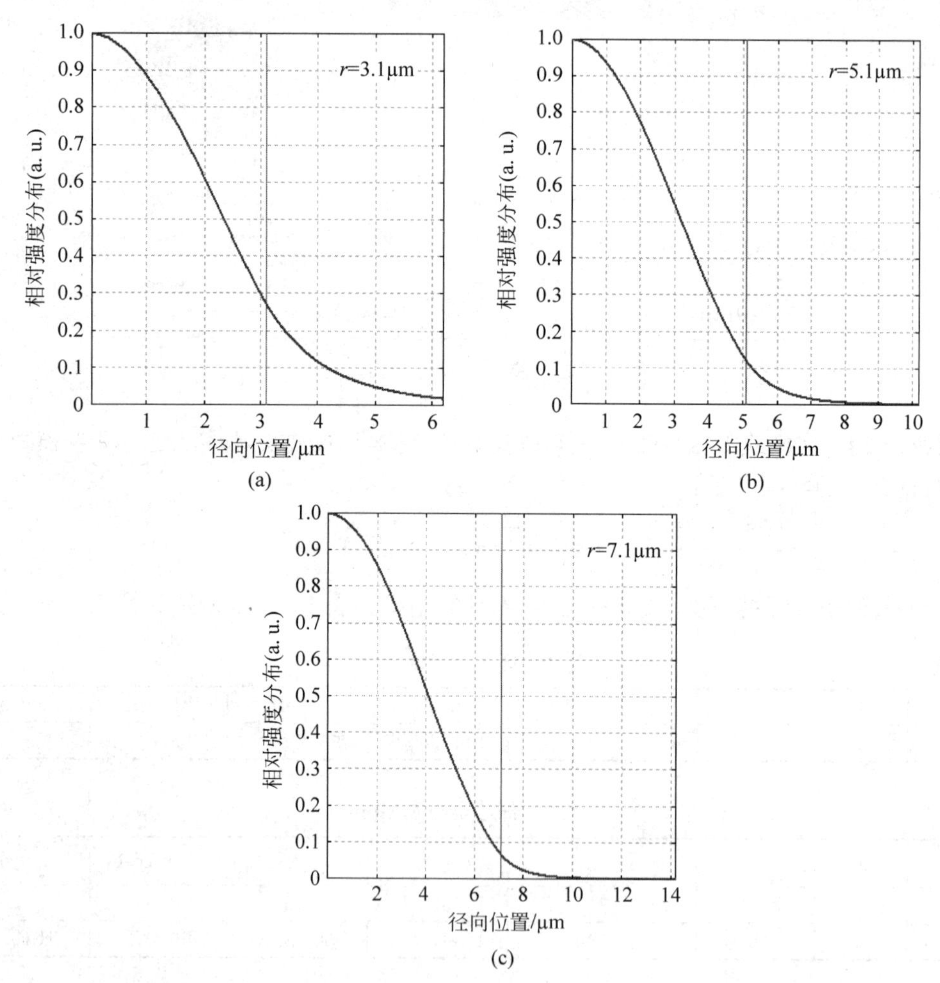

图4　纤芯半径分别为3.1μm、5.1μm、7.1μm时，LP_{01}模式的光场强度沿径向的分布规律

纤芯直径一定时，即V值一定时，不同模式的传输特性也不相同。如表3所示，随着光纤模式阶数的增大，模式的有效折射率、相位常数、功率在纤芯内所占的比例和截止波长将会减小。图5展示了纤芯半径为7.1μm时，LP_{01}、LP_{11}、LP_{21}、LP_{02}模式的二维光场强度分布以及一维径向光场强度分布。

（2）其他条件保持不变，改变数值孔径NA（以增大纤芯折射率n_1，包层折射率n_2保持不变为例），计算结果如表4～表6所示。

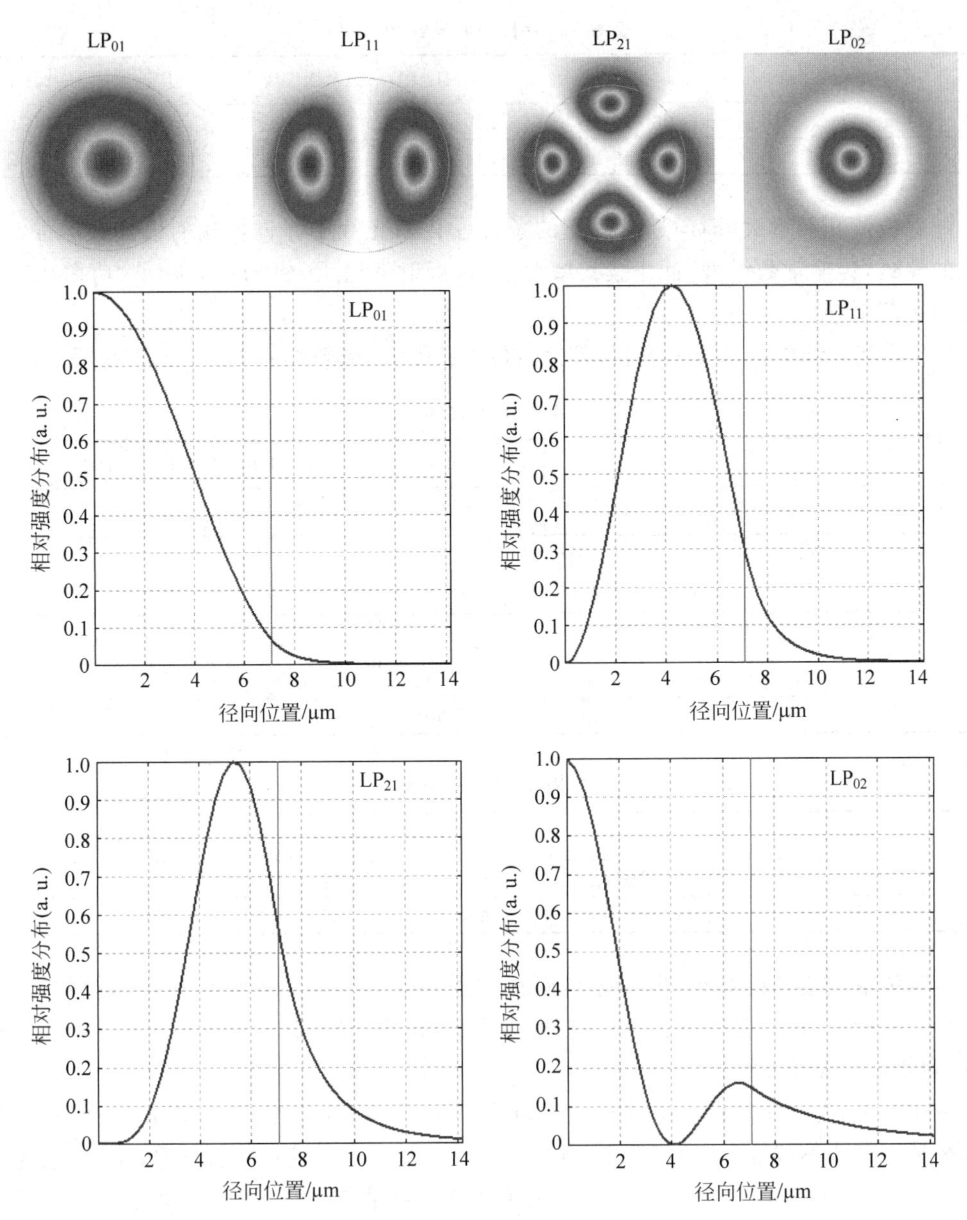

图 5　纤芯半径为 7.1μm 时，LP_{01}、LP_{11}、LP_{21}、LP_{02} 模式的二维光场强度分布以及一维径向光场强度分布

表 4　n_1＝1.451，NA＝0.1102

	l	m	beta	n_eff	A_eff	P in core	cut-off
1	0	1	6.948 56μm^{-1}	1.448 727	69.7μm^2	78.4%	

表 5　n_1＝1.453，NA＝0.1340

	l	m	beta	n_eff	A_eff	P in core	cut-off
1	0	1	6.956 58μm^{-1}	1.450 397	55.9μm^2	86.2%	
2	1	1	6.940 96μm^{-1}	1.447 141	111.3μm^2	46.5%	1411.50

表 6　n_1=1.454,NA=0.1444

	l	m	beta	n_eff	A_eff	P in core	cut-off
1	0	1	6.960 76μm^{-1}	1.451 269	52.1μm^2	88.5%	
2	1	1	6.943 49μm^{-1}	1.447 668	77.7μm^2	58.8%	1521.51

随着数值孔径增大(即向远离截止的条件变化),光纤中允许传输的模式数增加;对于特定的模式,传输常数增大,截止波长增大,有效折射率增大,模场直径减小,功率在纤芯中所占的比例上升。

(3) 改变光纤中传输光的波长,其他条件保持不变,计算结果如表 7～表 9 所示。

表 7　λ=1550nm

	l	m	beta	n_eff	A_eff	P in core	cut-off
1	0	1	5.873 84μm^{-1}	1.449 018	75.6μm^2	75.5%	

表 8　λ=1080nm

	l	m	beta	n_eff	A_eff	P in core	cut-off
1	0	1	8.436 64μm^{-1}	1.450 152	50.6μm^2	89.4%	
2	1	1	8.421 82μm^{-1}	1.447 605	69.6μm^2	63.1%	1298.47

表 9　λ=850nm

	l	m	beta	n_eff	A_eff	P in core	cut-off
1	0	1	10.7236μm^{-1}	1.450 712	42.7μm^2	94.2%	
2	1	1	10.7093μm^{-1}	1.448 777	45.0μm^2	82.1%	1298.47

随着传输光波长的减小(即向远离截止的条件变化),光纤中允许传输的模式数增加;对于特定的模式,传输常数增大,有效折射率增大,模场直径减小,功率在纤芯中所占的比例上升,截止波长保持不变。

总体来说,光纤中允许传输的模式数目取决于 V 值,纤芯半径、数值孔径、传输光波长等参数都会影响 V 值的大小。V 值越大,光纤中允许存在的模式数就越多;当 V 值足够小时,光纤中只能支持 LP_{01} 模式的传输。为了研究光纤的模式特性,还需要从大量的例子中总结规律(上述讨论只涉及少数几个例子,只起到引发读者思考的目的),这里不再一一列举。

读者可以进一步利用软件模拟分析光纤结构参数对导模参数(有效折射率、相位传播常数、有效模式面积、截止波长、功率在纤芯内所占的比例)的影响,根据模拟计算结果全面比较和总结阶跃型折射率分布光纤模式特性。

思考题与习题 2

1. 给出数值孔径的定义,并详细分析影响数值孔径的因素,即比较不同情况下光纤数值孔径的差别。

2. 一光纤的纤芯折射率为1.52，包层折射率为1.45，则其数值孔径为多少？

3. 光纤为什么采用“芯-包结构”？

4. Corning SMF-28单模光纤的数值孔径和接收角是多少？

5. SIOF和GIOF中，子午光线的内、外散焦面各是多少？

6. 试推导方程(2.3.51)。

7. 定性说明变折射率分布光纤中光线是如何传播的？

8. 从麦克斯韦方程出发，试分析SIOF光纤中模场的求解过程。

9. 均匀折射率光纤纤芯折射率 $n_1=1.5$，工作波长 $\lambda_0=1.3\mu m$，芯径 $2a=10\mu m$，若要保证单模传输，则对相对折射率差 Δ 有何要求？

10. 说明模式的含义及其特点，并比较光纤中的模式和自由空间的模式特点。

11. 何谓截止和远离截止？试说明这两种情况下光纤中光场分布和传输的情况。

12. 试说明光纤中特征方程的物理意义，分析其重要性。

13. 试比较多模光纤和单模光纤的结构和传输特性的差别。

14. 对于芯径为 $8\mu m$ 的阶跃型折射率单模光纤，纤芯折射率为1.5，包层折射率为1.495，截止波长为多少？

15. 试分析比较纤芯半径和模场半径的差别以及定义模场半径参量的必要性。

16. 试证明单模光纤中光线与轴的夹角小于衍射角。

17. 试说明光纤中线偏振模和矢量模之间的关系。

18. 在同一个光波导中不同的模式是否可以有相同的传输常数？

19. 模式传输常数的单位是什么？其值一般在什么数量级？

20. 已知SIOF的纤芯折射率 $n_1=1.46$，包层折射率 $n_2=1.44$，芯半径 $a=4.5\mu m$，工作波长为 $1.55\mu m$，请用MATLAB编程计算此SIOF的基模和第一个高阶模的本征值(传播常数)，并绘制它们在光纤横截面上的二维光强分布图。(可参考2.4节课后拓展内容的计算思路)

21. 画出 LP_{65} 模式的模场图(光斑图)。

22. 根据SIOF色散曲线分析，在 $V=4.5$ 时有哪几个模式？总模式数目是多少？并与模式数估算公式的结果进行比较。

23. 一石英光纤，其折射率分布如下：

$$n(r)=\begin{cases}1.45, & a<4\mu m\\ 1.444, & a\geqslant 4\mu m\end{cases}$$

试计算：(1)该光纤的截止波长；(2)若该光纤工作波长为 $1\mu m$，将支持哪些模式传输？在忽略模式相互间的作用和光纤总色散的情况下，试分析这些模式在光纤中传输时的先后次序。

24. 举出一些正规光波导和非正规光波导的例子。

参考文献

[1] 马春生，刘式墉. 光波导模式理论[M]. 长春：吉林大学出版社，2007.

[2] 祝宁华，闫连山，刘建国. 光纤光学前沿[M]. 北京：科学出版社，2011.

[3] 李淑凤，李成仁，宋昌烈. 光波导理论基础教程[M]. 北京：电子工业出版社，2013.
[4] 杨笛，任国斌，王义全. 导波光学基础[M]. 北京：中央民族大学出版社，2012.
[5] 王健. 导波光学 [M]. 北京：清华大学出版社，2010.
[6] 吴重庆. 光波导理论[M]. 北京：清华大学出版社，2000.
[7] 刘德明. 光纤光学[M]. 北京：科学出版社，2008.
[8] 廖延彪，黎敏，夏历. 光纤光学[M]. 北京：清华大学出版社，2021.
[9] 马愈昭，许明妍，范懿，等. 基于 MATLAB 的弱导光纤模式特性仿真[J]. 电气电子教学学报，2016，38(5)：127-129+136.
[10] ZHAO Y，TONG Z，ZHANG W，et al. Refractive index Mach-Zehnder interferometer sensor based on tapered no-core fiber[J]. Laser Physics，2021，31(4)：045101.
[11] 沈熙宁. 电磁场与电磁波(高等院校电子科学与技术专业系列教材)[M]. 北京：科学出版社，2007.
[12] 季家镕. 高等光学教程——光学的基本电磁场理论[M]. 北京：科学出版社，2007.

第3章 光纤的特性

光纤的特性主要包括损耗、色散、双折射和非线性四个方面。这些特性参数对光纤通信、光纤传感和高能光纤光源等重要光纤系统的性能水平有着重要影响。例如，对于光纤通信系统，由于光纤损耗的存在，光信号在传输过程中能量将不断衰减，为了实现长距离光通信和光传输，就需在一定距离处建立中继站，把衰减了的信号反复放大。两个中继站间可允许的最大距离不仅由光纤损耗决定，而且还受光纤色散和非线性效应的限制。光纤的色散效应将导致光脉冲的脉宽变化，引起信号的畸变。光纤的非线性效应将引起光脉冲频率成分发生变化，并会在光波分复用系统中引起信号的串扰。

本章重点内容：

(1) 光信号在光纤传输过程中的损耗来源。

(2) 光纤中各类色散的成因以及定量描述。

(3) 光信号在色散光纤中的传输以及色散补偿技术。

(4) 典型单模光纤的折射率分布以及相应的色散特性。

(5) 光纤中产生双折射的各类原因。

(6) 光纤非线性传输的一般理论以及常见非线性效应的机理。

3.1 光纤的损耗

为了实现光纤远距离通信，一个重要的考虑是尽可能地降低光纤的损耗。光纤损耗的高低直接影响了传输距离或中继站间隔距离的远近，因此，了解光纤的损耗来源并降低光纤的损耗对光纤通信有着重大的现实意义。

光纤损耗的定义为每单位长度光纤光功率衰减分贝数：

$$\alpha = -\frac{10\lg\left(\dfrac{P_{\text{out}}}{P_{\text{in}}}\right)}{L}\ (\text{dB/km}) \tag{3.1.1}$$

式中，P_{in} 和 P_{out} 分别代表注入光纤的有效功率和从光纤输出的光功率；L 为光纤的长度。

在光纤通信中，光功率的单位通常用 dBm 表示，dBm 和 mW 之间的换算关系为

$$1\text{dBm} = 10\lg[P(\text{mW})] \tag{3.1.2}$$

这样，光纤的损耗又可以表示为

$$\alpha = -\frac{[P_{\text{out}}(\text{dBm}) - P_{\text{in}}(\text{dBm})]}{L(\text{km})} \tag{3.1.3}$$

除此之外，光纤的损耗可以用损耗系数 α_f 来表示，即

$$P_{\text{out}} = P_{\text{in}} e^{-\alpha_f L} \tag{3.1.4}$$

因此，光纤的损耗与光纤的损耗系数存在如下的关系：

$$\alpha = 10\alpha_f \lg e \tag{3.1.5}$$

光信号在光纤传输过程中的损耗主要来自几个方面：①光纤材料的吸收和散射损耗；②光纤的弯曲损耗；③光纤的连接和耦合损耗。本节仅讨论前两种损耗，后一种损耗在第4章叙及。

3.1.1 吸收损耗

物质的吸收作用将传输的电磁能量转变为热能，从而造成光功率的损失。光纤的吸收损耗主要包括：①本征吸收；②杂质吸收；③原子缺陷吸收。下面分别加以介绍。

1. 本征吸收

本征吸收是指制造光纤的基本材料(SiO_2)所引入的吸收效应，它是决定光纤在某个特定频谱区域具有传输窗口的主要物理因素。即使材料完美无缺，不含杂质，没有密度变化及不均匀性，这种吸收效应也存在，但其影响较小。本征吸收产生的两个原因：一是在紫外线频段的电子吸收；二是在近红外线波段的原子振动吸收带。图3.1.1为石英光纤的总损耗谱，其中用虚线表示光纤的红外吸收和紫外吸收。

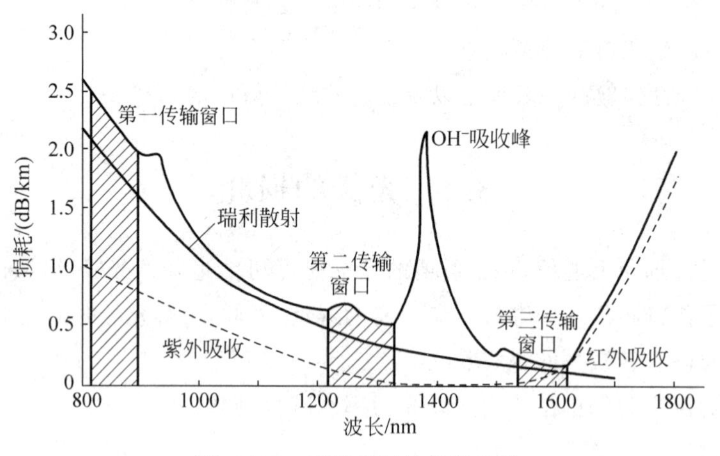

图 3.1.1 石英光纤的总损耗谱

紫外吸收是指光纤材料的电子吸收入射光的能量跃迁到高的能级，同时引起入射光的能量损耗。在紫外波段，构成光纤的基质材料会产生紫外电子跃迁吸收带。紫外区本征吸收的中心波长在0.16μm附近，尾部拖到1μm左右，已延伸到光纤通信波段(即0.8～1.7μm的波段)。在短波长范围内，引起的光纤损耗小于1dB/km。在长波长范围内，引起

的光纤损耗小于0.1dB/km。

红外吸收是指光波与光纤晶格相互作用，一部分光波能量传递给晶格，使其振动加剧，从而引起损耗。红外区的本征吸收中心波长在8～12μm范围内，对光纤通信波段影响不大。

2. 杂质吸收(非本征吸收)

这里的杂质并不是指光纤中的掺杂物，它是指由于材料不纯净及工艺不完善而引入的杂质，例如过渡金属离子(Fe^{3+}、Mn^{3+}、Ni^{2+}、Cu^{2+}、Co^{3+}及Cr^{3+}等)和OH^-离子。研究表明，欲使杂质吸收带中心波长处的损耗低于20dB/km，要求过渡金属离子相对含量低于10^{-9}。目前，由于原材料的改进及光纤制备工艺的完善，光纤中金属离子吸收引起的损耗已基本上消除，但OH^-离子吸收问题还没有得到最终解决。在低损耗光纤中，一切吸收均可解释为OH^-离子吸收，它构成了光纤通信波段内的3个吸收峰，即1.39μm、1.24μm和0.95μm。而光纤通信波段的3个窗口，即0.85μm、1.3μm和1.55μm，则是OH^-离子吸收谱的谷区，OH^-离子吸收的存在，使光纤总体损耗增加，若要进一步降低光损耗，或使损耗谱平坦，就需要用特殊的OH^-离子处理措施，消除OH^-离子的吸收峰。目前的解决办法有：①光纤材料化学提纯，如达到99.999 999 9%的纯度；②制造工艺上改进，如避免使用氢氧焰加热(轴向气相沉积法)。

3. 原子缺陷吸收

原子缺陷是指光纤材料中原子结构的不完善性，如玻璃结构中的分子缺损、原子团的高密度聚合或氧原子缺损。这种因素导致的吸收作用一般情况下可以忽略不计。但如果光纤暴露在强粒子辐射中，这种吸收作用会变得十分显著。例如在反应堆、加速器和放射治疗情况下可以积累很高的辐射剂量。受辐射影响，由原子缺陷导致的吸收作用增强，信号衰减更加严重。辐射越强，衰减越强。辐射停止后，衰减会逐渐减小。

对于普通玻璃，在30Gy的γ射线的照射下，可能引起损耗高达20 000dB/km。但是有些材料受到的影响比较小，例如掺锗的石英玻璃，对于43Gy的辐射，仅在波长0.82μm处引起损耗16dB/km。宇宙射线也会对光纤产生长期影响，但影响很小。

3.1.2 散射损耗

光纤的散射损耗主要包括瑞利散射损耗、波导散射损耗和非线性散射损耗。

1. 瑞利散射损耗

光纤材料在加热过程中，热扰动使原子得到的压缩性不均匀，使物质的密度不均匀，进而使折射率不均匀。这种不均匀在冷却过程中被固定下来，它的尺寸比光波波长要小。光在传输时遇到这些比光波波长小，带有随机起伏的不均匀物质时，改变了传输方向，产生散射，引起损耗。另外，光纤中含有的氧化物浓度不均匀以及掺杂不均匀也会引起散射，产生损耗。此类损耗称为本征散射损耗。本征散射可以认为是光纤损耗的基本限度，又称为瑞利(Rayleigh)散射。它是图3.1.1中短波长区域光纤损耗的主要来源。它与波长的4次方

成反比,可表述为

$$\alpha = \frac{A}{\lambda^4}$$

根据光纤成分的不同,瑞利散射损耗系数的常数 A 的取值位于 0.7～0.9dB·μm^4/km 之间,在 1.55μm 处光纤的理论极限损耗为 0.12～0.15dB/km。由于瑞利散射是不可避免的,因此由上式所决定的损耗是光纤的理论极限损耗。由图 3.1.1 可见,瑞利散射损耗随波长的增加而减小,所以在光纤的低损耗窗口,瑞利散射是除 OH^- 离子吸收之外最主要的光纤损耗来源。

2. 波导散射损耗

波导散射是由于交界面随机的畸变或粗糙所产生的散射,实际上它是由表面畸变或粗糙所引起的模式转换或模式耦合。一种模式由于交界面的起伏,会产生其他传输模式和辐射模式。由于在光纤中传输的各种模式衰减不同,在长距离的模式变换过程中,衰减小的模式变成衰减大的模式,连续的变换和反变换后,虽然各模式的损失会达到平衡,但模式总体产生额外的损耗。即由于模式的转换产生了附加损耗,这种附加的损耗就是波导散射损耗。要降低这种损耗,就要提高光纤制造工艺。对于拉得好、质量高的光纤,基本上可以忽略这种损耗。目前的光纤制造工艺基本可以克服波导散射。

3. 非线性散射损耗

石英玻璃在强电场作用下,会呈现非线性,即出现新的频率或输入的频率得到改变。这种由非线性激发的散射有两种,即受激拉曼(Raman)散射和受激布里渊(Brillouin)散射。这两种散射的主要区别在于拉曼散射的剩余能量转变为分子振动,而布里渊散射转变为声子。两种散射使得入射光能量降低,并在光纤中形成一种损耗机制,在功率阈值限制以下,对传输不产生影响;在入射光功率超过一定阈值后,两种散射的散射光强度都随入射光功率呈指数增加,可以导致较大的光损耗。通过适当选择光纤直径和发射光功率,可以避免非线性散射损耗。

对光纤的传输而言,散射要损失能量,是一种不利因素,但研究表明,散射光中也载有不少有用的信息,在有些情况下散射又是可以加以利用的有用的因素。例如:利用瑞利散射已构成可测量光纤传输损耗和断点等缺陷的光时域反射计;利用拉曼散射和布里渊散射可构成测量温度和应力的分布式光纤传感器等;在光纤通信系统设计中,利用拉曼散射和布里渊散射,将特定波长的泵浦光能量转变到信号光中,实现信号光的放大作用。

综上所述,根据石英光纤的吸收和散射损耗特点,特别关注 OH^- 离子吸收的影响,在石英光纤的低损耗区形成了光纤通信的 3 个传输窗口(见图 3.1.1),即 0.85μm、1.3μm 和 1.55μm,而 1.55μm 处的损耗最低,接近由瑞利散射决定的损耗极限值。

3.1.3 弯曲损耗

光纤在实际应用中不可避免地要发生弯曲,这就伴随着产生光纤的弯曲辐射损耗。从光纤传输的模式理论出发,认为这种损耗产生的原因是:当光纤弯曲时,原来在纤芯中以导模形式传播的功率将部分地转化为辐射模功率并溢出纤芯,从而形成损耗;从光纤传输的光线理论出发，认为这种损耗产生的原因是：原来限制在芯-包界面全内反射角以内的光功率，将部分地不满足全反射条件而溢出纤芯，从而形成损耗。

光纤中的弯曲损耗可分为宏弯损耗和微弯损耗两种。宏弯损耗是由于光纤实际应用中必需的盘绕、曲折等引起的宏观弯曲导致的损耗；微弯损耗则是光纤制备过程中或在应力应用过程中由于应变等原因引起的光纤形变导致的损耗。

1. 宏弯损耗

1）理论分析

通常采用有限差分法(finite difference method，FDM)、光束传播法(beam propagation method，BPM)以及保角映射法(conformal mapping method，CMM)来分析光纤宏观弯曲的情形。这一过程的第一步是通过保角映射将环形弯曲光纤转换为(等效成)直光纤(将弯曲光纤的几何形变转换成等效直光纤的折射率畸变)，如图3.1.2所示。等效直光纤纤芯折射率分布的表达式近似为

$$n'_i = n_i\left(1+\frac{x}{R_{\text{eff}}}\right) \tag{3.1.6}$$

式中，n_i 是原始直光纤的折射率分布($i=1$ 时，n_1 为纤芯折射率分布；$i=2$ 时，n_2 为包层折射率分布)，R_{eff} 是考虑了弯曲应力后的有效半径，对于硅玻璃，$R_{\text{eff}}\approx 1.28R$($R$ 为光纤的弯曲半径)。

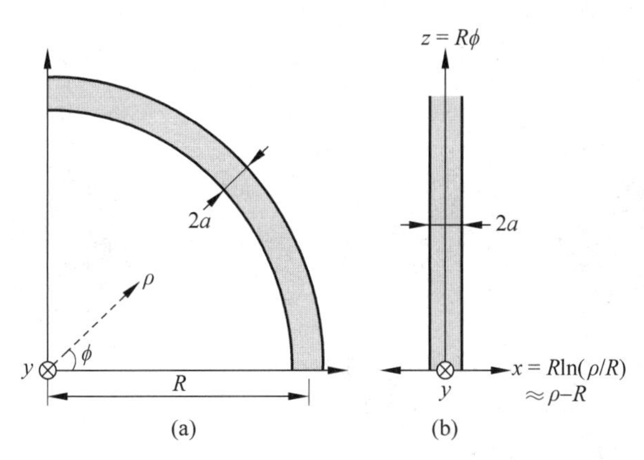

图3.1.2 通过保角映射将环形弯曲光纤转换为直光纤

(a) 在极坐标系(ρ，ϕ)中弯曲光纤示意图；(b) 在直角坐标系(x，z)中保角映射之后的等效直光纤示意图

在得到等效直光纤的折射率分布后，再利用有限差分法、光束传播法(数值模拟法)进一步模拟光纤弯曲的结果，具体模拟求解过程不再赘述，可参考文献[12、13]。利用上述分析方法，模拟了光纤参数为 $a=12.5\mu\text{m}$，NA$=0.1$，$n_2=1.52$，$R_{\text{eff}}=1.24\text{cm}$，$\lambda_0=1.064\mu\text{m}$ 时阶跃光纤弯曲的情形，得到了图3.1.3所示的直光纤和弯曲光纤的低阶光纤模场分布。

由第2章内容可知，若考虑 LP_{mn} 模式角向的两种变化($\cos(m\phi)$ 或 $\sin(m\phi)$)，则 $m>0$ 时每一个 LP_{mn} 模式都有两重简并，在这里分别记为 $\text{LP}_{mn\text{o}}$ 模式和 $\text{LP}_{mn\text{e}}$ 模式。图3.1.3显示：在直光纤中，$\text{LP}_{mn\text{o}}$ 模式和 $\text{LP}_{mn\text{e}}$ 模式是简并的；而在弯曲光纤中，$\text{LP}_{mn\text{o}}$ 模式和 $\text{LP}_{mn\text{e}}$ 模式的模场均发生扭曲，中心发生偏离；由于 $\text{LP}_{mn\text{o}}$ 模式和 $\text{LP}_{mn\text{e}}$ 模式的模场畸变不同，模场简并程度降低。

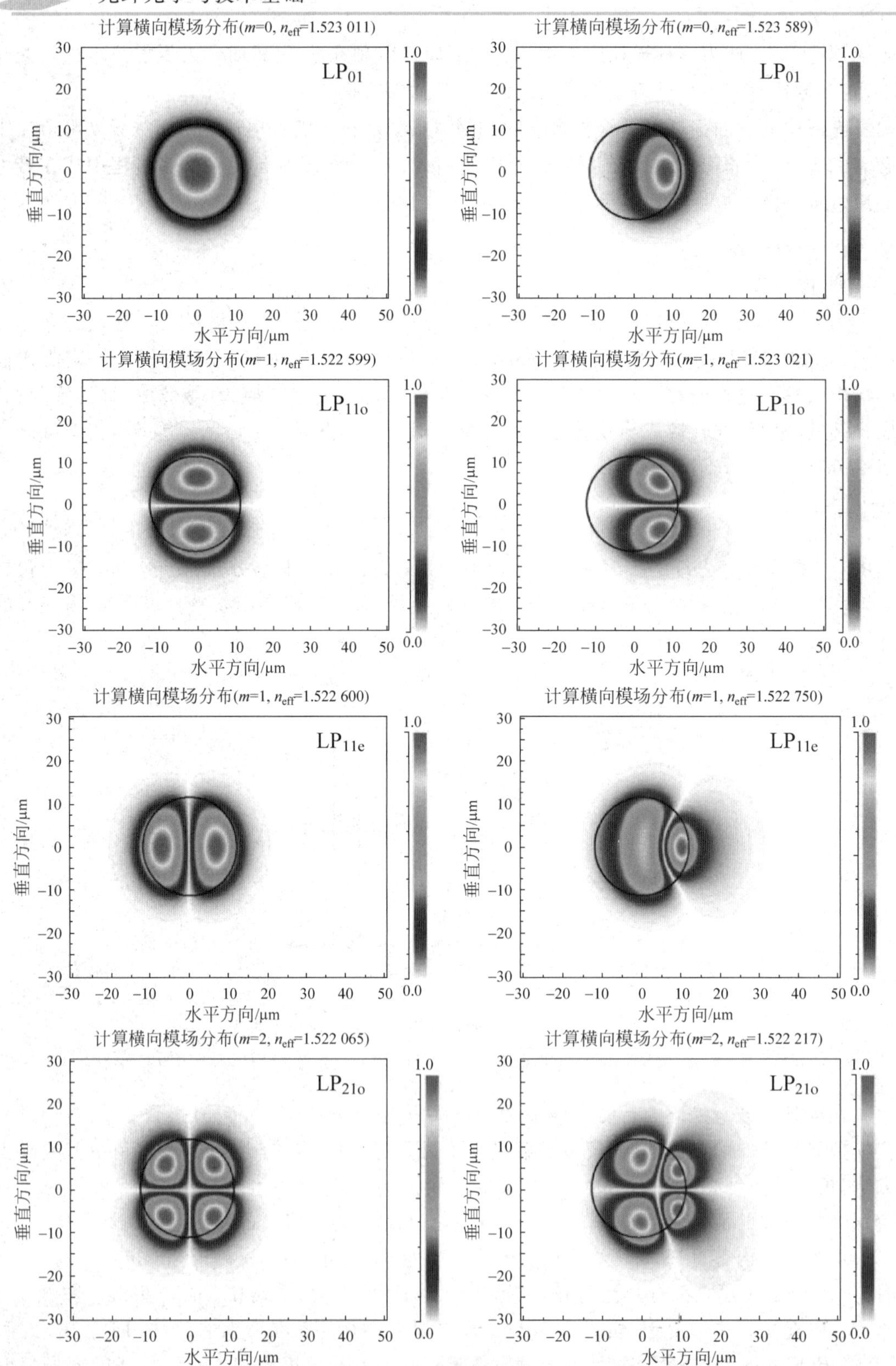

图 3.1.3 直光纤模式和弯曲光纤模式分布对比(右侧标尺表示电场幅值；圆形轮廓表示芯-包层界面；模式标签上的下标 e 或 o 分别表示该模式的不同模态)

(a) 直光纤模式；(b) 弯曲光纤模式

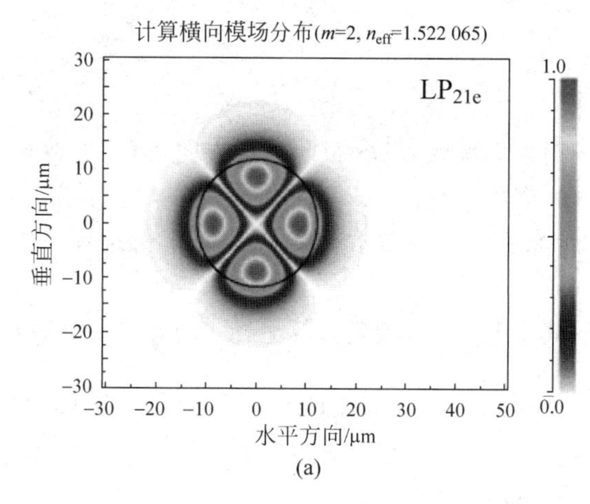

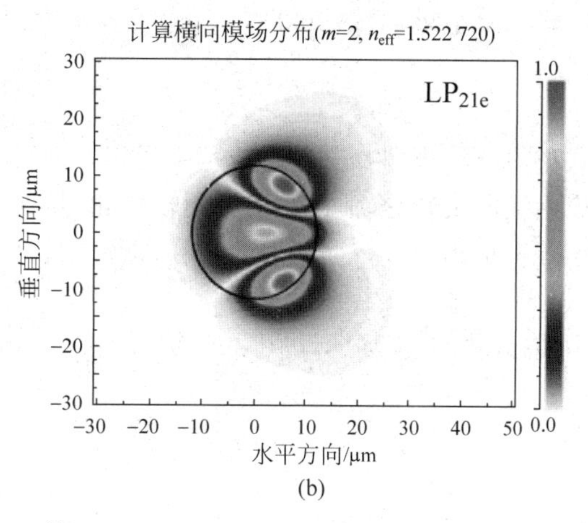

图 3.1.3 （续）

以上为利用数值模拟方法分析光纤弯曲情况下模场的过程，为了便于读者更清晰直观地理解其中的物理过程，下面将以单模光纤由“直”突然变“弯曲”为例，从波动光学入手，利用解析法和微扰法来分析光纤弯曲情况下模场分布以及损耗计算。

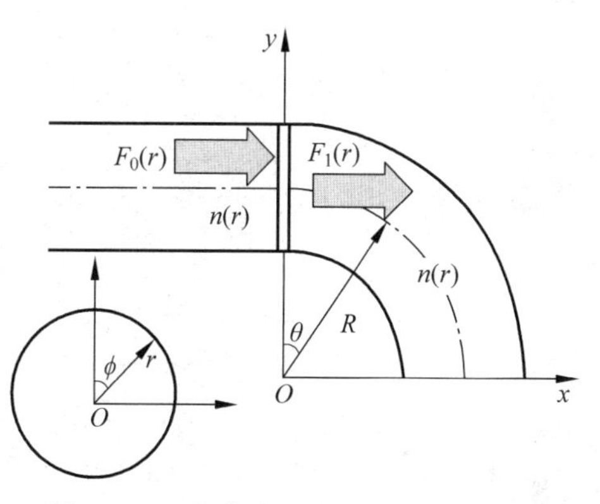

图 3.1.4　弯曲光纤中光的传播示意图

如图 3.1.4 所示，在折射率分布为 $n(r)$ 的直弱导光纤中，基模场(沿 z 轴传输，y 轴偏振)表达式为

$$E_y = F_0(r)\mathrm{e}^{-\mathrm{i}\beta z} \tag{3.1.7}$$

其中，$F_0(r)$ 和 β 分别为直光纤中横向模场分布和传播常数；z 为光沿光纤传输的距离。

当光纤产生弯曲(光纤弯曲半径 R 远大于芯径)时，场分布将产生一个与 θ 有关的相移 $\mathrm{e}^{-\mathrm{i}\nu\theta}$($\nu$ 为光纤弯曲时的传播常数)。若定义弯曲光纤的等效直光纤的传播常数为 β_L，则应有

$$\mathrm{e}^{-\mathrm{i}\beta_L z} = \mathrm{e}^{-\mathrm{i}\nu\theta} \tag{3.1.8}$$

这时，场的等相位面不是等 z 面，内侧 z 值比外侧 z 值要短(见图 3.1.4)，并有 $z=(R+r\cos\phi)\theta$。在光纤轴线上 $r=0$，有 $\beta=\beta_L$ 及 $z=R\theta$，由式(3.1.8)得 $\nu=\beta R$；在其他点有

$$\beta_L = \frac{\nu\theta}{z} = \frac{\beta R}{R + r\cos\phi} \approx \beta\left[1 - \left(\frac{r}{R}\right)\cos\phi\right] \tag{3.1.9}$$

这里假定了 $r \ll R$。由于，β_L 与 β 相差很小，因此 β_L 可以看成 β 微扰，微扰项为 $\left(\frac{r}{R}\right)\cos\phi$。这样，弯曲光纤中的场解就可用直光纤中的场解来代替，将 β 换成 β_L。设弯曲光纤中的场为 $F_1(r)$，则有

$$\left[\frac{\partial^2}{\partial r^2} + \frac{1}{r}\frac{\partial}{\partial r} + \frac{\partial^2}{r^2\partial\phi^2} + n^2(r)k_0^2 - \beta_L^2\right]F_1(r,\phi) = 0 \tag{3.1.10}$$

若用等效折射率，则有

$$\left[\frac{\partial^2}{\partial r^2} + \frac{1}{r}\frac{\partial}{\partial r} + \frac{\partial^2}{r^2\partial\phi^2} + n_e^2(r)k_0^2 - \beta^2\right]F_1(r,\phi) = 0 \tag{3.1.11}$$

忽略二阶小量，等效折射率 $n_e(r)$ 可表示为

$$n_e^2(r)=n^2(r)+2n^2(r)\cos\phi\cdot\frac{r}{R} \tag{3.1.12}$$

式(3.1.12)表明，$n_e(r)$ 沿曲率半径正方向随 r 增大而增大，场分布向 r 正方向偏移，导致导模向泄漏模转化，泄漏模向辐射模转化，从而造成弯曲损耗。

要求出过度弯曲形成的损耗，就需求得弯曲部分的场分布 $F_1(r,\phi)$。设光场在直光纤中传播时的基模场解近似为 $F_0(r,\phi)=\mathrm{e}^{-\frac{r^2}{W_0^2}}\mathrm{e}^{\mathrm{i}\phi}$，其中 W_0 是高斯基模场半径。对比如下方程：

$$\left\{\frac{\partial^2}{\partial r^2}+\frac{1}{r}\frac{\partial}{\partial r}+\frac{\partial^2}{r^2\partial\phi^2}+\left[n^2(r)+2n^2\cos\phi\frac{r}{R_c}\right]k_0^2-\beta^2\right\}F_1(r,\phi)=0 \tag{3.1.13}$$

$$\left[\frac{\partial^2}{\partial r^2}+\frac{1}{r}\frac{\partial}{\partial r}+\frac{\partial^2}{r^2\partial\phi^2}+n^2(r)k_0^2-\beta^2\right]F_0(r,\phi)=0 \tag{3.1.14}$$

可得

$$F_1(r,\phi)=\left(1+\frac{W_0^2V^2}{4\Delta a^2}\cdot\frac{r}{R_c}\right)F_0(r,\phi) \tag{3.1.15}$$

当 R_c 足够大时，$1+\frac{W_0^2V^2}{4\Delta a^2}\cdot\frac{r}{R_c}\rightarrow\exp\left(\frac{W_0^2v^2}{4\Delta a^2}\cdot\frac{r}{R_c}\right)$。考虑在 $\phi=0$ 处，

$$F_1(r)\approx\exp\left(\frac{W_0^2V^2}{4\Delta a^2}\cdot\frac{r}{R_c}-\frac{r^2}{W_0^2}\right)=\exp\left[-\frac{\left(r-\frac{W_0^4V^2}{8\Delta a^2R_c}\right)}{W_0^2}\right]^2 \tag{3.1.16}$$

由此可见，当 R_c 足够大时，场的基本形状不发生变化，仅为场分布的最大值向正方向移动：

$$r_d=\frac{W_0^4V^2}{8\Delta a^2R_c} \tag{3.1.17}$$

求得弯曲后光场的分布，就可求出过度弯曲所导致的损耗，入射光功率和输出光功率可由以下两式求得：

$$P_{in}\propto 2\pi\int_0^{\infty}rF_0^2(r)\mathrm{d}r=2\pi\int_0^{\infty}r\mathrm{e}^{-2\left(\frac{r}{W_0}\right)^2}\mathrm{d}r=\frac{\pi}{2}W_0^2 \tag{3.1.18}$$

$$P_{out}\propto 2\pi\int_0^{\infty}rF_0(r)F_1(r)\mathrm{d}r\approx\frac{\pi}{2}W_0^2\mathrm{e}^{-\frac{1}{2}\left(\frac{r_d}{W_0}\right)^2} \tag{3.1.19}$$

由损耗的计算公式得

$$\alpha=-10\lg\left(\frac{P_{out}}{P_{in}}\right)=2.17\left(\frac{r_d}{W_0}\right)^2=2.17\left(\frac{W_0^3V^2}{8\Delta a^2R_c}\right)^2 \tag{3.1.20}$$

分析式(3.1.20)可以发现：光纤弯曲越剧烈，损耗越大；模场伸展越远，损耗越大；光纤的 V 值越大，损耗越大。

以典型的单模光纤为例，$\Delta=0.003$，$V=2.4$，$a=5\mu\mathrm{m}$，$\frac{a}{W_0}=1$，$R_c=2\mathrm{cm}$，计算损耗，得

$$\alpha\approx 0.0078\mathrm{dB/km} \tag{3.1.21}$$

2）应用

光纤存在一个临界弯曲半径 R_c，当光纤弯曲半径大于临界值 R_c 时，光纤弯曲引起的损耗很小，通常可以忽略；而当弯曲半径小于临界半径 R_c 时，附加的弯曲损耗迅速增加。在常规波段（1000nm附近），R_c 表达式近似为

$$R_c \approx 20 \frac{\lambda}{(\Delta)^{\frac{3}{2}}}\left(2.748-0.996\frac{\lambda}{\lambda_c}\right)^{-3} \quad (\mathrm{m}) \tag{3.1.22}$$

式中，Δ 为光纤的相对折射率差；λ 为工作波长；λ_c 为单模工作时的截止波长；临界半径 R_c 的单位为m。因此，对于确定的光纤（即相对折射率差和截止波长确定），给定工作波长，利用式(3.1.22)可以近似估算出可允许的最小弯曲半径；或给定光纤的弯曲半径，可以估算出允许的最大工作波长。

例如，按照 $\lambda=1550\mathrm{nm}$，$\lambda_c=1300\mathrm{nm}$，$\Delta=0.65\%$ 的应用条件，通过计算可得该单模光纤的临界弯曲半径 $R_c=15.6\mathrm{mm}$。在实际应用中，当光纤的弯曲长度大于1m时，式(3.1.22)给出的 R_c 值要加倍才可靠。也就是说，上述光纤的弯曲半径 $R\geqslant 2R_c$ 时，弯曲带来的损耗才可以忽略不计。

虽然光纤弯曲会带来能量的损耗以及模式的畸变，但是利用不同横模模式对弯曲损耗的敏感程度不同可以进行选模。在多模光纤中，高阶横模往往比低阶横模对弯曲带来的损耗更加敏感，随着弯曲半径的减小，高阶模逐渐地被剥离出纤芯，弯曲选模正是利用了这种原理。例如，大模场面积光纤（多模光纤）的使用，使得光纤激光器的输出功率大幅上升，同时也带来了光束质量的恶化，为使大模场面积光纤激光器获得近衍射极限的光束输出，就可以利用上述弯曲选模的方法来抑制高阶模振荡。

2. 微弯损耗

微弯是指一些随机的、曲率半径可以与光纤的横截面尺寸相比拟的畸变。当光纤受到不均匀应力的作用时，例如受到侧压力或者光纤在制备过程中内部的应力没有完全释放出来等，光纤轴会因此产生微小不规则弯曲，其结果是传导模变换为辐射模，从而导致光能损耗。当光线经过在这些不完善点（微观的凸起或凹陷）处的反射以后，传播角会发生变化（见图3.1.5），结果就是部分光不再满足全内反射条件，而被折射掉，即泄露出纤芯（对应 $\theta>\theta_c$ 情形），这就是微弯损耗的机制。

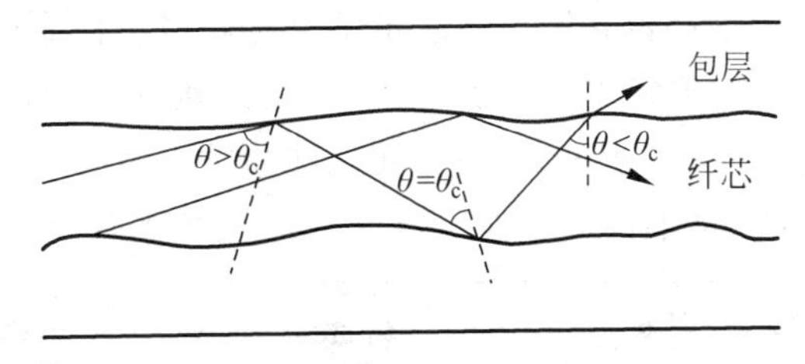

图3.1.5 微弯曲光纤中光的传播

从原理上讲，微弯损耗也是由于弯曲引起导模功率的横向泄漏。理论分析表明，单模光纤微弯损耗，主要取决于模场半径 W_0、相对折射率差 Δ 和光纤轴的畸变。为了计算微弯损耗，必须知道光纤轴的畸变大小，对于阶跃型单模光纤，微弯损耗可由下式近似计算：

$$\alpha_{微弯} \approx (n_2 k_0 W_2)^2 \phi_P\left(\frac{2}{n_2 k_0 W_1}\right) \quad (\text{dB/km}) \tag{3.1.23}$$

式中，W_1 和 W_2 称为辅助模场半径，分别近似为

$$W_1 \approx W_0 + a\exp(3.34 - 3.28V) \tag{3.1.24}$$

$$W_2 \approx W_0 - a\exp(2.45 - 3.31V) \quad (1.5 < V < 2.5) \tag{3.1.25}$$

式中，a 为纤芯半径；ϕ_P 为弯曲谱函数，近似表示为

$$\phi_P\left(\frac{2}{n_2 k_0 W_1}\right) \approx \left(\frac{2}{n_2 k_0 W_1}\right)^4 \sqrt{\pi}\sigma^2 L_c \exp\left[-\frac{1}{2}\left(L_c \frac{2}{n_2 k_0 W_1}\right)^2\right] \tag{3.1.26}$$

其中，σ 是光纤纤轴横向偏移的均方根值；L_c 为自相关长度（$\geqslant 500\mu m$）。式(3.1.23)～式(3.1.26)表明，模场半径 W_0 的微小增加将引起微弯损耗的大幅度上升。

3.2 光纤的色散

光纤的色散特性是光纤最主要的传输特性之一。一般而言，光纤的色散是指光信号（脉冲）的不同频率成分或不同模式成分在光纤中具有不同传输速度的现象。在光纤中，脉冲色散越小，它所携带的信息容量就越大。例如，若脉冲的展宽量由 1000ns 减小到 1ns，则所传输的信息容量将由 1Mb/s 增加到 1000Mb/s。可见，光纤的色散对系统的传输速率以及传输距离产生了重要影响。本节将对光纤中各类色散的成因以及定量描述、典型单模光纤的折射率分布以及相应的色散特性、光信号在色散光纤中的传输以及色散补偿技术等方面进行详细的介绍。

3.2.1 概述

1. 光纤色散的基本概念

光纤中传输的光信号可能包括不同的频率成分和模式成分，这些包含不同成分的光脉冲在光纤中传输的群速度不同，从而产生时延差并引起光脉冲形状的变化，这种物理现象称为色散。这里群速度是指光纤中某一特定传导模式的能量传播速度。图 3.2.1 为光纤中色散机制产生的形象表达，在光纤输入端，光信号内的不同模式和频率分量“出发点”相同，而在进入光纤内传输后，除了一些模式因为角度不满足全反射条件而成为“泄漏模”外，剩下的频率或模式成分因传输路径或模式有效折射率不同，到达同一输出点的时间不同，产生了“群速度”色散。在数字光纤通信系统中，色散使光脉冲发生展宽。当色散严重时，光脉冲前后相互重叠，造成码间干扰，增加误码率。所以光纤的色散不仅影响光纤的传输容量，也限

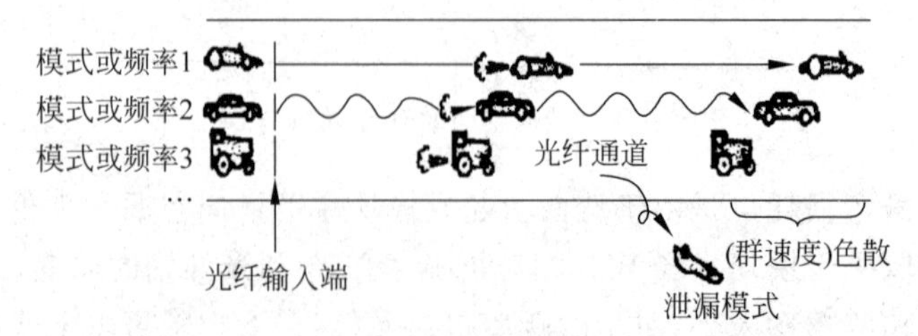

图 3.2.1 光纤中色散机制产生的形象表达

制了光纤通信系统的中继距离。

光纤色散的产生基于两个方面的因素：一是进入光纤中的光信号不是严格的单色光（光源发出的光不是单色光或是调制信号具有一定的带宽）；二是光纤对光信号的色散作用。

2. 光纤色散的种类

在光纤中传输的光脉冲，将受到光纤折射率分布、光纤材料本身的色散特性、光纤中的模式分布以及光源的光谱宽度等因素的影响。在光纤中，一般将色散分为模式色散、材料色散、波导色散和偏振（模）色散 4 种。

（1）模式色散（modal dispersion 或 intermodal dispersion）。模式色散是在多模传输下产生，由于各模式的传输速度不同而引起的。图 3.2.2 是说明多模光纤传播特性的波矢 k 与纵向传播常数 β 曲线，在 $\beta=n_1k$ 与 $\beta=n_2k$ 之间并列着许多模的 k-β 曲线，各模的曲线与一定频率线（图 3.2.2 中虚线）交点处的斜率 $\mathrm{d}\beta/\mathrm{d}\omega$，是因模而异产生的色散，$\mathrm{d}\beta/\mathrm{d}\omega$ 是群速度的倒数。

（2）材料色散（chromatic dispersion）。材料色散是指由于光纤材料本身的折射率随入射光频率变化而产生的色散。

（3）波导色散（waveguide dispersion）。波导色散是指由于光纤的波导结构（纤芯和包层）引起的色散现象，即不同频率的光在光纤中以不同的速度传播。由于不同波长的光在纤芯和包层内的模式分布不同，其传播速度存在差异。这种色散由光纤波导特性决定，而不仅仅是由光纤材料本身的折射率色散引起的。

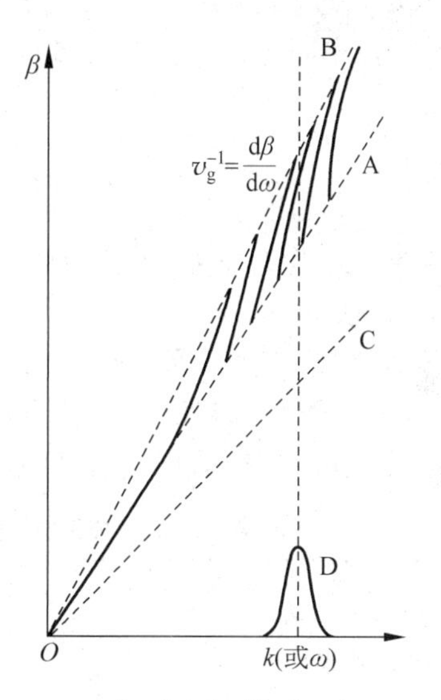

A—$\beta=n_2k$；B—$\beta=n_1k$；C—$\beta=k$；D—光源的谱

图 3.2.2　多模光纤 k-β 曲线

（4）偏振（模）色散（polarization dependent dispersion）。一般的单模光纤中都同时存在两个正交模式（HE_{11}^{x} 模和 HE_{11}^{y} 模）。若光纤的结构为完全的轴对称，则这两个正交偏振模在光纤中的传播速度相同，即有相同的群延迟，故无偏振色散。实际的光纤必然会有一些轴的不对称性，因而两正交模有不同的群延迟，这种现象称为偏振色散或偏振（模）色散。

对于多模阶跃型折射率光纤，模式色散占主要地位，其次是材料色散，波导色散较小；对于多模渐变光纤，模式色散较小，波导色散可以忽略不计，存在材料色散；对于单模光纤，材料色散、波导色散和偏振（模）色散均存在。

3. 描述光纤色散的典型物理参量

基于第 2 章光纤传输特性分析，光纤中传输频率为 ω 的第 i 个传输模式的传播常数可以表示为 $\beta(\omega,i)$，传播常数 $\beta(\omega,i)$ 是描述光纤中各模式传输特性的一个重要参数，在数学上，可以将传播常数 $\beta(\omega,i)$ 在中心传输频率 ω_0 处展开成泰勒级数来描述：

$$\begin{aligned}\beta(\omega,i)&=\sum_{n=0}^{\infty}\frac{\beta_n}{n!}(\omega-\omega_0)^n\\&=\beta_0+\beta_1(\omega-\omega_0)+\frac{1}{2!}\beta_2(\omega-\omega_0)^2+\frac{1}{3!}\beta_3(\omega-\omega_0)^3+\cdots\end{aligned}\tag{3.2.1}$$

其中，ω 表示传输频率；i 表示第 i 个传输模式。这里

$$\beta_n=\left(\frac{\mathrm{d}^n\beta}{\mathrm{d}\omega^n}\right)_{\omega=\omega_0,i},\quad n=0,1,2,\cdots \tag{3.2.2}$$

此外，$\beta(\omega,i)$还可以表示为

$$\beta(\omega,i)=n_{\mathrm{eff}}(\omega,i)k_0=n_{\mathrm{eff}}(\omega,i)\frac{\omega}{c} \tag{3.2.3}$$

式中，$n_{\mathrm{eff}}(\omega,i)$为模式的有效折射率；$c$ 为真空中的光速。当传输介质为无限大均匀介质时，$n_{\mathrm{eff}}(\omega,i)$等同于介质的材料折射率。将式(3.2.3)代入式(3.2.2)中，可得参量 β_1、β_2 的表达式为

$$\beta_1=\frac{\mathrm{d}\beta}{\mathrm{d}\omega}=\frac{1}{v_{\mathrm{g}}}=\left(\frac{n_{\mathrm{eff}}}{c}+\frac{\omega}{c}\frac{\mathrm{d}n_{\mathrm{eff}}}{\mathrm{d}\omega}\right) \tag{3.2.4}$$

$$\beta_2=\frac{\mathrm{d}^2\beta}{\mathrm{d}\omega^2}=\frac{1}{c}\left(2\frac{\mathrm{d}n_{\mathrm{eff}}}{\mathrm{d}\omega}+\omega\frac{\mathrm{d}^2n_{\mathrm{eff}}}{\mathrm{d}\omega^2}\right)=-\frac{\lambda^3}{2\pi c^2}\frac{\mathrm{d}^2n_{\mathrm{eff}}}{\mathrm{d}\lambda^2} \tag{3.2.5}$$

其中，v_{g} 为群速度，光纤中脉冲包络以群速度运动。对于同一传输频率，参量 β_1 的值因传输模式 i 而异，故引起了模式色散。对于同一传输模式 i，由于材料色散和波导色散的存在，参量 β_2 的值往往不等于零，参量 β_1 的值因传输频率而异，因此不同频率成分的传输速度不同。

描述色散特性的常见物理量有材料折射率、有效折射率、群折射率、群速度、群时延、群速度色散、色散系数、群时延差等，它们的物理含义以及数学表达式汇总如表 3.2.1 所示。

表 3.2.1 描述光纤色散特性的一些典型物理量、物理含义以及数学表达式

<table>
<tr><th>名称</th><th>含义</th><th colspan="2">表达式</th><th>单位</th></tr>
<tr><td>材料折射率</td><td>在无限大均匀介质中，传播常数与真空中波数的比值</td><td>n</td><td rowspan="2">若不考虑波导结构，n_{eff} 等同于介质的材料折射率 n</td><td rowspan="3">无单位</td></tr>
<tr><td>有效折射率</td><td>在波导结构的介质中，传播常数与真空中波数的比值</td><td>n_{eff}</td></tr>
<tr><td>群折射率</td><td>真空中光速与介质中群速度的比值</td><td colspan="2">$n_{\mathrm{g}}=\frac{c}{v_{\mathrm{g}}}=\left(n_{\mathrm{eff}}+\omega\frac{\mathrm{d}n_{\mathrm{eff}}}{\mathrm{d}\omega}\right)$</td></tr>
<tr><td>群速度(group velocity, GV)</td><td>光脉冲包络在介质中的传播速度</td><td colspan="2">$v_{\mathrm{g}}=\frac{\mathrm{d}\omega}{\mathrm{d}\beta}=\frac{1}{\beta_1}=\left(\frac{n_{\mathrm{eff}}}{c}+\frac{\omega}{c}\frac{\mathrm{d}n_{\mathrm{eff}}}{\mathrm{d}\omega}\right)^{-1}$</td><td>km/ps</td></tr>
<tr><td>群时延(group delay, GD)</td><td>光脉冲在光纤中传输单位距离的时间延迟 τ</td><td colspan="2">$\tau=\frac{1}{v_{\mathrm{g}}}=\beta_1=\frac{\mathrm{d}\beta}{\mathrm{d}\omega}$</td><td>ps/km</td></tr>
<tr><td>群速度色散(group velocity dispersion, GVD)</td><td>介质中群速度与频率之间的关系，或者群速度倒数对角频率的微分。群速度色散是透明介质中光的群速度与光频率或者波长相关的现象</td><td colspan="2">$\beta_2=\frac{\mathrm{d}^2\beta}{\mathrm{d}\omega^2}=\frac{1}{c}\left(2\frac{\mathrm{d}n_{\mathrm{eff}}}{\mathrm{d}\omega}+\omega\frac{\mathrm{d}^2n_{\mathrm{eff}}}{\mathrm{d}\omega^2}\right)=-\frac{\lambda^3}{2\pi c^2}\frac{\mathrm{d}^2n_{\mathrm{eff}}}{\mathrm{d}\lambda^2}$</td><td>$\mathrm{ps}^2/\mathrm{km}$</td></tr>
</table>

续表

名　　称	含　　义	表　达　式	单位
色散系数(dispersion parameter,D)	光脉冲在光纤中传输单位距离后,因单位谱宽造成的脉宽的展宽量	$D=\frac{d\tau}{d\lambda}=\frac{d\beta_1}{d\lambda}=-\frac{2\pi c}{\lambda^2}\beta_2$ $=-\frac{\lambda}{c}\frac{d^2 n_{eff}}{d\lambda^2}$	ps/(nm·km)
群时延差(differential group delay,DGD)	光脉冲在光纤中传输单位距离后,因谱宽造成的脉宽的展宽量	$\Delta\tau=\frac{d\tau}{d\lambda}\Delta\lambda$ $=-\frac{\lambda}{c}\frac{d^2 n_{eff}}{d\lambda^2}\Delta\lambda$	ps/km

通常,对于特定的应用场景会采用特定的物理量来描述其色散特性。例如,光信号脉冲展宽由时延差来描述,若由材料色散、波导结构色散和模间色散引起的群时延差分别记为$\Delta\tau_m$、$\Delta\tau_w$ 和 $\Delta\tau_n$,则总的群时延差表示为$\Delta\tau=-\frac{\lambda}{c}\frac{d^2 n_{eff}}{d\lambda^2}\Delta\lambda=\Delta\tau_m+\Delta\tau_w+\Delta\tau_n$;而在通信单模光纤色散补偿中,通常采用色散系数(单位长度单位谱宽脉冲的展宽量)来描述光信号脉冲展宽,总的色散系数表示为材料色散系数 D_m 和波导色散系数 D_w 之和,即 $D=-\frac{\lambda}{c}\frac{d^2 n_{eff}}{d\lambda^2}=D_m+D_w$。

3.2.2　材料色散

构成介质材料的分子、原子可以看成一个个谐振子,它们有一系列固有的谐振频率 ω_j 或谐振波长 λ_j。在外加高频电磁场作用下,这些谐振子做受迫振动。利用经典电磁理论求解这些谐振子的振动过程,可以求出介质在外加电磁场作用下的电极化规律。人们发现介质的电极化率、相对介电常数或者折射率都是频率的函数,而且都是复数。由于折射率随外加电磁场的频率变化,所以介质呈色散特性,这就是材料色散。

由于在某些波长上材料对电磁波存在谐振吸收现象,材料对外场的响应与电磁波的波长有关,即材料的折射率应当是电磁场波长的函数。这一函数关系可以通过材料中电子运动的简谐振子模型得到:

$$n^2(\lambda)=1+\sum_{j=1}^{N}\frac{A_j\lambda^2}{\lambda^2-\lambda_j^2} \tag{3.2.6}$$

其中,A_j 和 λ_j 是和材料组成有关的常数,称为材料的 Sellmeier 常数,式(3.2.6)称为 Sellmeier 定律或 Sellmeier 公式。通常在感兴趣的一定波长范围内,只需要考虑 $N=2$ 或 $N=3$ 的公式即可获得足够的精度。纯石英玻璃材料的三项 Sellmeier 公式中的各材料常数为 $A_1=0.696\,163\,3$,$A_2=0.407\,942\,6$,$A_3=0.897\,479\,4$,$\lambda_1=0.068\,404\,3\mu m$,$\lambda_2=0.116\,241\,4\mu m$,$\lambda_3=9.896\,161\mu m$。此时,工作波长 λ 的单位为微米(μm)。

当在石英玻璃中掺杂 Ge、B、F 或 P 等微量杂质时,材料的 Sellmeier 常数也将发生相应的微小变化。在石英玻璃中掺 Ge 或 P 可以提高其折射率,掺 B 或 F 可以降低其折射率,并且在微量掺杂时,折射率的改变量与掺杂剂的物质的量浓度呈线性变化关系。

材料色散系数表达式为

$$D_m = -\frac{\lambda}{c}\frac{d^2 n(\lambda)}{d\lambda^2} \tag{3.2.7}$$

由式(3.2.7)可以看出，材料色散主要取决于材料参数，其值在某一波长位置上可能为零，这一波长称为材料的零色散波长。材料色散系数 D_m 的单位为 ps/(nm · km)。

若入射光源谱宽为 $\Delta\lambda$，传输距离为 L，因材料色散导致的展宽量为 $|\Delta\tau_m|$(在考虑传输距离 L 下)：

$$|\Delta\tau_m| = \left|-\frac{\lambda L}{c}\frac{d^2 n(\lambda)}{d\lambda^2}\Delta\lambda\right| = |D_m L \Delta\lambda| \tag{3.2.8}$$

对于纯石英材料，表 3.2.2 和图 3.2.3 分别给出了纯石英的折射率及色散系数随波长的变化关系。从表 3.2.2 和图 3.2.3 不难看出，石英材料的折射率随波长呈非线性变化的趋势。根据材料折射率的一阶导数 $\frac{dn(\lambda)}{d\lambda}$，可求出群折射率 $n_g = n(\lambda) - \lambda\frac{dn(\lambda)}{d\lambda}$，进而可以得知群速度 $v_g = \frac{c}{n_g}$；而材料折射率的二阶导数 $\frac{d^2 n}{d\lambda^2}$ 反映了群速度的变化趋势，当 $\frac{d^2 n}{d\lambda^2} = 0$ 时，群速度达到极值点(即拐点)。材料色散系数 D_m 主要取决于材料参数 $\frac{d^2 n}{d\lambda^2}$，在 $\lambda = 1.27\mu m$ 附近几乎为零，因此 $\lambda = 1.27\mu m$ 称为纯石英玻璃的零材料色散波长。在 $\lambda < 1.27\mu m$ 波长区，$\frac{d^2 n}{d\lambda^2} > 0$，$D_m < 0$，该波长区称为正常色散区，此时光脉冲中低频分量的传输速度快于高频分量的传输速度。在 $\lambda > 1.27\mu m$ 波长区，$\frac{d^2 n}{d\lambda^2} < 0$，$D_m > 0$，该波长区称为反常色散区，此时光脉冲中高频分量的传输速度快于低频分量的传输速度。

表 3.2.2 纯石英的折射率及一阶导数、二阶导数、材料色散系数随波长的变化关系

$\lambda/\mu m$	$n(\lambda)$	$\frac{dn}{d\lambda}/\mu m^{-1}$	$\frac{d^2 n}{d\lambda^2}/\mu m^{-2}$	D_m/[ps/(nm · km)]
0.70	1.455 61	−0.022 76	0.0741	−172.9
0.75	1.454 56	−0.019 58	0.0541	−135.3
0.80	1.453 64	−0.017 251 59	0.0400	−106.6
0.85	1.452 82	−0.015 522 36	0.0297	−84.2
0.90	1.452 08	−0.014 235 35	0.0221	−66.4
0.95	1.451 39	−0.013 278 62	0.0164	−51.9
1.00	1.450 75	−0.012 572 82	0.0120	−40.1
1.05	1.450 13	−0.012 060 70	0.0086	−30.1
1.10	1.449 54	−0.011 700 22	0.0059	−21.7
1.15	1.448 96	−0.011 460 01	0.0037	−14.5
1.20	1.448 39	−0.011 316 37	0.0020	−8.14
1.25	1.447 83	−0.011 251 23	0.000 62	−2.58
1.30	1.447 26	−0.011 250 37	−0.000 55	2.39
1.35	1.446 70	−0.011 303 00	−0.001 53	6.87
1.40	1.446 13	−0.011 400 40	−0.002 35	10.95

续表

$\lambda/\mu m$	$n(\lambda)$	$\frac{dn}{d\lambda}/\mu m^{-1}$	$\frac{d^2n}{d\lambda^2}/\mu m^{-2}$	D_m/[ps/(nm·km)]
1.45	1.445 56	−0.011 535 68	−0.003 05	14.72
1.50	1.444 98	−0.011 703 33	−0.003 65	18.23
1.55	1.444 39	−0.011 898 88	−0.004 16	21.52
1.60	1.443 79	−0.012 118 73	−0.004 62	24.64

注：表中折射率为石英材料的折射率，非光纤的有效折射率。

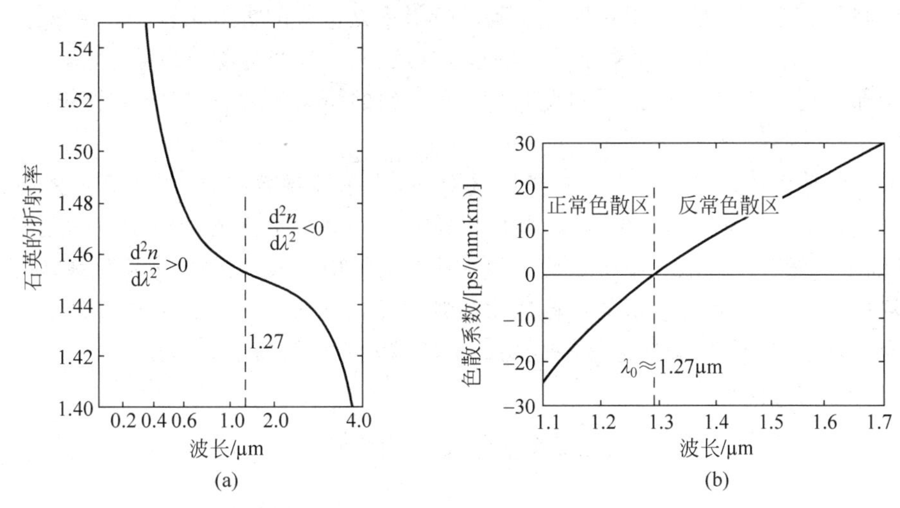

图 3.2.3　纯石英的折射率及材料色散系数随波长的变化关系

(a) 折射率；(b) 色散系数

【例题 1】　在第一代光通信系统中，所用 LED 光源的波长 $\lambda\approx0.85\mu m$，谱宽 $\Delta\lambda\approx25nm$，求光脉冲传输 $L=1km$ 后，因纯石英材料光纤色散导致的展宽量是多少？

解：由表 3.2.2 可知

$$\left.\frac{d^2n}{d\lambda^2}\right|_{\lambda=0.85}\approx0.0297\mu m^{-2}$$

材料色散系数为

$$D_m=-\frac{\lambda}{c}\left.\frac{d^2n}{d\lambda^2}\right|_{\lambda=0.85}\approx-84.2ps/(nm\cdot km)$$

上式中的负号表示光脉冲中长波长分量比短波长分量传播得快。谱宽 $\Delta\lambda\approx25nm$ 的光脉冲在传输 $L=1km$ 后，因材料色散导致的展宽量为

$$|\Delta\tau_m|=|D_mL\Delta\lambda|=2.1ns$$

3.2.3　波导色散

电磁波在光波导中的传播性质与在体材料中不同。在阶跃型折射率光纤中，传导模式的一部分电磁场在纤芯中传输，而另一部分则在包层中传输。各模式在光纤纤芯中传输功率的比例用光纤的功率限制因子表示，它描述了光纤对该模式约束作用的强弱。因此光纤

中传输的电磁波模式所感受到的折射率既不是 n_1 也不是 n_2，而是介于两者之间的一个值，通常将其用模式的有效折射率 n_{eff} 表示，即满足 $n_2<n_{\text{eff}}<n_1$。模式的传输常数可以用相应的模式有效折射率表示为

$$\beta=n_{\text{eff}}k_0 \tag{3.2.9}$$

模式有效折射率的大小与该模式的功率限制因子 Γ 密切相关。对于光纤中的模式，其功率限制因子 Γ 将从截止波长开始，随着波长的减小由零开始逐渐趋近于 1。这表明在近截止($V\to 0$)时，光纤对模式基本无约束作用，其电磁场几乎均匀地分布在整个光纤横截面上(与光波长相比为无限大)。由于纤芯面积与包层面积相比可以忽略不计，因而此时基模的功率限制因子趋近于零，电磁场所感受到的折射率是包层的折射率，即 $n_{\text{eff}}=n_2$。而在远离截止($V\to\infty$)时，光纤的功率限制因子趋近于 1，这表明光纤对场的约束非常充分，电磁场几乎被全部限制在纤芯内传播。因此，其所感受到的折射率基本上是纤芯的折射率，即 $n_{\text{eff}}=n_1$。

考虑光纤单模传输时的情况。根据上述分析，由于波导效应(波导各区域的折射率不同)的存在，即使光纤的材料色散为零，基模中的不同频率成分在光纤中的传输速度也不相同，即光纤中仍然存在色散。在阶跃型折射率单模光纤中，由于高频成分比低频成分具有较高的有效折射率，因而具有较低的传输速度和较大的传输时延。这种由波导效应所引起的色散称为波导色散。它与材料色散一起构成了单模光纤色散的主要部分。

引入归一化传播常数：

$$b=\frac{\beta/k_0-n_2}{n_1-n_2}\cdot\frac{\beta/k_0+n_2}{n_1+n_2} \tag{3.2.10}$$

由于导模的有效折射率 β/k_0 介于 n_1 和 n_2 之间，并且对于实际的单模光纤 n_1 都非常接近 n_2，因此可以将式(3.2.10)写为

$$b\approx\frac{\beta/k_0-n_2}{n_1-n_2} \tag{3.2.11}$$

可以看出，归一化传播常数 b 与光纤波导结构参数 V 有关，可写为 $b(V)$，因此，有

$$\beta=\frac{\omega}{c}[n_2+(n_1-n_2)b(V)] \tag{3.2.12}$$

由于不考虑材料色散，n_1 和 n_2 不随 ω 变化，有

$$\frac{1}{v_{\text{g}}}=\frac{\mathrm{d}\beta}{\mathrm{d}\omega}=\frac{1}{c}[n_2+(n_1-n_2)b(V)]+\frac{\omega}{c}(n_1-n_2)\frac{\mathrm{d}b}{\mathrm{d}V}\cdot\frac{\mathrm{d}V}{\mathrm{d}\omega} \tag{3.2.13}$$

由于

$$V=\frac{2\pi}{\lambda}a\sqrt{n_1^2-n_2^2}=\frac{\omega}{c}a\sqrt{n_1^2-n_2^2} \tag{3.2.14}$$

则

$$\frac{\mathrm{d}V}{\mathrm{d}\omega}=\frac{V}{\omega} \tag{3.2.15}$$

于是有

$$\frac{1}{v_{\text{g}}}=\frac{1}{c}[n_2+(n_1-n_2)b(V)]+\frac{1}{c}(n_1-n_2)V\cdot\frac{\mathrm{d}b}{\mathrm{d}V} \tag{3.2.16}$$

或者

$$\frac{1}{v_g}=\frac{n_2}{c}+\frac{n_1-n_2}{c}\left[\frac{d}{dV}(bV)\right] \tag{3.2.17}$$

群时延为

$$\tau=\frac{1}{v_g}=\frac{1}{c}n_2\left[1+\Delta\frac{d}{dV}(bV)\right] \tag{3.2.18}$$

从式(3.2.17)可以看出,即使在不考虑材料色散的情况下,群速度也会随 ω 变化。对于谱宽为 $\Delta\lambda$ 的光脉冲,波导色散引起的群时延差为

$$\Delta\tau_w=\frac{d\tau}{d\lambda}\Delta\lambda=\frac{1}{c}n_2\Delta\frac{d^2}{dV^2}(bV)\frac{dV}{d\lambda}\Delta\lambda \tag{3.2.19}$$

由于

$$\frac{dV}{d\lambda}=-\frac{V}{\lambda} \tag{3.2.20}$$

则

$$\Delta\tau_w=-\frac{n_2\Delta}{c\lambda}f(V)\Delta\lambda \tag{3.2.21}$$

$$D_w\equiv\frac{\Delta\tau_w}{\Delta\lambda}=-\frac{n_2\Delta}{c\lambda}f(V) \tag{3.2.22}$$

其中

$$f(V)\equiv V\frac{d^2}{dV^2}(bV) \tag{3.2.23}$$

在阶跃光纤中,$f(V)$的经验公式为

$$f(V)\approx 0.080+0.549(2.834-V)^2,\quad 1.3<V<2.4 \tag{3.2.24}$$

因此,在传输距离为 L 时波导色散引起的群时延差可改写为

$$\Delta\tau_w=-\frac{Ln_2\Delta}{c\lambda}[0.080+0.549(2.834-V)^2]\Delta\lambda,\quad 1.3<V<2.4 \tag{3.2.25}$$

假设 $\Delta\lambda=1\text{nm}$,$L=1\text{km}$,则对应的波导色散系数为

$$D_w\equiv\frac{\Delta\tau_w}{\Delta\lambda}\approx-\frac{n_2\Delta}{3\lambda}\times10^7[0.080+0.549(2.834-V)^2]\quad(\text{ps}/(\text{nm}\cdot\text{km})) \tag{3.2.26}$$

在单模光纤中,式(3.2.24)括号内的量通常是正的,因此,波导色散系数是负的,这表明:波长越长,传播得越快。由于材料色散的符号取决于工作的波长区域,因此有可能在某一波长上材料色散和波导色散这两种效应相互抵消。这种波长称为零色散波长 λ_{ZD},这是单模光纤的一个非常重要的参数。

单模光纤总的色散系数表示为

$$D_{tot}=D_m+D_w \tag{3.2.27}$$

因此,可以通过合理设计光纤的纤芯半径 a 和相对折射率差 Δ 的方式来调控波导色散,从而可以使光纤总色散的特性发生改变。

【例题 2】 以色散位移光纤(G.653)为例,若光纤参数 $n_2=1.444$,$\Delta=0.0075$,$a=2.3\mu\text{m}$,为什么零色散波长 λ_{ZD} 可在 1550nm 附近?

解:由归一化参数公式,有 $V=2556/\lambda$,将其代入式(3.2.26)可得

$$D_w = -\frac{3.61\times10^4}{\lambda}\left[0.080+0.549\left(2.834-\frac{2556}{\lambda}\right)^2\right] \tag{3.2.28}$$

在 $\lambda\approx1550$nm 处，

$$D_w = -20\text{ps/(nm}\cdot\text{km)} \tag{3.2.29}$$

另一方面，通过表 3.2.2 可得材料色散系数为

$$D_m \approx +20\text{ps/(nm}\cdot\text{km)} \tag{3.2.30}$$

可以看到 D_w 和 D_m 具有相反的符号，几乎相互抵消。在 1550nm 附近，由于波导色散，长波长比短波长传播得快；由于材料色散，长波长比短波长传播得慢。这两种效应相互补偿，导致在 1550nm 左右的总色散为零，使零色散波长 λ_{ZD} 在 1550nm 附近。

D_m、D_w 和 D_{tot} 随波长的变化如图 3.2.4 所示。从图 3.2.4 可以看出，可以通过改变光纤参数来改变零色散波长，这些光纤称为色散位移光纤。因此色散位移光纤是指那些在位移波长处色散为零的光纤。色散位移光纤的折射率分布通常较为复杂，不再是简单的阶跃型折射率分布。

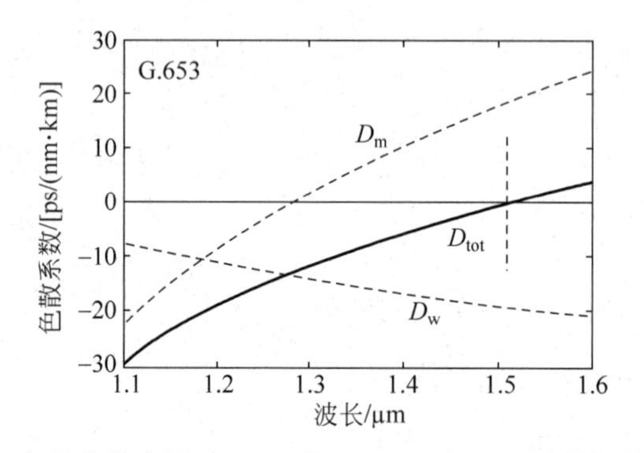

图 3.2.4 色散位移光纤(G.653)的 D_m、D_w 和 D_{tot} 随波长的变化关系

3.2.4 模式色散

在多模光纤中，光信号脉冲的能量由光纤所支持的所有传导模式共同承载。由于各模式的传输速度不同，光脉冲将在光纤的输出端因模式色散而展宽。对光纤的模式色散通常用单位光纤长度上模式的最大时延差 $\Delta\tau_n$ 进行描述，即传输速度最慢和最快的模式通过单位长度光纤所需时间之差。

由于纤芯直径一般远大于光纤的工作波长，因此对模式色散可以用几何光学的方法进行分析。根据前面二章的讨论，不同的传导模式对应于满足全反射条件并以不同入射角传输的光线。在光纤中传输的光线可以分为子午线和斜光线两类。子午线的轨迹通过光纤的中心轴线，在光纤端面上的投影与纤芯直径重合。斜光线的情况比较复杂，它不通过光纤轴线，在阶跃光纤端面上的投影为芯-包界面上的内接多边形，而在渐变光纤端面上的投影则为以光纤轴线为圆心，半径小于纤芯半径的圆。下面只考虑子午线的情况。

图 3.2.5 给出了阶跃光纤中传输速度最快和最慢的两条子午光线。其中模式 1 沿光纤轴线传输(对应于光纤中的基模)，具有最小的单位长度传输时延：

$$\tau_1 = \frac{n_1}{c} \tag{3.2.31}$$

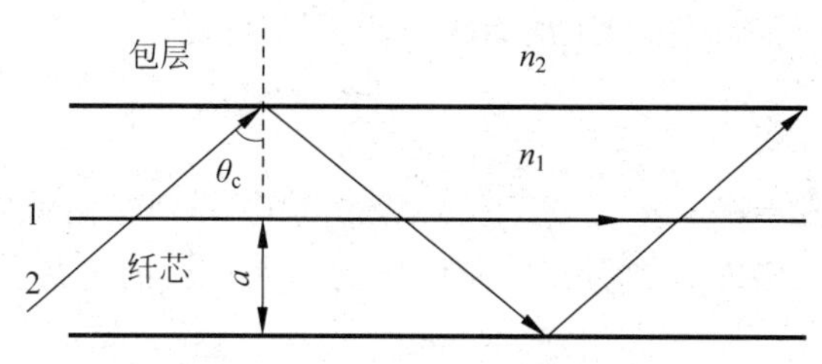

图 3.2.5　阶跃多模光纤中的模式色散示意图

模式 2 以芯-包界面上的全反射临界角 θ_c 传输(对应于光纤中所支持的最高次模式),具有最大单位长度传输时延:

$$\tau_2 = \frac{n_1}{c\sin\theta_c} = \frac{n_1^2}{n_2 c} \tag{3.2.32}$$

因此,单位光纤长度上传输速度最慢和最快的模式时延差 $\Delta\tau_n$,即阶跃多模光纤由模式色散引起的群时延差约为

$$\Delta\tau_n = \tau_2 - \tau_1 = \frac{n_1}{c}\left(1 - \frac{n_1}{n_2}\right) \approx \frac{n_1\Delta}{c} \tag{3.2.33}$$

其中,Δ 为光纤芯-包相对折射率差。式(3.2.33)是用几何光学所得到的阶跃型折射率光纤模式色散的近似结果,当光纤的归一化工作频率较高时能够给出模式色散较为准确的结果。模式色散的严格推导应该用波动光学理论进行。假定光纤中所支持的最高次模为 LP_{mn} 模式,模式的传输常数为 $\beta_{mn}(\omega)$,则其单位长度上的传输群时延为

$$\tau_{mn} = \frac{d\beta_{mn}(\omega)}{d\omega} \tag{3.2.34}$$

因此,阶跃多模光纤由模式色散引起的群时延差应为

$$\Delta\tau(\omega) = \tau_{mn} - \tau_{01} = \frac{d(\beta_{mn} - \beta_{01})}{d\omega} \tag{3.2.35}$$

对各种折射率分布多模光纤的分析表明,抛物型折射率分布光纤的模式色散接近其理论最小值。因此通常的多模光纤均采用抛物型折射率分布。

3.2.5　偏振色散

前面所述单模光纤从严格意义上讲并不是单模传输,因为其中的基模(LP_{01} 或 HE_{11})实际上含有两个相互正交的偏振模,它可以分为沿 x 方向偏振的线偏振模和沿 y 方向偏振的线偏振模(记为 HE_{11}^x 和 HE_{11}^y)。也可以分为左旋方向偏振的圆偏振模和右旋方向偏振的圆偏振模(记为 HE_{11}^L 和 HE_{11}^R)。

在理想的轴对称的光纤中,这两个模式有相同的相位传播常数 $\beta_x = \beta_y$ ($\beta_L = \beta_R$),它们是相互简并的。但在实际光纤中,由于光纤的形状、折射率及应力等分布不均匀,两种模式具有不同的相位传播常数($\beta_x \neq \beta_y$ 或 $\beta_L \neq \beta_R$),从而形成相位差 $\Delta\beta$,简并受到破坏,这种现象称为光纤的双折射现象。因此,两个相互正交的偏振模出现了不同的群延迟,这种现象称为偏振色散或偏振模色散。由于双折射的存在,光纤中传输光的偏振态将沿光纤传输方向不断发生变化。即产生线偏振光—椭圆偏振光—圆偏振光—椭圆偏振光—线偏振光的周期性改变,如图 3.2.6 所示。

场型变化一周期所行经的纵向距离由拍长 L_B 描述：

$$L_B=\frac{2\pi}{\Delta\beta} \tag{3.2.36}$$

式中，$\Delta\beta=\beta_x-\beta_y$ 或 $\Delta\beta=\beta_L-\beta_R$。$\beta_x$、$\beta_y$ 以及 β_L、β_R 分别是沿慢轴（β 最大）、快轴（β 最小）传播的线偏振模以及沿左旋和右旋方向偏振的圆偏振模的传播常数。L_B 越短，双折射就越强。

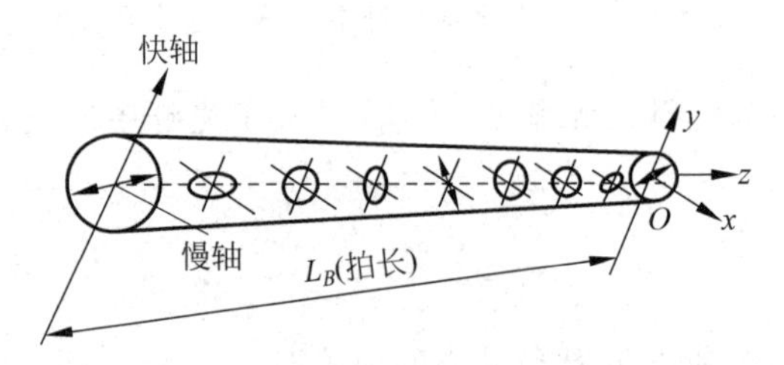

图 3.2.6 光纤双折射对偏振态的影响

在光纤中允许存在的三种双折射为：

(1) 线双折射。在光纤中有两个相互正交的方向，沿这两个方向的折射率不相等，因此沿这两个方向传播的线偏振波将获得不同的相移，从而使合成光场成为椭圆偏振波。

(2) 圆双折射。光纤对于输入的左、右旋圆偏振波的折射率不同，这将使得在其中传播的线偏振波的偏振方向沿波行进方向发生旋转。

(3) 椭圆双折射。椭圆双折射为线双折射与圆双折射同时存在的情形。

光纤中的双折射效应可通过归一化双折射参数 B 来量化描述：

$$B=\Delta n_{\text{eff}}=\frac{\Delta\beta}{k_0} \tag{3.2.37}$$

式中，Δn_{eff} 是两正交偏振模所对应的折射率之差。B 与式(3.2.36)定义的双折射拍长之间的关系为

$$L_B=\frac{\lambda}{B} \tag{3.2.38}$$

依据 B 的大小，常把双折射光纤分成高双折射光纤($B\approx10^{-3}$)和低双折射光纤($B\approx10^{-9}$)。常规单模光纤的双折射参数为 $B\approx10^{-6}\sim10^{-5}$。依据光纤双折射产生的原因，又可将其分为本征双折射光纤和感应双折射光纤。前者包括形状双折射(由椭圆纤芯所致)与应力双折射(由光弹性效应引起)；后者是由光纤的弯曲、扭折、侧向受压以及外场(应力场、电磁场、声波场等)作用等因素所引起的。基模的两个正交偏振模具有不同的传播常数，将会产生所谓的"偏振色散"，该偏振色散是两正交偏振模之间的群时延差，记为$\Delta\tau_{\text{PMD}}$，有

$$\Delta\tau_{\text{PMD}}=\frac{d\beta}{d\omega}=\frac{n_x-n_y}{c}+\left(\frac{\omega}{c}\right)\left(\frac{dn_x}{d\omega}-\frac{dn_y}{d\omega}\right)\approx\frac{n_x-n_y}{c}=\frac{\lambda}{cL_B}=\frac{B}{c} \tag{3.2.39}$$

单模光纤偏振色散可达几十 ps/km，这对于低速率光纤通信系统的影响一般不大，但对于高速率系统则成为一个必须考虑的问题。此外，在一些应用场合，例如单模光纤与波导器件的耦合、偏振调制光纤传感器以及相干光通信系统等，偏振态的随机变化会带来许多不利的影响，因此需要进行偏振态控制，以保持光纤中基模场的偏振态恒定不变。目前的解决办法有：

第一类：减小单模光纤的不完善性（椭圆度和内部残余应力），使双折射最小，这类光纤称为低双折射（LB）光纤。例如，提高光纤圆度已使偏振模的 $\Delta\beta$ 减小到 10(°)/m；采用特殊材料减小芯-包层间热膨胀系数之差，使 $\Delta=0.34\%$ 的单模光纤的 $\Delta\beta$ 降到 2.6(°)/m（相应拍长 $L_B=138\text{m}$）；用坩埚法拉制的自旋光纤已实现 $\Delta\beta=0.4\sim0.6$(°)/m（相应拍长 $L_B=600\sim900\text{m}$），每千米偏振模色散群时延差（传输波长 1.55μm）：$\Delta\tau_{\text{PMD}}=5.7\sim8.6\text{fs/km}$。

第二类：加大单模光纤的非对称性，增加双折射（使两个偏振模的传输常数拉大），把两个偏振模分开，保持输入偏振态在传输过程中基本不变，这类光纤称为高双折射（HB）光纤（也称为保偏光纤）。当光纤结构或外部环境发生微小扰动时，两偏振模之间不能产生耦合，使其中一个偏振模保持主导地位，从而得到单模、单偏振传输。图 3.2.7 展示了三种常见的保偏光纤结构，依次为熊猫型、领结型和椭圆纤芯。这些几何结构的双折射参数 B 在 $3\times10^{-3}\sim8\times10^{-3}$ 范围，对应的拍长 L_B 为 mm 量级。这个拍长相比标准单模光纤减小了三个量级。由于光纤中原有的很强的双折射远高于实际使用中出现的随机双折射，后者就可以忽略。为了保持入射线偏振光的偏振态，其偏振方向必须和快轴或慢轴平行。

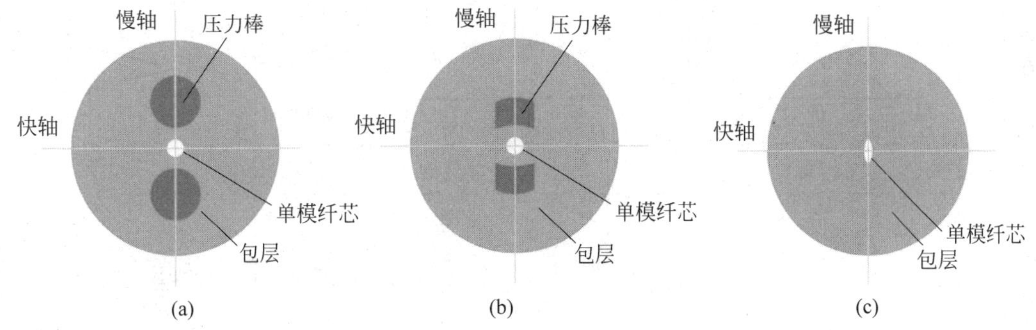

图 3.2.7　三种常见的保偏光纤结构：熊猫型、领结型和椭圆纤芯

（a）熊猫型；（b）领结型；（c）椭圆纤芯

除了与常规光纤相同的技术参数以外，保偏光纤还有一个重要参数：偏振消光比 ER，其定义为偏振面在快轴方向上的光功率与偏振面在慢轴方向上的光功率之比，数学表达式为

$$\text{ER}=-10\lg\left(\frac{P_x}{P_y}\right)\quad(\text{dB})\tag{3.2.40}$$

消光比 ER 描述了偏振模在这段单模光纤中的保持能力。光纤双折射越高，其偏振模保持能力越强，偏振消光比 ER 越高。偏振消光比的指标一般为 20～40dB。

3.2.6　典型单模光纤特性及其折射率分布

1. 典型单模光纤

随着光纤通信系统的发展，为满足特定性能的需求，各种类型的单模光纤应运而生。按照 ITU-T（International Telecommunication Union-Telecommunication Standardization Sector，国际电信联盟-电信标准化部门）标准，国际上用于通信传输系统的多模光纤是 G.651，单模光纤有四种，即 G.652（非色散位移）光纤、G.653（色散位移）光纤、G.654（截止波长位移）光纤和 G.655（非零色散位移）光纤。现在新开发了两种单模光纤：G.656（宽带非零色散位移）光纤和 G.657（弯曲不敏感）光纤。此外，典型的单模光纤还有色散平坦光纤和色散补偿光纤。表 3.2.3 列举了几种单模光纤的特性以及相应的折射率分布。

表 3.2.3　典型光纤类型的特性及其折射率分布

光纤类型	特　　性	典型折射率分布
G.652 单模光纤	非色散位移光纤	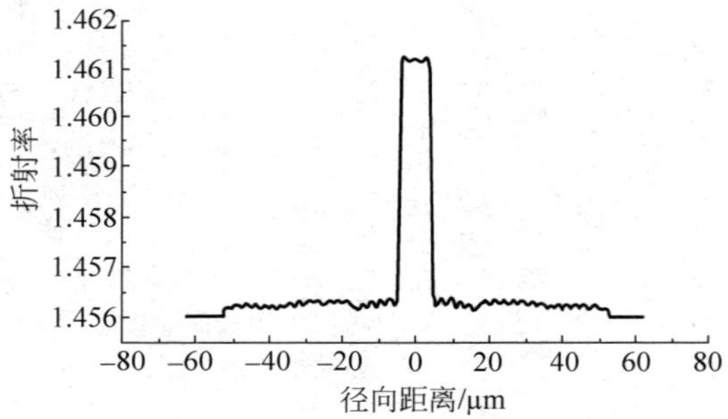折射率 1.462 1.461 1.460 1.459 1.458 1.457 1.456 −80 −60 −40 −20 0 20 40 60 80 径向距离/μm
色散平坦光纤	内包层折射率凹陷，1400～1600nm 处波导色散为负，抵消材料色散，获得色散平坦区域	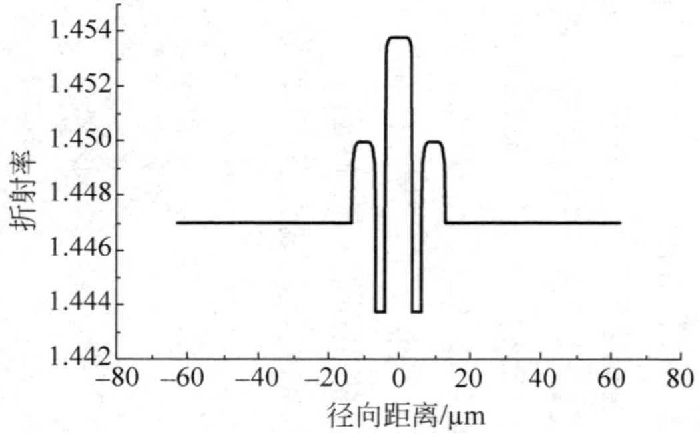折射率 1.454 1.452 1.450 1.448 1.446 1.444 1.442 −80 −60 −40 −20 0 20 40 60 80 径向距离/μm
色散位移光纤 G.653	零色散波长@1550nm 最小衰减，色散、抗弯性能好，连接损耗低 多芯结构，设计自由度多，波导色散易控	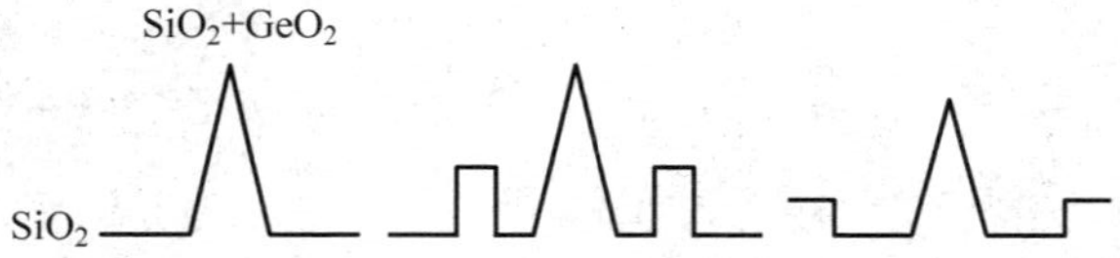SiO_2+GeO_2 SiO_2(a) 三角芯　(b) 分段芯　(c) 下凹包层

续表

光纤类型	特　　性	典型折射率分布
非零色散位移光纤 G.655	高速率、大容量和远距离的 DWDM 系统 1550nm 处保留微小色散，以抑制 DWDM 引起的非线性效应 两种剖面结构以获得较大的场分布	小有效面积G.655光纤 (a) 三角芯(小有效面积) 大有效面积G.655光纤 (b) 双环芯(大有效面积) 外环对实现大有效面积和微弯损耗作用关键；区别在于三角芯具有略低的衰减，双环芯则具有大有效面积
色散补偿光纤	负的波导色散为主，$-150\sim-50$ps/(nm・km) 多用带外环的 W 型折射率分布（弯曲损耗与色散的匹配） 包层直径 80μm	折射率 1.485 1.480 1.475 1.470 1.465 1.460 1.455 1.450 折射率差/% 2.0 1.5 1.0 0.5 0 −0.5 −40 −30 −20 −10 0 10 20 30 40 色散/μm

续表

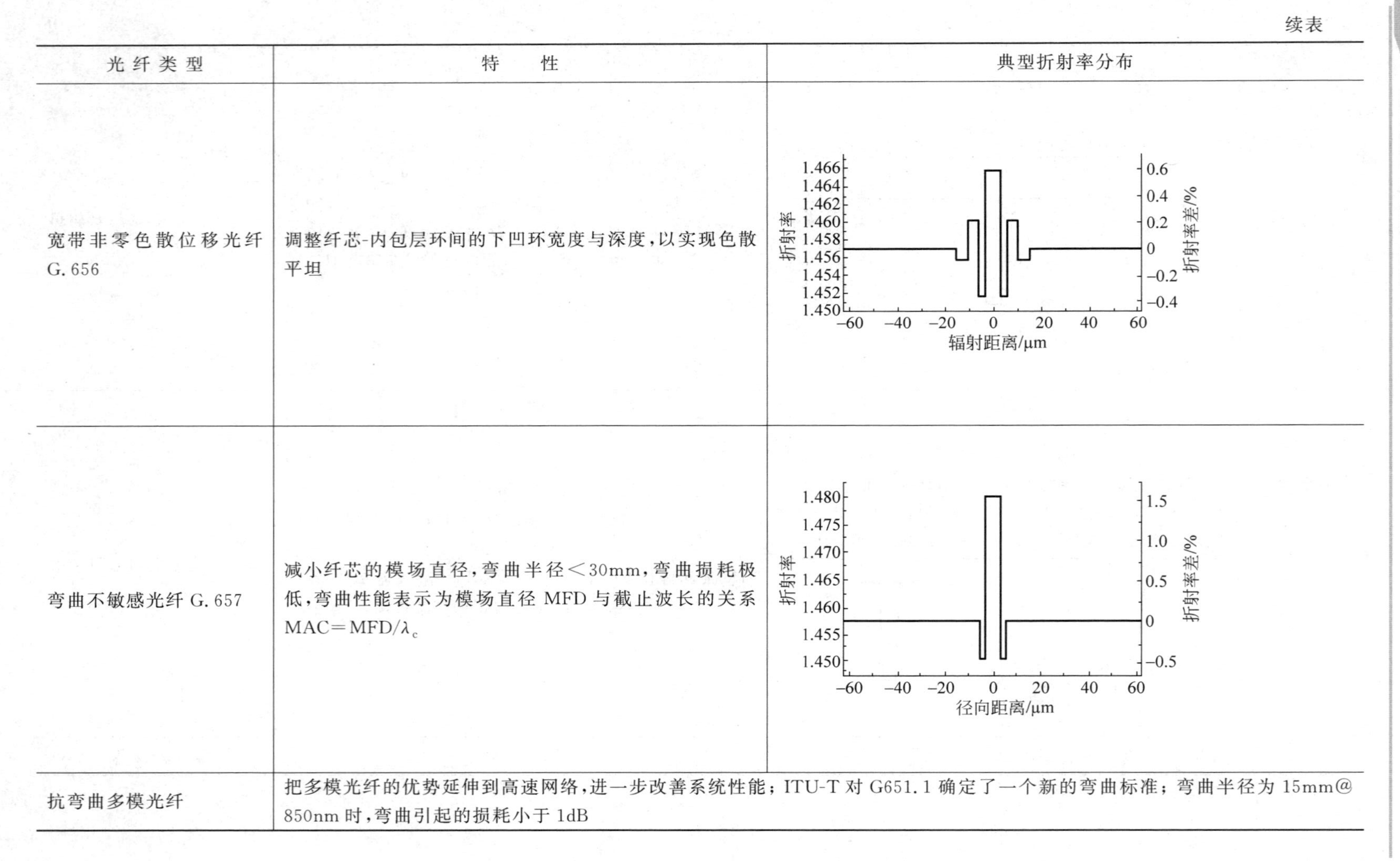

光纤类型	特　　性	典型折射率分布
宽带非零色散位移光纤 G.656	调整纤芯-内包层环间的下凹环宽度与深度，以实现色散平坦	
弯曲不敏感光纤 G.657	减小纤芯的模场直径，弯曲半径＜30mm，弯曲损耗极低，弯曲性能表示为模场直径 MFD 与截止波长的关系 MAC＝MFD/λ_c	
抗弯曲多模光纤	把多模光纤的优势延伸到高速网络，进一步改善系统性能；ITU-T 对 G651.1 确定了一个新的弯曲标准；弯曲半径为 15mm@850nm 时，弯曲引起的损耗小于 1dB	

为了方便读者选用光纤，表3.2.4给出各种常用单模光纤的工作特性以及相应的应用场所。G.652光纤不适用于10Gb/s以上速率传输，但可应用于2.5Gb/s以下速率的DWDM(密集波分复用)系统；G.653光纤适用于10Gb/s以上速率的单信道传输，但由于四波混频(FWM)问题，不利于DWDM应用；G.655适用于10GB/s以上速率的DWDM传输，是未来大容量传输DWDM系统的理想选择。

表3.2.4 各种常用单模光纤的工作特性及相应的应用场所

光纤类型	光纤名称	主要特性	应用场所
G.652A	非色散位移单模光纤(SSMF)	G652A～D在1550nm处有最大色散系数 均有λ_0=1300～1325nm	G652A～D为2.5Gb/s以下中距离传输设计；>2.5Gb/s@1550nm长距离传输均需色散补偿 单信道系统
G.652B	非色散位移单模光纤(SSMF)	消除1385nm水峰 λ_0：1310～1550nm	高速、多信道系统
G.652C	波长段扩展的非色散位移单模光纤(EB-SSMF)	消除1385nm水峰 λ_0：1310～1625nm	CWDM(粗波分复用)系统
G.652D	波长段扩展的非色散位移单模光纤(EB-SSMF)	消除1385nm水峰 λ_0：1310～1625nm	高速、多信道CWDM系统
G.653	色散位移单模光纤(DSF)	λ_0=1550nm 1500nm处衰减0.21dB/km	C波段，2.5Gb/s以上、长距离、单信道系统
G.654A	截止波长位移单模光纤(CSMF)	G654A～C λ_a和λ_c均在1500nm附近； λ_0：1530～1625nm	主要用于满足G.691、G.692、G.957、G.977@1550nm系统
G.654B	截止波长位移单模光纤(CSMF)	G.691、G.692、G.957、G.977和G.959.1@1550nm	长距离、大容量WDM系统，如带光放大器的海底通信系统
G.654C	截止波长位移单模光纤(CSMF)	PMD小	基本性能同G.654A，更适于高速、远距离系统
G.655A	非零色散单模光纤(ND-DSF)	G655A～C均在1500nm处有一定的色散，可抑制四波混频等非线性效应	C波段，信道间隔>200GHz，基于10Gb/s的长距离、大容量DWDM系统
G.655B	非零色散单模光纤(ND-DSF)	消除1385nm水峰 λ_0：1310～1625nm	C、L波段，信道间隔100GHz、基于10Gb/s长距离、大容量DWDM
G.655C	非零色散单模光纤(ND-DSF)	消除1385nm水峰 λ_0：1530～1625nm	C、L波段，信道间隔≤100GHz、基于10Gb/s的长距离、大容量DWDM系统
G.656	宽带光传输用非零色散单模光纤(WB-NDDSF)	1500nm处有一定的色散，可抑制四波混频等非线性效应 λ_0：1560～1625nm	S、C、L波段，基于10Gb/s的长距离、大容量的WDM系统
G.652DCF	色散补偿光纤(DCF)	大的负色散@1500nm，可对G.652色散补偿	支持DCF+G.652方案在C波段长距离、大容量的DWDM系统

注：λ_0—零色散波长；λ_a—衰减最小处波长；λ_c—截止波长。

总体而言，通过合理设计光纤的纤芯半径 a 和相对折射率差 Δ 的方式来调控波导色散，进而可以使光纤总色散的特性发生改变。换句话说，可以通过控制光纤的折射率分布来控制光纤传输的色散特性。

光纤的折射率分布在调控光纤传输的色散特性上起到了关键作用。以单模阶跃光纤为例，该类光纤的包层折射率并非恒定，而是存在变化。目前单模光纤包层折射率的分布有3种形式：一是折射率增加的内包层；二是折射率增加但有一缓冲层的内包层；三是折射率小的内包层；如图3.2.8所示。图中 Δn、$\Delta' n$ 之值表示为

$$\Delta n = n_1 - n_2 \tag{3.2.41}$$

$$\Delta' n = n_2 - n_3 \tag{3.2.42}$$

$$\delta = \frac{\Delta' n}{\Delta n} < 1 \tag{3.2.43}$$

式中，n_1 是纤芯的折射率，其直径为 $2a$；n_2 是内包层的折射率，其直径是 $2a'$；n_3 是外包层的折射率，其直径延伸到无限远。

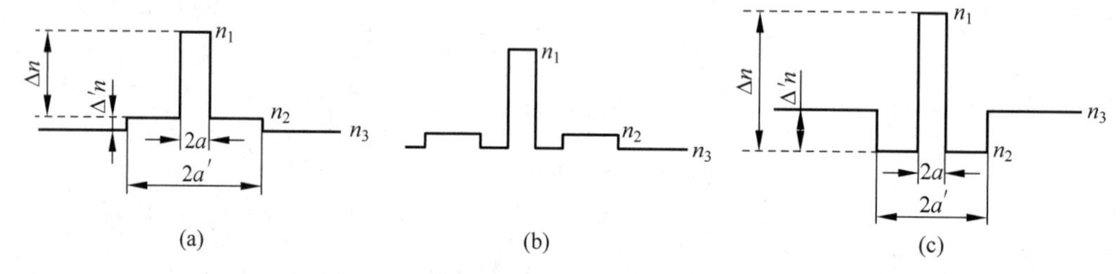

图 3.2.8 单模光纤包层折射率的典型分布

(a) 折射率增加的内包层；(b) 折射率增加但有一缓冲层的内包层；(c) 折射率减小的内包层

其中，折射率减小的内包层单模光纤由于其色散特性容易调控且变化范围大，并具有低损传输的特点，因此受到了广泛的关注。此种光纤的色散特性为：在单模传输区，可能会出现波导色散 $V[\mathrm{d}^2(Vb)/\mathrm{d}V^2]$ 为负的情况(此时波导色散系数为正值)，这可用于补偿短波长的材料色散(此时材料色散系数为负值)；也可能会出现波导色散 $V[\mathrm{d}^2(Vb)/\mathrm{d}V^2]$ 为高正值的情况(此时波导色散系数为负值)，这可以用于补偿长波长的材料色散(此时材料色散系数为正值)。这种设计对光纤制造商(解决工艺难题)和使用者(优化光纤传输特性)都是有益的。但对光纤的制造和波长选择都提出了更高的要求。

2. 色散位移与色散平坦光纤

1) 色散位移光纤

针对衰减和零色散不在同一工作波长上的特点，20世纪80年代中期，人们开发成功了一种把零色散波长从 1.3μm 移到 1.55μm 的色散位移光纤。ITU 把这种光纤的规范编为 G.653。与 G.652 标准单模光纤相比，G.653 光纤具有低损耗、零色散、小有效面积的特点。该光纤适用于长距离、单信道、超高速的 EDFA 系统，适用于光孤子通信。但是零色散的特点，使其具有较严重的四波混频(FWM)效应，这不利于多信道的 DWDM 传输，会导致信道间产生串扰。如果光纤线路的色散为零，FWM 干扰就会十分严重；如果有微量色散，FWM 干扰反而还会减小。针对这一现象，人们研制了一种新型光纤，即非零色散光纤(NZ-DSF)或 G.655 光纤。为了解决 G.653 光纤中严重的四波混频现象，对 G.653 光纤的零色

散点进行了移动，使其在波长 1.55μm 的色散不为零。一般来说，在 1.53～1.56μm 工作波段内的色散为 1～4ps/(nm·km)，避开了零色散区。其零色散点可以位于低于 1.55μm 的短波长区，也可位于高于 1.55μm 的长波长区，从而使 1.55μm 的色散可以为正值或负值。虽然 G.655 光纤的色散系数稍大于 G.653 光纤，但相对于普通单模光纤，已大大缓解了色散受限距离。三种光纤的色散特性如图 3.2.9 所示。

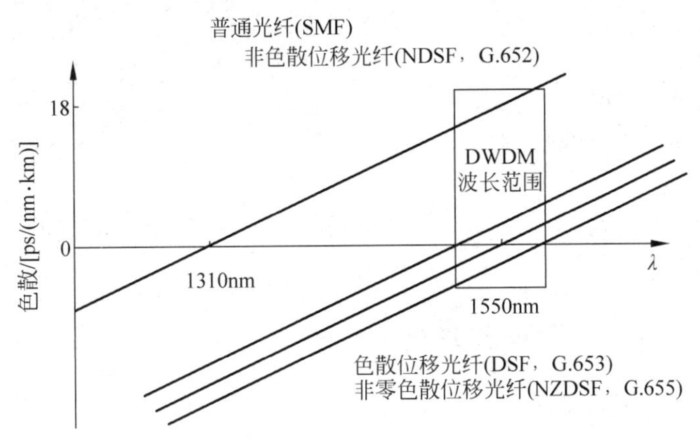

图 3.2.9　三种光纤的色散特性

2）色散平坦光纤

随着光纤通信系统的发展，要求在 λ=1.3～1.6μm 的范围内都有尽可能小的色散，以利于应用光波分复用、相干光通信等技术。为了得到这种极为平坦的色散特性，人们提出了许多种单模光纤结构，以期改变光纤波导色散随波长的变化规律，使 λ＞1.3μm 时波导色散与材料色散相互抵消，从而在极宽的波长范围内得到低的色散。这种光纤称为色散平坦光纤(DFSM)，图 3.2.10 所示的 W 型光纤就是这种结构之一。其内包层在纤芯和外包层之间形成一个窄而深的折射率“阱”，导致很强的波导色散，从而在两个波长(如 1.3μm 和 1.5μm)处获得零色散，使频带展宽。由于波导的非对称结构，这种光纤的基模可能会截止，因此应合理地选择光纤的结构参数。这种 W 型光纤在 1.55μm 附近损耗较大，为了对此加以改进，人们又提出了四包层光纤结构，如图 3.2.11 所示，它具有两个折射率“沟”，中间夹有一个导光环。这样从第一个(内)“沟”泄漏的导模功率可以被这一导光环捕捉，从而使长波长下的泄漏损耗大为减小。另一方面，四包层光纤有八个独立参数(四个半径，四个折射率差)，在设计与制造工艺上也更为灵活，便于同时获得低损耗和低色散。图 3.2.12 和图 3.2.13 分别展示出四包层光纤的色散曲线和损耗曲线。其色散曲线在 1.305μm 和 1.62μm

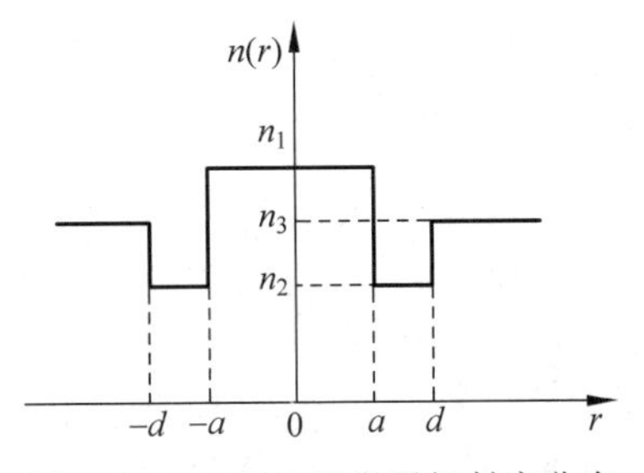

图 3.2.10　双包层光纤折射率分布

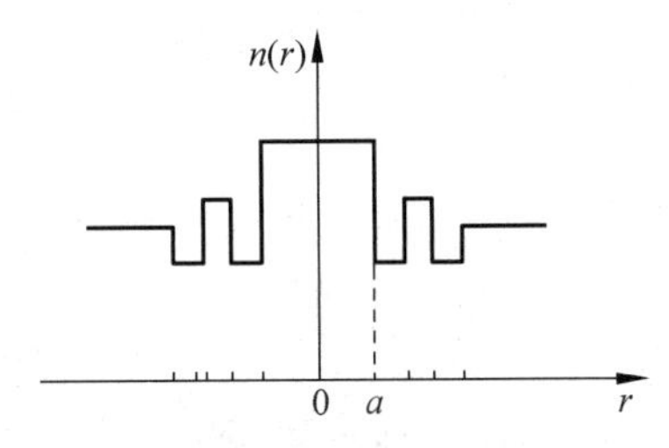

图 3.2.11　四包层光纤折射率分布

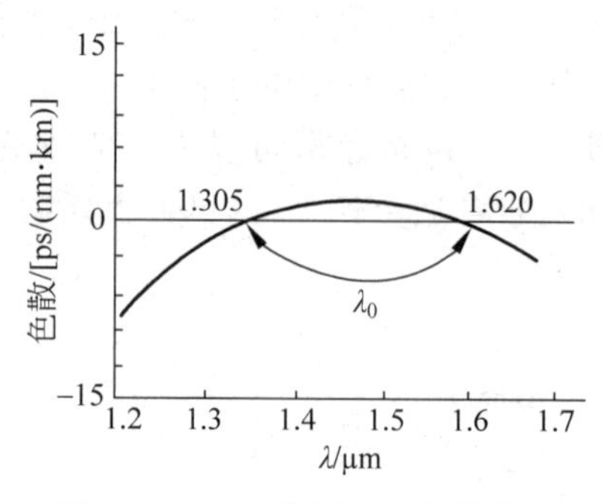

图 3.2.12 四包层光纤色散曲线

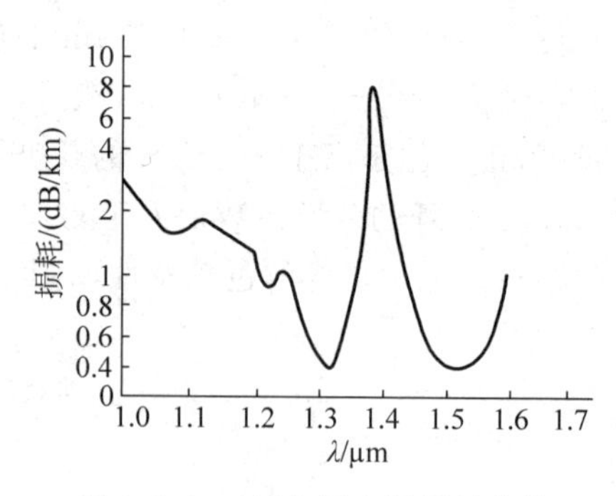

图 3.2.13 四包层光纤损耗曲线

两个波长点为零色散；但在 $\lambda=1.4\mu m$ 附近损耗仍很大。因此，如何使损耗曲线平坦仍是一个重要的研究课题。

3.2.7 光脉冲在光纤中的传输及色散补偿

1. 光脉冲在光纤中的传输

由于光纤中色散的存在，光脉冲传输时必然会产生群延迟，从而导致脉冲的脉宽变化。但脉宽的变化与光纤色散的关系怎么样？就需要用麦克斯韦方程对光脉冲在光纤中的传输进行分析。

若忽略非线性效应，则光脉冲在单模光纤中的传输方程可表示为（推导过程参见 3.4.1 节）

$$\frac{\partial A}{\partial z}+\beta_1\frac{\partial A}{\partial t}+\frac{\mathrm{i}}{2}\beta_2\frac{\partial^2 A}{\partial t^2}-\frac{1}{6}\beta_3\frac{\partial^3 A}{\partial t^3}+\cdots=0 \tag{3.2.44}$$

式中，A 为脉冲包络的慢变振幅，是传输距离 z 和传输时间 t 的函数；β_n 为各阶色散参量；z 为传输距离；t 为传输时间。

进行 $T=t-\beta_1 z$ 坐标变换（T 是随脉冲以群速度移动的参照系中的时间度量），并忽略高阶色散项（$\beta_n=0, n\geqslant 3$），有

$$\frac{\partial A}{\partial z}+\frac{\mathrm{i}}{2}\beta_2\frac{\partial^2 A}{\partial T^2}=0 \tag{3.2.45}$$

若 $\widetilde{A}(z,\omega)$ 是 $A(z,T)$ 的傅里叶变换，即

$$A(z,T)=\frac{1}{2\pi}\int_{-\infty}^{\infty}\widetilde{A}(z,\omega)\mathrm{e}^{-\mathrm{i}\omega T}\mathrm{d}\omega \tag{3.2.46}$$

则 $\widetilde{A}(z,\omega)$ 满足常微分方程

$$\mathrm{i}\frac{\partial\widetilde{A}}{\partial z}=-\frac{\beta_2}{2}\omega^2\widetilde{A} \tag{3.2.47}$$

其解为

$$\widetilde{A}(z,\omega)=\widetilde{A}(0,\omega)\exp\left(\frac{\mathrm{i}}{2}\beta_2\omega^2 z\right) \tag{3.2.48}$$

式(3.2.48)表明，群速度色散改变了每个频谱分量的相位，且其改变量依赖于频率及传输距离，但并不会影响频谱形状。

根据初始脉冲是否啁啾，光脉冲可分为无啁啾光脉冲以及啁啾光脉冲。啁啾(chirp)定义为：光脉冲瞬时频率随时间的变化而变化。一个光脉冲的啁啾即为其瞬时频率随时间的变化而变化的特性。具体地说，如果一个光脉冲的瞬时频率在时域上升高(或降低)，则称该脉冲具有上啁啾(或下啁啾)。

举一个例子，一个具有高斯包络和二次时域相位的脉冲的表达式如下：

$$E(t)=E_0\exp(-at^2+\mathrm{i}bt^2)$$

其具有一个线性的啁啾，即其瞬时频率随着时间的变化有一个线性的变化，即

$$\delta\nu=-\frac{1}{2\pi}\cdot\frac{\mathrm{d}\varphi}{\mathrm{d}t}=-\frac{b}{\pi}t$$

(1) 假设初始注入($z=0$ 处)为无啁啾高斯光脉冲，即

$$A(0,T)=\exp\left(-\frac{T^2}{2T_0^2}\right) \tag{3.2.49}$$

其中，T_0 是注入脉冲初始时间宽度。应用傅里叶变换的方法对微分方程(3.2.45)求解，可解得沿光纤长度方向任一点 z 处的振幅为

$$A(z,T)=\frac{T_0}{(T_0^2-\mathrm{i}\beta_2 z)^{\frac{1}{2}}}\exp\left[-\frac{T^2}{2(T_0^2-\mathrm{i}\beta_2 z)}\right] \tag{3.2.50}$$

式(3.2.50)表明，高斯光脉冲经光纤传输后，其脉冲形状维持高斯形状不变，但产生了附加相位，事实上是产生了频率啁啾。经光纤传输后的脉冲宽度为

$$T(z)=T_0\left[1+\left(\frac{z\beta_2}{T_0^2}\right)^2\right]^{\frac{1}{2}} \tag{3.2.51}$$

图3.2.14给出了无啁啾高斯光脉冲在光纤反常色散区($\beta_2<0$)传输过程中的时域和频域的演化过程。从图3.2.14可以看出脉冲在传输过程中不断地被展宽，但其频谱形状并没有发生变化。(L_D 为色散长度，$L_D=T_0^2/|\beta_2|$)

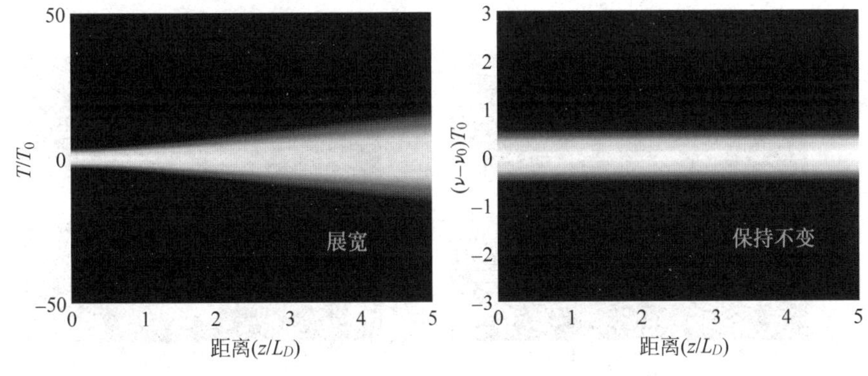

图3.2.14 无啁啾高斯光脉冲在反常色散区传输 $z/L_D=5$ 时的时域和频域演化，明亮区表示功率较高的区域

(2) 假设注入啁啾量为 C(线性啁啾)的高斯光脉冲，即

$$A(0,T)=\exp\left(-\frac{1+\mathrm{i}C}{2}\cdot\frac{T^2}{T_0^2}\right) \tag{3.2.52}$$

可解得沿光纤长度方向任一点 z 处的振幅为

$$A(z,T)=\frac{T_0}{\left[T_0^2-\mathrm{i}\beta_2 z(1+\mathrm{i}C)\right]^{\frac{1}{2}}}\exp\left\{-\frac{(1+\mathrm{i}C)T^2}{2\left[T_0^2-\mathrm{i}\beta_2 z(1+\mathrm{i}C)\right]}\right\} \tag{3.2.53}$$

不难看出，啁啾高斯光脉冲在传输过程中其形状仍保持为高斯型，经光纤传输后的脉冲宽度为

$$T(z)=T_0\left[\left(1+\frac{C\beta_2 z}{T_0^2}\right)^2+\left(\frac{\beta_2 z}{T_0^2}\right)^2\right]^{\frac{1}{2}} \tag{3.2.54}$$

式(3.2.54)表明，啁啾高斯光脉冲在光纤中传输时，可能被展宽，也可能被压缩，这取决于群速度色散 β_2 和啁啾参量 C 是同号还是反号。当群速度色散 β_2 和啁啾参量 C 是同号时(负啁啾光脉冲在反常色散区或正啁啾光脉冲在正常色散区传输时)，脉冲会被不断地展宽，但其频谱形状并不会发生变化，如图 3.2.15 所示；当群速度色散 β_2 和啁啾参量 C 是反号时，脉冲可能被压缩，也可能先被压缩后被展宽，这取决于沿光纤传输的距离，如图 3.2.16 所示。

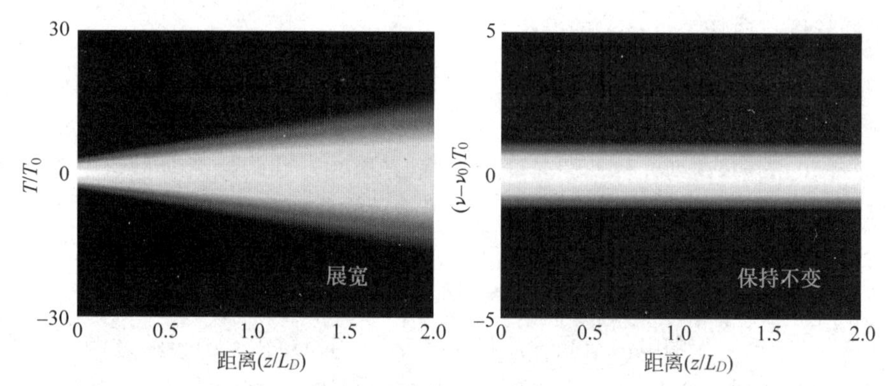

图 3.2.15 正啁啾($C=2$)高斯光脉冲在正常色散区传输 $z/L_D=2$ 时的时域和频域演化，明亮区表示功率较高的区域

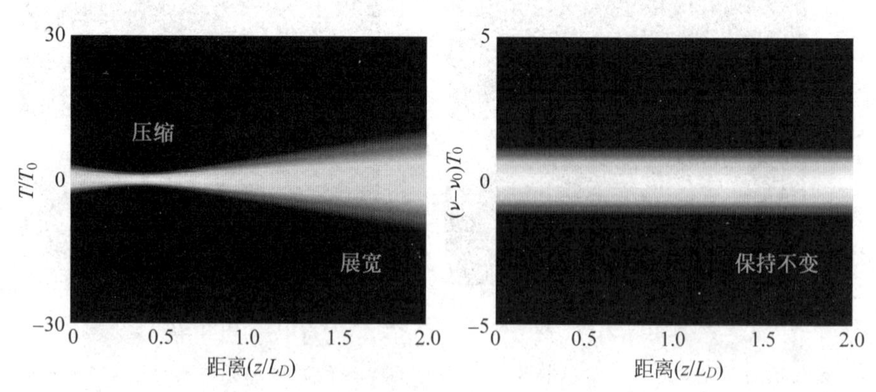

图 3.2.16 正啁啾($C=2$)高斯光脉冲在反常色散区传输 $z/L_D=2$ 时的时域和频域演化，明亮区表示功率较高的区域

2. 光纤色散补偿技术

光纤色散的存在会使传输的信号脉冲发生畸变，从而限制了光纤的传输容量和光纤

通信系统的中继距离。一般而言，光通信链路的色散容忍度与传输速率的平方成反比。对于早期的 2.5Gb/s 系统，色散容忍度大于 30 000ps/m，由于标准单模光纤在 1550nm 处的色散约为 17ps/(nm·km)，因此链路长度可以达到 1500km 而无须补偿。然而，随着系统传输速率的迅速攀升，色散已经成为长距离通信网络必须解决的问题。因此，为了发展高速、大容量的光通信系统，势必要对光纤中的色散进行补偿。下面将对负色散光纤补偿技术、中途谱反转技术和光纤光栅补偿技术这三种常用的光纤色散补偿技术进行介绍。

图 3.2.17 所示为负色散光纤补偿技术的原理图。一般来说，光通信波长(如 1.55μm)位于普通光纤的反常色散区，此时光纤的色散系数为正值，高频率分量的传播速度快于低频率分量。而负色散光纤在光通信波长处具有较大的负色散系数，高频率分量的传播速度慢于低频率分量。如果在普通光纤后面接入适当长度的负色散光纤，则可使光纤的正负色散相互抵消，从而使原本被展宽的光脉冲恢复正常。

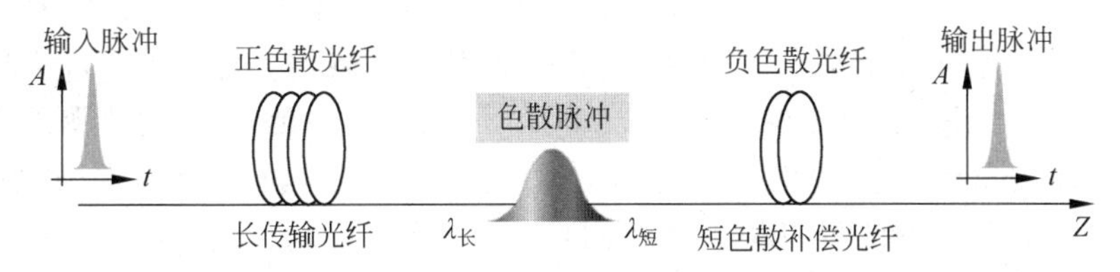

图 3.2.17　负色散光纤补偿技术原理图

色散补偿光纤的设计与前文所述的色散位移光纤及色散平坦光纤的设计方法很相似，也是通过改变芯-包折射率分布曲线，将石英光纤的正负色散波长分界点从 1280nm 移至长波段，从而在通信波长处获得较大的负色散值。

图 3.2.18 所示为中途谱反转技术的原理图。该技术不同于负色散光纤补偿技术，其前后两段采用的是等长、色散性质相同的光纤。该技术的关键是利用非线性器件，在传输距离中点的地方进行一次频谱反转，从而使因色散而走离的频谱分量再次同步。

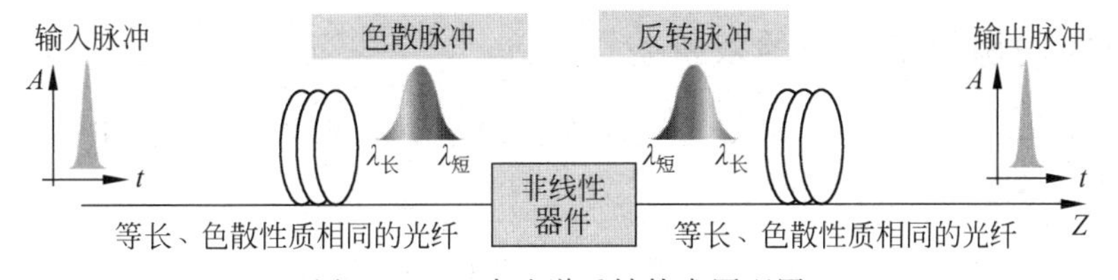

图 3.2.18　中途谱反转技术原理图

图 3.2.19 所示为光纤光栅色散补偿技术的原理图。经光纤的反常色散区传输一段距离后，光脉冲(位于光通信波段)的长波分量较短波分量有较长的延迟。展宽后的光脉冲经光纤环形器进入线性啁啾光纤光栅中，光脉冲的长波分量在光纤光栅的起始端被反射，而短波长分量在远端被反射，即光脉冲经光纤光栅后，短波长分量较长波长分量有较长的延迟，从而实现了对展宽脉冲的压缩补偿。

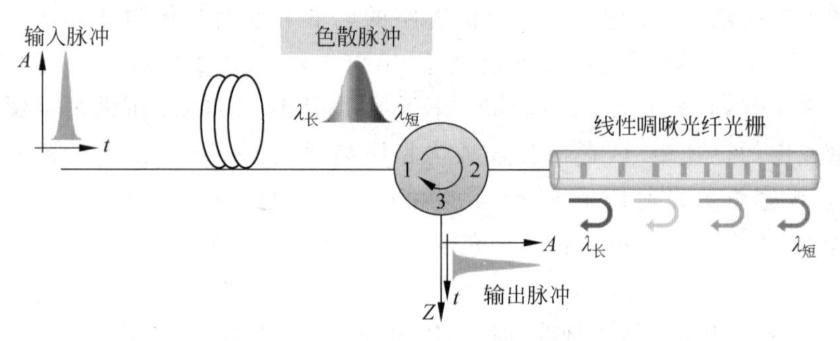

图 3.2.19 光纤光栅色散补偿技术原理图

课后拓展

光纤的色散参数测量在光纤工业中具有十分重要的地位。传统的色散测量方法，如脉冲延迟法(pulse delay measurements)，使用多个单色光源，利用不同波长的光在光纤中传播时间的差异，来计算样品光纤的折射率及色散参数。其他一些方法，如移相法(phase shifting method)、干涉法(interference method)等，相比脉冲延时法，对光源的要求有所降低，但若要求高测量精度或较大测量范围，则这些方法仍需较高的成本与操作复杂度。除此之外，还有一些新型的可以实现大范围与高精度的色散测量方法。可参考以下补充阅读。

基于光计算光学相干层析成像的色散测量方法。

3.3 光纤中的双折射

3.2.5 节简单介绍了单模光纤中双折射的成因以及由其导致的偏振模色散。为了方便读者更加直观地理解，本节将对引起光纤双折射的残余应力和芯径不均匀等内部原因以及弯曲、扭曲、外加电场、磁场等外部原因进行量化表示，并给出一些减小双折射影响的可行措施。

3.3.1 纤芯的椭圆度引起的双折射

当纤芯直径不均匀时，沿长轴 a 和短轴 b 方向振动的线偏振光传输单位距离(以 m 为单位)将产生的相位差为 δ，其值为

$$\delta=\beta_x-\beta_y\leqslant\frac{e^2}{8a}(2\Delta)^{\frac{3}{2}}\quad(\mathrm{rad})\tag{3.3.1}$$

式中，$e=[1-(b/a)^2]^{1/2}$，是纤芯的椭圆度；Δ 是相对折射率差。

【例题 3】 一单模光纤，已知此光纤 $\Delta=0.003$，$a=2.5\times10^{-6}$ m，短轴和长轴比 $b/a=0.975$，$L=1$m，求沿长轴 a 和短轴 b 方向振动的线偏振光传输将产生的相位差。

解：相位差 δ 值可由式(3.3.1)求出，有

$$\delta=1.16\mathrm{rad/m}\approx66(°)/\mathrm{m}$$

3.3.2 应力引起的双折射

光纤有应力时，其折射率会发生变化。若两正交横向之间的应力差为 $\Delta\sigma$ 时，则在这两

正交横向上的折射率之差为

$$\Delta n=\frac{n^{3}}{2E}(1+\nu)(p_{12}-p_{11})\Delta\sigma \tag{3.3.2}$$

式中，n 为纤芯的折射率；E 为杨式模量；ν 为泊松比；p_{12}、p_{11} 为光弹张量。与此相应，单位传输距离(以 m 为单位)引起的相位差为

$$\delta=\frac{2\pi}{\lambda}\Delta n=\frac{\pi}{\lambda}\cdot\frac{n^{3}}{E}(1+\nu)(p_{12}-p_{11})\Delta\sigma \tag{3.3.3}$$

【例题 4】 对于熔石英，$E=7.0\times10^{10}\,\text{Pa}$，$\nu=0.17$，$p_{11}=0.121$，$p_{12}=0.270$，若施加一个中等的应力差 $\Delta\sigma=5\times10^{4}\,\text{Pa}$，对入射的 $\lambda=0.6328\mu\text{m}$ 的 He-Ne 线偏振光引起的相位差是多少？

解：δ 值可由式(3.3.3)求出：

$$\delta=3.82\times10^{-5}\times\Delta\sigma$$

对于一个中等的应力差 $\Delta\sigma=5\times10^{4}\,\text{Pa}$，可得

$$\delta=1.91\text{rad/m}\approx109(^{\circ})/\text{m}$$

应力型偏振控制器一般包括一个可旋转的光纤挤压器和两个光纤夹持，通过机械挤压光纤截面来产生应力双折射，相当于一个可变的旋转波片，如图 3.3.1 和图 3.3.2 所示。该波片的偏振角和延迟量都连续，独立可调，可将任何输入的偏振态转换成需要的偏振态输出。

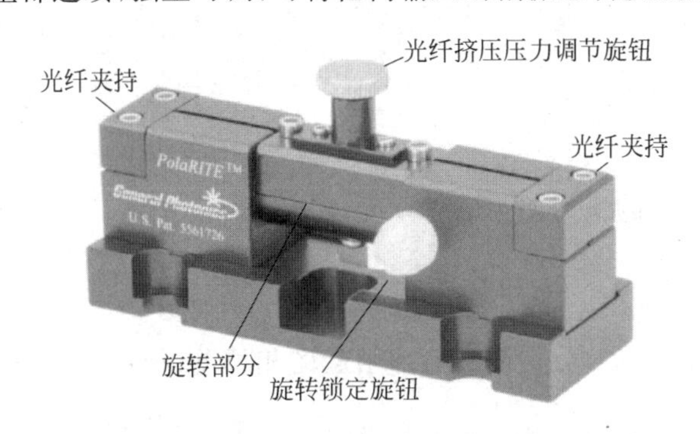

图 3.3.1　应力型偏振控制器实物

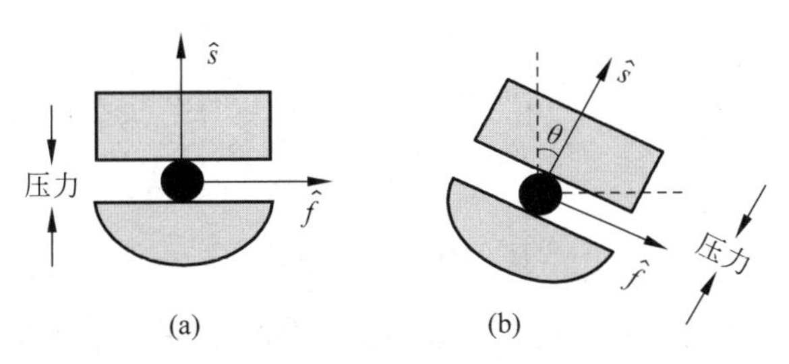

图 3.3.2　应力型偏振控制器结构示意图

(a) 挤压光纤的力造成应力诱发的双折射；(b) 光纤可以扭弯以旋转波片的快轴和慢轴

3.3.3　弯曲引起的双折射

光纤一旦制成，其外形就难以改变，但可用弯曲引起应力，通过光弹性效应产生感应双折射。为简单起见，在以下讨论弯曲引起的双折射时，认为光纤没有固有双折射。

1. 纯弯曲引起的双折射

设光纤外径为 A，弯曲半径为 R，且有 $R \gg A$，则在光纤截面上元面积 $\mathrm{d}x\mathrm{d}y$ 处正应力 σ_x、σ_y 和剪应力 τ_{xy} 的表达式分别为

$$\sigma_x = -\frac{1}{4}C_1(1-r^2)\left[\left(\frac{C_0}{4}+1\right)+1\right]+\frac{1}{8}C_0C_1r^2\sin^2\theta \tag{3.3.4}$$

$$\sigma_y = -\frac{1}{4}C_1(1-r^2)\left[\left(\frac{C_0}{4}+1\right)-1\right]+\frac{1}{8}C_0C_1r^2\cos^2\theta \tag{3.3.5}$$

$$\tau_{xy} = \frac{1}{16}C_0C_1r^2\sin^2(2\theta) \tag{3.3.6}$$

式中

$$C_0 = \frac{1-2\nu}{1-\nu},\quad C_1 = \frac{A^2E}{R^2}$$

r 是元面积 $\mathrm{d}x\mathrm{d}y$ 处的径向值与 A 之比($0 \leqslant r \leqslant 1$)；$\theta$ 为极坐标系下的角度；ν 是光纤材料的泊松比；E 是杨氏模量。显然，当 $r=0$ 时，即对于光纤中心点，式(3.3.4)、式(3.3.5)和式(3.3.6)可分别化简为

$$\sigma_x = -\frac{1}{4}C_1\left(\frac{1}{4}C_0+1\right)-\frac{1}{4}C_1 \tag{3.3.7}$$

$$\sigma_y = -\frac{1}{4}C_1\left(\frac{1}{4}C_0+1\right)+\frac{1}{4}C_1 \tag{3.3.8}$$

$$\tau_{xy} = 0 \tag{3.3.9}$$

由此可求出光纤上这一点的应力差为

$$\Delta\sigma = \sigma_y - \sigma_x = \frac{1}{2}C_1 = \frac{A^2E}{2R^2} \tag{3.3.10}$$

将式(3.3.10)代入式(3.3.3)，可得由纯弯曲引起的相位差(传输单位距离)为

$$\delta_{\mathrm{b}} = \frac{2\pi}{\lambda}\cdot\frac{n^3}{4}(1+\nu)(p_{12}-p_{11})\left(\frac{A}{R}\right)^2 \tag{3.3.11}$$

可得归一化双折射参数 B_{b}：

$$B_{\mathrm{b}} = \frac{\delta_{\mathrm{b}}}{k_0} = \frac{1}{4}n^3(1+\nu)(p_{12}-p_{11})\left(\frac{A}{R}\right)^2 \tag{3.3.12}$$

对于熔石英可得

$$B_{\mathrm{b}} = 0.093\left(\frac{A}{R}\right)^2 \tag{3.3.13}$$

光纤弯曲会引起光纤截面变形，按一级近似，弯曲将导致光纤截面变为椭圆，其椭圆度为

$$e = \nu\frac{a}{R} \tag{3.3.14}$$

式中，R 为光纤弯曲半径；a 为光纤半径。由式(3.3.1)可得每圈引起的相位差 δ_{t} 满足：

$$\delta_{\mathrm{t}}R = \frac{1}{4}\pi(2\Delta)^{\frac{3}{2}}\nu^2a \tag{3.3.15}$$

把熔石英光纤的典型值 $\Delta=0.003$，$a=2.5\times10^{-6}$ m，$\nu=0.17$ 代入式(3.3.15)，可得

$$\delta_t R=2.6\times10^{-11}\,\text{rad} \tag{3.3.16}$$

2. 有张力时弯曲引起的双折射

若在光纤上加一纯拉应力，则可以证明，由于对称性不会产生感应双折射。但是如果把光纤拉伸以后，再绕在半径为 R 的轴上，则在光纤上有一反作用力，这时由于弯曲引起的二级应力效应再加上两个应力分量，就会产生附加的双折射，其表达式为

$$B_t=\frac{\delta_t}{k_0}=\frac{1}{2}n^3(p_{12}-p_{11})\frac{(1+\nu)(2-3\nu)}{1-\nu}\cdot\frac{A}{R}S_{zz} \tag{3.3.17}$$

式中，S_{zz} 是外加的轴向拉伸应变。对于熔石英光纤，在拉伸下弯曲时，其应力双折射为

$$B_{bt}=0.093\left(\frac{A}{R}\right)^2+0.336\frac{A}{R}S_{zz} \tag{3.3.18}$$

显见，在拉伸情况下，会增加其应力双折射值。应注意，双折射光纤由于制造应力而产生的内部拉伸应力无上述效应，因为轴向对此内应力无反作用，这种效应只限在张力作用下绕在轴上的光纤。

如图 3.3.3 所示，将光纤绕在三桨偏振控制器上。三桨偏振控制器串联了一个 1/4 波片、一个半波片和一个 1/4 波片，能把任意偏振态变为其他任意偏振态。第一个 1/4 波片将输入光的偏振态转换成线偏振态；半波片可以旋转线偏振光的偏振方向；最后一个 1/4 波片可以将线偏振光的偏振态变成任意偏振态。

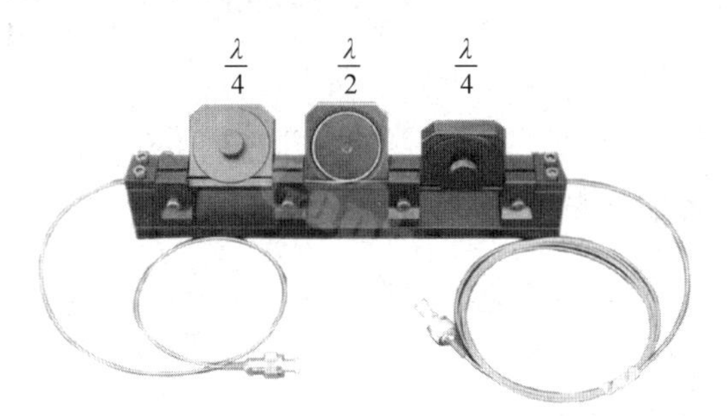

图 3.3.3　三桨偏振控制器示意图

3.3.4　扭曲引起的双折射

当光纤受到扭曲时，由于剪应力的作用，会在光纤中引起圆双折射(左右旋圆偏振光在光纤中的传播速度不同引起的双折射现象)。此圆双折射之值可由下式求出：

$$B_c=\frac{\delta_c}{k_0}=\frac{1}{2}n^2(p_{12}-p_{11})2\pi N=g2\pi N \tag{3.3.19}$$

式中，N 是单位长度光纤的扭曲数；g 为常数，对于熔石英光纤，g 的理论值为 $g_{理}=0.16$，g 的实验值为 $g_{实}=0.14$。应注意，在一级近似情况下，与上述线性双折射情况不同，圆双折射值与工作波长无关。

3.3.5 外场引起的双折射

1. 电场引起的双折射

横向电场在光纤中引起的克尔效应会引起线双折射，其折射率差值为

$$\Delta n=\frac{1}{2}n^3(p_{12}-p_{11})E_k^2 \tag{3.3.20}$$

$$B_k=\frac{\delta_k}{k_0}=K(E_k)^2 \tag{3.3.21}$$

式中，E_k 是外加横向电场(见图 3.3.4)的振幅；K 是归一化克尔效应常数，是材料常数，对于熔石英有 $K\approx 2\times 10^{-22}\,m^2/V^2$。

2. 磁场引起的双折射

纵向磁场在光纤中引起的法拉第效应会引起圆双折射，其折射率差为

$$\Delta n=\frac{\lambda}{2\pi}2VH \tag{3.3.22}$$

相应的圆双折射为

$$B_F=\frac{\delta_F}{k_0}=\frac{\lambda}{2\pi}\cdot\frac{1}{n}2VH \tag{3.3.23}$$

式中，H 是沿光纤轴的外加磁场分量；V 是光纤材料的费尔德常数，对熔石英，其值为

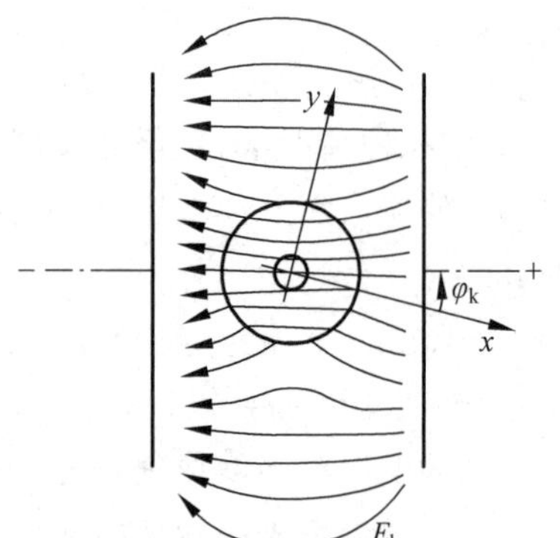

图 3.3.4 电场引起的双折射

$$V=4.6\times 10^{-6}\,rad/A=2.636\times 10^{-4}\,(°)/A=0.0158(')/A \tag{3.3.24}$$

3.3.6 减小双折射影响的特殊措施

除了减小光纤的不完善性(椭圆度和内部残余应力)使双折射最小，以及采用特殊材料减小芯-包层间热膨胀系数之差之外，还有一些特殊措施也可以减小光纤双折射。

1. 减小弯曲双折射影响的措施

弯曲造成的双折射，一主轴为弯曲半径方向，另一主轴与弯曲平面垂直。若将光纤绕在特制的框架上，使其缠绕平面每半圈交替改变 90°，相当于快轴、慢轴交替变化，结果是每半圈的双折射与下一半圈的双折射相互抵消，使总的残余双折射极小。

实施这一方法时，应注意框架的材料和形状设计，以确保光纤的均匀缠绕和双折射效应的最大化抵消。这种方法适用于需要高精度光纤布局的场景，如精密光纤传感器和某些光纤通信系统。

2. 减小扭曲双折射影响的措施

基本思想与上面相同。将光纤围绕 z 轴扭转，则双折射主轴亦随之进动。快慢轴每 1/4 扭转周期交替变化方向一次，每一“元段”内的双折射被下一元段内的双折射抵消。总的结果是：总的双折射引起的相移沿 z 轴将在两个很小的正值和负值之间振荡。

扭转的方法有两种：拉制光纤过程中旋转光纤预制棒或拉成光纤后施以机械扭力，前者一般称为旋光纤(spun fiber)，后者称为扭光纤(twisting fiber)。旋光纤由于没有剪切应

力，对环境变化(如温度)的稳定性更高，基本上不引入圆双折射，更适用于对环境敏感度要求高的应用场景。

3.4　光纤中的非线性效应

从本质上讲，在电磁场作用下，任何介质都会呈现出非线性效应，光纤也不例外。介质的非线性响应的程度主要取决于介质的非线性系数、光场的强度和光场与介质的有效作用长度等因素。虽然石英材料的非线性系数不高，但由于在现代光纤通信系统中，传输距离很长，而且光场被限制在一个很小的区域内传输，因而非线性效应对通信质量的影响仍不可忽视。另外，为了提高光通信系统的通信容量，可以采取提高发射光功率、提高单信道传输速率、减小参与光波分复用的波长间隔以及开辟新的通信窗口等不同的技术。随着这些新技术的采用，非线性效应对通信容量的影响越来越显著。可以说，光纤的非线性是光纤通信系统的最终限制因素。本节将对光纤非线性传输的一般理论以及几种常见非线性现象的机理进行分析与讨论。

3.4.1　基本概念及传输方程

1. 基本概念

这里的非线性指的是非线性光学现象，即光在介质中传播时，介质对光的响应呈非线性关系的光学现象。相对于线性光学而言，非线性光学的物理表现包括介质的物理量(如折射率、吸收系数等)受光强的影响而变化、光在传播过程中产生新的频率成分或者多束光在介质中传播时互相耦合等，此时光的独立传播原理和线性叠加原理不再成立。在高强度光电场 $\boldsymbol{E}$ 中，介质对光的响应表现出非线性，即电偶极子的电极化强度 $\boldsymbol{P}$ 对于光电场 $\boldsymbol{E}$ 是非线性的，其关系可表达为

$$\boldsymbol{P}=\varepsilon_0(\chi^{(1)}\cdot\boldsymbol{E}+\chi^{(2)}:\boldsymbol{EE}+\chi^{(3)}\vdots\boldsymbol{EEE}+\cdots)\tag{3.4.1}$$

其中，ε_0 为真空中的介电常量；$\chi^{(j)}(j=1,2,3,\cdots)$ 为 j 阶电极化率。考虑到光的偏振效应，$\chi^{(j)}$ 为 $j+1$ 阶张量；“$:$”表示二重缩并操作；“$\vdots$”表示三重缩并操作。

在线性光学中只考虑线性电极化率 $\chi^{(1)}$ 的效果，其包括实部和虚部，分别对应于线性折射率和衰减。二阶非线性极化率 $\chi^{(2)}$ 对应于二次谐波、和频或差频的产生。然而，由于构成普通光纤的 SiO_2 分子为对称结构，其二阶非线性电极化率为零，因此一般而言，光纤不存在二阶非线性效应，其最低阶非线性效应为三阶非线性，它是引起自相位调制(self-phase modulation，SPM)、交叉相位调制(cross-phase modulation，XPM 或 CPM)、四波混频(four wave mixing，FWM)、受激拉曼散射(stimulated raman scattering，SRS)和受激布里渊散射(stimulated brillouin scattering，SBS)等现象的主要原因。这些非线性效应可以分为两类：非弹性过程和弹性过程。由受激散射引起的非弹性过程中，电磁场和极化介质有能量交换，受激布里渊散射和受激拉曼散射属于这类非线性效应；而由非线性折射率引起的弹性过程中，电磁场和极化介质没有能量交换，这类非线性效应包括光学克尔效应(自相位调制、交叉相位调制)和四波混频。

在考虑光纤非线性效应的条件下，光纤中传输模式的有效折射率满足下面的公式：

$$\tilde{n}(\omega,I)=n(\omega)+n_2 I \tag{3.4.2}$$

其中，$n(\omega)$为在频率为ω时介质折射率的线性部分；I为光强度；n_2为非线性折射率系数，其与三阶光学极化率$\chi^{(3)}$的实部成正比。

尽管普通光纤（石英玻璃）中的非线性折射率系数n_2比较小（通常取$2.76\times10^{-20}\mathrm{m^2/W}$），由于光纤的有效纤芯面积非常小，即使在较低输入功率下，光强度也很大，加之非线性作用长度较长，传输信号通常为短脉冲（对应较高传输速率），这些因素使光纤中的非线性光学效应容易出现。

光纤中产生非线性弹性过程的难易程度通常用非线性系数来表征，其定义为

$$\gamma=\frac{n_2\omega_0}{cA_{\mathrm{eff}}}(\mathrm{W^{-1}\cdot km^{-1}}) \tag{3.4.3}$$

其中，A_{eff}为光纤模式的有效面积；ω_0为光的角频率；c为真空中的光速。基模的有效面积A_{eff}可以作为非线性特性的一个指标，由式(3.4.3)可知，A_{eff}越小越有助于提高非线性系数。模式的有效面积A_{eff}定义为

$$A_{\mathrm{eff}}=\frac{\left(\iint_S|E|^2\mathrm{d}x\mathrm{d}y\right)^2}{\iint_S|E|^4\mathrm{d}x\mathrm{d}y} \tag{3.4.4}$$

其中，E为模式电场矢量；S为光纤的横截面面积。

传统光纤(Corning SMF-28e)在$\lambda=1.55\mu\mathrm{m}$时的非线性系数为$\gamma\approx1\mathrm{W^{-1}\cdot km^{-1}}$。通过减小芯径（减小有效面积$A_{\mathrm{eff}}$）或者在纤芯提高掺锗的浓度（增大$n_2$，同时减小有效面积$A_{\mathrm{eff}}$），在传统光纤中已经获得了高达$20\mathrm{W^{-1}\cdot km^{-1}}$的非线性系数。此外，利用非线性折射率系数$n_2$很大的材料（如硫化物玻璃光纤等）和直径小的纤芯，已经制造出了非线性系数γ高达数千$\mathrm{W^{-1}\cdot km^{-1}}$的高非线性特种光纤。这里仅简单介绍光纤中光脉冲的传输方程和几种非线性效应，关于非线性光学的详细介绍可参考文献[14]。

2. 传输方程

光纤是一种内部无自由电荷、非磁性且各向同性均匀的介质。从麦克斯韦方程组和物质方程出发，可以得到描述光纤中光脉冲传输的波动方程表达式：

$$\nabla\times\nabla\times\boldsymbol{E}=-\frac{1}{c^2}\frac{\partial^2\boldsymbol{E}}{\partial t^2}-\mu_0\frac{\partial^2\boldsymbol{P}}{\partial t^2} \tag{3.4.5}$$

式中，$\boldsymbol{E}$和$\boldsymbol{P}$分别为电场强度矢量和电极化强度矢量，c为真空中的光速，并用到了关系式$\mu_0\varepsilon_0=1/c^2$。光纤中的最低阶非线性效应是由三阶电极化率$\chi^{(3)}$引起的。若只计算与三阶电极化率$\chi^{(3)}$有关的非线性效应，则电极化强度$\boldsymbol{P}$可表示为线性部分$\boldsymbol{P}_{\mathrm{L}}$与非线性部分$\boldsymbol{P}_{\mathrm{NL}}$之和。$\boldsymbol{P}_{\mathrm{L}}$和$\boldsymbol{P}_{\mathrm{NL}}$的数学表达式分别为

$$\boldsymbol{P}_{\mathrm{L}}(\boldsymbol{r},t)=\varepsilon_0\int_{-\infty}^{t}\chi^{(1)}(t-t')\cdot\boldsymbol{E}(\boldsymbol{r},t')\mathrm{d}t' \tag{3.4.6}$$

$$\boldsymbol{P}_{\mathrm{NL}}(\boldsymbol{r},t)=\varepsilon_0\int_{-\infty}^{t}\mathrm{d}t_1\int_{-\infty}^{t}\mathrm{d}t_2\int_{-\infty}^{t}\mathrm{d}t_3\times\chi^{(3)}(t-t_1,t-t_2,t-t_3)\,\vdots\,\boldsymbol{E}(\boldsymbol{r},t_1)\boldsymbol{E}(\boldsymbol{r},t_2)\boldsymbol{E}(\boldsymbol{r},t_3) \tag{3.4.7}$$

式(3.4.7)给出了处理光纤中三阶非线性效应的一般公式，由于形式比较复杂，需要对其做一些简化处理。由于石英光纤中的非线性效应较弱，可以将非线性电极化强度项当成总感

应电极化强度的微扰。此时，波动方程可写为

$$\nabla^2 \boldsymbol{E} - \frac{1}{c^2}\frac{\partial^2 \boldsymbol{E}}{\partial t^2} = \mu_0 \frac{\partial^2 \boldsymbol{P}_{\mathrm{L}}}{\partial t^2} + \mu_0 \frac{\partial^2 \boldsymbol{P}_{\mathrm{NL}}}{\partial t^2} \tag{3.4.8}$$

在准单色光以及慢变包络近似下，电场可以进行快变部分分离：

$$\boldsymbol{E}(\boldsymbol{r},t) = \frac{1}{2}\hat{\boldsymbol{x}}[E(\boldsymbol{r},t)\exp(-\mathrm{i}\omega_0 t) + \mathrm{c.c.}] \tag{3.4.9}$$

式中，$\boldsymbol{E}(\boldsymbol{r},t)$为随时间变化的慢变函数；$\hat{\boldsymbol{x}}$ 为单位偏振矢量，它表示光场沿 x 轴方向偏振；c.c. 表示复共轭。同样，线性电极化强度 $\boldsymbol{P}_{\mathrm{L}}$ 与非线性电极化强度 $\boldsymbol{P}_{\mathrm{NL}}$ 也可以按此形式表示。

若忽略分子振动对三阶电极化率 $\chi^{(3)}$ 的贡献，假设非线性效应是瞬时作用的，则式(3.4.7)可化简为

$$\boldsymbol{P}_{\mathrm{NL}}(\boldsymbol{r},t) = \varepsilon_0 \chi^{(3)} \vdots \boldsymbol{E}(\boldsymbol{r},t)\boldsymbol{E}(\boldsymbol{r},t)\boldsymbol{E}(\boldsymbol{r},t) \tag{3.4.10}$$

将式(3.4.9)代入式(3.4.10)，经化简可得

$$P_{\mathrm{NL}}(\boldsymbol{r},t) \approx \varepsilon_0 \varepsilon_{\mathrm{NL}} E(\boldsymbol{r},t) \tag{3.4.11}$$

式中，$\varepsilon_{\mathrm{NL}}$ 为非线性介电常量，其数学表达式为

$$\varepsilon_{\mathrm{NL}} = \frac{3}{4}\chi^{(3)} |E(\boldsymbol{r},t)|^2 \tag{3.4.12}$$

为了得到 $E(\boldsymbol{r},t)$的波动方程，在频域内进行推导更为方便，但一般是不可能的，这是因为 $\varepsilon_{\mathrm{NL}}$ 对场强的依赖关系，从式(3.4.8)来看是非线性的。一种处理方法是，把 $\varepsilon_{\mathrm{NL}}$ 处理成常量，这种方法从慢变包络近似以及 P_{NL} 的扰动特性来看，可认为是合理的。傅里叶变换 $\widetilde{E}(\boldsymbol{r},\omega-\omega_0)$为

$$\widetilde{E}(\boldsymbol{r},\omega-\omega_0) = \int_{-\infty}^{\infty} E(\boldsymbol{r},t)\exp[\mathrm{i}(\omega-\omega_0)t]\mathrm{d}t \tag{3.4.13}$$

$\widetilde{E}(\boldsymbol{r},\omega-\omega_0)$满足亥姆霍兹方程：

$$\nabla^2 \widetilde{E} + \varepsilon(\omega) k_0^2 \widetilde{E} = 0 \tag{3.4.14}$$

式中，$\varepsilon(\omega)$为介电常量，其表达式为

$$\varepsilon(\omega) = 1 + \widetilde{\chi}^{(1)}(\omega) + \varepsilon_{\mathrm{NL}} \tag{3.4.15}$$

可以利用分离变量法求式(3.4.14)。假定解的形式为

$$\widetilde{E}(\boldsymbol{r},\omega-\omega_0) = F(x,y)\widetilde{A}(z,\omega-\omega_0)\exp(\mathrm{i}\beta_0 z) \tag{3.4.16}$$

式中，$\widetilde{A}(z,\omega)$是关于 z 的慢变函数的傅里叶变换，$F(x,y)$为电场的横向分布。式(3.4.15)可进一步分离成分别关于 $F(x,y)$和 $\widetilde{A}(z,\omega)$的方程：

$$\frac{\partial^2 F}{\partial x^2} + \frac{\partial^2 F}{\partial y^2} + [\varepsilon(\omega)k_0^2 - \widetilde{\beta}^2]F = 0 \tag{3.4.17}$$

$$2\mathrm{i}\beta_0 \frac{\partial \widetilde{A}}{\partial z} + (\widetilde{\beta}^2 - \beta_0^2)\widetilde{A} = 0 \tag{3.4.18}$$

式(3.4.17)中的介电常量 $\varepsilon(\omega)$可近似为

$$\varepsilon = (n + \Delta n)^2 \approx n^2 + 2n\Delta n \tag{3.4.19}$$

式中，n 为线性折射率；Δn 为微扰，其数学表达式为

$$\Delta n = n_2 | E |^2 + \frac{\mathrm{i}\widetilde{\alpha}}{2k_0} \tag{3.4.20}$$

式中，n_2 为非线性折射率系数；$\widetilde{\alpha}$ 为吸收系数。根据一阶微扰理论，Δn 不会影响横向模场分布 $F(x,y)$，然而本征值 $\widetilde{\beta}$ 会变为

$$\widetilde{\beta}(\omega) = \beta(\omega) + \Delta\beta(\omega) \tag{3.4.21}$$

其中，

$$\Delta\beta(\omega) = \frac{\omega^2 n(\omega)}{c^2 \beta(\omega)} \frac{\iint_{-\infty}^{\infty} \Delta n(\omega) | F(x,y) |^2 \mathrm{d}x\mathrm{d}y}{\iint_{-\infty}^{\infty} | F(x,y) |^2 \mathrm{d}x\mathrm{d}y} \tag{3.4.22}$$

利用 $\widetilde{\beta}^2 - \beta_0^2 \approx 2\beta_0(\widetilde{\beta} - \beta_0)$，则式(3.4.18)可化简为

$$\frac{\partial \widetilde{A}}{\partial z} = \mathrm{i}[\beta(\omega) + \Delta\beta(\omega) - \beta_0]\widetilde{A} \tag{3.4.23}$$

在中心频率 ω_0 附近将线性传播常数 $\beta(\omega)$ 展开成泰勒级数：

$$\beta(\omega) = \beta_0 + \beta_1(\omega - \omega_0) + \frac{1}{2}\beta_2(\omega - \omega_0)^2 + \frac{1}{6}\beta_3(\omega - \omega_0)^3 + \cdots \tag{3.4.24}$$

式中，$\beta_0 \equiv \beta(\omega_0)$；$\beta_m = (\mathrm{d}^m\beta/\mathrm{d}\omega^m)_{\omega=\omega_0}(m = 1,2,3,\cdots)$。如果谱宽满足 $\Delta\omega \ll \omega_0$，则可以忽略展开式(3.4.24)中的三次项以及更高次项，并利用关系式 $\Delta\beta = \gamma|A|^2 + \mathrm{i}\alpha/2$，经傅里叶逆变换以及一系列简化后，可得到关于慢变包络 $A(z,t)$ 的时域传输方程：

$$\frac{\partial A}{\partial z} \underbrace{+\beta_1 \frac{\partial A}{\partial t} + \frac{\mathrm{i}\beta_2}{2}\frac{\partial^2 A}{\partial t^2}}_{\text{色散}} \underbrace{+\frac{\alpha}{2}A}_{\text{吸收}} = \underbrace{\mathrm{i}\gamma | A |^2 A}_{\text{克尔效应}} \tag{3.4.25}$$

式中，γ 为中心频率 ω_0 处的非线性系数。式(3.4.25)称为非线性薛定谔方程，描述皮秒光脉冲在单模光纤内的传播。该方程具有以下两点局限性：①该方程并不包含高阶非线性效应的影响；②当处理飞秒量级甚至阿秒量级的光脉冲时，该方程不再适用。因此，需要对式(3.4.25)进行修正。当脉冲宽度小于 1ps 时，单模光纤内修正后关于 $A(z,t)$ 的脉冲时域传输方程为

$$\frac{\partial A}{\partial z} + \frac{\alpha}{2} - \mathrm{i}\sum_{\mathrm{i}=1}^{\infty} \frac{\mathrm{i}^n \beta_n}{n!}\frac{\partial^n A}{\partial t^n} = \mathrm{i}\gamma\left(1 + \frac{\mathrm{i}}{\omega_0}\frac{\partial}{\partial t}\right)\left[A(z,t)\int_0^{\infty} R(t') | A(z,t-t') |^2 \mathrm{d}t'\right] \tag{3.4.26}$$

式(3.4.26)即为广义的脉冲传输方程，其中，$R(t)$ 为非线性响应函数，其表达式为

$$R(t) = (1 - f_{\mathrm{R}})\delta(t) + f_{\mathrm{R}} h_{\mathrm{R}}(t) \tag{3.4.27}$$

式中，$h_{\mathrm{R}}(t)$ 为拉曼响应函数，f_{R} 表示延迟拉曼响应对 P_{NL} 的贡献。该方程包含了 SRS、SBS 等非线性效应的影响。非线性薛定谔方程通常没有解析解，可用分步傅里叶法对脉冲的传输过程进行数值仿真。分步傅里叶变换法的核心思想是将光脉冲的传播过程分解为多个小步骤，在每一步中分别处理线性和非线性，通常在频域处理线性效应(色散)，而在时域处理非线性。

3.4.2　几种常见的非线性效应

1. 自相位调制

光纤折射率随光强度变化产生的最常见的非线性现象就是自相位调制(self-phase modulation，SPM)。自相位调制是指在光传播过程中由于光场自身作用引起的相位变化。当光束在非线性介质中传播时，由于克尔效应导致介质的折射率发生了变化，可得在距离 L 处光束自身的相位变化量为

$$\phi=(n+n_2|E|^2)k_0L \tag{3.4.28}$$

其中，$k_0=2\pi/\lambda$，λ 为波长。由式(3.4.28)可以得知自相位调制引起的非线性相移为 $\phi_{NL}=n_2k_0L|E|^2$。若入射光信号为脉冲(即有强度调制)，则由式(3.4.28)可知自相位调制对信号在不同强度处引入了不同的相位，即引入了时域的啁啾，从而使得脉冲频谱展宽。光纤中的自相位调制还可以与光纤的色散共同作用来达到平衡，从而形成光孤子。

图3.4.1给出了双曲正割、高斯脉冲和超高斯脉冲($m=4$)在光纤中传输一个非线性长度($z=L_D$，$L_D=T_0^2/|\beta_2|$)时，由自相位调制感应的频率啁啾沿脉冲的变化。可以看出：自相位调制引起了脉冲的正频率啁啾，归一化啁啾量 $\delta\omega T_0$($\delta\omega$ 为频率改变量，T_0 为注入脉冲初始脉宽)在脉冲后沿是正的(蓝移)，而在脉冲前沿是负的(红移)；对于双曲正割脉冲和高斯脉冲，由自相位调制感应的频率啁啾沿脉冲的变化较为接近，在脉冲的中央区域内，频率啁啾是线性的且是正的；对于超高斯脉冲，其啁啾仅发生在脉冲前沿和后沿，中央区域的频率啁啾几乎为零。

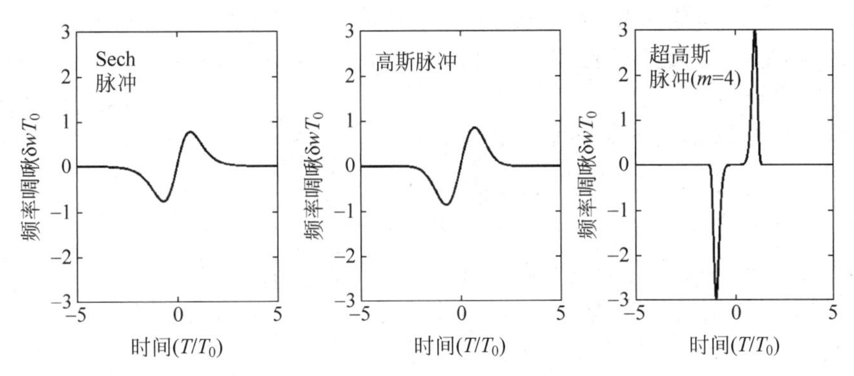

图3.4.1　双曲正割、高斯脉冲和超高斯脉冲($m=4$)在光纤中传输一个非线性长度($z=L_D$，$L_D=T_0^2/|\beta_2|$)时，由自相位调制感应的频率啁啾沿脉冲的变化

2. 交叉相位调制

当两束或多束光波同时在介质中传播时，由于光学克尔效应，每一束光都将使介质的折射率发生变化，该非线性折射率不仅影响这束光自身(自相位调制)，也会使得同时在介质中传播的其他光受到影响，这就是交叉相位调制(cross-phase modulation，XPM或CPM)。假设两束光同时在光纤中传播，第 j($j=1$ 或 2) 束光在距离 L 处的相位变化量为

$$\phi_j=[n+n_2(|E_j|^2+2|E_{3-j}|^2)]k_{0j}L \tag{3.4.29}$$

其中，$|E_j|^2$ 为第 j 束光的强度；k_{0j} 为第 j 束光的波数。式(3.4.29)右边第二项来自自相

位调制；式(3.4.29)右边第三项就是由交叉相位调制导致的非线性相位。利用交叉相位调制可以实现光开关、两激光器的同步锁模等应用。但是它也会在光纤陀螺、光波分复用等系统中引入干扰。

交叉相位调制仅仅使入射的多束光波之间发生作用，但不发生能量转移；而在另一些条件下，不同光波之间还会因其他的非线性作用而产生新波并发生能量转移，这些非线性现象包括以下介绍的受激布里渊散射、受激拉曼散射和四波混频。

3. 受激拉曼散射

受激拉曼散射(stimulated raman scattering，SRS) 是一种典型的光纤中的非线性效应。拉曼散射的过程是：一定频率的光波入射到介质上时，部分光功率会转移到新的频率的散射光上，新产生的谱线对称分布在入射频率的两侧。一般情况下，高频率光(称为反斯托克斯光，anti-Stokes)的产生要远远少于低频率光(称为斯托克斯光，Stokes)，因此一般不考虑反斯托克斯光。若入射泵浦为较强的激光，则很容易激发出相干性很强的斯托克斯光，此时的非线性现象称为受激拉曼散射。当入射泵浦光的功率达到某一阈值时，泵浦能量将迅速转换到斯托克斯波上去；而当斯托克斯波的强度又达到阈值后，它作为泵浦源又会产生更高阶的斯托克斯波，以此类推。

受激拉曼散射的量子描述是：介质中一个入射泵浦光子通过非线性拉曼散射转移部分能量，产生低频斯托克斯光子，而剩余能量被介质以分子振动(光学声子)的形式吸收，完成振动态之间的跃迁。斯托克斯频移量 $\Omega_R=\omega_p-\omega_s$ 由分子振动能级决定，其值决定了受激拉曼散射的频率范围。其中，ω_p 是泵浦光的频率；ω_s 是斯托克斯光的频率。对非晶态石英光纤来说，其分子振动能级融合在一起，展宽成能带。因而可在较宽频差 $\omega_p-\omega_s$ 范围(THz 量级)内通过受激拉曼散射实现信号光的放大。

拉曼增益和拉曼频移之间的关系称为拉曼增益谱。拉曼增益谱用 $g_R(\Omega)$ 表示，其中 Ω 表示泵浦光和斯托克斯光之间的频率差。$g_R(\Omega)$ 是描述 SRS 时的最重要的参量。$g_R(\Omega)$ 一般与光纤纤芯的成分有关，对于不同的掺杂物，$g_R(\Omega)$ 有很大的变化。图 3.4.2 给出了熔石英光纤中拉曼增益谱的典型分布。其显著特征是增益谱很宽，宽度达 40THz，并且在 13THz 附近有一个较宽的连续峰。

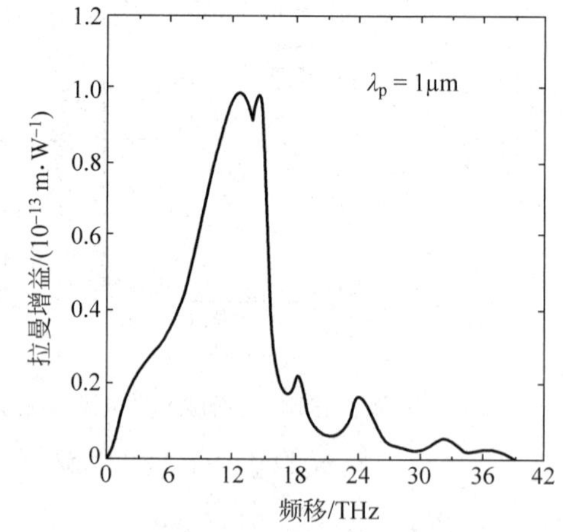

图 3.4.2 熔石英光纤中拉曼增益谱的实验曲线

SRS 的阈值泵浦功率近似表达式为

$$P_{th}\approx 16\frac{A_{eff}}{g_R L_{eff}} \tag{3.4.30}$$

式中，A_{eff} 为光纤的有效模场面积；L_{eff} 为光纤的有效长度。对于后向 SRS，其阈值条件仍由式(3.4.30)决定，但是数值因子 16 应换为 20。由于对一定的泵浦功率首先达到前向 SRS 的阈值，所以在光纤中一般观察不到后向 SRS。当然，拉曼增益可以用来放大后向传输的信号。值得注意的是：式(3.4.30)的导出是假设泵浦和斯托克斯波的偏振方向在光纤中保持不变；如果偏振方向发生变化，拉曼值将增大 1～2 倍，特别是当偏振完全混乱时将增大 2 倍。

虽然在推导式(3.4.30)时做了各种近似,但它仍能相当精确地估算拉曼阈值。对较长的光纤,$L_{\text{eff}} \approx 1/\alpha$,$\alpha$ 为光纤的损耗系数。当 $\lambda_{\text{p}} = 1.55\mu\text{m}$ 时,此波长接近于光纤损耗最小值(约0.2dB/km),有 $L_{\text{eff}} \approx 20\text{km}$。如果用典型的 $A_{\text{eff}} = 50\mu\text{m}^2$,则拉曼阈值预计为 $P_{\text{th}} \approx 60\text{mW}$。由于在单信道光通信系统中,入射到光纤中的功率典型值低于10mW,所以一般不产生SRS。但是实际上,利用高功率激光器可以观察到SRS。

理论预测,泵浦波功率可完全转移给斯托克斯波(不计光纤损耗)。但实际情况是,如果斯托克斯波的功率变得很大并满足式(3.4.30),则它可作为泵浦产生第二级斯托克斯波。此级联SRS过程可产生多个斯托克斯波,其个数取决于入射泵浦功率。

利用受激拉曼散射可以使光纤成为宽带拉曼放大器和可调谐拉曼激光器。通过适当改变泵浦激光波长,就可在任意波段实现宽带光放大。但是受激拉曼散射又会对光波分复用的多通道通信系统造成危害,它可使某信道中的能量转移到相邻信道中,这将导致信道间的拉曼串扰,大大影响通信系统的性能。

4. 受激布里渊散射

受激布里渊散射(stimulated Brillouin scattering,SBS)是光纤中另外一种重要的非线性现象。受激布里渊散射(SBS)是一种典型的非线性效应。

SBS过程可经典地描述为泵浦波、斯托克斯波通过声波进行的非线性互作用,泵浦波通过电致伸缩产生声波,然后引起介质折射率的周期性调制。泵浦引起的折射率光栅通过布拉格衍射散射泵浦光,由于多普勒频移与以声速 v_{A} 移动的光栅有关,散射光产生了频率下移。同样,在量子力学中,这个散射过程可看成是一个泵浦光子的湮灭,同时产生了一个斯托克斯光子和一个声频声子。由于在散射过程中能量和动量必须守恒,则三个波之间的频率和波矢有以下关系:

$$\Omega_{\text{B}} = \omega_{\text{p}} - \omega_{\text{s}}, \quad \boldsymbol{k}_{\text{A}} = \boldsymbol{k}_{\text{p}} - \boldsymbol{k}_{\text{s}} \tag{3.4.31}$$

式中,ω_{p} 和 ω_{s} 分别为泵浦波和斯托克斯波的频率;$\boldsymbol{k}_{\text{p}}$ 和 $\boldsymbol{k}_{\text{s}}$ 分别是泵浦波和斯托克斯波的波矢;声波频率 Ω_{B} 和波矢 $\boldsymbol{k}_{\text{A}}$ 是满足色散关系的声波的频率和波矢:

$$\Omega_{\text{B}} = v_{\text{A}} k_{\text{A}} \approx 2 v_{\text{A}} k_{\text{p}} \sin(\theta/2) \tag{3.4.32}$$

式中,θ 为泵浦波与斯托克斯波之间的夹角。式(3.4.32)表明,斯托克斯波的频移量与散射角有关,更准确地说,在后向($\theta=\pi$)散射角有最大值,在前向散射角($\theta=0$)为零。在单模光纤中,由于只有前、后向为相关方向,因此,SBS仅发生在后向,且后向布里渊频移为

$$v_{\text{B}} = \Omega_{\text{B}}/2\pi = 2 n_{\text{p}} v_{\text{A}} / \lambda_{\text{p}} \tag{3.4.33}$$

在式(3.4.33)中,用到了 $|\boldsymbol{k}_{\text{p}}| = 2\pi n/\lambda_{\text{p}}$,$n_{\text{p}}$ 为在泵浦波长 λ_{p} 处的折射率。若取 $v_{\text{A}} = 5.96\text{km/s}$,$n=1.45$,则对于石英光纤,在 $\lambda_{\text{p}} = 1.55\mu\text{m}$ 附近,$v_{\text{B}} \approx 11.1\text{GHz}$。虽然式(3.4.32)预测布里渊散射仅在后向发生,但在光纤中自发布里渊散射在前向也能产生,这是由于声波的波导特性削弱了波矢选择规则,结果前向产生了少量的斯托克斯光,这一现象称为传导声波布里渊散射。

类似于SRS的情形,斯托克斯波的形成由布里渊增益系数 $g_{\text{B}}(\Omega)$ 来描述,$\Omega = \Omega_{\text{B}}$ 处对应 $g_{\text{B}}(\Omega)$ 的峰值。然而,与SRS情形相反,布里渊增益频谱很窄(几十MHz量级而不是几十THz量级),这是因为谱宽与声波的阻尼时间或声子寿命有关。当声波以 $\exp(\Gamma_{\text{B}}/2)$ 衰减时,布里渊增益谱具有洛伦兹线型的形式:

$$g_{\mathrm{B}}(\Omega)=\frac{g_{\mathrm{p}}\left(\frac{\Gamma_{\mathrm{B}}}{2}\right)^{2}}{(\Omega-\Omega_{\mathrm{B}})^{2}+\left(\frac{\Gamma_{\mathrm{B}}}{2}\right)^{2}} \tag{3.4.34}$$

在 $\Omega=\Omega_{\mathrm{B}}$ 处,峰值布里渊增益系数为

$$g_{\mathrm{p}}\equiv g_{\mathrm{B}}(\Omega_{\mathrm{B}})=\frac{4\pi^{2}\gamma_{\mathrm{e}}^{2}f_{\mathrm{A}}}{n_{\mathrm{p}}c\lambda_{\mathrm{p}}^{2}\rho_{0}v_{\mathrm{A}}\Gamma_{\mathrm{B}}} \tag{3.4.35}$$

式中,$\rho_0\approx2210\mathrm{kg/m^3}$,为光纤的材料密度;$\gamma_{\mathrm{e}}\approx0.902$,为介质硅的电致伸缩常数;$f_{\mathrm{A}}$ 为声学模式与光学模式的交叠系数;布里渊增益谱的峰值半宽(FWHM)与衰减常数 Γ_{B} 的关系为 $\Delta v_{\mathrm{B}}=\Gamma_{\mathrm{B}}/2\pi$。衰减常数 Γ_{B} 与声子寿命 T_{B} 的关系为 $T_{\mathrm{B}}=\Gamma_{\mathrm{B}}^{-1}$(通常 $T_{\mathrm{B}}<10\mathrm{ns}$)。

SBS 的阈值泵浦功率近似表达式为

$$P_{\mathrm{th}}\approx21\frac{A_{\mathrm{eff}}}{g_{\mathrm{B}}L_{\mathrm{eff}}} \tag{3.4.36}$$

式中,g_{B} 为给定的峰值布里渊增益。式(3.4.36)可与 SRS 情形下得出的式(3.4.30)类比。若利用 1.55μm 光通信系统中的光纤的典型值:$A_{\mathrm{eff}}=50\,\mu\mathrm{m}^2$,$L_{\mathrm{eff}}\approx20\mathrm{km}$,$g_{\mathrm{B}}=5\times10^{-11}\mathrm{m/W}$,则由式(3.4.36)预测其阈值泵浦功率 P_{th} 约为 1mW。

式(3.4.36)预测的布里渊阈值只是一个近似值,而在实际中,很多方法可以有效降低布里渊增益值,抑制受激布里渊散射的产生。例如,当泵浦光完全无规律偏振时,SBS 阈值增大 50%。光纤的非均匀性也能影响光纤中的有效布里渊增益。例如,改变光纤的纵向参数(例如,对光纤施加温度梯度、应力梯度、不断改变光纤的芯径等)可大幅度地提高 SBS 阈值。其原因是,纵向参数沿光纤长度的变化会使布里渊频移 v_{B} 不断地位移,从而使向后传播的斯托克斯波不能落入 SBS 增益带宽内,得不到有效的放大。SBS 通常会对光通信系统和窄线宽光纤激光器造成伤害,同时,它又可用作光纤布里渊激光器和放大器。

综上所述,SBS 和 SRS 类似,都是通过入射光的散射产生的,而且散射波的频率都低于入射波,频移量由非线性介质决定。但是 SBS 和 SRS 两者也有显著的差别,其主要差别如下:

(1) 起源不同。产生 SBS 的是声频声子,而产生 SRS 的是光频声子。

(2) 频移量不同。SBS 的斯托克斯频移(GHz 量级)比 SRS 的频移(THz 量级)要小三个数量级;具体的频移量由非线性介质决定。

(3) 传播方向有差别。在光纤中,由 SBS 产生的斯托克斯波主要沿与入射波相反的方向传输(存在个别特殊情况);而由 SRS 产生的斯托克斯波则沿光纤前后两个方向传输。

(4) 阈值泵浦功率不同。SBS 的阈值泵浦功率与泵浦波的谱宽有关,如果泵浦光是谱宽很窄的连续光或准连续光,则其值非常低,为 mW 量级(此时容易发生级联布里渊散射);而如果泵浦是脉冲且脉宽小于 1ns 或是非相干光,则几乎不发生布里渊散射。

5. 四波混频

四波混频(four-wave mixing,FWM)是指光纤介质的非线性三阶极化率实部作用产生的一种光波间耦合效应,是因不同波长的两三个光波相互作用而导致在其他波长上产生所谓混频产物或边带的新光波,这种相互作用可以产生三倍频、和频、差频等多种参量效应。

所谓参量效应，是指非线性效应对介质参量(如折射率)的调制。而发生四波混频的原因是，入射光中的某一个波长上的光会使光纤的折射率发生改变，则在不同的频率上产生了光波相位的变化，从而产生了具有新的波长的光波。与前述受激散射(SRS、SBS)产生新波长的原理不同的是：四波混频是弹性过程，仅涉及光波之间的能量交换；而受激散射是非弹性过程，涉及光子能量与介质内部能级之间的直接转移。

光纤中四波混频的特点可通过三阶极化项来解释：

$$\boldsymbol{P}_{\mathrm{NL}}=\varepsilon_0\chi^{(3)} \vdots \boldsymbol{EEE} \tag{3.4.37}$$

式中，$\boldsymbol{E}$ 为电场；$\boldsymbol{P}_{\mathrm{NL}}$ 为非线性电极化强度；ε_0 为真空中的介电常量。考虑频率分别为 ω_1、ω_2、ω_3 和 ω_4，$\hat{x}$ 方向线偏振的四个光波，假定所有光波沿同一方向传播，则总电场可写成

$$\boldsymbol{E}=\frac{1}{2}\hat{\boldsymbol{x}}\sum_{j=1}^{4}E_j\exp[\mathrm{i}(k_jz-\omega_jt)]+\mathrm{c.\,c.} \tag{3.4.38}$$

式中，$k_j=n_j\omega_j/c$ 为传播常数，n_j 为折射率。把式(3.4.38)代入式(3.4.37)，可得表达式为

$$\boldsymbol{P}_{\mathrm{NL}}=\frac{1}{2}\hat{\boldsymbol{x}}\sum_{j=1}^{4}P_j\exp[\mathrm{i}(k_jz-\omega_jt)]+\mathrm{c.\,c.} \tag{3.4.39}$$

$P_j(j=1\sim4)$由许多包含三个电场积的项组成。例如，P_4 可表示为

$$P_4=\frac{3\varepsilon_0}{4}\chi^{(3)}_{xxxx}[|E_4|^2E_4+2(|E_1|^2+|E_2|^2+|E_3|^2)E_4+2E_1E_2E_3\exp(\mathrm{i}\theta_+)+2E_1E_2E_3^*\exp(\mathrm{i}\theta_-)+\cdots] \tag{3.4.40}$$

式中

$$\theta_+=(k_1+k_2+k_3-k_4)z-(\omega_1+\omega_2+\omega_3-\omega_4)t \tag{3.4.41}$$

$$\theta_-=(k_1+k_2-k_3-k_4)z-(\omega_1+\omega_2-\omega_3-\omega_4)t \tag{3.4.42}$$

式(3.4.40)中，正比于 E_4 的项对应于 SPM 和 XPM 效应；其余项对应于四波混频。有两类四波混频项。①含有 θ_+ 的项对应于三个光子合成一个光子的情形，新光子的频率为 $\omega_4=\omega_1+\omega_2+\omega_3$：当 $\omega_1=\omega_2=\omega_3$ 时，这一项对应于三次谐波的产生；当 $\omega_1=\omega_2\neq\omega_3$ 时，这一项对应于频率转换。②含有 θ_- 的项对应于频率为 ω_1、ω_2 的两个光子的湮灭，同时产生两个频率为 ω_3、ω_4 的新光子的情形，即 $\omega_3+\omega_4=\omega_1+\omega_2$。要使此过程进行，相位匹配条件要求 $\Delta k=0$，即

$$\Delta k=k_3+k_4-k_1-k_2=(n_3\omega_3+n_4\omega_4-n_1\omega_1-n_2\omega_2)/c=0 \tag{3.4.43}$$

式中，$n_1\sim n_4$ 代表介质的折射率。在 $\omega_1=\omega_2$ 的特定条件下，满足 $\Delta k=0$ 相对要容易些，光纤中的 FWM 大多数属于这种部分简并情形。在物理上，它用类似于 SRS 的方法表示。频率为 ω_1 的强泵浦波产生两对称的边带，频率分别为 ω_3 和 ω_4，其频移为

$$\Omega_{\mathrm{s}}=\omega_1-\omega_3=\omega_4-\omega_1 \tag{3.4.44}$$

此处，假定 $\omega_3<\omega_4$。事实上，直接与 SRS 类比，ω_3 处的低频边带和 ω_4 处的高频边带分别称为斯托克斯带和反斯托克斯带。部分简并四波混频起初称为三波混频，这是因为在此非线性过程中只牵涉到 3 个不同频率。人们借用微波领域的技术术语，也常把斯托克斯带和反斯托克斯带分别称为信号带和闲频带。

四波混频可用于波长转换、参量放大器；而在光波分复用系统中，当信道间距与光纤色

散足够小且满足相位匹配时,四波混频将成为非线性串扰的主要因素;当信道间隔达到10Hz以下时,四波混频对系统的影响将最严重。

3.4.3 光纤中的光孤子

在光纤的反常色散区,自相位调制和群速度色散的共同作用而引起的脉冲展宽相平衡,可产生一种非常引人注目的现象——光孤子。"孤子"是一种特殊的波包,它可传播很长的距离而保持波形不变。本节以最常见的亮孤子为例来展开介绍,其他类型的光孤子,如:暗孤子、耗散孤子、自相似孤子等,可参考文献[16-19]。

若忽略高阶色散、高阶非线性效应以及光纤的损耗,仅考虑群速度色散(GVD)和自相位调制(SPM)效应,由非线性薛定谔方程(3.4.25),并进行 $T=t-z/v_g$ 的变换,则光脉冲在单模光纤中的传输方程可表示为

$$\mathrm{i}\frac{\partial A}{\partial z}=\frac{\beta_2}{2}\frac{\partial^2 A}{\partial T^2}-\gamma|A|^2A \tag{3.4.45}$$

式中,γ 为光纤的非线性系数;$T=t-z/v_g=t-\beta_1 z$。在此引入两个长度尺度——色散长度 L_D 和非线性长度 L_{NL}:

$$L_D=\frac{T_0^2}{|\beta_2|},\quad L_{NL}=\frac{1}{\gamma P_0}$$

式中,P_0 为脉冲的峰值功率;T_0 为入射脉冲的宽度。为使传输方程归一化,引入三个无量纲参量:

$$U=\frac{A}{\sqrt{P_0}},\quad \xi=\frac{z}{L_D},\quad \tau=\frac{T}{T_0}$$

从而得到归一化的传输方程为

$$\mathrm{i}\frac{\partial U}{\partial \xi}=\mathrm{sgn}(\beta_2)\frac{1}{2}\frac{\partial^2 U}{\partial \tau^2}-N^2|U|^2U \tag{3.4.46}$$

整值参量 N 与孤子阶数相联系,其定义为

$$N^2=\frac{L_D}{L_{NL}}=\frac{\gamma P_0 T_0^2}{|\beta_2|} \tag{3.4.47}$$

式(3.4.46)中,sgn 表示符号函数。已证明,方程(3.4.47)具有特殊的类脉冲解,这些解或者不沿脉冲长度变化,或者具有周期性演化图样,这样的解称为光孤子。利用逆散射法,得到基阶孤子的标准形式为

$$U(\xi,\tau)=\mathrm{sech}(\tau)\exp\left(\frac{\mathrm{i}\xi}{2}\right) \tag{3.4.48}$$

形成基阶孤子需满足以下两个条件。①入射脉冲为双曲正割(sech)形脉冲(理想脉冲)。当输入脉冲形状偏离双曲正割形时,GVD 和 SPM 的联合作用会使脉冲整形,演化成双曲正割形。②输入脉冲的峰值功率满足所需的功率。令孤子阶数 $N=1$,可得到维持基阶孤子所需的峰值功率为

$$P_0=\frac{|\beta_2|}{\gamma T_0^2}\approx\frac{3.11|\beta_2|}{\gamma T_{FWHM}^2} \tag{3.4.49}$$

式中,T_0 为脉冲半宽度(在光强度峰值的 $\frac{1}{e}$ 处),T_{FWHM} 为半极大全宽度,它们之间的关系为

$$T_{\mathrm{FWHM}}=2(\ln 2)^{1/2}T_0\approx 1.665T_0 \tag{3.4.50}$$

图3.4.3给出了基阶孤子在5个色散长度上的时域和频域演化过程。图3.4.4给出了三阶孤子($N=3$)在一个孤子周期上的时域和频域演化过程。从图3.4.3和图3.4.4可以明显看出，基阶孤子在传输过程中形状和频谱保持不变，而高阶孤子会发生周期性的演化过程。

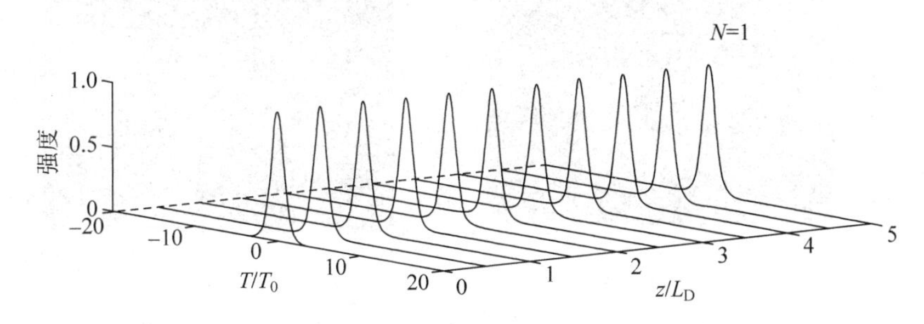

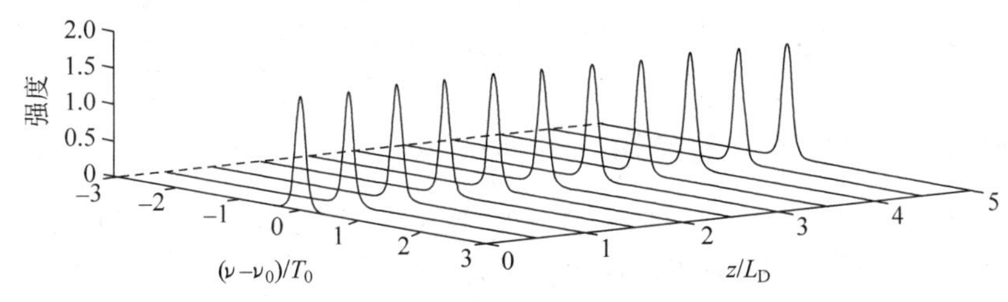

图3.4.3　基阶孤子在5个色散长度上的时域和频域演化过程

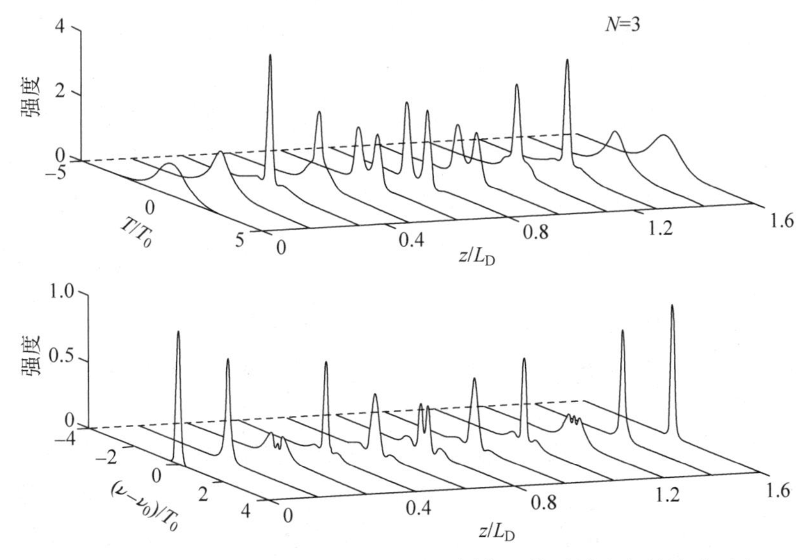

图3.4.4　三阶孤子($N=3$)在一个孤子周期上的时域和频域演化过程

图3.4.5给出三阶孤子时域和频域演化过程，明亮区表示功率较高的区域。从图3.4.5可以看出，脉冲经历了一个初始的窄化阶段($z/L_{\mathrm{D}}\approx 0.352$)，相应的频谱展宽达到了最大化，然后在附近分裂成两个脉冲。在经历了一个孤子周期($z/L_{\mathrm{D}}=\pi/2$)后，脉冲又恢复成原来的形状。在高阶孤子演化过程中，一开始自相位调制起主导作用，产生正的频率啁啾，但群速度色散很快也起作用。具有正啁啾的孤子脉冲在光纤反常色散区传输时，会出现上述

的窄化阶段。从实际的角度讲,可以基于高阶孤子脉冲初始阶段窄化的特性,对脉冲宽度进行有效的压缩。

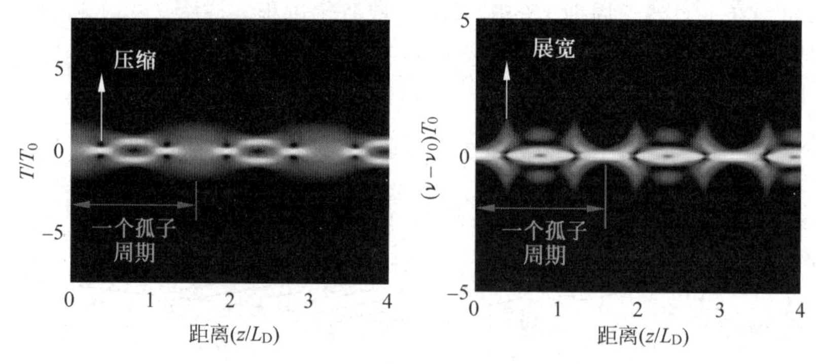

图 3.4.5 三阶孤子($N=3$)在反常色散区传输 $z/L_D=4$ 时的时域和频域演化,明亮区表示功率较高的区域

3.4.4 光纤中非线性效应的应用

前面介绍了光纤中的非线性效应的基本概念、传输方程以及几种常见的非线性效应。光纤中的非线性效应在工程中有很多应用,比如:

(1) 在光纤中利用非线性效应与色散的相互平衡可形成光孤子,利用其制作孤子激光器或进行光纤孤子通信。光孤子脉冲可以在光纤中长距离传输而不发生畸变,因而可得到很高的码率。光孤子脉冲是超高速大容量、长距离光纤通信的优越方案。

(2) 利用布里渊散射、拉曼散射或四波混频等构建光纤放大器和激光器。基于光纤中受激拉曼散射的拉曼光纤激光器,具有增益谱宽、可级联工作以及不需要相位匹配等特点,只要有合适波长的抽运激光,即可产生光纤透明范围内任意波长的激光输出。从发展现状看,拉曼光纤激光器是目前唯一一种可同时实现高功率与宽波段输出的光纤激光器。目前,拉曼激光器波长范围已经覆盖了可见光至中红外波段,并在近红外波段的最大输出功率超过万瓦。

(3) 利用光纤中各种非线性的综合效应产生的超连续谱充当宽带光源。超连续光纤激光器是一种新型激光器,同时具有普通光源(自发辐射光)的宽光谱特性和单色激光光源的方向性、高空间相干性、高亮度等特征。超连续谱的产生通常是指窄带激光入射到非线性介质后,入射激光在多种非线性效应(如调制不稳定性、自相位调制、交叉相位调制、四波混频、孤子自频移和受激拉曼散射等)和色散的综合影响下,光谱得到极大展宽的现象。在高功率方面,2015 年,国防科技大学报道了基于激光合束的多模高功率 200W 超连续激光;2018 年,四川大学报道了基于光子晶体光纤的高功率 215W 超连续激光。在中红外方面,2011 年,密歇根大学报道了基于 ZBLAN 光纤的中红外超连续光纤激光;2019 年,吉林大学报道了基于氟碲酸盐玻璃光纤的中红外超连续光纤激光,光谱范围覆盖 1~4μm。

此外,可以利用光纤非线性效应对光信号进行放大、波长转换、采样、相位共轭等全光信号处理。基于光纤的非线性效应诸如受激拉曼散射、受激布里渊散射、光纤参量放大效应等形成的增益谱也可实现慢光,也可以将布里渊散射和拉曼散射应用于分布式传感中。

光纤中的非线性效应在某些情况下也会有害。如在高功率光纤激光器中,非线性效应会导致输出信号的频率成分发生变化或者对光纤造成光损伤，从而限制光纤激光器的输出功率。在光纤通信系统中，随着传输容量、总传输距离、放大器间距的增加，光纤中的非线性效应会引发信道串扰、信号畸变等危害，从而降低光纤通信系统的性能。因此在系统应用中要考虑光纤中的非线性效应。

课后拓展

在过去的十年里，由于光纤通信网络中流量需求的指数扩张，以及空间多路复用所引起的传输容量增加，人们对研究多模光纤和多芯光纤中的脉冲传播过程的兴趣日益增长。

研究多模光纤中的非线性机制也进一步催生了大量前沿的光学应用，例如提高光纤激光器和超连续光源的功率，为高分辨率生物医学成像以及工业加工提供高质量的光束，以及作为研究复杂物理系统的试验平台。多模光纤中的非线性现象有多倍频程超连续产生、空间成丝、多模孤子、光凝聚等。若读者有兴趣进一步了解相关内容，可参考以下补充知识。

1. 多模光纤中的非线性光学。

2. Wright L G，Ziegler Z M，Lushnikov P M，et al. Multimode nonlinear fiber optics：massively parallel numerical solver，tutorial and outlook[J]. IEEE Journal of Selected Topics in Quantum Electronics，2017：1-1.

3.5 总　　结

本章主要讨论了光纤的损耗、色散、双折射以及非线性四方面特性，读者应理解和掌握以下内容。

1. 光信号在光纤传输过程中的损耗来源

光信号在光纤传输过程中的损耗主要来自光纤材料的吸收损耗、散射损耗以及光纤的弯曲损耗。①物质的吸收作用将传输的电磁能量转变为热能，从而造成光功率的损失。光纤的吸收损耗主要包括基质材料的本征吸收、杂质的吸收以及原子缺陷吸收。②光纤的散射损耗主要包括瑞利散射损耗、波导散射损耗和非线性散射损耗。③光纤中的弯曲损耗可分为宏弯损耗和微弯损耗两种。宏弯损耗是由于光纤实际应用中必需的盘绕、曲折等引起的宏观弯曲导致的损耗；微弯损耗则是光纤制备过程中或在应力应用过程中由于应变等原因引起的光纤形变导致的损耗。

2. 光纤中各类色散的成因以及定量描述

(1) 模式色散是在多模传输下产生的，由于各模式的传输速度不同而引起的。

(2) 材料色散是由于光纤材料本身的折射率随入射光频率变化而产生的色散。

(3) 由于光功率不仅在纤芯中传输，还有一部分在包层中传输，光纤中光功率的分布随频率的不同而变化，造成了每个模式中不同频率成分的传输速度不同，这就导致了所谓的波导色散。

(4) 实际的光纤必然会有一些轴的不对称性，因而两正交模式(HE_{11}^{x} 模和 HE_{11}^{y} 模)有不同的相位传播常数，这就引发了偏振模色散。

(5) 掌握描述色散特性的常见物理量(如材料折射率、有效折射率、群折射率、群速度、群时延、群速度色散、色散系数、群时延差等)的含义以及数学表达。

(6) 了解四种典型单模光纤：G.652(非色散位移)光纤、G.653(色散位移)光纤、G.654(截止波长位移)光纤和G.655(非零色散位移)光纤。现在新开发增加了两种单模光纤：G.656(宽带非零色散位移)光纤和G.657(弯曲不敏感)光纤。此外，典型的单模光纤还有色散平坦光纤和色散补偿光纤。

(7) 通过合理设计光纤的纤芯半径 a 和相对折射率差 Δ 的方式来调控波导色散，进而可以使光纤总色散的特性发生改变。换句话说，可以通过控制纤芯的折射率分布来控制光纤传输的色散特性。色散位移光纤通过控制纤芯的折射率分布将零色散波长从 1.3μm 移到 1.55μm 处。

3. 光纤中双折射产生的因素

光纤中双折射产生的原因有内部因素和外部因素：内部因素主要是指光纤生产过程中产生的残余应力和芯径不均匀等；外部因素主要是指弯曲、外加应力、扭曲、外加电场和磁场等。光纤芯径不均匀、弯曲、外加应力和电场会使光纤产生线双折射，而扭曲和外加磁场会使光纤产生圆双折射。

掌握表征光纤双折射特性的参数：两正交模式(HE_{11}^{x} 模和 HE_{11}^{y} 模)的相位差 $\Delta\beta$、拍长和归一化双折射参数 B。

4. 光纤非线性传输的一般理论以及几种常见非线性现象

相对于线性光学而言，非线性光学的物理表现包括介质的物理量(如折射率、吸收系数等)受光强的影响而变化、光在传播过程中产生新的频率或者多束光在介质中传播时互相耦合等。非线性薛定谔方程是描述光纤非线性传输规律的一般方程，通过求解非线性薛定谔方程，可以直观地了解光脉冲在光纤色散和非线性效应联合作用下的演化过程。

光纤中存在的最低阶非线性效应为三阶非线性，它是引起自相位调制、交叉相位调制、四波混频、受激拉曼散射和受激布里渊散射等现象的主要原因。在光纤中利用非线性效应与色散的平衡可形成光孤子，利用光孤子可制作孤子激光器或进行光纤孤子通信。利用布里渊散射、拉曼散射或四波混频等构建光纤放大器和激光器。利用光纤中各种非线性的综合效应产生超连续谱充当宽带光源。

课程实践

1. 实践题目

色散傅里叶变换(dispersive Fourier transformation，DFT)，也称为实时傅里叶变换，是一种非常有效的高速测量方法。它克服了传统光谱仪的速度限制，使得快速实时光谱测量成为可能。利用波长色散，DFT将一个脉冲的光谱的强度分布映射为时域波形的强度分布。图1为DFT的示意图，一列光脉冲进入色散器件(示意图采用色散光纤)后，其光谱中的不同波长部分由于不同的传播速度而在时间上分离。

请结合本节所学知识，对DFT过程中的色散介质的参数进行设计，使其可以实现对中心波长在1550nm附近、重复频率小于10MHz量级脉冲的光谱进行实时测量，要求光谱测量带宽为100nm，光谱分辨率(可以仅考虑物理系统本身对光谱分辨率的限制)为0.5nm。

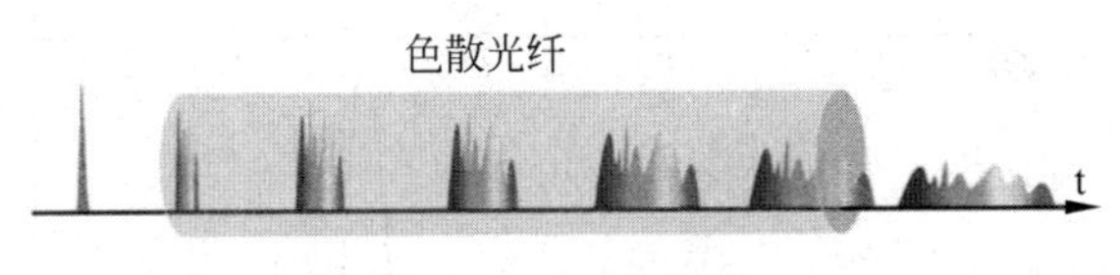

图1 DFT示意图

(试从设计原理、设计原则和参数选择三方面展开分析和设计)

2. 设计原理

本次设计以光纤为色散介质来展开分析和介绍。从非线性薛定谔方程出发,假定损耗和增益线性,只考虑二阶色散系数,不考虑其他。色散傅里叶变换(DFT)的传播过程可用下式表示(详细推导过程可参考文献[15]):

$$|u(z,T)|^2=\left(\frac{1}{2\pi}\right)^2 e^{(g-\alpha)z}\left|\int_{-\infty}^{\infty}\tilde{u}(0,\omega-\omega_0)e^{i\frac{\beta_2 z}{2}\left(\omega-\omega_0\frac{T}{\beta_2 z}\right)^2}d\omega\right|^2 \tag{1}$$

其中,u是光脉冲的场幅度;$\omega_0/(2\pi)$是脉冲的中心频率;g是增益系数(用于放大的DFT);α是吸收系数;z是传播距离(相当于GVD长度);β_2是二阶色散系数;T是脉冲在参考系中以$T=t-\beta_1 z$给出的群速度传播的时间。这里,β_1是一阶色散系数,也是群速度的倒数。在等式(1)中,对于较大的GVD值(即$\beta_2 z$),被积函数会在除$\omega=\Omega_s$的频域外快速振荡,Ω_s为

$$\Omega_s=\omega_0+\frac{T}{\beta_2 z} \tag{2}$$

即,可以认为只有上述范围内的频率才对积分起作用,这个判据称为马鞍点近似。将式(2)改写为$T(\omega)=\beta_2 z(\omega-\omega_0)$,可以看出,它描述了频域到时域的点对点的映射。于是式(1)变为

$$|u(z,T)|^2=\frac{2}{\pi\beta_2 z}e^{(g-\alpha)z}\left|\tilde{u}\left(0,\frac{T}{\beta_2 z}\right)\right|^2 \tag{3}$$

上式表明了信号的时域强度和其自身光谱的等价性,它们之间的比例系数为$\frac{2}{\pi\beta_2 z}e^{(g-\alpha)z}$。以输入脉冲的频谱(见图2(a))为例,该频谱由两个高斯线型组成,图2(b)给出了脉冲在不同色散值(色散系数D恒定为-120ps/(nm·km),色散距离不同)的时域波形。可以看出,随着GVD量的增加(即色散距离的增加),输入脉冲被转换为类似于输入频谱的时间波形,解析出两条高斯线型。由此可见,只有在对DFT使用足够的GVD时才能解析两条高斯线型。

3. 设计原则

色散傅里叶变换的组成包括一段有较大群速度色散(GVD)的色散光纤,一个光电探测器以及示波器,如图3所示。色散傅里叶变换的基本参数包括光谱带宽、扫描率、光谱分辨率、光谱的数据点数等。

(1) DFT的扫描率:与脉冲激光器的重复频率相同。

(2) 光谱带宽$\Delta\lambda$。脉冲在色散光纤传输过程中,时域上的展宽量$\Delta\tau$为

$$\Delta\tau=\Delta\lambda|D|z \tag{4}$$

为了防止时间拉伸的相邻脉冲在时域上的重叠,$\Delta\tau$需满足

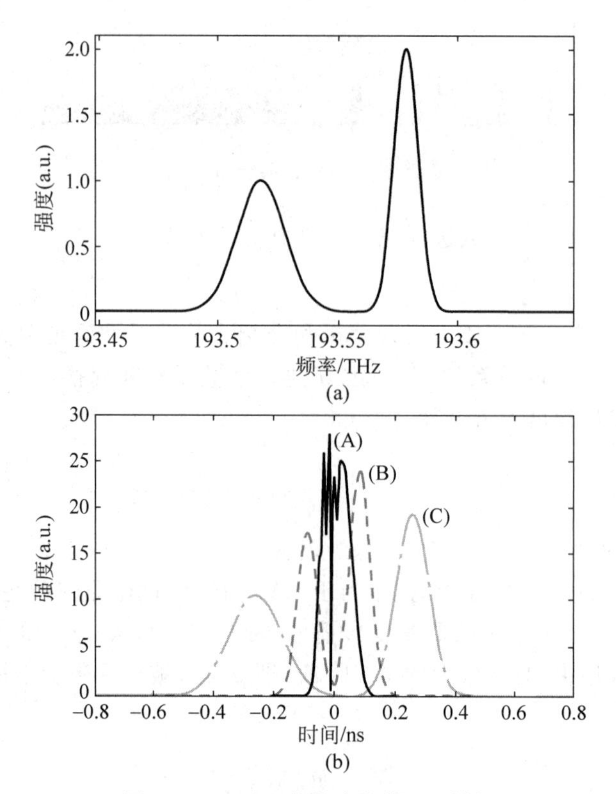

图 2 DFT 过程中脉冲演化过程模拟

(a) 脉冲频域谱线；(b) 脉冲在不同色散值(色散系数恒定为－120ps/(nm・km)，色散距离不同)的时域波形：(A) 1km；(B) 3km；(C) 9km

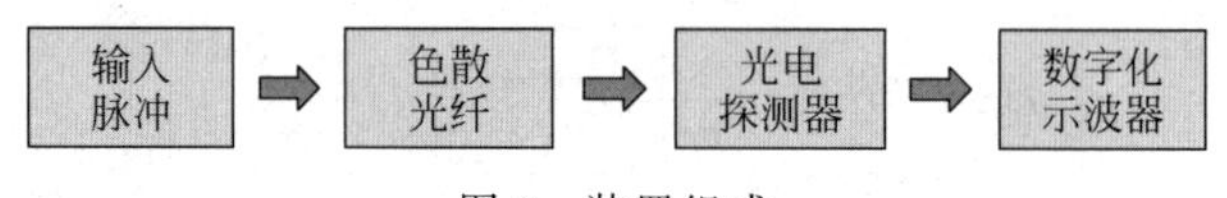

图 3 装置组成

$$\Delta\tau = \Delta\lambda \mid D \mid z < \frac{1}{R} \tag{5}$$

式中，R 为脉冲激光器的重复频率。可以看出，DFT 所允许测量的最大光谱带宽受到目标测量对象的重频限制。因此，所允许测量的最大带宽为

$$\Delta\lambda < \frac{1}{R \mid D \mid z} \tag{6}$$

(3) 光谱的分辨率 $\delta\lambda$。光谱的分辨率受到色散光纤的 GVD 的影响(详细推导过程可参考文献[15])：

$$\delta\lambda_{\mathrm{GVD}} = \lambda_0 \sqrt{2(c \mid D \mid z)^{-1}} \tag{7}$$

光谱分辨率的另一个限制是检测系统的模拟带宽 B(由光电探测器和示波器组成)：

$$\delta\lambda_{\mathrm{dig}} = (B \mid D \mid z)^{-1} \tag{8}$$

此外，还受到示波器采样频率 f 的限制：

$$\delta\lambda_{\mathrm{f}} = (f \mid D \mid z)^{-1} \tag{9}$$

结合所有限制光谱分辨率的因素，DFT 对光谱分辨率的总体限制为

$$\delta\lambda = \max(\delta\lambda_{GVD}, \delta\lambda_{dig}, \delta\lambda_{f}) \tag{10}$$

本次设计中仅考虑色散光纤本身对光谱分辨率的限制。

4. 参数选择

综上所述，要实现设计目标，需满足下述约束条件：

$$\begin{cases} \Delta\lambda = 100\text{nm} \\ \Delta\lambda \mid D \mid z < \dfrac{1}{R} \\ \lambda_0\sqrt{2(c \mid D \mid z)^{-1}} < 0.5\text{nm} \end{cases} \tag{11}$$

从上述约束关系可以看出，整个问题最终转化为对色散光纤色散系数以及长度的选择。为了满足 DFT 过程的要求，通常会选择色散系数较大的光纤，因此本次设计选用色散补偿光纤(DCF)。色散补偿光纤在 1550nm 处的色散系数为-120ps/(nm·km)，且色散斜率对于超过 200nm 的光带宽是光滑的。将$|D|=-120$ps/(nm·km)代入上述约束关系中，可得

$$1.83\text{km} < z < 8\text{km} \tag{12}$$

式(12)表明，光纤长度在 1.83～8km 范围内，选用色散补偿光纤可同时满足光谱带宽和分辨率的要求。

思考题与习题 3

1. 限制光通信传输距离的因素有哪些？

2. 减小光纤中损耗的主要途径有哪些？

3. 一光信号在光纤中传播了 5000m，功率损耗了 85%，该光纤的损耗为多少 dB/km？

4. 一光纤长 3.5km，测得其输入与输出功率分别为 1W 和 298mW，求该光纤损耗值(dB/km)。

5. 为什么光纤在 1.55μm 波长处的损耗比在 1.3μm 波长处的小？

6. 如果光纤的折射率随波长而变，是否一定会产生材料色散，为什么？

7. 已知某玻璃材料光纤的折射率与波长的变化关系为 $n(\lambda)=A+B\lambda^{-2}$，其中常数 $A=1.539\,74$，$B=4.5628\times10^3\,\text{nm}^2$。计算光纤在 1.55μm 波长处的材料色散系数。如果光源带宽为 3nm，则光传输时由材料色散引起的时延差有多大？

8. 若光纤参数 $n_2=1.45$，$\Delta=0.0075$，$V=2$，则光纤在 1.55μm 波长处的波导色散系数为多少？

9. 试分析影响单模光纤色散的诸因素。如何减小单模光纤中的色散？

10. 试推导阶跃多模光纤由模式色散引起的群时延差。

11. 若一普通单模光纤的双折射参量 $B=10^{-6}$，光脉冲在其中传输 1km，由偏振模色散引起的脉冲展宽量为多少？

12. 总结 G.652 光纤、G.653 光纤、G.654 光纤、G.655 光纤、色散平坦光纤和色散补偿光纤的折射率分布特点以及相应的色散特性。

13. 已知 G.652 光纤在 1.31μm 处色散系数为 2ps/(nm·km)，在 1.55μm 处色散系

数为 18ps/(nm·km)，对于半导体激光器的线宽均为 1nm 的传输系统，计算传输 100km 两个波长能够传输的最高速率是多少？

14. 要将 10Gb/s 速率的数据通过 G.652 光纤传输 100km，其中传输波长为 1.55μm，色散系数为 18ps/(nm·km)，请问光源的线宽应该小于多少？

15. 只考虑材料色散时，对于 1310nm 和 1550nm 两种波长光信号，在 G.652 光纤中哪种波长光信号传输快？

16. 说明利用材料色散与波导色散制作色散位移光纤的原理。

17. 说出两种针对 G.652 通信光纤在 1.55μm 波段进行色散补偿的方法，并简述其原理。

18. 单模光纤用多层结构的主要目的是什么？这种多层结构在制造工艺上有何困难？

19. 根据光纤中产生双折射的原因，分析获得高双折射光纤和超低双折射光纤的主要困难在何处？

20. 比较无啁啾高斯脉冲、正啁啾高斯脉冲以及负啁啾高斯脉冲三者在光纤反常色散区的传输规律。

21. 试说明交叉相位调制的意义及其在光纤中产生的物理过程。

22. 何谓拉曼散射？试说明其物理过程，并说明自发拉曼散射和受激拉曼散射的区别。

23. 试说明拉曼增益的含义及可能应用。为什么拉曼增益谱宽能超过 40THz？

24. 试说明布里渊散射的物理过程，并说明自发布里渊散射和受激布里渊散射的区别。

25. 为什么在单模光纤中仅能产生后向 SBS，试说明其物理原因。

26. 简述孤子的形成过程。

27. SBS 和 SRS 的主要区别是什么？试说明造成这些差别的物理原因。这些差别在实际中是如何表现的？

参考文献

[1] 马春生，刘式墉. 光波导模式理论[M]. 长春：吉林大学出版社，2007.

[2] 祝宁华，闫连山，刘建国. 光纤光学前沿[M]. 北京：科学出版社，2011.

[3] 李淑凤，李成仁，宋昌烈. 光波导理论基础教程[M]. 北京：电子工业出版社，2013.

[4] 杨笛，任国斌，王义全. 导波光学基础[M]. 北京：中央民族大学出版社，2012.

[5] 王健. 导波光学[M]. 北京：清华大学出版社，2010.

[6] 吴重庆. 光波导理论[M]. 北京：清华大学出版社，2000.

[7] 刘德明. 光纤光学[M]. 北京：科学出版社，2008.

[8] 廖延彪，黎敏，夏历. 光纤光学[M]. 北京：清华大学出版社，2021.

[9] KUNZ K S，LUEBBERS R J. The finite difference time domain method for electromagnetics[M]. USA，Florida，Boca Raton：CRC press，1993.

[10] PEDROLA G L. Beam propagation method for design of optical waveguide devices[M]. John Wiley & Sons，2015.

[11] SCHINZINGER R，LAURA P A A. Conformal mapping：methods and applications[M]. Courier Corporation，2012.

[12] SCHERMER R T. Mode scalability in bent optical fibers[J]. Optics Express，2007，15(24)：15674-15701.

[13] SCHERMER R T，COLE J H. Improved bend loss formula verified for optical fiber by simulation

and experiment[J]. IEEE Journal of Quantum Electronics, 2007, 43(10): 899-909.

[14] AGRAWAL G P. Nonlinear fiber optics[M]//Nonlinear Science at the Dawn of the 21st Century. Springer, Berlin, Heidelberg, 2000: 195-211.

[15] GODA K, SOLLI D R, TSIA K K, et al. Theory of amplified dispersive Fourier transformation[J]. Physical Review A, 2009, 80(4): 043821.

[16] WEINER A M, HERITAGE J P, HAWKINS R J, et al. Experimental observation of the fundamental dark soliton in optical fibers[J]. Physical review letters, 1988, 61(21): 2445.

[17] TANG D, GUO J, SONG Y, et al. Dark soliton fiber lasers [J]. Optics express, 2014, 22 (16): 19831-19837.

[18] TURITSYN S K, ROSANOV N N, YARUTKINA I A, et al. Dissipative solitons in fiber lasers[J]. Physics-Uspekhi, 2016, 59(7): 642.

[19] TEĞIN U, KAKKAVA E, RAHMANI B, et al. Spatiotemporal self-similar fiber laser[J]. Optica, 2019, 6(11): 1412-1415.

[20] DUDLEY J M, FINOT C, RICHARDSON D J, et al. Self-similarity in ultrafast nonlinear optics[J]. Nature Physics, 2007, 3(9): 597-603.

[21] WRIGHT J V. Microbending loss in monomode fibres: solution of petermann's auxiliary function [J]. Electronics Letters, 1983, 19(25): 1067-1068.

第4章 光纤系统的连接与纤上工艺

光纤本身所具有的低损耗特性是其重要的优点之一。然而实际应用的光纤系统都是由许多根光纤连接构成的，而两根光纤之间的连接远不如两根金属导线之间的连接那样简单，后者只需要两根导线紧密接触即可，前者则需采用精密的光纤连接技术，以最大限度地降低由光纤接头引起的损耗，这种损耗通常要占光纤通信总损耗的30%左右。

除了光纤本身的连接以外，光纤还需与系统中的光源、探测器以及各种光纤无源器件(例如光纤分束器、波分复用器、隔离器/环形器、衰减器以及光开关等)耦合，其耦合效率(耦合损耗)在很大程度上影响着器件及系统的性能。

因此，光纤的连接与耦合是光纤光学和技术研究中的一个重要方面。本章将以光纤与光纤、光纤与光源以及光纤与无源器件之间的耦合连接为重点，讨论耦合损耗的来源、耦合效率的提升以及光纤的连接技术。最后从实际操作出发，对光纤熔接、拉锥和腐蚀三种纤上工艺进行介绍。

本章重点内容：

(1) 光纤与光纤连接的损耗来源以及耦合效率的分析。

(2) 常见的光纤固定连接和活动连接方法。

(3) 光束变换准则、光纤与光纤之间的透镜耦合系统。

(4) 光纤与光源耦合的特点。

(5) 三种常用纤上操作工艺的原理以及操作过程。

4.1 光纤和光纤的直接耦合

耦合效率 η 是衡量光纤间耦合连接性能的重要指标。需要注意的是，光纤之间的光透过率 T 在此处与耦合效率的概念等同。此外，也可以用耦合损耗 α 来表征光纤间的连接性能，它与耦合效率 η、光透过率 T 之间的关系为

$$\alpha = -10\lg\eta = -10\lg T \tag{4.1.1}$$

通常，光纤的耦合需要从内因和外因两个方面来考虑：一方面，需要考虑两个光纤芯径、数值孔径、折射率分布等参数的匹配程度；另一方面，也需考虑两光纤间的机械对准程度以及端面间的折射率匹配程度等。

两光纤直接耦合时产生的三种典型的机械对准误差如图4.1.1所示。轴向对准误差(图4.1.1(a))的产生是由于两根光纤的轴线存在横向偏移量；纵向对准误差(图4.1.1(b))的

产生是由于两根光纤虽然在同一轴线上，但是光纤的端面之间存在间隙；角向对准误差（图 4.1.1(c)）的产生是由于两根光纤的轴之间存在一个角度，以至于两根光纤的端面不再平行。

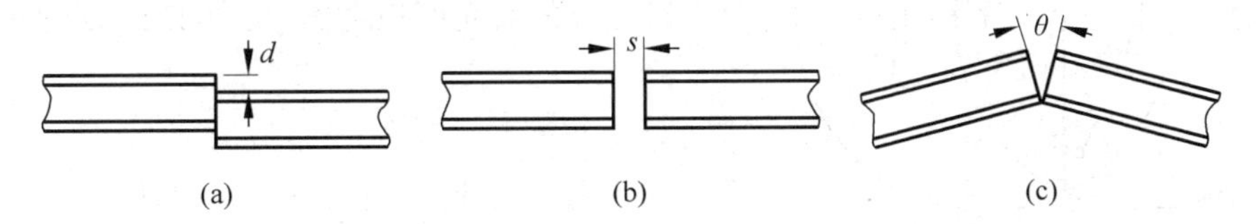

图 4.1.1　两光纤直接耦合时产生的三种典型的机械对准误差

(a) 轴向对准误差；(b) 纵向对准误差；(c) 角向对准误差

下面就端面菲涅耳反射、机械对准程度、光纤几何/结构参数的失配程度对光纤直接耦合效率的影响进行讨论。由于多模光纤和单模光纤芯径的差异，两种光纤的分析方法也不同，因此需要将两种光纤分开来讨论。

4.1.1　多模光纤和多模光纤直接耦合损耗

对于多模光纤和多模光纤的直接耦合效率，可以使用几何光学的方法进行分析和讨论。假设：光功率在截面上分布是均匀的，光功率角分布和偏振也是均匀的，所用光纤是均匀折射率分布的多模光纤。

1. 端面菲涅耳反射对耦合效率的影响

将两个耦合光纤分别记为入射光纤 1 和接收光纤 2。光从光纤 1（纤芯折射率为 n_1）入射到空气间隙（折射率为 n_0）时的光透过率 $T_{\text{fresnel}\cdot 1}$ 为

$$T_{\text{fresnel}\cdot 1}=\frac{4n_1n_0}{(n_1+n_0)^2}$$

光从空气间隙（折射率为 n_0）入射到光纤 2（纤芯折射率为 n_1）时的透过率 $T_{\text{fresnel}\cdot 2}$ 为

$$T_{\text{fresnel}\cdot 2}=\frac{4n_0n_1}{(n_0+n_1)^2}$$

若不考虑二次反射和其他损耗，则此时两光纤的耦合效率（透过率）为

$$T_{\text{fresnel}\cdot\text{total}}=\frac{4n_0n_1}{(n_0+n_1)^2}\cdot\frac{4n_0n_1}{(n_0+n_1)^2}=\frac{16n_0^2n_1^{\ 2}}{(n_0+n_1)^4}=\frac{16N^2}{(1+N)^4}$$

$$N=\frac{n_1}{n_0}\tag{4.1.2}$$

则两光纤之间的耦合损耗为

$$\alpha_{\text{fresnel}\cdot\text{total}}=-10\lg T_{\text{fresnel}\cdot\text{total}}\tag{4.1.3}$$

实际中，可以通过加入折射率匹配液的方式，尽量使 $N=1$ 来降低端面间的菲涅耳反射损耗。

2. 轴向偏离对耦合效率的影响

在实际情况中，最常见的光纤对准误差就是轴向对准误差。轴向偏移减小了两根光纤纤芯端面的重叠区域，从一根光纤耦合进另一根光纤的光功率值也随之降低。

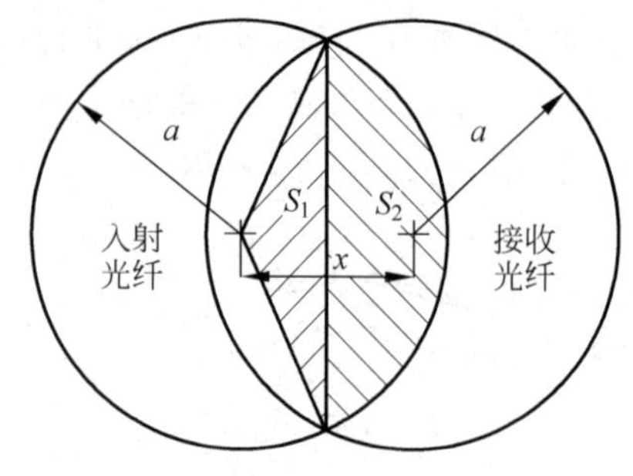

图 4.1.2 两个相同的多模阶跃光纤轴偏离示意图

对于阶跃型折射率光纤，光纤端面的激光能量分布基本是均匀的，所以存在轴向偏离问题时，激光能量的耦合效率可由入射光纤与接收光纤的重合面积与入射光纤的通光面积之比（见图 4.1.2）获得，即

$$\eta_{\text{offset}}=\frac{S_{\text{common}}}{\pi a^2} \tag{4.1.4}$$

式中，a 为两个光纤的芯径；S_{common} 为两个光纤的重合面积。若轴向偏离距离为 x，则耦合效率 η_{offset} 的具体计算过程如下（S_1、S_2 分别表示的面积如图 4.1.2 所示）：

$$S_1+S_2=\frac{\pi a^2}{2\pi}\cdot 2\arccos\left(\frac{x}{2a}\right)$$

$$S_1=\frac{x}{2}\cdot\left[a^2-\left(\frac{x}{2}\right)^2\right]^{\frac{1}{2}}$$

$$S_{\text{common}}=2\cdot S_2=2\cdot\left\{\frac{\pi a^2}{2\pi}\cdot 2\arccos\left(\frac{x}{2a}\right)-\frac{x}{2}\cdot\left[a^2-\left(\frac{x}{2}\right)^2\right]^{\frac{1}{2}}\right\} \tag{4.1.5}$$

$$\eta_{\text{offset}}=\frac{S_{\text{common}}}{\pi a^2}=\frac{1}{\pi}\cdot\left\{2\arccos\left(\frac{x}{2a}\right)-\frac{x}{a}\cdot\left[1-\left(\frac{x}{2a}\right)^2\right]^{\frac{1}{2}}\right\} \tag{4.1.6}$$

若同时考虑菲涅耳反射损耗和轴偏离损耗，则此时的耦合效率（光透过率）η_1 为

$$\eta_1=T_{\text{fresnel}\cdot\text{total}}\cdot\eta_{\text{offset}}=\frac{16N^2}{(1+N)^4}\cdot\frac{1}{\pi}\cdot\left\{2\arccos\left(\frac{x}{2a}\right)-\frac{x}{a}\cdot\left[1-\left(\frac{x}{2a}\right)^2\right]^{\frac{1}{2}}\right\} \tag{4.1.7}$$

进一步计算耦合损耗 α_1：

$$\alpha_1=-10\lg\eta_1$$

图 4.1.3 给出了耦合损耗 α_1 和轴向偏离 x 的关系曲线。图 4.1.3 中实线为理论值，实验所用光纤为均匀折射率分布光纤，相对折射率差为 $\Delta=0.7\%$，光纤长度分别为 500m 和 3m。$N=1$ 为光纤两端面之间加了匹配液的情况；$N=1.46$ 则为两端面处于空气中的情况。由图 4.1.3 中曲线可见，只有当 $x/a<0.2$，即两光纤的轴向偏离距离小于芯径的 1/10 时，才能使耦合损耗 $\alpha_1<1\text{dB}$。

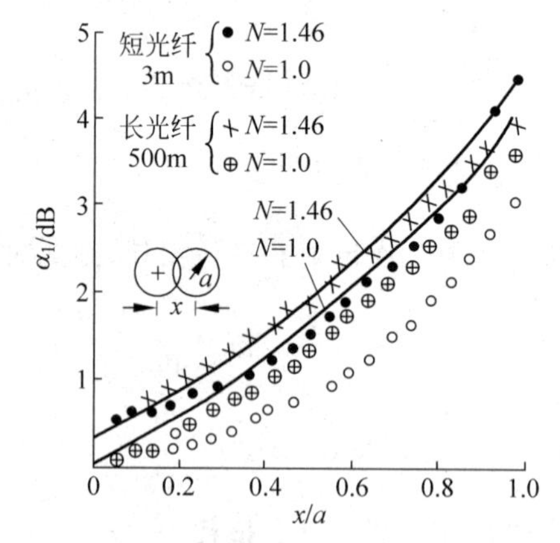

图 4.1.3 耦合损耗 α_1 和轴向偏离 x 的关系曲线

3. 纵向偏离对耦合效率的影响

若两光纤端面之间的间隙为 z，则耦合效率 η_2 为（同轴向偏离分析过程）

$$\eta_2\approx\frac{16N^2}{(1+N)^4}\left[1-\left(\frac{z}{4a}\right)N(2\Delta)^{\frac{1}{2}}\right] \tag{4.1.8}$$

其中，Δ 为光纤的相对折射率差。

进一步计算耦合损耗 α_2：

$$\alpha_2=-10\lg\eta_2 \tag{4.1.9}$$

图 4.1.4 给出了耦合损耗 α_2 和纵向偏离 z 的关系曲线。由图 4.1.4 中曲线可见，对间隙 z 的调整精度比对轴偏离 x 的要求低。

4. 角向偏离对耦合效率的影响

若两光纤轴之间的倾斜角为 θ(如图 4.1.5 中曲线左侧所示)，且 θ 足够小(同轴向偏离分析过程)，则耦合效率 η_3 为

$$\eta_3\approx\frac{16N^2}{(1+N)^4}\left[1-\frac{\theta}{\pi N(2\Delta)^{\frac{1}{2}}}\right] \tag{4.1.10}$$

进一步计算耦合损耗 α_3：

$$\alpha_3=-10\lg\eta_3 \tag{4.1.11}$$

图 4.1.5 给出了轴倾斜引起的损耗 α_3 和 θ 之间的关系。由图 4.1.5 中曲线可见，要使耦合损耗小于 1dB，其角向偏离应小于 5°。

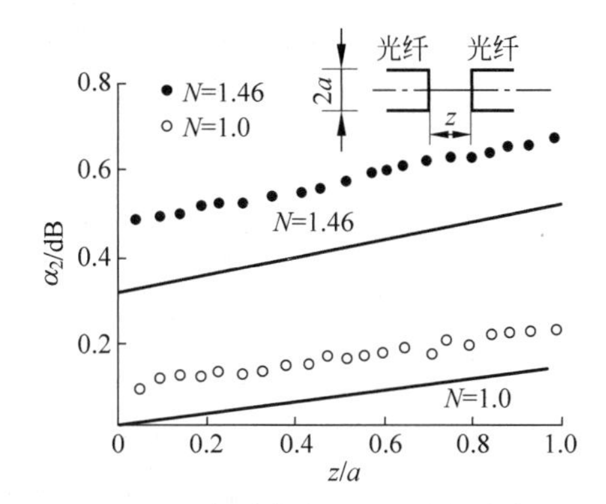

图 4.1.4　耦合损耗 α_2 和纵向偏离 z 的关系曲线

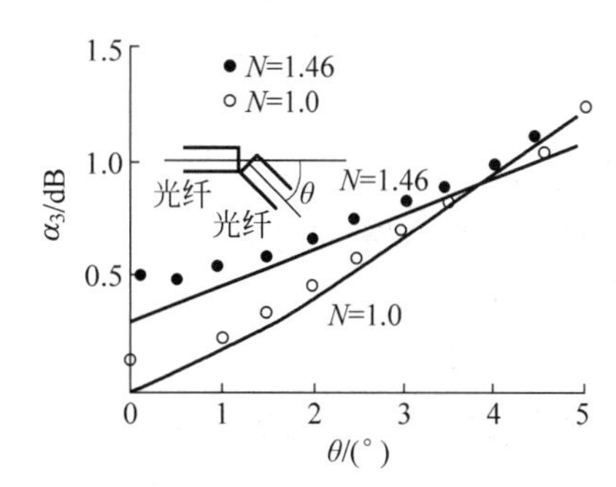

图 4.1.5　耦合损耗 α_3 和角向偏离 θ 之间的关系曲线

5. 光纤端面的不完整性对耦合效率的影响

若两光纤端面之间有匹配液($N=1.0$)，则端面的不完整性不会引起明显的耦合损耗。以下给出的结果都是针对 $N=1.46$ 的情况。

1) 端面倾斜

若两光纤端面和光纤轴不垂直，其夹角分别为 θ_1 和 θ_2，则耦合效率 η_4 为

$$\eta_4\approx\frac{16N^2}{(1+N)^4}\left[1-\frac{|N-1|}{\pi N(2\Delta)^{\frac{1}{2}}}(\theta_1+\theta_2)\right] \tag{4.1.12}$$

进一步计算耦合损耗 α_4：

$$\alpha_4=-10\lg\eta_4 \tag{4.1.13}$$

图 4.1.6 给出了轴倾斜引起的损耗 α_4 和($\theta_1+\theta_2$)之间的关系。从图 4.1.6 可以看出，光纤的芯-包折射率差 Δ 值越小，对端面倾斜的要求就越高。

2) 端面弯曲

若两光纤端面不是平面，则耦合效率 η_5 为

$$\eta_5\approx\frac{16N^2}{(1+N)^4}\left[1-\frac{1}{2(2\Delta)^{\frac{1}{2}}}\cdot\frac{N-1}{N}\cdot\frac{d_1+d_2}{a}\right] \tag{4.1.14}$$

进一步计算耦合损耗 α_5：

$$\alpha_5 = -10\lg\eta_5 \tag{4.1.15}$$

式(4.1.14)中，d_1、d_2 分别为两端面弯曲的程度。α_5 和$(d_1+d_2)/a$ 的关系如图 4.1.7 所示。

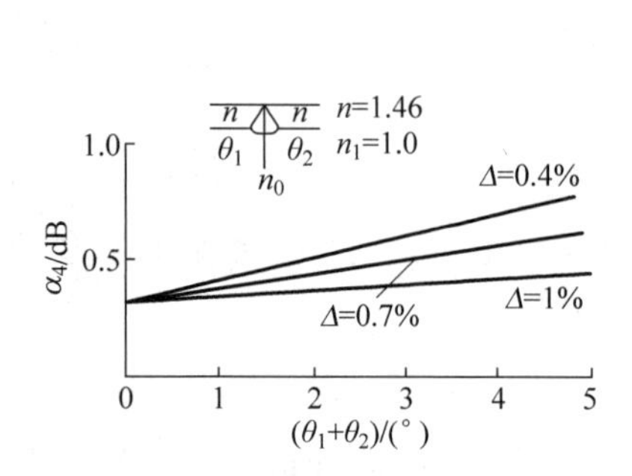

图 4.1.6 轴倾斜引起的损耗 α_4 和$(\theta_1+\theta_2)$之间的关系

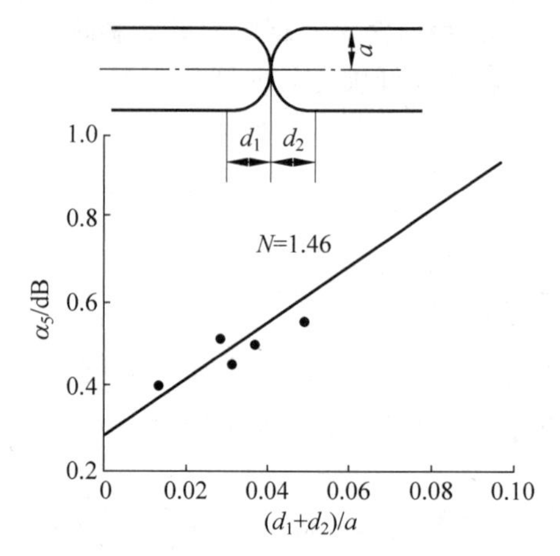

图 4.1.7 耦合损耗 α 和$(d_1+d_2)/a$ 的关系

6. 光纤种类不同对耦合效率的影响

1）光纤芯径不同

当光由细芯径的光纤进入粗芯径的光纤时只有反射损失；反之，由粗芯径光纤进入细芯径的光纤时(此时，可认为光纤端面的激光能量分布基本是均匀的，所以激光能量的耦合效率可由入射光纤与接收光纤的重合面积获得)将会产生附加的耦合损耗。记入射光纤 1 和接收光纤 2 的纤芯半径分别为 a_1 和 a_2，则耦合效率 η_6 为

$$\eta_6 \approx \begin{cases} \dfrac{16N^2}{(1+N)^4}\left(\dfrac{a_2}{a_1}\right)^2, & \dfrac{a_2}{a_1} < 1 \\ \dfrac{16N^2}{(1+N)^4}, & \dfrac{a_2}{a_1} \geqslant 1 \end{cases} \tag{4.1.16}$$

进一步计算耦合损耗 α_6：

$$\alpha_6 = -10\lg\eta_6 \tag{4.1.17}$$

2）数值孔径不同

光由纤芯折射率小(即数值孔径小)的光纤进入纤芯折射率大(即数值孔径大)的光纤时只有反射损失；反之，将产生附加的耦合损耗。记入射光纤 1 和接收光纤 2 的纤芯半径分别为 NA_1 和 NA_2。

如果光功率在面积上分布均匀，则耦合效率 η_7 为

$$\eta_7 \approx \begin{cases} \dfrac{16N^2}{(1+N)^4}\left(\dfrac{\mathrm{NA}_2}{\mathrm{NA}_1}\right)^2, & \dfrac{\mathrm{NA}_2}{\mathrm{NA}_1} < 1 \\ \dfrac{16N^2}{(1+N)^4}, & \dfrac{\mathrm{NA}_2}{\mathrm{NA}_1} \geqslant 1 \end{cases} \tag{4.1.18}$$

如果光功率在角度上分布均匀，则耦合效率 η_7' 为

$$\eta_7' \approx \begin{cases} \dfrac{16N^2}{(1+N)^4}\dfrac{\mathrm{NA}_2}{\mathrm{NA}_1}, & \dfrac{\mathrm{NA}_2}{\mathrm{NA}_1} < 1 \\ \dfrac{16N^2}{(1+N)^4}, & \dfrac{\mathrm{NA}_2}{\mathrm{NA}_1} \geqslant 1 \end{cases} \tag{4.1.19}$$

进一步计算耦合损耗 α_7：

$$\alpha_7 = -10\lg\eta_7 \tag{4.1.20}$$

同理可得耦合损耗 α_7'。

4.1.2　单模光纤和单模光纤直接耦合损耗

计算单模光纤和单模光纤的直接耦合损耗和上述计算多模光纤和多模多纤的直接耦合损耗的主要差别是：对多模光纤，其端面光功率分布视为均匀分布，而对单模光纤，其端面光功率则视为高斯分布。单模光纤之间的耦合效率取决于端面两侧模场的匹配程度。所谓匹配是指模场的大小以及光场的分布上的相似程度。因此，单模光纤之间的耦合效率 η 可以用端面两侧模场的交叠程度（交叠积分）来表示：

$$\eta = \frac{\left|\iint_S E_{y1}E_{y2}\,\mathrm{d}x\,\mathrm{d}y\right|^2}{\iint_S |E_{y1}|^2\mathrm{d}x\,\mathrm{d}y \cdot \iint_S |E_{y2}|^2\mathrm{d}x\,\mathrm{d}y} \tag{4.1.21}$$

其中，E_{y1}、E_{y2} 为端面两侧的光场分布；S 为积分面积。

1. 两光纤的轴向和角向偏移共同引起的耦合损耗

若入射光纤 1 和接收光纤 2 是完全相同的光纤（即它们的光纤参数和模场参数均相同），通过求解端面两侧模场的交叠程度，可得轴向和角向偏移共同引起的耦合损耗 α_1。

如图 4.1.8 所示，建立直角坐标系 $Oxyz$ 和 $O'x'y'z'$（y 和 y' 垂直于纸面）。其中，光纤 1 为入射光纤，光纤 2 为接收光纤。假设光纤 1 和光纤 2 是完全相同的光纤，即它们的光纤纤芯半径 a、模场半径 w 和光纤折射率 n_{fiber} 均相同。即

$$a_{\mathrm{fiber}\cdot 1} = a_{\mathrm{fiber}\cdot 2} = a, \quad w_{\mathrm{fiber}\cdot 1} = w_{\mathrm{fiber}\cdot 2} = w \tag{4.1.22}$$

$$n_{\mathrm{fiber}\cdot 1} = n_{\mathrm{fiber}\cdot 2} = \begin{cases} n_1, & r \leqslant a \\ n_2, & r > a \end{cases} \tag{4.1.23}$$

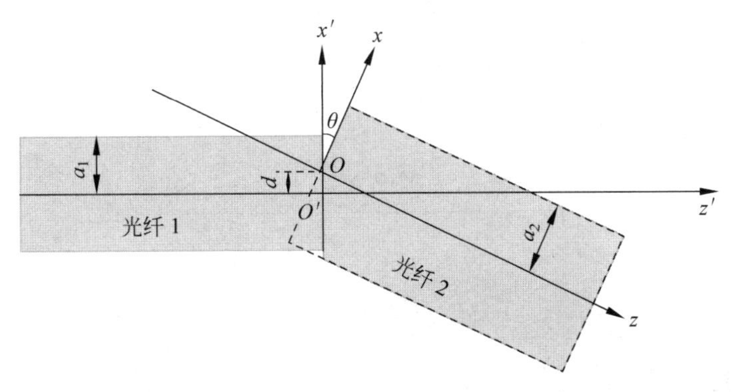

图 4.1.8　两光纤的轴向和角向偏移示意图

两个坐标系之间量的关系为（d 表示轴向偏移的距离，θ 表示角向偏移的角度）

$$x' = x\cos\theta - z\sin\theta + d \tag{4.1.24}$$

$$y' = y \tag{4.1.25}$$

$$z' = x\sin\theta + z\cos\theta \tag{4.1.26}$$

入射光纤 1 端面处的光场传输到光纤 2 端面时，光场表达式为

$$E_{y1} = [4\sqrt{\mu_0/\varepsilon_0}P_1/\pi n_1 w^2]^{\frac{1}{2}} \cdot e^{\frac{-(x'^2+y'^2)}{w^2}} \cdot e^{-in_1k_0z'} \tag{4.1.27}$$

其中，$e^{-in_1k_0z'}$ 表示相位延迟。

由于两光纤的纵向间隔为零，可认为从光纤 1 出射的高斯光束到达光纤 2 的端面处时，高斯光束的模场直径不变，经坐标变换后式(4.1.27)记为

$$E_{y1} = [4\sqrt{\mu_0/\varepsilon_0}P_1/\pi n_1 w^2]^{\frac{1}{2}} \cdot e^{\frac{-[(x\cos\theta - z\sin\theta + d)^2+y^2]}{w^2}} \cdot e^{-in_1k_0(x\sin\theta + z\cos\theta)} \tag{4.1.28}$$

接收光纤 2 中的光场表达式为

$$E_{y2} = [4\sqrt{\mu_0/\varepsilon_0}P_2/\pi n_1 w^2]^{\frac{1}{2}} \cdot e^{\frac{-(x^2+y^2)}{w^2}} \tag{4.1.29}$$

在 $z=0$ 处有

$$E_{y1}(z=0) = [4\sqrt{\mu_0/\varepsilon_0}P_1/\pi n_1 w^2]^{\frac{1}{2}} \cdot e^{\frac{-[(x\cos\theta+d)^2+y^2]}{w^2}} \cdot e^{-in_1k_0\sin\theta} \tag{4.1.30}$$

$$E_{y2}(z=0) = [4\sqrt{\mu_0/\varepsilon_0}P_2/\pi n_1 w^2]^{\frac{1}{2}} \cdot e^{\frac{-(x^2+y^2)}{w^2}} \tag{4.1.31}$$

当 θ 很小时，$\cos\theta \approx 1$，$\sin\theta \approx \theta$，$E_{y1}$ 可以化简为

$$E_{y1}(z=0) = [4\sqrt{\mu_0/\varepsilon_0}P_1/\pi n_1 w^2]^{\frac{1}{2}} \cdot e^{\frac{-[(x+d)^2+y^2]}{w^2}} \cdot e^{-in_1k_0x\theta} \tag{4.1.32}$$

将 E_{y1} 和 E_{y2} 的表达式代入光纤耦合效率的表达式(4.1.21)中，得

$$\begin{aligned}
\eta &= \frac{\left|\iint_S E_{y1}E_{y2}\,dx\,dy\right|^2}{\iint_S |E_{y1}|^2 dx\,dy \cdot \iint_S |E_{y2}|^2 dx\,dy} \\
&= \frac{\left|\int_{-\infty}^{+\infty}\int_{-\infty}^{+\infty} e^{-\frac{(x+d)^2+x^2+2y^2}{w^2}} e^{-in_1k_0\theta x}\,dx\,dy\right|^2}{\int_{-\infty}^{+\infty}\int_{-\infty}^{+\infty} e^{\frac{-2[(x+d)^2+y^2]}{w^2}}\,dx\,dy \cdot \int_{-\infty}^{+\infty}\int_{-\infty}^{+\infty} e^{\frac{-2(x^2+y^2)}{w^2}}\,dx\,dy} \\
&= \frac{2}{\pi w^2}\left|\int_{-\infty}^{+\infty}\int_{-\infty}^{+\infty} e^{-\frac{2x^2+2xd+d^2+in_1k_0\theta x w^2}{w^2}}\,dx\,dy\right|^2 \\
&= \frac{2}{\pi w^2}\left|\int_{-\infty}^{+\infty}\int_{-\infty}^{+\infty} e^{-\frac{\left(\sqrt{2}x+\frac{d}{\sqrt{2}}+\frac{in_1k_0\theta w^2}{2\sqrt{2}}\right)^2}{w^2}} e^{-\left(\frac{d^2}{2w^2}+\frac{n_1^2k_0^2\theta^2w^2}{8}\right)} e^{\frac{in_1k_0d\theta}{2}}\,dx\,dy\right|^2 \\
&= e^{-\left(\frac{d^2}{w^2}+\frac{n_1^2k_0^2\theta^2w^2}{4}\right)} = e^{-\left(\frac{d^2}{w^2}+\frac{n_1^2\pi^2\theta^2w^2}{\lambda^2}\right)}
\end{aligned} \tag{4.1.33}$$

相应地，耦合损耗 α_1 为

$$\alpha_1 = -10\lg\eta \approx -4.34\ln\eta = 4.34\left(\frac{d^2}{w^2} + \frac{n_1^2\pi^2\theta^2w^2}{\lambda^2}\right)$$

式中，d 为两光纤的轴向偏移量；θ 为两光纤的角向偏移量；w 为光纤的模场半径。图4.1.9给出了 d、θ 和 α_1 之间的关系，随着相对折射率差 Δ 的减小，耦合损耗对轴向偏移量的容忍度增加，对角向偏移量的容忍度降低。

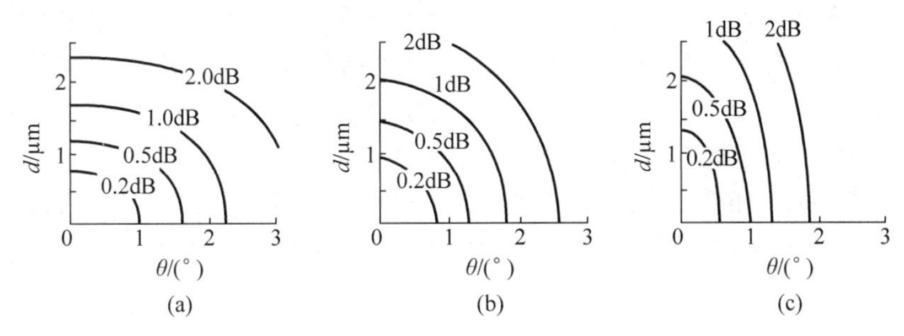

图4.1.9 单模光纤耦合损耗和 d 与 θ 的关系

(a) $\Delta=0.825\%$；(b) $\Delta=0.55\%$；(c) $\Delta=0.275\%$

2. 两光纤的纵向偏移引起的耦合损耗

若入射光纤1和接收光纤2是完全相同的光纤(即它们的光纤参数和模场参数均相同)，通过求解端面两侧模场的交叠程度(求解过程同上)，可得纵向偏移引起的耦合损耗 α_2 为

$$\alpha_2=-10\lg\left[\frac{1}{1+\left(\frac{z}{k_0 n_1 w^2}\right)^2}\right]$$

式中，z 为两光纤的纵向偏移量；w 为光纤的模场半径；n_1 为两光纤纤芯的折射率；k_0 为真空中的波数。耦合损耗 α_2 和 z 之间的关系如图4.1.10所示。

3. 光纤种类不同引起的耦合损耗

当两根单模光纤的参数不相同时，主要考虑其模场直径不匹配引起的损耗，该耦合损耗为

$$\alpha_3=-20\lg\left[\frac{2w_1w_2}{w_1^2+w_2^2}\right]$$

式中，w_1 为入射光纤1的模场半径；w_2 为接收光纤2的模场半径。耦合损耗 α_3 和 w_1/w_2 之间的关系如图4.1.11所示。由图4.1.11可知，当 $0.71\leqslant w_1/w_2\leqslant 1.4$ 时，耦合损耗可以控制在0.5dB以内。因此，单模光纤模场直径匹配是两根单模光纤高效耦合的基本要求，无论光是从细光纤进粗光纤，还是从粗光纤进细光纤。

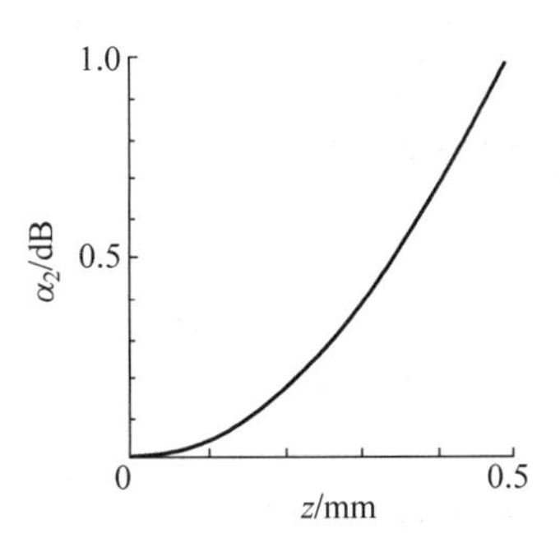

图4.1.10 单模光纤耦合损耗 α_2 和纵向偏移 z 之间的关系

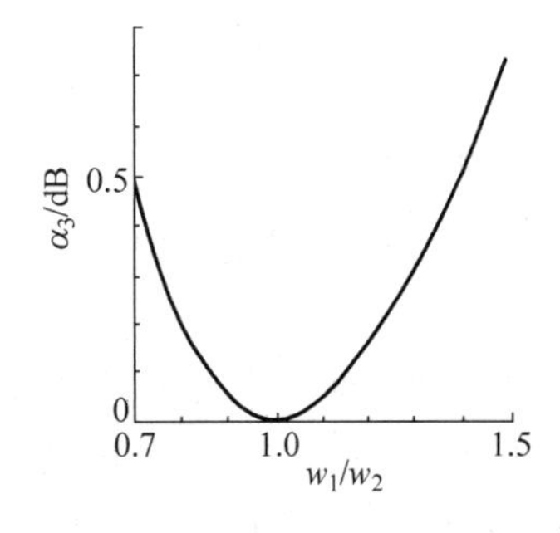

图4.1.11 单模光纤耦合损耗 α_3 和 $\frac{w_1}{w_2}$ 之间的关系

4.1.3 模场匹配器

模场直径(MDF)是单模光纤一个非常重要的参数,当两单模光纤的模场直径不匹配时,将会在连接过程中产生附加的耦合损耗。附加耦合损耗的能量进入包层并转化为热量堆积,这很容易导致连接点处的温度过高而损伤光纤等问题。为了解决这个问题,人们发明了模场匹配器(mode field adaptor,MFA),用于减少不同模场直径和数值孔径的光纤之间的耦合损耗,使得光场在连接处具有最大光透过率。模场匹配器不单用于单模光纤之间的模场适配,也用于单模和少模光纤、少模与少模光纤之间的模场匹配。目前,模场匹配技术主要包括热扩散匹配和熔融拉锥匹配,其基本思想是扩大(缩小)前一级(后一级)纤芯的模场尺寸,以降低模场失配量值。

1. 热扩散模场传输匹配

石英光纤的纤芯区域通常会掺入一定浓度的 GeO_2,以提高纤芯区域的折射率,在纤芯和包层之间形成折射率差,从而将信号光限制在纤芯中传播。对光纤进行高温加热时,Ge^{4+} 会从高浓度的纤芯区域向低浓度的包层区域扩散,从而引起折射率分布的变化。

如图 4.1.12 所示,利用 Ge^{4+} 在高温下会从高浓度向低浓度扩散的特点,沿轴向在一定范围内加热光纤,使这段范围内的纤芯折射率分布逐渐发生改变。当信号光在渐变型折射率波导中传输时,其模场尺寸可以逐渐扩大,最终与下一级光纤模场实现匹配。由于加热扩芯增大单模光纤的模场直径可以通过改变加热条件精确控制,可以通过不断调节加热参数实现最佳模场匹配。

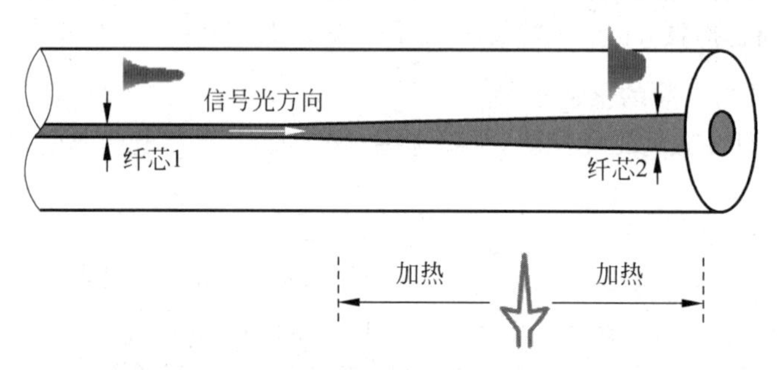

图 4.1.12 通过加热使纤芯区域扩大的基本原理

研究结果表明:通过热扩芯法,Nufern 公司 1060-XP 高性能单模光纤在 1310nm 处的模场直径可扩芯至 209%;Nufern 公司 PM 980C-HP 低损耗保偏光纤在 1310nm 处的模场直径可扩芯至 156%;单模光子晶体光纤在 1060nm 处的模场直径可扩芯至 176%。

2. 熔融拉锥模场匹配

在光纤耦合系统中,为了使信号光有效地耦合到更大模场尺寸的光纤中,还必须考虑芯径不同的大模场光纤之间的模场匹配。考虑到大模场光纤的热扩散作用有限,可以采用熔融拉锥模场匹配法。熔融拉锥模场匹配法的基本做法是:减小大芯径光纤的芯径和内包层直径,使其与小芯径光纤的芯径和内包层直径相匹配,以降低模场失配损耗。

熔融拉锥模场匹配制作过程如图 4.1.13(a)所示,首先固定住大芯径光纤的两端,用氢氧焰或者电火花加热大芯径光纤的中间位置,待被加热光纤达到熔融状态后,拉伸光纤的左端，就可以在中间位置获得一定长度的锥区和平滑区。再利用光纤切割刀截取大芯径光纤的右半部分，如图 4.1.13(b)所示，最后使用光纤熔接机对小芯径光纤与大芯径光纤的熔锥区进行对准熔接。由于熔接过程在熔锥后进行，不可能像热扩散匹配法那样进行在线监测，因此，在进行实际熔锥匹配操作之前，必须确定好熔锥区的特征参数，比如：ω'_{g2}。

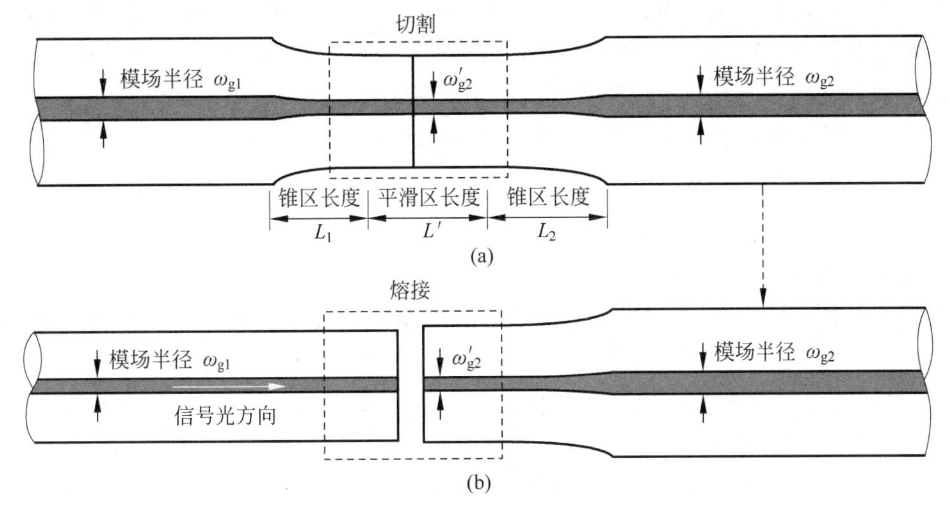

图 4.1.13　实现模场匹配的熔融拉锥结构示意图

图 4.1.14 给出了美国 Nufern 公司掺镱双包层光纤 PM 15/130μm 与 PM 25/250μm 熔锥平滑区的光纤熔接效果图。其中，右侧是 PM 25/250 光纤，纤芯数值孔径为 0.06，在光纤的熔锥平滑区，内包层直径由 250μm 压缩到 200μm，纤芯压缩为 20μm；左侧为 PM 15/130 光纤，其纤芯数值孔径为 0.08。通过熔融拉锥模场匹配可以使 PM 15/130 光纤与 PM 25/250 光纤的模场失配损耗由 1.2dB 降低到 0.4dB。

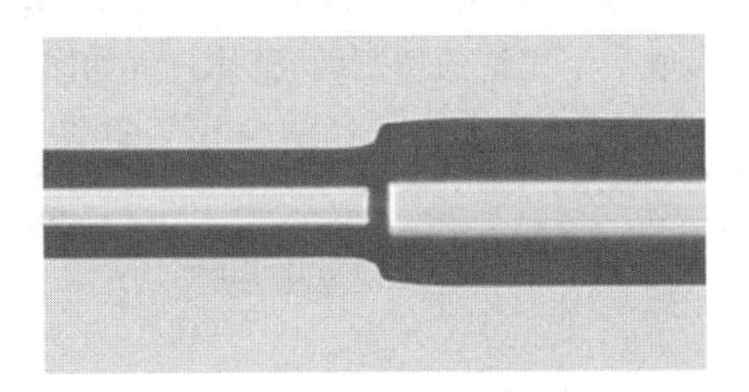

图 4.1.14　PM 15/130μm 与 PM 25/250μm 熔锥平滑的光纤熔接效果图

需要注意的是：光沿光纤传输的方向，要保证低损耗，除了纤芯要匹配，纤芯的数值孔径匹配也很重要，如果数值孔径相差很多，即便纤芯匹配，也会造成很大的损耗。拉锥过程中纤芯会随着包层等比例变小，但数值孔径会增大，要考虑这一点。

4.2　光纤和光纤的连接方法

4.2.1　固定连接

光纤固定接续是一种永久性的连接，其基本要求是以最短的时间与最低的成本获得最低的稳定插入损耗。不同的应用场合对于光纤连接技术提出不同的要求,例如,在单模长途干线通信系统中,为增加中继距离,要求接头的损耗低,且性能稳定,而对于接续时间与成本则可降低要求;在光纤局部区域网(LANS)中,通信距离短但接头多,因此要求接头具备现场快速安装性能,对于接头损耗只作一般性要求。

根据光纤固定接头是用多模光纤还是用单模光纤,连接单根光纤还是连接阵列光纤,机械式固定还是熔焊方法固定,可将其分为:多模机械式固定单根光纤接头或阵列光纤接头;单模机械式固定单根光纤接头或阵列光纤接头;多模熔焊法固定单根光纤接头或阵列光纤接头;单模熔焊法固定单根光纤接头或阵列光纤接头。

光纤固定连接技术中含有三个基本的操作环节:光纤端面制备、光纤对准调节、光纤固定。

1. 光纤端面制备

在光纤的各种应用中,光纤端面处理是一种最基本的技术。光纤端面处理的形式可分为两种:平面光纤头与微透镜光纤头。前者多用于光纤和各种光无源器件以及光纤和光纤的连接与接续;后者则多用于光纤和各种光源及光探测器之间的耦合。光纤端面处理的基本步骤为:涂覆层剥除、光纤端面制备和光纤端面检测。

(1) 对于石英系光纤,制备光纤端面的常用方法有:加热法、切割法和研磨法。

① 加热法。加热法主要适合直径 100μm 以上的粗光纤。其原理是光纤受局部加热产生的应力突变会使其沿直径方向解离,从而形成所需镜面。制作时,首先将已剥除套塑层和预涂覆层的裸光纤端面在电弧(或其他热源)下均匀加热,然后迅即用镊子(或相当的工具)夹住光纤端部,将其折断即可。利用这种方法制备光纤端面的成功率一般较低,需要有相当的经验才能获得满意的效果。

② 切割法。切割法又称为刻痕拉断法。光纤切割技术的原理是:拉紧待切光纤的两端,利用金刚石刀口在光纤内包层侧面刻下一个微小的裂缝,在足够大的拉力作用下,裂缝逐渐沿着光纤径向扩大至形成一个完整的切割面,整体过程如图 4.2.1 所示。

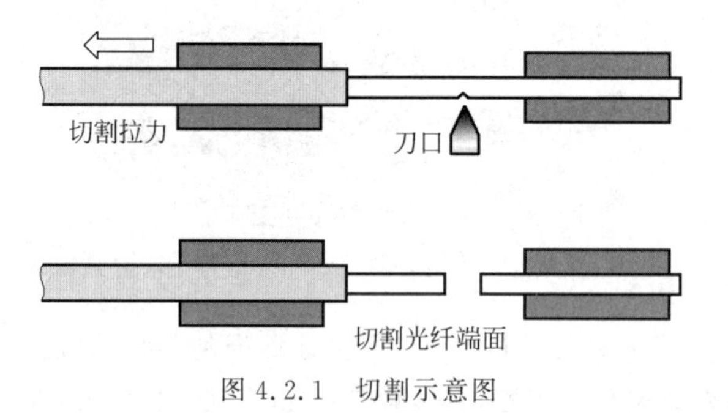

图 4.2.1 切割示意图

光纤端面切割主要分为:垂直切割和斜角切割。光纤的切割角度定义为光纤端面的法线与光纤轴线的夹角。垂直切割常用于光纤熔融对接,光纤端面垂直切割的角度为零度。垂直端面的光反馈大概是 4%。斜角切割则常见于需降低反馈的光纤输出端制备,常用斜八度角。斜八度端面的反馈可以降低两个量级,可以有效地降低反馈光对系统的伤害。

③ 研磨法。研磨法不仅可以使得光纤端面更接近于理想平面,而且还可以克服切割法和加热法不易保证光纤端面和纤轴垂直的缺点,使光纤端面倾斜角降至几十角秒以下。研

磨法多应用于企业批量生产中。

(2) 微透镜光纤头制备方法有两种：烧球和点球。

① 烧球。对已经制备好的平整光纤面进行加热(用电弧放电或者其他方法)，使端面软化并成为一半球形微透镜。在加热过程中往复移动加热元和改变加热温度，可以获得不同曲率半径的透镜。

② 点球。将已经制备好的平整光纤端面浸入熔融的石英玻璃或光学环氧树脂胶之中点缀成微透镜。通过控制进入深度与提升速度，可获得不同形状的微透镜，通过改变微透镜材料，还可以获得不同的透镜折射率，以适应不同场合光纤耦合的需要。

为提高微透镜的耦合效率，还可将光纤端面先拉制成锥形，然后在锥端部(锥形的小端部分)制作微透镜，这样可使透镜的曲率半径大大减小，会聚光的能力大大提高。因此，可以实现更小的焦距和更高的数值孔径，进而提高耦合效率。

2. 光纤对准调节

光纤对准调节技术包括无源对准与有源对准两种。

无源对准技术利用光纤包层或支撑光纤的套管(衬基)的几何一致性使光纤纤芯对准，前者称为直接对准，后者称为二次对准，如图 4.2.2 所示。

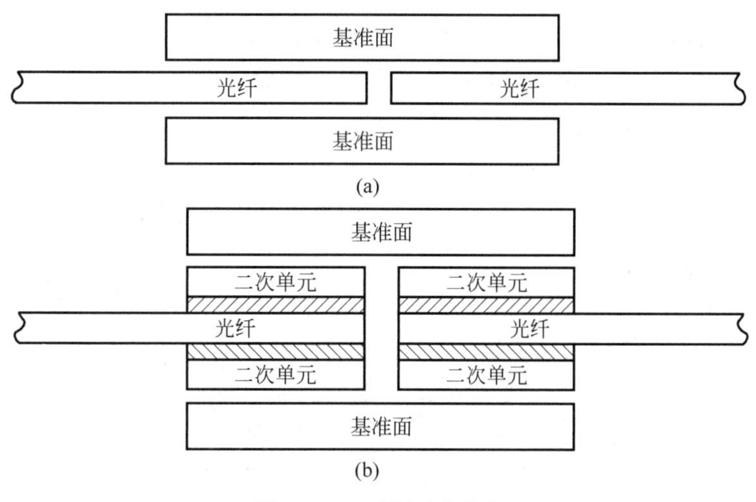

图 4.2.2　无源对准技术

(a) 直接对准；(b) 二次对准

直接对准技术对于光纤的外径与纤芯同心度及尺寸一致性有较高的要求。对于多模光纤，尺寸误差不应大于 1～2μm；对于单模光纤，尺寸误差应小于 1μm。

典型的直接对准方法有 V 形槽法、三棒法和套管法。图 4.2.3 所示为多光纤 V 形槽结构示意图。图 4.2.4 所示为三棒对准结构示意图，这种技术利用 3 根精密加工的圆柱棒夹持光纤，3 根棒与光纤的 3 条接触线提供了光纤准确对接的基准。套管法以一个精密配合的玻璃管、一个热缩管和一个能从中心孔加进黏合剂的套管作为精确对准的工具，套管端部张成喇叭形以便于插入光纤。

直接对准技术的主要优点是简便、迅速，适用于现场快速支装，其端面制备技术常采用刻痕拉断法。用于支撑连接光纤的衬基材料要求具备良好的刚性且沿纤轴方向平直，以减

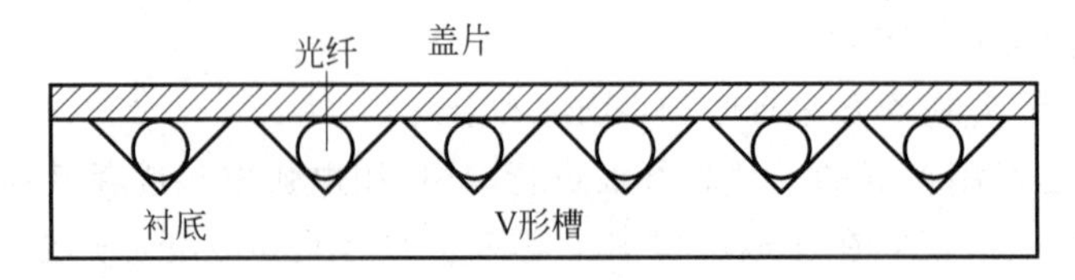

图 4.2.3 多光纤 V 形槽结构示意图

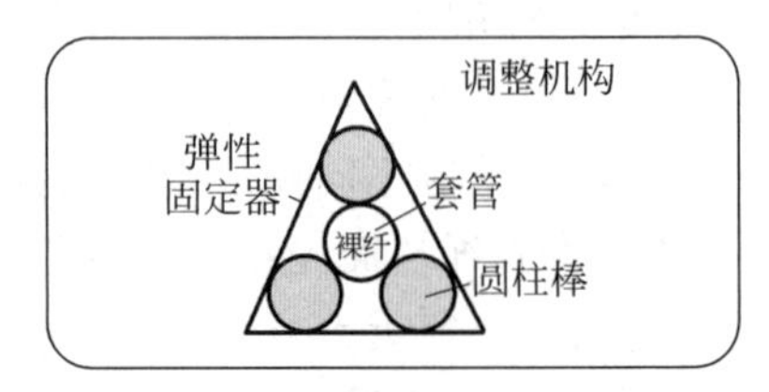

图 4.2.4 三棒对准结构示意图

小角向失准。该方法的主要损耗来自横向偏移，由光纤外径、纤芯同心度尺寸差异所致。此外，直接对准技术要求直接处理裸光纤，因此须倍加小心，以避免折断光纤。

二次对准技术首先用一支撑件(如毛细玻璃管等)固定住光纤，然后调节支撑件使光纤纤芯对准。这种结构坚固稳定，尤其适合于端面研磨抛光。二次对准技术的常用结构有带槽的衬基、玻璃-不锈钢双层套管、模塑、陶瓷与玻璃管等。

光纤的有源对准技术不是依靠光纤几何尺寸一致性进行对准，而是通过监测光纤至光纤的耦合效率，使接收功率达到最大，或者使光纤连接损耗达到最小，从而获得最佳的对准。前一种监测方法称为透射率法；后一种方法称为局部损耗法。通过设计合适的探测与反馈电路，这种有源对准技术可发展为自动对准技术，进而实现光纤对准调节的自动化。

3. 光纤的固定

光纤的固定技术是光纤连接中最重要的、最基本的环节。如果在光纤接头的使用期(20～40 年)之内，不能使接头性能保持稳定，光纤的高精度对准将不具备任何意义。理想的光纤固定技术应不增加连接损耗，节点的传输特性不随时间变化，能适应各种环境条件。常用的光纤固定技术包括胶粘、机械夹持和定位熔焊 3 种。

除了熔焊接头外，几乎所有的光纤连接都离不开各种各样的胶黏剂。其中，环氧树脂胶应用最为广泛。但是胶粘方法的不足之处是难以满足长期可靠性的要求。

机械夹持固定是为临时连接两根光纤提供一种简便而迅速的固定方法，其基本原理是在光纤二次对准调节的基础上提供一种使光纤固定的夹持方式。几种常用的机械夹持结构如图 4.2.5 所示。机械夹持结构与胶粘技术相配合，可以用作稳固的永久性光纤接头。

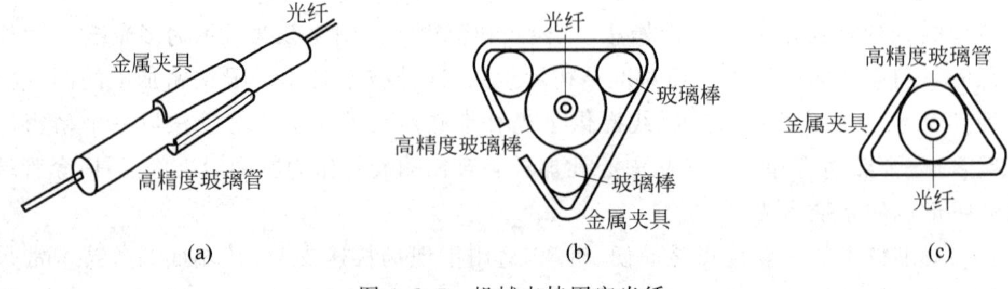

图 4.2.5 机械夹持固定光纤

光纤熔焊固定是所有光纤接头中性能最稳定、应用最普遍的一种，常用于永久性的光纤固定接头。利用熔焊技术可以得到损耗很低的光纤接头。对于单模光纤接续损耗可降至 0.05dB。对于芯径 50μm 的多模光纤，一般平均接续损耗在 0.02dB。

4.2.2　活动头连接

光纤活动连接器是一种可拆卸的光纤接插件，它可用来反复地连接或断开光纤。光纤活动连接器的基本设计要求是插入损耗小，性能稳定，插拔重复性与一致性好，安装方便，可靠性高且成本低。除此之外，在距光源较近处使用的光纤活动连接器还要求有大的回波损耗，以消除接头反射光对于激光器光源的不利影响。

从设计原理上讲，光纤活动连接器只有两种形式，即精密套管对接式与透镜扩束式。前一种是利用连接器高精度的几何设计来确保光纤准确对接，如图 4.2.6(a)、(b)所示；后一种则是利用透镜的准直与聚焦作用来连接两根光纤，如图 4.2.6(c)所示。然而，具体光纤活动连接器的几何结构却是千差万别、种类繁多，并且还在不断涌现新的结构类型。

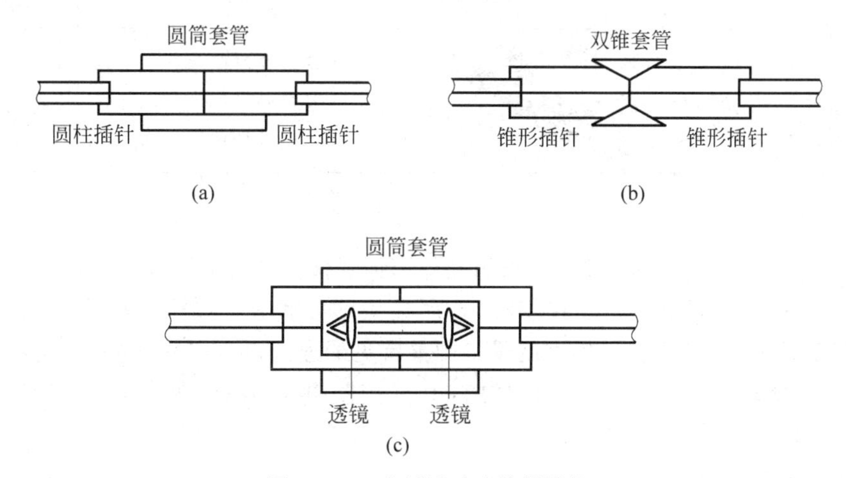

图 4.2.6　光纤活动连接器结构

1. 对接式活动连接器

在对接式光纤活动连接器的标注中，常能见到“FC/PC”，“SC/APC”等，该标注以“/”分为两部分：“/”前半部分表示连接器的结构类型，常见的光纤连接器的结构类型主要有 FC、SC、ST、LC、MTRJ、MU 等；“/”后半部分表示接头截面工艺，即研磨方式，常见的研磨方式主要有 PC、APC、UPC 等。常见光纤连接器如表 4.2.1 所示。

表 4.2.1　常见光纤连接器

连接器型号	描　述	外　形　图	连接器型号	描　述	外　形　图
FC/PC	圆形光纤接头/微凸球面研磨抛光		FC/APC	圆形光纤接头/面成 8°并作微凸球面研磨抛光	

续表

连接器型号	描　述	外形图	连接器型号	描　述	外形图
SC/PC	方形光纤接头/微凸球面研磨抛光		SC/APC	方形光纤接头/面成8°并作微凸球面研磨抛光	
ST/PC	卡接式圆形光纤接头/微凸球面研磨抛光		ST/APC	卡接式圆形光纤接头/面成8°并作微凸球面研磨抛光	
MT-RJ	机械式转换-标准插座		LC/PC	卡接式方形光纤接头/微凸球面研磨抛光	
E2000/PC	带弹簧闸门卡接式方形光纤接头/微凸球面研磨抛光		E2000/APC	带弹簧闸门卡接式方形光纤接头/面成8°并作微凸球面研磨抛光	

1）FC型连接器

FC是ferrule connector的缩写，表明其外部加强件是采用金属套，紧固方式为螺丝扣，即圆形带螺纹接口。螺纹接口连接牢靠，金属接头的可插拔次数比塑料要多。FC最早是由日本NTT研制的。FC是单模网络设备中最常见的连接设备之一，常见于光纤配线架和光端机上。它使用2.5mm的卡套，但早期FC连接器中的一部分产品的设计为陶瓷内置于不锈钢卡套内。

2）SC型连接器

SC是square connector的缩写，其外形呈矩形，连接方式采用插拔式，不需要旋转，即卡接式方形接口。此类连接器价格低廉，插拔操作方便，介入损耗波动小，抗压强度较高，安装密度高。SC是由日本NTT公司开发研制的。SC是单模网络设备中最常见的连接设备之一，常见于光端机上。它使用2.5mm卡套，不同于ST/FC，它是一种插拔式的设备，因为性能优异而被广泛使用。

3）LC型连接器

LC是lucent connector的缩写，其外形与SC接头形状相似，较SC接头小一些，它采用操作方便的模块化插孔(RJ)闩锁机理制成，即卡接式(小)方形接口。它是著名的Bell(贝尔)研究所开发研制的。

LC是单模网络设备中最常见的连接设备之一，常见于光端机上。其所采用的插针和套筒的尺寸为普通SC、FC等所用尺寸的一半，为1.25mm，这样可以提高光纤配线架中光纤连接器的密度。目前在单模SFF(小型化的光纤连接器)方面，LC类型的连接器实际已经占据了主导地位，在多模方面的应用也增长迅速。

4) ST 型连接

ST 是 stab twist 的缩写，外壳呈圆形，紧固方式为插拔卡接式，即卡接式圆形接口。ST 具有一个卡口固定架和一个 2.5mm 长圆柱体的陶瓷（常见）或者聚合物卡套以容载整根光纤，安装方式类似卡扣灯泡，插入后旋转半圈到卡口固定。

5) MT-RJ 型连接器

MT-RJ 起步于 NTT 开发的 MT 连接器，带有与 RJ-45 型 LAN 电连接器相同的闩锁结构，与常规网线接口类似，接口的尺寸与标准电话插口的尺寸相当。

通过安装于小型套管两侧的导向销对准光纤，为方便与光收发机相连，连接器断面光纤为双芯排列设计（间隔 0.75mm），所有 MT-RJ 尾纤都是双芯并在一起的，是收发一体的方形光纤连接器。

光纤连接器的端面主要有以下几种类型：PC、APC、UPC 等。

PC(physical contact)，即物理接触，是指微球面研磨抛光。抛光后的插针前端面为球面形状，以确保在两个连接器端面对接时的光纤物理端面达到充分接触，消除光纤端面菲涅耳反射对系统的影响，使回波损耗值达到 40dB 以上。

UPC(ultra physical contact)，即超级物理接触。与 PC 端面相比，行业标准中 UPC 光纤端面有几何尺寸要求，以使回损达到 50dB 以上。UPC 在 PC 的基础上更加优化了端面抛光和表面光洁度，端面看起来更加呈圆顶状。

APC(angled physical contact)，即角度物理接触，是指成 8°并做微球面研磨抛光。光纤端面通常研磨成 8°斜面，反射光通过斜面角度反射到包层而不是直接返回到光源处，从而最大限度地减少了背向反射，使回波损耗达到 60dB 以上。

3 种不同连接器的端面示意图如图 4.2.7 所示。由于 UPC 连接器比 PC 连接器具有较高的回波损耗，当前已完全取代了 PC 连接器，日常所称的 PC 连接器均为 UPC 连接器。

可见，当前使用的光纤连接器端面类型主要有两种：APC 和 UPC。APC 与 UPC 的区别在于：APC 的光纤端面为 8°斜面，回损更大。外观上，这两种连接器的主体颜色有明显区别，UPC 是蓝色的，APC 是绿色的（图 4.2.8）。

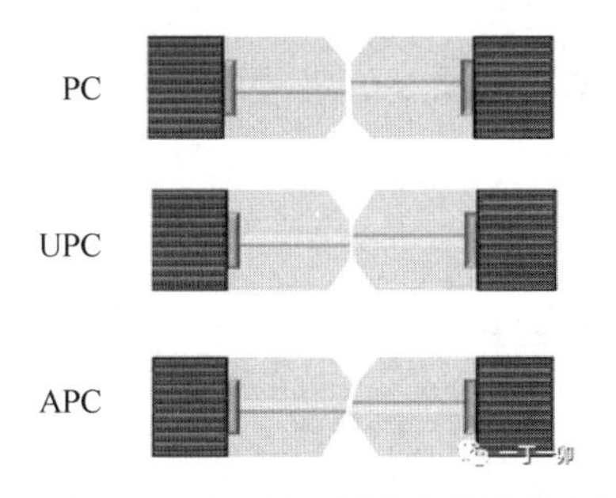

图 4.2.7　3 种不同连接器的端面示意图

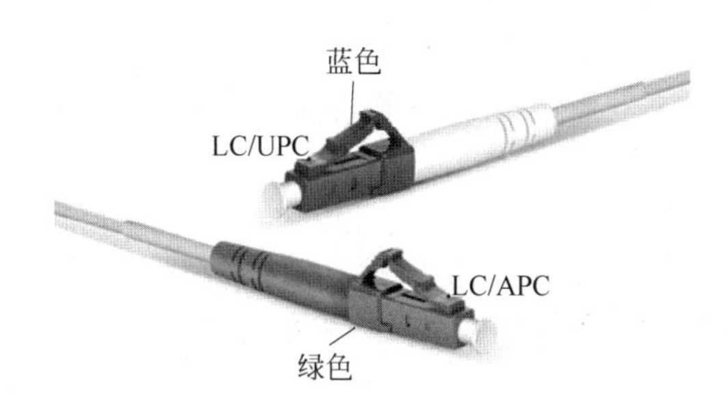

图 4.2.8　APC 与 UPC 连接器外观图

2. 透镜扩束式活动连接器

光纤活动连接器的另一种形式是透镜扩束式连接器。这种连接器利用一个透镜将光纤出射的发散光束变换为准直光束，再用另一个透镜将光束聚焦于接收光纤。其原理结构如图 4.2.6(c)所示。扩束式连接器的主要优点是大大减小了连接器对于横向失准的敏感（若光纤透镜间的位置已固定)，因为透镜之间光束束宽远大于对接式连接器光纤之间光束束宽。同时，透镜端面面积远大于光纤纤芯端面面积，这也使得表面污染影响大为减轻。扩束式连接器的另一个优点是可在透镜端面制备抗反膜，使菲涅耳反射损耗由 0.32dB 降至 0.05dB 以下，减少透镜扩束式活动连接器的插损。此外，当透镜选择适当(如球透镜或自聚焦透镜)，透镜之间将允许有较大间隙。因此，可以在透镜之间插入其他光学元件(例如分束镜、滤波器、旋光片、衰减片等)，从而制成分束器、光波分复用器、隔离器/环形器，衰减器以及光开关等光无源器件。

从总体上看，扩束式连接器的损耗要比对接式连接器损耗大。这是因为扩束式连接器的光纤-透镜偏移与对接式连接器的光纤-光纤偏移相当，而扩束式连接器的透镜-透镜偏移是附加的，这将引起附加损耗。不过，如果光纤-透镜之间能够稳定地固定(例如采用金属化激光定位焊接)，扩束式连接器的重复性与性能稳定性就要优于对接式连接器。

4.3 光纤和光纤之间的光学耦合

当不同参数的光纤之间需要进行连接时，往往要考虑光纤和光纤间的高效能量传输与耦合，这时，光纤间的光学耦合是经常采用的方法。光学耦合利用光学透镜对光纤出射的光束进行变换，优良的光学透镜耦合系统具有很高的能量传输效率和系统适应性。

4.3.1 光束变换准则

光束质量是激光器在应用中的一个重要参考数值，它是评价激光空间特性的性能指标。在激光发展的历史上，科学家们根据不同的应用目的提出过多种评价光束质量的参数，例如用光斑半径、远场发散角、M^2 因子、光束参数乘积(beam parameter product，BPP)等作为评价标准。

光束参数乘积是量化光束质量最常用的方法之一，其定义为光束束腰半径 ω_0 与光束远场发散角 θ_0 的乘积，即

$$\mathrm{BPP}=\omega_0\theta_0 \tag{4.3.1}$$

BPP 的值越小，表明光束质量越好，一般将光参数乘积的最小值定义为衍射极限，对于波长为 λ 的激光，理想基模高斯光束的 BPP 值为

$$\mathrm{BPP}=\frac{\lambda}{\pi} \tag{4.3.2}$$

实际光学系统在近轴区成像时，在物像共轭面内，物体大小 y、成像光束的孔径角 u 和物体所在介质的折射率 n 的乘积为一常数，即

$$J=nuy=n_1u_1y_1 \tag{4.3.3}$$

常数 J 称为拉格朗日-亥姆霍兹不变量，简称拉亥不变量。其中，u 对应于物方激光光束远场发散半角；y 对应于物方激光光束的束腰半径；u_1 对应于像方激光光束远场发散角，y_1 对应于像方激光光束的束腰半径。

借用激光光束质量的概念，经光纤出射光的光束参数乘积(BPP)可以近似表示为纤芯半径 a(代替光束束腰半径 ω_0)与数值孔径 NA(代替光束远场发散角 θ_0)的乘积，这个描述光纤出射光参数乘积实际为光纤中可能传输各种光的光参数乘积最大值，有利于后续光学

耦合的设计。根据拉亥不变量可知，在没有光阑遮挡光束的情况下，光纤输出的激光光束的 BPP 值通过近轴光学系统时将保持不变。因此，利用透镜系统可实现光纤光束(束腰半径和数值孔径)的合理变换，进而提高不同参数光纤间、有源器件与光纤的匹配程度和能量耦合效率。

这里需要说明的是，进行不同单模光纤间的能量耦合一般需要考虑光学耦合系统产生的像差影响，而在多模光纤间进行能量耦合时，可以忽略光学耦合系统像差带来的影响，这是因为多模光纤尺寸大，一般远大于光学系统产生的像差。

4.3.2　透镜耦合

对于注入光纤参数一定的光纤系统，需要选择合适的接收光纤参数，来实现高效的光学耦合。近轴光学成像系统遵守拉亥不变量，因此，就需要注入光纤的光束参数乘积值 nuy 小于等于接收光纤的光束参数乘积值 $n'u'y'$，即

$$nuy \leqslant n'u'y' \tag{4.3.4}$$

这是光纤间光学耦合系统选取的一般原则。不满足这一原则的光纤变换系统，往往会造成光能损耗。

在光纤系统中，如果不考虑小型化，可采用普通光学透镜元件。但随着光纤应用系统对轻量化、集成化和可靠性要求的日益提高，光纤系统小型化和全光纤化成为发展趋势，对于细长的光纤，用于光纤耦合系统的近轴光纤光学成像系统的透镜主要有球透镜与自聚焦透镜(GRIN)两种。

球透镜一般采用高折射率玻璃并经过特殊的光学加工工艺制成，用于光纤耦合的透镜直径一般为 0.25～2.5mm，折射率为 1.66～1.88。

球透镜焦距(焦点至球心距离)f 和数值孔径 NA 分别为

$$f = \frac{n_i R_i}{2(n_i - 1)} \tag{4.3.5}$$

$$\mathrm{NA} = 2\left(1 - \frac{1}{n_i}\right) \tag{4.3.6}$$

式中，R_i 和 n_i 分别是透镜的球面半径和材料折射率。

当注入光纤置于准直透镜焦点上时，光束发散角 θ 与光束半宽 W 为

$$\theta = \frac{2a_{\text{fiber}}(n_i - 1)}{n_i R_i} \tag{4.3.7}$$

$$W = \frac{\mathrm{NA}_{\text{fiber}} n_i R_i}{2(n_i - 1)} \tag{4.3.8}$$

式中，a_{fiber} 为注入光纤纤芯半径；$\mathrm{NA}_{\text{fiber}}$ 为注入光纤的数值孔径。球透镜具有数值孔径大、耦合损耗低的优点。其缺点是安装结构复杂，调节难度大，而且只能用于共轴系统，当应用于离轴系统时损耗很大。

自聚焦透镜和普通透镜的区别在于，传统的透镜是通过控制透镜表面的曲率，根据光在介质分界面的折射来使光线汇聚于一点；自聚焦透镜材料能够使沿轴向传输的光产生折射，并使折射率的分布沿径向逐渐减小，从而实现出射光线平滑且连续地汇聚到一点。1/4 节距自聚焦透镜是更为常用的准直-聚焦透镜，其透镜焦点在端面上。关于自聚焦透镜的具体成像理论及性质将在第 6 章讲到，这里直接给出 1/4 节距自聚焦透镜的焦距 f 与数值孔径 NA：

$$f=\frac{1}{n_0\sqrt{A}} \tag{4.3.9}$$

$$\mathrm{NA}=\sqrt{n_0^2-n^2(r)} \tag{4.3.10}$$

式中，$\sqrt{A}$为透镜的聚焦参数，其与透镜的半径和相对折射率差有关；$n(r)$为自聚焦透镜的折射率分布；n_0为透镜轴线处的折射率。

当注入光纤置于准直-聚焦透镜焦点上时，光束发散角与光束半宽分别为

$$\theta=a_{\mathrm{fiber}}n_0\sqrt{A}$$

$$W=\frac{\mathrm{NA}_{\mathrm{fiber}}}{n_0\sqrt{A}}$$

自聚焦透镜端面是平面，可直接与光纤端面黏接，结构紧凑、稳固、调整方便，其耦合损耗在各光学表面采取减小反射率措施之后可小于0.5dB。

图4.3.1展示出几种常用的光无源器件中用到的扩束式透镜耦合系统。图4.3.1中ICF为注入光纤，OCF为接收光纤。与球透镜相比，GRIN透镜可以通过非球面来克服像差，提高成像质量。

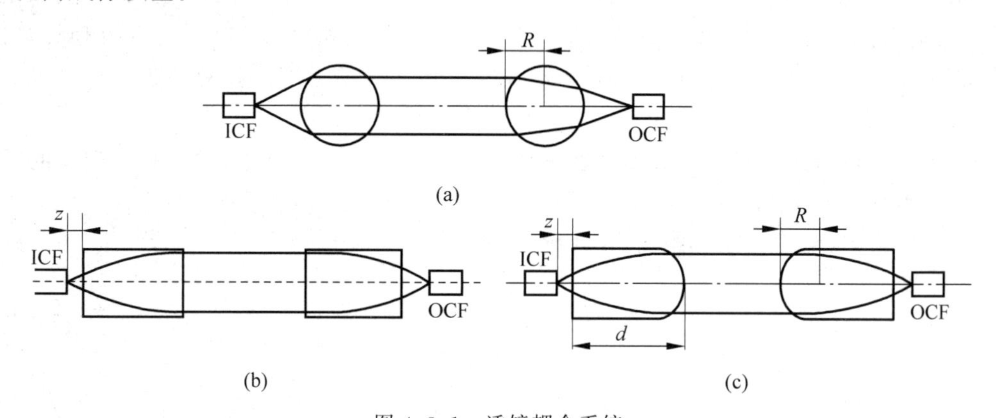

图4.3.1 透镜耦合系统

(a) 球透镜系列；(b) GRIN透镜系列；(c) 平凸GRIN透镜系列

综上所述，为实现光纤间高效的光学耦合，首先需要选择合适的接收光纤参数，根据近轴光学成像系统遵守拉亥不变量，因此，需要接收光纤的光参数乘积(BPP)值不小于注入光纤的光束参数乘积(BPP)值。其次，选择参数合适的透镜耦合系统来实现光纤间的光束变换，通过光束变换，可以对注入光纤出射光的发散角和光斑进行有效的调整，进而提高注入光纤出射光和接收光纤数值孔径角、光纤尺度的匹配程度，达到注入光纤和接收光纤间能量高效耦合的目的。

课后拓展

当球形透镜的研究推进至微米尺寸时，研究者们发现了神奇的现象：微球透镜对光束的聚焦效应能够突破经典衍射极限。而且，微球透镜的近场耦合效应使其能够收集样品表面倏逝波并转换为远场传输波，从而提高高频信号的收集效率。由此，在微球透镜的辅助下，超分辨成像、信号探测、纳米操控和高精度加工等研究都有了新的突破。

采用微光学技术制造出的微透镜与微透镜阵列以其体积小、重量轻、便于集成化、阵列化等优点，已成为新的科研发展方向。

为了拓展读者对微透镜的认识和了解，本节阅读推荐见二维码。

4.4　光纤和光源的耦合

光纤和光源的耦合方式主要有直接耦合与透镜耦合两种。直接耦合是直接将光纤对准光源来接收光功率，其结构简单，成本低廉，但耦合效率一般很低。透镜耦合则是在光源与光纤之间设计某种透镜系统，用以对光源的输出光束进行变换，例如变换数值孔径或光斑尺寸，校正波前，消除像差等，使得变换之后的光束能够和光纤匹配，从而提高能量耦合效率。

光纤和光源的耦合效率 η 定义为光纤接收到的有效传输功率 P_c 与光源辐射总功率 P_t 之比，即

$$\eta=\frac{P_c}{P_t}$$

上述耦合效率也可由耦合损耗 α 等价表述为

$$\alpha=-10\lg\left(\frac{P_c}{P_t}\right)\quad(\text{dB})$$

光纤和光源连接时，为获得最佳耦合效率，主要应考虑两者的特征参量相互匹配的问题。对于光纤应考虑其纤芯直径、数值孔径、截止波长(单模光纤)和偏振特性；对于光源则应考虑其发光面积、发光的角分布、光谱特性(单色性)、输出功率以及偏振特性等。下面对三种典型光源和光纤的耦合特性进行分析。

4.4.1　半导体激光器和光纤的耦合

半导体激光器的特点是：发光面为长条，长几十微米到百微米，宽一般小于 $1\mu\text{m}$。当激励电流超过阈值不多时，基横模输出，其在垂直于光轴的截面上的光强呈近似高斯分布：

$$I(x,y,z)=A(z)\exp\left\{-2\left[\left(\frac{x}{w_x}\right)^2+\left(\frac{y}{w_y}\right)^2\right]\right\}\tag{4.4.1}$$

式中

$$w_x=\frac{\lambda z}{\pi w_{0x}},\quad w_y=\frac{\lambda z}{\pi w_{0y}}$$

式中，w_{0x}、w_{0y} 是高斯光束的腰宽；$A(z)$是只与 z 有关的常数。

图 4.4.1(b)给出了一个典型的半导体激光器发光的角分布。其特点是：在 x 方向(平行于 PN 结方向，称为慢轴方向)光较集中，发散角 $2\theta_{/\!/}$ 为 $5°\sim6°$(发散角定义为半功率点之间的夹角)；在 y 方向(垂直于 PN 结方向，称为快轴方向)发散角 $2\theta_{\perp}$ 为 $40°\sim60°$。所以半导体激光器发出的光在空间是窄长条，其远场图是一个细长的椭圆，如图 4.4.1(a)所示。半导体激光器输出光束在快、慢轴方向的光束参数差异很大，这是一种高像散光源，给半导体激光器和光纤的高效耦合带来了困难。

1. 直接耦合

直接耦合就是把端面已处理的光纤直接对着激光器的发光面。这时影响耦合效率的主

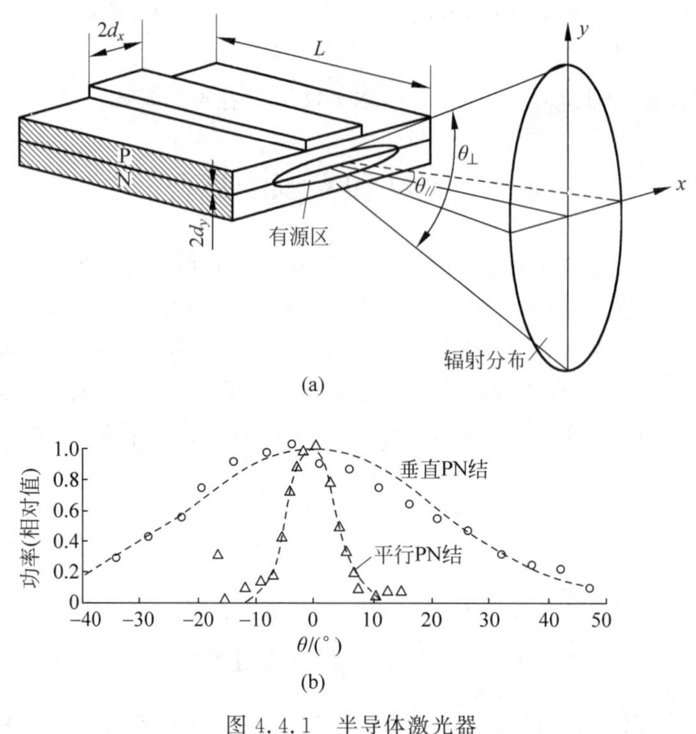

图 4.4.1 半导体激光器

(a) 半导体激光远场图；(b) 半导体激光器发光的角分布

要因素是光源的发光尺寸和光纤纤芯尺寸的匹配以及光源发散角和光纤数值孔径角的匹配。对于尺寸匹配，一般多模光纤，只要光纤端面离光源发光面足够近，激光器发出的光都能照射到光纤端面(假设单发射结光源发光面小)；但对于单模光纤，由于纤芯很细，即使是单发射结光源面积小，往往也只有部分光能入射进入光纤；至于角度的匹配，光纤只能接收小于孔径角的那一部分光。例如，对于数值孔径 NA 为 0.14 的通用多模光纤，其孔径角 $2\theta_c$ 约为 16°；在平行于 PN 结方向，光源的发散角 $2\theta_{//}$ 仅 5°～6°，只要距离 s 适当，全部光功率几乎都能进入光纤；而在垂直于 PN 结方向，只有 $2\theta_c$ 内的光才能进入光纤，如图 4.4.2 所示。这种情况下的耦合效率可计算如下：

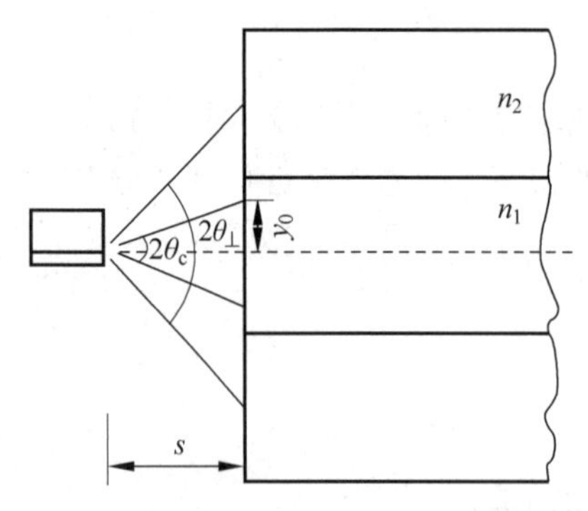

图 4.4.2 半导体激光器和光纤直接耦合示意图

半导体激光器发出的激光，在 $z=s$ 处的总光功率为

$$P_t = 2\int_0^{+\infty}\int_0^{+\infty} I(x,y)\mathrm{d}x\mathrm{d}y = 2\int_0^{+\infty}\int_0^{+\infty} A(s)\exp\left\{-2\left[\left(\frac{x}{w_x}\right)^2+\left(\frac{y}{w_y}\right)^2\right]\right\}\mathrm{d}x\mathrm{d}y = B\cdot\mathrm{erf}(+\infty) \tag{4.4.2}$$

式中

$$B=\left(\frac{\sqrt{2\pi}}{2}w_y\right)A(s)\int_0^{+\infty}\exp\left[-2\left(\frac{x}{w_x}\right)^2\right]\mathrm{d}x$$

$$\mathrm{erf}(A)=\left(\frac{2}{\sqrt{2\pi}}\right)\int_0^A\left(-\frac{t^2}{2}\right)\mathrm{d}t$$

$$t=\frac{2y}{w_y}$$

$$\mathrm{d}t=2\frac{\mathrm{d}y}{w_y}$$

erf(A)为误差函数。在 $z=s$ 处，假设该距离下，平行于 PN 结方向的光可以全部耦合进入光纤，B 为常数。而垂直于 PN 结方向，只有光纤孔径角 $2\theta_c$ 内的光功率可以耦合进入光纤，显然，包含在光纤孔径角 $2\theta_c$ 内的光功率是

$$\begin{aligned}P_c&=2\int_0^{x_0}\int_0^{y_0}A(s)\exp\left\{-2\left[\left(\frac{x}{w_x}\right)^2+\left(\frac{y}{w_y}\right)^2\right]\right\}\mathrm{d}x\mathrm{d}y\\&=B\left(\frac{2}{\sqrt{2\pi}}\right)\int_0^{\frac{2\pi w_{0y}\tan\theta_c}{\lambda}}\exp\left(-\frac{t^2}{2}\right)\mathrm{d}t\\&=B\cdot\mathrm{erf}\left(\frac{2\pi w_{0y}\tan\theta_c}{\lambda}\right)\end{aligned}\tag{4.4.3}$$

式中，$[0,x_0]$ 和 $[0,y_0]$分别为半导体激光器发出的高斯光束（在 $z=s$ 处）在光纤平面内的有效积分范围。

若取光纤端面反射损失为 5%，则光纤和半导体激光器直接耦合时，其耦合效率的理论值为

$$\eta_{\max}=\frac{P_c}{P_t}\times95\%=\frac{\mathrm{erf}\left(\dfrac{2\pi w_{0y}\tan\theta_c}{\lambda}\right)}{\mathrm{erf}(\infty)}\times95\%\tag{4.4.4}$$

实际的耦合效率不仅和光纤的孔径角 θ_c、激光器的近场宽度 w_{0y} 有关，而且还和耦合时的调整精度、光纤端面的加工精度有密切关系。图 4.4.3 给出了由式(4.4.4)算出的 $\eta_{\max}$-w_{0y} 曲线。

例如：$w_{0y}=0.5\mu\mathrm{m}$，$\lambda=0.82\mu\mathrm{m}$ 的半导体激光器（对应垂直发散角$\theta_{0y,\mathrm{before}}=30°$）和 NA=0.14（$\theta_c=8°$），纤芯直径 $2a=50\mu\mathrm{m}$ 的光纤直接耦合，其耦合效率 $\eta_{\max}$ 约为 38.9%，直接耦合效率很低。可见，当光束的束腰半径 w_{0y} 较小时（此时对应较大的光束发散角），光纤和半导体激光器的直接耦合效率很低，这是因为垂直于 PN 结方向的光更多地落在光纤孔径角之外了。

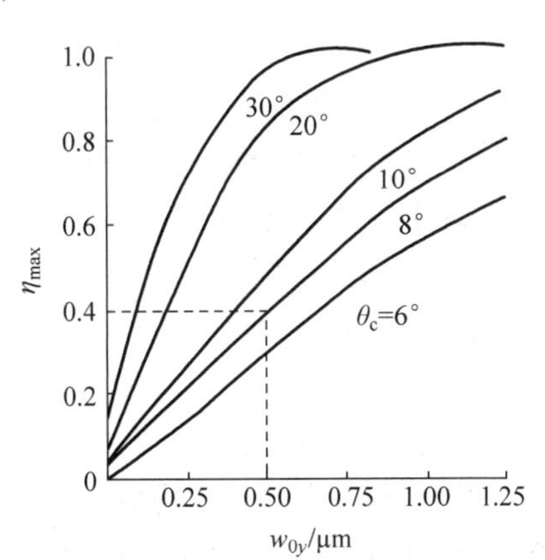

图 4.4.3　耦合效率和发光区宽度的关系

2.　间接耦合

为了减小半导体激光和光纤的直接耦合损耗，实际应用中经常采用半导体激光二极管(LD)管芯端面和光纤端之间加入透镜的间接耦合方式，通过透镜变换使半导体激光器快、慢轴方向光束分别与光纤参数相匹配，或把半导体激光器的椭圆形模场转换为光纤的对称

圆形模场,即通过对半导体激光束进行变换和整形,来提高光源发散角、光斑与光纤参数的匹配程度,从而获得高效耦合。

典型的间接耦合方式有端面球透镜耦合、柱面镜耦合、透镜耦合、异形透镜耦合以及针对大功率 LD 阵列的耦合等。

1）端面球透镜耦合

最简单的加工透镜方法是把光纤端面做成一个半球形,如图 4.4.4 所示,透镜的做法可以是把光纤端面直接烧成半球形,也可以是把光纤端面磨平再贴一个半球形透镜。光纤端面加球透镜后的效果是增加了光纤的孔径角,由图 4.4.4 的几何关系可以证明,带有球透镜的光纤的等效接收角为

$$\theta_c = \arcsin\left\{n_1 \sin\left[\arcsin\left(\frac{a}{r}\right) + \arccos\left(\frac{n_2}{n_1}\right)\right]\right\} - \arcsin\left(\frac{a}{r}\right) \tag{4.4.5}$$

式中,r 为球透镜半径；a 为纤芯半径；n_1 和 n_2 分别为纤芯和包层的折射率。用这种办法可以显著地增加 θ_c,从而增加耦合效率。对于多模光纤,可把耦合效率从光纤为平端面时的 24%提高到光纤为半球端面时的 60%以上。图 4.4.5 是等效接收角 θ_c 和球透镜半径以及纤芯半径的关系。

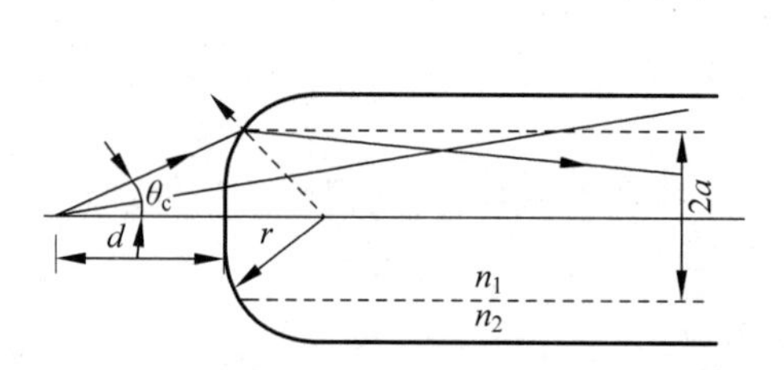

图 4.4.4 球面透镜的光路简图

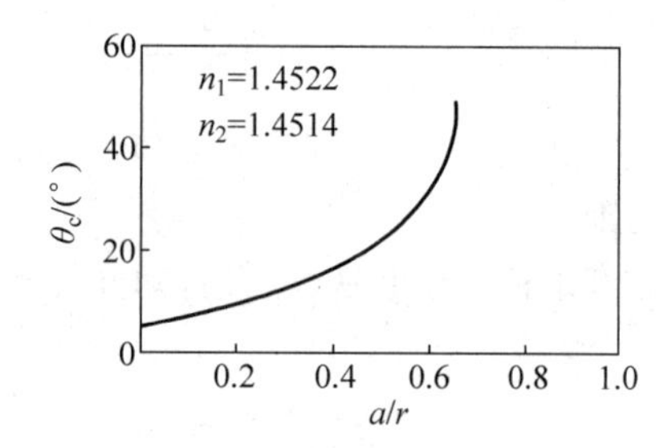

图 4.4.5 等效接收角 θ_c 和球透镜半径以及光纤半径的关系

2）柱面镜耦合

利用柱透镜可把半导体激光器发出的光进行单方向会聚或准直,如图 4.4.6 所示,运用柱透镜分别对半导体激光器的快慢轴进行变换,以改善半导体激光器快慢轴光束之间的差异,实现半导体激光器尾纤输出的高效耦合。也可利用球透镜和柱透镜的组合进一步提高耦合效率。这种耦合方式的缺点是它对激光器、柱透镜、球透境以及光纤的相对位置的准确性要求极高,稍一偏离正确位置,耦合效率会急剧下降。

3）透镜耦合

透镜耦合一般用直径为 3～5mm,焦距为 4～15mm 的凸透镜,如图 4.4.7 所示的光路进行耦合,其优点是便于构成活动接头,或在中间插入分光片、偏振棱镜等光学元件。此光路中凸透镜也可用自聚焦透镜代替。用自聚焦透镜的优点是几何尺寸小,平端面便于和光纤黏接。

4）异形透镜耦合

为了满足半导体激光器长条发光面和圆形光纤的耦合要求,人们还提出了异形透镜的耦合办法。例如：透镜的一个端面为长条形,可与激光器发光面配合,另一个端面为圆形,可与光纤连接。近期由于微电子技术的不断进步,二元光学得以迅速发展,现已推出利用微

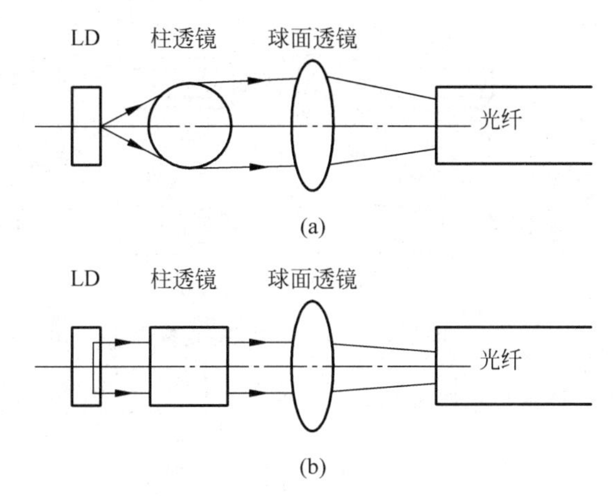

图 4.4.6 半导体激光器柱透镜变换示意图

(a) 快轴耦合；(b) 慢轴耦合

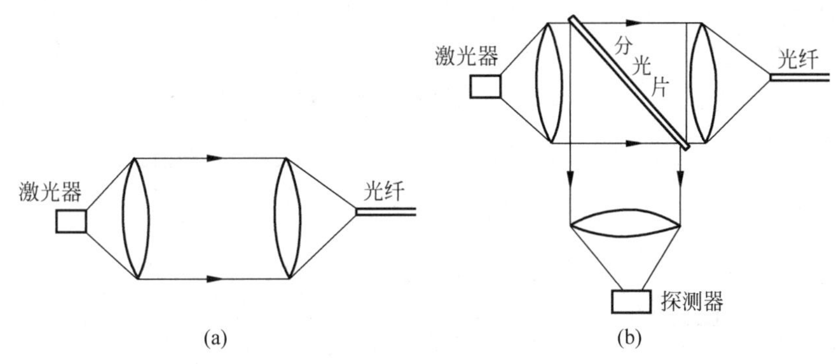

图 4.4.7 透镜耦合的光路简图

(a) 构成活动接头；(b) 中间插入分光片

型相位光栅来改变半导体激光器输出光束的空间分布的方法，此方法可使半导体激光器输出的光斑由细长椭圆形分布改变为圆对称分布，以提高半导体激光器和光纤的耦合效率。

图 4.4.8 给出了光源和光纤耦合的一些典型的光路简图。对于单模光纤之间的耦合，其微型元件的制造、定位、固定以及抗干扰等问题都比多模光纤之间的耦合要困难。因为这时光纤的芯径要小很多。

下面以实例说明间接耦合带来的效果，在前述具体耦合实例中，在假设慢轴方向的光可以完全耦合进入光纤情况下，如果把垂直方向 $w_{0y}=0.5\mu m$，$\lambda=0.82\mu m$ 的半导体激光器(对应垂直发散角$\theta_{0y,\text{before}}=30°$)和 NA=0.14($\theta_c=8°$)，纤芯直径 $2a=50\mu m$ 的光纤直接耦合，其耦合效率 $\eta_{\max}$ 约为 38.9%，直接耦合效率很低。这种情况下若采用间接耦合，用透镜先对半导体激光快轴光束进行变换，使变换的光束参数和光纤参数匹配，然后再耦合进入光纤，耦合效率就会大大提高，如图 4.4.9 所示。经过计算可以发现，若采用焦距 $f=20\mu m$ 的单个理想微柱透镜，将半导体激光器位于微柱透镜的焦点处，则准直后的光发散角为 $\theta_{0y,\text{after}}=\arctan\left(\frac{w_{0y}}{f}\right)=1.43°$(小于光纤接收角)，束腰半径 $w_{0y,\text{after}}=\frac{\lambda}{\pi\theta_{0y,\text{after}}}=10.44\mu m$(小于纤芯半径 $a=25\mu m$)，此时耦合进入光纤的效率可以达到 95%(含菲涅耳反射损耗)。

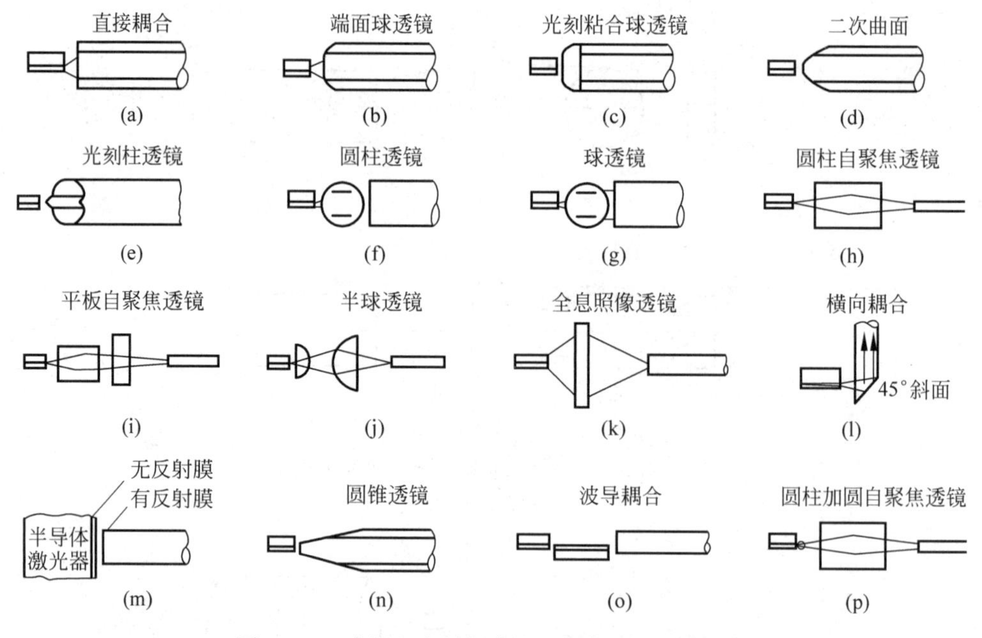

图 4.4.8　光源和光纤耦合的一些典型的光路简图

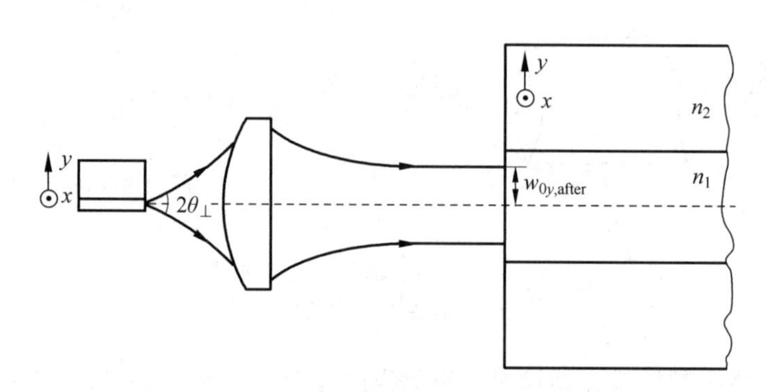

图 4.4.9　半导体激光器快轴光束变换耦合示意图

随着选取耦合透镜焦距的增加，耦合效率和准直后的束腰半径还会有所增加，例如当其焦距 $f=46\mu m$ 时，准直后的束腰半径为 $w_{0y,\text{after}}=24.54\mu m$（接近纤芯半径 $a=25\mu m$）。若继续增加透镜焦距，准直后的束腰半径将超过耦合纤芯半径，耦合效率将降低。一般耦合透镜焦距的选取有一定范围。

5）大功率 LD 阵列耦合技术

由于单管芯半导体激光器的输出功率在瓦或数十瓦量级，远不能满足高功率光纤激光器泵浦源的要求。为获得更高输出功率，需用多发光单元集成的激光二极管阵列（LD Array），大功率半导体激光器阵列有线阵列（LD Bar）和面阵列（LD Stack）等多种形式。

由于 LD 阵列在快、慢轴方向上的光束具有非对称性，所以在快、慢轴方向上一般需分别进行准直，然后进行聚焦再耦合到光纤。快轴的发散角大且为高斯光束，通常利用大数值孔径（NA>0.85）非球面微柱透镜准直，如图 4.4.10 所示，可在不过多增加透镜的条件下校正球差。慢轴方向是 N 个具有固定宽度和间隔的线发光元，通常采用球面微柱透镜阵列准直，如图 4.4.11 所示。关于 LD 阵列光束进行变换和耦合的具体实例请参考相关设计，在此不再赘述。

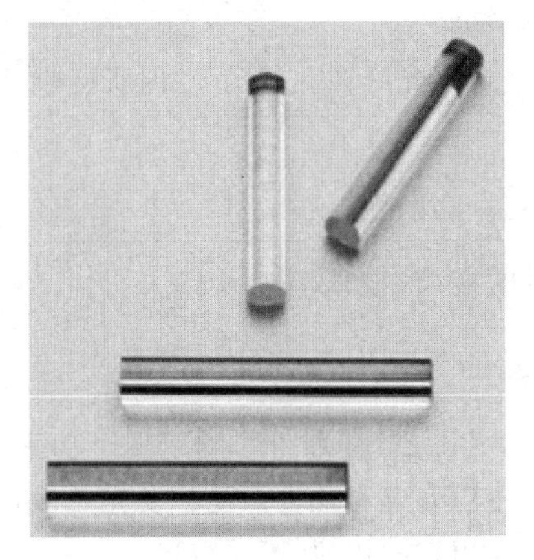
图 4.4.10　非球面微柱透镜

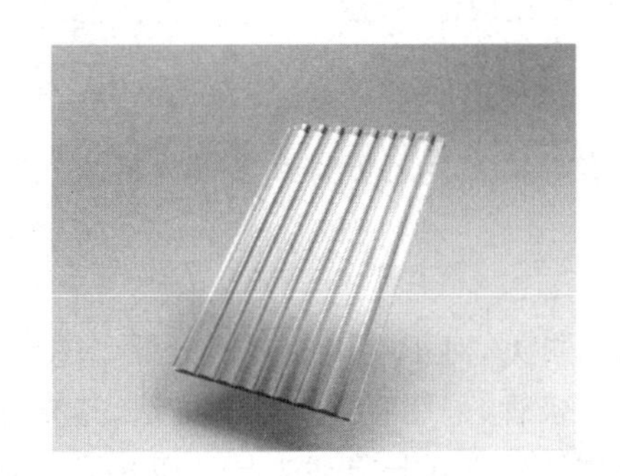
图 4.4.11　柱面微透镜阵列

总之，提高半导体激光光源与光纤耦合效率的办法是：①选择并明确 LD 光源参数，如近场宽度 w_{0x}、w_{0y}，发散角 $\theta_{/\!/}$、$\theta_{\perp}$ 等参数；②进行合理的光学变换，使半导体光源的快、慢轴光参数乘积和光纤的光束参数乘积相匹配，以获得高效耦合。

4.4.2　发光二极管和光纤的耦合

从耦合的角度看，半导体发光二极管（LED）和半导体激光二极管（LD）的主要差别是：前者为自发辐射，光发射的方向性差，近似于均匀的面发光器件，其发光性能类似于余弦发光体；后者为受激辐射，光发射方向性好，光强为高斯分布。

对于面光源，发光强度是有方向性的，因此亮度也是有方向性的。亮度是单位面积单位立体角内发射的光通量，也就是光通量在两个集合空间扩展的一种量度，即在面积上的扩展和立体角内的扩展。

讨论耦合问题时，可把半导体发光二极管看成均匀的面发光体（即朗伯型光源），它在半球空间所发生的总光功率 P_{t} 为

$$P_{\mathrm{t}}=2\int_{0}^{\frac{\pi}{2}}2\pi BA_{\mathrm{E}}\sin\theta\cos\theta\mathrm{d}\theta=2\pi BA_{\mathrm{E}} \tag{4.4.6}$$

式中，B 为光源的亮度（单位面积向某方向单位立体角发出的光功率）；A_{E} 为发光面积；θ 为光线与发光面法线的夹角，如图 4.4.12(a)所示。

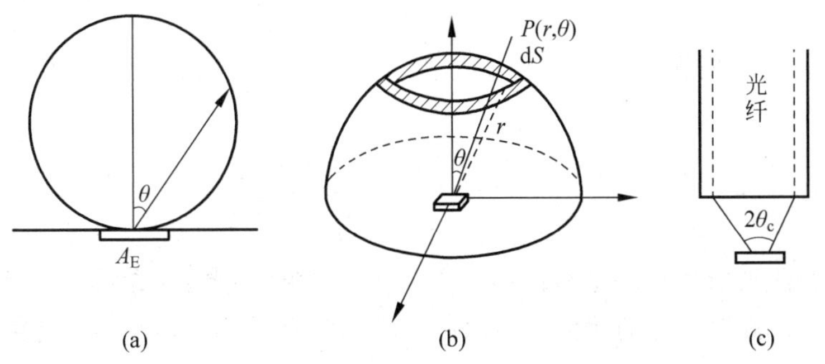

图 4.4.12　发光二极管功率分布示意图

当发光面积 A_E 比光纤截面面积小时，在空间一点 P 处，元面积 $\mathrm{d}S$ 内所能得到的光功率为(如图 4.4.12(b)所示)

$$\mathrm{d}P = BA_E\cos\theta\mathrm{d}\Omega \tag{4.4.7}$$

再利用 $\mathrm{d}\Omega=\mathrm{d}A/r^2$，$\mathrm{d}A=(r\mathrm{d}\theta)(2\pi r\sin\theta)$，即可以求出光纤在孔径角 θ_c 内所接收到的光功率(如图 4.4.12(c)所示)：

$$P_c = 2\int_0^{\theta_c} 2\pi BA_E\sin\theta\cos\theta\mathrm{d}\theta = 2\pi BA_E\sin^2\theta_c \tag{4.4.8}$$

由此得半导体发光二极管和多模光纤直接耦合时的最大耦合效率为

$$\eta_{\max} = \frac{P_c}{P_t} = \sin^2\theta_c = (\mathrm{NA})^2 \tag{4.4.9}$$

由此可见，对于常用的多模光纤(NA=0.14)，其 $\eta_{\max}$ 仅为 2%，对于一个功率为 5mW 的发光二极管，采用直接耦合的方法，其光纤出射光功率仅为几十微瓦。发光二极管和光纤用透镜耦合的方式与前述半导体激光器和光纤耦合的方式相似，不再赘述。

4.4.3 固体激光器和光纤的耦合

固体激光器通过受激辐射放大产生空间和时间相干性都高的激光输出，该激光输出具有高品质的光束质量，一般是基模高斯光束输出，具有很好的方向性。固体激光器和光纤之间也往往采用透镜耦合的方式。通过在光源与光纤之间加入某种透镜系统，对光源的输出光束进行变换，使得变换之后的光束能够和光纤匹配，从而提高耦合效率。

激光原理中讲到，高斯光束在空气及透镜系统中的传输行为可以用 q 参数以及 ABCD 定律来描述。接下来将从高斯光束所满足的 ABCD 定律出发，讨论固体激光器和光纤之间实现高效率耦合所需要满足的条件。

基模高斯光束 q 参数的定义为

$$\frac{1}{q(z)} = \frac{1}{R(z)} - \mathrm{i}\frac{\lambda}{\pi\omega^2(z)} \tag{4.4.10}$$

$$\begin{cases} \dfrac{1}{R(z)} = \mathrm{Re}\left\{\dfrac{1}{q(z)}\right\} \\ \dfrac{1}{\omega^2(z)} = -\dfrac{\pi}{\lambda}\mathrm{Im}\left\{\dfrac{1}{q(z)}\right\} \end{cases}$$

式中，$\omega(z)$为高斯光束的束宽；$R(z)$为高斯光束等相位面的曲率半径。所定义的复参数 q 将描述高斯光束基本特征的两个参数 $\omega(z)$和 $R(z)$统一在一个表达式中，它是表征高斯光束的又一个重要参数。

复参数为 q 的高斯光束通过变换矩阵为 $\boldsymbol{M}=\begin{bmatrix} A & B \\ C & D \end{bmatrix}$ 的光学系统的变换遵守 ABCD 定律：

$$q_2 = \frac{Aq_1 + B}{Cq_1 + D} \tag{4.4.11}$$

其中，q_1 为变换前高斯光束的 q 参数；q_2 为变换后高斯光束的 q 参数。进而可得变换后的 $\omega_2(z)$和 $R_2(z)$。高斯光束的参数 q 表示和 ABCD 定律给出了研究高斯光束通过无光阑限制近轴 ABCD 光学系统传输变换的一个基本方法。

如图 4.4.13 所示，设入射高斯光束光腰处的 q 参数为 q_1，腰斑半径为 $\omega_1(0)$；出射高斯光束光腰处的 q 参数为 q_2，腰斑半径为 $\omega_2(0)$，则

$$q_1 = \mathrm{i}\frac{\pi\omega_1^2(0)}{\lambda} \tag{4.4.12}$$

$$q_2 = \mathrm{i}\frac{\pi\omega_2^2(0)}{\lambda} \tag{4.4.13}$$

传输矩阵可以表示为

$$\begin{bmatrix} A & B \\ C & D \end{bmatrix} = \begin{bmatrix} 1 & s_2 \\ 0 & 1 \end{bmatrix} \begin{bmatrix} a & b \\ c & d \end{bmatrix} \begin{bmatrix} 1 & s_1 \\ 0 & 1 \end{bmatrix} \tag{4.4.14}$$

式中，$\begin{bmatrix} 1 & s_2 \\ 0 & 1 \end{bmatrix}$和$\begin{bmatrix} 1 & s_1 \\ 0 & 1 \end{bmatrix}$为自由空间中的传输矩阵；$\begin{bmatrix} a & b \\ c & d \end{bmatrix}$为光学系统的传输矩阵。则出射高斯光束参数 q_2 为

$$q_2 = \frac{Aq_1 + B}{Cq_1 + D} = \mathrm{i}\frac{\pi\omega_2^2(0)}{\lambda}$$

当高斯光束的腰斑半径 $\omega_2(0)$确定后，此时变换后的高斯光场 $E_2(r,z)$以及远场发散角 θ_2 即可确定。若光纤端面正好位于变换后高斯光束的光腰处，为了把入射激光高效率地耦合进光纤，必须满足高斯光束的腰斑半径小于等于光纤的半径，远场发散半角小于等于光纤的孔径角，即

$$\omega_2(0) \leqslant a \tag{4.4.15}$$

$$\theta_2(0) \leqslant \arcsin(\mathrm{NA}) \tag{4.4.16}$$

式中，a 和 NA 分别为接收光纤的半径和数值孔径。通过选择合适的光学系统，并适当调整位置 s_1 和 s_2 的大小，就可以满足上述耦合条件，实现固体激光器和光纤之间的匹配，耦合效率通常可高达 80%以上。

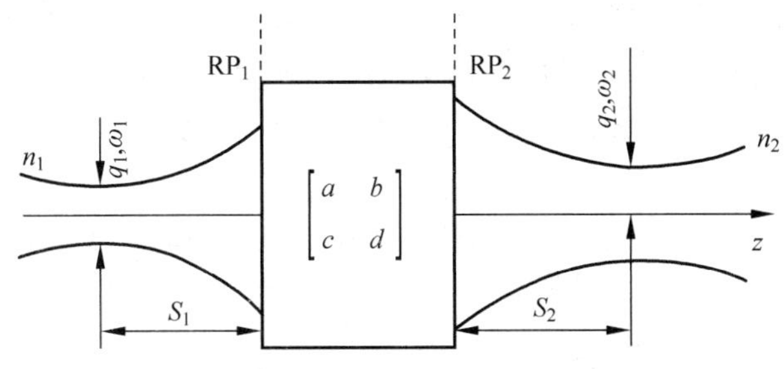

图 4.4.13　高斯光束经光学系统变换示意图

课后拓展

为了实现耦合效率的最优化，光纤与光源之间的耦合离不开透镜。随着技术的发展，新型超构透镜应运而生。

作为光学领域的一项革命性技术，超构透镜是由纳米尺寸的单元结构排布而成的扁平表面。打个比方，自然界的物质都是由原子构成的，而超构透镜的原子就是设计好的单元结

构，也称为人工原子，这也是为什么翻译为超构二字的原因。与传统透镜原理不同，它利用纳米结构与光的相互作用来改变光的相位，让入射光投射到所期望的地方。超构透镜创新的原理让它具备了许多优势。

为了拓展读者对超构透镜的认识和了解，本节阅读推荐见二维码。

4.5 光纤纤上工艺

光纤熔接、拉锥和腐蚀是三种广泛应用的光纤纤上工艺。熔接工艺能够通过高精度对准和熔合，确保光纤之间的低损耗连接。拉锥工艺则通过控制拉伸速度和温度精确调节光纤芯径，使光信号的模场分布得以优化，从而实现高性能光波分复用器、耦合器等器件的制造。腐蚀工艺通过精确的化学蚀刻技术，可以制造出纳米级的光纤探针和具有高灵敏度的光纤光栅传感器。本节将详细探讨这三种工艺的基本原理、操作步骤及其工艺水平。

4.5.1 光纤熔接

4.2 节讲到光纤和光纤之间的连接分为固定连接和活动连接两种，而接下来要讲的光纤熔接就属于固定连接中的一种。与其他连接方法相比，光纤熔接具有损耗低、连接可靠、受外界影响小、后期维修成本低等优点。

1. 光纤熔接原理

对于石英光纤熔接而言，需要重点关注的石英物理性质有黏度、表面张力、掺杂剂扩散、热膨胀系数和收缩率。通常石英在固态和液态之间没有明确的温度界限（1695～1720℃），石英变为熔融态会经过逐渐变软的过程。然而这些物理性质（如黏度等）在大的温度下平稳地变化，这就为光纤熔接技术的改善提供了可能。石英的黏度随温度的升高指数下降。光纤熔接点的形成必须端头处先软化，而且必须精确控制软化程度。因此，对热源提出了较高的要求。

光纤熔接的主要原理为：光纤端头以一定速度相互靠近，并且在空间上形成一个很小的交叠区域，伴随着这些动作，光纤同时处于高温热源的作用下并达到熔融的状态，光纤连接处在张力、黏滞力等多种因素的共同作用下形成了一个完整的、永久的光波导结构，即光纤熔接点。

光纤熔接的热源有多种，最常用的加热方式有氢氧焰和电弧放电，即被接的两光纤的轴心对准后，氢氧焰或两个电极之间的高压电弧产生 2000℃以上的高温，将光纤端面熔化并熔为一体，这个过程与金属焊接类似，但控制精度要高很多。

2. 光纤熔接主要工艺步骤

在实际操作过程中，可以将光纤熔接技术大致分为五个步骤，分别是去除涂覆层、光纤清洗、光纤切割、熔融对接（熔接）以及重新涂覆，图 4.5.1 简单明了地表达了这一过程。其中，光纤切割、熔融对接是整个技术流程中最核心的两个步骤，它们对最终的熔接质量有着极为重要的影响，光纤切割技术是影响光纤熔接损耗指标的关键因素，而熔融对接则直接决定了光纤熔接的各项性能指标，尤其对于一些特殊的大模场双包层光纤，必须解决特有的大尺寸均匀温度场等问题并实现高质量的切割和熔接，否则无法将其直接应用于高功率系统中。

1）去除涂覆层

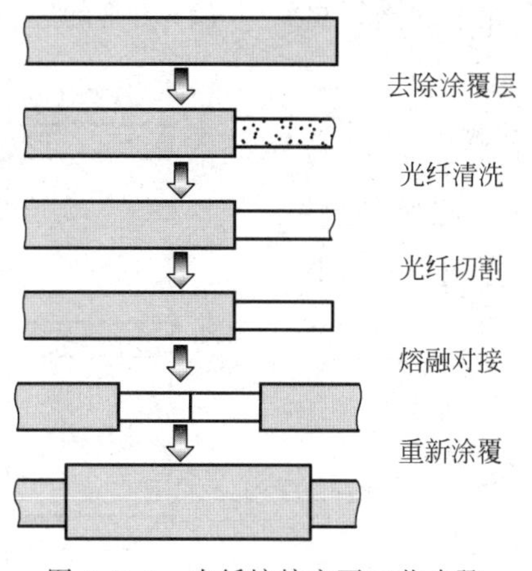

图 4.5.1　光纤熔接主要工艺步骤

目前去除涂覆层的方法主要有三种：机械剥除法、热-机械剥除法和化学剥除法。机械剥除法是最为常用的方法，一般使用光纤专用的剥线钳来完成，甚至可以使用锋利的刀片手工进行操作。这种方法具有简便的优点，但容易损伤光纤。热-机械剥除法的一般原理为：在钳口的装置里嵌入一个电加热器，将光纤的涂覆层在一定的温度下加热一定的时间，使得涂覆层软化，然后在钳口的辅助作用下剥除涂覆层材料。这种方法比较规范，不容易损伤光纤。化学剥除法一般将光纤浸入浓硫酸或者浓硫酸和硝酸的混合溶液中，加热溶液到 200℃的高温，光纤的涂覆层便会被溶解。这种方法对实验人员而言有些不便和危险，所以很少使用。

需要特别注意的是，无论采用什么方法去除光纤的涂覆层，操作过程中尽可能不要在光纤的表面上引入划痕，否则将会严重降低光纤的机械强度，从而降低熔接点的可靠性。图 4.5.2(a)为光纤热-机械剥除实验照片。

2）光纤清洗

光纤清洗的标准方法是使用超声波清洗，如图 4.5.2(b)所示，酒精溶液在超声波的作用下，内部产生大量的泡状体，泡状体接触光纤后气泡破裂可以将光纤表面的污染物冲击掉。这种方法的优点是光纤没有受到任何的硬性接触，所以能够最大限度地保持光纤本身的强度特性。此外，也可以使用不含絮状物的擦镜纸或脱脂棉蘸适量酒精来轻轻擦拭。

需要特别注意的是，清洗之后再也不允许与光纤表面有任何的接触，所以应该尽可能将光纤彻底地清洗并保持不被污染。

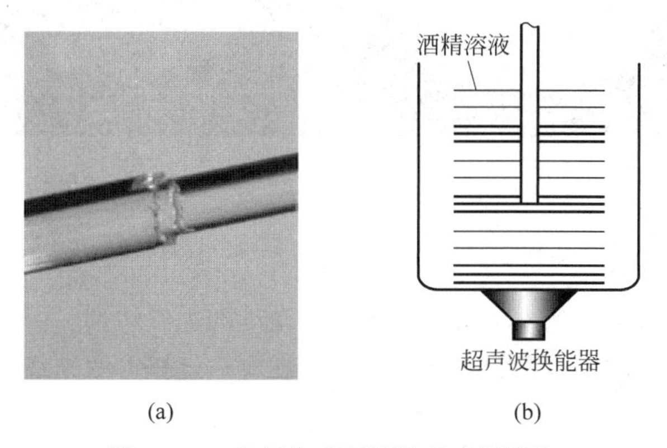

图 4.5.2　光纤热-机械剥除及光纤清洗

(a) 光纤热-机械剥除实验照片；(b) 光纤清洗的示意图

3）光纤切割

光纤切割的主要步骤为：首先沿着光纤的轴向施加一定的拉力，然后利用金刚石刀口在光纤侧面上引入一个微小的裂纹，最后裂纹在拉力的强迫下发生扩散，并且最终形成了一个完整的光纤端面。光纤切割的整体过程如图 4.5.3 所示。

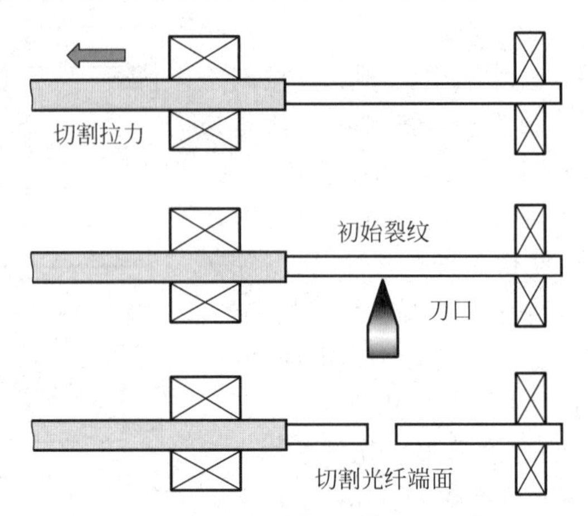

图 4.5.3 光纤切割的工作原理示意图

需要注意的是，无论切割拉力偏大或是偏小，最终都将导致光纤切割质量的下降，这不利于熔接损耗的减小，只有选取最佳切割拉力值，才能实现小角度、高质量的光纤切割。

图 4.5.4 给出一些光纤切割的实验照片，其中，图 4.5.4(a)所示为切割拉力偏大时的结果，端面上的起伏区域非常的明显，优化切割拉力后的切割结果如图 4.5.4(b)所示，端面的平整度得到了很大的改善。

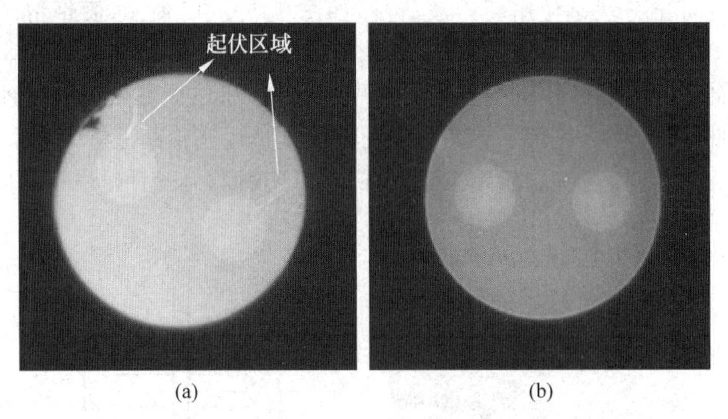

图 4.5.4 光纤切割的实验照片

(a) 切割拉力偏大时的实验结果；(b) 应用最佳切割拉力时的实验结果

需要说明的是，并不是所有的应用都要求小角度的光纤切割。例如，光纤激光器的输出端帽需要抑制端面的光学反馈效应，此时就可以在有一定扭力的光纤夹持状态下进行切割，以获得较大的切割角度来满足实际需要。

4) 熔融对接

光纤熔接是接续工作的中心环节，因此高性能熔接机和熔接过程中按规范进行操作十分必要。光纤熔接机的基本原理是：通过光照射到光纤上，通过成像系统观察到光纤边缘信息，如芯轴和外包层边缘图像，在传感器上实现图像接收，通过计算机对图像边缘进行处理，即可获得光纤的位置信息及径向偏差，熔接机系统根据移动数据控制机构来完成光纤精准对接，并且进行放电熔接，完成光纤熔接。

光纤熔融对接所涉及的主要参量随时间的变化过程由图 4.5.5 清晰地展示出来。图 4.5.5 中的实线表示熔接功率的大小随时间的变化，点线表示光纤端头之间的距离随时间的变化，点画线表示放电电极沿光纤轴向的位置变化情况。根据熔接放电功率和热源动作的变化特点，可以将光纤的熔融对接分为三个主要过程：预放电、高温对接和平滑处理。其中，主要涉及的技术参数是熔接功率和熔接时间，这也是实验研究中需要重点考虑的因素。

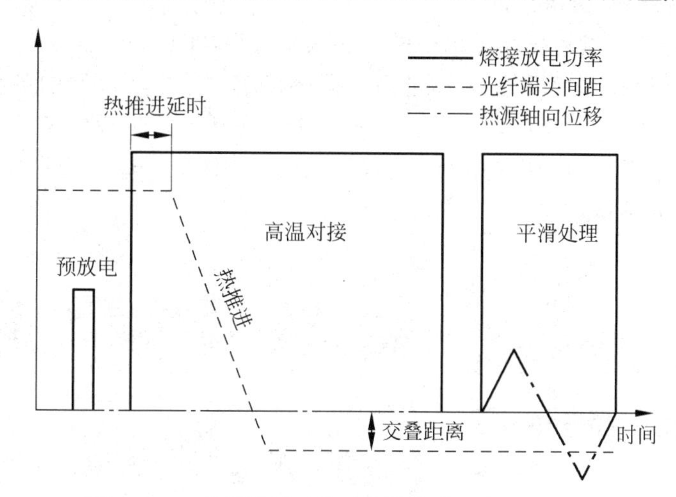

图 4.5.5　光纤熔融对接过程中各参量的变化关系

预放电过程是指在最初时刻由放电电极向光纤端头施加一个非常短暂的热处理，其主要目的是将光纤端面上可能存在的污染物分解蒸发，从而清洁光纤端面。如果缺少预放电步骤，光纤端面在对接之前将有可能存留杂质，那么在高温加热过程中污染物经受 2000℃ 的高温时将挥发为气态物质，最终在熔接点形成缺陷，这不仅可能导致熔接损耗的增大，还有可能导致熔接强度的大大降低。所以，预熔接在熔融对接过程中的作用不可忽视。

高温对接过程是指光纤端头在熔接功率最强的时候互相结合并形成完整的光波导，此时的熔接功率和熔接时间是最重要的技术参数，因为它们分别决定了光纤融合的程度和持续的时间。同时，高温对接也是最复杂、最难分析以及最难掌控的过程。

平滑处理过程是指在熔接点形成之后，放电电极对熔接点附近的区域进行往返的加热。平滑处理在光纤熔接技术中也起了非常重要的作用，具体表现在如下五个方面：①使熔接区域的折射率分布更加趋于均匀，以降低熔接损耗；②消除熔接点的内部应力，以改善光纤熔接点的机械强度；③通过高温清除掉光纤表面的污染物；④平滑处理掉光纤表面可能存在的微细裂纹；⑤尤其在非匹配光纤熔接时可以降低熔接损耗。

观察图 4.5.5 所示的变化关系，在高温对接初始时刻存在一个短暂的热推进延时，热推进部分的曲线斜率代表了光纤推进的速度，推进动作最终导致的交叠距离表示了两个光纤端头的重叠范围。这一系列的动作中，交叠距离相对而言比较重要，这个参量直接决定了光纤熔接点的形成区域，在实验研究中需要根据光纤的具体参数对其进行一定的优化。

选用光纤熔接机时，通常需要关注的参数指标有：适用光纤类型、光纤切割长度、平均接续损耗、典型接续时间、回波损耗等。国内外著名的熔接机生产厂商有日本的古河、藤仓和住友，韩国的易诺、日新，美国的康宁，中国的电科集团第 41 研究所、武汉聚合光子、南京迪威普等单位和公司。

5）重新涂覆

重新涂覆是指在光纤熔接完成之后使用特定折射率的材料填充裸露的光纤内包层，其目的有两个：第一，使得光纤内包层重新形成一个完整的波导结构，以利于泵浦光的传输；第二，防止光纤被污染或者外界引起的机械损伤。

3. 典型的熔接显微图像分析

通过分析光纤熔接点的显微图像中的一些典型特征，能够评估熔接点的熔接损耗、回波损耗以及机械强度等技术指标的水平，进而根据熔接实验结果所反馈的各种信息优化各项熔接参数，以获得高质量的光纤熔接点。图 4.5.6 为光纤熔接过程中经常会发生的一些现象，这些熔接结果或者是熔接损耗偏大，或者是机械强度降低。通过这些显微图像所表达的信息，可以准确判断熔接过程中所出现的问题：

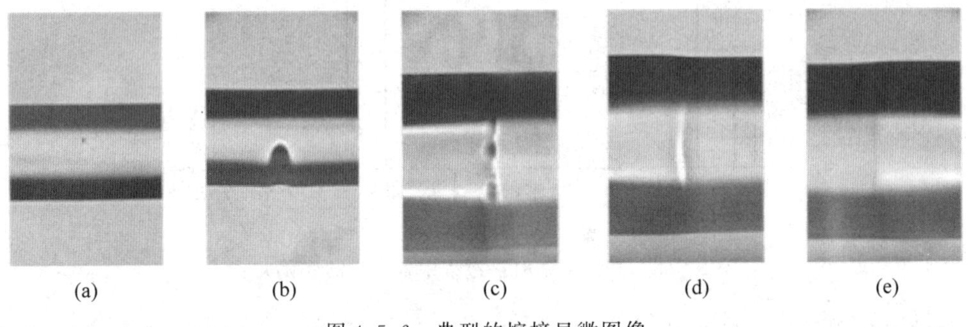

图 4.5.6 典型的熔接显微图像

(1) 图 4.5.6(a)中熔接点附近存在一个较小的、黑色的泡状体。这是因为熔接前光纤端面存留污染物，泡状的缺陷比较明显。如果保证熔接之前光纤端面足够清洁，并且进行合理的预放电，则可以完全消除这一隐患。

(2) 图 4.5.6(b)中部分的熔接区域发生了严重的塌陷，而其余部分融合得比较理想。这是因为光纤的切割角度过大或者光纤在径向上受热不均匀。如果改善切割质量并且调节光纤的夹持状态以保证光纤处于电极的中心位置，则可以避免这一情况的发生。

(3) 图 4.5.6(c)中熔接之后的光纤周围出现了一个环状的折射率突变区域。这是因为光纤的加工质量存在很大的缺陷，例如使用研磨的方法加工光纤并导致了光纤端面的边缘非常粗糙。如果提高光纤端面的切割质量或研磨质量，则可以解决这一问题。

(4) 图 4.5.6(d)中高亮度结构表示熔接区域发生了明显的堆积现象。这是因为熔接过程中光纤热推进的距离偏大，光纤的重合部分过大就会导致局部材料发生堆积的效果，这将导致纤芯位置的偏离及熔接损耗的增加。如果适当地减小热推进的距离，则可以消除光纤的堆积现象。

(5) 图 4.5.6(e)中光纤熔接的界面上出现了明显的黑色竖线。这是因为熔接的放电功率偏低或者持续时间偏小，光纤不能形成一个完全融合的整体结构，这种界面上的折射率突变将会导致熔接点回波损耗的增加，非常不利于超高功率光纤激光器的研制。增大熔接的放电功率或者持续时间可以避免这一问题的发生。

4. 熔接技术的发展现状

研究人员对光纤熔接技术的研究起源于通信光纤。通信光纤有纤芯小、功率低的特点。21 世纪，随着光纤激光器向高功率方向发展，以及大模场多包层光纤的应用，对加热区范围和温控精度提出了更高要求，石墨电极以及 CO_2 激光加热方式也应运而生。

近几年，以石墨灯丝熔接为代表的美国 Vytran 推出了大芯径熔接机，该熔接机可熔接包层直径最大为 1700μm(GPX3850)的光纤。由于石墨灯丝的热源特点，Vytran 熔接机特别擅长拉锥和热扩芯等特殊的光纤处理。以电极加热为代表的是日本藤仓的各种熔接机，其推出的 FSM100P＋可熔接 60～1200μm 光纤。之后，藤仓为弥补大芯径光纤熔接和光纤拉锥的不足，推出了 LZM100，这是以 CO_2 激光器作为热源的熔接机，与石墨灯丝和电极相比，其具有清洁的优点，而且最大熔接直径扩展到 2300μm，CO_2 激光熔接机可用于制造输出端帽等特殊熔接场景，如图 4.5.7 所示。

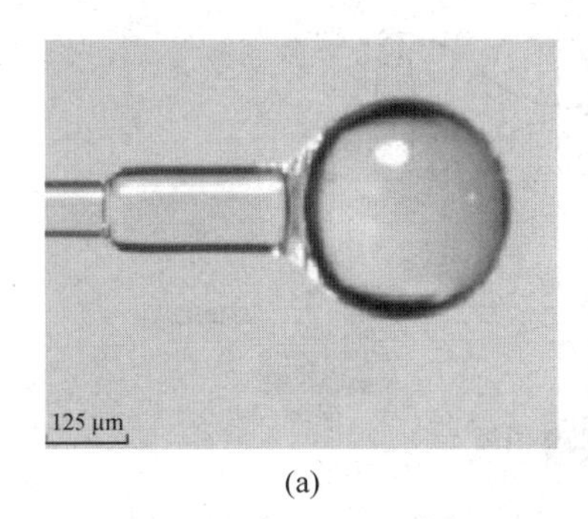

(a)

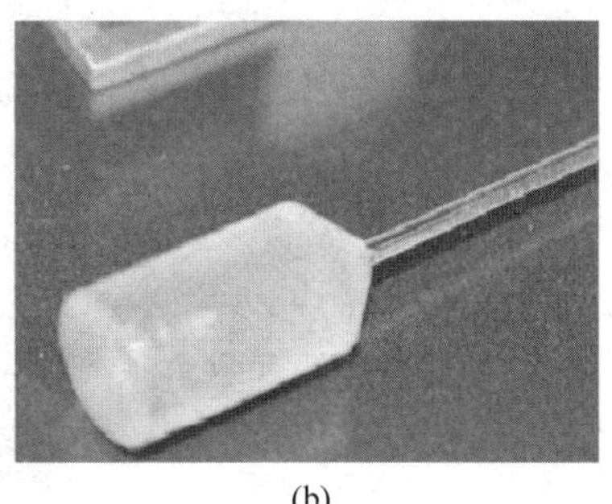

(b)

图 4.5.7　CO_2 激光熔接机的特殊熔接场景

(a) 烧球；(b) 光纤激光器输出端帽熔接

4.5.2　光纤拉锥

拉制光纤实际上就是一种将较粗的预制棒加热到熔融状态，然后将其拉细到常规光纤直径大小的拉锥过程。而光纤的拉锥则是将常规光纤继续进行加热拉细处理，它是一种重要的光纤后处理技术。

通过拉锥可以改变光纤的半径(光纤半径在轴向上发生变化)以及实现多根光纤间光场的耦合，实现耦合器、光波分复用器和合束器等光纤器件的制作。而且利用拉锥技术制作的器件具有性能稳定、工艺要求简单等特点。

1. 拉锥工艺

目前制作拉锥光纤的主要方法有化学腐蚀法、机械抛磨法和熔融拉锥法。其中熔融拉锥法较为常用，它是通过移动火焰和控制火焰温度的分布来实现不同形状的拉锥方法。随着激光技术的成熟，采用 CO_2 激光作为热源拉制锥形光纤的方法应运而生。激光光束具有清洁、可控、作用快、没有惯性约束等优点，克服了火焰及其他热源加热拉制光纤的不足。

普通光纤的拉锥通常分为正拉锥和反拉锥。正拉锥的基本原理是，组成光纤的材料二氧化硅在受热过程中变软，然后将光纤向两边拉伸，纤芯和包层等比例减小，从而得到锥形变形光纤；而反拉锥的过程正好相反，将光纤向中间挤压，光纤直径变大。光纤拉锥绝大多数情况都是指正拉锥。研究表明，通过控制拉锥参数可以实现任意锥度的拉锥光纤。

2. 熔融拉锥原理

熔融拉锥工艺的典型示意图见图 4.5.8。在进行光纤拉锥之前，首先需要将光纤要进行拉锥的区域的涂覆层去掉，然后利用脱脂棉蘸酒精擦掉残留的涂覆层碎屑，否则残留的涂覆层碎屑会被火焰烧着，在光纤表面留下一层碳化物质，对光纤表面造成污染，从而额外增加损耗。

光纤拉锥系统一般采用真空吸附方式和特制夹具配合一起将两根或多根光纤定位并紧实在光学平台上，并以一定的方式使除去涂覆层的两根或多根裸纤旋转，对轴(仅指保偏光纤)靠拢，在氢氧焰下加热熔融，同时以一定的速度(典型参数为 4mm/s)向边拉伸(为了实现任意形状锥区的拉锥，氢氧焰在整个过程中需要左右匀速移动)，最终在加热区形成双锥体形式的特殊波导结构，从而实现制作各种光纤耦合器件和光纤锥体的目的。

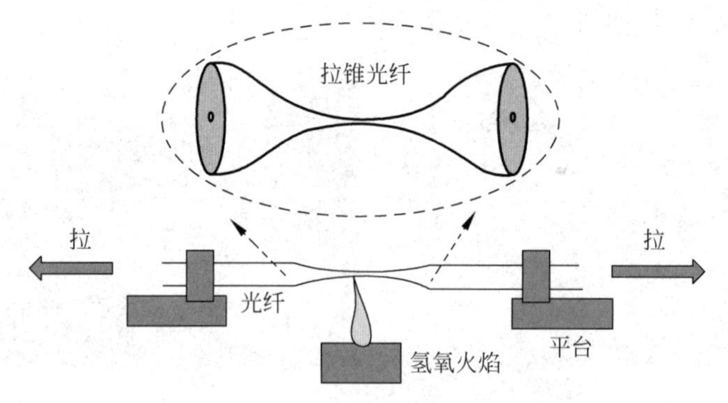

图 4.5.8 熔融拉锥工艺的示意图，光纤的中间区域被加热，两端被固定并向外拉伸

图 4.5.9 为拉锥后的光纤形状示意图，主要分为 3 个部分：原始光纤(即未拉伸区域)、锥形过渡区域(过渡区域Ⅰ和过渡区域Ⅱ)和锥腰区域(即均匀区域)。从标准光纤到锥腰的过渡过程中包层和纤芯的比例基本都保持不变。评价拉锥光纤性能的参数主要有拉锥光纤的直径、长度、锥腰区的均匀度、过渡区形状、拉锥损耗等。

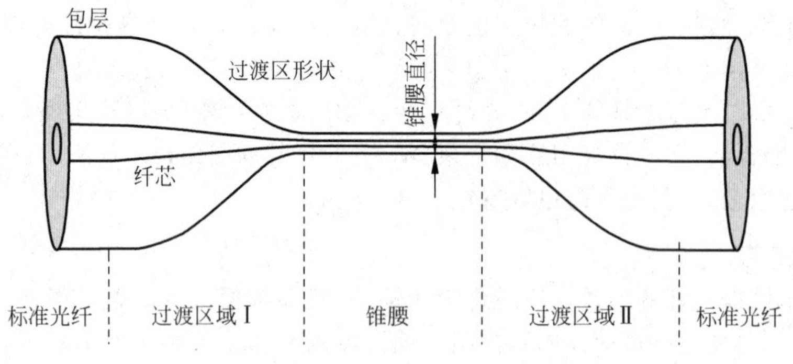

图 4.5.9 拉锥后的光纤形状示意图

3. 影响拉锥效果的因素

影响拉锥效果的因素有火焰温度的稳定性以及温度的高低、拉锥速度的稳定性以及速度的大小等。

火焰的温度稳定性和温度的高低都会影响拉锥的效果。氢气在空气中当量燃烧的温度大约 1430℃，火焰中心温度变化较小(大约在 5℃以内)，边缘变化较大(大约在 30℃以内)。同时火焰的大小，即 H_2 流量的大小也会影响拉锥的效果。若 H_2 流量太大，火焰温度太高，则根据黏弹性理论，熔融状态下二氧化硅的温度越高，黏性越小。这样在拉锥过程中拉锥的速度就必须很快，否则因为重力光纤在垂直方向上将出现变形。同时光纤火苗受到环境的影响将增大，而且火焰移动过程中会出现火苗左右摆动的情况，从而造成温度的不稳定。若 H_2 流量太小，火焰的温度无法使光纤达到熔融状态或者光纤黏性太大，这将导致两边真空而吸附不住光纤，不能将光纤拉细。再者为了使光纤受热均匀，火焰移动的轨迹必须与光纤平行，而且光纤必须位于火焰的中心。

拉锥速度的大小和稳定性同样也会影响拉锥的效果。正常拉锥得到的光纤表面应该是和未拉锥的光纤一样非常均匀光滑的。如果拉锥速度控制不当，将在锥区表面出现流变缺陷，其中包括表面节瘤、锥区微裂纹以及熔区析晶等引起高损耗的因素。拉锥速度越快，表面的微裂纹越严重；但拉锥速度越慢，熔区表面析晶也越严重。因此必须在这两个矛盾中寻找平衡以使得拉锥速度最佳，同时控制微裂纹和析晶，得到表面均匀光滑的拉锥光纤，以达到最佳的拉锥效果。

锥形光纤作为一种特殊的光纤形态已经被使用在了诸如非线性光学、微纳光学、光纤传感、光纤器件等研究领域。另外，锥形光纤结合特殊的镀膜(例如拓扑绝缘体或者过渡金属硫化物)可以作为可饱和吸收体，在光纤激光，尤其是超快光纤激光领域发挥作用。在近年的研究中，国内外的科研工作者已经从理论或者实验上，证实了锥形双包层光纤在运用低亮度抽运光源和抑制非线性效应上的良好效果，并且在光纤激光放大系统中，锥形光纤作为增益介质也能够较好地保持单模的光束质量。

4.5.3　光纤腐蚀

近年来，随着近场扫描光学显微镜以及光纤生物传感器的发展，采用化学腐蚀法制作纳米光纤探针(针尖尖端的尺寸为 10～100nm)的技术得到了广泛的应用。另外，光纤化学腐蚀法还可应用于光纤光栅传感器的增敏，多参数同时测量以及具有消逝场结构的光纤传感器等。

1. 光纤化学腐蚀方法

化学腐蚀法分为静态腐蚀法和动态腐蚀法。静态腐蚀法是指在腐蚀过程中 HF(氢氟酸)与光纤的位置保持相对静止不动的腐蚀方法。采用静态腐蚀法制备的探针锥角一般约为 30°。以二甲苯作为有机保护层，使用浓度为 40%的 HF 溶液作为腐蚀液，采用静态腐蚀法制备光纤探针的腐蚀过程如图 4.5.10 所示。动态腐蚀法中，浸入腐蚀液中的光纤在垂直方向上移动。光纤的垂直移动改变了腐蚀液弯液面在光纤表面的接触位置，而弯液面相对位置的变化使探针锥区长度发生改变，从而引起锥角的变化。在不改变腐蚀条件的情况下，动态腐蚀法可加工出多种锥角的探针尖。

静态腐蚀法的优点是具备自终止的特点，无须人为干预。通过选择不同的保护液类型，制备不同锥角的探针。动态腐蚀法通过控制光纤和腐蚀液的相对移动速度加工不同外形的光纤探针，探针锥角具有较大的变化范围，但是腐蚀结束需要手动终止。由于选择腐蚀法源于对不同光纤材料腐蚀速度的不同，动态腐蚀法特别适用于特种光纤探针的制备。

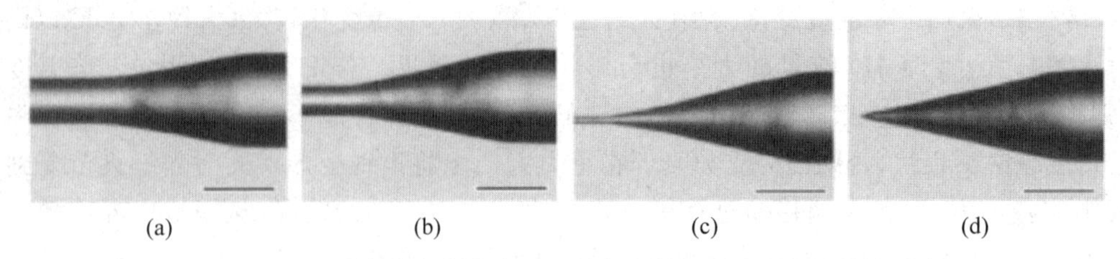

图 4.5.10 采用静态化学腐蚀法制备光纤探针过程的显微镜照片

2. 化学腐蚀原理

被剥去聚合物外套的光纤末端在化学腐蚀过程中形成锥形探针是由于光纤包层(纯的 SiO_2)与掺 GeO_2 的 SiO_2 的纤芯刻蚀速率不同而造成的,GeO_2 和 SiO_2 与 HF 溶液的化学反应方程式是

$$ZO_2 + 6HF \longrightarrow H_2ZF_6 + 2H_2O(Z = Si 或 Ge)$$

其中 H_2ZF_6 由上面反应方程式直接生成,这个反应在纯 HF 溶液中直接发生。但在 NH_4F 溶液中,H_2ZF_6 是一个中间产物,因为还有下面的反应:

$$H_2ZF_6 + 2NH_3 \longrightarrow (NH_4)_2ZF_6(Z = Si 或 Ge)$$

$(NH_4)_2SiF_6$ 和 $(NH_4)_2GeF_6$ 的溶解性不同导致纤芯和包层的刻蚀速率不同。那么锥形探针应该与腐蚀液和纤芯掺杂的程度有关。因为温度与纤芯和包层的腐蚀速率直接相关,所以温度对锥形探针的形成也有重要的影响。腐蚀需要的时间取决于温度和腐蚀液的浓度,一般需要 1~20h。因此,在腐蚀过程中关键的参数还是影响纤芯和包层腐蚀速率的腐蚀液温度和成分。

4.6 总 结

本章以光纤与光纤间的直接耦合、光纤与光纤间的光学耦合以及光纤与常用光源间的光学耦合和连接为重点,讨论了耦合损耗的来源、影响耦合效率的因素以及实用的光纤连接方法和器件。最后针对制作光纤系统时常用的光纤熔接、拉锥和腐蚀等纤上操作工艺,介绍了工艺原理和控制参数。

本章重点内容:

1. 光纤与光纤连接的损耗来源以及直接耦合效率

光纤的耦合需要从内因和外因两个方面来考虑:一方面,需要考虑两个光纤的芯径、数值孔径、折射率分布等参数的匹配程度;另一方面,也需考虑两光纤间的机械对准程度(横向、纵向以及角向)以及端面间的折射率匹配程度等。

对于多模光纤间的直接耦合,可以用几何光学分析方法计算各种情况下的直接耦合损耗。对于单模光纤间的直接耦合,需建立起模式匹配的概念。单模光纤之间的耦合效率取决于端面两侧模场的匹配程度。所谓匹配是指模场的大小以及光场分布上的相似程度。

2. 光纤与光纤或光源的耦合方法

光纤与光纤或光源的光学耦合方法具有个性化,直接与光源外发光特性和接收光纤参数密切相关。如果进行近轴光学变换耦合,则实现高效耦合的判据是接收光纤的光束参数乘积要大于光源的光束参数乘积，这是因为近轴光学变换系统满足拉亥不变量关系。

为了提高光源与光纤之间的耦合效率，通常需要利用透镜等光学系统对光源光束进行光学变换，具体光学耦合方法多样，对于微型耦合器件常采用自聚焦透镜，对于非对称光束多采用柱面镜以及异形透镜等。

3. 纤上操作工艺原理

光纤熔接的基本原理为：光纤端头以一定速度相互靠近，并且在空间上形成一个很小的交叠区域，光纤同时处于高温热源的作用下并达到熔融的状态，光纤连接处在张力、黏滞力等多种因素的共同作用下形成了一个完整的、永久的光波导结构，即光纤熔接点。

光纤正拉锥的基本原理为：组成光纤的二氧化硅材料在受热过程中变软，然后将光纤向两边拉伸，纤芯和包层等比例减小，从而得到锥形变形光纤。

光纤腐蚀的基本原理为：被剥去聚合物外套的光纤末端在化学腐蚀过程中形成锥形探针是由于光纤包层（纯的 SiO_2）与掺 GeO_2 的 SiO_2 的纤芯刻蚀速率不同而造成的。

课程实践

为了获得高效和高可靠的全光纤化光纤激光器，光纤激光器的制作水平至关重要。组成激光器的各个光纤器件，需要用熔接的方式连接起来。熔点的插入损耗会直接影响光纤激光器的光光转换效率，熔点附近的热量会影响激光器工作的可靠性，熔点对纤芯模式的扰动会影响光纤激光器的输出光束质量，对于保偏光纤激光器还会影响输出的偏振消光比。同时在光纤激光器中的输出端往往需要特殊处理，比如切斜角或连接光纤端帽，以保证光纤激光器工作的可靠性，这些都需要高质量的纤上操作工艺。本实践通过制作保偏光纤激光器，使读者熟悉相关光纤设备，掌握光纤相关操作工艺和方法。

实践任务

保偏光纤激光器制作与输出功率和光光转换效率测量。

实践光纤涂覆层的剥除工艺，学习光纤裸纤的清洁方法和处理手段。能够使用光纤切割刀 CT50、LDC-400，光纤熔接机 88s＋、FSM-100P。能够高质量熔接包层尺寸为 125μm 的常规光纤和保偏光纤。在此基础上按照保偏光纤激光器原理图，制作线偏振光纤激光器，并进行激光器输出功率和光光转换效率测量。

保偏光纤激光器原理和制作要求

1. 保偏光纤激光器组成

保偏光纤激光器由半导体激光器 LD 泵浦源、保偏增益光纤和光纤光栅对组成的谐振腔构成。本次实践制备线偏振光纤激光器，输出功率在 1W 量级，如图 1 所示，采用 976nm 波长 LD 泵浦掺镱双包层增益光纤，光纤长度 4.5m，需要将增益光纤盘绕成 4.5cm 的小圈，有利于获得高消光比的线偏振激光输出。高反光纤光栅反射率 99%，低反光纤光栅反射率 10%，经低反光纤光栅输出的激光，经过包层光剥除器去除光纤内包层中的剩余泵浦光和少量激光，提高输出激光光谱纯度和光束质量。输出端切成 8°斜角，用于防止激光返回系统，保证激光器安全工作。保偏光纤激光器中各个光纤器件参数如表 1 所示。

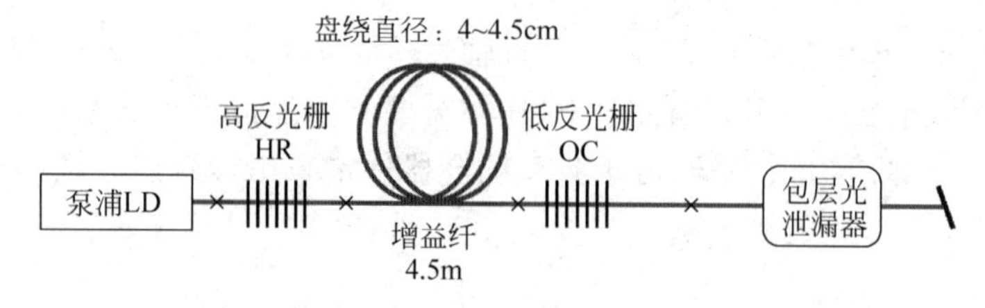

图1 保偏光纤激光器原理图(×表示焊点)

表1 保偏光纤激光器中各光纤器件性能参数表

名　称	参　数	性能指标
泵浦 LD	输出功率	≥2W
	输出波长	(976±3)nm
	尾纤尺寸	105μm/125μm,0.22NA
增益光纤	光纤型号	PLMA-YDF-10/125
	纤芯直径	10μm
	纤芯数值孔径	0.06
	包层直径	125μm
	包层数值孔径	0.46
	长度	4.5m
光纤光栅 HR	反射率	99%
	中心波长	1080nm
	带宽	3nm
	光纤型号	PLMA-GDF-10/125
光纤光栅 OC	反射率	10%
	中心波长	1080nm
	带宽	1nm
	光纤型号	PLMA-GDF-10/125
包层光剥除器	剥除功率	约 1W
	光纤型号	PLMA-GDF-10/125
输出端面	斜角	8°

2. 保偏光纤激光器制作

本实验采用 PLMA-YDF-10/125 保偏掺镱双包层光纤作为增益介质，其纤芯直径为 10μm，数值孔径为 0.06，内包层直径为 125μm，数值孔径为 0.46。为了将 LD 泵浦光高效地注入增益光纤中，选用尾纤输出的 LD 与增益光纤内包层连接，LD 尾纤纤芯直径为 105μm，数值孔径为 0.22。同时为了减少腔内的熔接损耗，光纤光栅和包层光泄漏器都选用了和增益光纤相匹配的无源保偏 PLMA-GDF-10/125 型光纤，其纤芯直径与数值孔径、内包层直径与数值孔径都和增益光纤相同。

因此，本实践需要熔接的光纤焊点有三种，一种是 LD 尾纤(圆形纤芯 105μm/0.22NA)与 PLMA-GDF-10/125 保偏光纤的内包层(圆形 125μm/0.46NA)的熔接，一种是 PLMA-YDF-10/125 增益光纤(圆纤芯 10μm/0.06NA，八角形内包层 125μm/0.46NA)与 PLMA-GDF-10/125 无源光纤(圆纤芯 10μm/0.06NA，圆内包层 125μm/0.46NA)的熔接，第三种是两个同种 PLMA-GDF-10/125 保偏光纤的熔接。本实践不但涉及双包层光纤的熔接，还涉及保偏光纤的熔接，需要借助专门的熔接设备，并且需要仔细调节熔接参数才能获得低损熔接焊点。尤其对于保偏光纤，除了要对准纤芯和内包层外，还需要对准保偏光纤的应力棒，对熔接提出了更高要求。

制作过程中，需要按照规范，对每个焊点两侧光纤实施光纤涂覆层剥除、光纤裸纤清洁、光纤端面切割和光纤熔接等过程。

制作保偏光纤激光器主要过程如下：

第一，开始时首先测试 LD 输出功率数据，得到 LD 的输入电流和输出功率曲线，并检查及确保各个光纤器件完好无损。

第二，按照保偏光纤激光器原理图，依次熔接各个器件，最后制作光纤输出端面。各种光纤器件建议放置在一个金属底板上，光纤输出端面不能触碰任何物体。

第三，测试保偏光纤激光器输出功率，用功率计记录输出激光功率值，并画出保偏光纤激光器输入功率和输出功率曲线，获得光光转换效率曲线。有条件的话，可以测试光纤激光器输出光谱和偏振度。

所制作的线偏振光纤激光器光光转换效率以不低于 48% 为合格，大于 56% 为优秀。测得的偏振消光比（如果有条件测的话）不低于 16dB 为合格，大于 22dB 为优秀。

3. 光纤切割和熔接设备

本实践需要用到光纤切割刀和保偏光纤熔接机等设备，随着光纤激光技术的发展，光纤熔接平台设备多种多样，设备性能各有千秋。

常规光纤不存在应力棒等额外结构，因此其切割与熔接相对容易。若光纤涂覆层直径不超过 250μm（一般通信光纤均为该尺寸），可以采用常规的日本藤仓 CT50 型切割刀和纤芯对准 88s+型熔接机完成光纤的切割与熔接。

保偏光纤与常规光纤相比，由于具有两根应力棒，因此其切割与熔接均需要更为专业的工具。可以采用 Vytran LDC-400 对保偏光纤进行垂直切割和斜角切割，采用日本藤仓保偏光纤熔接机 FSM-100P 进行熔接。

实践开始前请认真学习设备手册并熟悉光纤设备的使用方法，实践过程中多向有经验的老师和助教学习，操作工艺和具体切割、熔接参数不再赘述。

4. 实践思考

(1) 如果在切割光纤后，裸纤的长度过长或过短，在使用 FSM-100P 熔接过程中可能会发生什么问题？

(2) 如果不知道一根光纤是常规光纤还是保偏光纤，能否利用保偏光纤熔接机 FSM-100P 的显示屏观察出来？

(3) 保偏光纤的熔接焊点为什么会影响光纤激光器的输出效率、消光比和光束质量？

思考题与习题 4

1. 单模光纤和单模光纤连接时，比多模光纤和多模光纤直接连接的公差要求低，为什么？试分析其物理原因。

2. 计算单模光纤的耦合方法和计算多模光纤的耦合方法有何差别，为什么？

3. 一功率为−10dBm 的光信号,输入一个 1×16 的光纤耦合器,若耦合器无附加损耗,输出端功率均分。试计算每个输出端的功率。

4. 功率为−10dBm 的光信号,输入一个 1×20 的光纤耦合器。若输出端功率均分,每个输出端口输出的功率为−30dBm。试计算此耦合器的附加损耗。

5. 一功率为−20dBm 的光信号,输入一个分束比为 90/10 的耦合器。如耦合器无附加损耗,试计算两端口的输出功率。

6. 当光从一根 62.5/125μm 的多模光纤进入另一根 50/125μm 的多模光纤时,因芯径失配引起的损耗是多少?

7. 当光从芯径为 9μm 的单模阶跃型折射率光纤进入芯径为 50μm 的渐变型折射率光纤时,试计算由芯径失配引起的损耗。

8. 当光从数值孔径为 0.275 的 62.5/125μm 的渐变型折射率光纤进入数值孔径为 0.13、芯径为 9μm 的单模光纤时,试计算仅由数值孔径失配引起的损耗。如光纤端面光为均匀分布,则由于光纤截面失配引起的损耗是多少?

9. 试分析比较光纤的各种连接方式的相同点和不同点及其可能的应用。

10. 光纤和光源耦合时主要应考虑哪些因素?为什么?

11. 试分析光纤和光源耦合时所需满足的耦合条件。

12. 光纤和 LD 或 LED(发光二极管)耦合时主要困难是什么?试列举提高耦合效率的主要途径。

13. 光纤和光纤耦合时主要应考虑哪些因素?为什么?

14. 试分析光纤通过透镜耦合时引起损耗的因素。

15. 总结光纤熔接和光纤拉锥的主要工艺步骤以及需要注意的事项。

16. 试说明光纤探针形成的原因和过程。

参考文献

[1] 马春生,刘式墉. 光波导模式理论[M]. 长春:吉林大学出版社,2007.

[2] 祝宁华,闫连山,刘建国. 光纤光学前沿[M]. 北京:科学出版社,2011.

[3] 李淑凤,李成仁,宋昌烈. 光波导理论基础教程[M]. 北京:电子工业出版社,2013.

[4] 杨笛,任国斌,王义全. 导波光学基础[M]. 北京:中央民族大学出版社,2012.

[5] 王健. 导波光学 [M]. 北京:清华大学出版社,2010.

[6] 吴重庆. 光波导理论[M]. 北京:清华大学出版社,2000.

[7] 刘德明. 光纤光学[M]. 北京:科学出版社,2008.

[8] 廖延彪,黎敏,夏历. 光纤光学[M]. 北京:清华大学出版社,2021.

[9] 刘丽红,刘华,孙强,等. 基于非成像光学的激光束整形系统的优化设计[J]. 激光与光电子学进展,2013,50(10):156-162.

[10] 于贺,马晓辉,等. 基于半导体激光器堆栈的光纤耦合技术[J]. 中国激光,2017,44(11):1101006-1.

[11] 刘力宁,高欣,等. 高亮度大功率半导体激光器光纤耦合模块[J]. 发光学报,2018,39(2):196-200.

[12] 金阿立,周斌,等. 一种半导体激光器多模光纤耦合技术[J]. 科技创新导报,2019,12:99-101.

[13] 陈海龙,巩马理. 脉冲光纤激光的功率拓展与非线性频率变换[D]. 北京:清华大学,2013.

[14] 殷树鹏,巩马理. 千瓦级全光纤化激光器关键技术研究[D]. 北京:清华大学,2011.

[15] 虞天成. 单管半导体激光器光纤耦合技术研究[D]. 苏州:苏州大学,2015.

第5章

特种光纤

随着光纤技术从光纤通信技术向光纤传感、光纤激光等不断延展，全球90%以上的信息由光纤传输，光纤除了用于传统的光通信外，还已在或将在光纤传感、光纤传能、光纤激光等方面大有作为，并成为全光社会的关键基础材料，必会在推动数字化转型中发挥关键作用。特种光纤在通信、军事、工业、电力、医疗、能源以及轨道交通等各个领域发挥着越来越大的作用。

通信/器件应用领域：主要有用于通信信号放大和光纤激光器的稀土掺杂光纤、用于通信和通信设备的保偏光纤、用于无源光器件制作的抗弯曲光纤、用于通信传输网络色散管理的色散补偿光纤等。

军工应用领域：用于航空航天核心器件光纤陀螺(FOG)的保偏光纤、抗高温高压等恶劣环境的耐高温光纤/抗弯曲光纤/抗辐射光纤/紫外光纤等、用于激光雷达的大功率激光传输光纤和光缆、超连续谱的光子晶体光纤等。

电力应用领域：用于换流阀和风电系统的塑料包层、用于电力光缆及控制组件的玻璃包层大芯径光纤、用于特高压电流监测的光纤电流互感器保圆光纤等。

医疗应用领域：用于激光手术的各种类型的铥激光、钬激光和绿色激光的特种医疗大芯径光纤，用于激光成像的特殊数值孔径和端头的导光光束，用于医疗传感的传感光纤产品等。

能源/轨道交通应用领域：用于石油石化的耐高温光纤和光缆、用于长距离石油管道的振动传感光缆、用于轨道交通机车加工的大芯径传能光纤和轨道结构健康监测的传感光纤和光缆等。

特种光纤是指用于特定波长，由特种材料制成，根据特殊波长结构设计，采用特殊涂层材料，具有特种功能的光纤，通常是指除常规通信光纤以外的具有特殊功能的各类光纤的总和。

特种光纤可从以下几个角度进行分类(如表5.0.1所示)。

表5.0.1　特种光纤种类

分　　类	光纤品种
按传输特定波长	红外光纤、紫外光纤、X光用光纤、可见光光纤等
按光纤材料	掺杂光纤、荧光光纤、聚合物光纤(也称塑料光纤)、液体光纤、变折射率光纤、增敏和去敏光纤、单晶光纤等
按内部结构	保偏光纤、光子晶体光纤、空芯光纤、多芯光纤、微纳光纤、反谐振光纤、多包层光纤等
按工作性能	抗弯光纤、光敏光纤、抗高温光纤、抗辐射光纤、抗紫外辐射光纤等

特种光纤品种繁多,发展迅速。限于篇幅,本章将介绍广泛使用的聚合物光纤、红外与紫外光纤、增敏与去敏光纤、掺杂光纤等,包括新近出现的特种光纤,如光子晶体光纤、微纳光纤和双包层光纤等。而对于保偏光纤和抗弯光纤等在前述章节中已经介绍,不再赘述。

本章重点内容:

(1) 聚合物光纤、红外光纤以及紫外光纤的种类及特性。

(2) 光子晶体光纤的结构特点以及导光机制。

(3) 微纳光纤的光学特性及应用。

(4) 双包层光纤的结构特点。

(5) 其他特种光纤的特点及应用。

5.1 聚合物光纤

聚合物光纤是目前仅次于石英质光纤的第二大类光纤,无论其应用面或应用量均如此。聚合物光纤是由高分子聚合物材料制成的光纤,简称为 POF(polymer optical fiber),又称塑料光纤(plastic optical fiber)。聚合物光纤(POF)是由高透明聚合物如聚苯乙烯(PS)、聚甲基丙烯酸甲酯(PMMA)、聚碳酸酯(PC)作为纤芯材料,PMMA、氟塑料等作为皮层材料的一类光纤(光导纤维)。不同的材料具有不同的光衰减性能和温度应用范围。聚合物光纤不但可用于接入网的最后 100～1000m,也可以用于各种汽车、飞机等运载工具上,是优异的短距离数据传输介质。POF 无论在传输(信号和能量的传输)和传感(信号的提取)方面都有广泛用途。和石英质光纤相比,它具有如下许多突出的优点:

(1) 密度小。光学塑料的密度一般是 0.83～1.50g/cm^3,大多数在 1g/cm^3 左右,为玻璃密度的 1/2～1/3,这一优点在导弹、人造卫星的制造和宇宙航行中有重要的应用。

(2) 韧性好,抗冲击强度和柔软性能均优。塑料光纤在直径为 2mm 时仍可自由弯曲而不断裂。

(3) 对不可见光波透过性能好。光学塑料在可见光和近红外波段的透过性能比光学玻璃稍差,在远红外和紫外波段,透过率可以大于 50%,比光学玻璃好。

(4) 原料品种多,折射率可在较大范围内变化。

(5) 成本低,工艺简易。

聚合物光学纤维主要缺点是:

(1) 耐热性较差。一般只能在 40～80℃的温度范围内使用,只有少数聚合物光学纤维可在 200℃附近工作,当温度低于 40℃时,聚合物光学纤维将变硬、变脆。某些聚合物分子由于其分子结构和材料特性,可能比某些玻璃更容易受到外部因素(如紫外线、氧化)影响,从而更容易老化。

(2) 抗化学腐蚀和表面磨损性能比玻璃差,在丙酮、醋酸乙酯或苯的作用下,光学性能会受到很大影响,表面易被划伤,影响光学质量。

(3) 易潮解。

5.1.1 聚合物光纤种类和材料

1. 种类

和石英质光纤一样,聚合物光纤有单模光纤和多模光纤之分;也有阶跃(折射率)光纤和梯度(折射率)光纤之分。所不同的是,聚合物光纤纤芯直径可粗至1mm;聚合物光纤的包层一般都很薄。例如:纤芯直径为1mm的聚光物光纤,其包层厚度仅为数十微米。由于聚合物光纤直径可粗至1mm,包层薄,数值孔径大,所以其光能的耦合效率高。

2. 材料

制作聚合物光纤的主要材料有:一类是聚甲基丙烯酸甲酯聚合物(polymethyl methacrylate,PMMA);另一类是含氟聚合物(perfluorinated polymers)。

PMMA化学名称为聚甲基丙烯酸甲酯,俗称有机玻璃,是一种重要的可塑性高分子化合物,具有较好的透明性、化学稳定性和耐候性,以及重量轻、密度比玻璃低等特点。

含氟聚合物CYTOP(cyclic transparent optical polymer)是一种非结晶高透明的含氟聚合物。CYTOP是用氟(F)取代PMMA中氢(H)构成,其主要优点是降低光纤的传输损耗。因为PMMA的材料吸收主要来源于C-H链,对于工作波长为1.30μm的红外光,其传输损耗已从最初的50dB/km降到15dB/km。图5.1.1是厚200μm的CYTOP薄膜和PMMA薄膜透过率曲线。

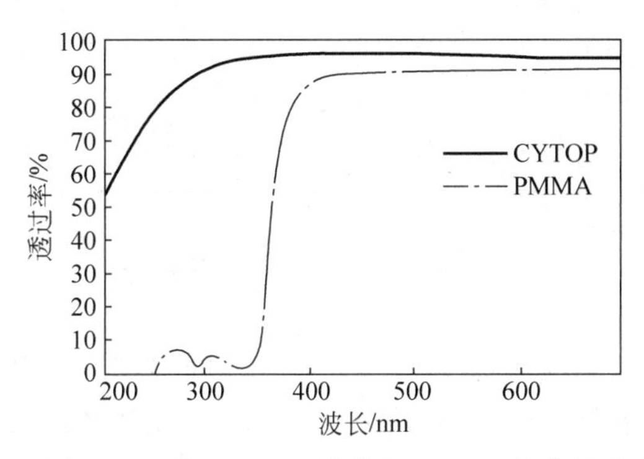

图5.1.1 厚200μm的CYTOP薄膜和PMMA薄膜的透过率曲线

PS是另一类可供选用的聚合物材料,是Polystyrene的简称,中文名称是聚苯乙烯。和PMMA相比,PS的特点是和碳结合的氢的数目减少了。

选择聚合物光纤的材料时,主要应考虑透光性能和折射率。特别是芯料应采用光学均匀的、折射率较高的光学塑料,而且该光学塑料要有较好的透光性能。光学塑料的折射率与塑料的化学组分有关。一般而言,组分中具有的官能团越多,折射率就越大。当在基质成分中引入相对原子质量大的原子或极性大的官能团时,折射率就增加;反之折射率就减小。大多数聚合物的折射率均在1.4~1.6之间。此外,材料选择中还应考虑光学聚合物的一些其他性能,如热性能、机械性能、成本等因素。这样,可供选择的光学材料就不多了。

目前,聚合物光纤的纤芯材料主要是聚甲基丙烯酸甲酯(PMMA)和聚苯乙烯(PS)。如果纤芯材料用折射率为1.49的聚甲基丙烯酸甲酯,涂层材料可以采用折射率为1.40左右的含氟聚合物。如果纤芯材料采用折射率为1.58的聚苯乙烯,涂层材料就可以采用聚甲基丙烯酸甲酯。由于聚苯乙烯具有较强的各向异性效应的侧键,瑞利散射比聚甲基丙烯酸甲酯大,因而采用聚甲基丙烯酸甲酯更易得到较低的损耗。普通聚合物光纤的制作通常采用挤压法,它是将光学聚合物的原材料在软化温度下从模孔中挤压成光纤。

5.1.2 聚合物光纤特性及应用

1. 光学特性

聚合物光纤的光学特性在可见光波段和光学玻璃相近。按国际电工委员会分类，光纤按传输模式可分为A类(多模光纤)和B类(单模光纤)，其中A4类是指多模塑料光纤(聚合物光纤)。按纤芯直径、数值孔径、工作波长等特性的标称值，将A4类分为A4a、A4b、A4c、A4d、A4e、A4f、A4g、A4h这8个子类，其中，A4a、A4b、A4c、A4d为阶跃型多模光纤，A4e为阶跃型或渐变型多模光纤，A4f、A4g、A4h为渐变型多模光纤，具体见表5.1.1。

表5.1.1 A4类多模光纤子类

光纤参数	A4a	A4b	A4c	A4d	A4e	A4f	A4g	A4h
纤芯直径/μm	见脚注[a]	见脚注[a]	见脚注[a]	见脚注[a]	≥500	200	120	62.5
包层直径/μm	1000	750	500	1000	750	490	490	245
数值孔径	0.5[b]	0.5[b]	0.5[b]	0.3[b]	0.25[b]	0.190[c]	0.190[c]	0.190[c]
工作波长/nm	650	650	650	650	650	650,850,1300	650,850,1300	850,1300
折射率分布	阶跃型	阶跃型	阶跃型	阶跃型	阶跃型或渐变型	渐变型	渐变型	渐变型

注：a 光纤纤芯直径典型值比包层直径小15～35μm；
b 理论数值孔径；
c 测试的有效数值孔径。

表5.1.2列出了阶跃型折射率分布A4类聚合物多模光纤的几何尺寸和传输特性。表5.1.3是渐变型折射率分布A4类聚合物光纤的几何尺寸和传输特性。

表5.1.2 阶跃型折射率分布A4类聚合物多模光纤的几何尺寸和传输特性

几何尺寸与传输特性	光纤类型				
	A4a	A4b	A4c	A4d	A4e
纤芯直径/μm	—	—	—	—	≥500
包层直径/μm	1000±60	750±45	500±30	1000±60	750±45
缓冲直径/mm	2.2±0.1	2.2±0.1	1.5±0.1	2.2±0.1	2.2±0.1
数值孔径/mm	0.50	0.50	0.50	0.30	0.25
工作波长/nm	650	650	650	650	650
满注入时，100m光纤在650nm衰减/dB	≤40	≤40	≤40	≤40	≤18
100m光纤在650nm模式带宽/MHz	≥10	≥10	≥10	≥100	200
理论数值孔径	—	0.50±0.13	0.50±0.13	0.30±0.05	0.25±0.07
650nm宏弯损耗/dB	≤0.5	≤0.5	≤0.5	≤0.5	≤0.5
折射率分布	阶跃	阶跃	阶跃	阶跃	阶跃或渐变

表 5.1.3 渐变型折射率分布 A4 类聚合物多模光纤的几何尺寸和传输特性

几何尺寸与传输特性	光纤类型		
	A4f	A4g	A4h
纤芯直径/μm	200±10	120±10	62.5±5
包层直径/μm	490±10	490±10	245±5
包层不圆度/%	≤4	≤4	≤4
芯/包同心度误差/μm	≤6	≤6	≤3
纤芯不圆度/%	≤6	≤6	≤6
100m 光纤在 650nm 衰减系数/dB	≤10	≤10	
100m 光纤在 850nm 衰减系数/dB	≤4	≤3.3	≤3.3
100m 光纤在 1300nm 衰减系数/dB	≤4	≤3.3	≤3.3
100m 光纤在 650nm 模式带宽/MHz	800	800	
100m 光纤在 850nm 模式带宽/MHz	1500～4000	1880～5000	1880～5000
100m 光纤在 1300nm 模式带宽/MHz	1500～4000	1880～5000	1880～5000
测得的有效数值孔径	0.19±0.015	0.19±0.015	0.19±0.015
850nm 宏弯损耗/dB	≤1.25	≤0.6	≤0.25
零色散波长 λ_0/nm	$1200 \leq \lambda_0 \leq 1650$	$1200 \leq \lambda_0 \leq 1650$	$1200 \leq \lambda_0 \leq 1650$
零色散斜率 S_0/[ps/(nm^2·km)]	≤0.06	≤0.06	≤0.06
折射率分布	渐变	渐变	渐变
应用	工业设备与移动通信的 A3 传输设备兼容	数据传输	数据传输主要以光纤带结构使用

注：光纤涂覆直径与光缆结构和应用环境有关。

2. 损耗特性

聚合物光纤的损耗和石英质光纤一样，主要取决于材料的吸收损耗和散射损耗等，此外还和使用的环境温度、湿度以及光纤的弯曲等因素有关，其具体情况见表 5.1.4。图 5.1.2 为 PMMA 制成的聚合物光纤的损耗随工作波长变化的关系图，由图 5.1.2 可见，此类光纤传输损耗最小值位于波长 570nm 附近，其损耗值为 70～80dB/km；其次在 650nm 附近，其损耗为 140～160dB/km。

表 5.1.4 影响损耗的各项参数及其变化范围

影 响 参 数	损耗的变化
波长	图 5.1.2 PMMA 塑料光纤的损耗谱，最低值：70～80dB/km@570nm
入射角	与入射角 σ 成正比，$\sigma>20$(NA=0.3)：30dB/km；$\sigma\approx 40$(NA=0.6)：80dB/km
温度	−70～+70℃
湿度	α=13dB/km@650nm；220dB/km@820nm(环境温度 50℃，湿度 90%)
连接工艺	为 0.5～2dB
弯曲	弯曲半径 $a\approx 5$mm，损耗 α=50%～25%；$a>15$mm，$\alpha<5\%$

3. 机械和环境特性

光纤的机械特性有弯曲、侧压、扭曲、反复弯曲等特性；而环境特性则有耐热、耐寒、耐温度冲击，耐湿、耐腐蚀、阻燃等特性。一般情况是：POF 的伸缩和弯曲等性能优于石英质光纤。但耐热性较差，一般 POF 仅适用于 70～80℃的温度以下。目前有耐高温的 POF 可

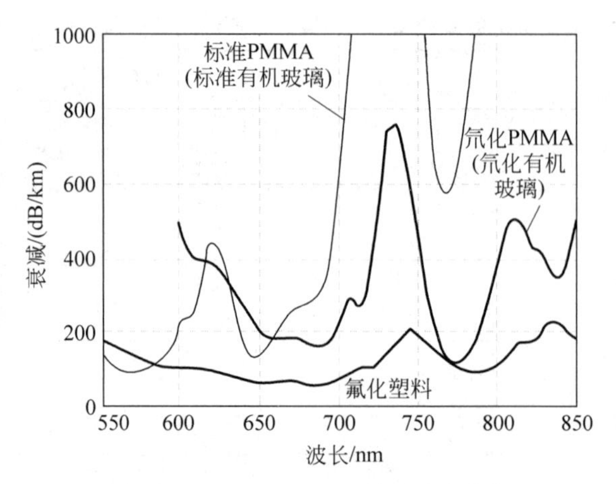

图 5.1.2 PMMA-POF 的透光率曲线

用于 150～200℃的高温。至于低温，则在温度不低于－30℃的环境，POF 均可正常使用。在－40～＋85℃的温度循环实验以及温湿度的循环实验表明，单条 POF 均可正常使用。

4. 应用

聚合物光纤由于塑料基质材料本身的特性，兼具柔性、质轻、可见光高透、性价比高等特点，在器件制作、短距离通信、照明、装饰、医疗、显示、传像、传感、光纤激光器/放大器等领域有着特殊的应用。

在器件制作方面，和石英质光纤一样，POF 也有相应的耦合器和分路器(1×2；1×N；2×2；3×3)等光纤器件。利用聚合物材料的光敏性可在纤芯内刻蚀光纤光栅。目前已有不少这方面的成果报道，POF 不仅对紫外光有光敏性，对可见光也有光敏性。目前已有用 0.6μm 红光在 POF 上写 FBG 及其用于传感的成果报道。

在传输信息方面，与石英光纤相比，POF 由于传输损耗大，目前主要用于近距离通信，和构成光纤局域网，例如楼内的联网和一户的几个房间之间的联网。目前达到的传输水平是百米量级。

在传输光能方面，POF 由于在可见光波段透过率高，可做成大芯径(1mm)和大数值孔径(NA 在 0.50 以上)，再加上柔软性好，所以在传输光能方面有广泛的应用前景。例如：①仪表照明——在汽车内用于仪表盘的照明，已有 30 多年的历史；②小空间强光照明 POF 光纤束，可配合溴钨灯等强光源构成冷光源，用于特殊场合(例用医疗和其他狭窄场合)照明、显微镜等仪器照明；③POF 光纤束可把室外的太阳光传送到室内以供室内照明，这是一种节约能源的有效方法。

在传感方面，POF 与石英光纤相比，由于其材料特性(应变极限高、杨氏模量低)，具有更高的灵敏度和动态范围。应变极限越高，传感器的动态范围就越大；而杨氏模量越低，热光系数和热膨胀系数越高，传感器对物理参数的灵敏度就越高。

总体来说，POF 在整个光纤领域发挥着重要和独特的作用，但是，POF 在应用中也面临着一些典型的短板和缺陷，如长距离通信或照明应用中面临的传输损耗问题、光纤激光器/放大器应用中面临的多模问题与耦合问题、光纤传像束应用中面临的像素数和分辨率问题、光纤织物应用中面临的易损伤问题、高能量传输中面临的低损伤阈值问题等。

5.2　红外光纤与紫外光纤

红外光纤和紫外光纤是指分别可以用于红外波段和紫外波段传输光能量和光信息的光纤。下面对红外光纤和紫外光纤的种类、特点以及应用等方面展开介绍。

5.2.1　红外光纤

红外光纤是专为红外波段(特别是近红外和中红外波段)设计的光纤,能有效地传输红外光的能量和信息。红外光纤可分为玻璃红外光纤、晶体红外光纤和空芯红外光纤 3 类。其中玻璃红外光纤包括重金属氧化物玻璃红外光纤、硫化物玻璃红外光纤、卤化物玻璃红外光纤和硫卤化物玻璃红外光纤等；晶体红外光纤包括单晶体红外光纤和多晶体红外光纤两种；空芯红外波导包括金属红外波导、电介质红外波导和混合型红外波导。图 5.2.1 比较了石英光纤和几种典型玻璃红外光纤的理论传输损耗。

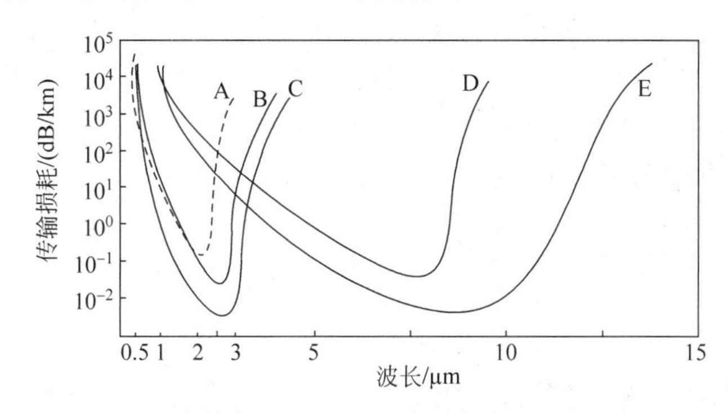

A—石英光纤；B—重金属氧化物玻璃红外光纤；C—氟化物玻璃红外光纤；D—硫化物玻璃红外光纤；E—卤化物玻璃红外光纤

图 5.2.1　玻璃红外光纤的理论损耗

制造红外光纤主要有两大困难：材料和工艺,即选择红外透过率高的材料,以及将该材料加工成损耗较低的光纤的工艺。为满足制造低损耗红外光纤的要求,对材料的要求是：①散射损耗小；②材料色散小,可选择工作波长近于零色散的位置；③杂质(过渡族金属和 OH 基)的吸收损耗小；④材料结构稳定。

1. 红外光纤的种类和特点

1) 玻璃红外光纤

玻璃红外光纤包括重金属氧化物玻璃红外光纤、硫化物玻璃红外光纤、卤化物玻璃红外光纤和硫卤化物玻璃红外光纤等。

(1) 重金属氧化物玻璃红外光纤。重金属氧化物玻璃红外光纤常用以 GeO_2、La_2O_3、TeO_2为基础的玻璃和 $CaO\text{-}Al_2O_3$玻璃,它们都具有化学性质稳定、力学性质和抗热冲击性能良好等优点,并且透过截止波长均超过 2μm,理论最低衰减值小于 0.1dB/km,优于熔石英,可以作为中红外材料,但是由于机械性能差、折射率和吸收都比较大,仅限于在短距离范围内应用。

(2) 硫化物玻璃红外光纤。硫系玻璃红外光纤是最早的红外光纤材料,该玻璃的组成中包括各种单组分玻璃(如 As_2S_3 和 GeS_2)和主要含有 As、Ge、P、S、Sb、Se 和 Te 的多组分玻璃。自 20 世纪 50 年代硫系玻璃的半导体性质被发现以来,由于其本身具有优良的玻璃形成能力、热稳定性、较低的转变温度和良好的可见(硫基)至红外区域的透光性能,人们对其产生浓厚的兴趣,硫系玻璃成为非氧化物玻璃领域的研究重点。特别是硫化物(As-S)和硒化物(As-Se)的硫系光纤分别在 1.5～6.5μm 和 1.5～10μm 之间具有良好的透射率。

(3) 卤化物玻璃红外光纤。卤化物玻璃包括氟化物玻璃和氯化物玻璃两种。

氯化物玻璃主要代表是 $ZnCl_2$ 玻璃,它在 3～4μm 处有极低的理论损耗,因此在中红外波段它是一种良好的导光材料。但由于它易潮解,湿透性强,其发展受到了很大限制。

氟化物玻璃红外光纤的主要成分是 ZF_4,其最小理论损耗值是 0.01dB/km,比石英质光纤低。此外,氟化物玻璃红外光纤还具有非线性折射率低、负温度系数、材料丰富的特点。但由于材料的纯度和加工工艺问题,其损耗的实际值远远高过理论值约四个数量级,约 1dB/m。目前应用最广的是基于 ZF_4 的氟化物玻璃,其成分是 53% ZrF_4、20% BaF_2、4% LaF_3、3% AlF_3 和 20% NaF(摩尔百分比),一般称为 ZBLAN。氟化物玻璃红外光纤的通光范围在 0.25～7.0μm,此波段范围内透过率大于 50%。图 5.2.2 是 5mm 厚两种氟化物片的透过率曲线和损耗曲线(瑞利散射、电子吸收和多光子吸收)。为了比较,图 5.2.2 同时给出了厚 5mm 熔石英片的透过率曲线。显见,氟化物片的透过谱范围比熔石英片的要宽。表 5.2.1 给出了氟化物玻璃的典型值。

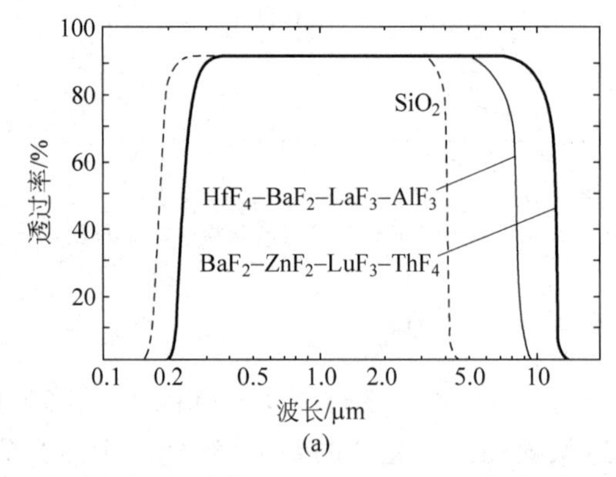

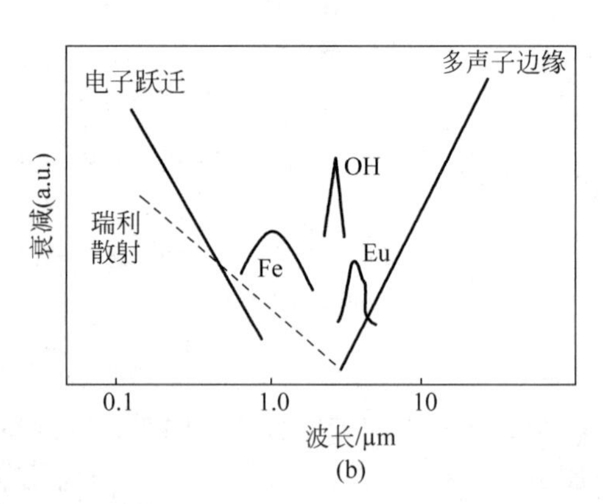

图 5.2.2 厚 5mm 两种氟化物片的透过率曲线和损耗曲线

(a) 透过率曲线;(b) 损耗曲线

表 5.2.1 氟化物玻璃的特性

参　　数	典　型　值	参　　数	典　型　值
转变温度/℃	240～455	弹性模量/GPa	50～90
膨胀系数/(10^{-7}℃)	100～187	维氏硬度/(kg/mm^2)	220～270
密度/(g/cm^3)	4.5～5.3	韧性断裂/($MPa\cdot\sqrt{m}$)	0.2～0.3
在水中溶解率/[$g/(cm^2\cdot d)$]	10^{-2}～10^{-3}	泊松比	0.25～0.30
折射率 n_0	1.48～1.54	阿贝数	68～80
非线性折射率 $n_2/10^{-13}$esu	0.9	折射率温度系数(dn/dT)/K^{-1}	-1×10^{-5}

(4) 硫卤化物玻璃红外光纤。硫卤化物玻璃红外光纤可以分为两类:一类是以硫系元素和卤素为主要成分的玻璃,与硫系玻璃相近;另一类则是以碲、硒、碘和溴为主要组分的

玻璃。硫卤化物玻璃既有较低的本征损耗、多声子吸收向长波长方向位移的特性，又有较好的力学性能、化学稳定性以及较高的转变温度 T_g，是一种具有硫系玻璃和卤化物玻璃基本优点的中、远红外的优良材料。

2）晶体光纤

晶体光纤是红外玻璃光纤的一种有前景的补充材料，虽然原则上红外晶体材料都可以用于制备晶体光纤，可是由于制造工艺水平有限，被制成晶体光纤的材料只有很少的几种。

（1）单晶光纤(SC)。用于制造单晶光纤的材料有 AgBr 和 CsI；最重要的单晶光纤材料是蓝宝石（Al_2O_3）。在目前可实现的制作水平下，CsI 单晶光纤的损耗可达到0.3dB/km。

（2）多晶光纤(PC)。应用比较多的多晶光纤是卤化银光纤，但是卤化银具有腐蚀性，在封装和连接时需要防止它对其他材料的腐蚀。对于其他材料，如壳体结构卤化钾多晶光纤，经过多年研究，它的损耗可以降低到 0.1dB/km，传输功率约为 100 W，溴碘化铊 KRS-5 多晶光纤的传输能量密度可以达到 $50kW/cm^2$。

3）空芯光纤

空芯光纤是以空气为纤芯，所以和其他两类红外光纤相比，空芯光纤可传输更大的光功率(激光损坏值高)，稳定性好，耦合效率高(端面无反射)。另外，红外透光范围更宽，传输 CO_2 激光的空芯光纤始于 1974 年。

空芯光纤的外形有两种：矩形和圆形，图 5.2.3 是矩形空芯光纤的外形。图 5.2.3(a)中的空芯光纤的内壁和外壁均为矩形：图 5.2.3(b)中的空芯光纤的内壁为矩形，外壁为圆形。

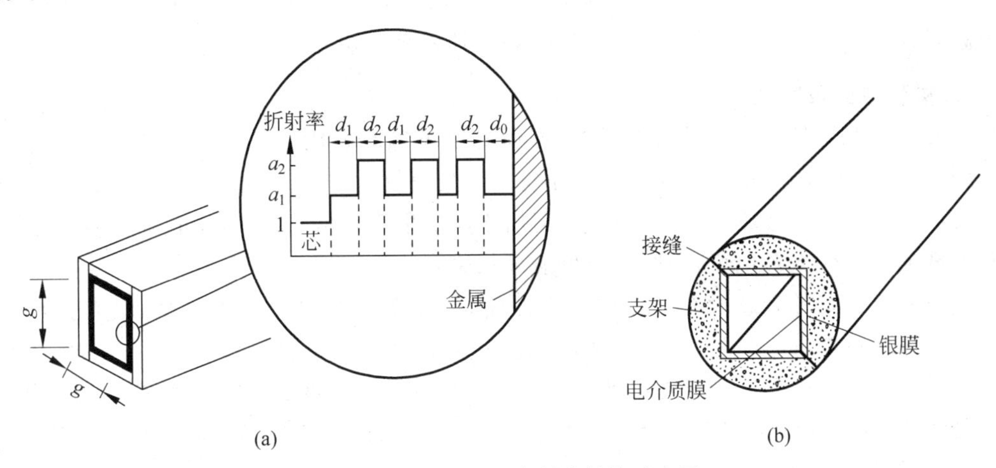

图 5.2.3 矩形空芯光纤的结构示意图

(a) 空芯光纤的内壁和外壁均为矩形；(b) 空芯光纤的内壁为矩形，外壁为圆形

红外空芯光纤的材料主要有 3 种：金属波导、电介质波导和混合型(金属内衬一层电介质)波导。

（1）金属波导。金属波导利用金属表面的高反射率传输红外光，材料为铝、金、银、铜等。据报道，铝质矩形波导的最低损耗为 0.18dB/m(直接传输效率为 90%/m)，最大连续输出功率为 960W，脉冲功率可达 1MW。

（2）电介质波导。电介质波导主要分为两类：一类是以硫化物玻璃等吸收系数小的材料作为镜面来实现高反射；选择在预期传输波段上具有反常色散特性的材料来实现全内反射。电介质膜的材料主要有 ZnS、AgBr、AgI 等，如空心蓝宝石光纤（在 10.06μm 处的 $n=0.67$）就是一例。

(3) 混合型波导。在金属波导表面喷镀电介质材料便制成了混合型波导，经过喷镀后波导的反射损耗大大降低了，例如对于 Ag-ZnSe 结构空芯光纤，光纤直传损耗为 0.13dB/m，光纤弯曲时（半径 50cm）损耗为 1.0dB/m，光纤直径为 1.5mm。

2. 红外光纤的应用

红外光纤和普通的石英光纤一样，其差别是传输的波段不同。红外光纤的应用领域主要是能量传输（例如传输 CO_2 激光能量），其次是用于传感和传像等。

在传能方面，红外光纤用于传能（激光能量的传输）的主要应用是：激光加工（激光切割、激光焊接）和激光医疗。红外光纤用于传能的优点是其柔软性。

在传感方面，和石英光纤相似，红外光纤可用于构成红外波段的光纤传感器。目前的应用有红外光纤构成的光纤高温计、光纤红外光谱仪和光纤磁传感器等。

在传像方面，用红外光纤可以构成传送红外光图像的传像束。例如，用硫化物红外光纤构成的传像，和红外摄像机以及红外 CCD 结合可用于红外成像。现已有不少成果报道。例如，对于用 1000 根硫化物红外光纤构成的传像，其传输损耗为 0.6dB/m；工作波段为 3.2～3.8μm，光纤长 1.3m。

5.2.2 紫外光纤

紫外光纤主要是指可以用于紫外波段传输光能量和光信息的光纤。随着激光医疗技术以及激光器的发展，对于传输紫外光的光纤要求越来越迫切。

1. 材料种类及特性

一般光纤对紫外光透过性能都很差，普通光学玻璃对于比 0.4μm 波长更短的光，透过率急剧下降，对于 0.3μm 波长以下的紫外光几乎全吸收。

石英玻璃在紫外波段的透过率较高，但由于其折射率较低，而且难于找到折射率比石英玻璃更低的材料作光纤包层，一般用低折射率的聚合物作包层。

塑料光纤在紫外光波段有较好的透光性能，例如聚甲基丙烯甲酯（PMMA）对 0.25～0.295μm 波段的紫外光的透过率可达 75%，比一般光学玻璃（透过率仅 0.6%～1%）好得多。

用蓝宝石拉成的晶体光纤在紫外光谱区也有良好的透过性能。另外液芯光纤也可在紫外波段使用，这种光纤是用石英管拉成光纤包层，管中充以透紫外光的液体构成纤芯，它对紫外光的透过性能良好。

2. 功能及应用

按照功能划分，紫外光纤可分为一般紫外光纤、耐高温紫外光纤以及抗紫外辐射光纤等。

(1) 一般紫外光纤。一般紫外光纤采用高羟基石英芯，在 200～670nm 紫外波段具有优异的传输性能，广泛用于紫外光谱分析、激光传输、医疗诊断、核能、紫外固化及科学研究等方面。

表 5.2.2 列出了一般紫外光纤的几项典型参数。

表 5.2.2 一般紫外光纤的典型参数

典型参数	UV50/125	UV60/125	UV105/125	UV200/220	UV300/330	UV400/440	UV600/660	UV800/880	UV1000/1100
数值孔径	0.22±0.02	0.22±0.02	0.22±0.02	0.22±0.02	0.22±0.02	0.22±0.02	0.22±0.02	0.22±0.02	0.22±0.02
羟基含量	高羟基	高羟基	高羟基	高羟基	高羟基	高羟基	高羟基	高羟基	高羟基
折射率结构	阶跃型	阶跃型	阶跃型	阶跃型	阶跃型	阶跃型	阶跃型	阶跃型	阶跃型
纤芯直径/μm	50.0±3.0	60.0±3.0	105±3.0	200.0±4.0	300.0±6.0	400.0±8.0	600.0±10.0	800.0±15.0	1000.0±20.0
包层直径/μm	125.0±2.0	125.0±2.0	125.0±2.0	220.0±4.0	330.0±5.0	440.0±8.0	660.0±13.0	880.0±15.0	1100.0±20.0
涂层直径/μm	242.0±10.0	242.0±10.0	242.0±10.0	320.0±15.0	450.0±15.0	550.0±20.0	840.0±25.0	1100.0±30.0	1300.0±50.0
纤芯材料	纯石英	纯石英	纯石英	纯石英	纯石英	纯石英	纯石英	纯石英	纯石英
包层材料	氟掺杂石英	氟掺杂石英	氟掺杂石英	氟掺杂石英	氟掺杂石英	氟掺杂石英	氟掺杂石英	氟掺杂石英	氟掺杂石英
涂敷层材料	丙烯酸树脂	丙烯酸树脂	丙烯酸树脂	丙烯酸树脂	丙烯酸树脂	丙烯酸树脂	丙烯酸树脂	丙烯酸树脂	丙烯酸树脂
工作温度范围/℃	−45～+85	−45～+85	−45～+85	−45～+85	−45～+85	−45～+85	−45～+85	−45～+85	−45～+85

(2) 耐高温紫外光纤。耐高温紫外光纤采用聚酰亚胺作为光纤涂敷层,适合应用于高温恶劣环境下的通信、传感等领域。表 5.2.3 列出了耐高温紫外光纤的几项典型参数。

表 5.2.3 耐高温紫外光纤的典型参数

典 型 参 数	UV50/125PI	UV200/220PI	UV300/330PI	UV400/440PI	UV600/660PI
数值孔径	0.22±0.02	0.22±0.02	0.22±0.02	0.22±0.02	0.22±0.02
羟基含量	高羟基	高羟基	高羟基	高羟基	高羟基
折射率结构	阶跃型	阶跃型	阶跃型	阶跃型	阶跃型
纤芯直径/μm	50±3.0	200.0±4.0	300.0±6.0	400.0±10.0	600.0±10.0
包层直径/μm	125±3.0	220±4.0	330±7.0	440±9.0	660±10.0
涂层直径/μm	145±5.0	250.0±5.0	360.0±10.0	470.0±10.0	690.0±150.0
纤芯材料	纯石英	纯石英	纯石英	纯石英	纯石英
包层材料	氟掺杂石英	氟掺杂石英	氟掺杂石英	氟掺杂石英	氟掺杂石英
涂敷层材料	聚酰亚胺	聚酰亚胺	聚酰亚胺	聚酰亚胺	聚酰亚胺
工作温度范围/℃	−65～+300	−65～+300	−65～+300	−65～+300	−65～+300

(3) 抗紫外辐射光纤。抗紫外辐射光纤非常适合需要长时间承受 230nm 以下高强度紫外线光源照射的应用。由于一般紫外石英光纤的纤芯材料中存在如 Cl 的杂质,在强紫外光长时间照射下会吸收波长为 214nm 的光而形成“色心”,进而在硅原子上形成自由电子对,而自由电子对易被深紫外线辐射破坏,因而未经过处理的紫外石英光纤在长时间接受 190～230nm 的紫外线辐射下会过度曝光,其特性会发生变化,导致石英光纤光热损伤,将显著降低光纤的紫外透过率。抗紫外辐射光纤适用于长时间暴露于氚灯(190～230nm)或准分子(ArF-Excimer)激光下的应用,是光谱学、平板印刷术和准分子激光传导应用的理想光纤。表 5.2.4 列出了抗紫外辐射光纤的几项典型参数。

表 5.2.4 抗紫外辐射光纤的典型参数

典型参数	DUV200/220	DUV400/440	DUV600/660
数值孔径	0.22±0.02	0.22±0.02	0.22±0.02
羟基含量	高羟基	高羟基	高羟基
折射率结构	阶跃型	阶跃型	阶跃型
纤芯直径/μm	200.0±4.0	400.0±8.0	600.0±10.0
包层直径/μm	220.0±4.0	440.0±9.0	660.0±10.0
涂层直径/μm	240.0±5.0	480.0±7.0	710.0±10.0
纤芯材料	纯石英	纯石英	纯石英
包层材料	氟掺杂石英	氟掺杂石英	氟掺杂石英
涂敷层材料	聚酰亚胺	聚酰亚胺	聚酰亚胺
工作温度范围/℃	−65～+300	−65～+300	−65～+300

5.3 光子晶体光纤

5.3.1 光子晶体光纤原理

光子晶体光纤(photonic crystal fiber,PCF)是一种通常由单一介质构成(常用熔融硅或聚合物),并由在二维方向上紧密排列而在第三维方向(光纤的轴向)保持不变的波长量级的空气孔构成微结构包层的新型光纤。英国 Southampton 大学的 Russell 教授于 1991 年首次提出光子晶体光纤的概念。Bath 大学 Knight 教授课题组于 1996 年成功研制出世界上第一根光子晶体光纤。随后,各种不同结构的光子晶体光纤相继问世。图 5.3.1 是几种典型的光子晶体光纤结构图。

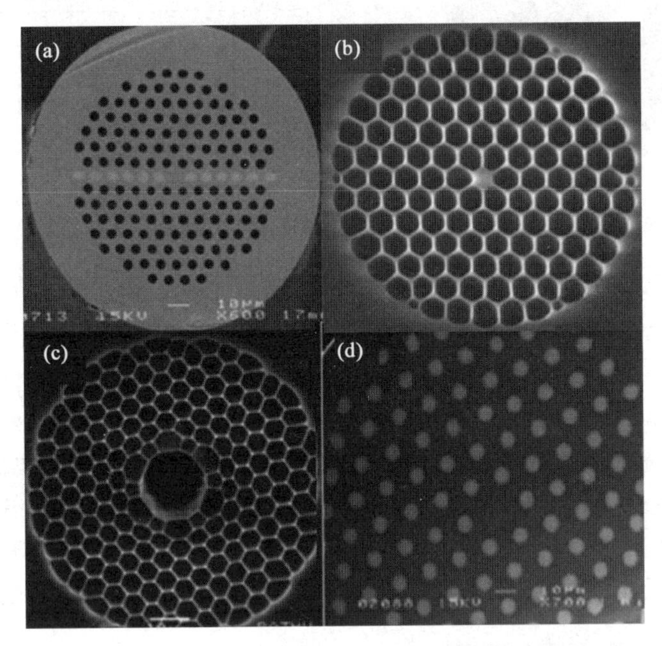

图 5.3.1　典型的光子晶体光纤结构图

(a) 混合导光机制 PCF; (b) 折射率导光型 PCF; (c) 光子带隙导光型 PCF; (d) 全实心光子带隙导光型 PCF

光子晶体光纤具有光子晶体和光纤传输光波的双重特性,因此相对于传统光纤而言,光子晶体光纤开创了完全不同的光波传输原理和传输特性。它利用光子晶体所特有的光频禁带和导带特性,将特定频带的光波严格地局限在纤芯内传导,且具有单模传输等一系列传输特性,因而成为一类新型的光导纤维。它不仅具有许多特殊的传输特性,且开辟了一个新的应用领域。光子晶体光纤已经成为当今光纤领域的研究前沿和热点。

根据导光机理,可将 PCF 分为两类: 折射率导光型 PCF 和光子带隙导光型 PCF。

1. 折射率导光型 PCF

折射率导光型(index-guiding)PCF 和普通光纤的结构相似,纤芯均为实心的石英。差别是光纤的包层: 普通光纤的包层是实心材料,其折射率稍低于纤芯; 而 PCF 的包层则是具有一定周期排列的多孔结构,如图 5.3.2 所示。这类光纤包层的空气孔也可以是非周期性排列。这类光纤也称为多孔光纤。

这种结构的导光机理和常规的阶跃型折射率光纤类似,即基于(改进的)全反射(modified total internal reflection,MTR)原理。由于包层中的空气孔,包层的有效折射率降低,从而满足全反射条件,光波被缚在纤芯内传输。这类光纤具有很多特殊的非线性光学效应。

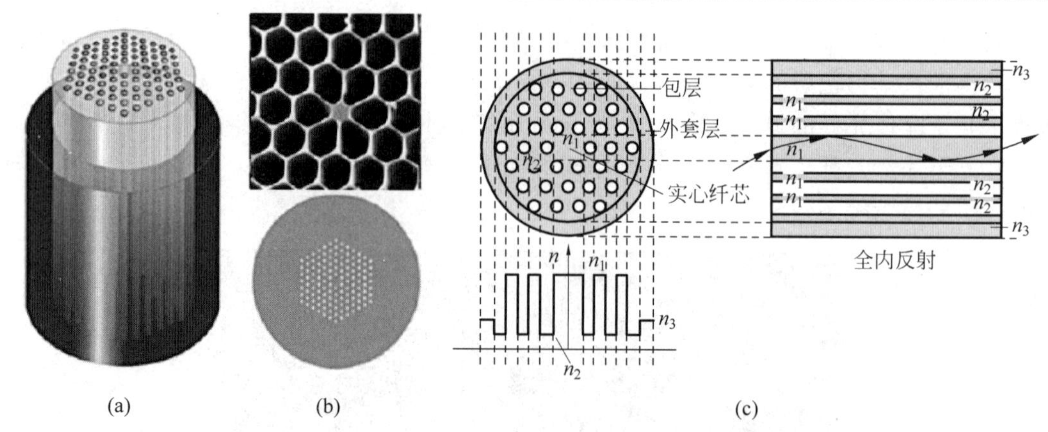

图 5.3.2 折射率导光型光子晶体光纤结构及导光示意图
(a) 光纤结构；(b) 光纤截面；(c) 结构及导光示意图

2. 光子带隙导光型 PCF

光子带隙导光型(photonic band gap guiding)PCF 的最大特点是：纤芯中有空气孔，即纤芯为空芯(这不同于纤芯为实心的折射率导光型 PCF)，其结构如图 5.3.3 所示。

这类 PCF 导光的原理基于光子禁带效应，不同于传统光纤的导光机制，当光线入射到纤芯和包层空气孔的界面上时，由于受到包层周期性结构的多重散射，对满足布拉格条件的某些特定波长和入射角的光产生干涉，光线回到纤芯中，光被限制在纤芯中向前传播。于是这类 PCF 在空气芯中导光，因此它具有很多特异的和普通光纤不同的传输特性。

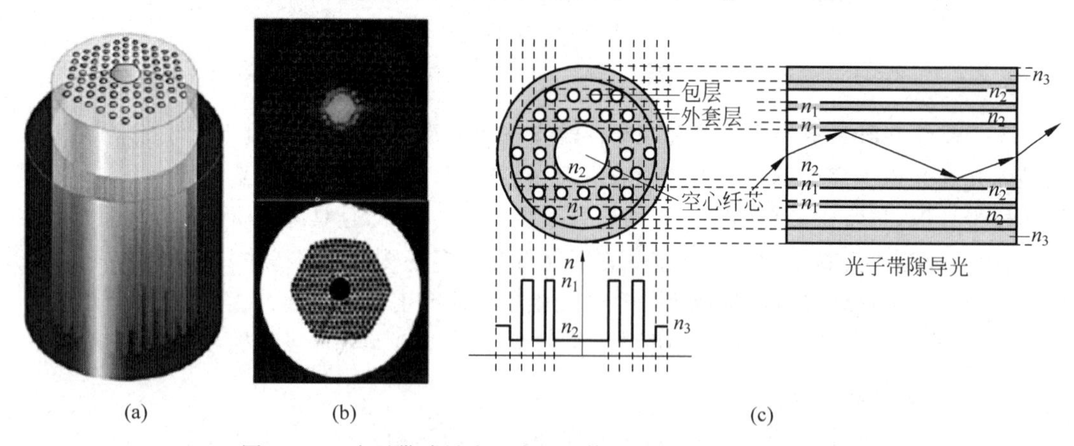

图 5.3.3 光子带隙导光型光子晶体光纤结构及导光示意图
(a) 光纤结构；(b) 光纤截面；(c) 结构及导光示意图

显见，折射率导光型 PCF 和光子带隙导光型 PCF 由于纤芯材料折射率的差别(前者纤芯为实芯，折射率大于 1；后者纤芯为空芯，折射率为 1)，其传输特性也有重要的差别：折射率导光型 PCF 强化了光纤中的非线性效应；而光子带隙导光型 PCF 则弱化了光纤中的非线效应。由此形成两类 PCF 不同的传输特性和可能的应用。

3. 光子晶体光纤结构参数

中心(纤芯)孔的直径 D、包层孔的直径 d 以及孔间距 Λ 是描述光子晶体光纤结构的重要参数，如图5.3.4所示。d、Λ通常和工作波长在同一个量级上。

通过改变光子晶体光纤的结构参数可以改变模式的有效折射率，可以使光纤在大模场面积的情况下实现基模输出，也可以实现光纤色散系数以及非线性系数的大范围调节。需要注意的是，空气孔的大小和形状可以不一样，甚至相邻孔间距也可以不一样。这些因素大大增加了光子晶体光纤设计的自由度。

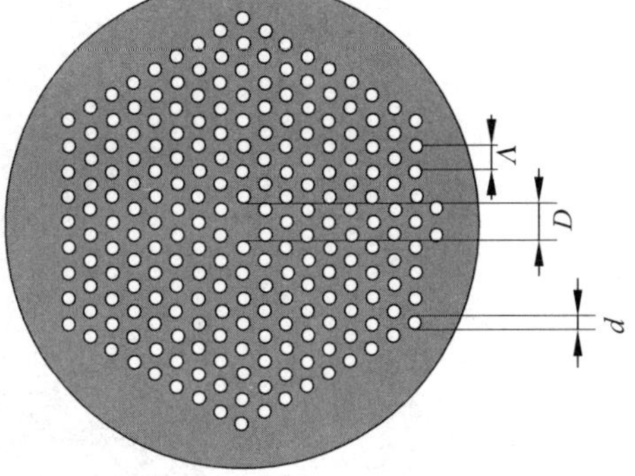

图5.3.4 光子晶体光纤的结构参数

4. 光子禁带的产生

光子晶体是由不同介电常数的介电材料周期排列而成的人造晶体，如图5.3.5所示。

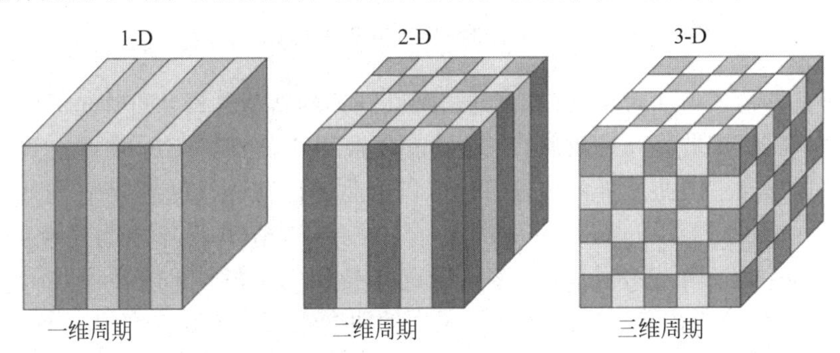

图5.3.5 一维、二维、三维光子晶体的结构示意图

根据布洛赫定理，光子晶体的这种周期性将会使电磁波的色散关系呈现带隙特性，带与带之间有可能会出现类似于半导体里的禁带，即光子禁带。如果只在一个方向上具有周期性，光子禁带就只能出现在这个方向上；如果存在三维的周期性结构，在合适的参数与结构下，这种人造的晶体会具有所有方向的完全光子带隙，只要光子的频率在此范围，不论它的传播方向如何，它在光子晶体中的传播都将被禁止。这样，光子晶体不仅可以控制光的自发辐射，也可以控制光子的传播行为。

应用光子晶体理论可以直接求解包层周期性微结构的光子能带及带隙，如图5.3.6所示。当光波的频率落入包层微结构所形成的光子带隙时(图中未填充的白色部分)，光在光纤的芯层中传播。在带隙频率范围内，任何尝试在包层中传播的光波都会遇到来自微结构的干扰，由此产生的干涉波将相互抵消，使得光波无法在包层中有效传播。由于包层对带隙内的频率光波有很高的反射率，光波就会被排斥并限制在光纤芯层中。光子带隙的存在使得特定频率的光波被限制在光纤的芯层中传播，从而实现对光的导引和控制。

5. 光子晶体光纤制作及设计

首先，需要完成预制棒的设计与制作。预制棒内包含设计好的结构，光子晶体光纤所需的大折射率差异通常通过堆管技术来实现。在此过程中，先将玻璃管按设计要求堆叠并熔接，形成具有目标折射率结构的预制棒。接下来，将预制棒放入光纤拉制塔。在拉制过程中，通过精确调节预制棒内部的惰性气体压强和拉制速度，以维持光纤中空气孔的尺寸比例，从而获得所需特性的光子晶体光纤。

当前，随着制作工艺和需求的迅猛发展，研究者们设计光纤时已经不仅仅局限于空气孔

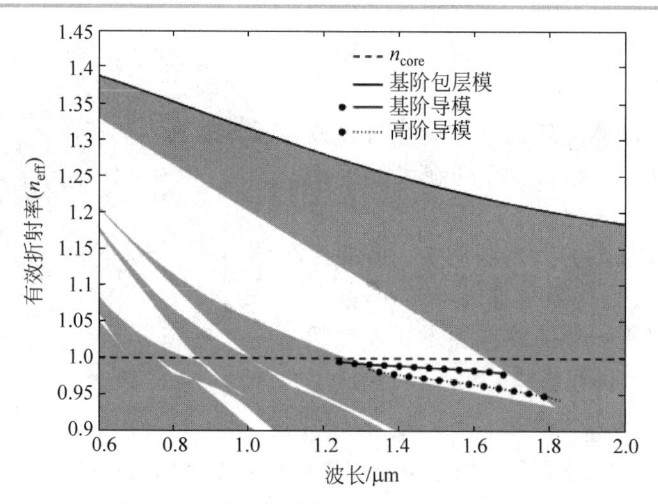

图 5.3.6 光子带隙导光型 PCF 的导光机理

周期排列，而是打破了周期对称结构，设计出特性各异的新型光纤；同时光纤的材料也不再仅仅局限于空气、石英玻璃两种材料，出现了聚合物 PCF、全固 PCF，或在空气孔纤芯内填充液晶等材料的光纤，因此光纤的传输特性可以由此进行调谐。现在 PCF 光纤的概念实质上已经拓展为微结构光纤(microstructured optical fiber，MOF)，本章为了统一，将此类光纤统称为光子晶体光纤。近几年，具有各种几何结构和光学特性的光子晶体光纤如雨后春笋般被设计和成功拉制出来：通过使光纤截面的两个正交方向上空气孔排列得不对称，设计出高双折射的保偏 PCF，甚至单模单偏振光纤；利用石英与空气孔之间折射率差比较大的特点，减小光纤模场面积，从而获得了高非线性 PCF；通过设计包层空气孔的直径和纤芯形状获得了大模场面积光纤；在大模场面积 PCF 外再增加一层大空气孔，并在纤芯掺入有源材料，制成了用于包层泵浦高功率激光器的双包层光子晶体光纤；在光纤中引入多个纤芯实现多维传感和方向耦合；通过合理设计光纤包层空气孔结构，可实现色散超平坦或用于色散补偿的各种 PCF；在光纤内填充液晶、聚合物等材料，通过控制材料的折射率等物理参量实现了特性可控的 PCF，这种 PCF 可用于制作各种可调谐功能器件等。

5.3.2 光子晶体光纤特性

1. 理论分析方法

为了更好地研究光子晶体光纤的传输特性，人们发展了许多理论分析方法，如时域有限差分法(finite-difference time-domain，FDTD)、有效折射率法(effective index method，EIM)、平面波展开法(plane wave expansion method，PWEM)、光束传播法(beam propagation method，BPM)、多极化法(multipole method，MM)和有限元法(finite element method，FEM)等。利用有限元法可计算出任意微结构光纤中的模式模场分布和传播常数，而且分析结果更加准确，因此有限元法成为研究微结构光纤传输特性的主流方法。利用有限元法计算微结构光纤传输特性的仿真软件有很多，如 COMSOL、Rsoft 和 FDTD 等软件。其中 COMSOL 仿真软件在计算分析微结构光纤特性方面应用得比较广泛，其精确度比较高，而且使用起来很方便。

2. 光纤特性

光子晶体光纤由于结构的特殊性具有了许多传统光纤所不具有的奇异特性，下面以折射率导光型光子晶体光纤为例来进行说明。

1）无截止的单模传输特性

与普通光纤单模传输类似，光子晶体光纤的单模传输条件可定义为

$$V=\frac{2\pi\Lambda}{\lambda}(n_{\mathrm{co}}^2-n_{\mathrm{cl}}^2)^{1/2}\leqslant V_{\mathrm{c}}$$

式中，V 为归一化的频率；Λ 为孔间距；n_{co} 为纤芯的折射率；n_{cl} 为包层的有效折射率；V_{c} 为截止归一化频率。对于普通光纤来说，其纤芯和包层的折射率差几乎不随波长发生改变，而参数 V 会随波长的减小而无限增大，因此很难实现无截止的单模传输。但是对于光子晶体光纤而言，其纤芯和包层的折射率差会随波长的减小而减小，一定程度上可以制约参数 V 的增大，如图 5.3.7 所示。研究表明，当光子晶体光纤的结构参数占空比（包层孔直径与孔间距的比值）$d/\Lambda<0.45$ 时，光纤便可实现无截止的单模传输。

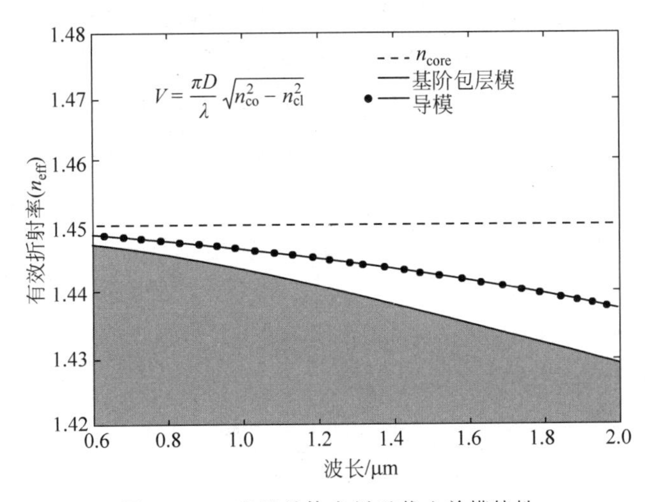

图 5.3.7 光子晶体光纤无截止单模特性

为了比较同一结构折射率导光型光子晶体光纤（$d/\Lambda=0.6$，$\Lambda=1\mu\mathrm{m}$）中不同波长的模场分布情况，图 5.3.8 分别模拟了波长 $\lambda=0.6\mu\mathrm{m}$、$1.1\mu\mathrm{m}$、$1.6\mu\mathrm{m}$ 时的基模模场分布，给出

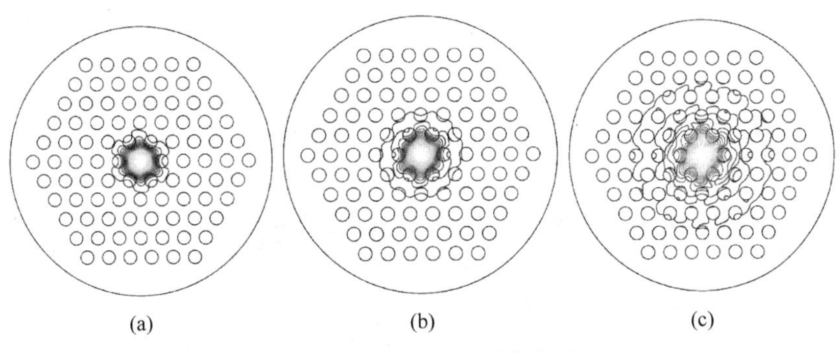

图 5.3.8 基模模场等值线图

(a) $\lambda=0.6\mu\mathrm{m}$；(b) $\lambda=1.1\mu\mathrm{m}$；(c) $\lambda=1.6\mu\mathrm{m}$

了基模模场的二维等值分布示意图。不难发现，随着波长的增加，模场不断地向包层扩展并且向包层泄漏的能量也在不断增加。可见，对于同一结构的微结构光纤，其对短波长的光有更好的约束力。

2）可控的色散特性

通过合理地设计光子晶体光纤的结构（空气孔大小与间距），可以改变其波导色散，进而可以实现对光纤色散的有效控制。通常，普通光纤的零色散点在1300nm波长附近，很难通过设计将其零色散点移向短波长处。而对于光子晶体光纤，可以通过改变其结构参数，实现普通光纤无法实现的短波长零色散特性、宽波段的色散平坦特性以及超大负色散特性。例如，前不久报道了一种具有高折射率纤芯的双芯光子晶体光纤，其色散系数为−59 000ps/(nm·km)，并且这种光纤能够实现105nm的宽带色散补偿。

图5.3.9给出了同一孔间距、不同占空比的折射率导光型光子晶体光纤的总色散系数随波长的变化关系。从图5.3.9可以看出，当占空比分别为0.6、0.7和0.8时，PCF的色散曲线中出现了两个零色散点，并且随着占空比的增大，两个零色散点分别向短波长处和长波长处移动。值得注意的是，第一个零色散点位于可见光波长范围内，这表明光纤的反常色散区已经被移到可见光区域。这意味着光子晶体光纤在可见光范围内就可实现可调谐飞秒孤子脉冲的产生以及超连续谱的产生等，光子晶体光纤具有普通光纤无法比拟的优势。

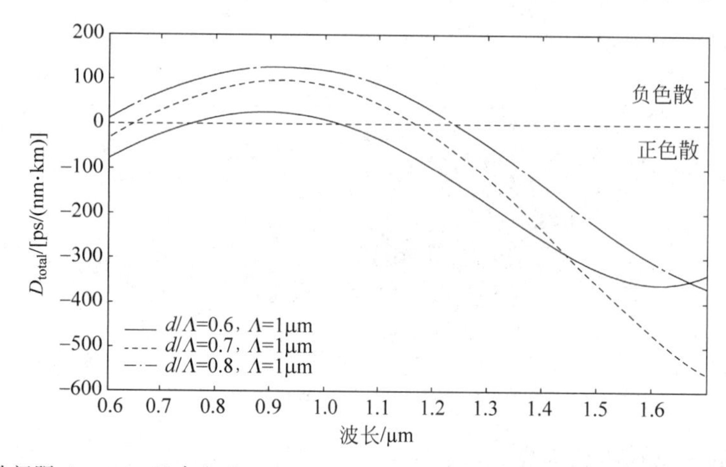

图5.3.9 孔间距$\Lambda=1\mu m$且占空比$d/\Lambda=0.6$、0.7、0.8时的PCF总色散系数随波长的变化关系

图5.3.10给出了同一占空比、不同空气孔直径的折射率导光型光子晶体光纤的总色散系数随波长的变化关系。从图5.3.10可以看出，当空气孔的直径为1.0μm和0.8μm时，PCF的色散曲线中出现了两个零色散点，并且随着空气孔直径的减小，两个零色散点均向短波长处移动。而当空气孔的直径为1.2μm时，PCF的色散曲线中只有一个零色散点，并且在1.1～1.6μm波长范围内，色散斜率几乎为零。因此，为了满足不同的应用需求，可以通过设计不同的结构参数来灵活地改变微结构光纤的色散特性。

3）大模场特性

光纤基模的有效面积A_{eff}定义为

$$A_{eff}=\frac{(|F(x,y)|^2\mathrm{d}x\mathrm{d}y)^2}{|F(x,y)|^4\mathrm{d}x\mathrm{d}y} \tag{5.3.1}$$

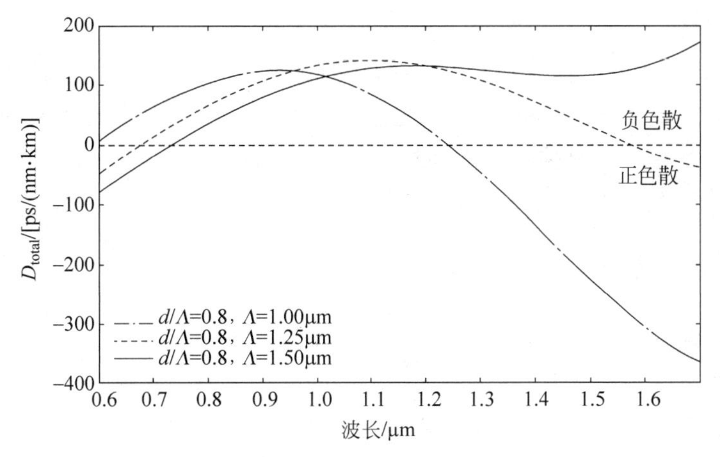

图 5.3.10 占空比 $d/\Lambda=0.8$ 且空气孔直径 $d=0.8$、1.0、1.2μm 时的 PCF 总色散系数随波长的变化关系

式中，$F(x,y)$为基模电场的横向分布函数。而对于不同结构的光子晶体光纤，其有效模面积同结构参量的关系可近似表示为（o 为高阶无穷小量）

$$A_{\text{eff}} \propto (\Lambda/d)\times\Lambda^2+o(\Lambda/d) \tag{5.3.2}$$

式(5.3.2)表明，当孔间距一定时，随着占空比的增大，基模的有效模面积会变得更小，这表明光场能被更好地约束在纤芯中，从而增强了非线性效应。从图 5.3.11 可以直观地看出，在传输相同波长的光波时，占空比小的折射率引导型光子晶体光纤向包层空气孔泄漏的能量更多。此外，空气孔的间距也会对基模的有效模场面积产生很大的影响。

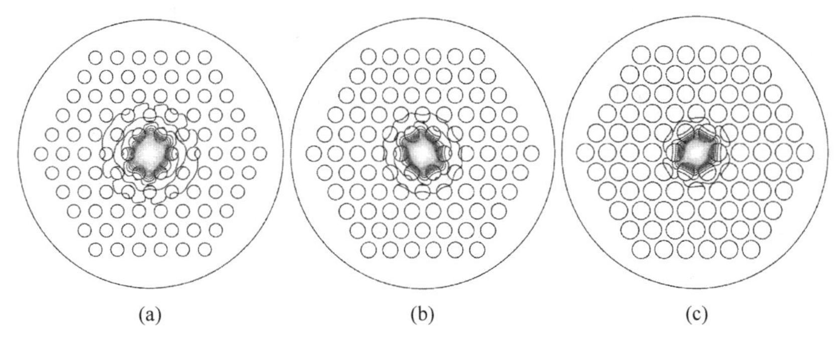

图 5.3.11 传输波长 $\lambda=1.3\mu m$ 时，基模模场等值线图

(a) $\Lambda=1\mu m, d/\Lambda=0.6$；(b) $\Lambda=1\mu m, d/\Lambda=0.7$；(c) $\Lambda=1\mu m, d/\Lambda=0.8$

为满足当前光纤激光器的需求，应用光子晶体光纤制造双包层光纤可以有效地解决单模传输与大的有效模场面积之间的矛盾。在光子晶体光纤的内包层采用小占空比的空气孔点阵，既可以实现纤芯的单模传输，又可以实现较大的模场面积，减小传输过程中的非线性效应的影响。

4）良好的非线性特性

研究表明，光子晶体光纤尤其是折射率引导型微结构光纤可以实现非常高的非线性系数。由于微结构光纤的结构的可调特性，可以通过合理设计结构参数来获得高的非线性效应。高非线性光子晶体光纤的非线性系数是普通石英单模光纤的几十倍甚至几百倍，可以高达 $245W^{-1}\cdot km^{-1}$，这大大降低了在研究非线性效应时所需的泵浦脉冲的峰值功率。

5）高双折射特性

一般来讲，传统光纤通过特殊的设计或采用特殊的材料来获得双折射效应，但这在技术上存在很多困难。而光子晶体光纤可以通过改变结构参数、破坏其对称性来获得高的双折射效应。高双折射率光子晶体保偏光纤具有制作工艺简单、成本低、设计自由度大以及结构参量对保偏能力影响力强等优势。

5.3.3 光子晶体光纤应用

1. 超连续谱的产生

超短脉冲在光子晶体光纤中传输时，不仅受到诸如自相位调制、自陡峭和脉冲内拉曼散射等多种非线性效应的影响，而且还受到该光纤群速度色散以及高阶色散的影响。在这些非线性效应的作用下，脉冲频谱内会增加许多新的频率成分。利用光子晶体光纤，可以很容易地得到频率范围超过 100THz 的频谱。这种极端的频谱展宽称为超连续谱产生(supercontinuum generation，SC)。超连续谱光源具有普通白光光源和单色激光光源两者的优点，输出的光谱宽度可以覆盖 400～2400nm，同时又保持了激光光源相干性好、亮度高的优点。超连续谱光源在生物医学、光谱检测和高精度频率测量等方面有重要应用。

2. 光学相干层析成像

光学相干层析成像(optical coherence tomography，OCT)是一种应用在生物、医学领域的对生物组织的横截面进行逐层检测的光学成像技术，是光传感器和光纤传感器的研究内容之一。OCT 目前的分辨率为微米量级。OCT 对于物体的纵向分辨率反比于工作光波的光脉冲的光谱宽度，因而利用光子晶体光纤产生的超宽带连续光谱可获得极高的分辨率。例如：利用典型的超辐射发光二极管(SLD)作为光源的 OCT 系统，其纵向分辨率为 10～15μm；若采用光子晶体光纤产生的超宽带连续光谱作为光源，则此 OCT 系统的纵向分辨率可达 1μm 左右，即增加约 10 倍。例如，Hartl 等人利用锁模宝石激光脉冲通过光子晶体光纤产生的超连续光谱(中心波长为 1.3μm，带宽为 370nm)作为 OCT 系统的光源，则此生物组织的纵向分辨率达到 2μm。

3. 光孤子的产生

在光纤的反常色散区，自相位调制和群速度色散的共同效应会使光纤中形成光孤子。由于光子晶体光纤的色散可调性，在光子晶体光纤中产生的光孤子覆盖了传统光纤不能够达到的波段。利用光子晶体光纤可以在红外波段、可见光波段甚至紫外波段产生广泛可调谐的孤子脉冲。可调谐的超短脉冲在非线性光学、光化学、生物医学、超快光谱学和光纤通信等领域具有广泛的应用。

4. 脉冲压缩

脉冲压缩是超短脉冲研究领域的一个重要内容。光脉冲在反常色散区传输时，自相位调制和群速度色散之间的共同作用使其被压缩。可调的零色散波长、低的色散斜率以及高的非线性系数，使光子晶体光纤成为理想的脉冲压缩介质。通过压缩脉冲不仅可以提高脉冲的峰值功率，还可以缩短脉冲的时间尺度，这对生物、化学领域的研究具有重要的意义。

5. 频率转换

光子晶体光纤中一个重要的非线性效应是四波混频。四波混频是一个光子或几个光子湮灭的同时产生几个不同频率成分新光子的过程。Sharping 等首次报道：从实验上证实了光子晶体光纤中非简并的四波混频。光子晶体光纤纤芯面积小，导致非线性系数 $\chi^{(3)}$ 的提高，从而在零色散波长(≈750nm)附近实现了相位匹配。当泵浦峰值功率仅为 6W 时，就在长 6.1m 的光纤中观察到超过 13dB 的参量增益，通过相位匹配，四波混频产生的斯托克斯和反斯托克斯分量能够加宽光谱，而且高效地产生三次谐波和高次谐波。目前，频率转换已成为光子晶体光纤中应用研究的一个热点。

6. 光子晶体光纤激光器

双包层掺镱光子晶体光纤的诞生，可以解决大有效面积与单模传输的矛盾，可以根据激光器件的要求，设计制造纤芯掺杂浓度高、模场面积大、内包层数值孔径大的 PCF，同时维持纤芯单模传输的高要求，这大大地提高了近衍射极限光纤激光器的输出能力。2005 年德国 Jena 公司采用双包层掺镱光子晶体光纤，单纤获得了 1530W 的激光输出。2013 年，上海光机所的杜松涛等人报道了一台采用了主振荡放大技术的脉冲光子晶体光纤激光器，该激光器可输出最大平均功率为 200W、脉冲能量为 2mJ、峰值功率高达 80kW 的激光脉冲。

7. 高速大容量长途传输

光子晶体光纤具有灵活可裁剪色散特性，可以制造出色散平坦、大有效面积，同时具备无截止单模特性的光子晶体光纤，并且可以制造出少模光纤和多芯光纤，少模与多芯光子晶体光纤可望在 Tb/s 超大容量的高速光纤通信领域实现应用。

8. 光开关与传感器

光子晶体光纤具有较显著的非线性效应，包括自相位调制、交叉相位调制等，利用该非线性效应可以研制高速、偏振无关的高性能集成化微型全光开关。全光开关是波长路由全光网络和下一代光网络的核心部件，基于光子晶体光纤自相位调制效应、交叉相位调制效应可实现全光开关方案。此外，光子晶体光纤中分布着许多空气微孔，将不同的液体、气体、固体材料填充到空气微孔中就可以制造出各种各样的传感器。

光子晶体光纤具有普通光纤所不具备的各种新颖特性，其在光器件领域的应用远远不止这些，光子晶体光纤灵活可调控的新奇特性给科研工作者提供了更为广阔的想象与创新的空间，这预示着微结构光纤将会在光通信、光器件、光传感、先进激光等领域具有更广泛的应用前景。

课后拓展

除常见的折射率导光型和光子带隙导光型光子晶体光纤以外，新型具有独特拓扑性质的光子晶体光纤也应运而生，其材质特殊，形状像是缠绕交织的藤蔓，沿着螺旋路径改变“藤蔓”的粗细，光就可以被限制在螺旋的中心轴处。这种光纤的优点是信号只能朝一个方向传输，即使遇到障碍也不会“掉头”。

为了拓展读者对拓扑光子晶体光纤的认识和了解，本节阅读推荐如下：

打造光子专用“高速公路”。

拓扑光子晶体光纤：单偏振单模的宽带设计。

5.4 微纳光纤

微纳光纤是指直径在数百纳米到几微米范围内的特种光纤，微纳光纤作为光纤光学与纳米技术的连接桥梁，可以实现微米尺度甚至纳米尺度光和物质相互作用。与其他种类的微纳光波导(如硅基平面波导、金属表面等离子体波导)相比，微纳光纤具有极低的耦合损耗、粗糙度极低的波导表面、高折射率差的强限制光场、大百分比的倏逝场、极轻的质量和灵活的色散特性等优点。这些特性使得微纳光纤在光纤光学、近场光学、非线性光学和量子光学等基础研究和微纳尺度的光传输、耦合、调制、谐振、放大和传感等器件方面都具有潜在的应用价值，近年来吸引了越来越多研究者的关注。

5.4.1 微纳光纤的特性

微纳光纤由于尺寸的特点，在光场约束、倏逝场、损耗、模场分布等方面具有独特的优势。

(1) 强光场约束特性。微纳光纤的强光场约束能力较好，同时光束在微纳光纤中传输时的等效模场截面的尺寸与波长除以光纤折射率为同一个量级。这样的特性使得微纳光纤的低损耗弯曲半径通常只有微米量级，因此在小型化器件以及高密度、短距光互联等应用方面有独特的优势。除此之外，在亚波长范围内对光场的强力限制会极大地改变微纳米纤维表面上光子态的密度，并调节自发发射或量子态的概率。

(2) 强倏逝场特性。微纳光纤的极低表面粗糙度可以支持倏逝场的大多数低损耗传输。这有助于改善微纳米纤维与其他结构之间的近场光学耦合，并有助于提高微纳光纤传感器的灵敏度，并且高度受限的强倏逝场在微纳光纤的表面上创建了具有大梯度的空间光场，从而产生了用于操纵冷原子或纳米粒子的大光学梯度力。

(3) 低损耗特性。对于用于导光的微纳光纤而言，光学损耗是一个非常重要的参数。由于微纳光纤从熔融状态的非晶材料中拉制而成，其表面质量和直径均匀度均很高，与其他类型的微纳光波导相比，其传输损耗低得多。目前已经报道的亚波长直径氧化硅微纳光纤在 1550nm 波长处的最低损耗约为 1dB/m。另外，由于微纳光纤是由熔融状态的材料拉制而成，材料在冷却过程中表面毛细波将凝固下来，不可避免地在光纤表面形成一定的表面起伏(对应的粗糙度一般在 0.2nm 量级)，由此引起的散射损耗决定了微纳光纤传输损耗的理论极限。

弯曲损耗是波导的另一个重要参数。微纳光纤的包层通常为空气或水等低折射率介质，纤芯和包层折射率相差很大，对光场的约束能力强，因此，微纳光纤的弯曲损耗很低。比如，对于直径为 450nm 的氧化硅微纳光纤，当弯曲半径减小至 5μm 时，90°弯曲时的弯曲损耗低于 0.3dB。

(4) 模场分布特性。由于微纳光纤和空气的折射率相差较大，在计算普通光纤模场分布时所采用的弱导近似不再适用。童利民教授等通过精确求解亥姆霍兹方程，给出了微纳光纤基模的模场分布和群速度色散等特性。一般来说，当直径大于传输波长时，微纳光纤对模场的约束能力随着直径的减小而增大；当直径减小到波长或亚波长量级时，模场面积将达到一个极小值，微纳光纤的光约束能力达到最大值，如果纤芯和包层参数选择合适，模场的等效直径可以达到亚波长量级；进一步减小光纤直径，微纳光纤的约束能力将减弱，模场也随之扩散，导致相当比例（比如>80%）的光能量以倏逝波的形式在光纤外传输。

（5）色散特性。波导色散是微纳光纤基本传输特性之一。研究表明微纳光纤的波导色散远大于弱导光纤的波导色散和材料色散，例如，直径为800nm的氧化硅微纳光纤在1550nm波长处的波导色散可达−1400ps/(nm·km)，相比之下材料色散约是它的1/70，而弱导光纤的波导色散则小2～3个数量级。同时，由于微纳光纤的波导色散特性如此显著，通过选择不同的光纤直径，微纳光纤就可以获得零色散，或者非常大的反常色散。另外，微纳光纤表面镀一层不同材料的薄膜可对波导色散特性产生影响，结果表明微纳光纤的波导色散可以通过很薄的表面薄膜实现调控。

5.4.2 微纳光纤的制备技术

石英材料微纳光纤制备适用热拉锥法：对普通光纤的中间部位进行加热，使光纤的中间部位软化，再通过对光纤两端施加拉力，使软化的部位拉伸变细。通过控制加热部位和拉伸速度，可以控制被拉伸的中间部分的尺寸。为避免火焰加热导致的气流不稳定和氧气引起的H_2O/OH^-污染等问题，使用电加热锥度拉伸系统可以制备更高质量的二氧化硅微纳光纤；CO_2激光器同样可以用于作为加热源，制备出亚微米直径一致且表面光滑的微纳光纤。

对于聚合物微纳光纤可通过多种方式制备，例如化学合成、纳米光刻、静电纺丝和物理拉制等。其中物理拉制法为制备高表面质量和低导波损耗的一种方式。如图5.4.1所示，利用一个锐利的针尖（如原子力显微镜AFM针尖）、钨灯灯丝或铁/二氧化硅棒可以直接将纳米光纤从载玻片上的一滴聚合物溶液或融化物中拉制出来。静电纺丝法通过电极的牵引，使带电的聚合物溶液高速地从滴管中流出，在空中蒸发掉溶剂后得到极细的聚合物纤维，聚合物纤维本身就具有导光性能，因此可以直接得到微纳光纤。通过控制电场强度、滴孔大小以及溶液浓度可以有效控制纤维的尺寸。电纺丝法使微纳光纤的批量生产更为简便。

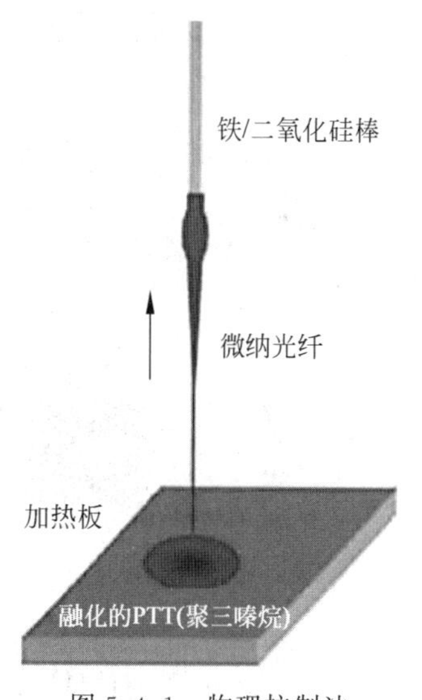

图5.4.1 物理拉制法

在封装方案中，通过将微纳光纤器件封装在低折射率的聚合物材料中，可以使器件对环境（比如聚二甲基硅氧烷矽PDMS、特氟龙等）的耐受程度更强，更易携带以及具有更长的使用周期。

5.4.3 微纳光纤的应用

得益于微纳光纤新颖的导波特性，近年来，微纳光纤在微纳尺度导波近场光学耦合、光学传感、非线性光学、量子和原子光学、微纳光源、表面等离子激元等光子学和光机械学等领域得到了广泛而深入的研究。下面以微纳光纤的几个典型应用为例来展开介绍。

1. 微纳光纤谐振腔

微纳光纤可以通过倏逝波耦合的方式制成谐振腔，典型的微环谐振腔结构大致可以分为圈型、结型、环型和多圈型四种。

(1) 圈型谐振腔。圈型谐振腔是通过将微纳光纤绕成一圈交叠而成的(图 5.4.2(a)、(b)、(c)),交叠区的形状靠微纳光纤间的范德瓦耳斯力以及摩擦力维持。

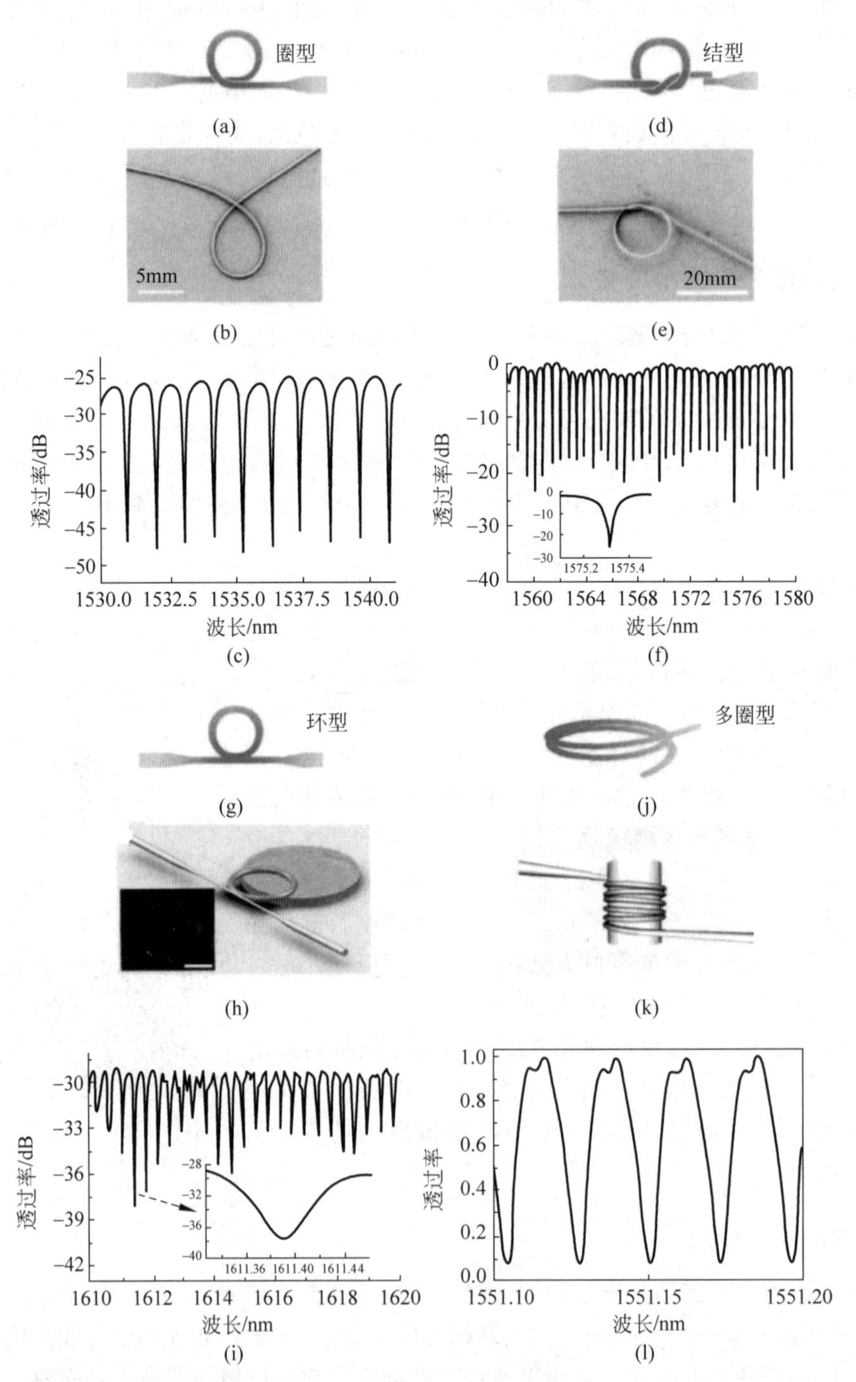

图 5.4.2 微纳光纤谐振腔:圈型((a),(b)),结型((d),(e)),环型((g),(h))和多圈型((j),(k))谐振腔结构示意图;(c),(f),(i)和(l)分别为 4 种结构在输入宽谱光时对应的谐振光谱

(2) 结型谐振腔。结型谐振腔是将微纳光纤环绕一圈打结而成的(图 5.4.2(d)、(e)、(f)),相比圈型结构更加稳定,而且结的半径也灵活可调。结型谐振腔用于微纳光纤激光等方面的研究。

(3) 环型谐振腔。环型谐振腔是将微纳光纤首尾相接并将首尾交叠区熔接成一个独立的环而成的(见图 5.4.2(g)、(h)、(i))。

(4) 多圈型谐振腔。多圈型谐振腔是将微纳光纤在低折射率的介质棒上环绕多圈制得的(图 5.4.2(j)、(k)、(l))。若微纳光纤的直径较细,则相邻两圈微纳光纤外的倏逝场将发生交叠和耦合。当光沿着微纳光纤圈传播时,通过倏逝场可以逐渐耦合到相邻的光圈内,从而光的能量一边在光纤内绕行,一边在相邻的光纤圈内传递。当满足谐振条件时,最外的两个光纤圈相当于法布里-珀罗腔的两个腔镜,光被约束于光纤圈内和圈外。

2. 微纳光纤传感器

微纳光纤不仅尺寸小,而且可以传输强约束的大比例倏逝场,在光学传感方面具有结构紧凑、响应速度快、灵敏度高等独特优势。当被测样品与微纳光纤导模(通常为光纤外的倏逝波)相互作用时,将通过散射、吸收、色散、发光等改变传输光的特性,并在微纳光纤输出端测量输出光的强度、相位或光谱变化,这样就可以得知被测样品的相关信息。

比较典型的应用有:2005 年,Lou 等人从理论上提出了一种基于马赫-曾德尔结构的微纳光纤传感器,其单位长度的灵敏度比一般的波导型传感器高一个量级以上;2011 年,Wu 等人利用氧化硅/聚合物微纳光纤结型谐振腔结构,实现了高灵敏度的湿度传感,在不涂覆湿度敏感材料的光纤表面上,在 17%~95% 的湿度范围内,湿度灵敏度可达约 88pm 每 10% 相对湿度变化;2013 年,Muhammad 等人利用非绝热的氧化硅微纳光纤实现了对位移(张力)和温度的测量,通过对谐振波长变化的测量,其位移和温度的灵敏度分别可达 4.2pm/μm 和 12.1pm/℃。

3. 微纳光纤与其他器件的集成

迄今,基于微纳光纤传感器的物理、化学和生物传感器都已被发明,基本的微纳光纤结构包括双锥微纳光纤、微纳光纤耦合器、马赫-曾德尔干涉仪、光学光栅和圆形微腔等;混合型的微纳光纤结构包括功能聚合物微纳光纤、金属-纳米结构-激活的微纳光纤、石墨烯修饰的微纳光纤(如图 5.4.3(a)所示的石墨烯修饰的微纳光纤以及图 5.4.3(b)所示的石墨烯光栅)和光流控微纳光纤等;未来的研究方向包括纳米尺度下的超灵敏光学力传感器、基于表面等离子体的超灵敏生物传感器或光流控生物激光器以及人体健康监测的可穿戴光学传感器等。

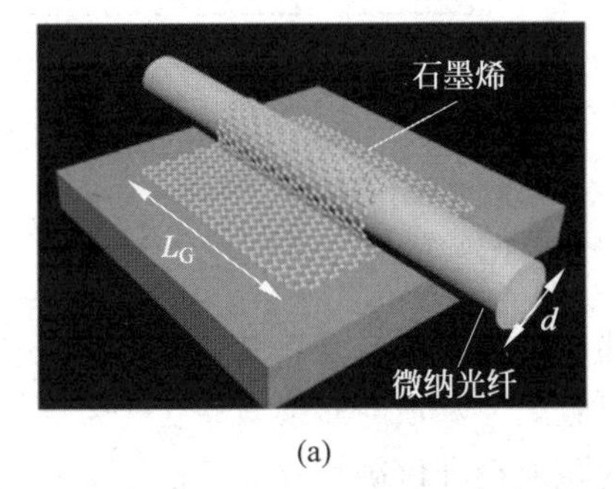

(a)

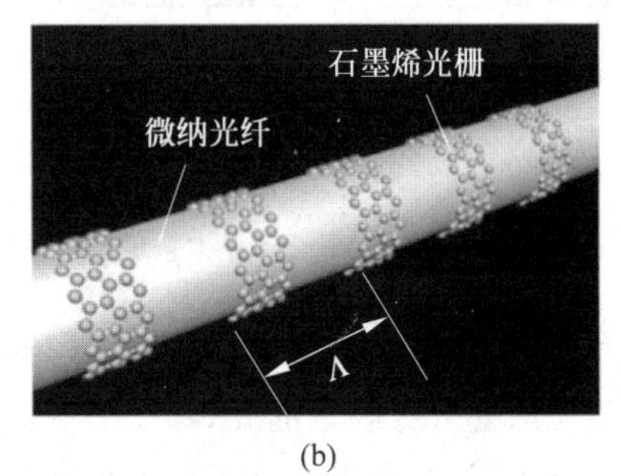

(b)

图 5.4.3　典型的石墨烯-微纳光纤混合结构

(a) 石墨烯修饰的微纳光纤;(b) 石墨烯光栅

总体来说，材料复合(比如掺杂、表面耦合)及结构调控(比如表面或内部微纳加工)是实现微纳光纤功能化的最有效途径。基于微纳光纤的波导特性，结合近场耦合、倏逝波调制、非线性光学、量子光学及光声相互作用等效应，深入研究微纳光纤在光的产生、传输、调控、转换及测量等方面的应用，将是未来的重要发展趋势之一。

5.5 双包层光纤

在光纤通信中被广泛应用的单模光纤只有一个纤芯和一个包层，要满足单模传输条件 $V<2.405$，纤芯的直径一般为 5～10μm。这种单模光纤能够在几百千米距离内传输 10^9 比特的信号。但是，当这类光纤应用于光纤激光器时，遇到了功率难以提高的难题。其原因是纤芯的几何尺寸相对较小，对泵浦激光的亮度有较高要求，高功率泵浦光受限于自身亮度，难以有效耦合到纤芯中，而当时的高亮度泵浦源输出功率也不高，因此光纤激光器曾一度被认为是一种输出功率较低的弱光光源。

1988 年，科学家们提出了双包层概念，这使得光纤激光器的功率和效率大大改善。与常规的单模通信光纤相比，双包层光纤多了一个可以传光的内包层。双包层光纤的基本结构如图 5.5.1(a)所示，由内而外依次是纤芯、内包层、外包层和涂覆层。纤芯、内包层和外包层的折射率依次降低。纤芯掺杂稀土元素(如镱、钕、铒和铥等)，纤芯和内包层构成的波导结构是激光产生和传输的通道。内包层通常由纯 SiO_2 构成，内包层和外包层构成的波导结构是泵浦光的传输通道。泵浦光在内包层中反复穿越纤芯，被掺杂离子吸收，从而将泵浦光高效地转换为激光，如图 5.5.1(b)所示。

由于内包层的横向尺寸和数值孔径远大于纤芯，内包层能够很方便地耦合进大量光束质量较差的高功率泵浦光。一般而言，如果纤芯直径为 5～10μm，NA≈0.1；内包层尺寸为几百微米(如 200～650μm)，NA≈0.46。与单包层光纤相比，双包层光纤可承受的泵浦功率可提高 3～5 个数量级左右。

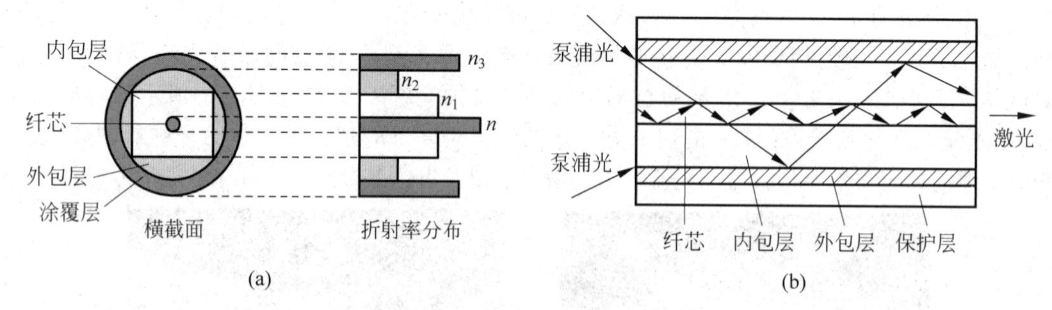

图 5.5.1 矩形双包层光纤结构示意图

(a) 双包层光纤；(b) 泵浦光转换为激光

初期的内包层结构是圆柱对称的，包层泵浦时很多泵浦光是以螺旋光的形式传播的，从而造成纤芯无法充分吸收泵浦光，降低了纤芯吸收效率和激光转换效率。

为解决上述问题，研究人员提出多种结构内包层设计以破坏完美的圆形对称，如偏心圆形、矩形、D 形、八边形、梅花形等，来提高纤芯对内包层泵浦光的吸收效率。图 5.5.2 给出了上述几种双包层光纤的结构示意图。非圆形内包层光纤虽然吸收效率有很大的提高，但是其加工难度比较大，且不同内包层形状光纤的熔接损耗较大。目前商用的双包层光纤内包层大多采用的是多边形（如八边形）结构设计。

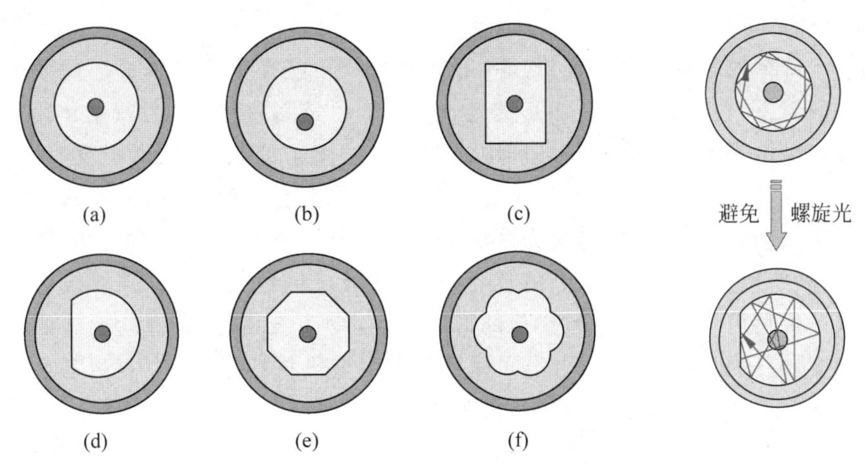

图 5.5.2　双包层光纤内包层形状

(a) 圆形对称；(b) 偏心圆形；(c) 矩形；(d) D形；(e) 八边形；(f) 梅花形

泵浦光在双包层内的传播可以近似表达为

$$P_{\text{pump}}(z)=P_0\exp\left(-\eta\alpha\frac{S_1}{S_2}z\right)$$

式中，S_1、S_2 分别为纤芯和内包层的截面面积；α 为纤芯材料的吸收系数；η 为与内包层结构有关的系数。

不难看出，泵浦吸收效率随着光纤内包层直径的增大而降低。因此，可以考虑采取减小内包层面积的方式来提高吸收效率。然而，内包层是传输大功率泵浦光的通道，需要采用足够大的内包层面积来保证泵浦光与双包层光纤之间的高效耦合和高泵浦功率注入。因此，实际中要综合考虑加工难易程度、泵浦吸收效率、耦合效率和泵浦功率水平等因素，合理设计和选择内包层的形状与尺寸。

自从双包层光纤诞生以来，光纤激光的输出功率以惊人的速度迅速提升，目前单纤单模光纤激光的输出功率已经达到万瓦级，合束后的光纤激光输出功率已达 100kW 级。光纤激光器具有结构紧凑、转换效率高、热管理方便、可柔性操作等特性，这使其在先进制造、能源勘探、生物和国防等领域都得到了广泛应用，光纤激光器已成为高功率激光领域研究和应用的热点。高功率双包层光纤激光器技术详见第7章。

5.6　增敏和去敏光纤

随着光通信技术的发展，尤其是光纤传感技术的发展，需要一些特殊的光纤，例如需要光纤对某物理量的敏感程度增加（增敏），或对某物理量的敏感程度减小（去敏），这类光纤统称为增敏光纤或去敏光纤。对光纤做增敏和去敏处理的方法有：①改变光纤结构，例如保偏光纤、镀金属光纤、液芯光纤、单晶光纤等；②改变材料的成分，例如磁敏光纤、辐射敏感光纤、荧光光纤等。

5.6.1 对辐射增敏和去敏光纤

1. 耐辐射光纤

耐辐射光纤即对辐射去敏的光纤。一般玻璃光纤不能在大剂量辐射环境下工作,因为在核辐射的照射下,玻璃会因染色而不透光。玻璃染色是因为在放射性辐射作用下,玻璃中产生的局部自由电子能够被存在于玻璃中的带正电的离子捕获,此时离子就因得到电子而变成原子。例如,$Si^{4+}+4e^{-}=Si$。如果自由电子占据玻璃中网络结构点阵的空穴(负离子缺位),就可形成新的色心,能在可见光区域产生新的吸收带。因此,辐射在玻璃中产生的自由电子,引起一些离子还原并形成新的色心,从而使玻璃染色变黑。在强射线的作用下,玻璃中原子核的位移可导致网络结构空位的形成,化合物遭破坏,原有键断裂并形成新键,从而造成玻璃变质。为了解决这一问题,可采用耐辐射玻璃材料作为光纤的纤芯和涂层材料,这样得到的光纤就可在核辐射环境中正常工作。

当玻璃中含有 Ce^{4+}、As^{5+}、Sb^{5+}、Pb^{2+}、Cr^{3+}、Mn^{3+} 和 Fe^{3+} 等时,由于核辐射引起的自由电子首先和离子反应,离子的价态发生变化。Ce^{4+}、As^{5+}、Sb^{5+} 和 Pb^{2+} 本身及其价态的改变都是无色的;而 Cr^{3+}、Mn^{3+} 和 Fe^{3+} 因本身着色,故在光学玻璃中很少采用。

2. 辐射敏感光纤

辐射敏感光纤是指对辐射更敏感的光纤,它具有快速反应和增加空间分辨的能力。用磷光体、塑料和玻璃等发光材料可以制成用于探测 X 射线、高能粒子的光学纤维。这类光纤探测辐射的原理是:构成光纤的发光材料吸收辐射后,将辐射能转换成光能,并由光纤传输到光探测器。闪烁发光材料有晶体 NaI(Tl)、Cs(Tl)、蒽、三硝基甲苯、对称二苯乙烯等。这类传感器发光体的工作效率是一个关键参量,由于一般块状发光体结构的转换效率很低,故采用发光材料构成的光纤维来提高探测效率。这类光纤的优点是:增加光纤长度易于提高探测效率。

纤维闪烁体可以采用掺有发光材料的塑料光纤,也可以采用充满发光液体的薄壁玻璃管的液芯光学纤维。液芯光学纤维虽然有高质量的界面,内反射损耗很小,但是由于存在管壁和管壁间的空隙,非工作面积较大,会影响光能的转换效率。例如:紧密排列的塑料光纤,非工作面积为 9.3%;当玻璃管的直径为管壁厚度的 10 倍时,非工作面积约为 42%;当玻璃管的直径为管壁厚度的 20 倍时,非工作面积约为 27%。由于电子、粒子在某些发光液体中转换为光能的效率可达 30%,比塑料高很多,在不少应用中还是需要采用液芯光学纤维来制作闪烁体。

5.6.2 磁敏光纤

磁敏光纤具有较高的 Verdet(费尔德)常数,该常数描述了光通过磁性物质时发生的光学旋光现象,理论上,其 Verdet 常数可比普通石英光纤高出 1 个数量级,因此,磁敏光纤在磁场、电流传感以及全光纤型光隔离器中有广泛应用前景。目前我国已研制成掺 Tb(稀土元素)的磁敏光纤,其掺杂物的质量比约为 4×10^{4} ppm①,其他参数为:光纤外径为 125μm;

① $1ppm=10^{-6}$。

纤芯半径为 4μm；相对折射率差 Δn 为 0.5%；截止波长为 0.633μm；在 0.633μm 波段损耗小于 50dB/km；Verdet 常数为 1.24×10^{-5} rad/A，比一般石英光纤的 Verdet 常数约大 2.7 倍。磁敏光纤的主要问题仍是损耗较大。

5.7　稀土掺杂光纤

稀土掺杂光纤(也称为有源光纤)是指在光纤纤芯中掺杂稀土离子的光纤。以稀土掺杂光纤作为光纤激光器的增益介质，在泵浦激励下，可实现高亮度光纤激光输出。有源光纤的特性与掺杂元素及其能级结构密切相关。

常见的稀土掺杂离子有铒(Er^{3+})、镱(Yb^{3+})、钕(Nd^{3+})、钐(Sm^{3+})、铥(Tm^{3+})、钬(Ho^{3+})、镨(Pr^{3+})、镝(Dy^{3+})、铋(Bi^{3+})等。不同的稀土离子具有不同的能级结构，能级分布的不同决定了它们输出波长也不相同。图 5.7.1 为常见稀土掺杂光纤的发光波长带，几乎覆盖从可见光至红外的整个区域。

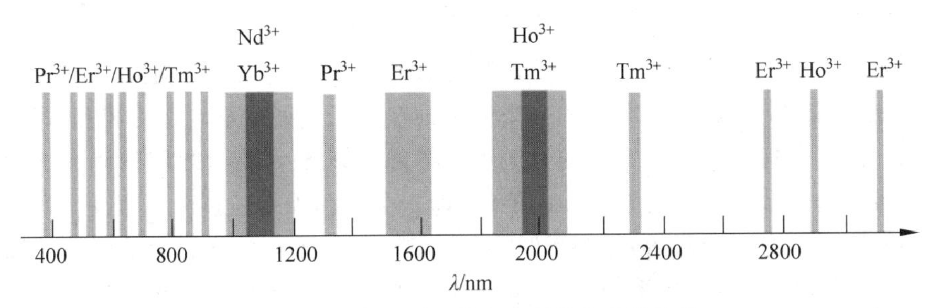

图 5.7.1　常见稀土掺杂光纤的发光波长带

在激光放大领域中多数选择玻璃作为掺杂的宿主基质，这主要是由于对高能量、高功率激光放大输出的要求。掺杂光纤的玻璃基质材料包括石英玻璃、硅酸盐玻璃、磷酸盐玻璃、锗酸盐玻璃及氟化物玻璃等。目前，大多数掺杂光纤使用的基材与通信光纤使用的基材相同，都是石英玻璃材料，可以采用成熟的光纤制造技术来生产掺杂玻璃光纤，同时生产过程中可以严格控制其掺杂浓度，因此，掺杂玻璃的应用和研究得到了很大程度的推广，在光纤激光器和传感器中有着广泛的应用。

1. 稀土离子的能级特点

从原子结构上看(如表 5.7.1 所示)，稀土元素都具有相同的外电子壳层结构，即 $5s^2 5p^6 6s^2$，属于满壳层结构。稀土离子通常是以三价电离态出现，其电子结构都是 4f 和 6s 分别失去 1 个和 2 个电子，而 $5s^2$ 与 $5p^6$ 均未发生任何变化。由于剩余的内层 4f 电子受到 5s、5p 形成的外壳层的屏蔽作用，4f→4f 跃迁的光谱特性(如荧光特性与吸收特性)不易受到宿主玻璃外场的影响，因此，掺稀土元素的固态激光材料 4f→4f 跃迁产生的激光线型极其尖锐。

表 5.7.1　稀土元素都具有相同的外电子壳层结构

原子序数	元素符号	最外层电子壳层					
54	Xenon，Xe	$4d^{10}$	—	$5s^2$	$5p^6$	—	—
57	Lanthanum，La	$4d^{10}$	—	$5s^2$	$5p^6$	$5d^1$	$6s^2$
58	Cerium，Ce	$4d^{10}$	$4f^1$	$5s^2$	$5p^6$	$5d^1$	$6s^2$

续表

原子序数	元素符号	最外层电子壳层					
59	Praseodymium, Pr	$4d^{10}$	$4f^{3}$	$5s^{2}$	$5p^{6}$	—	$6s^{2}$
60	Neodymium, Nd	$4d^{10}$	$4f^{4}$	$5s^{2}$	$5p^{6}$	—	$6s^{2}$
61	Promethium, Pm	$4d^{10}$	$4f^{5}$	$5s^{2}$	$5p^{6}$	—	$6s^{2}$
62	Samarium, Sm	$4d^{10}$	$4f^{6}$	$5s^{2}$	$5p^{6}$	—	$6s^{2}$
63	Europium, Eu	$4d^{10}$	$4f^{7}$	$5s^{2}$	$5p^{6}$	—	$6s^{2}$
64	Gadolinium, Gd	$4d^{10}$	$4f^{7}$	$5s^{2}$	$5p^{6}$	$5d^{1}$	$6s^{2}$
65	Terbium, Tb	$4d^{10}$	$4f^{9}$	$5s^{2}$	$5p^{6}$	—	$6s^{2}$
66	Dysprosium, Dy	$4d^{10}$	$4f^{10}$	$5s^{2}$	$5p^{6}$	—	$6s^{2}$
67	Holmium, Ho	$4d^{10}$	$4f^{11}$	$5s^{2}$	$5p^{6}$	—	$6s^{2}$
68	Erbium, Er	$4d^{10}$	$4f^{12}$	$5s^{2}$	$5p^{6}$	—	$6s^{2}$
69	Thulium, Tm	$4d^{10}$	$4f^{13}$	$5s^{2}$	$5p^{6}$	—	$6s^{2}$
70	Ytterbium, Yb	$4d^{10}$	$4f^{14}$	$5s^{2}$	$5p^{6}$	—	$6s^{2}$
71	Lutertium, Lu	$4d^{10}$	$4f^{14}$	$5s^{2}$	$5p^{6}$	$5d^{1}$	$6s^{2}$

稀土离子的电子可以在 7 个 4f 电子轨道上分布，拥有丰富的电子能级。在特定的稀土离子的电子组态体系中，能量是简并的。当体系处在电子之间的静电斥力相互作用下时，能级发生分裂，因此对应多个不同能量的光谱项。考虑自旋-轨道耦合之间的耦合作用的微扰时，每个能级会进一步分裂成能量不同的能级，即一个光谱项对应多个光谱支项。而当稀土离子处在外部势场(电场或磁场)作用下时，每个光谱支项还会再分裂为不同的能级。电子在不同能级间的跃迁即可产生紫外-可见-红外光谱范围内的跃迁吸收和辐射。在稀土离子 4f 组态中，将基态能级的数值定为零，其他能级的数值表示该能级和基态能级的能级差，单位是波数(cm^{-1})，将它们统一排布在数轴图上就构成了稀土离子 4f 组态的能级图，如图 5.7.2 所示。掺杂的稀土离子在宿主玻璃中由于受到晶格电场的束缚而形成了稀土离子能级的 Stark(斯塔克)分裂，同时在这些分裂能级之间声子的产生与湮灭引起能量交换，从而导致了这些能级的均匀或非均匀展宽。稀土掺杂光纤的吸收和辐射光谱是一种连续的光谱。

在基态粒子被激发到泵浦带后，粒子会以非辐射跃迁的方式转移到泵浦带与基态能级之间的某一能级上，并在该能级上停留较长的时间(也称为亚稳态能级寿命)，形成激光系统粒子数分布反转，这一能级即为激光上能级，也称为亚稳态能级。激光上能级的寿命比其他高能级的非辐射寿命长几个数量级，这有利于获得高效光纤激光输出。

稀土离子的光谱特性是指稀土离子的吸收和荧光特性，它们是由稀土离子的能级结构决定的。激光器与光放大器的增益谱特性、抽运功率、抽运波长、输出功率、功率转换效率及噪声系数等，都与这一特性有关。

在设计和研制光纤激光器中，需要密切关注的稀土掺杂光纤的物理参数，包括：发射截面、吸收截面、掺杂浓度、芯-包比(纤芯和内包层的比值)、亚稳态能级寿命等。发射截面和吸收截面描述了掺杂离子对光吸收和发射的能力，它们是随波长变化的量。在满足能级匹配关系的条件下，通常，选取吸收截面系数大的波长作为泵浦光波长，选取发射截面系数大的波长作为信号光波长，以充分挖掘激光器的输出潜力。稀土离子掺杂浓度的大小不仅影响激光器的增益，还影响光纤对光信号的吸收系数的大小。对于双包层光纤，芯-包比表征了泵浦光与纤芯掺杂区域交叠的大小(也称为功率填充因子)，光纤激光器的泵浦吸收效率

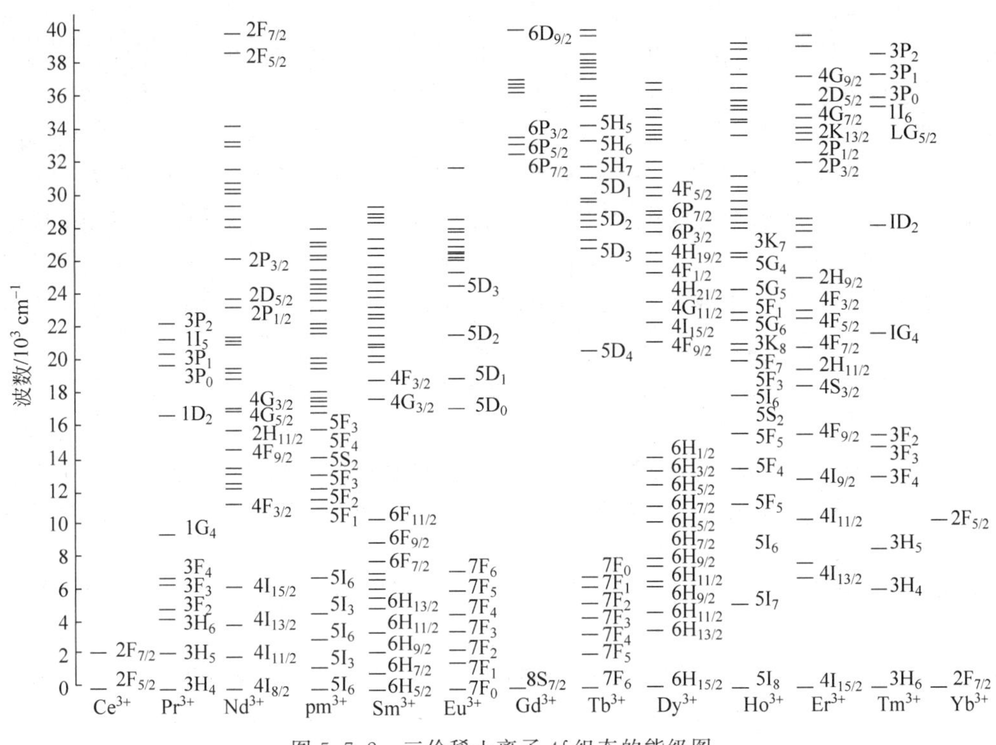

图 5.7.2 三价稀土离子 4f 组态的能级图

随着芯-包比的增大而提高。

2. 稀土掺杂光纤的技术演变和发展

稀土掺杂光纤的研究起步于掺铒光纤，1987 年，英国南安普顿大学在多次研制掺铒光纤(EDF)的基础上，首先制造出了工作在 1.54μm 的掺铒光纤放大器(EDFA)，EDFA 的发明使得长距离、大容量、高速率的光纤通信成为可能。

1988 年，Polariod 公司的技术人员报道了双包层光纤，内包层的尺寸和数值孔径都大于纤芯的，高功率泵浦注入问题得到了解决。并且折射率的特殊设计使得纤芯的信号光在正常情况下不会进入包层。在双包层光纤进入高功率应用的早期，即 20 世纪 90 年代初，主要的掺杂离子为钕离子，激光功率可达 5W 以上，但是由于泵浦波长在 800nm 附近，量子亏损产热过大，光纤热处理难度大。

1994 年，南安普顿大学率先报道了双包层掺镱光纤，此后双包层掺镱光纤激光器功率迅速提升。1996 年，IPG 公司的激光器功率突破 10W；1997 年，35W 激光器由 Polariod 公司实现；1998 年，Opto power 公司实现 50W 激光输出，自此掺镱双包层光纤成为高功率光纤激光的首选光纤。20 世纪前，光纤激光器功率记录定格为 SDL 公司的 110W。

由于百瓦级激光器采用的双包层仍然是纤芯直径为 9μm 的单模光纤，非线性效应成为了进一步提升激光器功率的限制因素。1997 年，Taverner 等人首先提出了大模场双包层光纤的概念，通过将纤芯数值孔径降低至 0.08 以下，同时提升纤芯直径，大模场光纤的模场面积可以达到常规单模光纤的 4～5 倍以上，在抑制非线性的同时提高泵浦吸收系数。2004 年，南安普顿大学报道了首台千瓦级的单模双包层光纤激光器。2009 年，IPG Photonics 公司迅速将光纤激光器近衍射极限输出功率提升至万瓦级水平，这带动了高功率光纤激光行业的发展。为了适应日益扩大的应用需求，大模场掺镱双包层光纤品质不断得到提升，如今，高效率、高功率、低光子暗化和高可靠性的掺镱增益光纤、偏振光纤和光子晶体光纤等应运而生，形成了稀土掺杂光纤的重要分支。

为了扩展光纤激光器的输出波长，更多种类的稀土掺杂光纤被逐渐研发出来。掺铥光纤主要用于 2μm 波段的激光输出，早在光纤问世之后，掺铥光纤曾一度用于传感，但 1988 年，英国电信公司研究实验室率先实现了掺铥 1.38μm 和 2.08μm 激光输出，自此掺铥光纤开始受到重视。同年，南安普顿大学的研究团队实现了掺钬光纤的 1.88～1.96μm 的激光输出，此后掺钬光纤也成为了实现 2μm 波段附近激光输出的主要有源光纤之一。1991 年，日本电报电话公司的研究团队率先采用掺镨光纤实现了 1.3μm 光纤激光输出，开辟了此波段光纤激光的新思路。自此，各类稀土掺杂有源光纤实现了 1～2μm 波段激光输出的全覆盖。之后研究的重点便改为如何在特定波长实现更高功率的激光输出或者将波长扩展至可见光波段，在此背景下，各类共掺光纤，如铒镱共掺、铒铥共掺、铥镨共掺等光纤成为了近年来稀土掺杂光纤的研究重点。

目前，稀土掺杂光纤的主流发展方向包括突破更高功率(包括 1μm 镱离子波段及其他波段(钬、铥、镨离子等))激光输出、实现可见光激光输出以及紫外激光输出等。针对功率提升中遇到的非线性效应、光纤模式不稳定性以及光子暗化甚至光纤熔丝损伤等问题，双包层光子晶体光纤、单/多沟壑双包层光纤、部分掺杂双包层光纤等新结构光纤成为探索的新方向；针对新波长的需求，新的稀土掺杂离子、新的稀土离子共掺方案、新的光纤参数设计是研究重点。简而言之，达到或者突破稀土掺杂光纤激光产生过程的物理极限和工艺极限，以及在此领域内实现激活离子局域结构调控等，是目前稀土掺杂光纤研究的发展方向。

5.8 其他特种光纤

除了上述提及的聚合物光纤、红外光纤、紫外光纤、光子晶体光纤、微纳光纤、双包层光纤、增敏光纤和去敏光纤、掺杂光纤外，常见的还有功能型光纤(荧光光纤、大模场光纤以及少模光纤等)和新结构光纤(多芯光纤和反谐振光纤等)。

1. 荧光光纤

荧光光纤是利用光致发光材料构成的一种特殊光纤。其工作原理是：在光纤纤芯掺有荧光材料，当激发光从侧面或端面入射进纤芯时，纤芯中的发光材料吸收特定波长范围内的光，使自身被激发，随之向各个方向发射出荧光，其中辐射方向满足纤芯-包层界面全反射条件的荧光将沿着光纤轴向传输。所以，实际上这种光纤是一个会发光的光纤。这种光纤既可在特殊情况下用作照明光源，也可用于光传感。

荧光光纤一般基于聚合物光纤，因为聚合物光纤便于掺进不同的光致发光的荧光材料。用于构成荧光光纤的芯材可选用普通的 PC(聚碳酸酯)、PMMA(聚甲基丙烯酸甲酯)和 PS(聚苯乙烯)等。其中 PMMA 有较好的光学性能，并且同大多数用作掺杂剂的荧光有机物的相容性较好。

荧光材料是有机染料的一种，其种类较多，可由人工合成。在制备荧光光纤时，应选择荧光材料的折射率和纤芯聚合物材料的折射率相同或相近。此外，在选材时还应注意使荧光材料的吸收光谱和荧光光谱尽量分开。荧光材料的吸收光谱和发射光谱如有重叠，则将给发射光谱的检测带来误差。目前已成功用于荧光光纤的荧光材料有很多，较典型的荧光材料有以下两类：

(1) 荧光染料：若丹明(Rhodamine)系列。它在可见光内有较高的荧光效率。如Rhodamine6G 掺杂的光纤，其吸收波长在绿光的 530nm 处，发射波长在荧光的 585nm 处。

(2) 稀土离子：稀土离子包括钕离子(Nd^{3+})、铕离子(Eu^{3+})和钐离子(Sm^{3+})等。

2. 多芯光纤

通常的光纤是由一个纤芯和围绕它的包层构成的。所谓的多芯光纤是指同一包层里面含有多个纤芯，光波导在纤芯中进行传输，这样的一根多芯光纤就相当于几根传统的单芯光纤，这样大密度的多芯光纤在提高了传输容量的同时又不额外增加光缆安装敷设的空间与费用需求，从而降低了光缆的成本。

常见的多芯光纤有双芯光纤、三芯光纤、四芯光纤、环形光纤和线性光纤等。图 5.8.1 为这几种多芯光纤的截面照片。

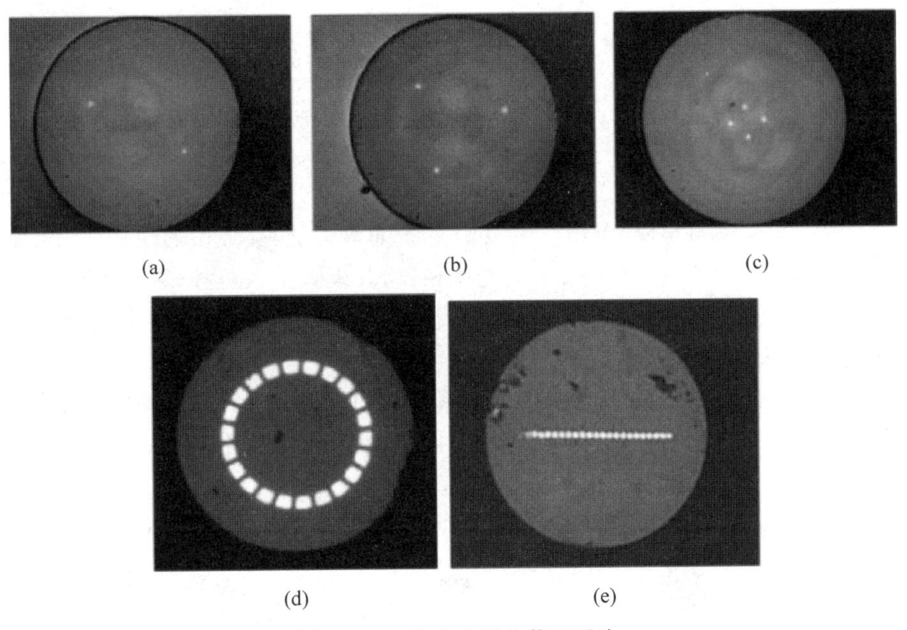

图 5.8.1　多芯光纤的截面照片

(a) 双芯光纤；(b) 三芯光纤；(c) 四芯光纤；(d) 环形光纤；(e) 线性光纤

当前，在光纤通信系统容量紧张的形势下，基于多芯光纤的光空分复用技术成为了研究热点，它被视为提高光纤通信系统传输容量的最有效的解决方案之一。多芯光纤包含多个空间通道，具有结构紧凑、芯体尺寸小等独特性能。基于多芯光纤的光空分复用混合传感系统被证明是一种非常有前景的传感技术。首先，光空分复用混合传感系统能够实现多参量传感，从而提高传感性能；其次，多芯光纤的偏心纤芯具有弯曲敏感特性，可用于测量普通单模光纤无法实现的新物理参量；最后，利用多芯光纤的空间分集信道优势，可以解决传统单模光纤系统存在的一些难点与痛点问题，比如，一根单模七芯光纤即可供 135 亿人同时通话。

3. 大模场光纤

大模场光纤是指具有相对较大的模场面积并且只有单个横模或者少数模式的光纤。为了实现大模场光纤的基模输出，通常采用的办法是增加芯径大小的同时又降低纤芯数值孔径以满足单模传输的归一化频率要求。但受光纤加工工艺的限制，普通阶跃光纤的数值孔径目前只能降到0.05左右，相应的单模光纤的芯径大小在17μm左右(对波长1.1μm来说)。为了获得更大芯径的单模光纤，有人提出了纤芯折射率分布改用凸台形、复合形等分布的办法，或者在包层中采用周期性结构、泄漏结构等折射率分布，通过泄漏或耦合等方式使光纤等效地输出基模。在这些光纤结构中，较为成功的、并经过试验验证的主要有光子晶体光纤和3C螺旋形光纤。图5.8.2为3C螺旋形光纤结构示意图。

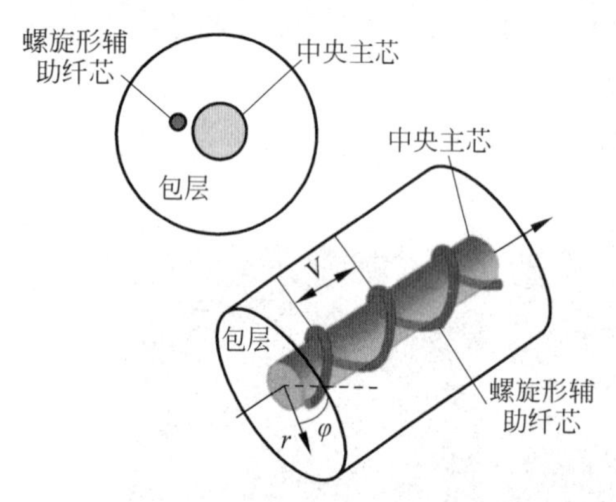

图5.8.2　3C螺旋形光纤结构示意图

大模场光纤具有较低的光功率密度和热密度，能够有效地抑制高功率作用下产生的非线性效应和热效应，在提升激光输出功率上具有很大的应用潜力。

4. 少模光纤

少模光纤是特种光纤的一种，在特定波长范围内，它能支持基模和少数高阶空间模式在其中传输，常见传输模式有LP_{01}、LP_{11}、LP_{21}、LP_{02}等。相较于单模光纤，少模光纤具有更大的模场面积、更强的抗非线性能力、更多的模式数量；而与多模光纤相比，其模式个数可控，易于优化模式间的耦合和损耗参数，这使得其能提供若干可供复用的稳定传输信道，进而提升通信系统传输容量，又不至于引入大的模式色散。

少模光纤制备简单，设计灵活多样，按照结构大致可以分为大纤芯光纤、椭圆芯光纤、多芯层光纤、多芯子光纤、布拉格光纤、D形光纤等。图5.8.3为各类少模光纤横截面结构示意图。

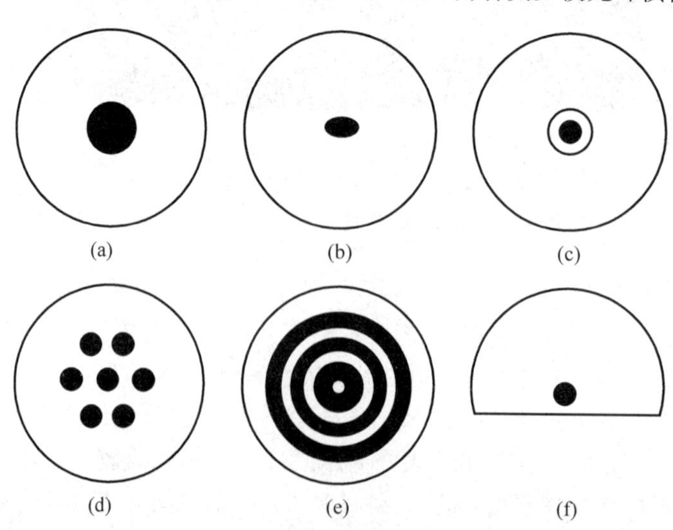

图5.8.3　少模光纤横截面结构示意图

(a) 大纤芯光纤；(b) 椭圆纤芯光纤；(c) 多芯层光纤；(d) 多芯子光纤；(e) 布拉格光纤；(f) D形光纤

5. 反谐振光纤

反谐振光纤是一种新型的微结构光纤。反谐振光纤的基本结构如图 5.8.4 所示，包括低折射率的纤芯区域和高折射率的包层区域；高折射率的包层区域又分为内包层区和外包层区两部分，内包层区由一层或多层的包层管组成，外包层由一层有一定厚度的包层管组成；内包层包围的区域为低折射率的纤芯区域。图 5.8.4 是空芯反谐振光纤的一种简单结构，内包层由 8 个高折射率圆形的包层管组成，相邻包层管是相互接触的，该光纤属于有节点的反谐振光纤；若相邻包层管相互不接触，该光纤就属于无节点的反谐振光纤，如图 5.8.5(a)、(b)、(c)、(d)所示。无节点反谐振光纤大多采用嵌套式结构，如两层圆形管嵌套(图 5.8.5(a))、圆形管与椭圆形管嵌套(图 5.8.5(b))和圆形管嵌套多个小圆形管(图 5.8.5(d))的结构。单圈椭圆管结构(图 5.8.5(c))也是常见的一种无节点反谐振光纤。无节点反谐振光纤的包层管一般由外包层连接。

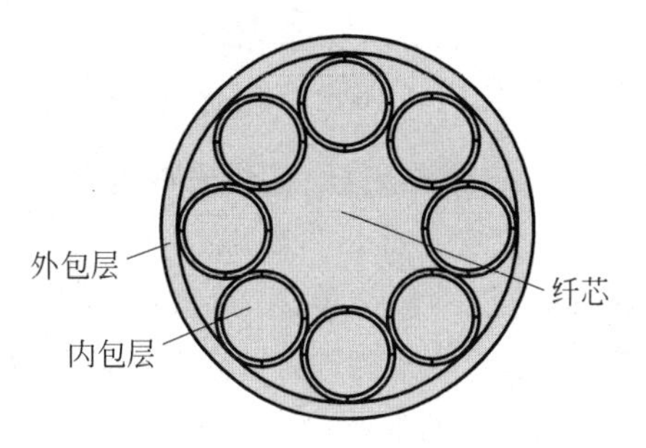

图 5.8.4　反谐振光纤的基本结构

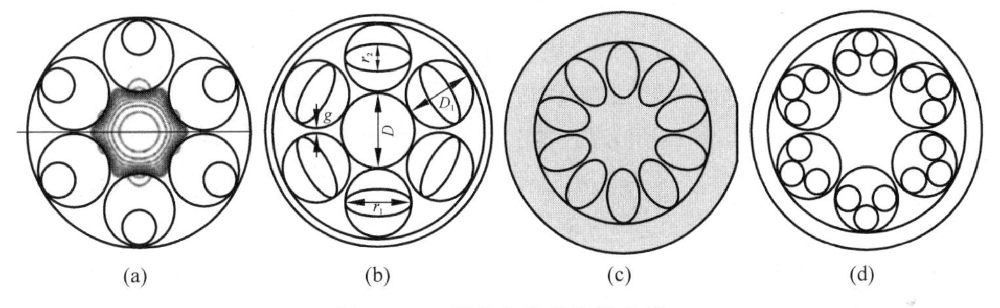

图 5.8.5　无节点的反谐振光纤

(a) 嵌套管结构的反谐振空芯光纤；(b) 嵌套椭圆管结构的反谐振空芯光纤；(c) 单圈椭圆管反谐振空芯光纤；(d) 嵌套三个圆管结构的反谐振空芯光纤

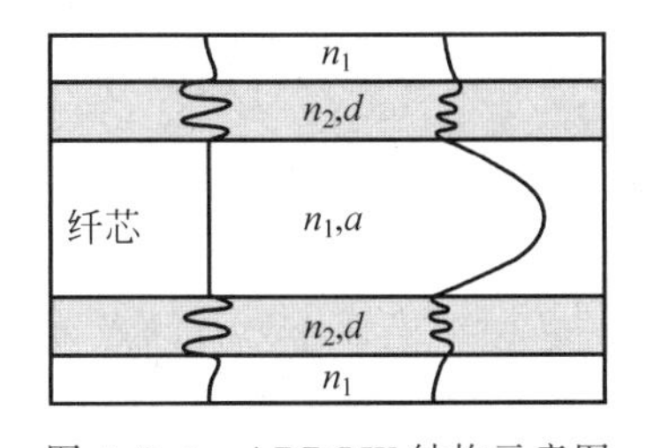

图 5.8.6　ARROW 结构示意图

反谐振光纤的导光原理可以用平面波导中的反谐振反射(ARROW)原理来进行解释，当光传输至纤芯和包层交界面时，对于满足谐振条件的光直接从包层透射出去，而其他不满足谐振条件的光将会被反射回纤芯区域。反谐振反射原理示意如图 5.8.6 所示，图中 n_1 为纤芯折射率，a 为纤芯直径，n_2 为包层折射率，d 为包层厚度。谐振条件通常由波长、包层和纤芯折射率、包层管壁厚决定。

反谐振光纤在高功率脉冲激光传输及压缩、超快非线性频率变换、高速高容量光通信、生物化学分析和量子存储等领域展现出广阔的应用前景。目前反谐振光纤的超低损耗特性被广泛关注并成为研究热点，2020 年有报道反谐振光纤在 1510～1600nm 处的平均损耗为 (0.28±0.04) dB/km。

5.9　总　　结

本章主要讨论了聚合物光纤、红外与紫外光纤、光子晶体光纤、微纳光纤、双包层光纤、增敏与去敏光纤、掺杂光纤等。学习本章内容后，读者应掌握这几类光纤的工作原理、材料特性、结构特点和光纤性能，理解其典型应用。

1. 聚合物光纤、红外光纤以及紫外光纤的特点

聚合物光纤是目前仅次于石英质光纤的第二大类光纤，聚合物光纤纤芯直径可粗至1mm，包层一般都很薄，数值孔径大，因而光能的耦合效率高。它具有如下许多突出的优点：①质轻；②韧性好；③对不可见光波透过性能好；④原料品种多，折射率可在较大范围内变化；⑤成本低，工艺简便。

红外光纤主要是指可用于近红外和中红外波段传输光能量和光信息，尤其是传输大功率光能量的光纤。红外光纤可分为玻璃红外光纤、晶体红光光纤和空芯红外光纤 3 类。

紫外光纤主要是指可以用于紫外波段传输光能量和光信息的光纤。一般光纤对紫外光透过性能都很差；塑料光纤在紫外光波段有较好的透光性能；用蓝宝石拉成的晶体光纤在紫外光谱区也有良好的透过性能。另外液芯光纤也可在紫外波段使用，这种光纤是用石英管拉成光纤包层，管中充以透紫外光的液体构成纤芯，它对紫外光的透过性能良好。

2. 光子晶体光纤的结构特点以及导光机制

光子晶体光纤是一种通常由单一介质构成(常用熔融硅或聚合物)，并由在二维方向上紧密排列而在第三维方向(光纤的轴向)保持不变的波长量级的空气孔构成微结构包层的新型光纤。根据导光机理，可将 PCF 分为两类：折射率导光型和光子带隙导光型。

折射率导光型光子晶体光纤的导光机理和常规的阶跃型折射率光纤类似，即基于(改进的)全反射，由于包层中的空气孔，包层的有效折射率降低了，从而满足全反射条件，光波被缚在纤芯内传输。这类光纤具有无截止单模传输、基模大模场、可控色散、高非线性系数和高双折射等特性。

光子带隙导光型光子晶体光纤的导光原理基于光子禁带效应，不同于传统光纤的导光机制，当光线入射到纤芯和包层空气孔的界面上时，由于受到包层周期性结构的多重散射，对满足布拉格条件的某些特定波长和入射角的光产生干涉，光线回到纤芯中，光被限制在纤芯中向前传播。这类光子晶体光纤在空气中导光，因此它具有很多特异的和普通光纤不同的传输特性。

3. 微纳光纤的光学特性

微纳光纤是指直径在数百纳米到几微米范围内的特种光纤。微纳光纤作为光纤光学与纳米技术的连接桥梁，可以实现微米尺度甚至纳米尺度光和物质相互作用。微纳光纤由于尺寸的特点，在以下方面具有独特的优势：①强光场约束特性；②强倏逝场特性；③低损耗特性；④模场分布特性；⑤色散特性。

4. 双包层光纤的结构特点

与常规的单模通信光纤相比，双包层光纤多了一个可以传光的内包层。双包层光纤的基本结构由内而外依次是纤芯、内包层、外包层和涂覆层。纤芯、内包层和外包层的折射率依次降低。纤芯掺杂稀土元素，纤芯和内包层构成的波导结构是激光产生和传输的通道。内包层通常由纯 SiO_2 构成，内包层和外包层构成的波导结构是泵浦光的传输通道。泵浦光在内包层中反复穿越纤芯，被掺杂离子吸收，从而将泵浦光高效地转换为激光。

课程实践

特征参数测量是用实验方法对光纤、光纤器件和光纤系统的特征参数进行检测和评价，这有助于改进光纤和光纤器件的生产工艺，有助于提升光纤系统性能。对于各种光纤，光纤特征参数测量主要包括光纤损耗、模场直径、折射率分布、数值孔径、截止波长、总色散系数等方面的测量。

光纤特征参数除了与光纤本身的结构有关以外，还对外界影响因素非常敏感。在光纤参数测试中，光源的稳定性、耦合方式、测试条件、样品处理以及信息检测等都对测试结果有很大影响。如何精确而可重复地测定光纤参数，不仅是一个技术问题，而且也是一个重要的理论问题。国际电联(ITU-T)推荐了一些测试光纤参数的标准和方法。表 1 列举了 ITU-T 建议的几种被测参数的基准测试法(RTM)和替代测试法(ATM)。所谓基准测试法就是严格按照光纤参数的某种定义进行的测试方法；替代测试法是指在某种意义上与给定参数定义相一致的测试方法。(详细的测量内容可参考 ITU-T 标准，这里不再赘述。)

表 1　ITU-T 建议的几种被测参数的基准测试法(RTM)和替代测试法(ATM)

被测参数	基准测试方法	替代测试方法
衰减系数	切断法	插入损耗法、后向散射法
模场直径	远场扫描法	可变孔径法、近场扫描法、双向后向散射差值法
折射率分布	近场折射法	近场扫描法
数值孔径	远场光强法	近场折射法
截止波长	传输功率法	模场直径与波长关系法
色散系数	脉冲时延法	干涉法

1. 实践题目

为了使读者了解和实践光纤特征参数的测量方法，本次实践提供了关于“630-HP 高性能掺锗纤芯单模光纤数值孔径、模场直径及耦合效率”测量方案(包括实验器材、实验系统装置以及实验步骤)。读者可以根据本书提供的测量方案自行搭建测量系统并实现对光纤特征参数的测量，完成相应的实践任务，回答实践思考问题。

2. 实践任务

(1) 了解常用的光纤数值孔径以及模场直径的测量方法，尤其掌握远场法的测试原理。

(2) 通过搭建光路并利用 CCD 摄像机记录光纤出射的光斑图样，利用图像处理的方式实现光纤数值孔径和模场直径的测量(对应实践任务 1 的内容)。

(3) 通过调节 FC/PC 光纤接头的对准，理解直接耦合中耦合效率随两个接头相对位置关系的变化。记录在不同耦合情形下输出的光功率，绘制耦合效率曲线(对应实践任务 2 的内容)。

(4) 掌握 MATLAB 对于图像的基本处理方法以及绘图计算功能。

3. 测量原理

1) 模场直径的定义

对于测量的单模光纤而言，模场直径由标准 ITU-T G. 650. 1(2020—10)定义，其中，模场为光纤基模 LP_{01} 的单模电场在空间的强度分布；模场直径表示光纤截面上基横模电磁场强度横向分布的度量，利用远场强度分布可以表示为

$$2\omega=\frac{\lambda}{\pi}\sqrt{\frac{2\int_0^{\frac{\pi}{2}}F^2(\theta)\sin\theta\cos\theta\mathrm{d}\theta}{\int_0^{\frac{\pi}{2}}F^2(\theta)\sin^3\theta\cos\theta\mathrm{d}\theta}}$$

其中，$F^2(\theta)$为远场强度分布；θ 为远场角。

2）数值孔径的定义

光纤试验方法规范(GB/T 15972.43—2021)规定可通过测量短段光纤远场辐射图（远场光分布法）确定光纤数值孔径 NA。数值孔径 NA 的“远场法”定义为光纤远场辐射图上光强值降到最大值 5% 处的半张角的正弦值。

远场扫描法要求测量位置的半径处于夫琅禾费远场区，可以由以下算式估算：

$$z\gg\frac{(2a)^2}{\lambda}$$

本试验满足远场条件。

3）远场扫描法

标准的远场扫描法实验装置如图 1 所示。

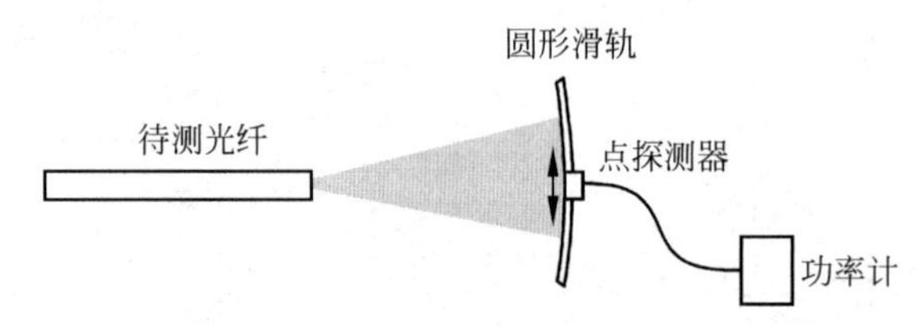

图 1　远场扫描法标准装置

光源出射的激光经过光纤传输后，通过基座一端支架固定的输出接头输出，在基座另一端安置一个以支架为圆心，半径远大于波长尺度距离的圆弧形滑轨，滑轨上安置一个带有微型探测器的旋转臂。旋转臂在滑轨上按照一定的固定间隔滑动以记录不同的角度上的光强，从而得到 F-θ 曲线，如图 2 所示。

得到该曲线之后，分别利用模场直径和数值孔径的定义式计算出结果。

特别地，当测试距离很远时，由于在不同距离上光强的变化量很小，所以利用圆弧滑轨和微探测器测试得到的球面光强分布可以由远距离平面光斑的光强分布进行近似。此时得到的虽然不是标准的远场扫描光强分布，但是这种近似是可行的。这种测量方式简化了测试步骤，可以利用 CCD 摄像机拍摄远场照片来实现，如图 3 所示。

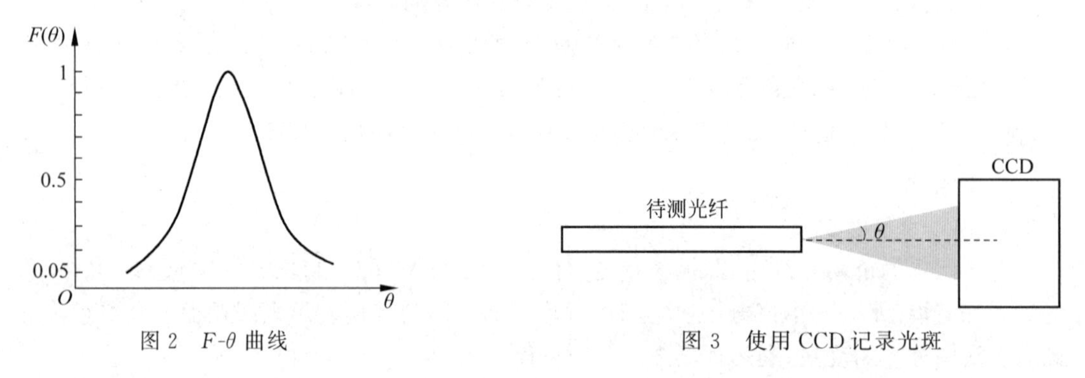

图 2　F-θ 曲线

图 3　使用 CCD 记录光斑

4. 测量方案

1）实验器材

（1）660nm 光纤耦合输出激光器 1 台，输出功率 5～8mW。

（2）耦合透镜 1 个，焦距 10mm。

（3）高精度三维（或五维）位移台 2 个。

（4）CCD 摄像机一台。

（5）630-HP 单模光纤跳线 2 根。

（6）存储图像的 U 盘。

2）实验装置

光纤特征参数测量装置实验原理图见图 4。本次实验采用的光源为功率 5mW 光纤耦合输出的 660nm 红光半导体激光器（LD），输出的激光经过法兰盘连接进入第一根光纤跳线（光纤 1）中。在测量光纤模场半径和数值孔径参数时，将第一根跳线的输出（12 端）通过准直透镜耦合进入第二根相同的跳线（光纤 2）中，输出（22 端）光束经过一定传输距离之后打到 CCD 靶面上来进行光斑测量，如图 4(a)所示。在测量耦合效率时，将第一根跳线的输出（12 端）直接耦合进入第二根跳线（光纤 2），然后将最终的输出（22 端）打到功率计探头上来测量功率，如图 4(b)所示。

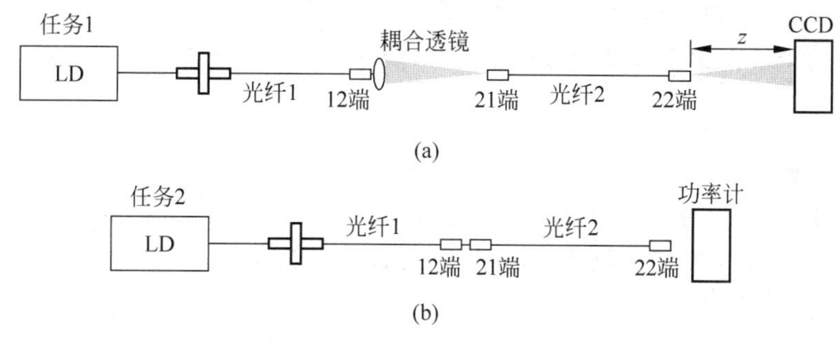

图 4　实验装置原理图

(a) 光纤模场半径与数值孔径测量实验原理图；(b) 光纤间耦合效率测量原理图

3）实验步骤

完成光纤数值孔径和模场直径测量任务的参考步骤：

(a-1) 将测试系统完整连接：

将光纤 1 的 12 端固定在左侧三维位移台上，并安装耦合透镜。

将光纤 2 的 21 端固定在右侧三维位移台上，22 端固定在 CCD 前的平台上。

(a-2) 调节三维位移台的位置与高度，以及准直透镜的位置，使得经过准直透镜输出的光斑能够打在右侧光纤的输入端面上，且要求光束还处于良好会聚状态。

(a-3) 打开 CCD 软件 Daheng MER-Series Viewer(x64)，菜单中若显示出 CCD 型号，则 CCD 识别成功。单击“连接”按钮，连接 CCD。

(a-4) 接通激光器光源，在软件中打开 CCD，观察软件上是否采集到光斑，如果没有，则调整光纤接头的位置与方向，直到观察到圆形对称的光斑输出。按“保存”键，保存光斑。该步骤重复至少 3 次。

(a-5) 测量输出光纤接头与CCD之间的距离 z，针对CCD采集到的光斑，用MATLAB软件读取并进行光场分布拟合，得到 F-θ 曲线，进行相关参数的计算。

完成光纤接头耦合效率测量任务的参考步骤：

(b-1) 完成上述任务后，断开电源，取下耦合透镜。

(b-2) 打开激光器电源，测试12端输出的激光功率并记录。

(b-3) 将12端及21端相互拉远，卸下右侧位移台，选取合适位置重新安装，使得两个位移台上的光纤接头(12端和21端)对准，且距离相对较近(1～2mm)。

(b-4) 调节三维位移台，使得12端和21端相互接近至0.1mm左右(可以使用螺旋测微器对比缝隙宽度)。调节时需要十分注意，一定不能让两个光纤接头彼此接触，否则会损伤器件！

(b-5) 将输出22端打到功率计的接收头上。

(b-6) 细调两个位移台的三维位移，令12端与21端距离为40μm左右，并使得22端的输出功率最大，且功率至少达到1.2mW。记下此时功率数据。

(b-7) 移动位移台水平移动旋钮，使得12端和21端互相远离。旋钮上的坐标每移动一格，记录一次功率，至少记录15组数据。

(b-8) 采用同样的方法调节竖直移动旋钮，旋钮上坐标每次移动1/3格，使得12端和21端错开，记录一组数据，至少记录5组数据。

(b-9) 将所得的两组数据绘制成输出功率-耦合距离曲线并对耦合效率的变化进行定量分析。

5. 实践思考

(1) 在实验原理上，采用CCD采集光斑近似替代圆弧轨道扫描，这种近似会带来原理误差，那么这种误差对最终的结果产生了什么影响？为了减小这种误差，可以采用什么方法？

(2) 测量数值孔径对光源的注入方式有什么要求？为什么？

思考题与习题5

1. 试分析比较熔石英光纤和聚合物光纤的特性。
2. 与目前的通信光纤相比，红外光纤和紫外光纤现在的特点是什么？
3. 研制红外光纤、紫外光纤以及各种增敏和去敏光纤的主要困难是什么？举例说明。
4. 总结光子晶体光纤的结构特点以及光学特性。
5. 简要分析超短脉冲在光子晶体光纤中形成超连续谱所涉及的物理过程。
6. 试总结微纳光纤的可能应用和应用中可能遇到的难点。
7. 提高双包层光纤吸收效率的方法有哪些？
8. 对光纤做增敏和去敏处理的方法有哪些？
9. 试分析聚合物光纤在生物传感方面的优势。
10. 试利用微纳光纤设计一款用于人体健康监测的可穿戴光学传感器。
11. 试调研其他种类光纤(书本未涉及的)以及相应的应用情况。

参考文献

[1] 马春生,刘式墉.光波导模式理论[M].长春：吉林大学出版社,2007.

[2] 祝宁华,闫连山,刘建国.光纤光学前沿[M].北京：科学出版社,2011.

[3] 李淑凤,李成仁,宋昌烈.光波导理论基础教程[M].北京：电子工业出版社,2013.

[4] 杨笛,任国斌,王义全.导波光学基础[M].北京：中央民族大学出版社,2012.

[5] 王健.导波光学[M].北京：清华大学出版社,2010.

[6] 吴重庆.光波导理论[M].北京：清华大学出版社,2000.

[7] 刘德明.光纤光学[M].北京：科学出版社,2008.

[8] 廖延彪,黎敏,夏历.光纤光学[M].北京：清华大学出版社,2021.

[9] RUSSELL P. Photonic crystal fibers[J]. Science,2003,299(5605)：358-362.

[10] 陈鹤鸣,施伟华,曹祥风,等.PBG微结构光纤的色散特性研究[J].光学技术,2006,32(3)：237-240.

[11] MONRO T M,BENNETT P J,BRODERICK N G R,et al. Holey fibers with random cladding distributions[J]. Optics Letters,2000,25(4)：206-208.

[12] ZOLI R,GNAN M,CASTALDINI D,et al. Reformulation of the plane wave method to model photonic crystals[J]. Optics Express,2003,11(22)：2905-2910.

[13] FOGLI F,SACCOMANDI L,BASSI P,et al. Full vectorial BPM modeling of index-guiding photonic crystal fibers and couplers[J]. Optics express,2002,10(1)：54.

[14] KUHLMEY,BORIS T,et al. Multipole method for microstructured optical fibers. II. Implementation and results[J]. Journal of the Optical Society of America B,2002,19(10)：2322-2330.

[15] GUAN J. Finite element analysis of propagation characteristics for an octagonal photonic crystal fiber (O-MF)[J]. Proceedings of SPIE-The International Society for Optical Engineering,2008,7134：605-611.

[16] 商海英,吴静.稀土掺杂光纤[C]//第三届中国光通信技术与市场研讨会论文集,2003：234-238.

[17] 刘珂.光子晶体光纤的理论分析及其在THz波导分析中的应用[D].杭州：浙江大学,2005.

[18] ZHANG L,TANG Y,TONG L. Micro-/nanofiber optics：Merging photonics and material science on nanoscale for advanced sensing technology[J]. Iscience,2020,23(1)：100810.

[19] 杨中民,徐善辉.单频光纤激光器[M].北京：科学出版社,2018.

第6章

光纤无源器件

在光纤通信以及光信息处理系统中，除了光发射器件和光探测器件外，还有一类本身不发光、不放大、不产生光电转换的光学器件，这类器件称为光无源器件。或者说在光电或电光系统中不产生光信号或电信号的光学器件称为光无源器件，它是能量消耗型光学器件。

光纤无源器件是光无源器件的一种类型，具有光纤传输通道，其种类繁多、功能各异。光纤无源器件是光纤应用系统中不可或缺的器件，常用的有光纤连接器、光纤自聚焦透镜、光纤耦合器、光纤隔离器、光纤环形器、光纤滤波器、光纤调制器、光纤光栅、光开关、光衰减器等。概括地讲，它们的作用主要是连接光波导或光路、控制光的传播方向、控制光功率或光波长的分配、控制光的透过率或反射率等。

本章将介绍应用广泛的光纤自聚焦透镜、光纤耦合器、光纤隔离器、光纤环形器、光纤滤波器、光纤调制器以及新型光纤光栅等光纤无源器件的原理、结构、性能和应用。

本章重点内容：

(1) 光纤自聚焦透镜成像特性及典型应用。

(2) 光纤耦合器主要应用：光功率合束或分束以及光波分复用。

(3) 典型光纤滤波器、光纤隔离器和光纤环形器工作原理。

(4) 光纤光栅分类及光纤布拉格光栅的模式耦合特性。

6.1 光纤自聚焦透镜

第2章提到，光线在折射率平方律分布光纤中的传播轨迹为正弦曲线，由一点发出的不同角度的光线经过一周期的传播后又会聚到另一点，这一特性与透镜的聚焦作用完全类似，因此这种光纤被称为自聚焦光纤。实际上可以把自聚焦透镜看成一段自聚焦光纤，所不同的只是其芯径大(可以达到2mm或更大)、长度短(仅1～2个周期对应的长度)、数值孔径大(0.2～0.6)。

与普通的球面透镜相比，自聚焦透镜有其独特的优点：它的直径很小，可使光学系统的结构微型化；它的端部是平面，便于光学加工；它的长度的改变可使透镜的焦距和特性变化；它具有独特的成像特性，一个自聚焦透镜可以起着几个普通球面透镜的作用；它的像差可以通过改变透镜材料组分及离子交换工艺来控制。此外，自聚焦透镜还可用于弯曲传像。正因为自聚焦透镜具有上述独特的功能，自聚焦透镜在光纤通信中的光无源器件、复印传真机中的纤维透镜阵列、计算机与光盘系统中的光电输入装置以及摄影物镜、显微物镜和医用内窥镜等各个方面获得广泛应用。

6.1.1　自聚焦透镜的成像特性

1. 光线的传播轨迹

自聚焦透镜的折射率是渐变分布的,故又称为 GRIN 透镜(graded-index lenses)。自聚焦透镜的折射率分布一般遵从平方律分布:

$$n^2(r)=n_0^2(1-Ar^2) \tag{6.1.1}$$

式中,n_0 为透镜轴线折射率;$\sqrt{A}$ 为透镜的聚焦参数。当透镜半径为 a,相对折射率为 Δ 时,有

$$\sqrt{A}=\frac{\sqrt{2\Delta}}{a} \tag{6.1.2}$$

自聚焦透镜的节距(光束沿正弦轨迹传播完成一个正弦波周期的长度即称为一个节距)记为

$$P=\frac{2\pi}{\sqrt{A}} \tag{6.1.3}$$

根据光线方程,可以得到光线在自聚焦透镜中沿 z 方向传输时,其在 x 轴和 y 轴上的变化规律

$$\begin{cases}\dfrac{d^2x}{dz^2}+\left(\dfrac{n_0\sqrt{A}}{\bar{n}}\right)^2x=0\\[2ex]\dfrac{d^2y}{dz^2}+\left(\dfrac{n_0\sqrt{A}}{\bar{n}}\right)^2y=0\end{cases} \tag{6.1.4}$$

式中,$\bar{n}$ 为传播常数,为常数,即

$$\bar{n}=n(r_0)\cos\theta_z(r_0)=\text{const}$$

其中,θ_z 为入射端透镜内光线与 z 轴的夹角;r_0 为光纤入射点距轴线的距离。设光线的入射条件(自聚焦透镜内)为

$$\begin{cases}x\,|_{z=0}=x_0\\[1ex]\left.\dfrac{dx}{dz}\right|_{z=0}=\dot{x}_0\\[2ex]y\,|_{z=0}=y_0\\[1ex]\left.\dfrac{dy}{dz}\right|_{z=0}=\dot{y}_0\end{cases} \tag{6.1.5}$$

则式(6.1.4)的解为

$$\begin{cases}x(z)=x_0\cos\left(\dfrac{n_0\sqrt{A}}{\bar{n}}z\right)+\dot{x}_0\dfrac{\bar{n}}{n_0\sqrt{A}}\sin\left(\dfrac{n_0\sqrt{A}}{\bar{n}}z\right)\\[2ex]y(z)=y_0\cos\left(\dfrac{n_0\sqrt{A}}{\bar{n}}z\right)+\dot{y}_0\dfrac{n}{n_0\sqrt{A}}\sin\left(\dfrac{n_0\sqrt{A}}{\bar{n}}z\right)\end{cases} \tag{6.1.6}$$

为了便于利用矩阵光学理论分析透镜的成像,对式(6.1.6)进行一些变换。设光线轨迹曲线切向矢量 $\boldsymbol{\tau}$ 与 z 轴夹角为 θ_z,在 xOy 平面方位角为 ϕ,则有

$$\begin{cases} \dfrac{\mathrm{d}x}{\mathrm{d}z}=\dfrac{\cos\phi\sin\theta_z}{\dfrac{\mathrm{d}z}{\mathrm{d}s}}=\cos\phi\tan\theta_z \\ \dfrac{\mathrm{d}y}{\mathrm{d}z}=\dfrac{\sin\phi\sin\theta_z}{\dfrac{\mathrm{d}z}{\mathrm{d}s}}=\sin\phi\tan\theta_z \end{cases} \tag{6.1.7}$$

定义光线的参数为

$$\begin{cases} t_x=n(r)\cos\phi\sin\theta_z=\bar{n}\cdot\dfrac{\mathrm{d}x}{\mathrm{d}z} \\ t_y=n(r)\sin\phi\sin\theta_z=\bar{n}\cdot\dfrac{\mathrm{d}y}{\mathrm{d}z} \end{cases} \tag{6.1.8}$$

其中，t_x、t_y 分别为光线轨迹的斜率参数。则式(6.1.6)可化为如下矩阵方程：

$$\begin{bmatrix} x \\ t_x \end{bmatrix}=\begin{bmatrix} \cos\left(n_0\sqrt{A}\dfrac{z}{\bar{n}}\right) & \dfrac{\sin\left(n_0\sqrt{A}\dfrac{z}{\bar{n}}\right)}{n_0\sqrt{A}} \\ -n_0\sqrt{A}\sin\left(n_0\sqrt{A}\dfrac{z}{\bar{n}}\right) & \cos\left(n_0\sqrt{A}\dfrac{z}{\bar{n}}\right) \end{bmatrix}\begin{bmatrix} x_0 \\ t_{x_0} \end{bmatrix} \tag{6.1.9}$$

$$\begin{bmatrix} y \\ t_y \end{bmatrix}=\begin{bmatrix} \cos\left(n_0\sqrt{A}\dfrac{z}{\bar{n}}\right) & \dfrac{\sin\left(n_0\sqrt{A}\dfrac{z}{\bar{n}}\right)}{n_0\sqrt{A}} \\ -n_0\sqrt{A}\sin\left(n_0\sqrt{A}\dfrac{z}{\bar{n}}\right) & \cos\left(n_0\sqrt{A}\dfrac{z}{\bar{n}}\right) \end{bmatrix}\begin{bmatrix} y_0 \\ t_{y_0} \end{bmatrix} \tag{6.1.10}$$

其中，(x_0, t_{x_0})和(y_0, t_{y_0})是光线的入射位置和斜率参数(空气中)；(x, t_x)和(y, t_y)是在任意 z 处光线的位置和斜率轨迹参数。两者由一个二维矩阵相联系，这个矩阵正是自聚焦透镜的透镜矩阵。利用式(6.1.9)和式(6.1.10)可以确定光线在任意 z 处的坐标(x, y, z)和切线矢量。它们的关系为

$$\boldsymbol{\tau}=\frac{1}{n(r)}(t_x\boldsymbol{e}_x+t_y\boldsymbol{e}_y+\bar{n}\boldsymbol{e}_z) \tag{6.1.11}$$

式(6.1.9)和式(6.1.10)是描述光线在自聚焦透镜内传播轨迹的最基本的关系式。

当考虑近轴子午光线的传播时，利用近轴近似条件 $\cos\theta_z\approx 1, n(r)\approx n_0\approx\bar{n}$，则式(6.1.9)和式(6.1.10)可化为下述矩阵方程：

$$\begin{bmatrix} x \\ t_x \end{bmatrix}=\begin{bmatrix} \cos(\sqrt{A}z) & \dfrac{\sin(\sqrt{A}z)}{n_0\sqrt{A}} \\ -n_0\sqrt{A}\sin(\sqrt{A}z) & \cos(\sqrt{A}z) \end{bmatrix}\begin{bmatrix} x_0 \\ t_{x_0} \end{bmatrix} \tag{6.1.12}$$

$$\begin{bmatrix} y \\ t_y \end{bmatrix}=\begin{bmatrix} \cos(\sqrt{A}z) & \dfrac{\sin(\sqrt{A}z)}{n_0\sqrt{A}} \\ -n_0\sqrt{A}\sin(\sqrt{A}z) & \cos(\sqrt{A}z) \end{bmatrix}\begin{bmatrix} y_0 \\ t_{y_0} \end{bmatrix} \tag{6.1.13}$$

应用上述近轴条件下的传输矩阵方程(6.1.12)，分析平行于光纤轴入射的光线 a 以及斜入射光纤轴上的光线 b 在 GRIN 光纤中 xOz 平面的传播轨迹。如图 6.1.1 所示，光线 a 平行于光纤轴，其入射位置和斜率参数为$(x_0, 0)$，在 GRIN 光纤中传播轨迹如下：

$$x=x_0\cos(\sqrt{A}z) \tag{6.1.14}$$

显见，光线在 GRIN 光纤中的轨迹是初相位为零的余弦曲线，周期为 $2\pi/\sqrt{A}$。

光纤 b 和光纤轴成一定角度，其入射位置为 $x_0=0$，斜率参数为 $\tan\varphi=-x_0/L_0$，进入光纤后为 $\tan\theta=-x_0/(n_0L_0)$，其入射位置和斜率参数为 $(x_0,-x_0/L_0)$，在 GRIN 光纤中传播轨迹如下：

$$x=-\frac{x_0\sin(\sqrt{A}z)}{n_0L_0\sqrt{A}} \tag{6.1.15}$$

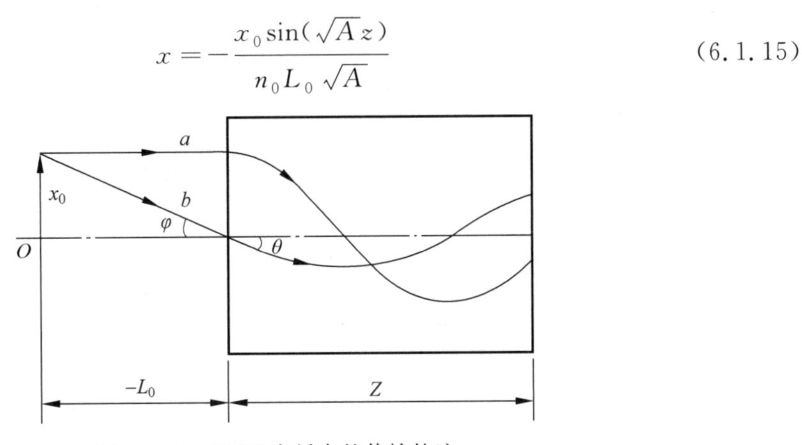

图 6.1.1　GRIN 光纤中的传输轨迹

2. 矩阵光线的符号公约

(1) 原点。原点可以是顶点(透镜端面与光轴交点)、主点(透镜主平面与光轴交点)或焦点(透镜焦平面与光轴交点)。

(2) 线段。以原点为基点，顺着光线传播方向($+z$ 轴方向)为正，反之为负。

(3) 角度。以光轴或端面法线为基轴，由基轴向光线转动，顺时针为正，逆时针为负。

(4) 标记。在成像图中出现的几何量(长度和角度)均取绝对值，正量直接标注，负量冠以“－”号之后标注。透镜参数及其标注如图 6.1.2 所示。

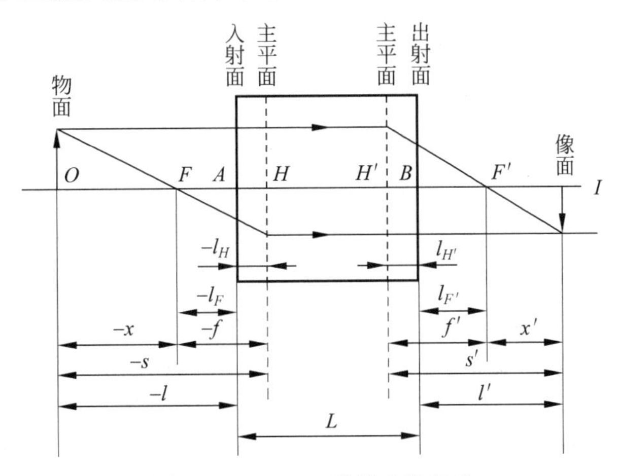

图 6.1.2　GRIN 透镜参数定义

3. 自聚焦透镜参数

设自聚焦透镜长度为 L，若一物体处于图 6.1.2 所示的 O 点，经透镜成像于 I 点，设物与像到透镜面的距离分别为 $-l$ 和 l'，由 O 至 A 的成像可由下述矩阵方程描述(以 x 坐标为例)：

$$\begin{bmatrix} x_1 \\ t_{x_1} \end{bmatrix} = \begin{bmatrix} 1 & -l \\ 0 & 1 \end{bmatrix} \begin{bmatrix} x_0 \\ t_{x_0} \end{bmatrix} \tag{6.1.16}$$

由 A 至 B 的成像可由下述矩阵方程描述：

$$\begin{bmatrix} x_2 \\ t_{x_2} \end{bmatrix} = \begin{bmatrix} \cos(\sqrt{A}L) & \dfrac{\sin(\sqrt{A}L)}{n_0\sqrt{A}} \\ -n_0\sqrt{A}\sin(\sqrt{A}L) & \cos(\sqrt{A}L) \end{bmatrix} \begin{bmatrix} x_1 \\ t_{x_1} \end{bmatrix} \tag{6.1.17}$$

由 B 至 I 的成像可由下述矩阵方程描述：

$$\begin{bmatrix} x \\ t_x \end{bmatrix} = \begin{bmatrix} 1 & l' \\ 0 & 1 \end{bmatrix} \begin{bmatrix} x_2 \\ t_{x_2} \end{bmatrix} \tag{6.1.18}$$

这样，从物点 O 至像点 I 的成像矩阵方程为

$$\begin{bmatrix} x \\ t_x \end{bmatrix} = \begin{bmatrix} 1 & l' \\ 0 & 1 \end{bmatrix} \begin{bmatrix} \cos(\sqrt{A}L) & \dfrac{\sin(\sqrt{A}L)}{n_0\sqrt{A}} \\ -n_0\sqrt{A}\sin(\sqrt{A}L) & \cos(\sqrt{A}L) \end{bmatrix} \begin{bmatrix} 1 & -l \\ 0 & 1 \end{bmatrix} \begin{bmatrix} x_0 \\ t_{x_0} \end{bmatrix} \tag{6.1.19}$$

给定物点参数(x_0, t_{x_0})，可由式(6.1.19)确定对应的像点参数(x, t_x)。由式(6.1.17)还可确定透镜的光学参数。为简化讨论，定义透镜矩阵为

$$\boldsymbol{M} = \begin{bmatrix} C_l & -D_l \\ -A_l & B_l \end{bmatrix} = \begin{bmatrix} \cos(\sqrt{A}L) & \dfrac{\sin(\sqrt{A}L)}{n_0\sqrt{A}} \\ -n_0\sqrt{A}\sin(\sqrt{A}L) & \cos(\sqrt{A}L) \end{bmatrix} \tag{6.1.20}$$

式中，矩阵元 A_l、B_l、C_l、D_l 分别为

$$\begin{cases} A_l = n_0\sqrt{A}\sin(\sqrt{A}L) \\ B_l = C_l = \cos(\sqrt{A}L) \\ D_l = -\dfrac{\sin(\sqrt{A}L)}{n_0\sqrt{A}} \end{cases} \tag{6.1.21}$$

且

$$B_l C_l - A_l D_l = 1$$

则式(6.1.19)可化为

$$\begin{bmatrix} x \\ t_x \end{bmatrix} = \begin{bmatrix} C_l - A_l l' & l'(A_l l + B_l) - (C_l l + D_l) \\ -A_l & A_l l + B_l \end{bmatrix} \begin{bmatrix} x_0 \\ t_{x_0} \end{bmatrix} \tag{6.1.22}$$

由式(6.1.22)及透镜参数的定义可推得表 6.1.1 所列的自聚焦透镜参数的计算公式。

表 6.1.1 自聚焦透镜参数的计算公式

参数名称	符号	计算公式	参考平面
物方主点	l_H	$\dfrac{\tan\left(\dfrac{\sqrt{A}L}{2}\right)}{n_0\sqrt{A}}$	透镜端面
像方主点	$l_{H'}$	$\dfrac{-\tan\left(\dfrac{\sqrt{A}L}{2}\right)}{n_0\sqrt{A}}$	透镜端面

续表

参数名称	符　　号	计算公式	参考平面
物方焦点	l_F	$-\dfrac{\cot(\sqrt{A}L)}{n_0\sqrt{A}}$	透镜端面
像方焦点	$l_{F'}$	$\dfrac{\cot(\sqrt{A}L)}{n_0\sqrt{A}}$	透镜端面
像方位置	l'	$\dfrac{1}{n_0\sqrt{A}}\cdot\dfrac{n_0\sqrt{A}l\cos(\sqrt{A}L)-\sin(\sqrt{A}L)}{n_0\sqrt{A}l\sin(\sqrt{A}L)+\cos(\sqrt{A}L)}$	透镜端面(l 为物方位置)
物方焦距	f	$\dfrac{-1}{n_0\sqrt{A}\sin(\sqrt{A}L)}$	主平面
像方焦距	f'	$\dfrac{1}{n_0\sqrt{A}\sin(\sqrt{A}L)}$	主平面
垂轴放大率	m	$\dfrac{1}{n_0\sqrt{A}l\sin(\sqrt{A}L)+\cos(\sqrt{A}L)}$	
角向放大率	γ	$n_0\sqrt{A}l\sin(\sqrt{A}L)+\cos(\sqrt{A}L)$	
节距	P	$\dfrac{2\pi}{\sqrt{A}}=\dfrac{2\pi a}{\sqrt{2\Delta}}$	
聚焦常数	$\sqrt{A}$	$\dfrac{\sqrt{2\Delta}}{a}$	
数值孔径	NA_m	$n_0\sqrt{2\Delta}$	
孔径角	θ_m	$\arcsin(NA_m)$	

如图6.1.3所示，光线平行于自聚焦透镜的纤轴入射，其入射位置和斜率参数为$(x_0,0)$，其出射位置参数为$(x_0\cos(\sqrt{A}z),-n_0x_0\sqrt{A}\sin(\sqrt{A}z))$。根据几何光学中关于焦点和焦距的定义，可求得GRIN光纤的像方焦点位置$l_{F'}$和物方焦点位置l_F分别为

$$l_{F'}=\frac{x}{n_0x_0\sqrt{A}\sin(\sqrt{A}z)}=\frac{1}{n_0\sqrt{A}\tan(\sqrt{A}z)},\quad l_F=-\frac{1}{n_0\sqrt{A}\tan(\sqrt{A}z)} \tag{6.1.23}$$

像方焦距f'和物方焦距f分别为

$$f'=\frac{x_0}{n_0x_0\sqrt{A}\sin(\sqrt{A}z)}=\frac{1}{n_0\sqrt{A}\sin(\sqrt{A}z)},\quad f=-\frac{1}{n_0\sqrt{A}\sin(\sqrt{A}z)} \tag{6.1.24}$$

对于给定的聚焦光纤棒，其特征常数A为确定值。这时改变光纤棒的长度z的大小，根据式(6.1.24)，即可获得不同聚焦性能的纤维透镜，如图6.1.4所示。它可以是正透镜，也可以是负透镜，焦距可大可小，只要截取不同长度的聚焦光纤棒。

4. 成像特性

当把物距和像距表示成以主点H和H'为基点的s和s'时(见图6.1.2)，有

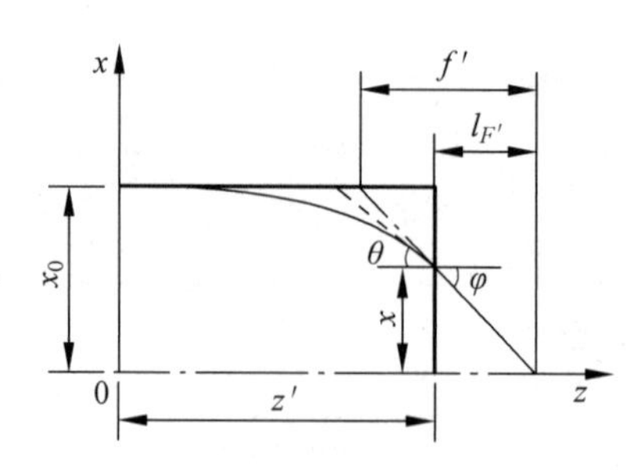

图 6.1.3 平行光入射时的线轨迹示意图

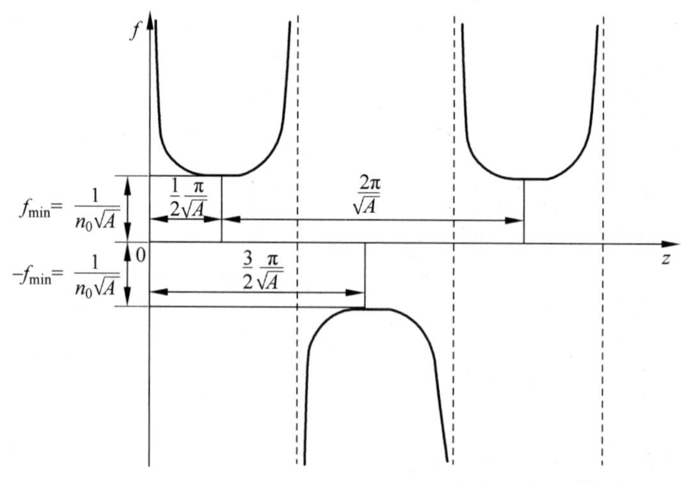

图 6.1.4 透镜长度和焦距之间的关系

$$s=l-l_H=\frac{lA_l+B_l-1}{A_l}=\frac{n_0 l\sqrt{A}\sin(\sqrt{A}L)+\cos(\sqrt{A})-1}{n_0\sqrt{A}\sin(\sqrt{A}L)}$$

$$s'=l'-l_{H'}=\frac{A_l l+B_l-1}{A_l(A_l l+B_l-1)}=\frac{n_0 l\sqrt{A}\sin(\sqrt{A}L)+\cos(\sqrt{A}L)-1}{[n_0 l\sqrt{A}\sin(\sqrt{A}L)+\cos(\sqrt{A}L)]n_0\sqrt{A}\sin(\sqrt{A}L)}$$

容易证明下述关系式成立：

$$\frac{1}{s'}-\frac{1}{s}=\frac{1}{f'} \tag{6.1.25}$$

当把物距和像距表示成以焦点 F 和 F' 为基点的 x 和 x' 时(见图 6.1.2)，有

$$x=l-l_F=\frac{lA_l+B_l}{A_l}=\frac{n_0 l\sqrt{A}\sin(\sqrt{A}L)+\cos(\sqrt{A}L)}{n_0\sqrt{A}\sin(\sqrt{A}L)}$$

$$x'=l'-l_{F'}=\frac{-1}{A_l(A_l l+B_l)}=\frac{-1}{[n_0 l\sqrt{A}\sin(\sqrt{A}L)+\cos(\sqrt{A}L)]n_0\sqrt{A}\sin(\sqrt{A}L)}$$

同样，可以证明下述关系式成立：

$$xx'=ff' \tag{6.1.26}$$

可见，式(6.1.25)和式(6.1.26)分别是球面透镜成像系统的高斯公式和牛顿公式。这说明，自聚焦透镜遵从与球面透镜完全一致的成像规律。两者的不同只是：球面透镜的焦

距依赖于球面半径的变化而得以改变；自聚焦透镜则是通过改变透镜长度来使焦距变化。因此自聚焦透镜的成像特性在相当大的程度上取决于其长度。此外，由焦距计算公式可知，聚焦常数$\sqrt{A}$反映了透镜对于光线的会聚能力：$\sqrt{A}$越大，则焦距越短，透镜的会聚作用就越强。

6.1.2　自聚焦透镜的典型应用

1. 准直透镜

在许多应用中需要将光纤发出的发散光束变换为平行光束，这可以通过在光纤输出端加一准直透镜来实现。当采用自聚焦透镜作为准直透镜时，若光纤半径为a_{fiber}，数值孔径为NA_{fiber}，将光纤置于自聚焦透镜端面中心，则由透镜的传输矩阵式(6.1.19)可得，在透镜输出端光束的半径a'_{fiber}和发散角θ'_{fiber}分别为

$$a'_{\text{fiber}}=\frac{\text{NA}_{\text{fiber}}\sin(\sqrt{A}L)}{n_0\sqrt{A}}+a_{\text{fiber}}\cos(\sqrt{A}L) \tag{6.1.27}$$

$$\theta'_{\text{fiber}}=\arcsin[-a_{\text{fiber}}n_0\sqrt{A}\sin(\sqrt{A}L)+\text{NA}_{\text{fiber}}\cos(\sqrt{A}L)] \tag{6.1.28}$$

当透镜长度取$\frac{1}{4}$节距时，$\sqrt{A}L=\frac{\pi}{2}$，式(6.1.27)和式(6.1.28)成为

$$a'_{\text{fiber}}=\frac{\text{NA}_{\text{fiber}}}{n_0\sqrt{A}} \tag{6.1.29}$$

$$\theta'_{\text{fiber}}=\arcsin[-a_{\text{fiber}}n_0\sqrt{A}]\approx-a_{\text{fiber}}n_0\sqrt{A} \tag{6.1.30}$$

这表明，光束的半径正比于光纤的数值孔径，而发散角正比于光纤纤芯半径。若将一单模光纤($a_{\text{fiber}}=5\mu\text{m}$，$\text{NA}_{\text{fiber}}=0.1$)置于准直透镜($n_0\sqrt{A}=0.3\text{mm}^{-1}$)端面中心，则在透镜输出端光束半径为0.33mm，发散角为1.5×10^{-3}rad，这是很好的平行光束。若换成多模光纤($a_{\text{fiber}}=25\mu\text{m}$，$\text{NA}_{\text{fiber}}=0.2$)，则在透镜输出端光束半径为0.67mm，发散角为7.5×10^{-3}rad，其平行度就要差一些。

准直透镜的工作原理如图6.1.5所示，对于1/4节距(0.25P，P为节距)的自聚焦透镜，当会聚光从自聚焦透镜一端面输入时，经过自聚焦透镜后会转变成平行光线，图6.1.5(a)和(b)分别对应入射光纤的端面中心注入和离轴注入的两种情形。

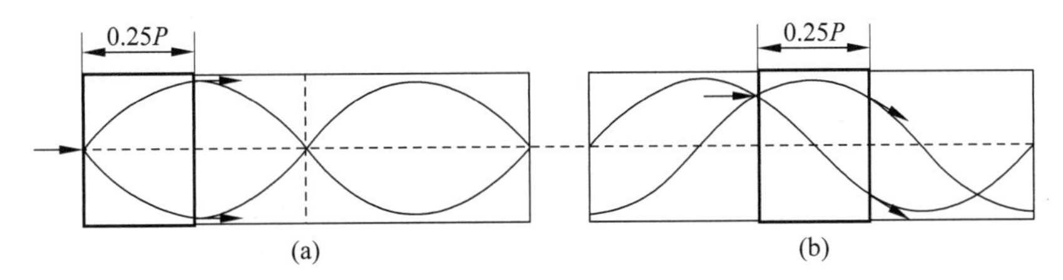

图6.1.5　0.25P自聚焦透镜准直原理图

2. 耦合透镜

当需要将光源(如LD或其他光纤输出光)的功率有效地耦合进入光纤时，可利用自聚焦透镜作为耦合透镜。一般将接收光纤置于自聚焦透镜输出端面上，这时有

$$a_{out}=a_{light}\cos(\sqrt{A}L)-\mathrm{NA}_{light}\left[l\cos(\sqrt{A}L)-\frac{\sin(\sqrt{A}L)}{n_0\sqrt{A}}\right] \tag{6.1.31}$$

$$\theta_{out}=\arcsin\{\mathrm{NA}_{light}[ln_0\sqrt{A}\sin(\sqrt{A}L)+\cos(\sqrt{A}L)]-a_{light}n_0\sqrt{A}\sin(\sqrt{A}L)\} \tag{6.1.32}$$

式中，l 是光源到透镜端面的距离；a_{out} 是经透镜输出光斑半径；θ_{out} 是经透镜输出光束的张角；a_{light} 是光源半径；NA_{light} 是光源数值孔径。选择合适的物距值 l 与透镜长度 L，使 a_{out} 与 θ_{out} 尽可能小，以与接收光纤参数匹配，即可取得良好的耦合效果。

常用的耦合透镜有 0.23P 和 0.29P 两种，其工作原理如图 6.1.6 所示。如果光源线度小，发散角大，而光纤线度较大，数值孔径较小，采用 0.23P 耦合透镜可进行角向压缩，实现光源与光纤之间的耦合。相反，采用 0.29P 耦合透镜可进行光斑压缩，实现光源与光纤之间的高效耦合。

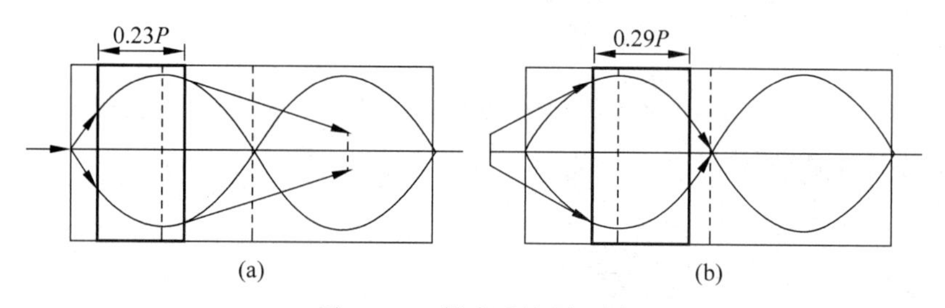

图 6.1.6 耦合透镜原理图

(a) 0.23P 耦合透镜可进行角向压缩；(b) 0.29P 耦合透镜可进行光斑压缩

麓邦技术(LBTEK)公司自聚焦透镜产品的典型应用参数如表 6.1.2 所示。在实际工程应用中，需对透镜端面进行角度化和镀膜处理。对透镜端面进行切角，可以有效地减少表面的回光反射。在透镜端面镀制增透膜，可以有效地减少光能量的损失，同时有助于保护透镜表面，以避免潮湿、化学反应和物理损伤。

表 6.1.2 自聚焦透镜的典型应用参数

渐变型折射率透镜，0°入射角，直径 1.8mm，长度 0.29 节距，设计波长 830nm，未镀膜			
直径	1.8mm	直径公差	+0.00/−0.01mm
通光孔径	85%	工作波长	830nm
工作距离	0.29P	数值孔径	0.46
镀膜	无	表面光洁度(划痕/麻点)	40/20
长度	5.47mm	长度公差	±0.02mm
入射角度	0°	中心折射率	1.6
折射率梯度	0.326	有效焦距	1.95mm
渐变型折射率透镜，8°入射角，直径 1.8mm，长度 0.23 节距，设计波长 830nm，未镀膜			
直径	1.8mm	直径公差	+0.00/−0.01mm
通光孔径	85%	工作波长	830nm
工作距离	0.23P	数值孔径	0.46
镀膜	无	表面光洁度(划痕/麻点)	40/20
长度	4.41mm	长度公差	+0.02mm
入射角度	8°	中心折射率	1.59
折射率梯度	0.327	有效焦距	1.94mm

基于以上对自聚焦透镜成像的分析，可以看出自聚焦透镜的成像和球面镜成像的差异来源于：①自聚焦透镜由渐变型折射率分布材料构成，依靠光线轨迹的弯曲，实现光学成像；而球面镜由均匀折射率分布材料构成，依靠弯曲的光学界面，实现光学成像。②自聚焦透镜提高成像质量，通常通过优化折射率分布来实现；而球面镜提高成像质量，一般通过非球面透镜来克服像差。

6.2　光纤耦合器

光纤耦合器是一种能使传输中的光信号在特殊结构的耦合区发生耦合，并进行再分配的无源器件。随着光纤制造技术的发展，各种特殊光纤做成的光纤耦合器应运而生，如保偏光纤定向耦合器、双向单模光纤耦合器及光波分复用光纤耦合器等。这些耦合器主要用于将光信号进行分路和合路，以满足不同的使用需求。

光纤定向耦合器从端口形式上可分为 X 形（2×2）耦合器、Y 形（1×2）耦合器、星形（$N\times N$，$N>2$）耦合器、树形（$1\times N$，$N>2$）耦合器；从功能上可分为光功率分配耦合器和光波长分配耦合器；根据工作带宽，可分为窄带耦合器、单工作窗口宽带耦合器、双工作窗口宽带耦合器；同时，根据传输光纤的种类，可分为单模光纤耦合器和多模光纤耦合器。

6.2.1　横向模式耦合理论

耦合器的制作方法不同，工作原理也略微不同。采用研磨法和化学腐蚀法制作的光纤耦合器的耦合原理是消逝场的耦合（弱耦合理论）；采用熔融拉锥法制作的光纤耦合器的耦合过程比较复杂，耦合原理基于模式激励理论（强耦合理论）。下面以光纤的弱耦合理论为例，对单模耦合器的物理过程进行介绍，以便为单模耦合器的设计提供理论参考。

如图 6.2.1(a)所示，当光纤Ⅰ与光纤Ⅱ的间距远大于光纤的横向穿透深度时，可把两个光纤都看成正规光波导，其中的模场以各自的传播常数独立传输。然而，当两个光纤某部分间距较小（如图 6.2.1(b)所示）时，一个光纤中的场将受到另一个光纤中的场影响，从而引起两个波导中的导模相互耦合。原来只在光纤Ⅰ中传输的光功率经过耦合区域，其一部分甚至全部将会转移到光纤Ⅱ中。耦合特性由光纤间距、耦合段长度及传播模式决定。

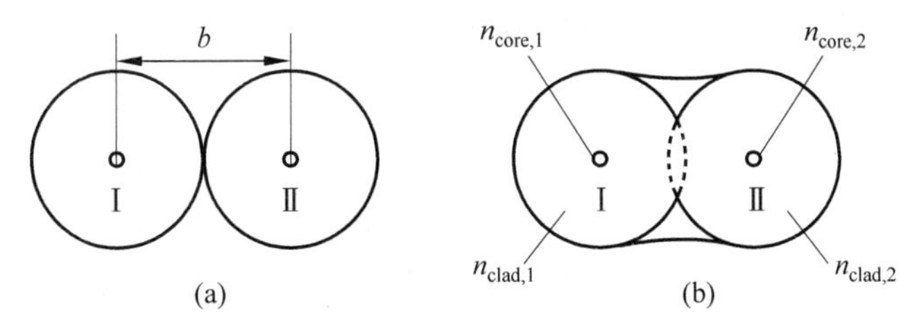

图 6.2.1　光纤耦合

(a) 无耦合；(b) 有耦合

这种横向电磁场耦合，可以构成有用的光耦合元件，它是对光信号实现分路、合路、插入和分配的无源器件。当然，这种横向耦合有时也可能带来有害的干扰，如光纤间的信号串扰、模式噪声、模式耦合损耗等，这时需要加以避免。

设光纤Ⅰ单独存在时的电场强度和磁场强度分别为 $\boldsymbol{E}_1$ 和 $\boldsymbol{H}_1$，光纤Ⅱ单独存在时的电场强度和磁场强度分别为 $\boldsymbol{E}_2$ 和 $\boldsymbol{H}_2$，如果两个光纤都是单模传输的，则理想光纤Ⅰ和Ⅱ的光场可写作

$$\boldsymbol{E}_1(x,y,z)=\boldsymbol{E}_1(x,y)\mathrm{e}^{-\mathrm{i}\beta_1 z},\quad \boldsymbol{H}_1(x,y,z)=\boldsymbol{H}_1(x,y)\mathrm{e}^{-\mathrm{i}\beta_1 z}$$

$$\boldsymbol{E}_2(x,y,z)=\boldsymbol{E}_2(x,y)\mathrm{e}^{-\mathrm{i}\beta_2 z},\quad \boldsymbol{H}_2(x,y,z)=\boldsymbol{H}_2(x,y)\mathrm{e}^{-\mathrm{i}\beta_2 z}$$

如果是多模光纤，则光纤中的场为全部可传输模式的完备组合。

当两个光纤同时存在时，严格的求解应该是将双光纤作为一个统一的耦合光纤系统，求解总的电磁场边值问题，通常只能进行数值求解，比较复杂。但当耦合较弱时，发生相互耦合的光纤区域的场分布可近似表示为两个单独光纤中的场的组合叠加，即

$$\boldsymbol{E}_t(x,y,z)=A_1(z)\boldsymbol{E}_{1t}(x,y,z)+A_2(z)\boldsymbol{E}_{2t}(x,y,z) \tag{6.2.1}$$

$$\boldsymbol{H}_t(x,y,z)=A_1(z)\boldsymbol{H}_{1t}(x,y,z)+A_2(z)\boldsymbol{H}_{2t}(x,y,z) \tag{6.2.2}$$

其中，下角标 t 表示横向场分量。由于光纤间相互影响，组合系数 $A_1(z)$ 和 $A_2(z)$ 作为两光纤中横场的叠加系数，随 z 变化。这里，为简单起见，电场和磁场用相同的叠加系数，假定各光纤内传播的场保持单一模式。

总场还可以表示为

$$\boldsymbol{E}_t(x,y,z)=a_1(z)\boldsymbol{E}_{1t}(x,y)+a_2(z)\boldsymbol{E}_{2t}(x,y) \tag{6.2.3}$$

$$\boldsymbol{H}_t(x,y,z)=a_1(z)\boldsymbol{H}_{1t}(x,y)+a_2(z)\boldsymbol{H}_{2t}(x,y) \tag{6.2.4}$$

$$a_1(z)=A_1(z)\mathrm{e}^{-\mathrm{i}\beta_1 z} \tag{6.2.5}$$

$$a_2(z)=A_2(z)\mathrm{e}^{-\mathrm{i}\beta_2 z} \tag{6.2.6}$$

利用电磁场基本方程和模耦合方程式(2.6.18)和式(2.6.19)，在只有两个导模的情况下，可得到模式的横向耦合方程为

$$\frac{\mathrm{d}a_1(z)}{\mathrm{d}z}=-\mathrm{i}\beta_1 a_1(z)-\mathrm{i}K_{11}a_1(z)-\mathrm{i}K_{12}a_2(z) \tag{6.2.7}$$

$$\frac{\mathrm{d}a_2(z)}{\mathrm{d}z}=-\mathrm{i}\beta_2 a_2(z)-\mathrm{i}K_{22}a_2(z)-\mathrm{i}K_{21}a_1(z) \tag{6.2.8}$$

或者用 A_1、A_2 表示为

$$\frac{\mathrm{d}A_1(z)}{\mathrm{d}z}=-\mathrm{i}K_{11}A_1(z)-\mathrm{i}K_{12}A_2(z)\mathrm{e}^{-\mathrm{i}(\beta_2-\beta_1)z} \tag{6.2.9}$$

$$\frac{\mathrm{d}A_2(z)}{\mathrm{d}z}=-\mathrm{i}K_{22}A_2(z)-\mathrm{i}K_{21}A_1(z)\mathrm{e}^{\mathrm{i}(\beta_2-\beta_1)z} \tag{6.2.10}$$

其中，K_{12}、K_{21} 称为互耦合系数；K_{11}、K_{22} 称为自耦合系数。考虑到耦合区两光纤的相互作用，K_{11}，K_{12}，K_{22}，K_{21} 依次表示为

$$K_{11}=\omega\varepsilon_0\frac{\iint(n_{\mathrm{core},1}^2-n_{\mathrm{clad},2}^2)\boldsymbol{E}_{t,1}^*(x,y)\cdot\boldsymbol{E}_{t,1}(x,y)\mathrm{d}A}{\iint[\boldsymbol{E}_{t,1}^*(x,y)\times\boldsymbol{H}_{t,1}(x,y)]\cdot\mathrm{d}\boldsymbol{A}} \tag{6.2.11}$$

$$K_{12}=\omega\varepsilon_0\frac{\iint(n_{\mathrm{core},1}^2-n_{\mathrm{clad},2}^2)\boldsymbol{E}_{t,1}^*(x,y)\cdot\boldsymbol{E}_{t,2}(x,y)\mathrm{d}A}{\iint[\boldsymbol{E}_{t,1}^*(x,y)\times\boldsymbol{H}_{t,1}(x,y)]\cdot\mathrm{d}\boldsymbol{A}} \tag{6.2.12}$$

$$K_{22}=\omega\varepsilon_0\frac{\iint(n_{\mathrm{core},2}^2-n_{\mathrm{clad},1}^2)\boldsymbol{E}_{t,2}^*(x,y)\cdot\boldsymbol{E}_{t,2}(x,y)\mathrm{d}A}{\iint[\boldsymbol{E}_{t,2}^*(x,y)\times\boldsymbol{H}_{t,2}(x,y)]\cdot\mathrm{d}\boldsymbol{A}}\tag{6.2.13}$$

$$K_{21}=\omega\varepsilon_0\frac{\iint(n_{\mathrm{core},2}^2-n_{\mathrm{clad},1}^2)\boldsymbol{E}_{t,2}^*(x,y)\cdot\boldsymbol{E}_{t,1}(x,y)\mathrm{d}A}{\iint[\boldsymbol{E}_{t,2}^*(x,y)\times\boldsymbol{H}_{t,2}(x,y)]\cdot\mathrm{d}\boldsymbol{A}}\tag{6.2.14}$$

如果令

$$A_1(z)=A_{10}(z)\mathrm{e}^{-\mathrm{i}K_{11}z}\tag{6.2.15}$$

$$A_2(z)=A_{20}(z)\mathrm{e}^{-\mathrm{i}K_{22}z}\tag{6.2.16}$$

其中，$A_{10}(z)$和$A_{20}(z)$分别表示光纤Ⅰ、Ⅱ中光波振幅系数，将式(6.2.15)和式(6.2.16)代入方程式(6.2.9)和方程式(6.2.10)，则可得到$A_{10}(z)$和$A_{20}(z)$满足的方程为

$$\frac{\mathrm{d}A_{10}(z)}{\mathrm{d}z}=-\mathrm{i}K_{12}A_{20}(z)\mathrm{e}^{-\mathrm{i}2\delta z}\tag{6.2.17}$$

$$\frac{\mathrm{d}A_{20}(z)}{\mathrm{d}z}=-\mathrm{i}K_{21}A_{10}(z)\mathrm{e}^{\mathrm{i}2\delta z}\tag{6.2.18}$$

其中

$$2\delta=\beta_2-\beta_1+K_{22}-K_{11}\tag{6.2.19}$$

δ称为相位失配因子。为求解上述形式的模耦合方程，可进一步令

$$A_{10}(z)=R(z)\mathrm{e}^{-\mathrm{i}\delta z}\tag{6.2.20}$$

$$A_{20}(z)=S(z)\mathrm{e}^{\mathrm{i}\delta z}\tag{6.2.21}$$

将式(6.2.20)和式(6.2.21)代回方程式(6.2.17)和方程式(6.2.18)，得到光纤Ⅰ、Ⅱ中光波振幅系数分别为

$$R(z)=C_1\cos(\sqrt{\delta^2+K_{12}K_{21}}\,z)+D_1\sin(\sqrt{\delta^2+K_{12}K_{21}}\,z)\tag{6.2.22}$$

$$S(z)=C_2\cos(\sqrt{\delta^2+K_{12}K_{21}}\,z)+D_2\sin(\sqrt{\delta^2+K_{12}K_{21}}\,z)\tag{6.2.23}$$

如果考虑初始条件，设两个光纤耦合前在$z=0$处输入光波的振幅系数分别为R_0和S_0，则有$R(0)=R_0$，$S(0)=S_0$，据此可以确定积分常数如下：

$$C_1=R_0\tag{6.2.24}$$

$$C_2=S_0\tag{6.2.25}$$

$$D_1=\mathrm{i}\frac{\delta R_0-K_{12}S_0}{\sqrt{\delta^2+K_{12}K_{21}}}\tag{6.2.26}$$

$$D_2=-\mathrm{i}\frac{\delta S_0+K_{21}R_0}{\sqrt{\delta^2+K_{12}K_{21}}}\tag{6.2.27}$$

那么光纤Ⅰ、Ⅱ中传输的光功率分别为

$$P_1(z)=|R(z)|^2$$

$$P_2(z)=|S(z)|^2$$

进一步的具体分析表明，光波在有耦合作用的两个光纤中传输时，功率在光纤Ⅰ、Ⅱ之

间周期性交换，而总传输功率守恒。假设光只从光纤Ⅰ输入，$S_0=0$，则

$$P_1(z)=R_0^2\left[\cos^2(\sqrt{\delta^2+K_{12}K_{21}}\,z)+\frac{\delta^2}{\delta^2+K_{12}K_{21}}\sin^2(\sqrt{\delta^2+K_{12}K_{21}}\,z)\right] \tag{6.2.28}$$

$$P_2(z)=\frac{R_0^2K_{12}K_{21}}{\delta^2+K_{12}K_{21}}\sin^2(\sqrt{\delta^2+K_{12}K_{21}}\,z) \tag{6.2.29}$$

当耦合光纤长度 $z=L$ 满足下式时，光纤Ⅱ输出功率最大，光纤Ⅰ输出功率最小。

$$\sin^2(\sqrt{\delta^2+K_{12}K_{21}}\,L)=1 \tag{6.2.30}$$

若两个光纤是完全相同的单模光纤，即 $K_{11}=K_{22}$，$K_{12}=K_{21}=K$，均为实数，这时 $\delta=0$ 为相位匹配状态，则

$$P_1(L)=R_0^2\cos^2(KL) \tag{6.2.31}$$

$$P_2(L)=R_0^2\sin^2(KL) \tag{6.2.32}$$

由式(6.2.32)可知完全耦合时有

$$L=(2m+1)\frac{\pi}{2K}\quad(m=0,1,2,\cdots) \tag{6.2.33}$$

$L_0=\pi/(2K)$ 称为耦合长度，光纤耦合区长度是耦合长度的奇数倍时，功率转移最大。则 $P_1(L)=0$，$P_2(L)=R_0^2$，即光纤Ⅰ的功率全部耦合到光纤Ⅱ中，这种情况称为完全耦合或理想耦合，如图 6.2.2 所示。图 6.2.2(b)显示了在相位失配情况下的光纤耦合，两个光纤中的模功率不能实现完全交换。

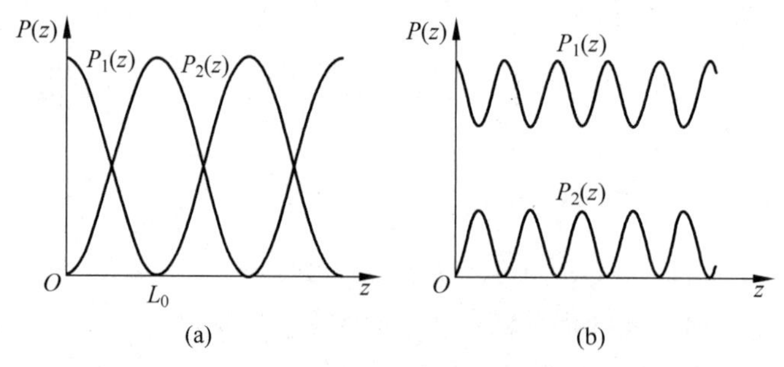

图 6.2.2 两个耦合光纤中模功率的变化

(a) 相位匹配状态($\delta=0$)；(b) 相位失配状态($\delta\gg K$)

6.2.2 光纤耦合器特性

光纤耦合器主要用于光纤中光功率合束或分束(控制光功率的分配)，以及光波分复用(控制不同波长光的传输)。下面分别从典型结构、能量耦合变化以及典型产品三方面来介绍光纤功率合束/分束器以及光波分复用器。

1. 功率合束/分束器

1) X 形耦合器(2×2 耦合器)

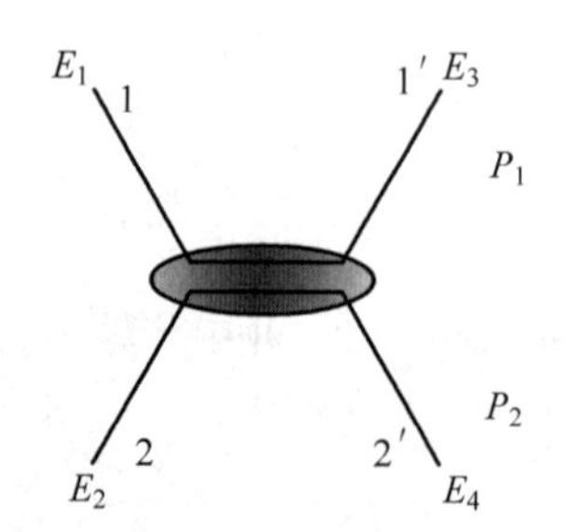

图 6.2.3 2×2 耦合器的结构

常见的 2×2 耦合器的结构如图 6.2.3 所示，假设光由端

口 1 输入，并且对输入信号进行归一化，这里 2×2 耦合器是一种对称耦合器，$\delta=0$，由式(6.2.31)和式(6.2.32)可得，直通臂和耦合臂输出功率 P_1、P_2 为

$$\begin{cases} P_1 = \cos^2(KL) \\ P_2 = \sin^2(KL) \end{cases}$$

因此，可以绘制出各端口的输出光功率随乘积项 KL 的变化曲线，如图 6.2.4 所示。

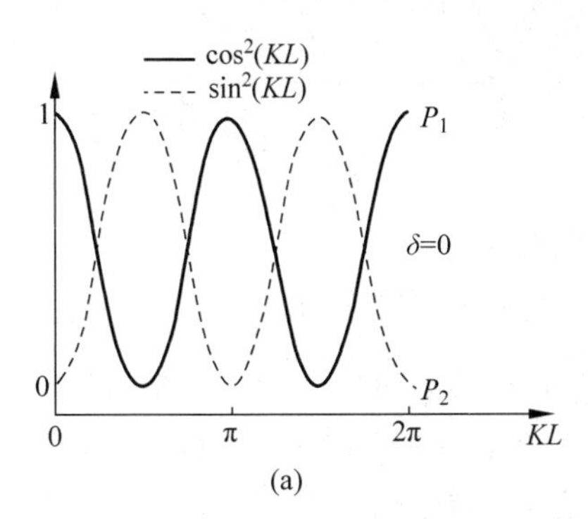

(a)

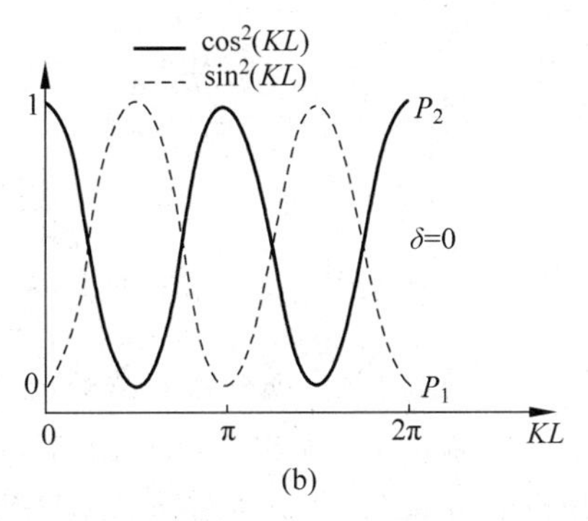

(b)

图 6.2.4　2×2 耦合器直通臂和耦合臂输出功率随 KL 的变化曲线($\delta=0$)

(a) 光全部从端口 1 入射；(b) 光全部从端口 2 入射

同时也可以通过传输矩阵对耦合器的传输特性进行分析，可以得到输入、输出光场满足下面的矩阵关系：

$$\begin{bmatrix} E_3 \\ E_4 \end{bmatrix} = \begin{bmatrix} \sqrt{1-C} & \mathrm{i}\sqrt{C} \\ \mathrm{i}\sqrt{C} & \sqrt{1-C} \end{bmatrix} \begin{bmatrix} E_1 \\ E_2 \end{bmatrix}$$

式中，E_1、E_2 为输入光场；E_3、E_4 为输出光场；$C=\sin^2(KL)$为耦合器的耦合比；i 表示耦合臂与注入端存在 90°相位差。

利用传输矩阵可以对常用的光纤干涉仪，如光纤马赫-曾德尔(M-Z)干涉仪、Sagnac 干涉仪等的传输特性进行分析。

2) Y 形耦合器

Y 形耦合器分为 1×2 耦合器和 2×1 耦合器。图 6.2.5(a)为 1×2 耦合器的结构示意图，光由端口 1 输入，分别经直通臂耦合至输出端口 1′以及经耦合臂耦合至输出端口 2′，直通臂和耦合臂输出功率 P_1、P_2(对输入光场进行归一化)可表示为

$$\begin{cases} P_1 = \cos^2(KL) \\ P_2 = \sin^2(KL) \end{cases}$$

图 6.2.5(b)为 1×2 耦合器直通臂和耦合臂输出功率随 KL 的变化曲线($\delta=0$)，$P_1+P_2=1$。

同样地，利用传输矩阵对 1×2 耦合器进行分析，可以得到输入、输出光场满足下面的矩阵关系：

$$\begin{bmatrix} E_3 \\ E_4 \end{bmatrix} = \begin{bmatrix} \sqrt{1-C} & \mathrm{i}\sqrt{C} \\ \mathrm{i}\sqrt{C} & \sqrt{1-C} \end{bmatrix} \begin{bmatrix} E_1 \\ 0 \end{bmatrix}$$

式中，E_1 为输入光场；E_3、E_4 为输出光场；$C=\sin^2(KL)$为耦合器的耦合比。

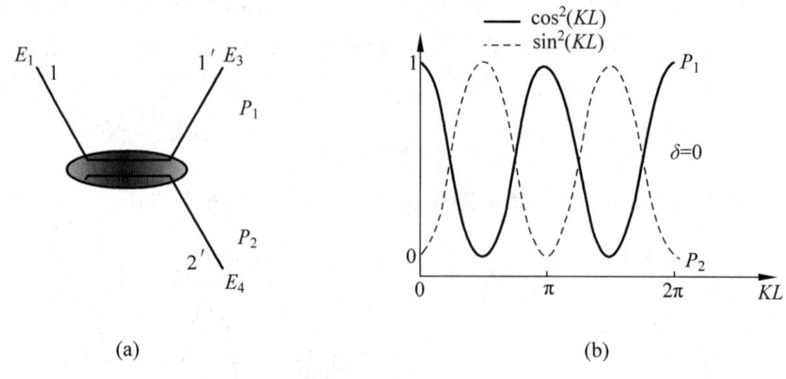

图 6.2.5 1×2 耦合器

(a) 1×2 耦合器的结构；(b) 1×2 耦合器直通臂和耦合臂输出功率随 KL 的变化曲线($\delta=0$)

图 6.2.6(a)为 2×1 耦合器的结构示意图,光分别由端口 1 和端口 2 输入,由端口 1 输入的光经直通臂耦合至输出端口 1′,由端口 2 输入的光经耦合臂耦合至输出端口 1′,直通臂和耦合臂输出功率 P_1、P_2(对输入光场进行归一化)可表示为

$$\begin{cases} P_1 = \cos^2(KL) \\ P_2 = \sin^2(KL) \end{cases}$$

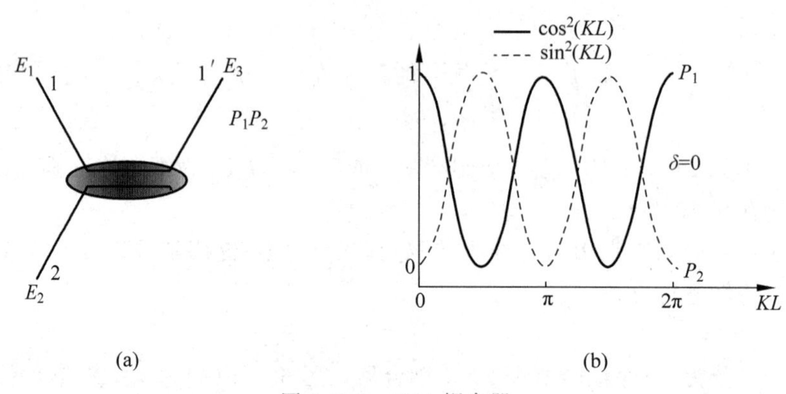

图 6.2.6 2×1 耦合器

(a) 2×1 耦合器的结构；(b) 2×1 耦合器直通臂和耦合臂输出功率随 KL 的变化曲线($\delta=0$)

假设分别从端口 1 和端口 2 输入功率为 1 的光(总输入功率为 2),总输出功率为 $P_1+P_2=1$,因此,2×1 耦合器将产生 3dB 的光损耗。

同样地,利用传输矩阵对 2×1 耦合器进行分析,可以得到输入、输出光场满足下面的矩阵关系：

$$\begin{bmatrix} E_3 \\ 0 \end{bmatrix} = \begin{bmatrix} \sqrt{1-C} & \mathrm{i}\sqrt{C} \\ \mathrm{i}\sqrt{C} & \sqrt{1-C} \end{bmatrix} \begin{bmatrix} E_1 \\ E_2 \end{bmatrix}$$

式中,E_1、E_2 为输入光场；E_3 为输出光场；$C=\sin^2(KL)$为耦合器的耦合比。

除了 Y 形耦合器、X 形耦合器(2×2 耦合器),常见的还有星形($N\times N$,$N>2$)耦合器、树形($1\times N$,$N>2$)耦合器等,它们均可以实现光功率分配的功能,其传输特性的分析过程类似,这里不再作详细解释。

3）典型产品介绍

图6.2.7为Thorlabs公司一款型号为TN1064R3A2A 2×2窄带光纤耦合器的结构图。表6.2.1展示了该光纤耦合器一些典型的技术参数，如两输出端口耦合功率比3∶1、中心波长1064nm、工作带宽±15nm、插入损耗、最大承受功率、尾纤类型等。值得注意的是，即使在工作带宽范围内，耦合器的耦合效率也会随波长发生轻微的变化，如图6.2.8所示。

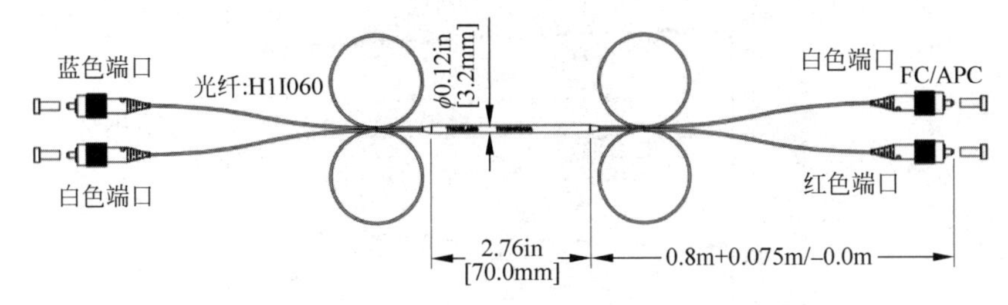

图6.2.7　TN1064R3A2A 2×2窄带光纤耦合器结构

表6.2.1　TN1064R3A2A 2×2窄带光纤耦合器技术参数

TN1064R3A2A	
耦合功率比	75∶25(白色端口∶红色端口)
耦合比偏差	±3.0%
波长	1064nm
带宽	±15nm
额外损耗	≤0.2dB
插入损耗	≤1.6dB
偏振相关损耗	≤0.2dB
回光损耗	≥60dB
最大功率水平	1W(带连接器或裸光纤)　5W(熔接)
光纤类型	HI1060
端口类型	2×2
光纤长度	0.8m+0.075m/−0.0m
连接类型	2.0mm FC/APC
外形尺寸	ϕ0.12in×2.76in(ϕ3.2mm×70.0mm)
承受拉力	10N
工作温度范围	−40～85℃
储存温度范围	−40～85℃

2. 光波分复用器

光波分复用(WDM)器是光波分复用系统中的关键组件，它通过将一系列载有信息，但波长不同的光信号合成一束，沿着单根光纤传输，也可以同时在一根光纤上传输多路信号，每一路信号都由某种特定波长的光来传送。根据6.2.1节的横向模式耦合理论可知，光纤耦合和所参加耦合的模场有关,模场是与工作波长相关联的,因此光纤耦合器的耦合比除了与耦合长度有关外,还与传输波长密切相关,即耦合系数 K 是波长的函数 $K(\lambda)$。因此,通过合理选取耦合器的耦合长度,可以实现光波分复用的功能。光波分复用器和光波分解复用器的工作原理分别如图 6.2.9 和图 6.2.10 所示。

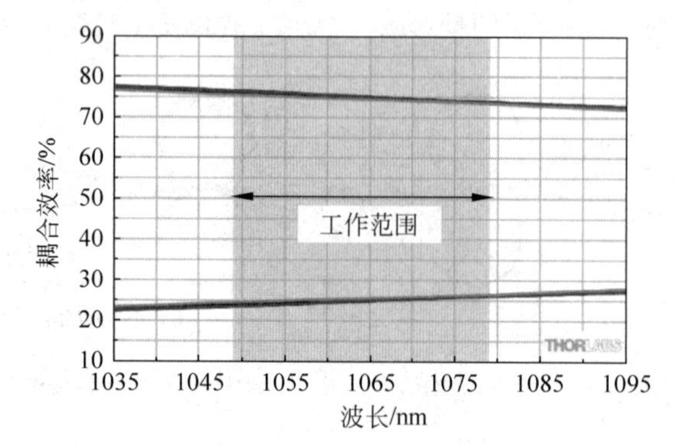

图 6.2.8 耦合器的耦合效率随波长的变化

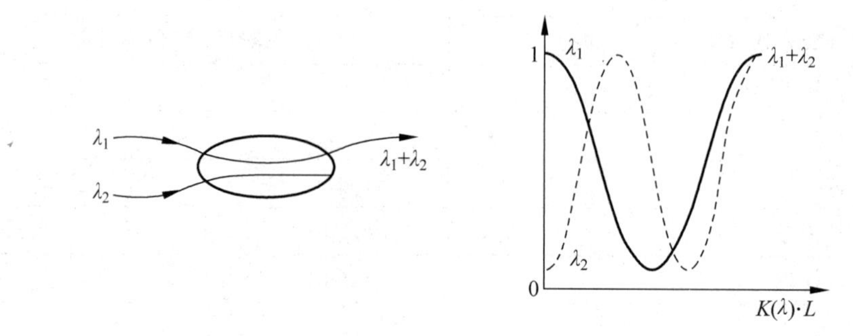

图 6.2.9 光波分复用器的工作原理

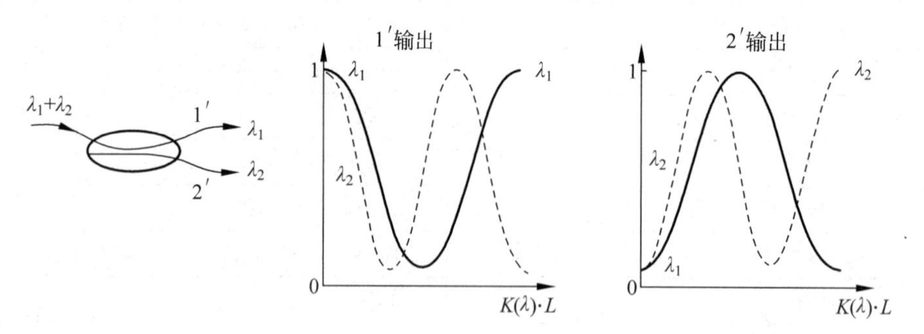

图 6.2.10 光波分解复用器的工作原理

图 6.2.11 为 Thorlabs 公司一款型号为 WP9864A980nm/1064nm 保偏波分复用器(PM WDM)的结构图。该款 PM WDM 可将 980nm/1064nm 两个波长合并为单根光纤输出,也可从单根光纤中将 980nm/1064nm 两个波长进行分离。表 6.2.2 展示了该款 PM WDM 一些典型的技术参数,如带宽±5nm、插入损耗≤0.6dB、偏振消光比≥20dB、最大承受功率、尾纤类型等。

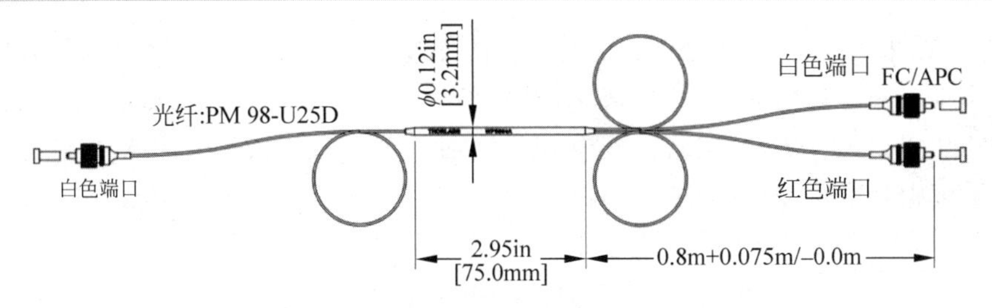

图 6.2.11 WP9864A980nm/1064nm 保偏波分复用器(PM WDM)的结构图

表 6.2.2 WP9864A980nm/1064nm 保偏波分复用器技术参数

技术参数		Port 1(白色端口)	Port 2(红色端口)
波长		980nm	1064nm
宽带		±5nm	±5nm
插入损耗		≤0.6dB	≤0.6dB
偏振消光比		≥20.0dB	≥20.0dB
隔离度	980nm	N/A	≥17.0dB
	1064nm	≥17.0dB	N/A
回光损耗		≥60dB	
最大功率水平		1W(带连接器或裸光纤) 5W(熔接)	
光纤类型		PANDA(熊猫)	
光纤		相当于 PM 98-U25D	
端口类型		1×2	
光纤长度		0.8m+0.075m/−0.0m	
连接类型		2.0mmFC/APC	
关键对准		慢轴	
外形尺寸		ϕ0.12″×2.95″(ϕ3.2mm×75.0mm)	
承受拉力		10N	
工作温度范围		−40～85℃	
储存温度范围		−40～85℃	

6.3 光纤隔离器与光纤环形器

6.3.1 光纤隔离器

光纤隔离器是一种非互易器件,其主要功能是仅允许光波沿光路单向传输,阻止光波向其他方向特别是相反方向传输。也就是说,光信号沿着指定正方向传输时损耗低,光路被接通;光信号沿着反方向传输时损耗大,光路被阻断。图 6.3.1 为一个典型的光纤隔离器的示意图。光纤中的光首先经自聚焦透镜准直,然后经过具有单向传输能力的起偏器、法拉第旋转器和检偏器,最后由自聚焦透镜耦合进入光纤。

利用光纤隔离器可以防止光路中由于各种原因产生的后向传输光对光源以及光路系统产生的不良影响。例如,在半导体激光源和光传输系统之间安置一个光纤隔离器,可以在很大程度上减少反射光对光源的输出光谱与功率稳定性产生不良影响。在高速直接调制、直接检测光纤通信系统中,后向传输光会产生附加噪声,使系统的性能劣化,这也需要光纤隔离器来消除。在光纤放大器中的掺杂光纤的两端装上光纤隔离器,可以提高光纤放大器的工作稳定性，如果没有它，后向反射光将进入信号源（激光器）中，引起信号源的剧烈波动。在相干光长距离光纤通信系统中，每隔一段距离安置一个光纤隔离器，可以减少受激布里渊散射引起的功率损失。因此，光纤隔离器在光纤通信、光信息处理系统、光纤传感以及精密光学测量系统中具有重要的作用。

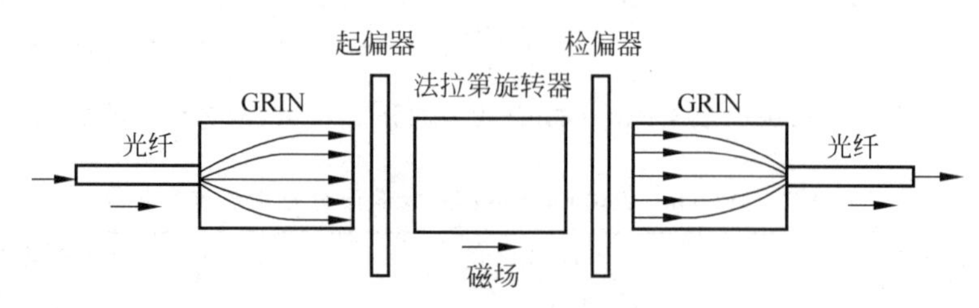

图 6.3.1 光纤隔离器的示意图

根据光纤隔离器与外界输入光场的偏振特性是否相关，可将光纤隔离器分为偏振相关型光纤隔离器和偏振无关型光纤隔离器。

1. 偏振相关型光纤隔离器

偏振相关型光纤隔离器的基本结构由一个45°非互易法拉第旋转器（由沿轴向磁化的圆形环永磁体和置于其中的磁光材料构成）、两个互45°放置的起偏器和检偏器构成，如图6.3.2所示。设任意一束光通过起偏器后的光强为 I_0，根据马吕斯定律，经过检偏器后输出的光强为

$$I=I_0\mathrm{e}^{-\alpha L}\cos^2(\beta\pm\theta_{\mathrm{F}}L) \tag{6.3.1}$$

式中，β 为起偏器和检偏器之间的夹角；I_0 为输入强度；L 为磁光材料样品长度；α 为磁光材料的吸收系数；θ_{F} 为法拉第旋转系数（单位长度的法拉第旋转角）。

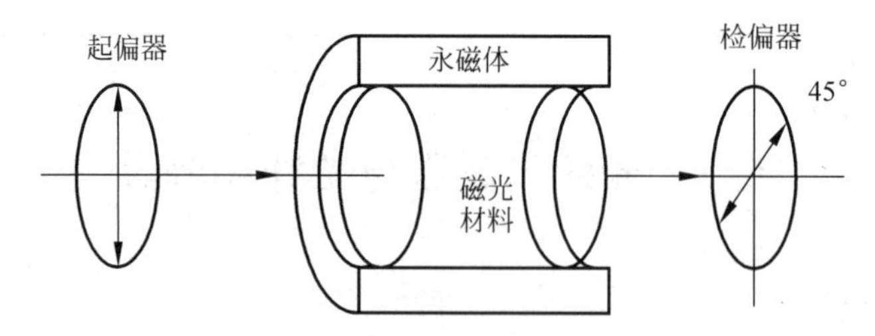

图 6.3.2 偏振相关型光纤隔离器的基本结构

当光束正向传输时，经起偏器传输的线偏光，经法拉第旋转器顺时针方向旋转45°后，正好与检偏器的偏振方向相同，可以得到正向传输光的输出光强为

$$I_{\mathrm{f}}=I_0\mathrm{e}^{-\alpha L}\cos^2 0^\circ=I_0\mathrm{e}^{-\alpha L} \tag{6.3.2}$$

当有反射光存在时，经检偏器传回的线偏光，经法拉第旋转器仍要顺时针方向旋转45°，这样，到达起偏器时，与起偏器方向正好成90°角，可以得到反向光的输出光强为

$$I_{\mathrm{b}}=I_0\mathrm{e}^{-\alpha L}\cos^2 90^\circ=0 \tag{6.3.3}$$

从式(6.3.2)和式(6.3.3)可见，正向光顺利通过，反向光被阻止，达到了光束正向导通、反向隔离的目的。很显然，上述光纤隔离器的工作性能会因输入光的偏振态而异，故这种光纤隔离器称为与偏振有关的光纤隔离器。

倘若将这一偏振相关的光纤隔离器应用于实际的偏振无关光通信系统中，就会对系统性能造成影响，具体体现在：①任意偏振态注入的光将损失50%的光功率；②如果光信号是特定的偏振态，则有可能损失全部的光功率；③若光的偏振态是随时间变化的，这种变化将体现在对光的衰减上，因而将产生很大的噪声。这时需要偏振无关型光纤隔离器。

2. 偏振无关型光纤隔离器

图6.3.3为一种常见的偏振无关型光隔离器的结构示意图（Wedge型光隔离器），由磁环，楔形双折射晶体以及放置在中间的法拉第旋转器组成，两个楔角片的光轴成45°夹角。对于正向光而言，来自输入准直器的正向光被Wedge双折射晶体P1分成o光和e光分别传输。经过旋光片时偏振方向逆时针（迎着正向光传播方向观察，以下同）旋转45°，进入Wedge双折射晶体P2时未发生o光与e光的转换。因此两束光在两个楔角片中的偏振态分别是o→o和e→e。两个楔角片的组合对正向光相当于一个平行平板，正向光通过后方向不变，经准直透镜耦合进入光纤；对于反向光而言，来自输出准直器的反向光被P2分成o光和e光分别传输，经过旋光片时偏振方向仍逆时针旋转45°，进入P1时发生o光和e光的转换，因此两束光在两个楔角片中的偏振态是o→e和e→o。两个楔角片的组合对反向光相当于一个渥拉斯顿棱镜，反向光通过后偏离原方向，不能耦合进入输入准直器。注意正向光分成两束通过后，相对于入射光发生横向位移，两束光发生走离。

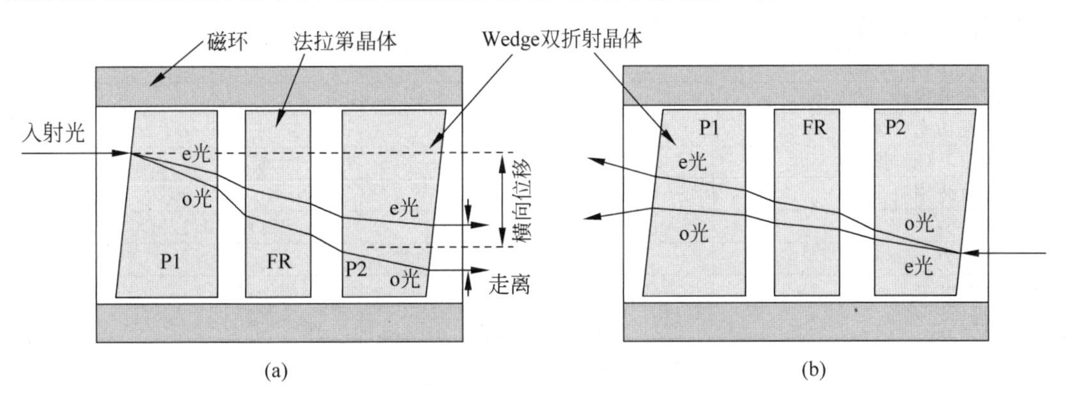

图6.3.3　偏振无关型光纤隔离器的结构示意图

(a) 正向光路；(b) 反向光路

光纤隔离器的性能通常用以下3个参数来衡量：

(1) 插入损耗。插入损耗是指针对正向传输的光信号，光纤隔离器输出的光功率P_{out}与入射功率P_{in}之比，并以dB作为计量单位。

$$\alpha=-10\lg\left(\frac{P_{out}}{P_{in}}\right)\quad(\mathrm{dB})\tag{6.3.4}$$

(2) 光隔离度。光隔离度是指针对反向传输的光信号，光纤隔离器输出的光功率P'_{out}与反向输入的功率P'_{in}之比，并以dB作为计量单位。

$$I=-10\lg\left(\frac{P'_{out}}{P'_{in}}\right)\quad(\mathrm{dB})\tag{6.3.5}$$

(3) 回波损耗。回波损耗是指正向注入光信号，在正向入射端口测得的反向光功率P'_{back}与入射光功率P_{in}之比，并以dB作为计量单位。

$$I_b = -10\lg\left(\frac{P'_{back}}{P_{in}}\right) \quad (\mathrm{dB}) \tag{6.3.6}$$

需要补充说明的是：一般低损光纤所用材料的 Verdet 系数很小（例如，熔石英光纤 Verdet 系数为 0.0124min/(cm·Oe)，要获得 45°转角，就需要很长的光纤处于强磁场中），因此用光纤构成的法拉第旋转器很难实现。在实际光纤隔离器产品中，一般法拉第旋转器选用的是旋光晶体，起偏和检偏选用的是普通晶体偏振片，只是在隔离器的输入和输出端采用光纤耦合注入和输出方式。

3. 典型产品介绍

表 6.3.1 展示的为铭创光电公司的一款 1064m 光纤隔离器的典型技术参数。不难看出，该款光纤隔离器有较低的插入损耗（≤1dB）、较高的隔离度（≥25dB）、功率承受能力（50W）以及回波损耗（≥45dB）等，输出尾纤为典型的 10/125μm、20/125μm 多包层光纤。

表 6.3.1 铭创光电公司的一款 1064m 光纤隔离器的技术参数表

参数	单位	数值
中心波长	nm	1064
工作波长范围	nm	±10
峰值隔离度(典型值)	dB	30
隔离度(最小值)	dB	25
插入损耗(典型值)	dB	0.8
插入损耗(最大值)	dB	1.0
偏振相关损耗(最大值)	dB	0.2
承受光功率(CW)	W	30、50 或其他
峰值功率(脉冲)	kW	20、30 或其他
最小回波损耗	dB	50
光纤类型	—	10/125DC、20/125DC 或其他
承受拉力	N	5
工作温度	℃	−5～+50
存储温度	℃	−20～+85

课后拓展

光学非互易是指光沿一个方向通过光学系统后不能沿原路返回的特性，实现光学非互易无论是在光通信、光信息处理、基础物理研究还是交叉学科研究中都有重要的意义。

要实现光场非互易，可将已有方法归为三类。第一类方法是引入磁场，打破时间反演对称性，例如典型的自由空间光纤隔离器就是利用磁光材料的法拉第磁致旋光效应实现的（本节讲到的内容）。第二类方法是通过引入介电常数的时空调制。由于该方法要求不同位置处的介电常数都进行动态调制，其实现较为困难。第三类方法是通过引入光学非线性。由于一般光学材料非线性较弱，这种方法通常需要很强的光强，难于应用于弱光情况，而且这种方法只能实现不完全的非互易。

不同于依赖磁场、非线性和介电常数时空调制来产生光学非互易的方案，清华大学物理系刘永椿副教授研究组提出了一种利用普遍存在于物理系统中的能量耗散来产生光学非互易的新型物理机制。该方案具有普适性，为非互易器件的设计和耗散系统拓扑特性的研究提供了新的思路。阅读知识见二维码（耗散诱导光学非互易）。

6.3.2　光纤环形器

光纤环形器是一种控制光束传播方向且具有非互易特性的光器件，通常由多个隔离器单元组合而成。光纤环形器和光纤隔离器的差别是：光纤隔离器只是简单地阻止反射光不能由原入射端口输出；光纤环形器则是使反射光(或反向传输的光)从另一个端口输出，而不能从原入射端口输出，所以光只能沿规定的路径传输。图 6.3.4 为典型的三端口环形器的原理图。信号若从端口 1 输入，则从端口 2 输出；而信号若从端口 2 输入，则将从端口 3 输出。这两种情况下输出损耗都很小。光从端口 2 输入，从端口 1 输出时损耗很大，同样光从端口 3 输入，从端口 1、2 中输出时损耗也很大。

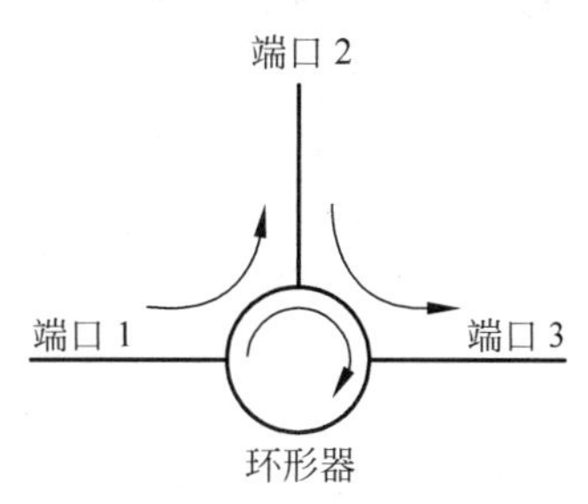

图 6.3.4　典型的三端口环形器的原理图

光纤环形器可按端口数量来分类，也可按偏振相关与否来分类。按端口数量，光纤环形器可分为 3 端口、4 端口和 6 端口光纤环形器。其中，3 端口和 4 端口光纤环形器为常见类型。按偏振光纤环形器可分为保偏型光纤环形器(PM)和偏振无关型光纤环形器(PI)。保偏型光纤环形器一般应用于保偏领域，如 40Gb/s 高速系统或拉曼泵浦应用、双程放大器和色散补偿器(DCM)。偏振无关型光纤环形器和光纤光栅、其他反射式器件一起，被广泛用于粗波分复用(DWDM)系统、高速系统和双向通信系统。

图 6.3.5 给出了一种三端口光纤环形器的内部光路图。其工作原理如下：对于从端口

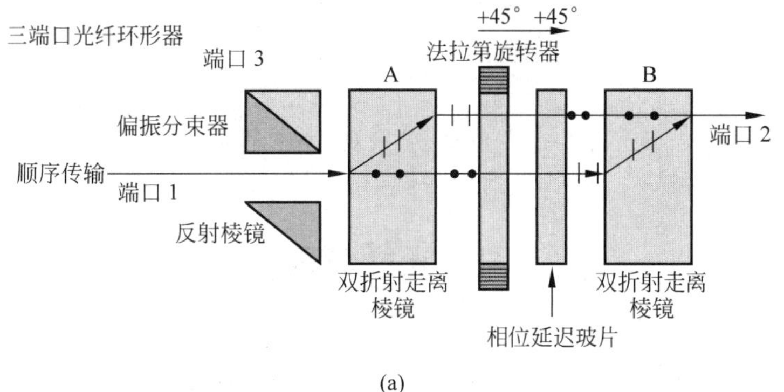

(a)

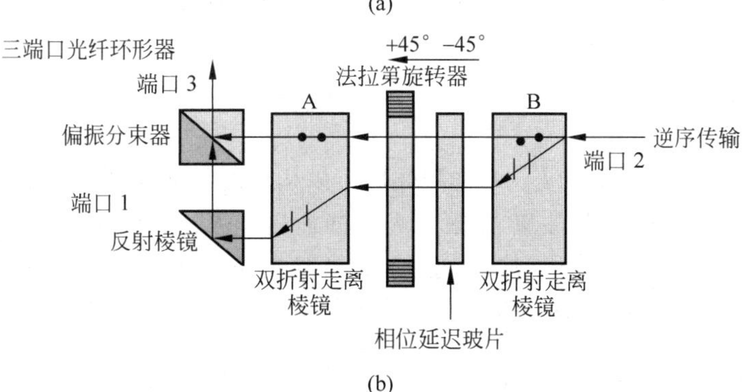

(b)

图 6.3.5　三端口光纤环形器的内部光路图

(a) 顺序传输；(b) 逆序传输

1 向端口 2 传输的光，由端口 1 输入的光被第一个双折射棱镜（block A）分成偏振方向互相正交的两束光，这两束光经 45°法拉第旋光片与互易旋光片后，偏振方向均发生 90°的旋转，在第二个双折射棱镜（block B）处，两光束再次折射并合成，由端口 2 输出。而对于由端口 2 向端口 1 传输的光，首先由 block B 进行分光，两束互相正交的偏振光经 45°法拉第旋光片与互易旋光片后，两束光的偏振态维持不变，由 block A 输出后，两光束通过反射棱镜和偏振分光镜合并，最终由端口 3 输出。由此可见，上述由 3 个端口构成的环形器，其光路通行方向可简化成图 6.3.4。

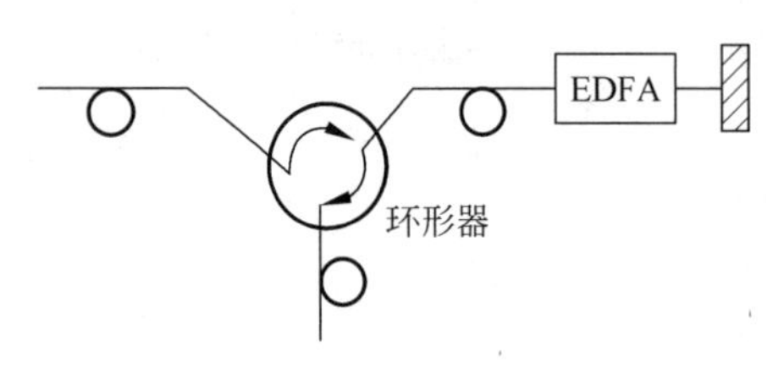

图 6.3.6 光纤环形器和光放大器

图 6.3.6 和图 6.3.7 分别给出了光纤环形器的两个应用实例。如图 6.3.6 所示，将 EDFA 与一环形器耦合，使光信号通过 EDFA 放大后在其输出端由高反射膜反射，再次反向通过增益介质，相当于将增益介质的光程增加一倍，这一方法极大地提高了 EDFA 的泵浦效率，降低了所需的泵浦能量。此外，光纤环形器可以应用到光纤传输系统中，如图 6.3.7 所示。将光纤环形器与光收发模块结合，可以在一根光纤中实现光信号的双向同步传输。

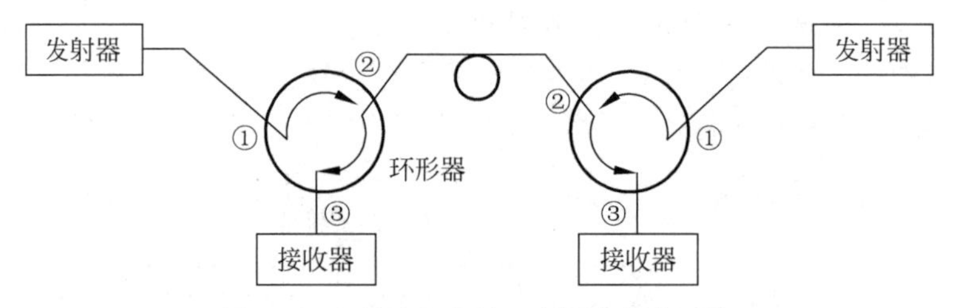

图 6.3.7 单波长高效双向同步通信系统

6.4 光纤滤波器

常见的光纤干涉仪有：马赫-曾德尔（Mach-Zehnder）光纤干涉仪、法布里-珀罗（Fabry-Perot）光纤滤波器、迈克耳孙（Michelson）光纤干涉仪、Sagnac 光纤干涉仪。光纤干涉仪在光纤传感中有广泛应用，利用外界因素引起的光纤中光波的相位变化来探测各种参量，比如压力、温度、加速度、电流、磁场、液体成分和折射率等，这类光纤传感器具有灵敏度高、灵活多样和对象广泛等特点。

利用光纤耦合器和光纤干涉仪的选频作用可以构成光纤滤波器。目前常见的光纤滤波器有马赫-曾德尔光纤滤波器、法里布-珀罗光纤滤波器以及光纤耦合器构成的环形腔滤波器等。本节对马赫-曾德尔光纤滤波器、法里布-珀罗光纤滤波器以及环形腔滤波器的结构特点、物理过程和滤波特性三方面进行介绍。

6.4.1 马赫-曾德尔光纤滤波器

马赫-曾德尔光纤滤波器，简称 M-Z 光纤滤波器，又可称为 M-Z 光纤干涉仪，用作光调制器和光滤波器。M-Z 光纤滤波器既有分立器件形式，也有光纤或光波导集成形式。

图 6.4.1 为 M-Z 光纤滤波器的原理示意图，两个耦合器是分光比为 1∶1 的 3dB 耦合器，在它们之间是长度不等的光纤臂 l_1、l_2，长度分别为 $L+\Delta L$、L，差值为 ΔL，ΔL 可由压电陶瓷片(PZT)的电致伸缩效应产生。①②为输入端，③④为输出端。

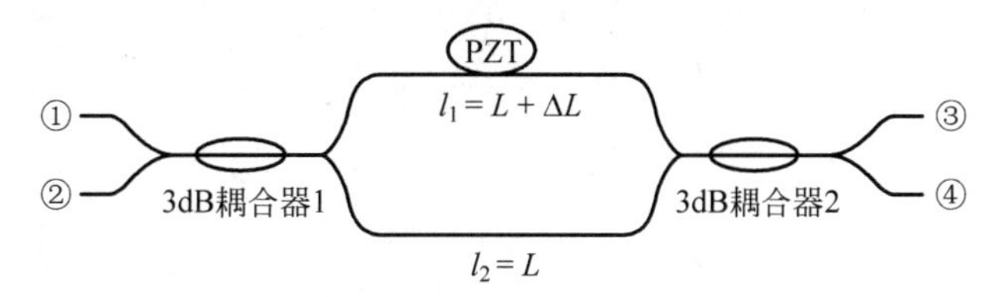

图 6.4.1　马赫-曾德尔光纤滤波器结构示意图

设电场强度为 E_1 的光信号由①端输入，依次经耦合器 1，光纤臂 l_1、l_2，耦合器 2 输出到③④端，输出为 E_3、E_4。若忽略损耗的影响，E_3、E_4 与 E_1 的关系为

$$\begin{bmatrix} E_3 \\ E_4 \end{bmatrix} = \begin{bmatrix} \sqrt{1-C} & \mathrm{i}\sqrt{C} \\ \mathrm{i}\sqrt{C} & \sqrt{1-C} \end{bmatrix} \begin{bmatrix} \mathrm{e}^{-\mathrm{i}k_0 n_{\mathrm{eff}}(L+\Delta L)} & 0 \\ 0 & \mathrm{e}^{-\mathrm{i}k_0 n_{\mathrm{eff}} L} \end{bmatrix} \begin{bmatrix} \sqrt{1-C} & \mathrm{i}\sqrt{C} \\ \mathrm{i}\sqrt{C} & \sqrt{1-C} \end{bmatrix} \begin{bmatrix} E_1 \\ 0 \end{bmatrix} \tag{6.4.1}$$

式中，$C=0.5$，为耦合比。$\begin{bmatrix} \sqrt{1-C} & -\mathrm{i}\sqrt{C} \\ -\mathrm{i}\sqrt{C} & \sqrt{1-C} \end{bmatrix}$ 和 $\begin{bmatrix} \mathrm{e}^{-\mathrm{i}k_0 n_{\mathrm{eff}}(L+\Delta L)} & 0 \\ 0 & \mathrm{e}^{-\mathrm{i}k_0 n_{\mathrm{eff}} L} \end{bmatrix}$ 分别为 3dB 耦合器的传输矩阵和光纤波导的传输矩阵。从式(6.4.1)可以得到

$$E_3 = [(1-C)\mathrm{e}^{-\mathrm{i}k_0 n_{\mathrm{eff}}(L+\Delta L)} - C\mathrm{e}^{-\mathrm{i}k_0 n_{\mathrm{eff}} L}]E_1$$

$$E_4 = \mathrm{i}\sqrt{C(1-C)}[\mathrm{e}^{-\mathrm{i}k_0 n_{\mathrm{eff}}(L+\Delta L)} + \mathrm{e}^{-\mathrm{i}k_0 n_{\mathrm{eff}} L}]E_1$$

由于光功率与电场的关系为 $P \propto E \cdot E^*$，故若①端输入功率均为 P_1，进一步计算可得③④端的输出功率分别为

$$P_3 = \sin^2\left(\frac{k_0 n_{\mathrm{eff}} \Delta L}{2}\right) P_1 = \sin^2\left(\frac{\pi n_{\mathrm{eff}} \Delta L}{\lambda}\right) P_1$$

$$P_4 = \cos^2\left(\frac{k_0 n_{\mathrm{eff}} \Delta L}{2}\right) P_1 = \cos^2\left(\frac{\pi n_{\mathrm{eff}} \Delta L}{\lambda}\right) P_1$$

定义 $T_{ij} = P_{oj}/P_i$ 为透过率系数(其中，P_i 为第 i 个信道输入的光功率，P_{oj} 为第 j 个信道输出端的光功率)，则

$$T_{13} = \sin^2\left(\frac{\pi n_{\mathrm{eff}} \Delta L}{\lambda}\right) \tag{6.4.2}$$

$$T_{14} = \cos^2\left(\frac{\pi n_{\mathrm{eff}} \Delta L}{\lambda}\right) \tag{6.4.3}$$

传输系数 T_{13} 和 T_{14} 随波数的变化如图 6.4.2 所示。结果表明，如果①端输入两个波长分别为 λ_1 和 λ_2 的光信号，而且 λ_1 和 λ_2 分别满足

$$\begin{cases} \varphi_1 = \dfrac{\pi n_{\mathrm{eff}} \Delta L}{\lambda_1} = \dfrac{\pi n_{\mathrm{eff}} \Delta L f_1}{c} = \pi\left(m + \dfrac{1}{2}\right) \\ \varphi_2 = \dfrac{\pi n_{\mathrm{eff}} \Delta L}{\lambda_2} = \dfrac{\pi n_{\mathrm{eff}} \Delta L f_2}{c} = \pi m \end{cases} \quad (m=1,2,3,\cdots) \tag{6.4.4}$$

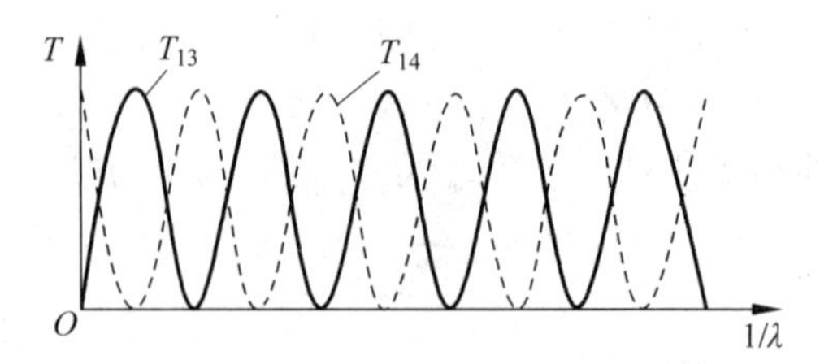

图 6.4.2 传输系数 T_{13} 和 T_{14} 随波数的变化

则有

$$T_{13}=1,\quad T_{14}=0,\quad \lambda=\lambda_1 \text{ 时}$$

$$T_{13}=0,\quad T_{14}=1,\quad \lambda=\lambda_2 \text{ 时}$$

结果表明，在满足式(6.4.4)的条件下，从①端输入的不同频率的 λ_1 和 λ_2 光波将被分开，λ_1 从③端输出，λ_2 从④端输出，其频率间隔 f_c 为

$$f_c=\frac{c}{2n_{\text{eff}}\Delta L} \tag{6.4.5}$$

这种滤波器的频率间隔必须精确控制在 f_c 内，且所有信道的频率间隔必须是 f_c 的倍数，因此在使用时随信道数的增加，所需 M-Z 光纤滤波器的数量为 2^n-1(2^n 为光频数)个。图 6.4.3 为 4 个光频的滤波器，需两级共 3 个 M-Z 光纤滤波器。若 $n_{\text{eff}}=1.5$，$\Delta L=10\text{cm}$，则 M-Z 光纤滤波器的频率间隔 $f_c=1\text{GHz}$。

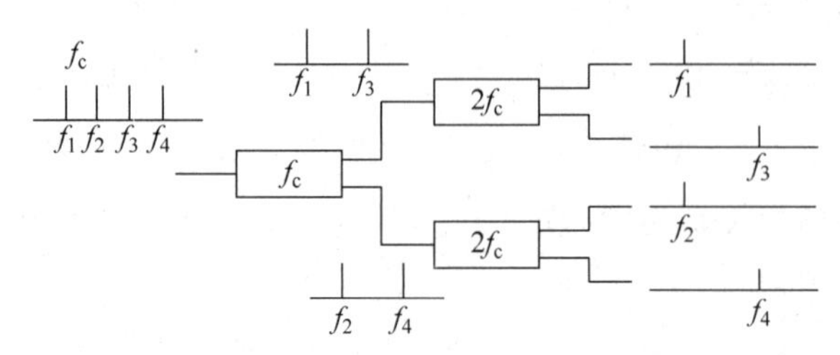

图 6.4.3 4 个光频的滤波器(需两级共 3 个 M-Z 光纤滤波器)

6.4.2 单 OC(耦合器)光纤环形腔滤波器

单 OC 光纤环形腔滤波器是由一个耦合器构成的，其中一个直通臂的输入端与输出端相连，构成闭合回路。

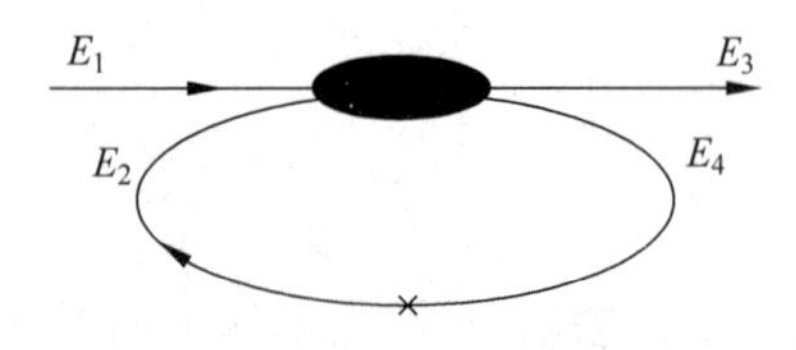

图 6.4.4 单 OC 光纤环形腔滤波器结构示意图

图 6.4.4 中，E_1、E_3 分别为滤波器的输入和输出端口处的光场，E_1 为输入光纤环内端口处的光场，端口 4 与端口 2 相连。若不考虑耦合器自身的损耗，则可得到各端口光场间的关系：

$$\begin{bmatrix} E_3 \\ E_4 \end{bmatrix}=\begin{bmatrix} \sqrt{1-C} & \mathrm{i}\sqrt{C} \\ \mathrm{i}\sqrt{C} & \sqrt{1-C} \end{bmatrix}\begin{bmatrix} E_1 \\ E_2 \end{bmatrix} \tag{6.4.6}$$

其中，C 为耦合比，输出光场 E_3、E_4 可以写为

$$E_3=\sqrt{1-C}E_1+\mathrm{i}\sqrt{C}E_2 \tag{6.4.7}$$

$$E_4=\mathrm{i}\sqrt{C}E_1+\sqrt{1-C}E_2 \tag{6.4.8}$$

输出光场 E_4 在环形腔运行一周之后，产生相位延迟，再次循环进入耦合器，则有

$$E_2=\sqrt{1-\alpha_1}E_4\mathrm{e}^{-\mathrm{i}k_0n_{\mathrm{eff}}l} \tag{6.4.9}$$

其中，环路的损耗系数为 α_1，长度为 l，相位差 $\varphi=k_0n_{\mathrm{eff}}l=2\pi fn_{\mathrm{eff}}l/c$。将式(6.4.8)和式(6.4.9)进行整理，可得

$$E_2=\frac{\mathrm{i}\sqrt{1-\alpha_1}\,\mathrm{e}^{-\mathrm{i}k_0n_{\mathrm{eff}}l}\sqrt{C}}{1-\sqrt{1-\alpha_1}\,\mathrm{e}^{-\mathrm{i}k_0n_{\mathrm{eff}}l}\sqrt{1-C}}E_1 \tag{6.4.10}$$

将式(6.4.10)代入式(6.4.6)，整理可得

$$E_3=\frac{\sqrt{1-C}-\sqrt{1-\alpha_1}\,\mathrm{e}^{-\mathrm{i}k_0n_{\mathrm{eff}}l}}{1-\sqrt{1-\alpha_1}\,\mathrm{e}^{-\mathrm{i}k_0n_{\mathrm{eff}}l}\sqrt{1-C}}E_1 \tag{6.4.11}$$

$$E_4=\frac{\mathrm{i}\sqrt{C}}{1-\sqrt{1-\alpha_1}\,\mathrm{e}^{-\mathrm{i}k_0n_{\mathrm{eff}}l}\sqrt{1-C}}E_1 \tag{6.4.12}$$

故根据上面的推导可知各个端口处的光功率比为

$$T_{12}=\frac{|E_2|^2}{|E_1|^2}=\frac{(1-\alpha_1)C}{1+(1-\alpha_1)(1-C)-2\sqrt{1-\alpha_1}\sqrt{1-C}\cos\varphi} \tag{6.4.13}$$

$$\begin{aligned}T_{13}=\frac{|E_3|^2}{|E_1|^2}&=\frac{(1-C)+(1-\alpha_1)-2\sqrt{1-\alpha_1}\sqrt{1-C}\cos\varphi}{1+(1-\alpha_1)(1-C)-2\sqrt{1-\alpha_1}\sqrt{1-C}\cos\varphi}\\&=1-\frac{C\alpha_1}{1+(1-\alpha_1)(1-C)-2\sqrt{1-\alpha_1}\sqrt{1-C}\cos\varphi}\end{aligned} \tag{6.4.14}$$

$$T_{14}=\frac{|E_4|^2}{|E_1|^2}=\frac{C}{1+(1-\alpha_1)(1-C)-2\sqrt{1-\alpha_1}\sqrt{1-C}\cos\varphi} \tag{6.4.15}$$

$$|E_1|^2+|E_2|^2=|E_3|^2+|E_4|^2 \tag{6.4.16}$$

可以看出，当损耗系数为 $\alpha_1=0$ 时，滤波器的透过率 T_{13} 恒为 1，与耦合比无关。因此单 OC 光纤环形腔须加入适当损耗才具有滤波特性，而实际往往是无法做到零损耗的。若环路的长度为 $l=2.5\mathrm{m}$，$n_{\mathrm{eff}}=1.45$，通过模拟 0～300MHz 范围内不同耦合比下单 OC 光纤环形腔的透过率，可得图 6.4.5 所示的透射光谱特性曲线，其相邻透过曲线间隔为 83MHz。图 6.4.5(a)描述了损耗系数 $\alpha_1=0.05$ 情形下滤波器的透射光谱特性曲线。此时，滤波器的透射峰值和带宽随波长变化并不明显，光谱线宽也很宽，滤波特性不好。图 6.4.5(b)描述了损耗系数 $\alpha_1=-0.05$ 情形下(考虑环路有泵浦的增益光纤的情形，即实现光的放大)滤波器的透射光谱特性曲线。此时，滤波器的透射峰值和带宽随波长变化明显，光谱线宽很窄，有很好的滤波特性。

6.4.3　法里布-珀罗光纤滤波器

法布里-珀罗光纤滤波器简称 F-P 光纤滤波器(FFPF)，也可称为 F-P 干涉仪。它由 F-P 光纤干涉仪谐振腔构成，其主要结构有光纤波导腔型 FFPF、空气腔型 FFPF 和改进腔型 FFPF，如图 6.4.6 所示。

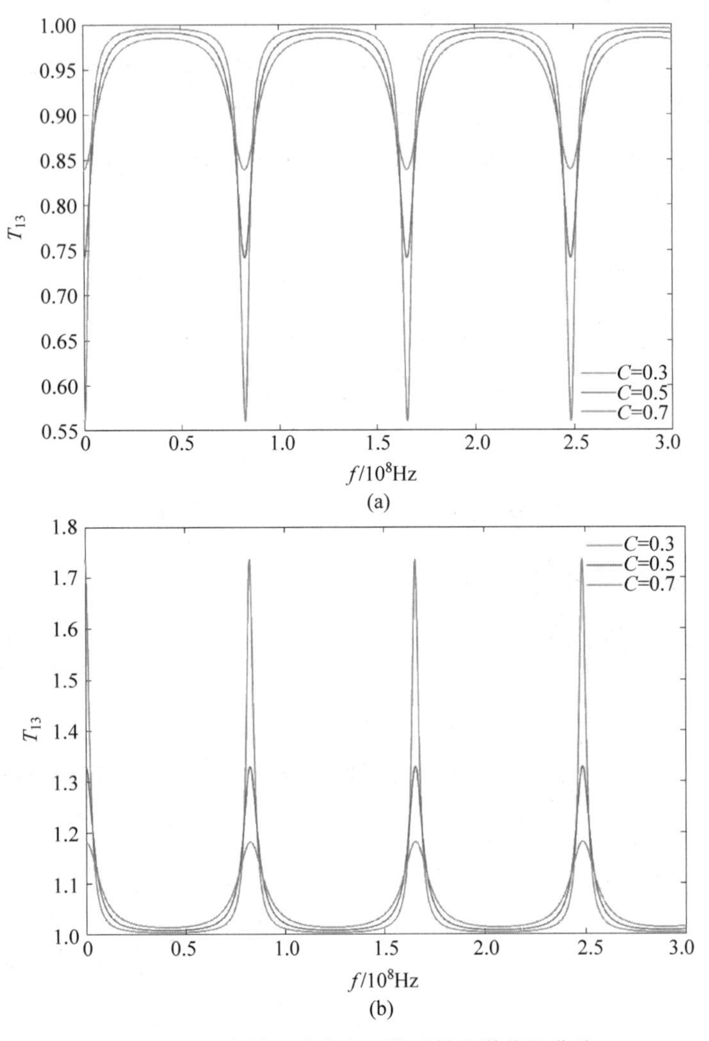

图 6.4.5 光纤环形腔滤波器透射光谱特性曲线

(a) 损耗系数 $\alpha_1=0.05$ 的情形；(b) 损耗系数 $\alpha_1=-0.05$ 的情形

(1) 波导腔型 F-P 光纤滤波器。波导腔型 F-P 光纤滤波器如图 6.4.6(a)所示，光纤两端面为直接高反射膜，腔长(即光纤长度)一般为厘米到米量级，因此自由光谱区较小。

(2) 空气腔型 F-P 光纤滤波器。空气腔型 F-P 光纤滤波器如图 6.4.6(b)所示，腔长 d 一般不大于 10μm，因此自由光谱区较大。由于空气腔的模场分布与光纤的模场分布不匹配，该结构的插入损耗比较大。

(3) 改进腔型 F-P 光纤滤波器。改进腔型 F-P 光纤滤波器如图 6.4.6(c)所示，即对上述两种 F-P 光纤滤波器的改进，其腔长 d 一般为 100μm 至几厘米。该结构通过调整中间的光纤长度，可以实现其自由光谱区的改变，这正好填补了上述两种 F-P 光纤滤波器自由光区的空白，改善了空气腔存在的模式失配和插入损耗。

F-P 光纤滤波器的性能通常用以下 4 个指标来衡量：

(1) 自由光谱区(free spectrum range,FSR)。自由光谱区是指滤波器相邻两个透过峰之间的谱宽。该值与腔长有关，腔长越长，相邻两个透过峰之间的谱宽越窄。

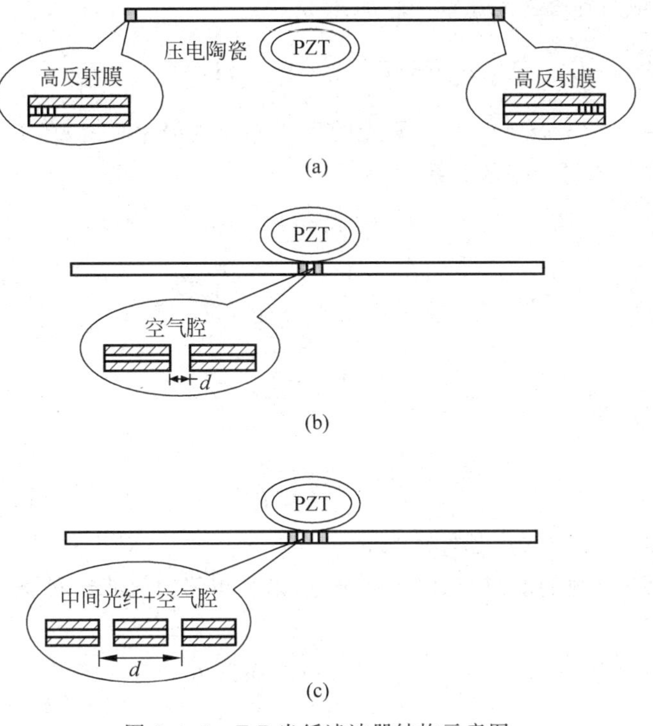

图 6.4.6　F-P 光纤滤波器结构示意图

(a) 波导腔型；(b) 空气腔型；(c) 改进腔型

(2) 精细度。精细度是指光纤滤波器自由光谱区宽度与透过峰的半宽度之比。该值与腔内损耗和腔镜的反射率有关。

(3) 插入损耗。插入损耗是指入射光波经光纤滤波器后衰减的程度，损耗值被定义为 $-10\lg(P_2/P_1)$，P_1、P_2 分别为入射和出射的光功率。

(4) 峰值透过率。峰值透过率是指光纤滤波器的峰值波长处测量的输入光功率和输出光功率之比。

图 6.4.7 为光纤 P-F 滤波器的原理图，设输入光的复振幅 E_i 以透过系数 t_1 穿越 M_1 镜进入 F-P 干涉腔。在 M_2 镜处分为两部分：一部分以透过系数 t_2 输出到 F-P 干涉腔外，另一部分以反射系数 r_2 返回 M_1 镜。如此反复，输出到 F-P 干涉腔外有 E_1、E_2、… 多个光束。相邻两束透射光之间的光程差为

$$\Delta = 2nd\cos\theta \tag{6.4.17}$$

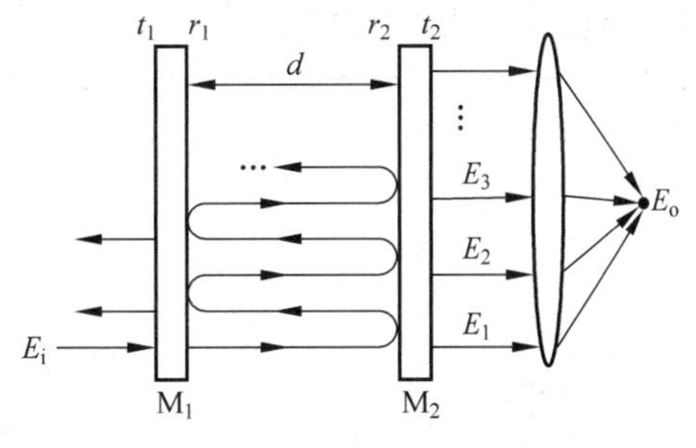

图 6.4.7　P-F 光纤滤波器的原理图

相应的相位差为

$$\varphi = k\Delta = \frac{4\pi}{\lambda} nd\cos\theta \tag{6.4.18}$$

其中，d 为腔长；θ 为入射光的角度。令 $H = r_1 r_2 \exp(-\mathrm{i}\varphi)$，若不考虑 F-P 腔中的损耗，则有

$$E_1 = t_1 t_2 E_i,\quad E_2 = HE_1,\quad E_3 = H^2 E_1, \cdots \tag{6.4.19}$$

透射光总的复振幅为各透射光振幅的叠加：

$$E_{o}=E_{1}+E_{2}+E_{3}+\cdots=E_{1}(1+H+H^{2}+\cdots)=\frac{E_{1}}{1-H}=\frac{t_{1}t_{2}E_{i}}{1-H} \quad (6.4.20)$$

实际中通常选 $r=r_1=r_2$，$t=t_1=t_2$，则光的反射率和透射率 $R=r^2$，$T=t^2$，并且 $R+T=1$。可得透射光强与入射光强的关系式为

$$\frac{I_{t}}{I_{i}}=\frac{1}{1+F\sin^{2}\dfrac{\varphi}{2}} \quad (6.4.21)$$

其中，

$$F=\frac{4R}{(1-R)^{2}}$$

条纹精细度 N 表示为

$$N=\frac{\pi\sqrt{R}}{1-R} \quad (6.4.22)$$

R 愈大，亮条纹愈细，条纹锐度越好。当 $R\to1$ 时，$N\to\infty$，这对于利用这种条纹进行测量的应用，十分有利。F-P 腔的滤波带宽（半高全宽）以及相邻峰值波长间隔（自由光谱范围）为

$$(\Delta\nu)_{\frac{1}{2}}=\frac{c(1-R)}{2\pi nd\cos\theta\sqrt{R}} \quad (6.4.23)$$

$$(\Delta\lambda)_{f}=\frac{\lambda^{2}}{2nd} \quad (6.4.24)$$

式中，c 为真空中的光速。

从式(6.4.23)和式(6.4.24)可以看出，增加腔长和镜面反射率，有利于减小 F-P 干涉腔的滤波带宽；但是，增加腔长同时也会导致自由光谱区的缩小。因此，在实际应用中需要合理选择 F-P 干涉的腔长，权衡 F-P 干涉腔的滤波带宽和自由光谱区的大小，以满足实际的应用需求。图 6.4.8 模拟了腔长 $d=3.546\ 667\text{mm}$，$R=0.99$，$\theta=0°$，$n=1.5$ 情况下，光纤 F-P 干涉腔的透射光谱特性曲线。其中，图 6.4.8(a)描述的波长范围为 1063.99～1064.01nm；图 6.4.8(b)描述的波长范围为 1063.5～1064.5nm。结果显示自由光谱区谱宽为 0.1064nm，透过峰的宽度为 90.2MHz。

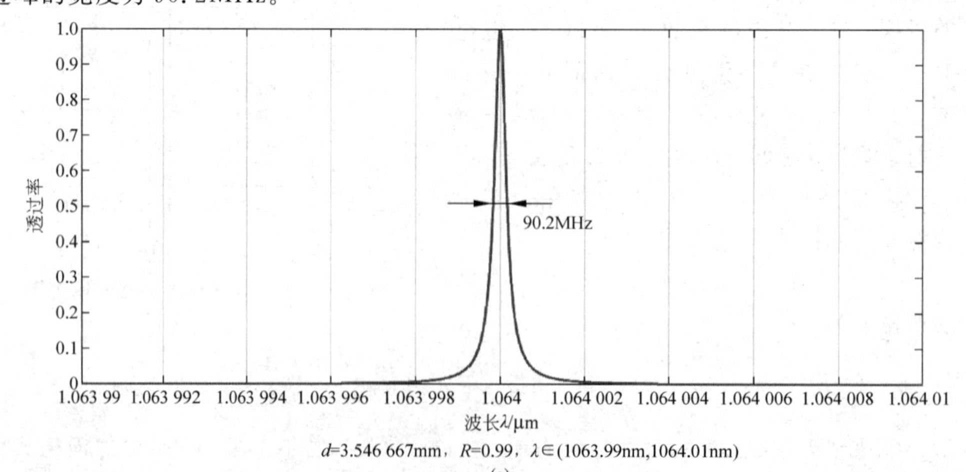

图 6.4.8 光纤 F-P 腔的透射光谱特性曲线

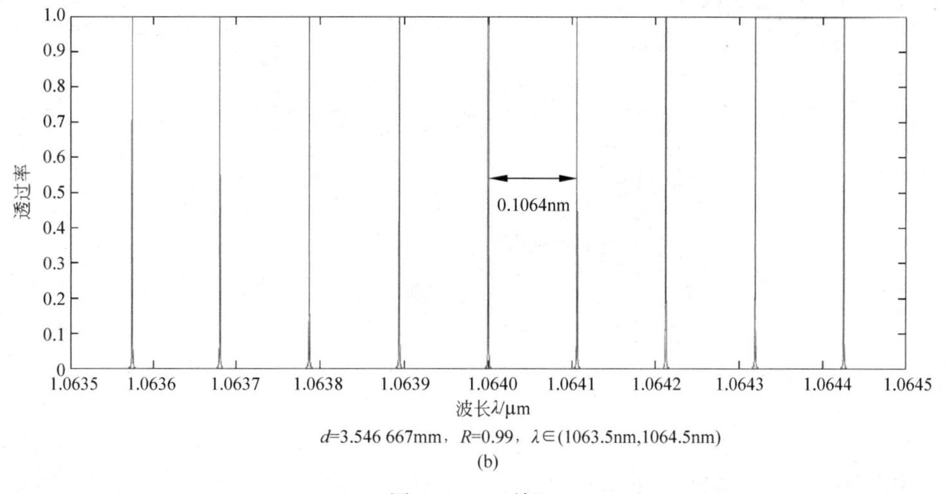

d=3.546 667mm，R=0.99，$\lambda \in$(1063.5nm,1064.5nm)

(b)

图 6.4.8 （续）

综上所述，以上三种光纤滤波器的工作原理、特性和常规应用领域的总结如表 6.4.1 所示。

表 6.4.1　三种光纤滤波器总结对比表

滤波器类型	工作原理	影响滤波特性的参数	应用领域
M-Z 光纤滤波器	M-Z 干涉仪	两光纤臂的折射率以及长度差、耦合器的分光比、入射光的中心波长	光纤通信、光纤传感
单 OC 光纤环形腔滤波器	环形腔	耦合器的分光比、环形腔的腔长、折射率以及损耗系数、入射光的中心波长	光纤激光器
F-P 光纤滤波器	F-P 干涉仪	F-P 腔的腔长、折射率、反射率以及入射光的角度、中心波长	光纤传感、光纤激光器

除了上述讲到的耦合器型光纤滤波器外，构成光纤滤波器的结构设计有多种选择，常见的有基于 Sagnac 双折射环型、光纤光栅型、级联光纤或光栅型、级联高双折射光纤环形镜型等。这些类型的光纤滤波器都具有各自的滤波区域、滤波范围以及可调谐范围。其中，采用级联方式设计光纤滤波器是一种新的方法。级联的概念，是指将光学元件（如光纤、光栅、耦合器等）按照一定拼接方式（如顺次串联、空间并联以及混合拼接等）构成光纤滤波器的新设计方法。这种新方法为设计新型可调谐光纤滤波器提供了更为宽阔的空间以及灵活的自由度。例如，根据实际需求，采用级联方式可以设计并研制诸如带通型滤波器、带阻型滤波器、边缘型滤波器、超宽带滤波器、超窄带滤波器以及通道滤波器等。如果大家感兴趣，可以自行去了解，这里不再展开介绍。

6.5　光纤调制器

光纤调制器是一种可以操控光束性质的光无源器件。它是高速、短距离光通信的关键器件，也是最重要的集成光学器件之一。

光调制器按照结构可分为：自由空间光调制器和光纤耦合光调制器两种类型。图 6.5.1

为光纤调制器的外部结构图。

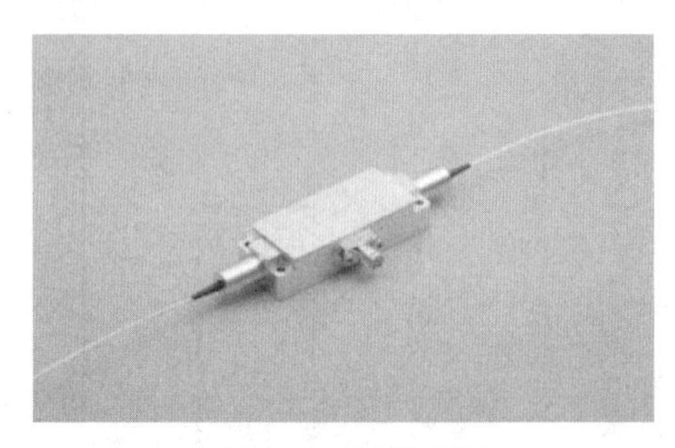

图 6.5.1 光纤调制器

光调制器按照调制机理可分为：电光调制器、声光调制器、磁光调制器等。电光调制器是利用电光晶体（如铌酸锂，$LiNbO_3$）的折射率随外加电场而变即电光效应实现光调制的；声光调制器是利用材料（如铌酸锂）在声波作用下产生应变而引起折射率变化即光弹性效应实现光调制的；磁光调制器是利用光通过磁光晶体（如钇铁石榴石）时，在磁场作用下其偏振面可发生旋转实现光调制的。

光调制器按照调制性质可分为振幅调制器、强度调制器、相位调制器、频率调制器、偏振调制器等。不同类型的调制器可以应用到不同的应用领域，例如光纤通信领域、显示设备、调 Q 或者锁模激光器以及光学测量。其中，相位调制器是光学系统中最常用的一种类型。由于其能对光波的相位特性进行调整，在光通信、高功率激光合成、激光雷达、精密测量、传感等众多领域有广泛的应用。

1. $LiNbO_3$ 光纤型电光调制器

$LiNbO_3$ 光纤型电光调制器是依靠 $LiNbO_3$ 材料的电光效应来实现调制的，调制主体是 $LiNbO_3$ 光纤型 M-Z 干涉仪。$LiNbO_3$ 光纤型电光调制器的结构如图 6.5.2 所示，图 6.5.2(a)、(b)分别为其俯视图和横断面图，采用最基本的对称型双电极结构。图 6.5.2(a)显示其为 M-Z 强度调制器，光沿着 $LiNbO_3$ 矩形晶体光纤传输；图 6.5.2(b)中 B1、B2 为电极，B3、B4 为 SiO_2 缓冲层，B5、B6 为矩形 $LiNbO_3$ 晶体光纤，B7 为 SiO_2 衬底。由于两 $LiNbO_3$ 光纤的折射率随着外加电场的变化而变化，两光纤中传输的光波产生相位差，致使调制器输出端的光强随着外加电场有规律地变化着，从而实现了对光载波的调制。

如图 6.5.2(a)所示，当一束振幅为 A 的偏振光经输入端输入到第一个 Y 分支器后，理论上被分成振幅和相位完全相同的两束光，如果两个 $LiNbO_3$ 光纤臂完全对称且损耗忽略不计，不加调制电压时，两支路光束在第二个 Y 分支器处将重新合成振幅为 A 的偏振光，由单模光纤输出。如果在调制区域上加调制电压（通常在两臂上加等值反相的电压），由于两臂 $LiNbO_3$ 光纤的电光效应，材料的折射率将发生变化，从而使两束光的相位发生变化，因此产生相位差 $\Delta\varphi$，在第二个 Y 分支器处将发生干涉，产生随 $\Delta\varphi$ 变化的输出光强，即输出光强受到外加电压的调制。

与传统的 $LiNbO_3$ 波导型电光调制器不同，利用 $LiNbO_3$ 晶体光纤取代 $LiNbO_3$ 波导作为光传输通道，用低介电常数的 SiO_2 材料取代高介电常数的 $LiNbO_3$ 作为衬底，这样高介电常数的 $LiNbO_3$ 材料在整个调制器中占的比重大幅度降低，这有效地降低了微波等效折射

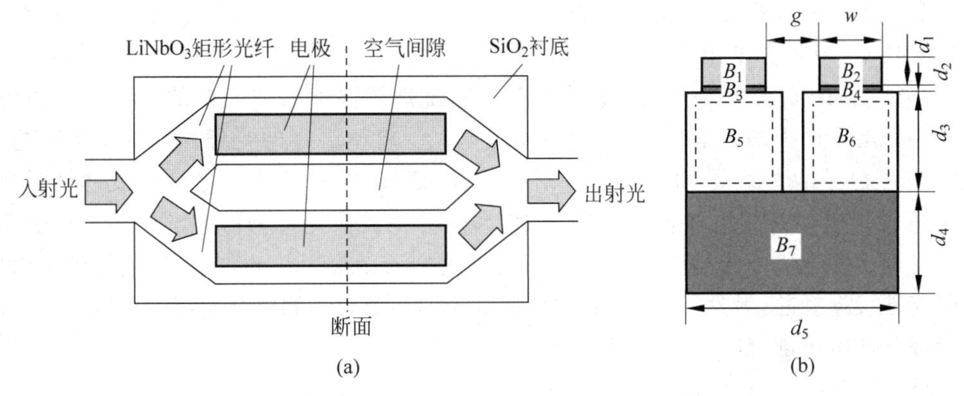

图 6.5.2　$LiNbO_3$ 光纤型电光调制器结构

(a) 俯视图；(b) 横断面图

率，使得光载波与调制微波的速率在很宽的频率范围内保持匹配，极大地提高了调制带宽。

2. 基于克尔效应的光纤相位调制器

利用光纤中的克尔效应可构成光纤相位调制器，其结构如图 6.5.3 所示，在纤芯两侧包层区做两个金属电极，电极材料为铟/镓的混合物。当电极上有外加电压时，由于克尔效应，在纤芯中将引起双折射效应。其大小与外加场 E_K 平方成正比，即 $B_h = \delta\beta/\beta = KE_K^2$，式中，$K$ 是光纤材料的归一化克尔常数。石英材料的克尔效应虽然很弱，但可利用光纤的长作用区来获得足够大的相移。图 6.5.4 为 30m 长的光纤上外加电压和相移的关系，外加电压频率为 2kHz，由图 6.5.4 中曲线可见，外加电压为 50V 时可获近 150°相位差。

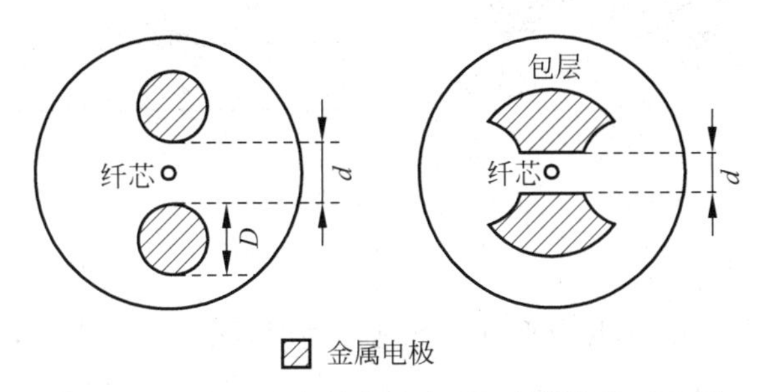

图 6.5.3　基于克尔效应的光纤调制器结构示意图

3. 基于热极化保偏光纤电光相位调制器

通过热极化或紫外极化可在熔石英光纤中产生二阶非线性效应和线性电光效应。这些极化技术使得人们有可能制造全光纤电光调制器和全光纤光频转换器。虽然目前得到的电光系数小于晶体的电光系数，但光纤能够提供比晶体更长的相互作用长度，且光纤与光纤系统的连接损耗远小于晶体与光纤系统的连接损耗，因此，基于极化熔石英光纤的电光器件，已进行了大量研究。

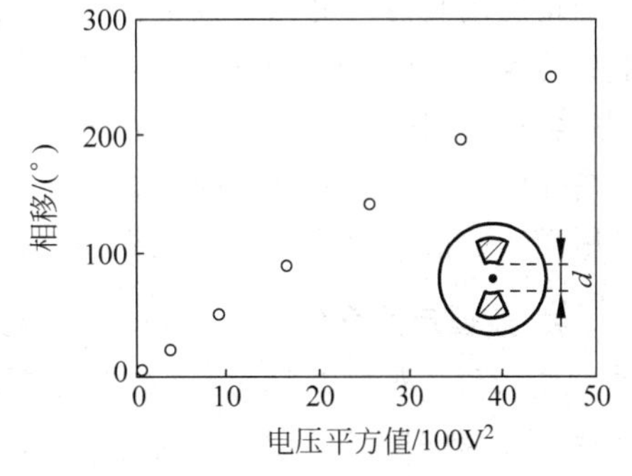

图 6.5.4　30m 长的光纤上外加电压和相移的关系

要使器件能够实用，制成的器件要带有尾纤，易于与实际光纤系统熔接，因此将其设计成在特定区段光纤中部侧面抛磨的电极结构。用光纤抛磨技术，将熊猫光纤上长 60mm 的一个应力区部分磨去，直到抛磨平面与光纤纤芯距离约 1μm，如图 6.5.5(a)所示，抛磨出来的平面要平行于熊猫光纤的另一个双折射轴。为了减小抛磨平面上的散射损耗，要进行精细抛光。将抛磨好的光纤样品固定于专门设计的精密夹具上，在侧抛磨平面上镀上一层 Cr：Al 膜，以形成光纤极化时电极之一(阳极)。将此夹具设计成使薄膜电极镀在抛磨平面上，同时也镀在光纤未抛磨部分的圆柱表面上。在抛磨平面上的电极部分是 60μm 宽、60mm 长的金属微带形状的电极，这使得阳极电极可以尽可能地接近纤芯，另外，还可以满足高速电光调制器对调制电极宽度的限制。而在圆柱形表面部分的电极部分则非常宽，几乎覆盖了光纤表面的一半。

光纤热极化时，要在温度为 300℃的光纤两侧面加上强度大于 10^7 V/m 的强电场，由于抛磨光纤两侧电极的间距小于 80μm，这样极易发生电极间的击穿，因此在制作光纤侧抛磨平面上的微带电极的同时，要考虑在两电极间加入抗高电场击穿的绝缘材料。聚酰亚胺有着良好的高温抗高电场击穿的性能，在 300℃温度时，耐压值可达 10^8 V/m，所以选用聚酰亚胺胶作为电极间的绝缘材料。聚酰亚胺固化后，在聚酰亚胺层的顶部镀一层宽 20mm 的铝膜形成第二个电极(阴极)。此电极与微带电极构成了光纤极化时或电光调制时的一对电极，如图 6.5.5(b)所示。

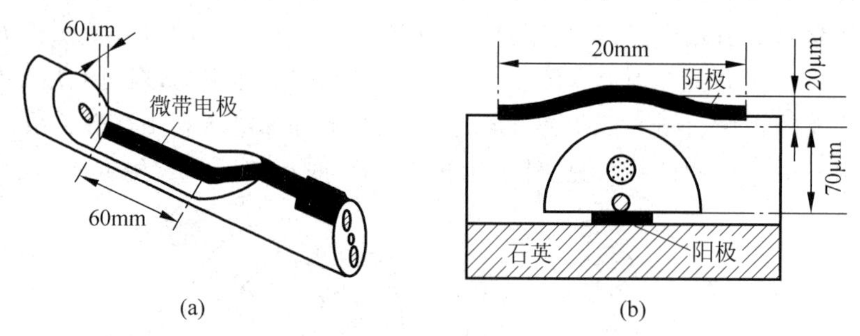

图 6.5.5 基于热极化保偏光纤电光调制器

(a) 结构简图；(b) 横截面

当输入极化光纤器件的偏振光垂直于磨抛平面时，测试结果表明，上述热极化保偏光产生的相位变化 $\Delta\phi=31.1$mrad，由此计算出电光系数 γ_{eff} 的实验值为(0.047±0.005)pm/V。可见此热极化光纤可作为电光相位调制器。若光学模与非线性区的交叠系数为 0.1，则该电光相位调制器的电光系数估计为(0.47±0.05)pm/V。电光系数的大小不仅取决于材料本身的电光性质，还与器件的结构密切相关。

该器件用一段熊猫光纤制备，因此在偏振稳定性方面有着较好的性能，并易于与外部光纤系统熔接。直接镀在抛磨平面上的微带电极可以改善极化光纤器件的高频特性。该器件可用于光通信中的干涉型全光纤器件，如全光纤高速调制器，也可用作光纤电场传感器。

4. 典型产品介绍

表 6.5.1 展示了 iXblue 公司一款型号为 MPZ-LN-40 $LiNbO_3$ 的相位调制器(光纤耦合)的一些典型电学特性参数、光学特性参数以及最大额定值。从表 6.5.1 可以看出，该款相位调制器具有高输入功率(最大值 25dBm)、高带宽(典型值 33GHz)、高稳定性、低半波电压(典型值 6～7V)、低插入损耗(典型值 2.5dB)以及高回波损耗(典型值 50dB)等优点。

表 6.5.1 MPZ-LN-40 $LiNbO_3$ 相位调制器技术参数表

参 数	单 位	最 小 值	典 型 值	最 大 值
电光带宽 S_{21}@-3dB	GHz	20	33	
半波电压 RF 电极@50kHz	V		6.0	
半波电压 RF 电极@10GHz	V		7.0	8.0
电回损 S_{11} 0-High cut-off 电光宽带	dB		−12	−10
抖动	dB		0.5	1
输入阻抗射频连接器	Ω		40	
晶体：Lithium Niobate		Z-cut Y-propagation		
波导制作(waveguide process)		钛扩散(Titanium diffusion)		
插入损耗(Z 轴)	dB		2.5	3.5
偏振相关损耗	dB		1.0	1.5
光回波损耗	dB	−45	−50	
输入光纤		Panda 保偏光纤长 1.5m，光纤外直径 900μm		
输出光纤		Panda 保偏光纤长 1.5m，光纤外直径 900μm		
封装尺寸	mm	100×15×9.5		
输入射频连接器		Wiltron Female K type		
工作温度	℃	+10～+50		
存储温度	℃	−40～+85		
最大 RF 输入功率	dBm	+28		
最大输入光功率	dBm	+25		

6.6 光纤光栅

6.6.1 引言

光纤光栅是发展最为迅速的光纤无源器件之一。1978 年 K. O. Hill 等首先在掺锗光纤中采用驻波写入法制成世界上第一只光纤光栅，由于光纤光栅具有许多独特的优点，光纤光栅在光纤通信、光纤传感等领域均有广阔的应用前景。随着光纤光栅制造技术的不断完善，应用成果的日益增多，光纤光栅成为目前最有发展前途、最具有代表性的光纤无源器件之一。光纤光栅的出现使许多复杂的全光纤通信和传感网成为可能，这极大地拓宽了光纤技术的应用范围。

光纤光栅是利用光纤材料的光敏性制作的。光敏性是指当材料被外部光照射时，引起该材料物理或化学特性的暂时或永久性变化的特性。当特定波长的光辐照掺锗光纤时，它的一些物理特性发生了永久性的改变，如折射率、吸收谱、内应力、密度等。在外部光源照射时，光纤的折射率随光强的空间分布发生相应的变化，变化的大小与光强呈线性关系并可以保留下来，从而成为光纤光栅。

光纤光栅的结构如图 6.6.1(a)所示。光纤光栅的光学特性主要由紫外光曝光形成的物理结构导致的折射率调制类型、折射率调制强度、光纤光栅的长度所决定。从广义上讲，光纤光栅可分为光纤布拉格光栅(fiber Bragg grating，FBG；也称之为短周期光纤光栅或反射光栅)和长周期光纤光栅(long period fiber grating，LPFG；也称之为透射型光纤光栅)。一般情况下，光纤布拉格光栅的周期约为 0.5μm，与工作波长处于同一数量级；而长周期光纤光栅的周期可达 200μm。如图 6.6.1(b)所示，当光以角 θ_1 照射到光栅上并以角 θ_2 衍射时，光的衍射满足如下的衍射公式：

$$n\sin\theta_1 = n\sin\theta_2 + m\frac{\lambda}{\Lambda} \tag{6.6.1}$$

式中，Λ 是光栅周期；n 为介质折射率；m 为衍射级数。当光栅的周期 Λ 较小时，式(6.6.1)中的第二项较大，因此式中的第一项只能取与第二项相反的符号，意味着 θ_1 和 θ_2 在法线的同一侧，也就是说，短周期光纤光栅是反射光纤光栅。当光栅的周期 Λ 较大时，θ_1 和 θ_2 在法线的两侧，长周期光纤光栅是透射型光纤光栅。

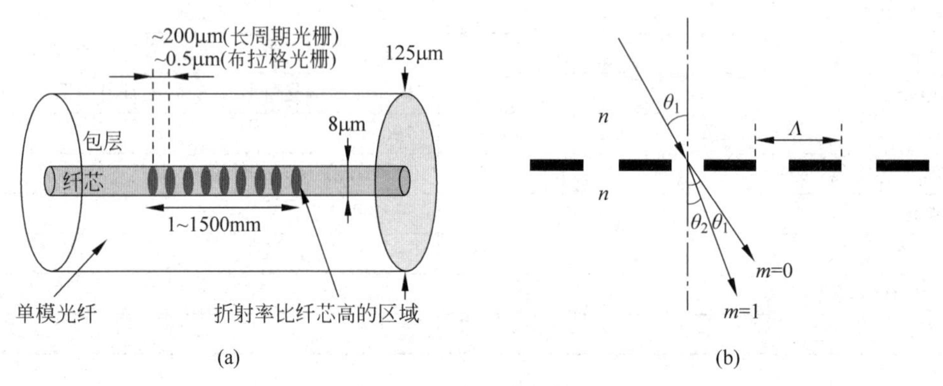

图 6.6.1 光纤光栅结构

(a) 光纤光栅中的结构示意图；(b) 光在光纤光栅中衍射

在光纤中，光传播的有效折射率可以简化为 $n_{\text{eff}} = n_{\text{co}}\sin\theta$，其中 n_{co} 表示纤芯折射率。在光纤中，$m=1$，只考虑一级衍射，则可以写为

$$n_{\text{eff1}} - n_{\text{eff2}} = \frac{\lambda}{\Lambda} \tag{6.6.2}$$

$$\lambda = (n_{\text{eff1}} - n_{\text{eff2}})\Lambda \tag{6.6.3}$$

式中，n_{eff1} 为入射模式有效折射率；n_{eff2} 为衍射模式有效折射率。

对于反射式光纤光栅，衍射模式和入射模式的传播方向相反，如果两模式的有效折射率是相同的，则有 $\theta_2 = -\theta_1$，$n_{\text{eff1}} = n_{\text{eff2}} = n_{\text{eff}}$，式(6.6.1)可以改写为

$$\lambda = 2n_{\text{eff}}\Lambda \tag{6.6.4}$$

这就是布拉格条件，满足该条件的光栅称为布拉格光栅。

光纤光栅的写入方法主要是通过使用紫外光(UV)或其他类型的激光直接在光纤芯中产生折射率的周期性变化。这些方法包括干涉法、逐点写入法，以及使用相位掩模(phase mask)等。干涉法和逐点写入法实际上是直接在光纤内部产生折射率变化的技术。相位模板法(使用相位掩模技术)则是通过将紫外光经相位掩模投影到光纤上，利用干涉图案在光纤芯内形成光栅。

在相位模板技术中，使用一个相位模板将紫外写入光进行空间调制。相位模板由熔融的石英刻蚀而成，它是一个周期为 Λ_{pm} 的一维平面结构。这种技术的特点是：利用相位掩模板使入射紫外光发生衍射，在模板后产生两相干光束，将光敏光纤置于两相干光束干涉产生的周期性变化光场中，就可以在光纤纤芯产生具有周期性变化折射率调制的光栅。在用相位掩模板制作光纤光栅的过程中，如图6.6.2所示，紫外光透过相位模板，+1和−1级衍射光发生近场干涉，形成条纹，在光纤上造成正弦周期性变化折射率调制，从而形成光栅，光栅周期 Λ 为相位模板周期 Λ_{pm} 的一半。因为光纤被放在模板后面的近场干涉条纹内，所以由环境或者机械振动不稳定性造成的误差被最大限度地克服。但是仍需注意的是，即使光纤与模板相接触，但由于包层有一定的半径，纤芯与模板上的光栅结构间仍有几十微米的距离。

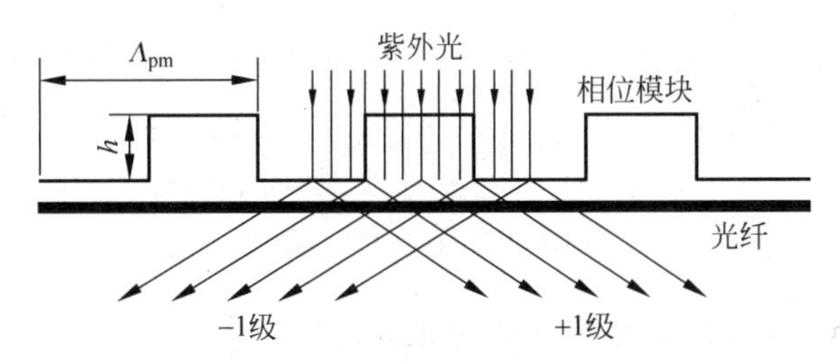

图6.6.2　相位模板法制作光纤布拉格光栅

6.6.2　光纤光栅的分类

按照不同的标准来划分，光纤光栅有不同的分类。按照周期划分，光纤光栅可以分为两类：一类是布拉格光栅，也称为反射光栅或短周期光纤光栅(通常光栅周期 $\Lambda<1\mu m$)；另一类是透射光栅，也称为长周期光纤光栅(通常光栅周期 Λ 在 $10\mu m$ 到数百微米之间)。

按照折射率调制的强度来划分，光纤光栅可以分为弱折射率调制光纤光栅和强折射率调制光纤光栅。没有明确指出时，通常研究的光纤光栅是指弱折射率调制光纤光栅。

根据光栅平面是否有倾角来划分，光纤光栅可以分为闪耀光栅和非闪耀光栅。关于倾角，更准确的理解应该是光纤光栅的一项参数，各种光栅都有这个参数，但在一般情况下该参数为零，而闪耀光栅常用于不同模式间的耦合。

光纤光栅的形成通常基于光纤的光敏性，不同的曝光条件、不同类型的光纤可产生多种不同折射率分布的光纤光栅，不同折射率分布的光纤光栅也具有不同的性质。折射率调制深度和光纤光栅的长度决定了光纤光栅的反射率和带宽，而折射率调制的类型决定了光纤光栅的光谱特性。因此，通常以折射率调制的类型来划分光纤光栅的类型。下面简单介绍几种基本的光纤光栅。

1. 均匀光纤光栅(uniform fiber grating)

均匀光纤光栅是指折射率调制周期严格均匀的光纤光栅，其折射率分布为

$$n(z)=n_0+\Delta n\cos\left(\frac{2\pi}{\Lambda}z\right) \tag{6.6.5}$$

式中，z 表示光纤光栅的位置函数；n_0 表示光栅中的折射率基准值；Λ 表示光栅周期；Δn 为调制振幅。均匀光栅的折射率调制是在基准折射率水平之上的。均匀光纤的折射率分布

图和滤波特性光谱图如图6.6.3所示。图6.6.3中的光谱特性说明,一定带宽的谐振峰两边有一些旁瓣,这是由于光纤光栅的两端折射率突变引起F-P效应所致。这些旁瓣分散了光能量,不利于光纤光栅的应用,所以均匀光纤光栅的边模(旁瓣)抑制比是表征其性能的主要指标之一。折射率调制深度越强,光栅的反射率就越高,带宽就越宽。光栅的长度越长,反射率就越高,而带宽就越窄。

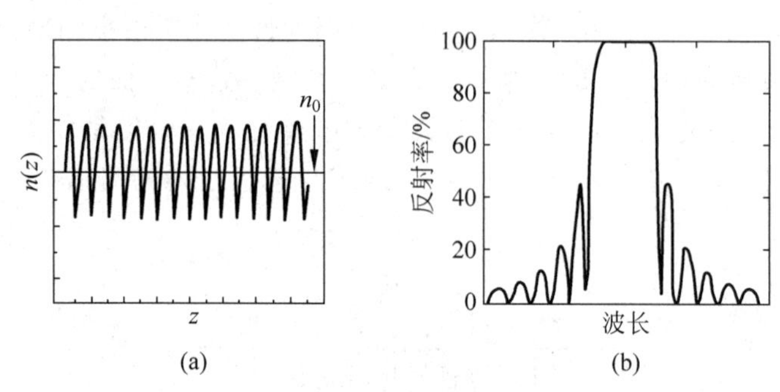

图6.6.3 均匀折射率调制时的折射率曲线与光谱图

(a) 折射率曲线;(b) 光谱图

在均匀幅度的光栅内,由于光栅两端对光波有反射作用,形成一个类似于F-P腔的结构,它对不同波长有不同的反射,因而在反射谱中存在许多峰结构。这个缺点限制了光纤光栅在性能要求高的场合中的应用。如果采取切趾技术,就可以消除这些弊端。切趾技术(apodization)可以使得光栅折射率微扰幅度在光栅两端逐渐变小,从而抑制折射率在边界的突变。

2. 切趾光纤光栅(apodized fiber grating)

切趾光纤光栅又称为变迹光纤光栅,一般是采用特定的钟形函数对折射率调制强度进行调制,与均匀光栅相比,这种光纤光栅可抑制主反射带附近的旁瓣,边模明显降低。在密集波分复用器中使用较多。图6.6.4所示为高斯型切趾光纤光栅的折射率分布及反射谱。

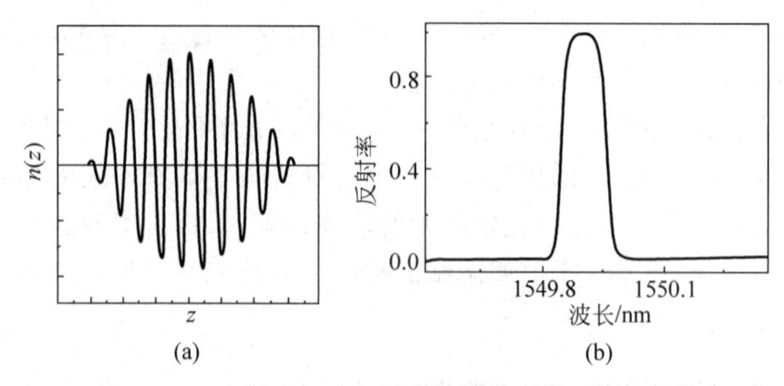

图6.6.4 高斯型切趾光纤光栅折射率分布和反射谱

(a) 折射率分布;(b) 反射谱

3. 啁啾光纤光栅(chirped fiber grating)

啁啾光栅折射率分布为

$$n(z)=n_0+\Delta n(z)\left\{1+\cos\left[\frac{2\pi}{\Lambda}z+\varphi(z)\right]\right\} \tag{6.6.6}$$

其中,对于线性啁啾光纤光栅,有

$$\varphi(z)=\frac{2\pi}{\Lambda}\cdot C\cdot\frac{z}{L} \tag{6.6.7}$$

对于非线性啁啾光纤光栅,有

$$\varphi(z)=\frac{2\pi}{\Lambda}\cdot C\cdot\left(\frac{z}{L}\right)^{c} \tag{6.6.8}$$

式中,C 为啁啾参量。

啁啾光纤光栅的光谱特性取决于光栅长度、折射率的调制深度和啁啾参量 C,前两者影响光栅的反射率,而后者影响光栅的带宽和色散特性,对反射率也有一定程度的影响。由于不同周期的布拉格光栅可以反射不同的波长,啁啾光纤光栅可以形成很宽的反射带。同样,其反射也具有振荡性,这种振荡性也是由于 F-P 效应而产生的。适当地修正折射率分布 $\Delta n(z)$,即进行切趾,使光纤两端折射率调制度逐渐递减,可改善这种振荡性,如图 6.6.5 所示。啁啾型光纤光栅在色散补偿和脉冲压缩与放大等领域中有很多的应用。

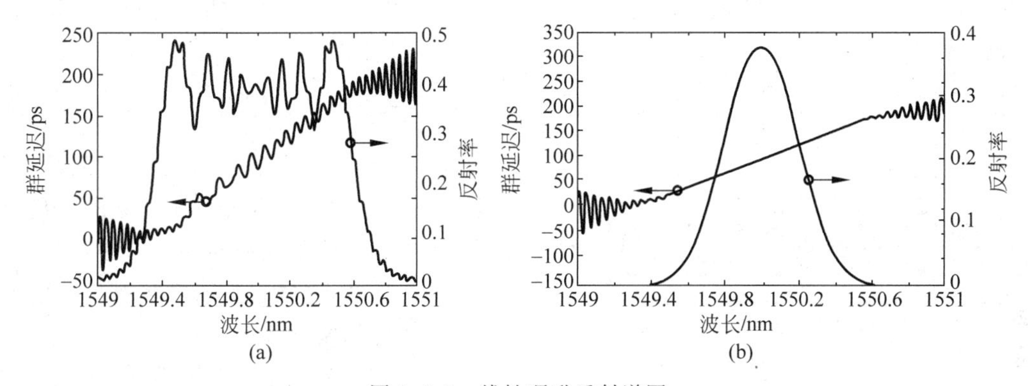

图 6.6.5 线性啁啾反射谱图

(a) 无切趾的线性啁啾反射谱图;(b) 高斯切趾的线性啁啾反射谱图

4. 相移光纤光栅(phase-shifted fiber grating)

相移光纤光栅是在均匀光纤布拉格光栅中额外引入相位突变而形成的。它可以用相移相位掩模板直接写入,也可以在光栅写入过程中通过 PZT(压电陶瓷)人为地移动光纤或者相位模板而获得,或者对已写入的光栅再次进行紫外激光束曝光后续处理或对光纤上局部加热,从而在该点引入折射率变化以在该区域引入相移。

在相移光纤光栅制作中,常见的有 $\lambda/2$ 相移光栅和 $\lambda/4$ 相移光栅。$\lambda/4$ 相移光栅因其能产生极窄的透射带宽而常用于激光器的单频运行中,而 $\lambda/2$ 相移光栅则可以用于创建具有特定频率的双峰或多峰反射谱。如图 6.6.6 所示,该光栅能在布拉格反射带中打开一个透射窗口,即可在增益光纤光栅中,通过调整相移的位置和大小以形成特殊的透射光谱,因此它被广泛应用于分布反馈光纤激光器中。

5. 闪耀光纤光栅(blazed fiber grating)

闪耀光纤光栅又称为倾斜光纤光栅,是指折射率条纹并不垂直于光纤的轴线,而是成一

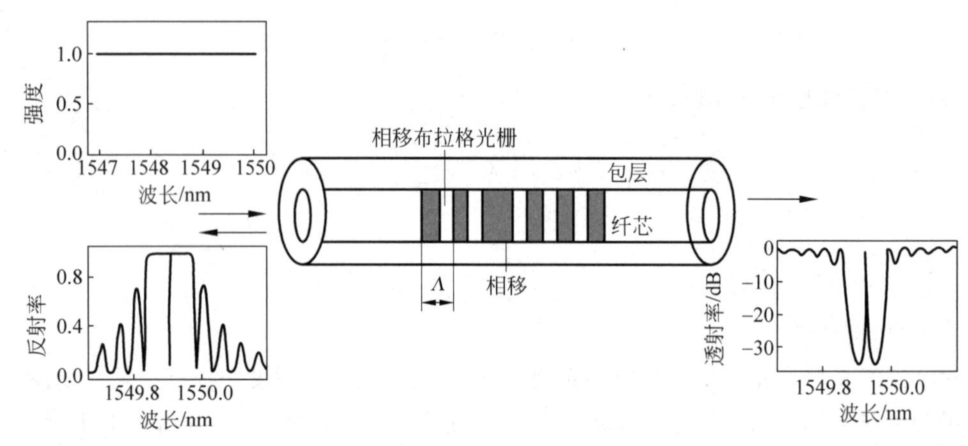

图 6.6.6 相移光纤光栅结构及反射谱、透射谱

定的倾斜角度的光纤光栅。这种倾斜角可以作为设计光纤光栅的一个参数。光栅倾斜的主要影响是降低了布拉格光栅的可见度，进而影响光栅的性能。光栅的倾斜会明显影响到光纤中纤芯模向包层模、辐射模的耦合，也可以影响光纤中束缚模之间的耦合。均匀闪耀光纤光栅的折射率分布为

$$n(z)=n_0+\Delta n\left[1+\cos\left(\frac{2\pi}{\Lambda_0}z\cos\theta\right)\right] \tag{6.6.9}$$

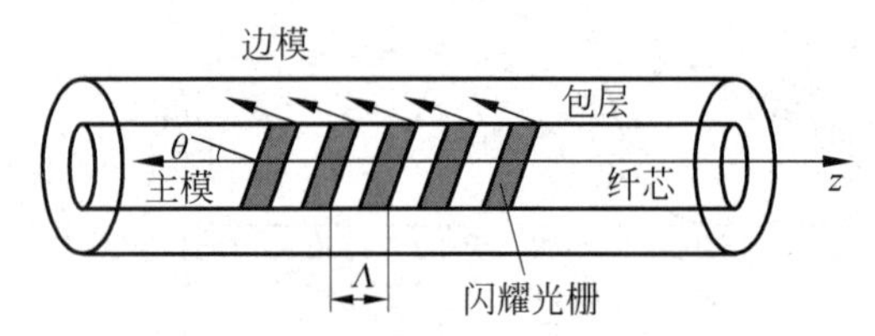

图 6.6.7 闪耀光栅结构示意图

式中，Λ_0 为折射率变化所形成的栅面垂直距离；θ 为其栅面法线 z' 与光纤轴向 z 的夹角，如图 6.6.7 所示。闪耀光栅的反射率随着倾斜角的增大迅速下降，这是因为随着倾斜角的增大，光栅折射率可见度下降。

通过使用闪耀光栅来促进不同模式之间的耦合，例如纤芯模式向包层模式的耦合和纤芯模式向辐射模式的耦合，可以在一定带宽范围内衰减光功率，从而实现光放大器的增益平坦化，通过组合使用闪耀光纤光栅，还可制成耦合器。另外，闪耀光栅可以用于模式转化，实验已经证明前后传输模式 LP_{01} 和 LP_{11} 间能够进行有效的模式转化。

6. 长周期光纤光栅(long period grating，LPG)

虽然同是光纤光栅，但长周期光纤光栅与光纤布拉格光栅之间的差异很大。从模式耦合的机理来看，光纤布拉格光栅是前向传输的纤芯模式与后向传输的纤芯模式之间的耦合；而长周期光纤光栅是前向传输的纤芯模式与同向的各阶次包层模式之间的耦合。所以，前者是反射型光纤器件，插入损耗较大(几 dB)；而后者是透射型光纤器件，插入损耗可以小得多。由于光纤布拉格光栅是反向模式之间的耦合，所以其周期一般较短；而长周期光纤光栅为同向模式之间的耦合，所以其周期要长，通常达几百微米。由于基本没有后向反射，长周期光纤光栅在光路中不产生光反馈，不会对系统性能造成附加恶化，而且由于不存在布拉格谐振，所以在光栅中心波长附近不会引起额外的大色散。在谐振波长调谐方面，两者对应力的调谐基本相当，长周期光纤光栅谐振波长随温度的变化约为光纤布拉格光栅的 7 倍多。长周期光纤光栅制备简单，成本要低于光纤布拉格光栅。长周期光纤光栅的谐振波

长为

$$\lambda = \frac{n_{co} - n_{cl}}{\Lambda} \tag{6.6.10}$$

式中，Λ 为长周期光纤光栅的周期；n_{co} 为纤芯有效折射率；n_{cl} 为包层模式有效折射率。满足相位匹配条件的特定波长由纤芯耦合进包层向前传播，很快被衰减掉，这样在谱图上就有一个损耗峰。其他波长不满足相位匹配条件，基本无损耗地在光纤纤芯中传播，从而能够实现波长选择损耗特性。

7. 取样光纤光栅(sampled fiber grating)

取样光纤光栅的折射率调制是周期性间隔的，相当于在均匀光纤布拉格光栅上又加了一个取样调制函数，取样光纤光栅也称为超结构光纤光栅，它的折射率分布如图 6.6.8 所示。取样光纤光栅的反射谱由一系列分立的反射峰组成，如图 6.6.9 所示。它在信号处理中可用作梳状滤波器，也可以用于制作多波长激光器。

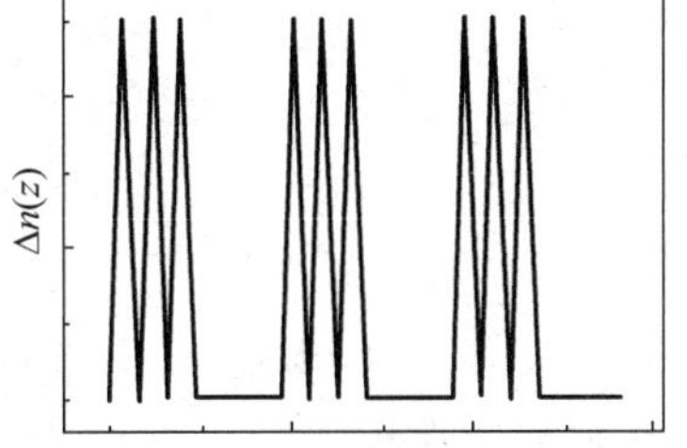

图 6.6.8　取样光纤光栅折射率调制分布

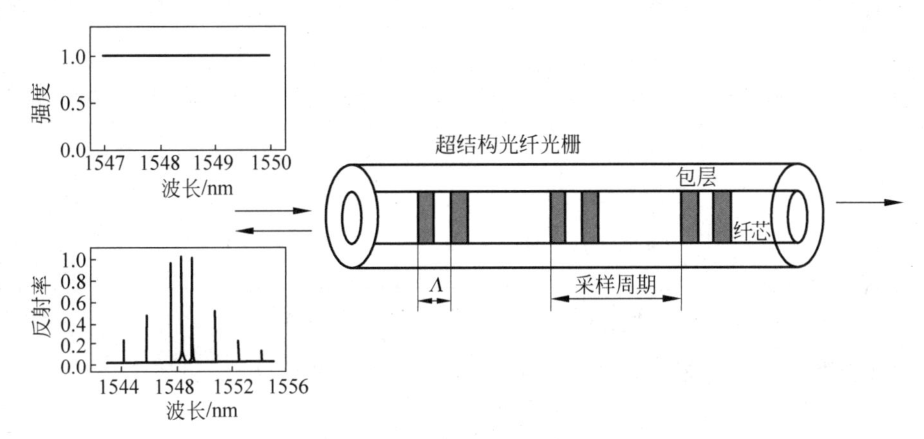

图 6.6.9　取样光纤光栅反射谱及结构

6.6.3　光纤布拉格光栅的模式耦合理论和反射谱分析

本节主要介绍光纤布拉格光栅(fiber Bragg grating, FBG)的工作原理和特性。设正规光纤的折射率为

$$n' = \begin{cases} n_1, & r \leqslant a \\ n_2, & r > a \end{cases} \tag{6.6.11}$$

光纤在周期性紫外照射下其纤芯区折射率发生了周期性的改变，设光纤光栅折射率分布为

$$n = \begin{cases} n_1 + \Delta n \cos(\Omega z), & r \leqslant a \\ n_2, & r > a \end{cases} \tag{6.6.12}$$

式中，Ω 为光栅空间频率，$\Omega = 2\pi/\Lambda$，Λ 为光栅的周期，FBG 的 Λ 一般为 0.2～0.5μm；Δn 是折射率调制深度，典型值为 $10^{-5} \sim 10^{-3}$。通常，光纤光栅长度 L 远大于光栅周期 Λ，一般为 1～3mm。忽略高阶小项，折射率的改变可由下式近似给出：

$$n^2-n'^2=\begin{cases}2n_1\Delta n\cos(\Omega z), & r\leqslant a\\ n_2, & r>a\end{cases} \tag{6.6.13}$$

1. 耦合方程

实际应用中光纤光栅一般是单模光纤光栅，模式耦合主要发生于基模 LP_{01} 的正反向模之间。由双向模耦合方程式(2.6.29)和(2.6.30)得(参见2.6节的推导过程及结论)

$$\frac{d}{dz}c^+=K_{11}^+c^++K_{11}^-c^-\ e^{i2\beta z} \tag{6.6.14}$$

$$\frac{d}{dz}c^-=-K_{11}^+c^--K_{11}^-c^+\ e^{-i2\beta z} \tag{6.6.15}$$

其中，c^+，c^- 分别为正、反向基模的模振幅；K_{11}^+，K_{11}^- 分别为正、反向基模的耦合系数；β 是传输相位常数。

为求解该耦合方程，首先需要确定耦合系数 K_{11}^+ 和 K_{11}^-。在这之前需要确定基模之间的电场耦合系数 $k_{11}^{(1)}$ 以及磁场耦合系数 $k_{11}^{(2)}$。

$$k_{11}^{(1)}=-i\omega\varepsilon_0\frac{\iint(n^2-n'^2)\boldsymbol{E}_{t,1}^*(x,y)\cdot\boldsymbol{E}_{t,1}(x,y)dA}{\iint[\boldsymbol{E}_{t,1}^*(x,y)\times\boldsymbol{H}_{t,1}(x,y)]\cdot d\boldsymbol{A}}=-i2k_0\Delta n\cos(\Omega z) \tag{6.6.16}$$

$$k_{11}^{(2)}=-i\omega\varepsilon_0\frac{\iint\frac{n'^2}{n^2}(n^2-n'^2)\boldsymbol{H}_{t,1}^*(x,y)\cdot\boldsymbol{H}_{t,1}(x,y)dA}{\iint[\boldsymbol{E}_{t,1}(x,y)\times\boldsymbol{H}_{t,1}^*(x,y)]\cdot d\boldsymbol{A}} \tag{6.6.17}$$

$k_{11}^{(2)}$ 的被积函数为纵场分量，与 $k_{11}^{(1)}$ 比较是一小量，忽略该项，有

$$K_{11}^{\pm}=\frac{1}{2}(k_{11}^{(1)}\pm k_{11}^{(2)})=\frac{1}{2}k_{11}^{(1)} \tag{6.6.18}$$

$$K_{11}^+=K_{11}^-=-ik_0\Delta n\cos(\Omega z) \tag{6.6.19}$$

设 $\widetilde{K}\approx k_0\Delta n$，并将其代入式(6.6.14)和式(6.6.15)，得

$$\frac{d}{dz}c^+=-i\widetilde{K}\cos(\Omega z)(c^++c^-\ e^{i2\beta z}) \tag{6.6.20}$$

$$\frac{d}{dz}c^-=i\widetilde{K}\cos(\Omega z)(c^-+c^+\ e^{-i2\beta z}) \tag{6.6.21}$$

将式(6.6.20)和式(6.6.21)写成如下形式：

$$\frac{d}{dz}c^+=-\frac{i}{2}\widetilde{K}c^+[e^{i\Omega z}+e^{-i\Omega z}]-\frac{i}{2}\widetilde{K}c^-[e^{i(2\beta+\Omega)z}+e^{i(2\beta-\Omega)z}] \tag{6.6.22}$$

$$\frac{d}{dz}c^-=\frac{i}{2}\widetilde{K}c^-[e^{i\Omega z}+e^{-i\Omega z}]+\frac{i}{2}\widetilde{K}c^+[e^{-i(2\beta+\Omega)z}+e^{-i(2\beta-\Omega)z}] \tag{6.6.23}$$

求解微分方程的过程中，考虑到 $\int e^{-i\alpha z}dz\approx 1/\alpha$，所以高频项积分会出现较大的分母，因而可以忽略掉高频项，c^+ 和 c^- 称为缓变量，代表慢变化振幅，这样做也相当于对低频的

缓变函数进行平滑处理。因此，上面的耦合方程式(6.6.22)和式(6.6.23)可以化简为

$$\frac{\mathrm{d}}{\mathrm{d}z}c^{+}=-\frac{\mathrm{i}}{2}\widetilde{K}c^{-}\mathrm{e}^{\mathrm{i}2qz} \tag{6.6.24}$$

$$\frac{\mathrm{d}}{\mathrm{d}z}c^{-}=\frac{\mathrm{i}}{2}\widetilde{K}c^{+}\mathrm{e}^{-\mathrm{i}2qz} \tag{6.6.25}$$

其中，$q=\beta-\Omega/2$，称为频率偏差量或失谐量。对于布拉格光栅，$\Lambda=\lambda_{\mathrm{B}}/(2n_1)$，布拉格波长 λ_{B} 是满足光纤光栅布拉格条件的光波在自由空间的波长，也是光纤光栅的中心波长，所以，$\Omega/2$ 与 β 的量级相当。

为求解方程式(6.6.24)和式(6.6.25)，先给出形式解，令 $c^{+}=A\mathrm{e}^{\alpha_1 z}$，$c^{-}=B\mathrm{e}^{\alpha_2 z}$，得

$$\alpha_1 A\mathrm{e}^{\alpha_1 z}=-\frac{\mathrm{i}}{2}\widetilde{K}B\mathrm{e}^{\alpha_2 z}\mathrm{e}^{\mathrm{i}2qz} \tag{6.6.26}$$

$$\alpha_2 B\mathrm{e}^{\alpha_2 z}=\frac{\mathrm{i}}{2}\widetilde{K}A\mathrm{e}^{\alpha_1 z}\mathrm{e}^{-\mathrm{i}2qz} \tag{6.6.27}$$

解得 $\alpha_1-\alpha_2=2\mathrm{i}q$，$\alpha_1\alpha_2=\widetilde{K}^2/4$，这说明 α_1 与 α_2 共轭，式(6.6.26)和式(6.6.27)有如下两组解：

$$\begin{cases}\alpha_1=\alpha+\mathrm{i}q\\ \alpha_2=\alpha-\mathrm{i}q\end{cases}\quad \text{和} \quad \begin{cases}\alpha_1=-\alpha+\mathrm{i}q\\ \alpha_2=-\alpha-\mathrm{i}q\end{cases}$$

其中

$$\alpha=\sqrt{\widetilde{K}^2/4-q^2}$$

因此得到

$$c^{+}=(A_1\mathrm{e}^{\alpha z}+A_2\mathrm{e}^{-\alpha z})\mathrm{e}^{\mathrm{i}qz} \tag{6.6.28}$$

$$c^{-}=(B_1\mathrm{e}^{\alpha z}+B_2\mathrm{e}^{-\alpha z})\mathrm{e}^{-\mathrm{i}qz} \tag{6.6.29}$$

在假设 $q^2\ll\widetilde{K}^2/4$ 的情况下，由式(6.6.26)有 $\alpha_1 A=-\frac{\mathrm{i}}{2}\widetilde{K}B$，可得

$$B_1=\frac{2\mathrm{i}(\alpha+\mathrm{i}q)}{\widetilde{K}}A_1 \tag{6.6.30}$$

$$B_2=\frac{2\mathrm{i}(-\alpha+\mathrm{i}q)}{\widetilde{K}}A_2 \tag{6.6.31}$$

对于长度为 L 的光栅，$z\in[0,L]$，利用光纤光栅边界条件：

$$c^{+}(0)=c_0,\quad c^{-}(L)=0$$

由式(6.6.28)和式(6.6.29)，得

$$A_1+A_2=c_0$$

$$B_1\mathrm{e}^{\alpha L}+B_2\mathrm{e}^{-\alpha L}=0$$

即

$$\frac{2\mathrm{i}\alpha-2q}{\widetilde{K}}A_1\mathrm{e}^{\alpha L}+\frac{-2\mathrm{i}\alpha-2q}{\widetilde{K}}(c_0-A_1)\mathrm{e}^{-\alpha L}=0 \tag{6.6.32}$$

于是得到相关的参量：

$$A_1=\frac{(\alpha-\mathrm{i}q)\mathrm{e}^{-\alpha L}}{\alpha\cosh(\alpha L)+\mathrm{i}q\sinh(\alpha L)}\cdot\frac{c_0}{2},\quad A_2=\frac{(\alpha+\mathrm{i}q)\mathrm{e}^{\alpha L}}{\alpha\cosh(\alpha L)+\mathrm{i}q\sinh(\alpha L)}\cdot\frac{c_0}{2}$$

$$B_1=\frac{\mathrm{i}\widetilde{K}\mathrm{e}^{-\alpha L}}{\alpha\cosh(\alpha L)+\mathrm{i}q\sinh(\alpha L)}\cdot\frac{c_0}{4},\quad B_2=\frac{-\mathrm{i}\widetilde{K}\mathrm{e}^{\alpha L}}{\alpha\cosh(\alpha L)+\mathrm{i}q\sinh(\alpha L)}\cdot\frac{c_0}{4}$$

其中，$\cosh(\alpha L)$、$\sinh(\alpha L)$分别为双曲余弦和双曲正弦。将上面四式代回式(6.6.28)和式(6.6.29)，可得

$$c^+=c_0\frac{\alpha\cosh[\alpha(z-L)]-\mathrm{i}q\sinh[\alpha(z-L)]}{\alpha\cosh(\alpha L)+\mathrm{i}q\sinh(\alpha L)}\mathrm{e}^{\mathrm{i}qz} \tag{6.6.33}$$

$$c^-=c_0\frac{\mathrm{i}(\widetilde{K}/2)\sinh[\alpha(z-L)]}{\alpha\cosh(\alpha L)+\mathrm{i}q\sinh(\alpha L)}\mathrm{e}^{-\mathrm{i}qz} \tag{6.6.34}$$

相应的正向和反向功率分别为

$$P^+=c^+c^{+*}=c_0^2\frac{\alpha^2\cosh^2[\alpha(z-L)]+q^2\sinh^2[\alpha(z-L)]}{\alpha^2\cosh^2(\alpha L)+q^2\sinh^2(\alpha L)} \tag{6.6.35}$$

$$P^-=c^-c^{-*}=\frac{c_0^2}{4}\cdot\frac{\widetilde{K}^2\sinh^2[\alpha(z-L)]}{\alpha^2\cosh^2(\alpha L)+q^2\sinh^2(\alpha L)} \tag{6.6.36}$$

2. 传输特性

下面讨论正向和反向能流。根据式(6.6.35)和式(6.6.36)，其中 $z\in[0,L]$，在光栅区间内，正向和反向传输功率 P^+、P^- 均是单调下降的，而且

$$P^+(0)=c_0^2,\quad P^+(L)=\frac{c_0^2\alpha^2}{\alpha^2\cosh^2(\alpha L)+q^2\sinh^2(\alpha L)} \tag{6.6.37}$$

$$P^-(0)=\frac{c_0^2}{4}\cdot\frac{\widetilde{K}^2\sinh^2(\alpha L)}{\alpha^2\cosh^2(\alpha L)+q^2\sinh^2(\alpha L)},\quad P^-(L)=0 \tag{6.6.38}$$

式中，$P^+(L)$代表透射光功率；$P^-(0)$代表反射光功率。根据上式，$P^+(L)+P^-(0)=c_0^2$，二者之和正好等于入射光功率，符合能量守恒。光的反射率为

$$R=\frac{P^-(0)}{P^+(0)}=\frac{\left(\frac{\widetilde{K}^2}{4}\right)\sinh^2(\alpha L)}{\alpha^2+\left(\frac{\widetilde{K}^2}{4}\right)\sinh^2(\alpha L)} \tag{6.6.39}$$

透射率为

$$T=\frac{P^+(L)}{P^+(0)}=\frac{\alpha^2}{\alpha^2+\left(\frac{\widetilde{K}^2}{4}\right)\sinh^2(\alpha L)} \tag{6.6.40}$$

$$R+T=1 \tag{6.6.41}$$

二者关系符合能量守恒，即

$$P^+(z)-P^-(z)=c_0^2\frac{\alpha^2}{\alpha^2\cosh^2(\alpha L)+q^2\sinh^2(\alpha L)} \tag{6.6.42}$$

$P^+(z)-P^-(z)$代表光纤光栅中的净能流 P。P 与 z 无关，是不变量，这说明光栅各处净能流不变，见图 6.6.10。

3. 滤波特性

1) 光谱主峰

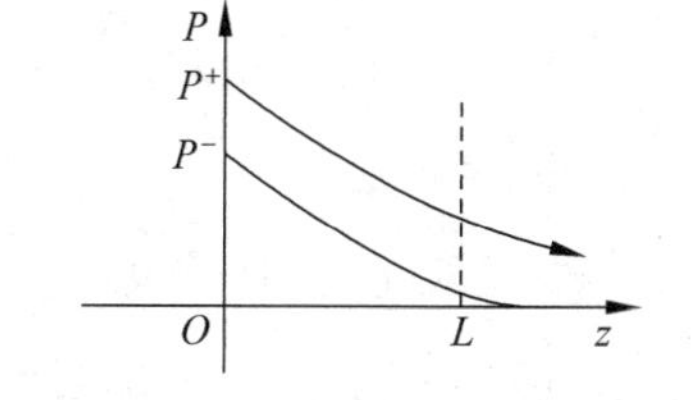

图 6.6.10 光纤光栅中能流的变化

式(6.6.39)和式(6.6.40)中的反射率 R 和透射率 T 都是 α 的函数,其中

$$\alpha^2=\widetilde{K}^2/4-q^2,\quad \widetilde{K}=k_0\cdot\Delta n,\quad 失谐量\ q=\beta-\Omega/2$$

因此,可以说 R、T 为 β 的函数。当 α 在实数范围内时,各参量的取值范围分别是

$$q\in(-\widetilde{K}/2,\widetilde{K}/2),\quad \beta\in(\Omega/2-\widetilde{K}/2,\Omega/2+\widetilde{K}/2),\quad \alpha\in(-\widetilde{K}/2,\widetilde{K}/2)$$

在 β 的变化域内,中心频率 $\beta_0=\Omega/2$,带宽 $\Delta\beta=\widetilde{K}$,这表明光栅的带宽与折射率的调制深度 Δn 有直接关系。考察上述范围内 R 和 T 的变化行为,因为 $R+T=1$,所以只需研究两者之一相对 α 的变化即可。由式(6.6.40),透射率的表达式可写成

$$T=\frac{1}{1+\dfrac{\widetilde{K}^2L^2}{4}\left[\dfrac{\sinh(\alpha L)}{\alpha L}\right]^2}\tag{6.6.43}$$

式(6.6.43)的变量为 $\sinh(\alpha L)/(\alpha L)$,取它的小量渐进展开式:

$$\frac{\sinh x}{x}\approx 1+\frac{x^2}{6}+\frac{x^4}{120}+\cdots,\quad x\to 0$$

可见,当 $\alpha=\pm\widetilde{K}/2$ 时,$\sinh(\alpha L)/(\alpha L)$ 为最大值,这时 T 最小,R 最大,这时的 R 称为反射主极大。此时 $q=0$,即 $\beta=\Omega/2$,该状态称为谐振状态。由式(6.6.39)和式(6.6.40)可得,谐振状态下的反射率和透射率分别为

$$R_{\max}=\frac{\sinh^2\left(\dfrac{\widetilde{K}L}{2}\right)}{\cosh^2\left(\dfrac{\widetilde{K}L}{2}\right)}\tag{6.6.44}$$

$$T_{\min}=\frac{1}{\cosh^2\left(\dfrac{\widetilde{K}L}{2}\right)}\tag{6.6.45}$$

例如,已知 $\lambda_B=1.55\mu m$,$\Delta n=10^{-3}$,$L=2mm$,$n=1.46$,则 $\widetilde{K}L/2=4.05$,$R_{\max}=0.9988$,$T_{\min}=1.2\times10^{-3}$。可见实际上,$R$ 不可能等于1。

当 $\alpha=0$ 时,$\sinh(\alpha L)/(\alpha L)$ 取最小值,这时 T 最大,R 最小,这时的 T 和 R 称为边值。此时 $q=\pm\widetilde{K}/2$,即 $\beta=\Omega/2\pm\widetilde{K}/2$,该状态称为失谐状态,对应的边值反射率和透射率分别为

$$R_s=\frac{\widetilde{K}^2L^2}{4+\widetilde{K}^2L^2}\tag{6.6.46}$$

$$T_s=\frac{4}{4+\widetilde{K}^2L^2}\tag{6.6.47}$$

仍以上面的光纤光栅数据为例,$R_s=0.9425$,$T_s=5.75\times10^{-2}$。这表明边值反射率仅

下降5%左右。在$\left(\beta_o-\frac{\widetilde{K}}{2},\beta_o+\frac{\widetilde{K}}{2}\right)$范围内,光栅不支持光波传输,大部分入射光被反射。

2）两翼光谱

当入射光的相位常数进一步偏离中心频率时,失谐量$q^2>\widetilde{K}^2/4$,显然超出了前面求解式(6.6.24)和式(6.6.25)过程中限定的$q^2\leqslant\widetilde{K}^2/4$的范围,此时$\alpha$为虚数。为了避免重复计算,采取了一个快捷的方法,令$\alpha=\mathrm{i}\alpha'$,其中

$$\alpha'=\sqrt{q^2-\frac{\widetilde{K}^2}{4}} \tag{6.6.48}$$

将式(6.6.48)代入R和T的表达式,并注意双曲函数的变换,$\cosh(\mathrm{i}x)=\cos x$,$\sinh(\mathrm{i}x)=\mathrm{i}\sin x$,可得

$$R=\frac{\left(\frac{\widetilde{K}^2}{4}\right)\sin^2(\alpha'L)}{\alpha'^2\cos^2(\alpha'L)+q^2\sin^2(\alpha'L)}=\frac{\left(\frac{\widetilde{K}^2}{4}\right)\sin^2(\alpha'L)}{\alpha'^2+\left(\frac{\widetilde{K}^2}{4}\right)\sin^2(\alpha'L)} \tag{6.6.49}$$

$$T=\frac{\alpha'^2}{\alpha'^2\cos^2(\alpha'L)+q^2\sin^2(\alpha'L)}=\frac{\alpha'^2}{\alpha'^2+\left(\frac{\widetilde{K}^2}{4}\right)\sin^2(\alpha'L)} \tag{6.6.50}$$

式(6.6.49)和式(6.6.50)表明光谱的两侧呈现振荡线型,如图6.6.11所示,这与普通光栅的色散谱是一致的,实际上这也是多光束干涉的结果。

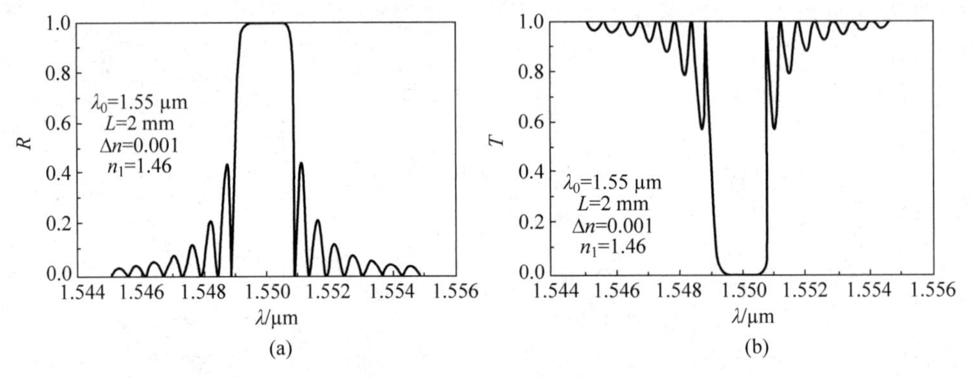

图6.6.11 光栅的滤波特性

3）峰值宽度

两翼谱与主峰的交界处,当$q=\pm\widetilde{K}/2$时,由$\alpha'^2+\widetilde{K}^2/4=q^2$,有$\alpha'=0$,此时

$$R_s=\frac{\widetilde{K}^2L^2}{4+\widetilde{K}^2L^2},\quad T_s=\frac{4}{4+\widetilde{K}^2L^2} \tag{6.6.51}$$

这一边值与主峰边值是一致的,这表明光谱线型是连续的,但主峰两侧反射率快速下降。光纤光栅的光谱主峰宽度为$\Delta\beta=k_0\Delta n$,对单模光纤的基模LP_{01},远离截止条件下,$\beta\approx n_1k_0$,即$\Delta\beta=n_1\Delta k_0$,有$\Delta k_0/k_0=\Delta n/n_1$,所以有

$$\Delta\lambda = \frac{\Delta n\lambda}{n_1} \tag{6.6.52}$$

由前面的数据和式(6.6.52)计算可得,主峰宽度约为 1nm。主峰具有高反射率,这表明谐振波长处正向基模的能量耦合到反向基模中,从透射端来看布拉格光栅是一个带阻滤波器,从反射端来看布拉格光栅则是一个带通滤波器,即布拉格光栅是一个波长选择器。反射率、反射谱带宽均与折射率调制深度 Δn 和光栅长度 L 有关,Δn 越大,L 越长,反射率越高;带宽随 Δn 的增大而增大,但随 L 的增大而减小。

由式(6.6.49),两翼光谱中反射率的次级大对应 $\alpha' L=\left(m+\frac{1}{2}\right)\pi$,则

$$R_{\mathrm{m}} = \frac{1}{1+4\left(m+\frac{1}{2}\right)^2\left(\frac{\pi}{\tilde{K}L}\right)^2} \tag{6.6.53}$$

R 的零点则对应 $\alpha' L=m\pi$,此时

$$\alpha' = m\pi/L$$
$$\Delta\alpha' = \pi/L$$

由 $\alpha'\Delta\alpha'=q\Delta\beta=q\ \frac{2\pi n_1}{\lambda^2}\Delta\lambda$,可得以波长为参变量的光谱侧峰宽度为

$$\Delta\lambda = \frac{m\pi\lambda^2}{2n_1 L\sqrt{m^2\pi^2+\left(\frac{\tilde{K}L}{2}\right)^2}} \tag{6.6.54}$$

利用前面的数据,可知相邻近主峰的 4 个侧峰宽度分别为 0.25nm、0.35nm、0.38nm 和 0.39nm,反射率依次减小。

4. 典型参数

表 6.6.1 展示了上海瀚宇公司一款型号为 F2240L0801M10-3 双包层光纤光栅(该款光栅采用经典的相位掩模刻写工艺)的一些典型光学特性参数、机械以及环境特性参数。该光纤光栅对 LP_{01} 基模反射率为 10%(典型值),用作光纤激光器输出耦合镜使用。从表 6.6.1 可以看出,该款光纤光栅具有高的泵浦承受功率(典型值为 4000W)和信号承受功率(典型值为 3000W),极低的温升斜率(<0.015℃/W)。

表 6.6.1　F2240L0801M10-3 双包层光纤光栅技术参数表

产品型号	光纤类型	备注
F2240L0801M10-3	22/440μm NA=0.065/0.46(Nufem HP Coating,915nm 2kW)	

光学性能规范

参数	最小值	典型值	最大值	单位	备注
中心波长	1079.80	1080.00	1080.20	nm	
FWHM(−3dB)	0.9	1.0	1.1	nm	
LP_{01} 基模反射率	8	10	12	%	
泵浦功率承受能力		4000		W	
信号功率承受能力		3000		W	

续表

产品型号	光纤类型	备注
F2240L0801M10-3	22/440μm NA=0.065/0.46(Nufem HP Coating,915nm 2kW)	

机械和环境规范

参数	指标	备注
输入/输出尾纤长度	>1.2m	
封装形式	高功率金属盒封装	
封装尺寸	60.0mm×12.0mm×6.5mm	
温升系数	<0.015℃/W	
波长随温度变化	<20pm/℃	

6.6.4 光纤光栅的主要应用

1. 光学滤波器

光纤滤波器是光纤通信系统中的关键器件。均匀光纤布拉格光栅实质上是一个波长选择器,反射率几乎可达100%。用光纤布拉格光栅做光学滤波器,可以对光纤传输光频谱中的任一波长进行窄带滤出。利用布拉格光纤光栅的光谱特性可以构成窄带带阻、宽带带阻、宽带带通等不同滤波器。此外,相移光纤光栅在光栅反射谱的相应位置打开一个透射窗口,可用作窄带带通滤波器。取样光栅是梳状滤波器,啁啾光纤光栅可做成宽带滤波器。

2. 增益平坦器

掺铒光纤放大器(EDFA)在高速长距离光纤通信系统中发挥着重要的作用,密集波分复用(DWDM)技术的应用则提高了整个放大器带宽内的通信容量。但EDFA增益谱的不平坦性是制约其在密集波分系统中应用的主要因素。利用长周期光纤光栅的陷波滤波特性,将一个或多个长周期光纤光栅级联,可实现掺铒光纤放大器的增益平坦。

3. 色散补偿器

在超高速大容量DWDM系统中,色散会引起光脉冲的展宽,这是限制通信容量的关键。利用啁啾光纤布拉格光栅对不同的波长的不同延迟,可以达到色散补偿的目的,如图3.2.19所示。

对于1550nm光通信系统,经光纤系统传播而来的光脉冲的长波长分量在光纤光栅的起始端被反射,短波长分量在远端被反射,即光脉冲经光纤光栅后,短波长分量较长波长分量有较长的延迟,实现了对展宽脉冲的压缩补偿。

线性啁啾光纤光栅色散参量D的简单表达式为

$$D=\frac{2n_{\text{eff}}}{c}\left(\frac{1}{\Delta\lambda_{\text{c}}}\right)$$

一根长度为300km、在1550nm波长处色散为17ps/(nm·km)的标准G.652单模光纤,对于谱宽为0.1nm的光信号的总色散为510ps。若光纤光栅$n_{\text{eff}}\approx1.4681$,则可以用长5.2cm的线性啁啾光纤光栅补偿上述光纤系统的总色散。

4. 光纤光栅在光纤传感领域的应用

光纤光栅所处环境的应力、应变、温度等物理量发生变化,会引起光栅周期或光纤有效折射率的变化,从而导致光纤光栅的谐振波长发生变化,通过测量光栅谐振波长的变化就能获得待测物理量的变化情况。目前，研发的光纤光栅传感器的传感元件以光纤布拉格光栅为主流，其他光纤光栅如长周期光纤光栅和啁啾光纤光栅也可用于传感。已报道的光纤光栅传感器可以检测的物理量有温度、应变、压力、位移、压强、扭角、扭矩(扭应力)、加速度、电流、电压、磁场、频率、浓度、热膨胀系数、振动等。光纤光栅传感器的应用遍及航空、航天、化学医药、材料工业、水利电力、船舶、煤矿、民用工程等各个领域。

6.7 总　　结

1. 自聚焦透镜的成像特点以及主要参数

自聚焦透镜遵从与球面透镜完全一致的成像规律。两者的不同只是：球面透镜的焦距依赖于球面半径变化而得以改变；自聚焦透镜则是通过改变透镜长度来使焦距变化。因此自聚焦透镜的成像特性在相当大的程度上取决于其长度(对于给定的折射率分布)。

聚焦常数 $\sqrt{A}$ 反映了自聚焦透镜对于光线的会聚能力。$\sqrt{A}$ 越大则焦距越短，透镜的会聚作用就越强。对于给定的聚焦光纤棒，其特征常数 A 为确定值。这时改变光纤棒的长度 z 的大小，即可获得不同聚焦性能的自聚焦透镜。

2. 影响光纤耦合器耦合特性的参数

光纤耦合器是一种能使传输中的光信号在特殊结构的耦合区发生耦合，并进行再分配的无源器件。光纤耦合器的耦合特性由光纤间距、耦合段长度及传播模式决定。

光纤耦合器的耦合比除了与耦合长度有关外，还与传输波长密切相关，即耦合系数 K 是波长的函数 $K(\lambda)$。因此，通过合理选取耦合器的耦合长度，不仅可以实现不同的功率分配，还可以实现光波分复用的功能。

3. 光纤滤波器

利用光纤耦合器和光纤干涉仪的选频作用可以构成光纤滤波器。本章讲到的光纤滤波器有 M-Z 光纤滤波器、F-P 光纤滤波器以及由光纤耦合器构成的环形腔滤波器，它们的性质对比如表 1 所示：

表 1　典型光纤滤波器对比

滤波器名称	工作原理	影响滤波特性的参数	应用领域
M-Z 光纤滤波器(耦合器型)	M-Z 干涉仪	两光纤臂的折射率以及长度差、耦合器的分光比、入射光的中心波长	光纤通信、光传感
单(耦合器)OC 环形腔滤波器	环形腔	耦合器的分光比、环形腔的腔长、折射率以及损耗系数、入射光的中心波长	光纤激光器
F-P 光纤滤波器	F-P 干涉仪	F-P 腔的腔长、折射率、反射率以及入射光的角度、中心波长	光传感、光纤激光器

除了上述讲到的耦合器型光纤滤波器外，构成光纤滤波器的结构设计有多种选择，常见的还有基于 Sagnac 双折射环型、光纤光栅型、级联光纤或光栅型、级联高双折射光纤环形镜型等。

4. 光纤光栅

常见的光纤光栅有均匀光纤光栅、啁啾光纤光栅、相移光纤光栅、闪耀光纤光栅、长周期光纤光栅、取样光纤光栅以及切趾光纤光栅，对它们的特点、主要参数、应用场合的总结如表2所示：

表2 典型光纤光栅对比

名　称	特　点	主要参数影响	应用场合
均匀光纤光栅	1. 折射率调制周期严格均匀； 2. 存在旁瓣	折射率调制深度越强，光栅的反射率就越高，带宽就越宽。光栅的长度越长反射率就越高，而带宽就越窄	光纤传感、激光谐振腔镜
啁啾光纤光栅	1. 折射率调制周期非均匀； 2. 存在旁瓣	光谱特性取决于光栅长度、折射率的调制深度和啁啾参量 C，前两者影响光栅的反射率，而后者影响光栅的带宽和色散特性，对反射率也有一定程度的影响	色散补偿、脉冲压缩与放大、激光谐振腔镜
相移光纤光栅	在均匀光纤布拉格光栅中额外引入相位突变形成相移光纤光栅	通过调整相移的位置和大小以形成特殊的透射光谱	DFB 光纤激光器
闪耀光纤光栅	折射率条纹并不垂直于光纤的轴线，而是成一定的倾斜角度	同均匀光纤光栅	模式转化、光功率衰减
长周期光纤光栅	1. 长周期光纤光栅为同向模式之间的耦合，所以周期要长，通常达几百微米； 2. 由于基本没有后向反射，在光路中不产生光反馈，不会对系统性能造成附加恶化	长周期光纤光栅的透射谱的陷波波形与光栅的长度和折射率调制的深度密切相关	光纤传感
取样光纤光栅	1. 相当于在均匀光纤布拉格光栅上又加了一个取样调制函数； 2. 取样光纤光栅的反射谱由一系列分立的反射峰组成	同均匀光纤光栅	用作梳状滤波器，制作多波长激光器
切趾光纤光栅	一般是采用特定的钟形函数对折射率调制强度进行调制，这种光纤光栅与均匀光栅相比，可抑制主反射带附近的旁瓣	同均匀光纤光栅	抑制主反射带附近的旁瓣

课程实践

1. 实践题目

在光纤的使用实践中，经常需要解决光束与单模光纤的高效耦合问题。自聚焦透镜由于其优越的小体积、平端面、易加工、易调整对准、易耦合组装、耦合效率高而得到广泛的使用。请设计一套自聚焦透镜构成的耦合系统，使直径为2mm的平行光束经过该耦合系统后，可以高效地耦合进入单模光纤（芯径为8μm、数值孔径为0.11）中，请给出耦合系统的结构示意图、设计原理以及参数选择。

以下内容为可参考的设计过程。

2. 方案的选择

单片自聚焦透镜耦合方案分析：如果以单片自聚焦透镜作为平行光束与单模光纤(芯径约为8μm、数值孔径为0.11)之间的耦合系统，比如采用1/4节距长的单透镜，虽然平行光束经该透镜后会聚为很小的光点，但在该处的数值孔径却远大于单模光纤的数值孔径(数值孔径为0.11)；如果长度大于或小于1/4节距，使光束出射角与单模光纤的数值孔径匹配，这时的出射光束直径则远大于单模光纤的芯径(芯径为8μm)，于是造成光能的外逸损失，虽然可以拉开一段距离，使会聚光束直径适应单模光纤的芯径，但这样做会使体积大大增大并在实践中实施困难。

因此，单片自聚焦透镜由于其确定的性能参数，难以同时满足单模光纤的小芯径(8μm)和小数值孔径(一般为0.11)的要求，不可能获得高效的耦合效率。因此，有必要采用双片自聚焦棒透镜构成的耦合系统来满足设计要求。

3. 系统结构

图1为本次设计拟采用的双片自聚焦棒透镜耦合系统的结构示意图。图1中，GRIN1和GRIN2为两自聚焦棒透镜，长度分别用z_1和z_2表示，其间隔为z_{air}，第二透镜后端面与单模光纤直接黏接耦合，这样易于组合在一起，工艺上容易实现。

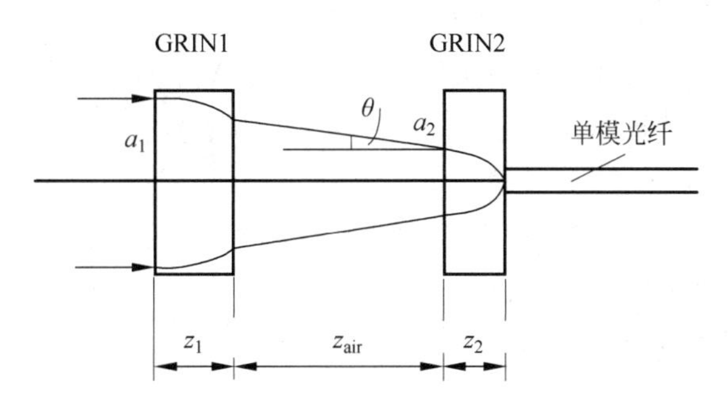

图1　两片式自聚焦棒透镜耦合系统进行平行光束与单模光纤耦合示意图

4. 系统传输过程分析

自聚焦透镜的折射率分布一般遵从平方律分布：

$$n^2(r)=n_0^2(1-Ar^2) \tag{1}$$

式中，n_0为透镜轴线折射率；$\sqrt{A}$为透镜的聚焦参数。当透镜半径为a，相对折射率为Δ时，有

$$\sqrt{A}=\frac{\sqrt{2\Delta}}{a} \tag{2}$$

设上述GRIN1和GRIN2自聚焦棒透镜的折射率分布可用式(1)表示，它们的主要特征参数分别为n_{01}和n_{02}，$\sqrt{A_1}$和$\sqrt{A_2}$，透镜通光口径的半径分别为a_1和a_2；单模光纤的数值孔径$\mathrm{NA_f}=0.11$，纤芯直径8μm。

平行光从GRIN1入射端面传输到GRIN1出射端面，满足的传输矩阵(以x坐标为例)为

$$\begin{bmatrix} x_2 \\ t_{x_2} \end{bmatrix} = \begin{bmatrix} \cos(\sqrt{A_1} z_1) & \dfrac{\sin(\sqrt{A_1} z_1)}{n_{01}\sqrt{A_1}} \\ -n_{01}\sqrt{A_1}\sin(\sqrt{A_1} z_1) & \cos(\sqrt{A_1} z_1) \end{bmatrix} \begin{bmatrix} x_1 \\ t_{x_1} \end{bmatrix} \tag{3}$$

光从 GRIN1 出射端面传输到 GRIN2 入射端面,满足的传输矩阵为

$$\begin{bmatrix} x_3 \\ t_{x_3} \end{bmatrix} = \begin{bmatrix} 1 & z_{\text{air}} \\ 0 & 1 \end{bmatrix} \begin{bmatrix} x_2 \\ t_{x_2} \end{bmatrix} \tag{4}$$

光从 GRIN2 入射端面传输到 GRIN2 出射端面,满足的传输矩阵为

$$\begin{bmatrix} x_4 \\ t_{x_4} \end{bmatrix} = \begin{bmatrix} \cos(\sqrt{A_2} z_2) & \dfrac{\sin(\sqrt{A_2} z_2)}{n_{02}\sqrt{A_2}} \\ -n_{02}\sqrt{A_2}\sin(\sqrt{A_2} z_2) & \cos(\sqrt{A_2} z_2) \end{bmatrix} \begin{bmatrix} x_3 \\ t_{x_3} \end{bmatrix} \tag{5}$$

5. 参数关系及选择

入射光束为平行光,即 $t_{x_1}=0$,假设平行光充满整个 GRIN1,即 $x_1=a_1$。将其代入式(3),可得

$$x_2 = a_1\cos(\sqrt{A_1} z_1) \tag{6}$$

$$t_{x_2} = -a_1 n_{01}\sqrt{A_1}\sin(\sqrt{A_1} z_1) \tag{7}$$

耦合单模光纤的参数为 $\text{NA}_\text{f}=0.11$,芯径 8μm,为了使光尽可能高效率地耦合进单模光纤中,需满足

$$x_4 = 0\text{(考虑到光纤纤芯半径仅为 4μm,近似值为 0)} \tag{8}$$

$$t_{x_4} = \text{NA}_\text{f} = 0.11 \tag{9}$$

因此,对于 GRIN2,逆光束前进方向求解,即

$$\begin{bmatrix} x_3 \\ t_{x_3} \end{bmatrix} = \begin{bmatrix} \cos(\sqrt{A_2} z_2) & \dfrac{\sin(\sqrt{A_2} z_2)}{n_{02}\sqrt{A_2}} \\ -n_{02}\sqrt{A_2}\sin(\sqrt{A_2} z_2) & \cos(\sqrt{A_2} z_2) \end{bmatrix} \begin{bmatrix} 0 \\ \text{NA}_\text{f} \end{bmatrix} \tag{10}$$

得

$$x_3 = \frac{\text{NA}_\text{f}\sin(\sqrt{A_2} z_2)}{n_{02}\sqrt{A_2}} \tag{11}$$

$$t_{x_3} = \text{NA}_\text{f}\cos(\sqrt{A_2} z_2) \tag{12}$$

根据式(4)知,$t_{x_3}=t_{x_2}$,即

$$-a_1 n_{01}\sqrt{A_1}\sin(\sqrt{A_1} z_1) = \text{NA}_\text{f}\cos(\sqrt{A_2} z_2)$$

得到 GRIN2 长度 z_2 与 GRIN1 长度 z_1 的关系如下:

$$z_2 = \frac{1}{\sqrt{A_2}}\arcsin\sqrt{1-\left[\frac{a_1 n_{01}\sqrt{A_1}\sin(\sqrt{A_1} z_1)}{\text{NA}_\text{f}}\right]^2} \tag{13}$$

根据式(4)知,$x_3=x_2+z_{\text{air}}t_{x_2}$,即

$$\frac{\mathrm{NA_f}\sin(\sqrt{A_2}z_2)}{n_{02}\sqrt{A_2}}=a_1\cos(\sqrt{A_1}z_1)-z_{\mathrm{air}}a_1n_{01}\sqrt{A_1}\sin(\sqrt{A_1}z_1)$$

进而得到，z_{air} 与 z_1、z_2 的关系如下：

$$z_{\mathrm{air}}=\frac{a_1\cos(\sqrt{A_1}z_1)}{a_1n_{01}\sqrt{A_1}\sin(\sqrt{A_1}z_1)}-\frac{\mathrm{NA_f}\sin(\sqrt{A_2}z_2)}{a_1n_{01}\sqrt{A_1}\sin(\sqrt{A_1}z_1)n_{02}\sqrt{A_2}} \tag{14}$$

式(13)和式(14)表明，当 GRIN1 的长度参数 z_1 以及主要特征参数 n_{01} 和 n_{02}，$\sqrt{A_1}$ 和 $\sqrt{A_2}$，a_1 确定时，GRIN2 的长度参数 z_2 和空气间距 z_{air} 即可确定，即可满足本次设计的要求。

若本次选择自聚焦透镜常用参数(也可以自行选取其他参数，设计原理相同)$n_{01}=1.5503$ 和 $n_{02}=1.5503$，$\sqrt{A_1}=0.481\mathrm{mm}^{-1}$ 和 $\sqrt{A_2}=0.481\mathrm{mm}^{-1}$，$a_1=1\mathrm{mm}$，一旦 z_1 的值给定，根据式(13)和式(14)，就可以得到 GRIN2 的长度参数 z_2 和空气间距 z_{air}，完成本次设计。

6. 设计总结

根据双片自聚焦透镜系统的光线传输轨迹，给出了本次设计的理论计算公式，以获得满意的平行光束与单模光纤的耦合结果。需要注意的是，这里给出的分析方法是基于几何光学导出的，在实际设计过程中，还需要尽可能减小耦合系统的像差以及衍射效应的影响。

思考题与习题 6

1. 试推导公式(6.1.23)，(6.1.24)，(6.1.25)，(6.1.26)。

2. 有一 0.25 节距的自聚焦透镜，长度 $L=5\mathrm{mm}$，纤轴处的折射率 $n_0=1.65$，求自聚焦透镜的物方焦距 f 和像方焦距 f'。

3. 试比较球面镜和自聚焦透镜的成像特点。

4. 试推导式(6.2.17)和式(6.2.18)。

5. 比较功率合束/分束器和波分复用器的性能特点以及各自的应用。

6. 对于 X 形光纤耦合器，工作波长为 $1.55\mu\mathrm{m}$。若仅由 Input 1 端口注入光功率，从 Output 1 和 Output 2 端口输出的光功率分别为注入光功率的 75%和 25%，耦合器的耦合系数为 $K=10\mathrm{cm}^{-1}$，求在上述耦合分光比下，耦合器的最小耦合长度。

7. 简述马赫-曾德尔(Mach-Zehnder)光纤滤波器的基本结构及工作原理，写出输出光功率与输入光功率的关系。

8. 试比较波导腔型、空气腔型和改进型 3 种 F-P 光纤滤波器的工作原理以及特点。

9. 减小 F-P 腔的滤波带宽的措施有哪些？这些措施会给自由光谱范围带来什么影响？

10. 光纤调制器可以分为哪些类型？各自都有哪些应用？

11. 试比较啁啾光纤光栅、相移光纤光栅、闪耀光纤光栅以及切趾光纤光栅的工作原理、性能特点及应用领域。

12. 在纤芯折射率为 1.5 的光纤内写周期为 $0.5\mu\mathrm{m}$ 的光栅，被强烈反射的光的波长是多少？

13. 定性说明布拉格光纤光栅的滤波特性和基本原理。假定 $\lambda_B=1.5\mu m$，$\Delta n=1.5\times10^{-3}$，$L=1.5mm$，$n=1.5$，试求出光栅的最大反射率以及带宽。

14. 调研有关光纤开关方面的文献，整理出一篇专题报告。

15. 利用光纤耦合器或者光纤环形器、光纤光栅，设计一个波长解复用器，将 4 个波长 λ_1、λ_2、λ_3、λ_4 分离出来，画出器件结构光路图，并阐述其工作原理。

参考文献

[1] 马春生，刘式墉. 光波导模式理论[M]. 长春：吉林大学出版社，2007.

[2] 祝宁华，闫连山，刘建国. 光纤光学前沿[M]. 北京：科学出版社，2011.

[3] 李淑凤，李成仁，宋昌烈. 光波导理论基础教程[M]. 北京：电子工业出版社，2013.

[4] 杨笛，任国斌，王义全. 导波光学基础[M]. 北京：中央民族大学出版社，2012.

[5] 王健. 导波光学[M]. 北京：清华大学出版社，2010.

[6] 吴重庆. 光波导理论[M]. 北京：清华大学出版社，2000.

[7] 刘德明. 光纤光学[M]. 北京：科学出版社，2008.

[8] 廖延彪，黎敏，夏历. 光纤光学[M]. 北京：清华大学出版社，2021.

[9] 陈幸. 新型高功率光纤隔离器的设计与实验[D]. 西安：西北大学，2010.

[10] 刘卓琳，张伟刚，姜萌，等. 光纤滤波器的原理、结构设计及其进展[J]. 中国激光，2009，36(3)：540-546.

[11] 高应俊，姚胜利，高凤. 用自聚焦透镜作平行光束与单模光纤的最佳耦合[J]. 光子学报，1999(2)：81-84.

第7章

光纤激光器

光纤激光器是一种光纤有源器件，光纤激光器是较早实现的激光器类型之一。激光器发明后的第二年(1961年)，来自America Optical公司的Snitzer就在掺钕玻璃波导中观察到了激光现象，不久后又实现了光纤激光放大。1964年，光纤激光器的概念被提出。20世纪80年代，南安普顿大学Payne研究团队在高倍率光纤激光放大(特别是掺铒光纤放大器)方面做出了大量开创性工作，有力推动了光纤通信技术的发展和大规模普及应用，光纤激光技术也得到了高速发展。1988年，Polariod公司的Snitzer等报道了一种双包层光纤，为提高光纤激光器的输出功率提供了全新的解决途径。自从双包层光纤诞生以来，光纤激光的输出功率以惊人的速度迅速提升，目前单纤单模光纤激光的输出功率已经达到万瓦级。

随着增益光纤材料的发展、高功率光纤器件的成熟化以及高亮度高功率半导体泵浦源的商用化，光纤激光器的应用领域逐渐扩大，从光纤通信网络向激光应用领域延伸。发展到今天，光纤激光器在工业加工和激光医疗等方面，以其高的性价比受到广泛的应用。光纤激光技术正在深刻改变着我们的世界和生活。

1. 光纤激光器的特性

与一般固体(激光晶体)激光器相比，光纤激光器具有独特的性质，主要表现在：

(1) 光束质量好。光纤的波导结构决定了光纤激光器的输出光束质量。如果使用单模掺杂光纤作为增益介质，激光输出是基模，不需要一般固体激光器通常采用的选模过程，就可以保证输出高光束质量的激光，且受外界因素影响较小，能够实现高亮度的稳定激光输出。

(2) 效率高。高密度的泵浦功率集中在极为细小的谐振腔里，使得光纤激光器腔内的光子功率密度很高，而传输损耗又很低，并且光纤中掺杂粒子能级结构简单，因此光纤激光器具有极低的激光阈值和相当高的光-光转换效率，同时光纤激光器通过选择发射波长和掺杂稀土元素吸收特性相匹配的半导体激光器作为泵浦源，采用较长的增益光纤以获得很高的泵浦效率，从而使光纤激光器具有高的电光转换效率。

(3) 热管理优异。尽管与激光晶体相比，石英材料具有较低的热导性能，但是光纤激光器采用光纤做增益介质，具有很大的表面积和体积比(约为固体块状激光器的1000倍)，这使其具有很好的散热功能，热量管理更为有效，因此，光纤激光器具有实现高功率连续激光输出以及高重复率高能脉冲输出的能力。

(4) 可靠性强。光纤激光器可实现全光纤化，全光纤化的光纤激光器光路全部由光纤和光纤元件构成，光纤和光纤元件之间采用光纤熔接技术连接，整个光路完全封闭到光纤波导中，形成了一个整体结构，避免了光学元件分立组装，也实现了与外界的隔离，可靠性大大增强。光纤激光器维护频率低，并且光纤具有柔性特点可以通过将输出光纤置入机械手臂，方便地完成各种场景下的工作。

光纤激光器正因为其光束质量好、电光转换效率高、结构紧凑、可靠性好等优点，在工业加工、医疗、遥感、安防、科研等领域有全方位的优异表现。

2. 光纤激光器的分类

按照工作模式，光纤激光器可以分为连续光纤激光器与脉冲光纤激光器。

按照腔型，光纤激光器可以分为线形腔光纤激光器与环形腔光纤激光器。线形腔光纤激光器为驻波腔结构，高功率双包层光纤激光器一般采用线形腔结构；环形腔光纤激光器为行波腔结构，通常采用单模光纤及器件，可作为光通信的光源及种子激光。

按照输出纵模数量，光纤激光器可以分为单频光纤激光器与非单频光纤激光器。单频光纤激光器为单纵模输出，相干性高，但SBS效应阈值低；非单频多纵模光纤激光器的光谱相对较宽，包含多个纵模，相干性相对较差，但不易受SBS效应影响。

按照系统结构，光纤激光器可以分为振荡器结构光纤激光器与主振荡功率放大(MOPA)结构光纤激光器。振荡器结构的光纤激光器特点为：结构简单，只包含一个激光谐振腔，目前连续型(CW)全光纤激光振荡器输出功率已超过8kW。MOPA结构的光纤激光器特点为：包含一个激光振荡器，一级或多级光纤放大器，基于MOPA结构的准单模连续型光纤激光器最大输出功率已达约20kW。

按增益介质类型，光纤激光器可以分为稀土类掺杂光纤激光器和非线性光纤激光器。非线性光纤激光器利用光纤的非线性效应提供增益产生激光，如拉曼光纤激光器、布里渊光纤激光器、光纤参量振荡器等。

本章将重点阐述光纤激光器的基本原理、光纤激光器效率提升的有效途径以及光纤激光器的关键技术；介绍在智能通信和工业加工中有广泛应用的掺铒光纤激光器、掺镱光纤激光器、超快脉冲光纤激光器以及新型光纤激光器的工作原理和输出特性。

本章主要内容：

(1) 光纤激光产生的物理基础、受激辐射放大的基本条件、激光振荡的基本条件。

(2) 光纤振荡器和放大器的基本组成、特点以及泵浦耦合技术。

(3) 光纤激光器的输出模式及常见的模式控制方法。

(4) 掺铒光纤放大器的性能参数：功率增益、饱和输出功率、增益带宽以及噪声特性。

(5) 双包层掺镱光纤激光器的工作原理、速率方程及输出特性分析。

(6) 几种新型锁模光纤激光器的原理及特点。

(7) 其他类型光纤激光器的特点及应用场景。

7.1 光纤激光基本原理

与普通光源相比，激光有四个主要特点，即单色性好、方向性好、相干性好和亮度极高，其原因在于激光的产生源于受激辐射过程，而普通光源发出的光主要源于自发辐射过程。光纤激光的产生过程就是要使光的受激辐射过程在激光器内产生并占据主导地位，抑制受激吸收和自发辐射过程。光纤激光器采用细长的掺杂光纤作为增益介质,纤细的波导结构和性能各异的掺杂离子为光纤激光器带来了丰富的物理过程和多样的激光器输出能力。

本节从光纤激光的物理学基础出发,重点讨论光纤激光产生的基本原理和光纤激光器基本组成,包括光纤激光器受激辐射放大的阈值条件、激光增益和输出特性,典型光纤型光学谐振腔结构及特点,光纤激光器的泵浦方式和双包层光纤泵浦原理,光纤激光器的输出模式及常用的模式控制方法等方面的内容,为进一步学习和领会光纤激光器丰富的物理内涵打下基础。

7.1.1 光纤激光器组成与激光产生原理

激光器本质上是一个亮度转换器,把低亮度的泵浦光转换成高亮度的信号激光,通过增益介质中受激辐射光子的相干叠加和相干放大过程,产生一束相干性好、方向一致、光谱纯的高亮度激光束。

1. 光纤激光器的基本组成

光纤激光振荡器的结构类似于传统的固体激光振荡器和气体激光振荡器,主要由泵浦源、增益介质、谐振腔三大部分构成,如图7.1.1所示。其中,增益介质为掺稀土元素的细长玻璃或石英增益光纤;为了发挥全光纤化结构的优势,通常采用光纤型光学谐振腔,谐振腔一般是由光纤布拉格光栅(FBG)对组成,为增益光纤的受激辐射提供正反馈并优选出输出波长;泵浦源一般采用带尾纤的半导体激光器(或短波长的光纤激光器),泵浦源发出的泵浦光经泵浦耦合器进入光纤增益介质中,由于光纤的纤芯很细,在泵浦光作用下光纤内极易形成高的功率密度。稀土离子在吸收泵浦光的能量后,发生能级跃迁(发生受激吸收)并形成粒子数反转,在正反馈回路构成的谐振腔帮助下,便可产生激光振荡并形成稳定的激光输出,即把低亮度的泵浦光转化成了高亮度的激光。

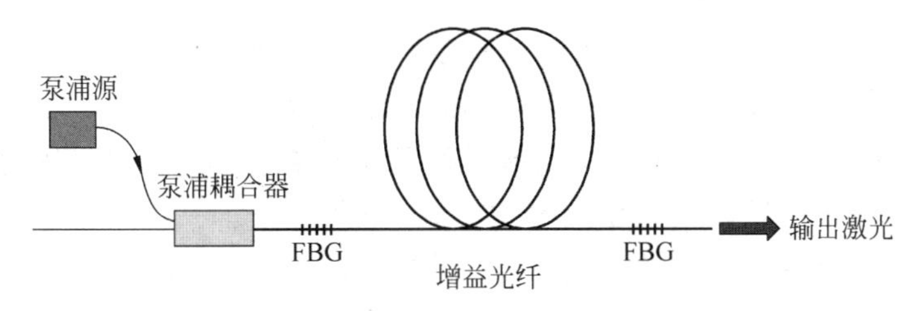

图7.1.1 光纤激光振荡器基本组成

图7.1.1所示的光纤振荡器中,如果泵浦源连续泵浦,则输出连续的激光;如果泵浦源准连续泵浦,则输出准连续的激光。为了进一步获得短脉冲激光输出,可以通过在腔内增加光纤调Q元件或锁模器件的方法,来获得短脉冲输出。

当光纤激光振荡器的输出性能不能满足实际需求时,常用光纤放大器对光纤振荡器的输出进行放大,这是光纤激光器常见的另外一种形式,即光纤放大器。光纤放大器的结构如图7.1.2所示,主要由泵浦源、泵浦耦合器和增益介质构成,主要功能是实现种子光(光纤振荡器输出的光)功率的放大。其中,泵浦源一般采用带尾纤的半导体激光器(或短波长的光纤激光器),增益介质为掺稀土元素的玻璃/石英光纤。种子光和泵浦光通过泵浦耦合器同时耦合进入增益光纤中;泵浦光为种子光的放大提供了粒子数反转的条件。通过受激辐射过程，种子光经放大器后功率得到放大。例如：数百瓦的振荡级输出的种子光经过放大级的功率放大可以实现千瓦级以上的高功率光纤激光输出。

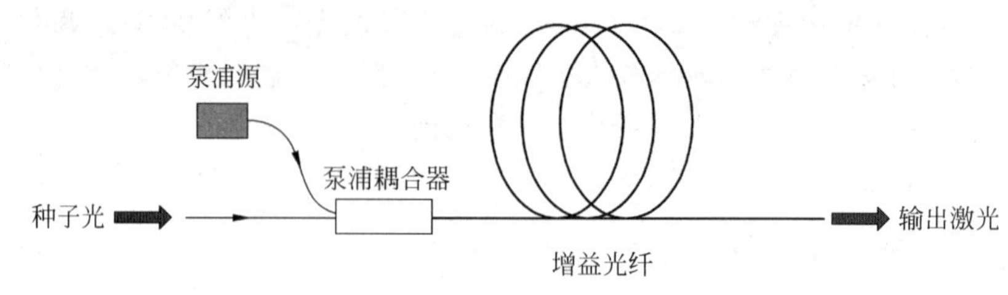

图 7.1.2 光纤放大器的基本结构

上述种子光注入光纤放大器的方式是光纤激光领域常用的主振荡加功率放大(master oscillator power amplifier，MOPA)结构。MOPA 结构的全光纤激光器由主振荡级(种子源)和功率放大级两部分组成，其结构如图 7.1.3 所示。功率放大级和振荡级之间通过光纤熔接的方式直接相连。主振荡级决定了激光器的时域、频域和空域等特性，功率放大级在提升主振荡级功率或能量的同时，通常会要求保持这些参数不变。

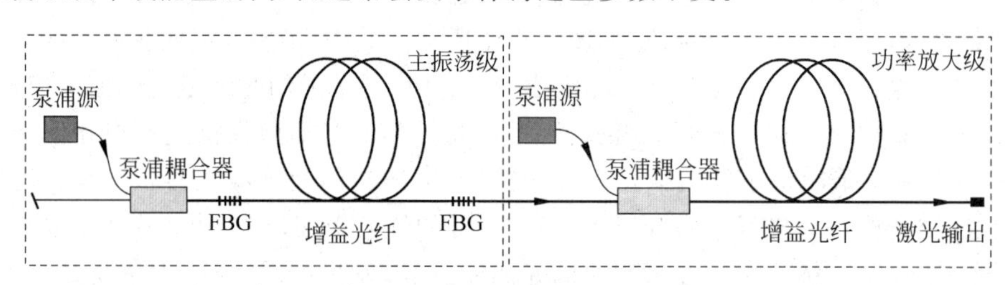

图 7.1.3 MOPA 结构的全光纤激光器

2. 光纤激光产生的物理基础

原子、分子或离子辐射光和吸收光的过程是与原子能级之间的跃迁联系在一起的。光与物质(原子、分子等)的相互作用有三种不同的基本过程，即自发辐射、受激辐射和受激吸收。受激吸收是吸收光子(原子从低能级跃迁到高能级)的过程；而自发辐射和受激辐射是辐射光子(原子从高能级跃迁到低能级)的过程。

受激吸收与自发辐射的主要区别在于相干性方面。自发辐射是原子在不受外界辐射场控制下的自发过程。自发辐射的光子在相位、偏振状态以及传播方向上都没有确定的关系。对于大量原子来说，由于所处的激发态不同，辐射的光子的频率也不同，所以自发辐射的光的单色性、相干性和方向性都很差。普通光源发光就属于自发辐射。

受激辐射是在外界辐射场下的控制过程，受辐射场与入射辐射场具有相同的频率、相位、传播方向和偏振状态，因而，受激辐射场和入射辐射场处于同一模式，如图 7.1.4 所示，E_1 和 E_2 能级分别是掺杂光纤激活离子的激光低能级和激光高能级，当入射光的能量与 E_2 和 E_1 能级差相等时，受激辐射产生光的频率与入射光的频率一致。大量原子在同一辐射场激发下产生的受激辐射处于同一光波模式或同一光子态，因而是相干的。激光就是一种受激辐射相干光，可以说，受激辐射是激光器(包括光纤激光器)产生的物理基础。

3. 光纤激光受激辐射放大的基本条件

在物质处于热平衡状态时，各能级的原子数服从玻耳兹曼统计分布，高能级粒子数恒小

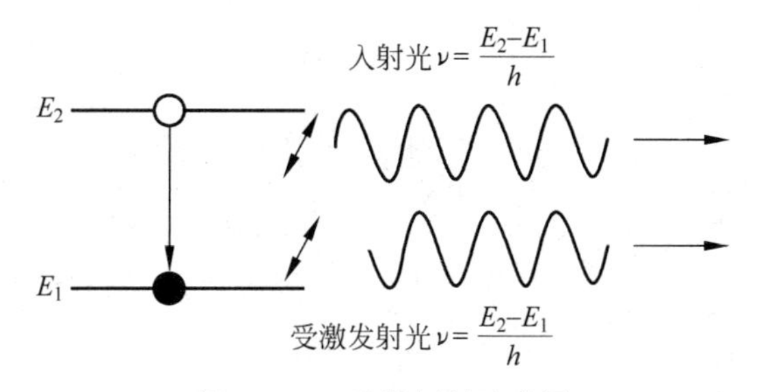

图 7.1.4　受激辐射示意图

于低能级粒子数。当频率满足跃迁条件的光通过物质时,受激吸收光子数恒大于受激辐射光子数,因介质吸收而减少的光子数多于因受激辐射而补充的光子数,即受激吸收占优势,如图 7.1.5(a)所示,光强会逐渐变弱,不能形成激光。但是,在一定条件下物质的光吸收可以转化为自己的对立面——光放大,即当外界向物质供给能量(称为泵浦过程),从而使物质处于非平衡状态时,粒子数可以实现反转,即受激辐射占优势,如图 7.1.5(b)所示。

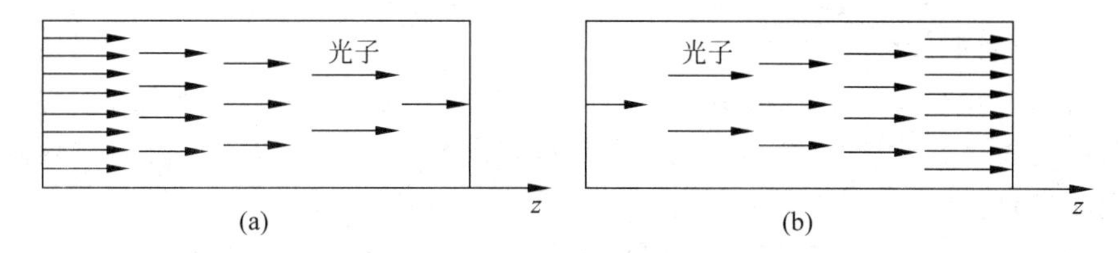

图 7.1.5　激光器谐振腔内光子数变化过程示意图

(a) 热平衡状态(吸收大于受激辐射);(b) 粒子数反转状态(受激辐射大于吸收)

由此可见,要实现受激辐射光放大,需要一个激励源(激励的方法一般有光激励、放电激励、热能激励、核能激励等),把介质的粒子不断地由低能级抽运到高能级,以实现粒子数反转。可以说,泵浦过程是实现受激辐射光放大的必要条件。光纤激光器和放大器中的泵浦源(半导体激光器或光纤激光器作为泵浦源)就起到了实现能级粒子数反转的作用。

4. 光纤激光振荡的基本条件

在光纤受激辐射放大的过程中,通常还存在着光损耗。假设光传播方向上 z 处的光强为 $I(z)$,增益系数定义为光通过单位距离后光强增加的百分数,它表示为

$$g=\frac{\mathrm{d}I(z)}{\mathrm{d}z}\cdot\frac{1}{I(z)} \tag{7.1.1}$$

损耗系数定义为光通过单位距离后光强衰减的百分数,它表示为

$$\alpha=-\frac{\mathrm{d}I(z)}{\mathrm{d}z}\cdot\frac{1}{I(z)} \tag{7.1.2}$$

同时考虑增益和损耗,则有

$$\mathrm{d}I(z)=[g(I)-\alpha]I(z)\mathrm{d}z$$

假设有一微弱光(光强为 I_0)进入一无限长放大器。起初,光强将按小信号放大规律 $I(z)=I_0\mathrm{e}^{(g^0-\alpha)z}$ 增加,但随着 $I(z)$的增加,$g(I)$由于饱和效应而按 $g(I)=g^0/(1+I/I_\mathrm{s})$的规律减小,因而 $I(z)$的增加逐渐变缓。最后,当 $g(I)=\alpha$,$I(z)$不再增加并达到一个稳定的极限值 I_m(见图 7.1.6)。根据 $g(I)=\alpha$ 条件,有

$$\frac{g^0}{1+\frac{I_m}{I_s}}=\alpha \tag{7.1.3}$$

即

$$I_m=(g^0-\alpha)\frac{I_s}{\alpha} \tag{7.1.4}$$

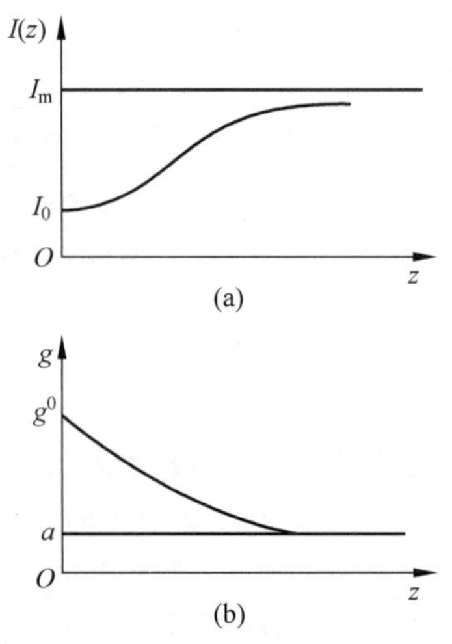

图 7.1.6 腔内光强与增益饱和
(a) 激光器内光强变化；(b) 增益饱和过程

式中，I_s 为光纤增益材料的饱和光强；g^0 为光纤激光器小信号增益系数。可见，I_m 只与放大器本身的参数有关，而与初始光强无关。特别是，不管初始多么微弱，只要放大器足够长，就总是形成确定大小的光强，这实际上就是自激振荡的概念。这就表明，当激光放大器的长度足够大时，它可能成为自激振荡器。实际上，并不需要真正把激活物质的长度无限增加，而只要将具有一定长度的光放大器放置在光谐振腔中。这样，轴向光波模就能在反射镜间往返传播，这就等效于增加放大器长度。光谐振腔的这种作用也称为光的反馈。由于在腔内总是存在频率微弱的自发辐射光(相当于初始光强)，它经过多次受激辐射放大就有可能在轴向光波模上形成光的自激振荡，这就是实现激光器的主要依据。

一个激光器能够产生自激振荡的条件，即任意小的初始光强都能形成确定大小的腔内光强的条件，可从式(7.1.4)求得。

$$I_m=(g^0-\alpha)\frac{I_s}{\alpha}\geqslant 0 \tag{7.1.5}$$

即

$$g^0\geqslant\alpha \tag{7.1.6}$$

这就是激光器的振荡条件。g^0 为小信号增益系数；α 为包括光纤增益材料和谐振腔损耗在内的损耗系数。

$g^0=\alpha$ 时的情况，称为阈值振荡情况，这时腔内光强维持在初始光强的极其微弱的水平上。当 $g^0>\alpha$ 时，腔内光强就增加，并且 I_m 正比于$(g^0-\alpha)$。

可见，增益和损耗这对矛盾是激光器是否振荡的决定因素。应指出，激光器的几乎一切特性(例如输出功率、单色性、方向性等)以及对激光器采取的技术措施(例如稳频、选模、锁模等)都与增益和损耗特性有关。因此，光纤激光器工作物质的增益特性和光腔的损耗特性是掌握激光基本原理的线索。

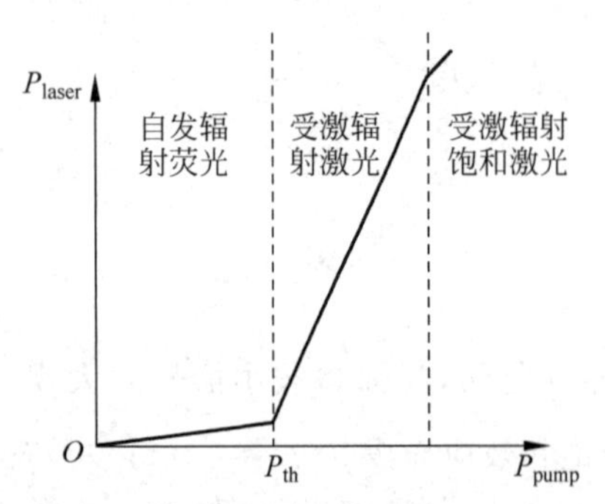

图 7.1.7 激光器的输出光功率与注入泵浦功率的关系

5. 光纤激光器的工作过程及基本输出特性表征

光纤激光器的输出特性包括阈值泵浦功率、输出光功率、光-光转换效率、斜率效率等。光纤激光器的输出光功率与注入泵浦功率的关系如图 7.1.7 所示，P_{pump}、P_{th}、P_{laser} 分别表示泵浦功率、阈值泵浦功率以及激光输出光功率。根据激光输出光功率与泵浦光功率的关系，可将激光器工作过程分为自发辐射、受激辐射和受激辐射饱和过程。

(1) 自发辐射过程。光功率较低时，观测到激光器的光功率较小，随着泵浦光功率的增大，激光器输出光功率增加较缓慢，此时激光器发射荧光，处于自发辐射状态。

(2) 受激辐射过程。当泵浦功率超过阈值时，激光器输出光功率迅速增加，此时激光器处在受激辐射状态，产生激光。从发射荧光到辐射激光的转折点处的泵浦光功率称为阈值泵浦光功率。

(3) 受激辐射饱和过程。随泵浦光的进一步增加，几乎光纤中所有的掺杂离子都参与了激光振荡，此时激光器就会出现受激饱和。

从供电能量(功率)到输出激光光束，其间经历了多个能量转化过程，光纤激光器的效率与器件结构、工作方式(连续或脉冲)、输出激光模式结构、泵浦方式等都有关系。这里主要介绍光-光转换效率和斜效率的概念。光纤激光器的光-光转化效率为输出激光功率与泵浦光功率的比值，用下式表示：

$$\eta_{\text{光-光}} = \frac{P_{\text{laser}}}{P_{\text{pump}}} \tag{7.1.7}$$

斜效率又称为微分效率，定义式如下：

$$\eta_{\text{斜}} = \frac{P_{\text{laser}}}{P_{\text{pump}} - P_{\text{th}}} \tag{7.1.8}$$

光纤激光器斜效率的上限取决于泵浦光和信号光的光子能量差异，即量子转化效率。因此，要得到较高的斜效率，泵浦光波长越接近信号光波长越好。此外，光纤激光谐振腔的损耗不仅会影响阈值泵浦功率，也会影响激光器的光-光转换效率和斜效率。

6. 光纤激光器的常见发光波段

光纤的纤芯很细，在泵浦光作用下光纤内极易形成高功率密度，这使激光工作物质的能级间形成粒子数反转，适当加入正反馈回路构成谐振腔后，便可产生激光振荡。按照增益光纤掺杂元素的不同，光纤激光器可以分为掺铒(Er^{3+})、镱(Yb^{3+})、钕(Nd^{3+})、钐(Sm^{3+})、铥(Tm^{3+})、钬(Ho^{3+})、镨(Pr^{3+})、镝(Dy^{3+})、铋(Bi^{3+})光纤激光器。根据所掺杂的离子不同，可以实现不同波长的激光输出，光谱范围可以覆盖 0.38～5μm 范围内的可见光、近红外和中红外谱段。掺铒光纤激光器常见的输出波段为 1.52～1.62μm；掺镱光纤激光器常见的输出波段为 1.01～1.17μm；掺钕光纤激光器常见的输出波段为 0.9～0.95μm、1.05～1.14μm；掺铥光纤激光器常见的输出波段为 1.65～2.05μm。在工业加工等领域目前常用的光纤激光器是 1μm 波段的掺镱光纤激光器；在光通信和激光雷达等领域 1.5μm 波段的掺铒光纤激光器得到广泛应用；在医疗和遥感领域 2μm 波段掺铥光纤激光器应用比较成熟。光纤激光器丰富的输出谱线，基本可以满足不同的应用需求。

7.1.2　光纤型光学谐振腔及输出模式

激光谐振腔不仅可以起到延长增益介质的作用(增益介质对光的受激放大作用不仅是一次，而是多次重复进行)，而且能控制光束的传播方向和输出模式，并提高激光的单色性。光纤激光器谐振腔所起的作用与固体激光器的谐振腔一样，但为了全光纤化，谐振腔的形式有很大变化。本节将主要讨论几种常见的光纤型光学谐振腔的基本结构及工作原理，并对光纤激光器的基本输出模式——横模及纵模进行介绍。

1. 光纤型光学谐振腔

光纤激光器谐振腔有多种类型，比如线形腔、环形腔和复合腔等，常见的光纤型谐振腔结构有以下几种：

(1) 光纤型法布里-珀罗谐振腔(F-P 腔)。F-P 谐振腔也称为平面平行腔，光纤型 F-P 腔通常由一对(高反射 HR 和低反射 LR)布拉格光栅(FBG)构成，如图 7.1.8 所示。布拉格光栅被直接刻写在光纤上，取代了原有空间结构的腔镜，实现了光纤激光器的全光纤化。由于布拉格光栅具有窄带频率选择性，光纤激光器输出光谱主要由光纤光栅的性能决定。通常，均匀周期的光纤光栅构成的激光振荡器的出射光谱呈近洛伦兹型，光栅的带宽在一定程度上会影响输出光谱的带宽，光纤光栅的中心波长决定了光纤激光器输出光谱的中心波长。

FBG F-P 腔的反射谱线和透射谱线通常由谐振峰构成，谐振峰的数目和间隔主要由腔长和光栅的带宽决定。在光栅的带宽范围内，谐振峰的数目随着腔长的增大而增大，谐振峰之间的间隔随着腔长的增大而减小。

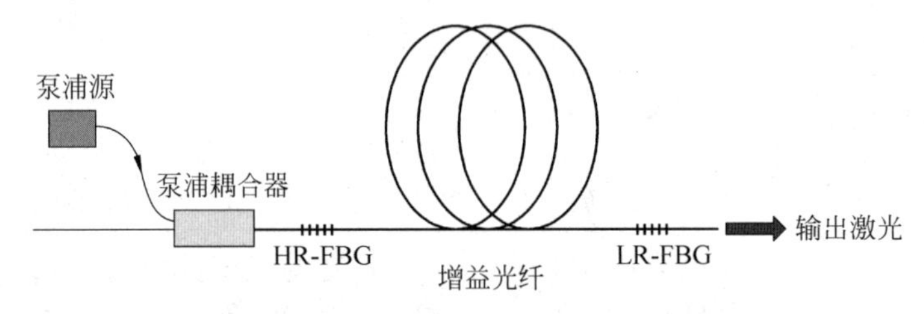

图 7.1.8 光纤光栅 F-P 激光器示意图

(2) 光纤环形腔(又称为行波腔)。环形腔通常由光纤耦合器构成，将光纤耦合器的两臂(图 7.1.9 中的 3、4 两点)相连接形成光的循环传播回路，即把一个直通臂的输入端与输出端相连，构成闭合回路。耦合器在谐振腔中起到了腔镜的反馈作用，由此构成环形谐振腔，对应的空间结构如图 7.1.10 所示。泵浦光从端口 1 进入，经耦合器从端口 4 进入环形腔，掺杂光纤受激辐射产生的激光传输到端口 3，经耦合器分为 2 束。一束由端口 2 输出，另一束由端口 4 返回并被谐振放大，如此反复。

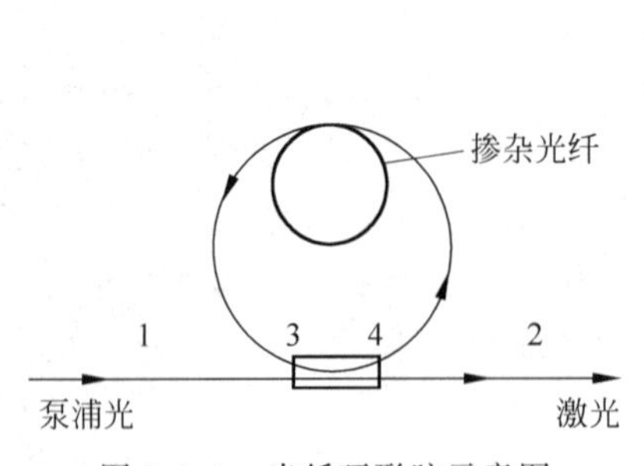

图 7.1.9 光纤环形腔示意图

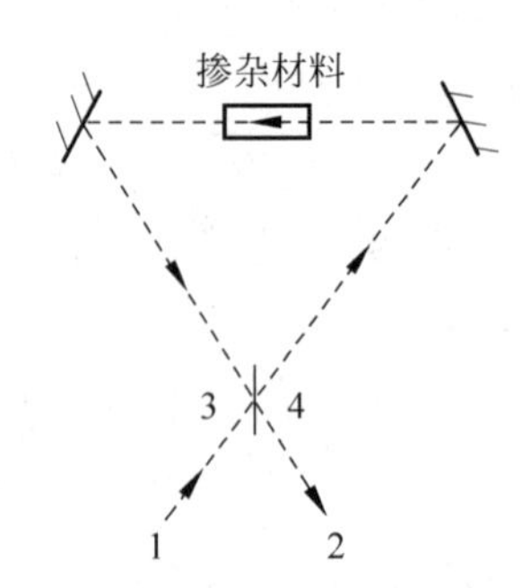

图 7.1.10 光纤环形腔对应的空间光传输结构

光纤环形腔的谐振峰间隔主要是由光纤环路的光学长度决定。考虑环路中有增益光纤的情形，即实现光的放大的情形，光纤耦合器的分光比会影响环形腔的输出功率、阈值功率和斜率效率。一般而言，耦合器的分光比存在一个最佳值，过大或过小均会导致输出功率下降。

(3) 光纤环路反射器。图 7.1.11 是光纤环路反射器示意图,可以证明,若光纤的输入功率为 P_{in},耦合比为 K,在不计耦合损耗时,透射光和反射光的光功率分别为

$$P_t = (1-2K)^2 P_{in}$$

$$P_r = 4K(1-K)P_{in}$$

显然,$P_t + P_r = P_{in}$,即遵守能量守恒。当 $K=0$ 或 1 时,光全部从端口 2 输出;$K=1/2$ 时,从端口 2 输出的光功率为零,可以看成一个光纤全反射器。把这样两个(高反射 HR 和一定透射输出 OC 的)环路串联,如图 7.1.12 所示,就可构成一个光纤谐振腔,这两个光纤耦合器起到了腔镜的反馈作用。耦合器的分束比则和腔镜的反射率有类似作用,它们决定了谐振腔的精细度。

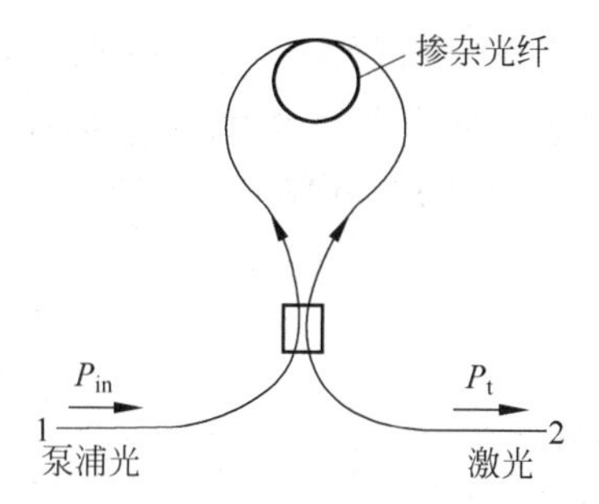

图 7.1.11　光纤环路反射器示意图

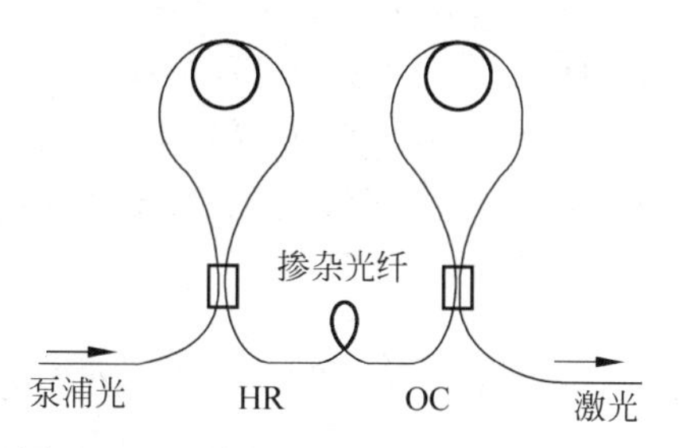

图 7.1.12　双光纤环形腔谐振腔示意图

(4) 分布反馈式腔。光纤型分布反馈式(distributed feedback,DFB)谐振腔主要由掺杂光纤及在掺杂光纤上刻制的相移光栅构成,相移光栅为激光器提供模式选择和光反馈,仅需要一个光栅即可实现光反馈和波长选择,从而使其有着更好的频率稳定性,可以实现稳定的单模输出。其典型结构如图 7.1.13 所示,1550nm DFB 光纤激光器的增益介质为掺铒离子增益光纤,以 980nm 半导体激光器作为泵浦光源,泵浦光经过 980/1550nm 波分复用器进入激光器谐振腔,当谐振腔内增益达到激光器阈值条件时,从谐振腔两端输出信号光,信号光经波分复用器 1550nm 端输出,在输出端通常加入隔离器以防止反射光进入激光器谐振腔而对激光器运行产生影响。

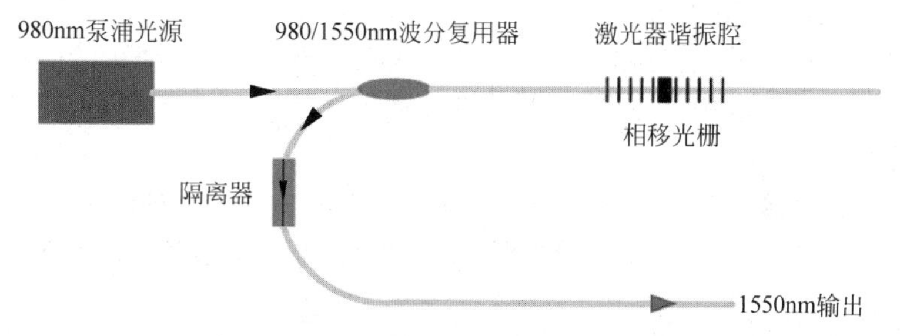

图 7.1.13　DFB 腔光纤激光器结构示意图

分布反馈式光纤激光器是一种线形腔光纤激光器,典型的分布反馈式光纤激光器采用的是 π 相移光栅。π 相移光栅属于一种非均匀的光纤布拉格光栅,在均匀光纤布拉格光栅的特定位置引入适度的相位跳变就构成了相移光纤光栅。引入的相移会使光纤布拉格光栅

在其反射带中打开一个极窄的透射窗口，从而实现对特定波长的选择。π 相移位置位于光栅中央位置，π 相移两端的光栅可以看作谐振腔的两个反射镜。相移光栅折射率调制分布在相移位置发生相位突变(图 7.1.14)，对应地会在反射谱上打开一个窄带透射窗口，当谐振腔受到泵浦光激励时，会在透射窗口位置激射激光。DFB 光纤激光器的线宽非常窄，通常只有几十 kHz，甚至可以在 1kHz 以下，这样的输出光有着非常好的相干特性。

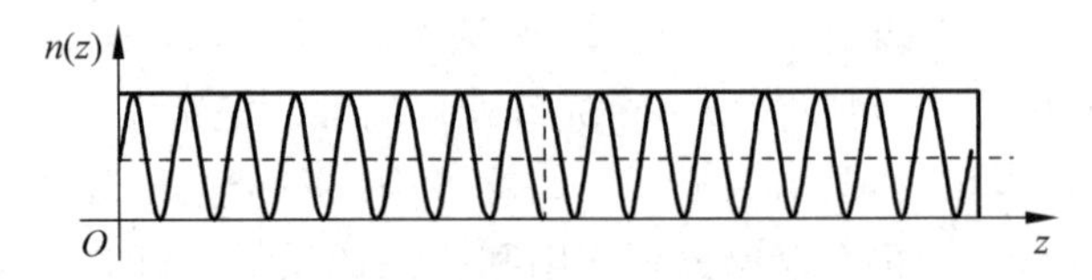

图 7.1.14 相移光栅纤芯折射率调制分布

(5) Fax-Smith 光纤谐振腔(复合腔)。复合腔也可用于光纤激光器，Fax-Smith 光纤谐振腔是由镀在光纤端面上的高反射镜与光纤定向耦合器组成的一种复合谐振腔，如图 7.1.15 所示。两个腔体分别由臂 1、臂 4 和臂 1、臂 3 构成。由于复合腔有抑制激光纵模的作用，用这种谐振腔可获得窄带激光(单纵模)输出。

复合腔纵模频率间隔为

$$\Delta f=\frac{c}{2n(L_{13}-L_{14})}$$

式中，n 为光纤的折射率；c 为真空中的光速；L_{13} 为臂 1 和臂 3 的长度和；L_{14} 为臂 1 和臂 4 的长度和。适当选择 L_{13}、L_{14} 以致在整个荧光线宽内仅有一个模式振荡，从而实现单纵模运转。

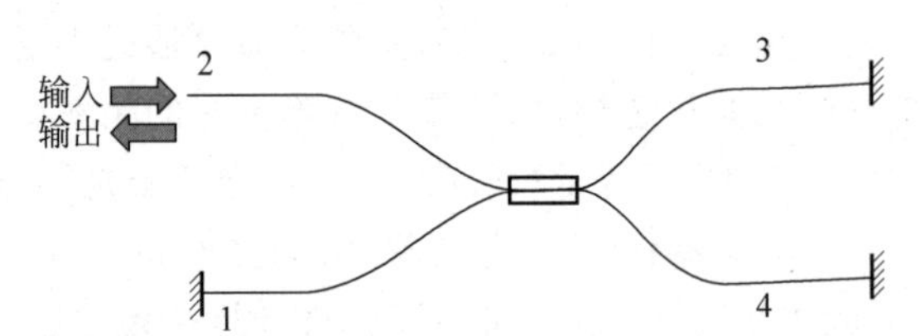

图 7.1.15 Fax-Smith 光纤谐振腔示意图

2. 光纤激光器的输出模式

光纤激光器的输出模式，可用横模和纵模来表征。光纤激光谐振腔的固有属性(腔长、增益光纤纤芯尺寸和折射率分布等)以及外界激励条件等因素一定程度上影响了激光横模和纵模的分布特点。

光纤激光器的横模是指在垂直于激光传播方向上的横截面上的场型分布(包括电场和磁场)，描述的是激光光斑上的能量分布情况，横模可以从激光束横截面上的光强分布看出来。

无源光纤的横模分布主要由激励条件以及光纤的固有属性(数值孔径、折射率分布以及纤芯尺寸等)决定，这里不再赘述，详见第 2 章内容。

有源光纤激光器的输出横模与无源光纤横模不同，有源光纤激光器的横模之间存在增益导致的模式竞争，这是由于不同横模的横向光场分布不同，它们分别使用不同空间的激活粒子，所以不同横模最终获得增益和损耗也不同。如图 7.1.16 所示，基模的场强在中间占有优势，而高阶模在边缘部分的场强比较大。当光纤的掺杂区域覆盖整个纤芯区的时候，由于存在横向空间烧孔效应，每个地方的粒子反转数并不一定完全被基模占据，每个模式都有可能在它场强比较占据优势的地方和那里的粒子反转数相互作用而获得增益。一旦增益超过损耗，这个模式就会形成稳定的激光输出，当然，也有可能这个模式得不到足够的增益而不能形成激光振荡。也就是说，横向空间烧孔效应使得光纤每个导波模式都有获得增益的可能(或者说有获得增益的空间)，但是最终哪个模式能够输出，模式的分布如何，取决于该模式的空间增益和损耗。

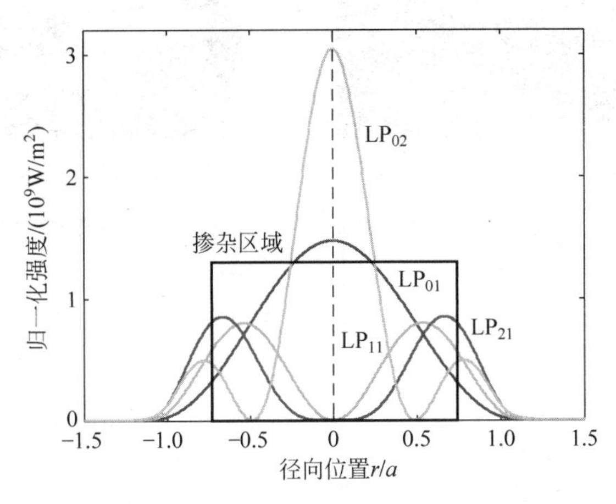

图 7.1.16　低阶横模场强分布与掺杂区域的关系

按输出光斑模式，光纤激光器可以分为单模和多模两种。单模是指激光能量在二维平面上的单一分布模式(在实际应用中提到的单模一般是指单基模)，多模是指多个分布模式叠加在一起而形成的空间能量分布模式，如图 7.1.17 所示。图 7.1.17(a)为光纤激光 LP_{01} 基模空间能量分布，过圆心任一方向上的能量分布为 0 阶贝塞尔曲线形式，近似等效为高斯曲线形式。图 7.1.17(b)为多模光纤激光能量空间分布，它是由多个单一光纤激光模式叠加起来而形成的空间能量分布，多个模式叠加的结果有可能是图 7.1.17(b)所示的近平顶型分布，也有可能是其他类型分布。

光纤激光器的纵模是指在线形激光器谐振腔内形成的稳定驻波，即谐振腔所允许的光场纵向稳定分布。对于一个固定的谐振腔，由于满足谐振腔来回振荡相位匹配条件的波长很多，只要满足这个条件就可以形成稳定的驻波，所以在同一个谐振腔内会存在很多驻波形式，而一个驻波形式就对应一个纵模。由一对光纤光栅构成的 F-P 腔型全光纤型光纤激光器中，若光学腔长为 $L'=\eta L$，其中，L 为 F-P 腔长，η 为纤芯折射率，则纵模满足的相位匹配条件为

$$v_q=\frac{qc}{2L'} \tag{7.1.9}$$

式中，q 为正整数；c 为光速。相应的纵模频率间隔为

$$\Delta\nu=\nu_{q+1}-\nu_q=\frac{c}{2L'} \tag{7.1.10}$$

无源 F-P 谐振腔的纵模及其纵模间隔如图 7.1.18(a)所示，在有源 F-P 谐振腔中，激光增益曲线(如图 7.1.18(b))与谐振腔纵模的相互作用下，满足谐振腔起振条件(增益大于损

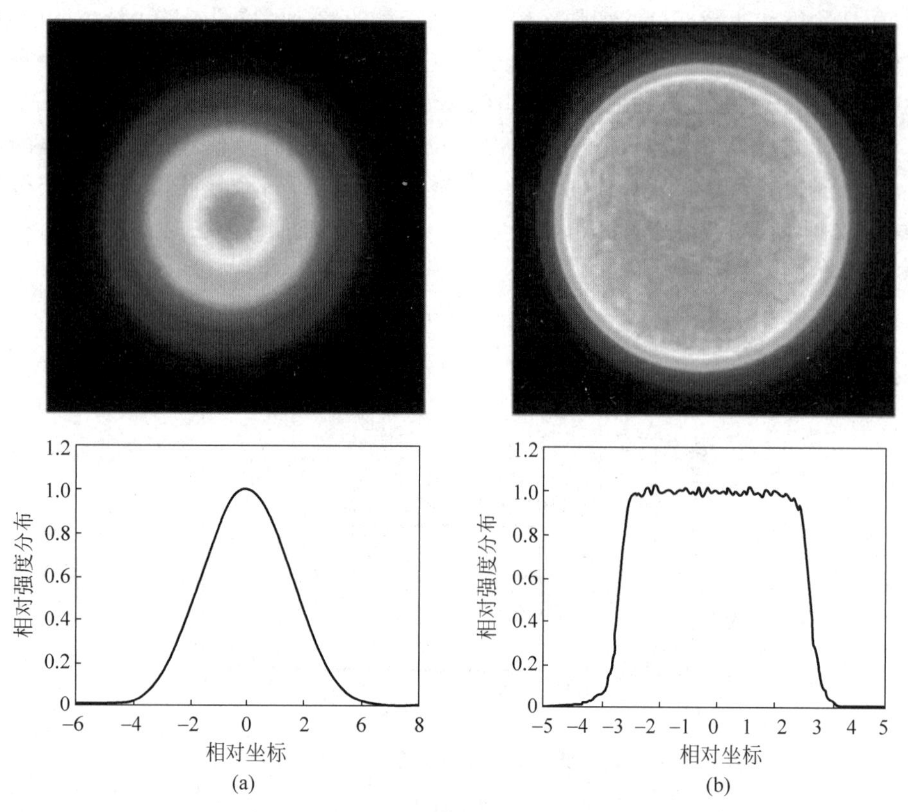

图 7.1.17 光纤激光输出的光斑与能量空间分布

(a) 基模；(b) 多模

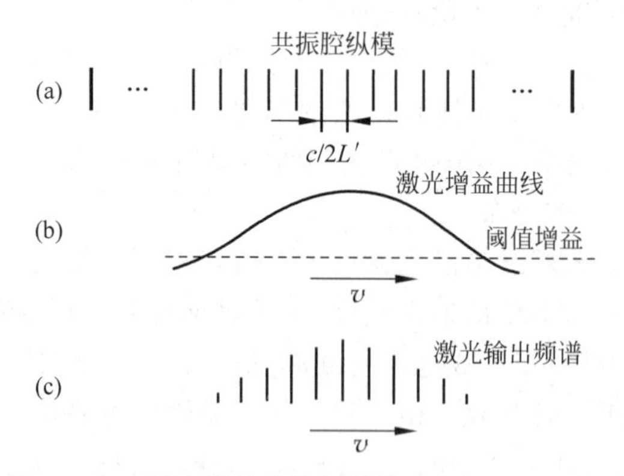

图 7.1.18 激光增益曲线与谐振腔纵模的相互作用

(a) 谐振腔纵模；(b) 激光增益曲线；(c) 激光输出频谱

耗)的纵模,从光纤激光器中输出,并最终形成光纤激光器输出光谱带宽,如图 7.1.18(c)所示。所以说,自由运转激光器的输出一般包含若干个超过阈值的纵模,这些纵模模式的振幅及相位都不固定,激光输出随时间的变化是它们无规则叠加的结果,是一种时间平均的统计值。由于光纤细长,光纤谐振腔长度较长,腔内纵模数目多,并且纵模间隔小,光纤激光器输出一般为多纵模输出。

输出一个纵模的激光器称为单纵模激光器,输出多个纵模的激光器称为多纵模激光器。

显然，激光器输出的纵模越多，激光的单色性就越差。因此，对要求单色性好的光纤激光器，必须采取选模措施，以实现单纵模输出。

7.1.3　光纤激光器的泵浦方式

光纤激光器采用细长的光纤作为增益介质，这对光纤激光器的泵浦耦合提出了较高的要求。

1. 单包层掺杂光纤激光器泵浦方法

对于单包层掺杂光纤激光器，通常将泵浦光直接耦合进入光纤纤芯，纤芯中的掺杂离子吸收泵浦光而产生粒子数反转，从而输出激光。由于光纤纤芯的几何尺寸相对较小，对泵浦光的亮度和泵浦耦合系统都提出了较高要求。

对于单模光纤，目前常采用波分复用器（WDM）将尾纤输出的泵浦光耦合到增益光纤中。在实验室里，也常采用分立光学器件的方式进行光学耦合，只不过由于单模光纤芯径在 10μm 量级，只有采用消像差的分立光学耦合系统才能获得高耦合效率；对于多模光纤，由于其芯径更大，耦合技术较为灵活。

根据泵浦光相对于激光输出方向的不同，泵浦方向可以分为前向泵浦、后向泵浦和双向泵浦三种。无论是光纤振荡器还是光纤放大器均存在上述三种泵浦方向。对于同一参数的光纤振荡器或放大器，不同的泵浦方向会带来光纤激光器输出性能的差异。因此，泵浦方向的选择是光纤激光器优化设计中不可或缺的重要环节之一。

以常见的掺铒光纤放大器（EDFA）为例，介绍三种不同泵浦方向的基本结构，并简单比较不同泵浦方向下 EDFA 增益特性和噪声特性方面的差异。

1）前向泵浦

前向泵浦也称为同向泵浦，即泵浦源和波分复用器（WDM）位于掺铒光纤（EDF）的前部，泵浦光和信号光沿同一方向进行传输，如图 7.1.19 所示。前向泵浦结构简单，泵浦源位于整个系统前端，这使得信号光进入 EDF 时立即能得到较大的增益，且噪声系数非常低。但是随着光纤长度的增加，光纤后段所接收到的泵浦光能量逐渐衰减，从而导致增益剧减。系统在此过程中会达到增益饱和并产生噪声。

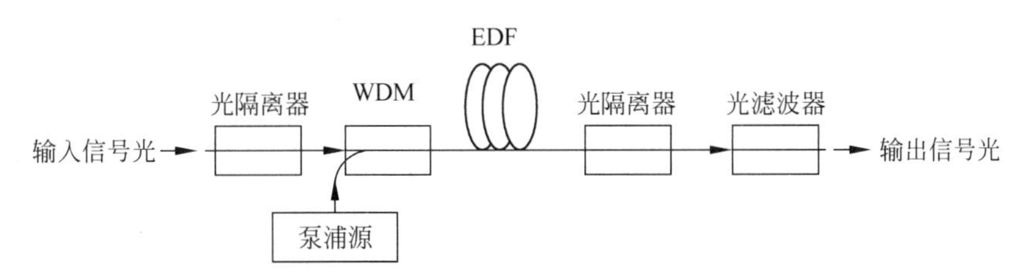

图 7.1.19　前向泵浦掺铒光纤放大器

2）后向泵浦

后向泵浦也称为反向泵浦，与前向泵浦相对。后向泵浦的泵浦源和波分复用器位于掺铒光纤（EDF）的后部，泵浦光和信号光从相反的方向同时注入掺杂光纤中，如图 7.1.20 所示。由于泵浦光从掺铒光纤（EDF）后方进入，即光纤后部的粒子数反转较前部比例更高，而信号光沿光纤传播，经放大后也越来越强，两者变化趋势相符，所以这种泵浦方式可以获得较大的增益和输出功率，但是这种情况下的噪声相应也变得非常大。

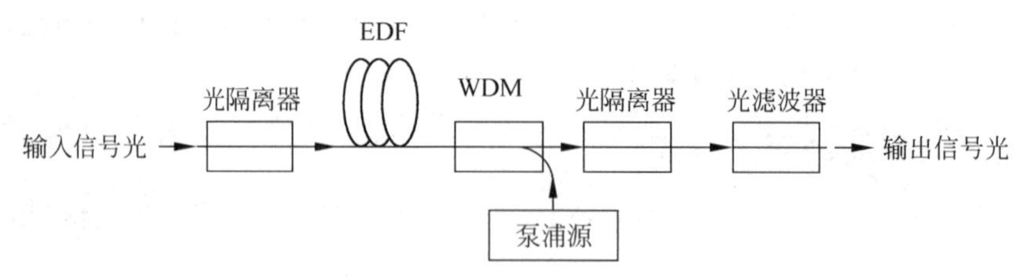

图 7.1.20 后向泵浦掺铒光纤放大器

3）双向泵浦

双向泵浦是指泵浦光分别从前、后两个方向同时注入掺杂光纤中，如图 7.1.21 所示。由于采用了两个泵浦源，所以抽运光在掺杂光纤中分布更趋均匀，此结构放大器的输出噪声系数及增益介于前向泵浦与后向泵浦之间。

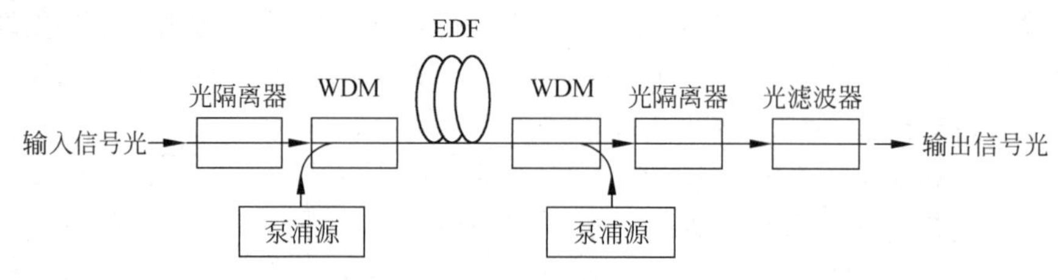

图 7.1.21 双向泵浦掺铒光纤放大器

2. 双包层掺杂光纤激光器泵浦耦合方法

双包层光纤激光器泵浦吸收工作原理如图 7.1.22 所示，泵浦光直接耦合到内包层，以多模形式在内包层传输，多次透过纤芯，并被纤芯吸收，从而实现沿光纤纤芯的全长度泵浦，由此大大提高泵浦效率。双包层光纤内包层有两个作用：一是将激发的激光限制在纤芯中；二是传导多模泵浦光，使其被纤芯最大限度地吸收，并转换成高亮度激光输出。由于内包层有较大的横向尺寸和数值孔径，因此可选用大功率的多模激光二极管阵列作为泵浦源，可显著提高泵浦耦合效率和入纤的泵浦功率。

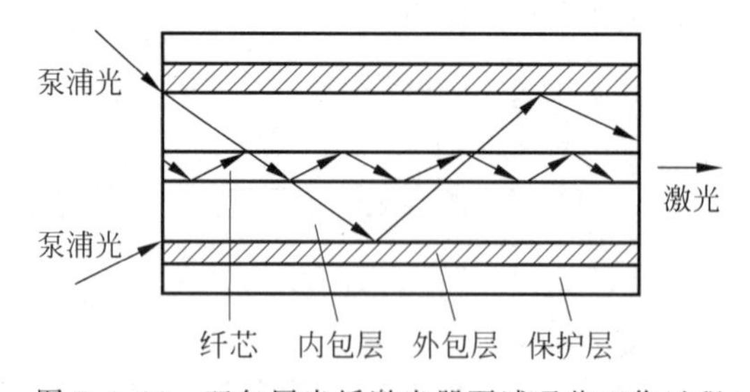

图 7.1.22 双包层光纤激光器泵浦吸收工作过程

与单包层光纤相比，在芯径几乎相同的情况下，双包层光纤能使可注入的泵浦光功率和激光输出功率提升数个量级。如较为常见的单模掺杂光纤纤芯直径为 10μm 左右，由于单模半导体激光最大输出功率大多在 1W 以下，因此，半导体激光纤芯泵浦的单模掺杂光纤输出激光功率一般在数百毫瓦量级；与此相应，在芯径为 10μm 左右的双包层光纤中，则可实现(数)百瓦甚至千瓦功率输出，提升了 3～4 个量级。

包层泵浦技术是双包层光纤激光的关键技术之一。双包层光纤内包层的尺寸和数值孔径决定了内包层可以传输的泵浦光功率。对于一定的内包层尺寸 D，增大内包层的数值孔径有利于耦合更多的泵浦光功率。另外，为了使泵浦光容易输入，D 宜大，但是纤芯对泵浦光的吸收长度将随 $(D/d)^2$ 增加而加大(其中，d 为纤芯的直径)，由于本底吸收损失的存在，吸收长度也不宜过长，故 D 不宜过大，包芯比 (D/d) 往往需要优化。

双包层光纤激光器的泵浦方式总的来说可以分成两大类：端面泵浦和侧面泵浦。除了分立光学元件耦合外，由于光纤激光器全光纤化的要求，光纤型泵浦耦合器结构有其独特特点。

1）端面泵浦耦合

熔融拉锥型泵浦耦合器是端面泵浦最常见的一种方式，是将多个光纤合成到一根待耦合光纤。其制作过程是将多根光纤组成一束，然后在高温下加热拉伸，使其互相熔合并形成锥形过渡区，最后将其切断，与输出光纤熔接。根据应用方式可以将熔融拉锥型端面耦合器分成两类：$N\times1$ 光纤熔锥型端面泵浦耦合器和 $(N+1)\times1$ 光纤熔锥型端面耦合器。$N\times1$ 端面泵浦耦合器是将 N 个泵浦光纤熔融拉锥后与输出双包层光纤的内包层进行端面熔接而成；$(N+1)\times1$ 熔锥型端面耦合器不同于 $N\times1$ 熔锥型端面耦合器，本质区别是 $(N+1)\times1$ 耦合器的中心光纤是带有纤芯可以传输信号的光纤，如图 7.1.23(a)和(b)所示。

为了实现高效熔锥型耦合器，$N\times1$ 耦合器的输入和输出光纤需要满足以下关系：

$$D_{\text{out}}^2\text{NA}_{\text{out}}^2 \geqslant ND_{\text{in}}^2\text{NA}_{\text{in}}^2 \tag{7.1.11}$$

其中，D_{out} 和 D_{in} 分别为输出和输入光纤的直径；N 为输入光纤的数量；NA_{out} 和 NA_{in} 分别为输出和输入光纤的数值孔径。

目前商业化光纤熔融拉锥型端面耦合器产品规格繁多，制作技术上已经成熟，高功率 $N\times1$ 泵浦耦合器插损一般小于 3%，高功率 $(N+1)\times1$ 泵浦耦合器的泵浦臂损耗小于 3%，信号臂损耗小于 2%。

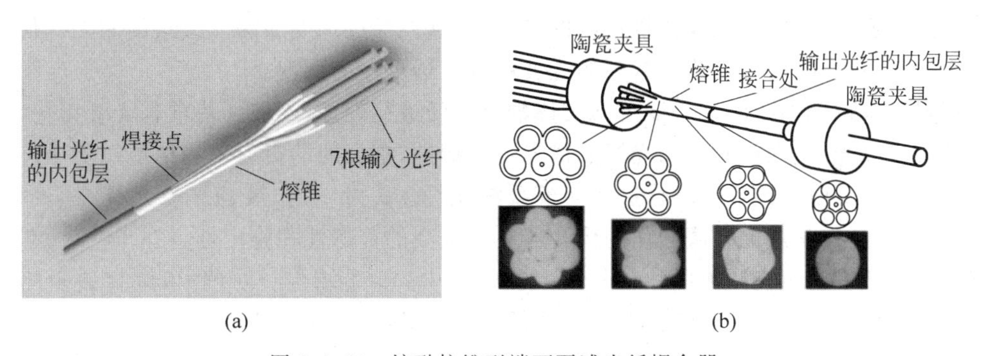

图 7.1.23　熔融拉锥型端面泵浦光纤耦合器

(a) 7×1 熔锥型光纤耦合器；(b) (6+1)×1 熔锥型光纤耦合器

2）侧面泵浦耦合

侧面泵浦耦合具有的突出优点是不受到光纤端面数量的限制，可以实现多点泵浦，泵浦功率扩展性强，易于实现高功率泵浦耦合。有多种类型的全光纤侧面泵浦耦合，如斜抛熔接侧面耦合、折射率沟槽侧面泵浦耦合、GT-Wave(泵浦增益一体化激光光纤的分布式侧面泵浦)技术、非对称光纤侧面耦合、锥形石英管侧面耦合等。这里介绍斜抛熔接侧面耦合和折射率沟槽侧面泵浦耦合原理。

光纤角度磨抛侧面耦合结构如图 7.1.24 所示，由双包层主光纤和多模泵浦光纤组成。在双包层光纤中间的小段内，剥去涂覆层，将内包层露出。用于此耦合器的双包层光纤的内包层需具有至少一个平面，来作为泵浦耦合面。所以，此耦合器所采用的双包层光纤的横截面可以有以下几种形状：D 形、矩形、六边形和八边形等多边形。多模泵浦光纤的一端由机械磨抛的方法加工成一定斜角，并将端面研磨成光滑的平面。磨抛后泵浦光纤的光滑端面与双包层光纤内包层平面贴合。然后采用氢氧焰或 CO_2 激光将泵浦光纤与双包层主光纤熔接。斜抛熔接侧面泵浦耦合的特点是将尾纤输出的 LD 泵浦光通过多模光纤由侧面注入双包层主光纤的内包层，此耦合器在制作过程中不破坏主光纤纤芯，具有信号光损耗低的优点。

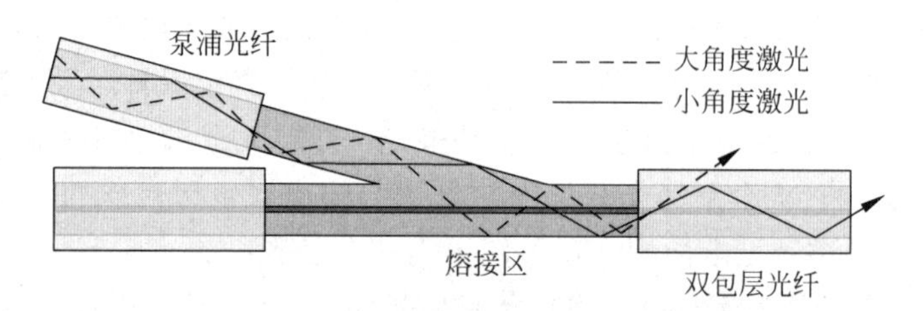

图 7.1.24　斜抛熔接侧面泵浦耦合器示意图

折射率沟槽侧面泵浦耦合器由带有包层且端部呈锥形的多模泵浦光纤和待耦合光纤组成，如图 7.1.25 所示。泵浦光纤为多模光纤，带有包层 1 和锥形区 2，如图 7.1.25(a)所示。多模光纤的包层 1 与待耦合光纤在耦合区 4 处紧密贴合。泵浦光纤的包层处于泵浦光纤纤芯和待耦合光纤之间，从而形成折射率沟槽(折射率分布如图 7.1.25(c)所示)。多模光纤中的光波 3 经过耦合区 4 高效地传播进入待耦合光纤中，从而实现了泵浦光从多模光纤到待耦合光纤的高效率耦合。折射率沟槽侧面泵浦耦合器的特点是光波穿透折射率沟槽，基于倏逝波穿透效应，随着光线传播角度的增大，倏逝波穿透深度加深。大角度的光线代表着光纤中的高阶模式，即模式阶数越高的光波能够穿透更深的深度。

折射率沟槽侧面泵浦耦合器无须对待耦合光纤进行处理，不破坏待耦合光纤结构，可以应用于大模场光纤、保偏光纤和光子晶体光纤。此外，耦合区的折射率沟槽可以防止待耦合光纤中传输的低阶模式反向耦合进入多模泵浦光纤。另外，带包层的多模光纤在非耦合区有包层保护，这使采用此方法制作的耦合器具有很高的可靠性和稳定性。在单个泵浦点，N 多根泵浦光纤围绕主光纤侧面均匀排列，构成 $(N+1)\times 1$ 结构。原理上，耦合器泵浦的数量由主光纤内包层直径 D_1 和泵浦光纤直径 D_2 决定，单点能够进行耦合的泵浦光纤数量最多为 $N=\mathrm{INT}\left[\pi\dfrac{(D_1+D_2)}{D_2}\right]$，其中 INT 表示取整。

例如，主光纤内包层直径为 400μm，泵浦光纤包层直径为 220μm，则单点最多能够放置 8 根泵浦光纤。但是，在单点放置多个泵浦光纤时，某根光纤耦合进入的激光可能会进入对向的泵浦光纤而导致泵浦效率降低，或存在损坏对向泵浦源的风险，设计时需要考虑这一点。

对于光纤激光器整体而言，除了上述单点泵浦方式，还可以从整体上进行分布式泵浦、集中式盘状光纤激光器泵浦、后向一体化泵浦等。

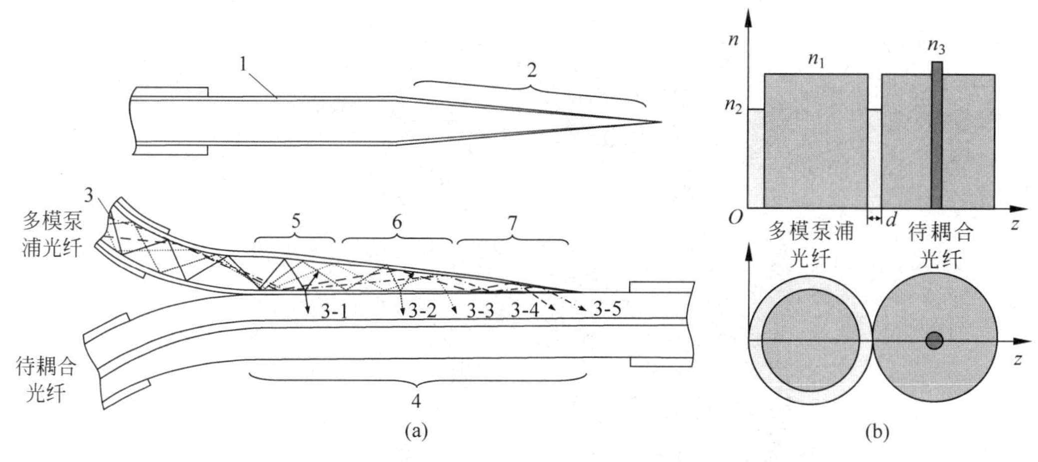

图 7.1.25 折射率沟槽侧面泵浦耦合器原理示意图

(a) 耦合区结构；(b) 折射率分布

7.1.4 横向及纵向模式控制方法

为了满足不同应用场景需求，光纤激光器经常采用以控制输出光束发散角和光强分布为主要目的的横模选择技术，以及以获得窄线宽为主要目的的纵模选择技术。各种新型光纤激光器应运而生，例如基模光纤激光器、少模光纤激光器、高阶模光纤激光器、窄线宽光纤激光器、单频光纤激光器等。

1. 横模控制法

常见的光纤激光器横模控制方法有弯曲选模法、模式转换法、基于光纤结构设计的单模输出光纤等。

1）弯曲选模法

弯曲选模法利用不同横模对光纤弯曲损耗的敏感程度不同，由于光纤中高阶模的弯曲损耗都比基模大，选择合适的弯曲半径可以实现只有基模输出而将其他的高阶模全部抑制。当光纤弯曲时，光波导中的导波模的能量会有部分沿弯曲半径方向的辐射而形成弯曲损耗，而且这种损耗随着模式的阶数增大而迅速增大。例如，对于芯径为 30μm，数值孔径为 0.06 的多模光纤（归一化频率参数 $V\approx5$@1060nm），当弯曲半径为 5cm 时，LP_{01} 模式（基模）的弯曲损耗为 0.01dB/m，而次高阶模 LP_{11} 的弯曲损耗为几 dB/m～几十 dB/m（其他高阶模的损耗比 LP_{11} 更大），因此完全可以实现基模输出。桑迪亚国家实验室 Kliner 等将长度为 6m，芯径为 25μm，数值孔径为 0.1（$V\approx7.4$@1064nm）的多模光纤缠绕在两个正交的直径为 1.67cm 的金属棒上，从而获得了光束质量因子 $M^2=1.09\pm0.09$ 的输出光束，图 7.1.26 是光纤非弯曲和弯曲时输出光束的近场分布。

2）模式转换法

利用长周期光纤光栅和高阶模光纤来实现高阶模与低阶模之间的转换，使光场主要以模场面积较大的高阶模形式存在。OFS 实验室 S. Ramachandran 等提出模式转换机制并获得了较大的模场面积（达到 2100μm^2，甚至 3200μm^2），如图 7.1.27 所示，为了能够传输较高阶的模式，高阶模光纤的纤芯直径一般较小，且数值孔径较大，以保证高阶模的出现并

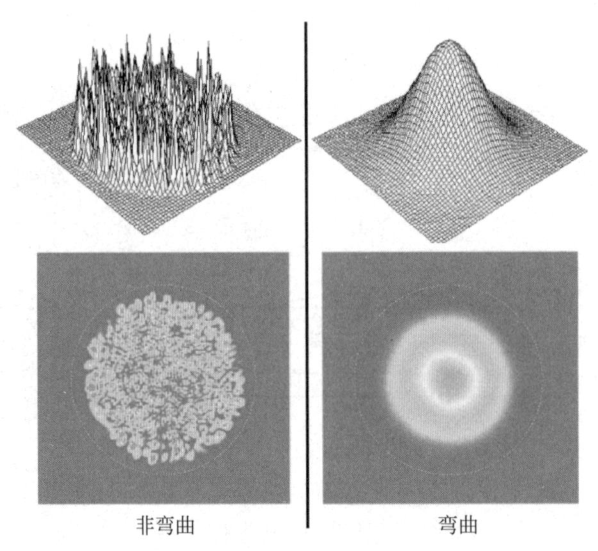

图 7.1.26　光纤非弯曲和弯曲时光斑的近场分布

主要分布在包层中传输。在模式转换过程中，高斯基模由第一个长周期光纤光栅 LPG1 转换成包层高阶模(LP_{07})，经一段特殊设计的高阶模光纤传导后，再由光纤光栅 LPG2 转换回基模。整个过程中，光场主要以高阶模的形式存在，而 LP_{01} 模式只在很短的一段光纤中传导，由于高阶模固有的较大模场分布(LP_{07} 模场面积为 $2100\mu m^2$)和较稳定的折射率间隔，所以高阶模能够远距离稳定地传输高功率的激光，即使功率很高，也不容易产生非线性效应。这种模式转换方式为大模场光纤提供了一个新的思路，如果要应用于增益光纤，尤其是激光振荡光纤，还需要改进高阶模的设计，高性能和宽带长周期光纤光栅的实现也是关键。

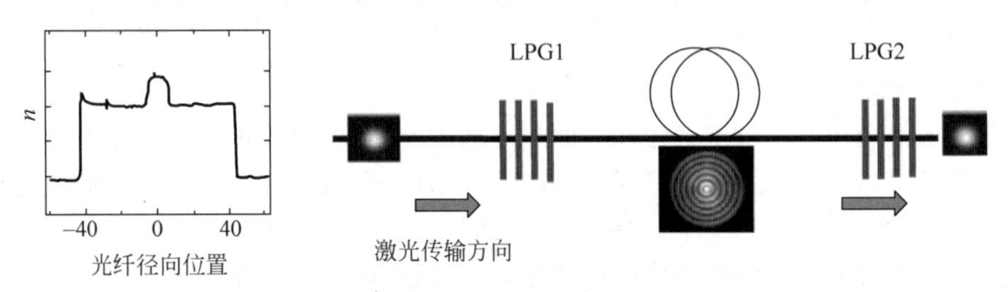

图 7.1.27　高阶模光纤的折射率分布及模式转换示意图

3) 基于光纤结构设计的单模光纤

这一类大模场单模光纤主要通过改变纤芯或包层的折射率分布来实现直接的单模输出。通常采用的办法是增加芯径大小，同时又降低纤芯数值孔径，以满足单模传输的归一化频率要求，但受光纤加工工艺的限制，普通阶跃光纤的数值孔径目前只能降到 0.05 左右，相应的单模光纤的芯径大小在 $17\mu m$ 左右(对波长 $1.1\mu m$ 来说)。为了获得更大芯径的单模光纤，有人提出了纤芯折射率分布改用平坦形、凸台形、复合形等分布的办法，或者在包层中采用周期性结构、泄漏结构等折射率分布，通过泄漏或耦合等方式使光纤等效地输出基模。在这些光纤结构中，较为成功的、并经过试验验证的主要有光子晶体光纤和 3C 螺旋形光纤。

(1) 光子晶体光纤。在第 5 章中提到，光子晶体光纤也称为微结构光纤，它的典型结构是在石英光纤中沿光纤轴向有规律地排列着一些空气孔。光子晶体光纤可分为两种：一种按照光子带隙效应导光；另一种依赖于全内反射效应导光。由于光子带隙光子晶体光纤的纤芯是空气孔，很难进行掺杂，所以现在用在光纤激光器上的主要是全内反射光子晶体光纤。虽然全内反射光子晶体光纤的导光机制与传统光纤一样，但它可以在很宽的频率范围内支持单模运行，并且纤芯的数值孔径可以做得很小(最低达 0.01)，而内包层的数值孔径做得很大(NA>0.9)，模场面积大，泵浦光也更容易耦合进光纤中，所以光子晶体光纤被认为是实现大模场单模光纤最具潜力的方法。目前光子晶体光纤走向实用最大的障碍是它对弯曲非常敏感，弯曲损耗和传输损耗都较大，而且不能像传统光纤那样很方便地进行熔接。

2005 年年底，德国莱布尼茨光子技术研究所(IPHT)的 Limpert 等设计了一种 50cm 长的直棒形光子晶体光纤激光器，纤芯由移除 19 个空气孔的缺陷构成(在光子晶体光纤的规则的空气孔结构中，特定的孔被去除或填充，形成一个缺陷区域)，空气孔呈三角形排列，孔径与孔间距的比值为 0.19，芯径为 60μm，模场面积约 2000μm^2，Limpert 用这种光纤获得了 320W 的连续激光输出。2007 年，他们把类似结构的光纤芯径增加到 100μm，模场面积为 4500μm^2(如图 7.1.28 所示)，应用长 92cm 的光纤短棒，通过 MOPA 结构的三级放大器系统实现了单脉冲能量为 4.3mJ、峰值功率为 4.5MW 的脉冲放大输出，光束质量因子 $M^2=1.3$，近似单模输出，在芯径 70μm 以下的光纤实验中，始终得到了单模输出，并且这一课题组最近用这种短棒型光子晶体光纤进一步开展了倍频、偏振方面的试验，获得了不错的结果。

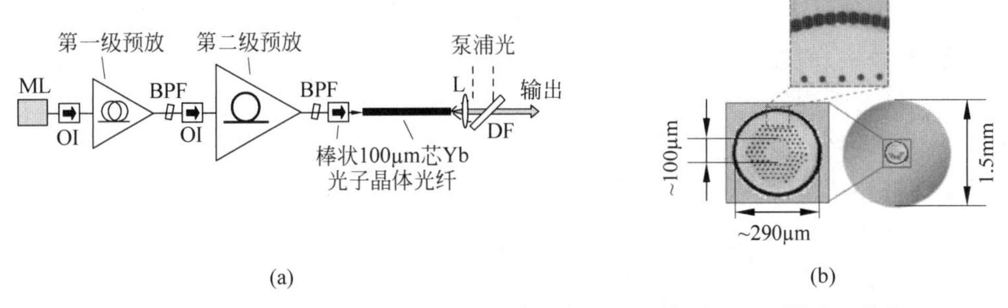

(a)　(b)

图 7.1.28　短棒型 100μm 芯径的光子晶体光纤放大器构成及光纤横截面结构

(a) 放大器构成；(b) 光纤横截面结构

(2) 3C(chirally-coupled core fibers)螺旋形光纤。这种光纤简称为 3C 光纤，是美国密执安大学 Craig Swan 研究小组提出的大模面积单模光纤结构。如图 7.1.29 所示，这种光纤的内部含两个纤芯，主体纤芯为通常结构的掺杂纤芯，辅助纤芯缠绕在主芯外，从而形成螺旋状的结构。其实现单模输出的基本原理是：通过调节辅助纤芯的螺距、纤芯偏移量、芯径、折射率分布等，使辅助纤芯中的基模与主芯中的高阶模达到相位匹配，或准相位匹配而形成耦合，主芯中的高阶模因此损耗较多的能量而被抑制，最终只有基模输出。2008 年 11 月，他们用这种结构的掺 Yb^{3+} 光纤，在纤芯归一化频率远大于 2.405 的情况下，实现了 40W 单模输出的光纤激光器运转，纤芯直径达到 33μm，并且还从理论上证明，这种结构的大模场光纤能在 90μm 以上芯径的光纤中实现单模输出。

2. 纵模控制方法

在光纤激光器中，增益介质提供了一定的频率范围内的增益，这个范围被称作增益带

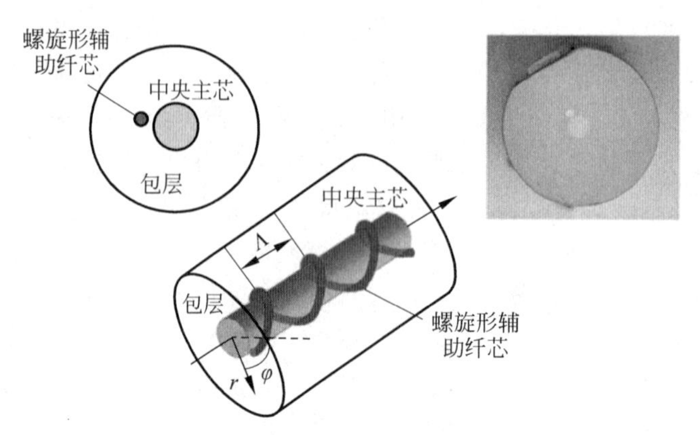

图 7.1.29 3C 螺旋形光纤结构示意图

宽。在这个增益带宽内，激光器可以支持多个不同频率的纵模。谐振腔的纵模模式间隔和滤波器的带宽之间的相对关系决定了光纤激光器的单纵模特性。为了实现单纵模激光输出，需要对这些模式进行选择性的增益或损耗，这通常通过在谐振腔中加入带宽窄于纵模间隔的滤波器来实现。

在线形腔结构中，最具代表性的结构是分布布拉格反射(DBR)激光器和分布反馈(DFB)激光器，它们是通过在掺杂光纤的两端熔接光纤光栅、掺杂光纤上写入光纤光栅作为反射镜的激光器，为了保证单纵模激光的输出，就要保证在滤波元件的带宽内存在一个纵模模式。因此，为使纵模模式间隔大于光纤光栅的带宽，以抑制多纵模振荡，通常采用缩短谐振腔长度(短腔法)的方法。但是，使用这种方法的情况下，激光器的谐振腔长度很短，这就要求要有高掺杂浓度的光纤来作为增益介质，高反射率、窄带宽的光纤光栅作为反射镜，这样才可以保证激光器能够达到产生激光的阈值。

对于环形腔结构而言，激光器的谐振腔长度相对较长，如几米甚至是十几米，所以，纵模模式的间隔就会很小，同时，滤波器的带宽难以与之相匹配，因此，在滤波器的带宽内就可能存在多个纵模模式同时振荡，还有可能出现模式的跳变，进而无法得到稳定的单纵模激光输出。目前已经有一些方法来解决这个问题，例如在环形腔中加入光纤 F-P 滤波器、采用复合环形腔结构、引入未泵浦的掺铒光纤作为饱和吸收体形成自跟踪的窄带滤波器、采用相移光纤光栅作为窄带滤波器、利用反馈自注入等方法。在此以复合腔法和饱和吸收体法说明纵模控制原理。

1) 复合腔法

在环形腔光纤激光器中，引入反馈光纤环，可以构成简单的复合腔结构，利用游标原理提高纵模频率间隔。如图 7.1.30 所示，一般的复合环形腔结构是由三个光纤环形谐振腔组成，L_1 表示谐振腔 1 的腔长，L_2 表示谐振腔 2 的腔长，L_3 表示谐振腔 3 的腔长。三个谐振腔的谐振频率和频率间隔分别为

$$\nu_1 = \frac{q_1 c}{2nL_1}, \quad \Delta\nu_1 = \frac{c}{2nL_1}$$

$$\nu_2 = \frac{q_2 c}{2nL_2}, \quad \Delta\nu_2 = \frac{c}{2nL_2}$$

$$\nu_3=\frac{q_3 c}{2nL_3},\quad \Delta\nu_3=\frac{c}{2nL_3}$$

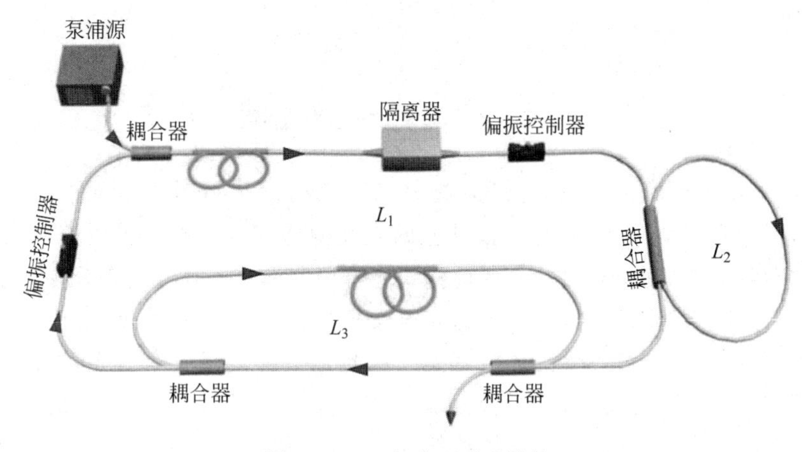

图 7.1.30　复合环形腔结构

由于三个谐振器之间存在相互耦合，只有同时满足三个谐振腔的模式，才能增强干涉，抑制其他的纵模振荡，从而形成稳定的单纵模激光输出。此时，设同时满足三个谐振腔的频率为 ν，则 ν 可表示为

$$\nu=q_1\cdot\Delta\nu_1=q_2\cdot\Delta\nu_2=q_3\cdot\Delta\nu_3 \tag{7.1.12}$$

根据以上理论，如果光纤激光器采用多子腔的复合结构，激光器的模式抑制和滤波效果将增加，输出激光的线宽更窄。经过多环结构谐振腔后，复合腔的纵模频率间隔大于子腔的纵模频率间隔，结果在激光谐振腔内形成一个稳定的单纵模振荡，从而实现单频窄线宽激光输出。

2）未泵浦的掺杂光纤作饱和吸收体法

光纤激光器中引入未泵浦的掺杂光纤作为饱和吸收体，可以用来选频并抑制模式跳变。以掺铒光纤为例，作为饱和吸收体的未泵浦掺铒光纤工作时，在光纤中存在着相向传输的两束光，如果这两束光的频率不同，它们相互之间没有影响，在光纤中光强是均匀分布的，所以，沿光纤分布的吸收系数是相同的。如果这两束光的频率相同，那么它们会在光纤内形成一个驻波场，如图 7.1.31 所示。

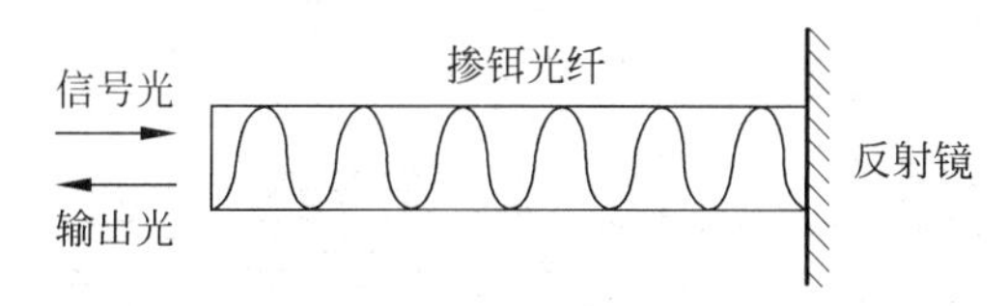

图 7.1.31　未泵浦的掺铒光纤作饱和吸收体示意图

当掺铒光纤没有被泵浦时，它对信号激光具有可饱和吸收的作用，在驻波光能量密度最小的波节处，对信号光的吸收会相对较强；而在光能量密度最大的波峰处，对信号光的吸收会相对较弱。因此，沿光纤分布的吸收系数呈周期性变化，从而形成空间烧孔效应。光被吸收的程度主要是由光强集中的波峰位置的吸收系数决定的。具体而言，两束频率相近的光在腔内相遇，它们会因干涉效应而形成驻波。这种驻波产生的空间烧孔效应会导致光纤腔内损耗受到周期性的调制，进而导致未被泵浦的掺铒光纤的折射率呈现微弱的周期性变化。

当一束与这种变化周期相匹配的激光通过这样的饱和吸收体时，它受到的光损耗是最小的。这种效应与具有超窄带滤波功能和自跟踪选择纵模作用的自写入光栅相似，其带宽可以达到兆赫兹量级。

7.2 掺铒光纤激光器

由于铒离子发射谱较宽，掺铒光纤激光器的总发射波长可覆盖 1.53～1.63μm 范围。1.5～1.9μm 是近红外大气窗口，位于此波段的激光源能够以更高的透射率在大气中传输，因反射、吸收和散射造成的损耗极小，因此掺铒光纤激光器在自由光通信领域表现出了先天的优势。此外，人眼系统对超过 1.4μm 的光无法在视网膜处有效聚焦，这使得该激光对人眼的伤害阈值提高近 6 个数量级，故掺铒光纤激光是一种人眼安全激光，在诸多民用领域（如自动驾驶、激光雷达、环境检测、工件校准以及工业加工领域）有着广泛的实际应用。更加重要的是 1.55μm 正处于石英光纤的最低损耗窗口，因此掺铒光纤激光器广泛应用于光纤通信系统中。本节重点介绍掺铒光纤激光器的特性以及用于光纤通信的掺铒光纤放大器（EDFA）的性能。

7.2.1 掺铒光纤振荡器

1. Er^{3+} 能级结构和光谱特性

光纤激光振荡器和放大器的输出特性与有源光纤掺杂离子能级结构以及吸收发射光谱密切相关。图 7.2.1 所示为 Er^{3+} 能级图。在掺铒光纤中，铒离子能级受到周围电场的影响，能级产生斯塔克分裂，从而导致能级展宽，产生的非均匀加宽很复杂，而均匀加宽又与实验符合得很好，因此认为常温下掺铒光纤是以均匀加宽为主的增益介质。其中，${}^4I_{15/2}$、${}^4I_{13/2}$、${}^4I_{11/2}$、${}^4I_{9/2}$ 为石英光纤中 Er^{3+} 的相关能级。图 7.2.1 中向上的箭头表示基态向激发态的跃迁，箭头上方的波长数值对应于能够产生箭头所示跃迁的光波长值。图 7.2.1 中向下的箭头表示受激辐射跃迁或无辐射跃迁。

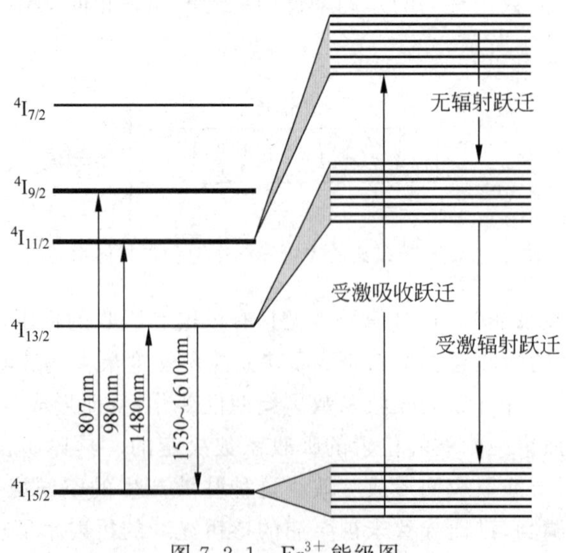

图 7.2.1 Er^{3+} 能级图

从图7.2.1可以看出，Er^{3+}对应的三个泵浦波长分别为807nm、980nm和1480nm，掺铒光纤激光器的工作波长位于1.5μm波段，与Er^{3+}相关的能级跃迁见表7.2.1。

表7.2.1　Er^{3+}相关的能级跃迁

相关波长	类　型	对应能级跃迁
807nm波段	泵浦光	$^4I_{15/2}\rightarrow{}^4I_{9/2}$
980nm波段	泵浦光	$^4I_{15/2}\rightarrow{}^4I_{11/2}$
1480nm波段	泵浦光	$^4I_{15/2}\rightarrow{}^4I_{13/2}$
1500nm波段	信号光	$^4I_{13/2}\rightarrow{}^4I_{15/2}$

掺铒光纤铒离子典型吸收谱和发射谱如图7.2.2所示。吸收光谱反映出激光腔内的增益介质对不同波长泵浦入射光的吸收能力，用其对应能级的吸收截面σ_{12}来表征。发射光谱反映出激光腔内的增益介质对不同波长激光的辐射能力，用其对应能级的发射截面σ_{21}来表征。

激光材料吸收截面是指介质中的粒子在某一波长处对入射光的吸收能力，它可以理解为粒子挡住入射光的有效面积。激光材料发射截面是指介质中的粒子在某一波长处对出射光的发射能力，它可以理解为粒子向外发出光的有效面积。

激光材料吸收截面和发射截面都是频率（或波长）的函数，它们决定了激光介质对不同频率（或波长）的入射光波产生增益或损耗的程度。激光辐射一般有一个能量阈值（对应激光的振荡条件），当激光辐射高于阈值（激光腔内增益大于损耗）的时候会产生激光辐射，当激光辐射低于阈值的时候，吸收的能量一般会诱导增益介质发射荧光。当激光发射时也伴随着自吸收，自吸收也是激光损耗的一种。为了避免自吸收所带来的损耗，在选择激光发射波长时，通常选择发射谱和吸收谱系数差值较大处所对应的波长，以提高激光器光-光转换效率。

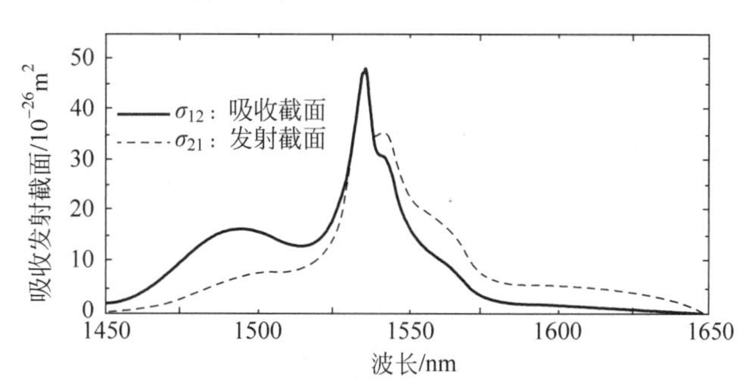

图7.2.2　掺铒光纤的吸收谱和发射谱

在铒粒子受激辐射的过程中，有少部分粒子以自发辐射形式自主跃迁到基态，产生带宽极宽且杂乱无章的光子，并在传播中不断地得到放大，从而形成了自发辐射噪声，并消耗了部分泵浦功率。因此，在光通信应用中，通常需要增设光滤波器，以降低ASE噪声对系统的影响。

2. 泵浦波长的选择

（1）807nm泵浦波长。当807nm的半导体激光器作为泵浦源时，处于基态$^4I_{15/2}$的粒子泵浦到激发态$^4I_{9/2}$后，不是弛豫到亚稳态$^4I_{13/2}$，而是在吸收泵浦光后，向更高的能级跃迁，消耗泵浦光功率。

(2) 980nm泵浦波长。当980nm的半导体激光器作为泵浦源时，处于基态$^4I_{15/2}$的Er^{3+}吸收了泵浦光跃迁到$^4I_{11/2}$能级，然后又通过无辐射跃迁到$^4I_{13/2}$能级。该能级为寿命长达10ms的亚稳态，因此在$^4I_{13/2}$和基态$^4I_{15/2}$间形成粒子数反转，可将波长为1530～1565nm间的信号光放大。上述过程对应于典型的三能级系统，在此过程中，可实现完全的粒子数反转，噪声特性好，但量子效率不高。

(3) 1480nm泵浦波长。当采用波长为1480nm的泵浦光时，基态$^4I_{15/2}$(激光下能级)的粒子被激励至$^4I_{13/2}$能带中的高能级(泵浦能级)，然后通过无辐射跃迁和热弛豫到达$^4I_{13/2}$能带中的低能级(激光上能级)，在$^4I_{13/2}$能带中的低能级和基态$^4I_{15/2}$间形成粒子数反转。由于$^4I_{13/2}$能带中的高能级和$^4I_{13/2}$能带中的低能级的能量差较小，$^4I_{13/2}$能带中的高能级上的粒子数不为零，$^4I_{13/2}$能带中的高能级、$^4I_{13/2}$能带中的低能级和基态$^4I_{15/2}$构成了准三能级系统。在此物理过程中，粒子数反转低，噪声特性也变差，但由于1480nm更接近信号光波长，所以量子效率高。采用1480nm泵浦的一个不利因素是存在泵浦波长上的受激辐射过程，这个过程将消耗处于激发态的粒子数，从而引起增益、泵浦效率和噪声特性的劣化。

目前980nm和1480nm的LD由于诸多优势已经商品化，所以一般较多采用980nm和1480nm的半导体激光器作为泵浦源。在光通信中，为得到更好的噪声特性，通常选择980nm作为泵浦波长；在研制高功率光纤激光器中，为了抑制热效应，可采用量子效率更高的1480nm作为泵浦波长。

3. 掺铒光纤振荡器的典型结构及主要特点

掺铒光纤振荡器通常由三部分组成：激光工作物质、泵浦源和谐振腔。这三部分也称为激光器的三要素，缺一不可。只有这三要素分工协作，协调配合，才能保证激光器产生激光。

图7.2.3是线形腔掺铒光纤激光器(光纤振荡器)的典型结构示意图。激光的工作介质为掺铒单模光纤，泵浦源使用的是980nm单模半导体激光器，一对中心波长为1550nm的窄带FBG光纤光栅构成了线形谐振腔。

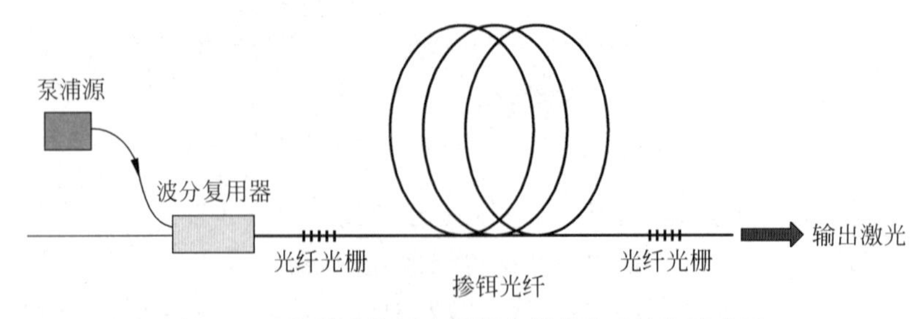

图7.2.3 线形腔掺铒光纤激光器的典型结构示意图

泵浦光经过980/1550nm波分复用器(WDM)被耦合到谐振腔中。在980nm泵浦源的作用下，粒子从$^4I_{15/2}$激发到$^4I_{11/2}$能级(泵浦能级)上，将无辐射弛豫到$^4I_{13/2}$这个亚稳态能级，在$^4I_{15/2}$能级(铒离子的基态能级，也是激光下能级)和$^4I_{13/2}$能级(激光上能级)间形成粒子数反转。为了满足光纤通信的需求，通常利用光纤光栅的波长选择作用使得激光器的中心波长工作在 1550nm 附近。此外，均匀周期的光纤光栅构成的激光振荡器的出射光谱呈近洛伦兹型，光栅的带宽在一定程度上会影响输出光谱的带宽。

图 7.2.4 是掺铒光纤环形腔激光器(光纤振荡器)的典型结构示意图。激光的工作介质为掺铒光纤，泵浦源使用的是 980nm 半导体泵浦激光器(为了避免由于温度变化引起的 LD 发射波长的漂移，通常需要采取温控措施)，利用光纤耦合器构成了环形谐振腔的结构。光纤光栅(中心波长为 1560nm)在该激光器系统中起到了选频的作用。如果改变光纤光栅的中心波长，就可以改变激光器的输出波长。因此，通过调节光纤光栅，可以实现激光器输出波长的调谐。

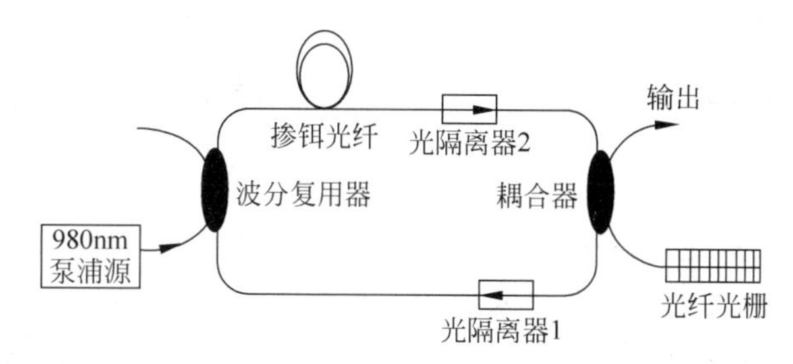

图 7.2.4　环形腔掺铒光纤激光器结构示意图

该环形激光器的整体工作过程如下：泵浦光经过 980/1550nm 波分复用器(WDM)被耦合到谐振腔中。在 980nm 泵浦源的作用下，粒子从$^4I_{15/2}$激发到$^4I_{11/2}$能级上，将无辐射弛豫到$^4I_{13/2}$这个亚稳态能级。由于亚稳态能级寿命比泵浦能级寿命长，所以在亚稳态能级上很容易积累粒子数，最终在$^4I_{13/2}$能级(激光上能级)和$^4I_{15/2}$能级(铒离子的基态能级)间形成粒子数反转。光功率较低时，随着泵浦光的增大，激光器输出光功率增加较缓慢，此时激光器发射荧光，处于自发辐射状态。当泵浦功率超过某一阈值时，激光器输出光功率迅速增加，此时激光器处在受激辐射状态，产生激光。掺铒光纤在 1550nm 附近的激光，经光隔离器 1(保证光单向传输)到达耦合器，一部分光由耦合器的一端输出，一部分光经光纤光栅 FBG 滤波后反馈回来，并在谐振腔中顺时针传播，从而实现激光振荡。经 FBG 反馈回来的沿逆时针传播的光会增加系统的噪声，因此加入了另外一个光隔离器 2，进一步保证光在谐振腔单向传播，以降低噪声。

4. 铒镱共掺光纤激光器

Er^{3+}能级结构复杂，在高浓度下容易出现浓度淬灭(离子聚集导致光光转换效率降低)，且吸收截面相对较小，无法满足高功率运行要求。Er^{3+}和Yb^{3+}共掺的方法可有效隔离Er^{3+}间距离，削弱Er^{3+}对的形成，很大程度上抑制了Er^{3+}浓度淬灭引起的负面效应，可大幅度提升光纤内Er^{3+}浓度。同时，通过交叉弛豫过程，镱离子敏化铒离子，有效提升铒镱共掺光纤对泵浦光的吸收。

铒镱共掺光纤的能级结构如图 7.2.5 所示，$^2F_{5/2}$和$^2F_{7/2}$分别是镱离子的激发态和基态。$^4I_{11/2}$、$^4I_{13/2}$和$^4I_{15/2}$分别是铒离子的激发态、上能级和基态。而$^4S_{3/2}$和$^4I_{9/2}$是铒离子的上转换能级，由于上转换能级的弛豫时间极短，这两个能级的粒子数可以忽略不计。铒离子和镱离子的吸收峰接近，二者间会存在很强的交叉弛豫效应，这使得铒镱共掺光纤能够最大限度地吸收 980nm 的泵浦光并通过无辐射跃迁传递给铒离子的上能级，从而提高了光纤整体的吸收能力。铒镱共掺光纤的这种特点将掺铒光纤的吸收系数提高了数十倍。

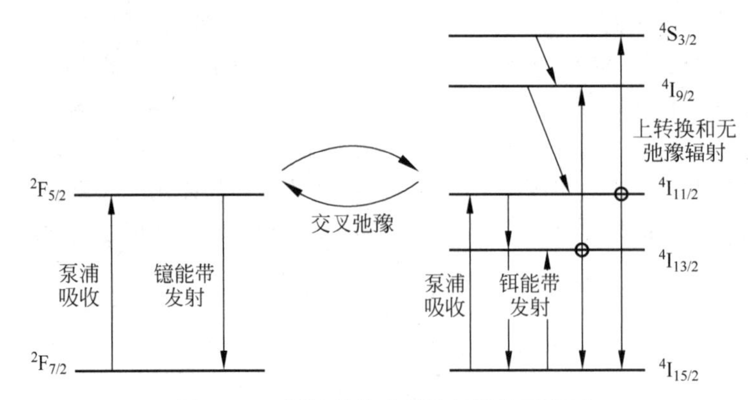

图 7.2.5　铒镱共掺光纤能级结构示意图

Yb^{3+} 相较 Er^{3+} 具有更广的吸收带宽，其吸收带宽在 800～1100nm。在传统掺铒光纤放大器中引入 Yb^{3+}，解决了系统对于泵浦源波长选择范围较小的局限性，同时较宽的吸收谱，也降低了对泵浦源波长稳定性的要求，对整体光纤放大器系统而言在提升稳定性的同时，也降低了制作成本。

7.2.2　掺铒光纤放大器

光纤放大器是支持长距离光纤通信网络的极其重要的设备。光纤放大器的主要类型包括 EDFA（掺铒光纤放大器）、FRA（光纤拉曼放大器）和 SOA（半导体光放大器）。本节介绍应用最广泛的掺铒光纤放大器，重点介绍 EDFA 的典型结构、基本应用形式及性能参数，具体包括 EDFA 的功率增益、饱和输出功率、增益带宽以及噪声特性等方面内容。

1. EDFA 的结构与性能

掺铒光纤放大器 EDFA 主要是由掺铒光纤（EDF）、泵浦光源、波分复用器、光隔离器以及光滤波器等组成，如图 7.2.6 所示。信号光和泵浦光通过波分复用器一起注入掺铒光纤中。光隔离器是防止反射光影响光放大器的工作稳定性，保证光信号只能正向传输的器件。泵浦光源为半导体激光器，工作波长为 0.98μm 或 1.48μm。光滤波器的作用是滤除光放大器的噪声，降低噪声对系统的影响，提高系统的信噪比。

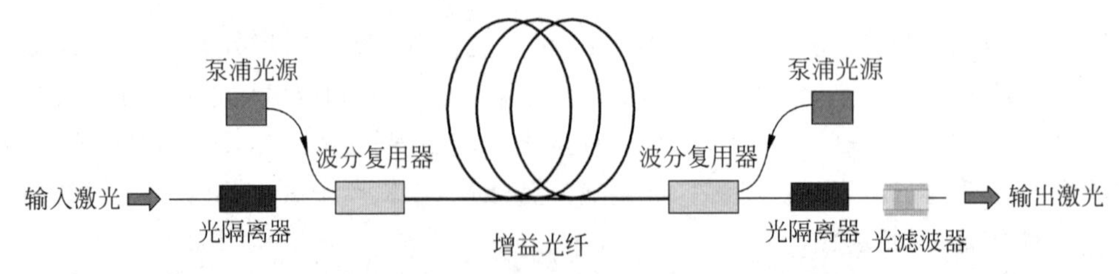

图 7.2.6　双向泵浦掺铒光纤放大器结构示意图

在 EFDA 中，常需要关注的性能参数有功率增益、饱和输出功率、增益带宽以及噪声特性等。接下来着重介绍这些性能参数的定义、影响因素、物理成因及控制手段。

1）EDFA 的功率增益

EDFA 的功率增益 G 是描述光放大器对信号放大能力的参数，其定义为

$$G = 10\lg \frac{P_{\text{out}}}{P_{\text{in}}} \quad (\text{dB})$$

式中，P_{in} 和 P_{out} 分别表示光放大器输入端和输出端的信号光功率。影响 EDFA 增益大小的因素有信号光的输入功率、泵浦功率、光纤的掺杂浓度以及长度等。功率增益系数与掺铒光纤的长度和泵浦功率的关系曲线如图 7.2.7 和图 7.2.8 所示，它们是从掺铒光纤激光放大器速率方程推导得出的。

从图 7.2.7 可以看出：对于给定泵浦功率，当光纤长度较短时，增益增加很快；而超过某一长度后，增益系数反而下降。这是因为随着长度的增加，光纤中的泵浦光功率下降，而且掺铒光纤的损耗远大于普通光纤的损耗，从而导致增益系数下降，所以对不同的泵浦功率存在一个最佳光纤长度。

从图 7.2.8 可以看出：对于给定的掺铒光纤的长度，放大器增益系数先随泵浦功率按指数增大；但当泵浦功率达到一定值时，放大器增益出现饱和，即泵浦功率再增加，而增益基本保持不变。造成这种饱和的原因是：初始情况下，掺铒光纤中的铒离子在低泵浦功率下并未被耗完，因此随着泵浦功率的增加，粒子数反转程度增大，因而增益也增大；当泵浦功率增大到一定程度时，光纤中粒子数反转程度已达到最大值，此时再增大泵浦功率，增益不会发生变化。

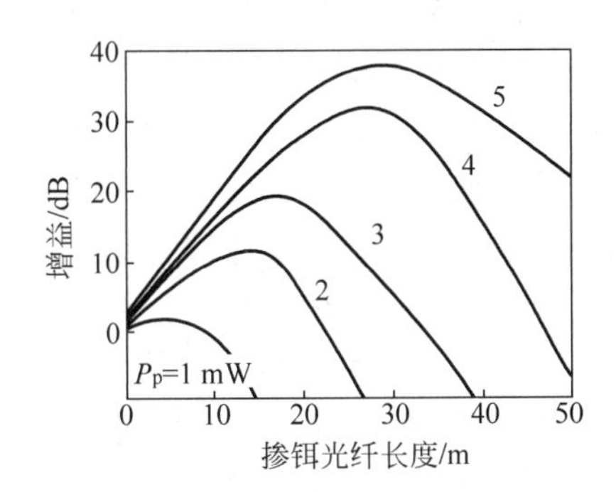

图 7.2.7　掺铒光纤放大器功率增益与光纤长度间的关系

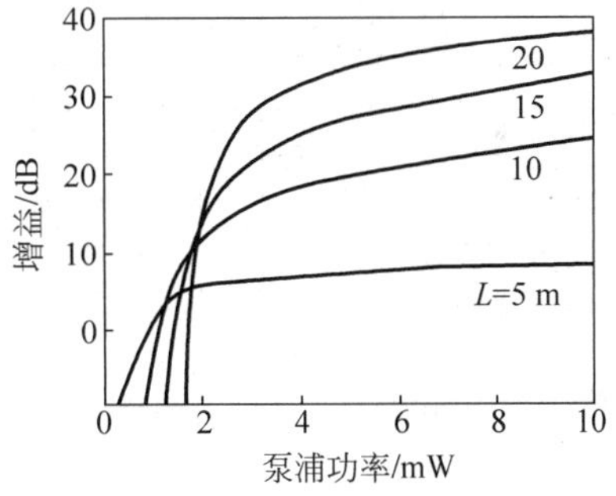

图 7.2.8　掺铒光纤放大器功率增益与泵浦功率间的关系

因此，对于给定的输入信号光功率，在输出光功率方面，光纤长度和泵浦功率均存在最优值。

2）EDFA 的饱和输出功率

通常定义放大器增益降至最大信号增益的一半时的输出功率为放大器的饱和输出功率，即 3dB 饱和输出功率，它代表了掺铒光纤放大器的最大输出能力。

如图 7.2.9 所示，当输入光功率较小时，随着输入信号光功率的增大，增益 G 基本保持不变，这种增益称为光放大器的小信号增益 G_0；当输入光功率继续增大，受激辐射加快，反转的粒子数减小，出现增益饱和现象。

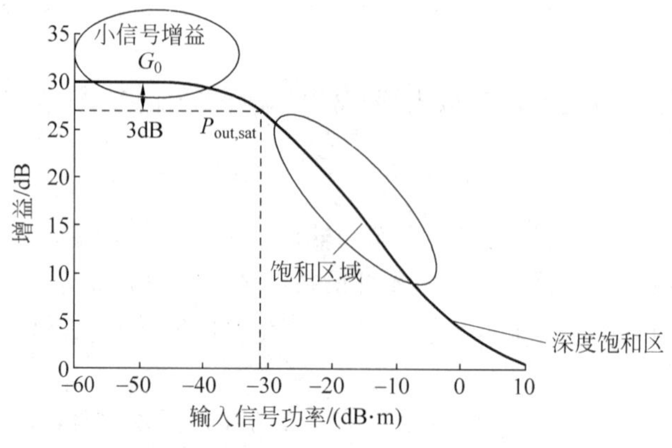

图 7.2.9 增益与输入功率关系

3）EDFA 的增益带宽

如果放大器的增益在很宽的频带内与波长无关，那么在应用这些放大器的系统中，便可放宽单信道传输波长的容限，也可在不降低系统性能的情况下，极大地增加 WDM 系统的信道数目。但实际放大器的放大作用有一定的频带范围，即带宽。所谓带宽，是指 EDFA 能进行平坦放大的光波长范围，"平坦"就是增益波动被限制在允许范围内。

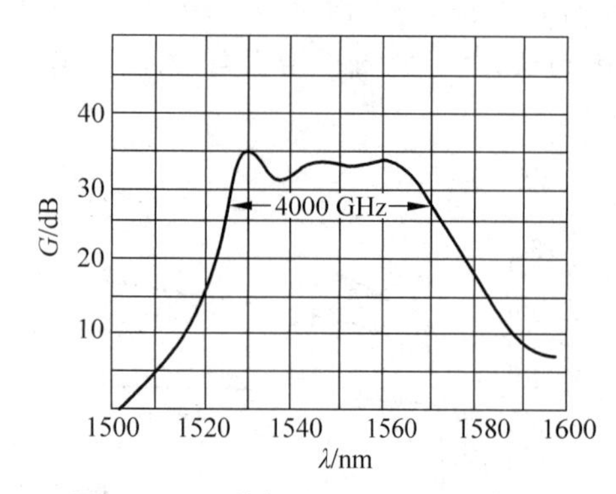

图 7.2.10 掺铒光纤放大器的增益谱

通常，增益带宽是指光纤放大器的增益由最大值下降到 3dB 所对应波长带宽。一般来说，掺铒光纤放大器的增益波段为 C 波段（1530～1565nm）和 L 波段（1565～1610nm），常用的 EDFA 多为 C 波段。典型 EDFA 增益谱如图 7.2.10 所示。

从增益谱不难看出，在约 4000GHz 增益带宽内，增益谱是不平坦的，其主要原因是铒离子的受激吸收与受激发射截面因信号光波长而异。当使用多个放大器进行级联放大时，由于不同波段的光增益不同，经过级联之后的各个信道功率就会产生极大的变化：增益高的波段经过级联的放大叠加后，功率剧增；而增益低的部分在级联放大后功率水平依然较低。故而系统失衡，信噪比恶化。因此，必须通过一些手段改善 EDFA 的增益谱，使各个波段的光的增益差减小。解决措施有：在掺铒光纤基质中掺入其他杂质，如铝，就能增大增益谱宽和提高 1540nm 时的增益，或者使用滤波器调节或者增益钳制等技术。

4）EDFA 的噪声特性

信号在放大过程中不可避免地叠加了各种噪声，从而导致信噪比的恶化。掺铒光纤放大器噪声的主要来源有：①放大光信号的散粒噪声；②ASE 引起的散粒噪声；③放大光信号-ASE 之间的差拍噪声；④ASE-ASE 之间的差拍噪声。

对于上述③中的差拍噪声，在光信号的光谱中采用光滤波器是无法除去的。但是，对于④中的差拍噪声可以使用窄谱带的光滤波器进行除去。光通信中使用的 EDFA 中，掺铒光纤之后插入窄谱带（1～3nm）的光带通滤波器，可将信号光谱以外的 ASE 除去，从而改善噪声特性。随着光信号的增大,②中的散粒噪声减小,但③中的差拍噪声会增大,这成为噪声的主要原因。

信号(signal)和噪声(noise)的功率之比称为信噪比(S/N)。光信号经光放大器放大后信噪比下降,信噪比的劣化用噪声系数 NF 来表示。NF 定义为光放大器中输入光信号的 S/N 和放大光信号的 S/N 的比,表示为

$$\mathrm{NF}=\frac{(S/N)_{\text{input}}}{(S/N)_{\text{output}}}$$

NF 的单位通常使用 dB。NF 越小,光放大器的噪声越低。光放大中必然会有自发辐射产生,所以放大光信号-ASE 之间的差拍噪声不可能变为零,但充分产生粒子数反转分布($N_2 \gg N_1$,N_2 为激光上能级粒子数密度;N_1 为激光下能级粒子数密度)的理想光放大器中,NF=3dB(量子极限值)。一般市场销售的 EDFA 的 NF 为 3～9dB。

对于 0.98μm 泵浦源的 EDFA,掺铒光纤长度为 30m 时,测得的噪声系数为 3.2dB;而采用 1.48μm 泵浦源时,在掺铒光纤长度为 60m 时,测得的噪声系数为 4.1dB。显而易见,0.98μm 泵浦源的放大器的噪声系数要优于 1.48μm 泵浦源的放大器的噪声系数。

EDFA 的主要优点如下:

(1) EDFA 使用产品主要集中在 C 波段和 L 波段上,目前 C 波段的 EDFA 仍在光纤放大器方面占着主要市场,但新的产品则已聚焦到 L 波段上。

(2) 增益高,为 20～40dB,有报道达 80dB。

(3) 所需泵浦功率低,仅数十毫瓦,而拉曼放大器需要 0.5～1W。

(4) 结构简单,易与传输光纤耦合,耦合损耗极低,约 0.1dB。

(5) 噪声低。噪声系数为 3～4dB,接近量子极限。

(6) 带宽很大。在 1550nm 处的增益带宽大于 35nm,若每路占 5GHz 带宽,可同时放大 1000 路以上信号。

(7) 工作稳定性好。增益特性与光纤的偏振态无关,对温度不敏感,与信号的传输方向无关。

2. 基本应用形式

EDFA 工作在 1550nm 窗口,该窗口光纤损耗系数较 1310nm 窗口低,已商用的 EDFA 噪声低,增益曲线好,放大器带宽大,与波分复用(WDM)系统兼容,泵浦效率高,工作性能稳定,技术成熟,在现代长途高速光通信系统中备受青睐。目前,“掺铒光纤放大器(EDFA)+密集波分复用(WDM)+非零色散光纤(NZ-DSF)+光子集成(PIC)”正成为国际上长途高速光纤通信线路的主要技术方向。

EDFA 具体的应用形式有以下四种,如图 7.2.11 所示。

1) 线路放大

线路放大(line amplifier,LA)是指将 EDFA 直接插入到光纤传输链路中来对信号进行中继放大的应用形式,参见图 7.2.11(a),也称为“在线”放大,可广泛用于长途通信、越洋通信等领域,一般工作于近饱和区,对 EDFA 的要求是小信号增益高、噪声系数小。

2) 功率放大

功率放大(booster amplifier,BA)是指将 EDFA 置于发射光源之后对信号进行放大的应用形式,参见图 7.2.11(b),主要目的是补偿光无源器件的损耗和提高发送光功率,应工

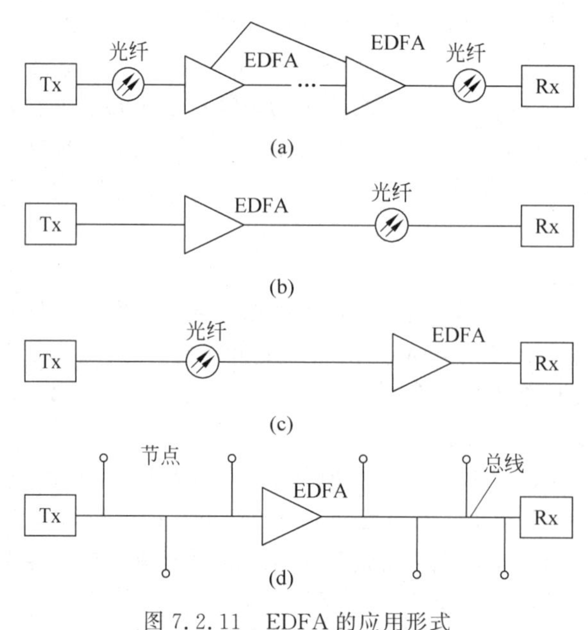

图 7.2.11 EDFA 的应用形式

(a) 线路放大器；(b) 功率放大器；(c) 前置放大器；(d) LAN 放大器

作于浅饱和区，以提高泵浦至信号间的功率转换效率，必要时可使用双向泵源，以便提高发送功率，延长传输距离。

3）前置放大

前置放大(preamplifier)是指将 EDFA 置于光接收机的前端，参见图 7.2.11(c)，目的是提高光接收机的接收灵敏度，一般工作于小信号状态。此时主要考虑的是噪声问题，EDFA 已处于光通路的尾端，光信号很微弱，要控制好泵浦功率，使 EDFA 工作在线性区，再加上窄带光滤波器，这除了可以滤除自发辐射-自发辐射差拍噪声外，还有利于减小因光子数起伏引起的光散粒噪声，带 EDFA 的前置光放大的接收机比直接检测接收机的灵敏度有了极大的改善。例如，2.5Gb/s 速率下 EDFA 接收机的最高灵敏度可达－43.3dBm，比直接检测接收机的灵敏度改善大约 10dBm，已接近了相干接收的－46.6dBm 水平。在 10Gb/s 速率下 EDFA 接收机的最高灵敏度可达－38.8dBm，超过了相干接收的－34.1dBm 的水平。

4）LAN(局域网络)放大

LAN 放大(LAN amplifier)是将 EDFA 置于光纤局域网络中来用作分配补偿放大器，以便增加光节点的数目，为更多的用户服务，参见图 7.2.11(d)。

7.3 掺镱光纤激光器

高功率连续光纤激光器由于具有高亮度、结构紧凑以及灵活性等优点，在军事、工业和高能物理领域取得了广泛的应用。在最近的 20 年，随着双包层光纤、泵浦耦合以及高亮度泵浦源等技术的发展，高功率光纤激光器的输出功率得到了大幅度的提升。其中，以掺镱光纤(YDF)作为增益介质的光纤激光器，以其稳定性高、光束质量好、斜率效率高等优势得到较快发展。掺镱光纤具有很多优势，利用掺镱光纤研制的光纤激光器具有较高的斜率效率和光光转换效率，可以在 1μm 波段得到高功率的激光输出，因此受到广泛关注并得到飞速发展，成为激光器产业中的主导力量。

本节将以 Yb^{3+} 的能级结构和光谱特性为基础，探讨掺镱光纤激光器实现高功率输出的优势、关键技术以及限制因素，并介绍双包层掺镱光纤激光器的理论模拟分析方法和优化设计等方面的内容。

7.3.1 掺镱光纤激光器及其功率提升

1. Yb^{3+} 能级结构和光谱特性

掺镱熔融石英光纤中掺杂离子 Yb^{3+} 的能级图如图 7.3.1 所示。Yb^{3+} 具有简单的能级结构，在整个可见及红外光谱区只有基态 $^2F_{7/2}$ 能级和一个亚稳态 $^2F_{5/2}$ 能级，间隔大约 10 000cm^{-1}，其他能级都在紫外区。由于离更高能级距离很大，Yb^{3+} 掺杂光纤受多光子弛豫及激发态吸收（ESA）的影响小，适合发展高功率激光器件。由于基质材料中晶格电场作用引起 Yb^{3+} 能级的斯塔克分裂，基态 $^2F_{7/2}$ 则分裂为 4 个斯塔克子能级，亚稳态 $^2F_{5/2}$ 分裂为 3 个斯塔克子能级。

由于光纤中存在强烈的均匀和非均匀展宽，各子能级之间的跃迁不能完全清晰地分开，因此其发射和吸收谱是连续的。石英光纤中 Yb^{3+} 的吸收发射谱如图 7.3.2 所示。可以看到，吸收谱从 850nm 延伸到 1050nm，在 915nm 和 976nm 处有两个吸收峰，因此对于掺镱的高功率光纤激光器，一般选择 915nm 或 976nm 的半导体激光器作为泵浦源，此时激光器荧光寿命较长，能够有效储存能量以实现高功率运作。其中，915nm 的吸收峰峰值较低，但比较平坦，可以降低对泵浦源温控的要求；976nm 的吸收峰值很高，但是非常尖锐，对温控的要求较高。976nm 的吸收截面大约是 915nm 的吸收截面的 3 倍，并且采用 976nm 泵浦激光器的量子转换效率也相对较高。目前工业界采用 915nm 泵浦较普遍，以获得好的鲁棒性；科研领域多采用 976nm 泵浦以获得较高的光纤激光器效率和有效抑制非线性。Yb^{3+} 发射谱的范围集中在 950～1150nm 之间，其中在 976nm 和 1030nm 附近有两个发射峰，而且在大于 1000nm 的区域发射谱的范围仍然很宽，应用中输出的光谱通常在 1020～1100nm 之间。

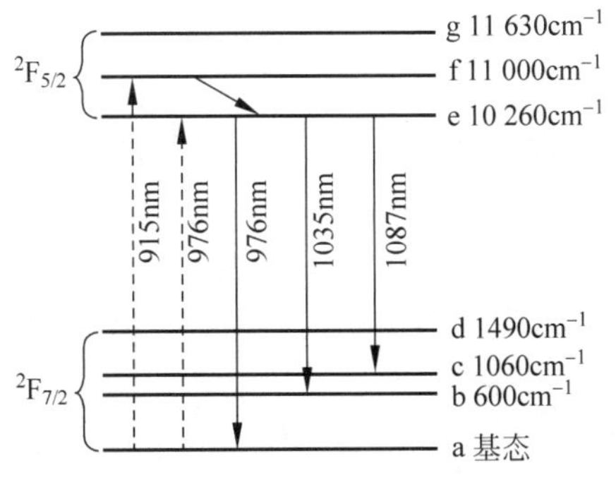

图 7.3.1 石英光纤中 Yb^{3+} 的能级结构图

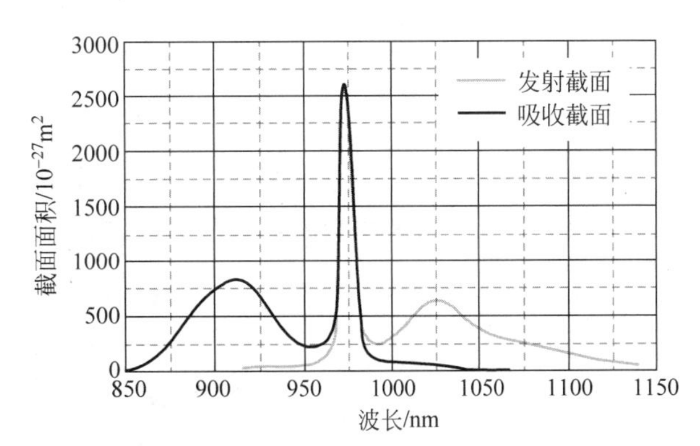

图 7.3.2 石英光纤中 Yb^{3+} 的吸收发射谱

参与激光跃迁的能级可能是三能级系统，也可能是四能级系统。在图 7.3.1 中，当泵浦波长为 915nm 时，产生 1087nm 激光的跃迁过程是四能级系统。这里以四能级系统模型为例来描述各能级间的粒子数分布情况。

Yb^{3+} 的四能级结构如图 7.3.3 所示。四能级系统泵浦过程中将基态 E_0 的粒子泵浦到激发态 E_3，激发到 E_3 的粒子通过无辐射跃迁迅速转移到亚稳态能级 E_2，粒子在 E_2 能级上的寿命较长，产生积累，实现与激光下能级 E_1 之间的粒子数反转，所以 E_2 又称为激光上能级，室温下 E_2 能级的粒子数分布只占整个基态粒子数的 4%。

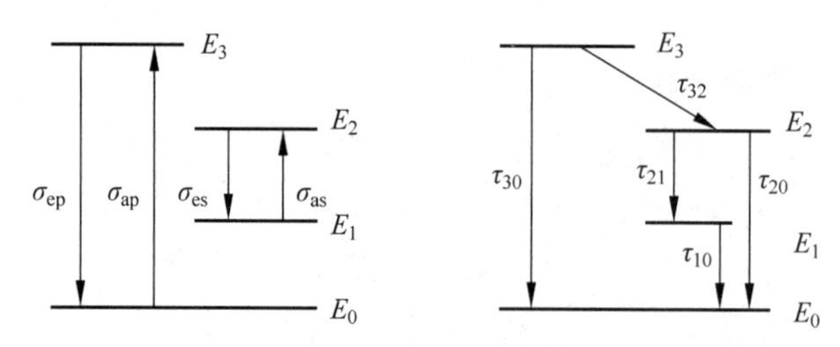

图 7.3.3 Yb^{3+} 的四能级结构

在考虑自发辐射的条件下，Yb^{3+} 的四能级系统粒子速率方程为

$$\frac{dN_3}{dt}=W_{03}N_0-W_{30}N_3-\frac{N_3}{\tau_3} \tag{7.3.1}$$

$$\frac{dN_2}{dt}=W_{12}N_1-W_{21}N_2-\frac{N_2}{\tau_2}+\frac{N_3}{\tau_3} \tag{7.3.2}$$

$$\frac{dN_1}{dt}=-(W_{12}N_1-W_{21}N_2)-\frac{N_1}{\tau_1}+\frac{N_2}{\tau_2}+\frac{N_3}{\tau_3} \tag{7.3.3}$$

$$N=N_0+N_1+N_2+N_3 \tag{7.3.4}$$

其中，τ_1、τ_2 和 τ_3 分别为激光下能级、激光上能级和泵浦能级的净弛豫时间，它们可以用下式表示：

$$\frac{1}{\tau_1}=\frac{1}{\tau_{10}} \tag{7.3.5}$$

$$\frac{1}{\tau_2}=\frac{1}{\tau_{20}}+\frac{1}{\tau_{21}} \tag{7.3.6}$$

$$\frac{1}{\tau_3}=\frac{1}{\tau_{30}}+\frac{1}{\tau_{31}}+\frac{1}{\tau_{32}} \tag{7.3.7}$$

W_{03} 和 W_{30} 分别表示泵浦能级的受激吸收概率和受激辐射概率，W_{12} 和 W_{21} 分别表示激光上能级的受激吸收概率和受激辐射概率，它们可以用下式表示：

$$W_{03}=\frac{I_p\sigma_{ap}}{h\nu_p} \tag{7.3.8}$$

$$W_{30}=\frac{I_p\sigma_{ep}}{h\nu_p} \tag{7.3.9}$$

$$W_{12}=\frac{I_s\sigma_{as}}{h\nu_s} \tag{7.3.10}$$

$$W_{21}=\frac{I_s\sigma_{es}}{h\nu_s} \tag{7.3.11}$$

式中，σ_{as}、σ_{ap}、σ_{es}、σ_{ep} 分别表示信号光和泵浦光的吸收及发射截面；I_s、I_p 分别为激光、泵浦光的光强；τ_{ij} 为从能级 i 到能级 j 辐射弛豫（自发辐射）和无辐射弛豫（热辐射）时间；N_0、N_1、N_2 和 N_3 分别为 E_0、E_1、E_2 和 E_3 的粒子数密度；N 是掺杂光纤总的粒子数密度。吸收和发射截面以及弛豫时间与离子掺杂的情况有关，在不同的基质材料中其大小不同。由于激光下能级 E_1 不再是基态能级，在热平衡状态下处于 E_1 的粒子数很少，这有利于在 E_1 和 E_2 之间形成粒子数反转。式(7.3.1)～式(7.3.3)分别描述了在受激吸收、受激辐射、自发辐射以及无辐射跃迁综合影响下，泵浦能级、激光上能级以及激光下能级上的粒子数随时间的变化关系。式(7.3.8)～式(7.3.11)描述了原子的受激吸收概率和受激辐射概率分别与吸收截面和发射截面的关系。原子的吸收截面越大，对应的受激吸收的概率越大，因此通常选择吸收截面大的波长作为泵浦波长。同理，原子的发射截面越大，对应的受激发射的概率越大，因此通常选择发射截面大的波长作为激光产生波长。式(7.3.5)～式(7.3.7)描述了各能级的净弛豫时间，也称为能级寿命。能级寿命的长短受辐射弛豫和无辐射弛豫两方面的影响。激光高能级寿命越长，自发辐射和热辐射概率越低，越有利于受激辐射过程。光纤中掺杂离子的浓度会影响各能级的粒子数密度，进而会影响泵浦能级、激光上能级以及激光下能级上的粒子数随时间的变化关系。

表7.3.1列举了双包层掺镱光纤的吸收、发射截面以及上能级寿命的典型数值。

表7.3.1　双包层掺镱光纤物理参数及典型值

物理参数	符号	典型值
泵浦光发射截面(976nm)	σ_{ep}	$1.71\times10^{-24}\,m^2$
泵浦光吸收截面(976nm)	σ_{ap}	$1.77\times10^{-24}\,m^2$
信号光发射截面(1064nm)	σ_{es}	$3.978\times10^{-25}\,m^2$
上能级寿命	τ	$8\times10^{-4}\,s$

有源光纤中掺杂元素的能级分布和光谱是影响光纤激光器特性的重要因素。从光谱角度看，在掺镱光纤中，镱离子在976nm吸收峰处的吸收截面一般在 $1.77\times10^{-24}\,m^2$ 左右；而在掺铒光纤中，铒离子在980nm吸收峰处的吸收截面在 $3\times10^{-25}\,m^2$ 左右，比掺镱光纤的数值低1个数量级，这导致铒离子很难充分吸收能量。从能级角度看，对于掺镱光纤，若泵浦波长为976nm，信号激光波长为1.064μm，二者波长差约90nm；而对于掺铒光纤，泵浦波长为980nm，信号激光波长为1550nm，二者相差约570nm，是镱离子的6倍多。因此掺镱光纤的量子极限约为91.7%，而掺铒光纤则仅为63.2%，多余的能量转化为热量，提高了热管理的难度。因此，掺镱光纤激光器比掺铒光纤激光器更容易实现高功率的输出。从掺镱离子的能级分布和镱离子特性可以看出，掺镱光纤具有转换效率高、量子效率高、能级结构简单、增益带宽较宽和荧光寿命长（约1ms）等优势，并且 Yb^{3+} 没有激发态吸收，可以高浓度掺杂，因此，Yb^{3+} 光纤是实现高功率光纤激光器的一种优良的增益介质。

2. 掺镱光纤振荡器

全光纤掺镱光纤振荡器通常由大模场双包层掺镱光纤、尾纤输出的LD泵浦源和光纤光栅对构成的谐振腔组成，图 7.3.4 展示了双向泵浦全光纤化掺镱光纤振荡器的基本结构。为了获得高效率和高光束质量光纤激光输出，需要选择一定掺杂浓度的掺镱光纤、合适的光纤长度和芯包比。经低反射率光纤光栅输出的激光一般需经过包层光滤除器后，由光纤端帽进行输出。为了得到纯净的激光输出，需要包层光滤除器将剩余未被吸收的泵浦光从双包层掺镱光纤的内包层中消除。由于光纤芯径较小，极高的激光功率密度可能会损坏输出光纤端面，使用端帽则可以避免这些影响，激光束在端帽内发散，从而大大降低石英-空气界面处的功率密度。

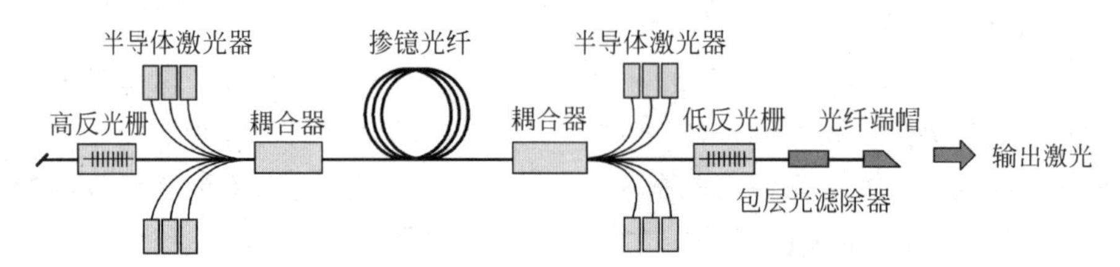

图 7.3.4　LD 双向泵浦的掺镱光纤振荡器结构示意图

2020 年国防科技大学研究团队利用该结构实现了 7kW 的功率输出，采用了尾纤输出 LD 双端泵浦方式，经前向和后向(6+1)×1 泵浦信号耦合器将泵浦功率注入掺镱双包层光纤的内包层中，泵浦波长为 976nm。双包层掺镱有源光纤（YDF）的纤芯模场面积为 $700\mu m^2$，纤芯的数值孔径约为 0.061。为了充分吸收泵浦光，掺杂光纤对泵浦光的吸收系数和光纤长度的乘积大于 13dB。光纤光栅的中心波长约为 1080nm，高反和低反光栅的反射率分别约为 99%和 10%。当前、后向泵浦功率分别为 2.5kW 和 6.57kW 时，掺镱光纤振荡器获得了 7.01kW 的激光输出，对应的光光转换效率约为 77.3%(如图 7.3.5(a)所示)，与量子效率 90.4%相比，效率损失了 13.1%，这可能与泵浦耦合损耗、自吸收、传输损耗、光纤熔接点引起的泄漏、增益饱和的程度、腔内损耗等因素有关。在最高输出功率时，激光信号的中心波长为 1079.9nm，3dB 带宽约为 4.74nm，此时受激拉曼(SRS)抑制比大于 30dB(如图 7.3.5(b)所示)。测量得到输出激光的光束质量因子 $M^2\approx 2.4$，典型的输出激光远场形态如图 7.3.5(b)所示，输出模式中除包含基模外，还包含少量的低阶模式。

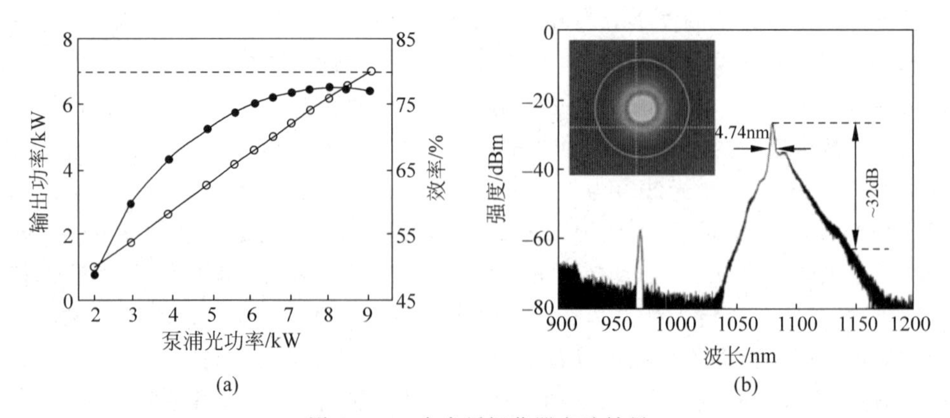

图 7.3.5　全光纤振荡器实验结果

(a) 输出功率和光光转换效率；(b) 最高功率时的输出光谱和光斑图

3. MOPA 结构掺镱光纤激光器与同带泵浦技术

为了提升光纤激光器输出功率，目前，数千瓦级以上高平均功率掺镱光纤激光器大都采用主振荡功率放大(MOPA)的结构，由主振荡器加功率放大级组成。主振荡器通常也称为MOPA 系统的种子源。主振荡器一般是谐振腔结构的光纤激光器，输出功率在百瓦到千瓦级。由于功率相对较低，对光纤耦合器和光纤光栅等组件的性能要求不高，热效应、非线性效应等尚不明显，可以获得近衍射极限、纯的光谱和时域稳定的输出特性。高性能的种子对高功率光纤放大级至关重要。光纤放大级需要在保持种子空域、谱域和时域特性的基础上，将激光功率进行高效放大。因此，光纤放大级除了采取高功率泵浦注入和获得高效光光转换之外，还需要在放大级中控制光束质量的恶化、抑制光谱的展宽并克服非线性效应的发生(比如 SBS 或 SRS)等。

虽然得益于大模场双包层掺镱光纤、高功率泵浦耦合技术、尾纤输出泵浦 LD 功率密度的提高以及高功率光纤激光放大器技术的进步，MOPA 结构掺镱光纤激光器输出功率已经向万瓦级迈进，但是由于在激光产生过程中，不可避免地产生热量，由此导致的光光转换效率下降、输出光暗化以及输出模式不稳定性等还是制约着激光器输出功率的提升，由此提出了同带泵浦技术并迅速发展。

同带泵浦是指泵浦激光与输出激光的波长同处于增益介质相近的吸收发射带上，对于掺镱增益光纤，通常采用 1018nm 光纤激光作为同带泵浦光源。采用同带泵浦有两个方面的优势，一是亮度方面的优势，半导体激光的典型输出参数是 100W，100μm，0.2 数值孔径，而相同功率的 1018nm 光纤激光的典型输出参数是 10μm，0.08 数值孔径，亮度高出了 2～3 个量级；二是热管理的优势，与常见的 976nm 半导体激光泵浦相比，1018nm 激光的波长与光纤激光最终输出波长(如 1080nm)更加接近，有效降低了量子亏损带来的热效应。

为了实现同带泵浦掺镱光纤激光器输出，在高功率掺镱光纤激光器中一般采用级联泵浦结构。典型的同带泵浦方案如图 7.3.6 所示，从半导体 LD 激光到系统激光输出一共经过两次级联泵浦。通常地，先利用 976nm 的半导体激光泵浦产生 1018nm 的光纤激光，将激光亮度提升数个量级，然后再将 1018nm 激光进行合束，并用于光纤放大器激光光泵浦放大，最终实现整个光纤系统的高效和高亮度激光输出。值得注意的是，1018nm 波长光纤激光器作为高亮度泵浦源优势明显，但是这种波长位于掺镱光纤吸收谱的边缘，吸收系数仅相当于 976nm 的峰值吸收系数的约 1/18。IPG Photonics 公司最早提出了 1018nm 同带泵浦方案，基于此方案，国内外研究机构已先后实现了单纤 20kW 近衍射极限高光束质量掺镱光纤激光输出。

理论分析表明，LD 直接泵浦大模场掺镱双包层光纤激光器单纤输出功率极限为 49kW，同带泵浦情况下的单纤输出功率极限为 97kW，若考虑模式不稳定性，同带泵浦情况下的单纤输出功率极限降为 82kW。

4. 影响掺镱光纤激光器功率提升的因素

随着掺 Yb^{3+} 双包层光纤激光器功率的不断提高，非线性效应、模式不稳定性、光暗化以及热损伤等已经成为光纤激光器功率提高的制约因素。在实际中，哪种制约因素先达到阈值，其就成为最主要的限制因素。

横向模式不稳定性(transverse mode instability，TMI)是指激光在达到某一特定阈值

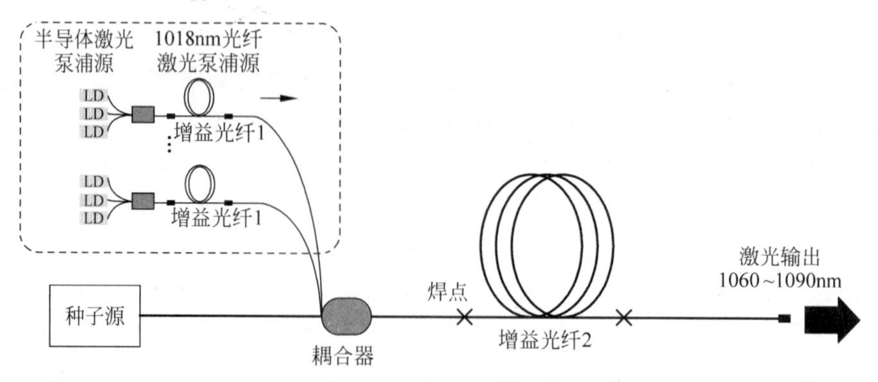

图 7.3.6 同带泵浦 MOPA 结构掺镱光纤激光器示意图

后,纤芯中的基模开始与高阶模式发生非线性耦合,输出激光功率在基模与高阶模式之间来回跳变,光束质量急剧退化的现象。在高功率光纤激光器中,信号光基模和高阶模式的模间拍频,将在增益光纤纤芯中产生纵向的周期性光强分布。随着泵浦光注入、信号光被放大后,纤芯掺杂区域会形成周期性的泵浦光吸收,其产生的量子亏损会形成周期性震荡的热负载分布,最终形成周期性的温度分布。由于热光效应,周期性的温度分布会调制纤芯的折射率,形成热致长周期折射率光栅。该折射率光栅将引起满足相位匹配条件的信号光基模和高阶模式发生非线性耦合,最终导致基模的功率向高阶模式转移。TMI 将引起激光器焦点光斑快速变化,引起输出模式的不稳定性。TMI 在高功率激光器中为主导限制因素,限制激光器功率的进一步提升。

光子暗化是指光纤激光器在长时间出光后掺杂光纤纤芯背景损耗永久性增加的现象,这一现象普遍存在于稀土掺杂的硅酸盐玻璃中,特别是掺镱高功率光纤激光器。典型的光纤激光器光子暗化过程表现为:随着激光器出光时间增加,输出功率逐渐下降,最后趋于稳定。除了引起输出激光损耗增大外,光子暗化还会引起可见光波段损耗增大。

在高功率光纤放大器或激光器中,非线性效应表现为:受激拉曼散射(SRS)、受激布里渊散射(SBS)、自相位调制(SPM)、交叉相位调制(XPM)以及四波混频(FWM)等现象,其中 SBS 和 SRS 的阈值相对较低,成为影响光纤激光器功率扩展、限制光纤激光器性能提高的主要非线性效应。两者的功能均来源于光纤材料的受激散射,SBS 的发生阈值与激光器中信号光(在 SBS 效应中称为斯托克斯光的泵浦光)的线宽有关,在窄线宽的脉冲和连续激光器中,SBS 是限制脉冲能量提升的首要因素。在非窄线宽的连续光纤放大器或激光器中,由于 SRS 的增益谱较宽,更容易出现,所以对宽谱连续光纤激光器来说,SRS 的影响更大。

光纤激光器尽管具有较好的散热性能,一般功率输出下不需要严格的热效应管理,但随着光纤放大器输出功率的增长,由泵浦导致的热效应会产生许多严重的问题,例如:由于内部的热压力和膨胀使光纤出现结构损伤;由于包层损伤而缩短光纤寿命;由于高温使光纤基质熔化;由于热透镜效应降低光束质量,并且降低了泵浦光耦合效率和激光器的量子效率等。热效应引起的纤芯熔解、热应力裂纹及热透镜效应因而成为限制放大器功率提升的因素之一。

通过研究者们的不懈努力,制约掺镱光纤激光器输出功率的限制因素不断地被克服,推动了高功率掺镱光纤激光器技术的全面发展，形成了当前光纤激光器被广泛应用的生动局面。

7.3.2　双包层掺镱光纤激光器性能分析

为了对双包层光纤激光器有更直观的物理理解，通常会选择建立速率方程对其物理过程进行数学表征及性能分析。

速率方程就是表征激光器增益介质内光子数和工作物质各有关能级上的粒子数随时间变化的微分方程，它的出发点是原子的自发辐射、受激辐射和受激吸收概率的基本关系式。因为速率方程和参与产生激光过程的能级结构以及工作粒子在这些能级间的跃迁特性相关，无论分析对象是光纤激光振荡器还是光纤激光放大器，无论光纤激光器是连续运转还是脉冲工作，速率方程都是目前最为主要的理论研究方法。

光纤激光器产生激光的过程主要分为瞬态和稳态两个状态。瞬态的时变过程主要是计算脉冲光纤激光器的输出特性。对于连续输出的光纤激光器，建立速率方程的时候只考虑稳态的情况，即：反转粒子数和功率水平是不随时间变化的。稳态速率方程可以计算反转粒子数分布和腔内各处的激光功率分布。

对于掺 Yb^{3+} 光纤，由于不存在激发态吸收，同时，它的基态与激光下能级是由同一能级 $^2F_{7/2}$ 的斯塔克分裂产生的，激发态与激光上能级是由能级 $^2F_{5/2}$ 的斯塔克分裂产生的，使得无辐射弛豫跃迁时间远小于激光上能级的荧光寿命(约 1ms)。因此，可将 Yb^{3+} 光纤激光产生过程简化为二能级系统处理。

图 7.3.7 是端面泵浦双包层掺 Yb^{3+} 光纤振荡器的简化示意图。“+”表示所有变量的参考方向。光纤长度为 L，纤芯的截面积为 A，纤芯的掺杂浓度为 N，高反与低反光纤光栅对激光的反射率分别为 R_1 和 R_2，泵浦光从光纤端面注入，经双包层光纤后被吸收，激光从后腔镜 R_2 输出。光纤内的激光和 ASE 均由自发辐射产生。对于通用的速率方程模型，需要同时描述激光器的时间、空间特性，时间特性描述反转粒子数密度和功率随时间的变化，空间特性描述反转粒子数密度和功率随时间和光纤位置的变化。本节分析和建模的对象是掺 Yb^{3+} 连续光纤激光器，对于连续运转的光纤激光器，只需要获得其稳态分布的解，即令粒子数对时间的微分项等于零。

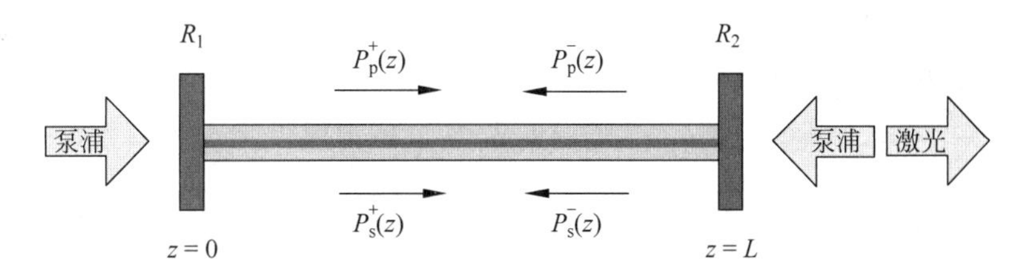

图 7.3.7　端面泵浦掺 Yb^{3+} 光纤激光器简化示意图

在二能级近似和稳态近似的条件下，基于经典的二能级速率方程和功率传输方程，可以得到激光器增益光纤中泵浦光功率(前向和后向)、激光光功率(前向和后向)、反转粒子数密度随光纤位置变化如下：

$$\frac{\mathrm{d}P_s^+(z)}{\mathrm{d}z}=\Gamma_s[(\sigma_{as}+\sigma_{es})N_2(z)-\sigma_{as}N]P_s^+(z)+\Gamma_s\sigma_{es}N_2(z)P_0-a_sP_s^+(z) \tag{7.3.12}$$

$$\frac{\mathrm{d}P_s^-(z)}{\mathrm{d}z}=-\Gamma_s[(\sigma_{as}+\sigma_{es})N_2(z)-\sigma_{as}N]P_s^-(z)-\Gamma_s\sigma_{es}N_2(z)P_0+a_sP_s^-(z) \tag{7.3.13}$$

$$\frac{\mathrm{d}P_p^+(z)}{\mathrm{d}z}=\Gamma_p[(\sigma_{ap}+\sigma_{ep})N_2(z)-\sigma_{ap}N]P_p^+(z)-a_pP_p^+(z) \tag{7.3.14}$$

$$\frac{\mathrm{d}P_p^-(z)}{\mathrm{d}z}=-\Gamma_p[(\sigma_{ap}+\sigma_{ep})N_2(z)-\sigma_{ap}N]P_p^-(z)+a_pP_p^-(z) \tag{7.3.15}$$

$$\frac{N_2(z)}{N}=\frac{[P_s^+(z)+P_s^-(z)]\sigma_{as}\Gamma_s\lambda+[P_p^+(z)+P_p^-(z)]\sigma_{ap}\Gamma_p\lambda_p}{[P_s^+(z)+P_s^-(z)](\sigma_{as}+\sigma_{es})\Gamma_s\lambda_s+[P_p^+(z)+P_p^-(z)](\sigma_{ap}+\sigma_{ep})\Gamma_p\lambda_p+\frac{hcA}{\tau}} \tag{7.3.16}$$

其中，z 代表沿着光纤轴向的位置；λ_s 为激光光波长；$P_s^{\pm}(z)$分别表示正向和反向的激光光功率；λ_p 为泵浦波长；$P_p^{\pm}(z)$分别表示正向和反向的泵浦光功率；a_p 表示光纤对泵浦光的损耗系数；a_s 表示光纤对激光的损耗系数；$N_2(z)$表示上能级的粒子数密度；σ_{es}、σ_{as} 和 σ_{ep}、σ_{ap} 分别表示激光和泵浦光的发射与吸收截面；A 为光纤纤芯面积；h 为普朗克常数；c 为光速；τ 为 Yb^{3+} 上能级的寿命；Γ_s 表示激光的功率填充因子；Γ_p 表示泵浦光的功率填充因子；$\Gamma_p\approx\frac{A}{S}$，$S$ 表示内包层所包围的截面面积，故有 $\Gamma_p<1$；Γ_s 通常也小于 1，对于单包层光纤 $\Gamma_s\approx\Gamma_p$，对于双包层光纤，$\Gamma_s\gg\Gamma_p$；式中的 P_0 表示自发辐射对激光功率贡献情况，可以表示为 $P_0=2hc^2/\lambda^3$，式子中的系数 2 表示不同的偏振状态；N 为光纤纤芯中 Yb^{3+} 的掺杂浓度，可以认为是一个不随距离而变化的常数，光纤的吸收系数与掺杂浓度有关，吸收系数可以写成：

$$\alpha=\sigma_{ap}N\Gamma_p \tag{7.3.17}$$

单位长度的吸收损耗为

$$\frac{P_{out}}{P_{in}}=\mathrm{e}^{\alpha} \tag{7.3.18}$$

若单位长度的吸收系数 β 的单位以 dB/m 表示，则有

$$\beta=10\log\left(\frac{P_{out}}{P_{in}}\right)=10\lg(\mathrm{e}^{\alpha})\ \left(\frac{\mathrm{dB}}{\mathrm{m}}\right) \tag{7.3.19}$$

因此，掺杂粒子数浓度与吸收系数(单位为 dB/m)的关系为

$$N=\frac{\beta}{10\sigma_{ap}\Gamma_p\lg\mathrm{e}} \tag{7.3.20}$$

例如，若使用的光纤的吸收系数为 1.2dB/m，计算得到的掺杂粒子数浓度为 $4.25\times10^{25}\mathrm{m}^{-3}$。

式(7.3.12)、式(7.3.13)、式(7.3.14)和式(7.3.15)分别描述光纤长度上不同位置处正、反向传输泵浦光功率 $P_p^+(z)$、$P_p^-(z)$以及正、反向传输激光功率 $P_s^+(z)$、$P_s^-(z)$的变化规律。对于激光而言，右边等式第一项描述了能级跃迁引起的激光的净增益情况，净增益系数为 $\Gamma_s[(\sigma_{as}+\sigma_{es})N_2(z)-\sigma_{as}N]$；第二项描述自发辐射光对功率的影响；第三项描述

激光因传输损耗引起的功率的变化情况，损耗系数为 α_s。对于泵浦光而言，右边等式第一项描述了能级跃迁引起的泵浦光的衰减情况，衰减系数为 $\Gamma_p[(\sigma_{ap}+\sigma_{ep})N_2(z)-\sigma_{ap}N]$；第二项描述泵浦光因传输损耗引起的功率的变化情况，损耗系数为 α_p。

引入饱和激光功率 P_{ssat} 与饱和泵浦光功率 P_{psat} 分别如下：

$$P_{ssat}=\frac{hcA}{\lambda_s\tau\Gamma_s(\sigma_{as}+\sigma_{es})} \tag{7.3.21}$$

$$P_{psat}=\frac{hcA}{\lambda_p\tau\Gamma_p(\sigma_{ap}+\sigma_{ep})} \tag{7.3.22}$$

则式(7.3.16)可以表示为

$$\frac{N_2(z)}{N}=\frac{\dfrac{[P_s^+(z)+P_s^-(z)]\sigma_{as}}{P_{ssat}(\sigma_{as}+\sigma_{es})}+\dfrac{[P_p^+(z)+P_p^-(z)]\sigma_{ap}}{P_{psat}(\sigma_{ap}+\sigma_{ep})}}{\dfrac{[P_s^+(z)+P_s^-(z)]}{P_{ssat}}+\dfrac{[P_p^+(z)+P_p^-(z)]}{P_{psat}}+1} \tag{7.3.23}$$

式(7.3.12)～式(7.3.15)组成的一阶微分方程组可以表示光纤中激光、泵浦光功率分布。然而若想要得到具体的数值解，还需要有明确的边界条件。对于光纤振荡器，其边界条件为

$$P_p^+(0)=P_p^+ \tag{7.3.24}$$

$$P_p^-(L)=P_p^- \tag{7.3.25}$$

$$P_s^+(0)=R_1P_s^-(0) \tag{7.3.26}$$

$$P_s^-(L)=R_2P_s^+(L) \tag{7.3.27}$$

其中，P_p^+ 和 P_p^- 分别为端面前向和后向注入的泵浦功率；L 为增益光纤总长度；R_1 和 R_2 分别为前腔镜和后腔镜反射率(或光纤光栅的反射率)，最终激光输出为

$$P_{out}=P_s^+(L)(1-R_2) \tag{7.3.28}$$

加上边界条件后，一阶常微分方程组就变成了一个两点边值的具体问题(boundary value problem，BVP)(可以获得的初始值只是泵浦光的输入功率，而激光的功率初始值是无法获得的)。与初值问题不同，两点边值问题的解存在不确定性，可能有解，也可能无解，可能有唯一解，也可能存在多个解。求解两点边值问题的常用方法包括打靶法、有限差分法和有限元法等。打靶法的收敛速度通常要比其余几种方法快一些。打靶法通过猜测初值的方法将两点边值问题转化成初值问题来进行求解，然后采取某种修正方法在每次初值问题求解结束后对猜测值进行校正，修正过程反复迭代进行，直到修正后的猜测值能够使得边值问题的所有边界条件得到满足，则认为修正后的猜测值为初值的初值问题的解，即为边值问题的解。

通过求解上述边界条件下的稳态速率方程组，就可以得到泵浦光功率(前向和后向)、激光光功率(前向和后向)、反转粒子数密度沿光纤位置的分布，进而可以得到激光器的输出功率以及残余泵浦功率。除输出功率外，衡量高功率光纤激光器输出性能的主要参数还有斜效率、光-光效率以及阈值功率等。

下面以1000W级掺镱光纤激光器为例，采用纤芯/内包层为20/400(μm)的大模场掺镱双包层光纤，泵浦LD波长为976nm，激光波长为1080nm，采用光纤光栅对作为谐振腔。利

用上述理论计算模型对掺镱光纤激光器进行优化设计，分析泵浦方式、光纤长度、掺杂浓度、光栅反射率等参数对激光输出特性的影响。表 7.3.2 列举了理论计算所需的物理参数以及所采用的数值。

表 7.3.2 端面泵浦掺镱光纤激光器理论计算的物理参数及其数值

物理参数	符　号	数　值
泵浦波长	λ_p	976nm
激光波长	λ_s	1080nm
Yb^{3+} 上能级寿命	τ	0.8ms
包层泵浦吸收@976nm	β	1.3dB/m
泵浦吸收截面	σ_{ap}	$1.16\times10^{-24}\,m^2$
泵浦发射截面	σ_{ep}	$6.09\times10^{-25}\,m^2$
激光吸收截面	σ_{as}	$2.29\times10^{-27}\,m^2$
激光发射截面	σ_{es}	$2.82\times10^{-25}\,m^2$
光纤对泵浦光的损耗	α_p	$2\times10^{-5}\,cm^{-1}$
光纤对激光的损耗	α_s	$4\times10^{-6}\,cm^{-1}$
泵浦光功率填充因子	Γ_p	0.0025
激光功率填充因子	Γ_s	0.82
高反光栅(HR)反射率	R_1	0.99
HR 半峰全宽	HR_{FWHM}	3nm
低反光栅(OC)反射率	R_2	0.1
OC 半峰全宽	OC_{FWHM}	1nm
Yb^{3+} 掺杂浓度	N	$1.03\times10^{20}\,cm^{-3}$
纤芯直径	D_{core}	20μm
内包层直径	D_{clad}	400μm
纤芯数值孔径	NA_{core}	0.065
内包层数值孔径	NA_{clad}	0.46
光纤长度	L	15m

1. 泵浦方式对激光输出特性的影响

前面内容已提及，对于端面泵浦的光纤激光器，根据泵浦光和输出激光在光纤端面的相对位置，有三种泵浦方式：正向泵浦（泵浦端和输出端在光纤两侧）、反向泵浦（泵浦端和输出端在光纤同侧）和双向泵浦（光纤两个端面均为泵浦端）。

图 7.3.8～图 7.3.10 给出了入纤泵浦功率 1200W 的情况下，分别采用正向 1200W 泵浦、反向 1200W 泵浦和双向各 600W 泵浦三种不同的泵浦方式时光纤中泵浦光、腔内激光功率和上能级粒子数的分布。采用三种不同的泵浦方式得到的输出功率分别为：正向泵浦 1065.77W、反向泵浦 1068.33W、双向泵浦 1067.27W，反向泵浦与正向泵浦的输出功率相比高了 2.56W。高反光栅反射率为 99%，反向激光几乎完全反射，变回正向反射光；低反光栅反射率为 10%，正向激光大部分会输出，很少一部分反射成为反向激光；由于腔镜几乎不反射泵浦光，残余泵浦光会离开谐振腔。

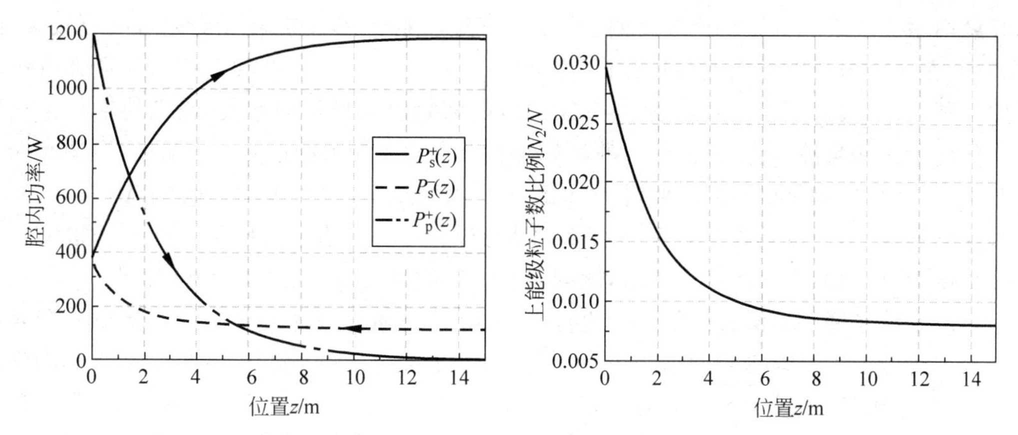

图 7.3.8　正向泵浦时掺镱光纤中功率分布与上能级粒子数分布(箭头方向表示光传输方向)

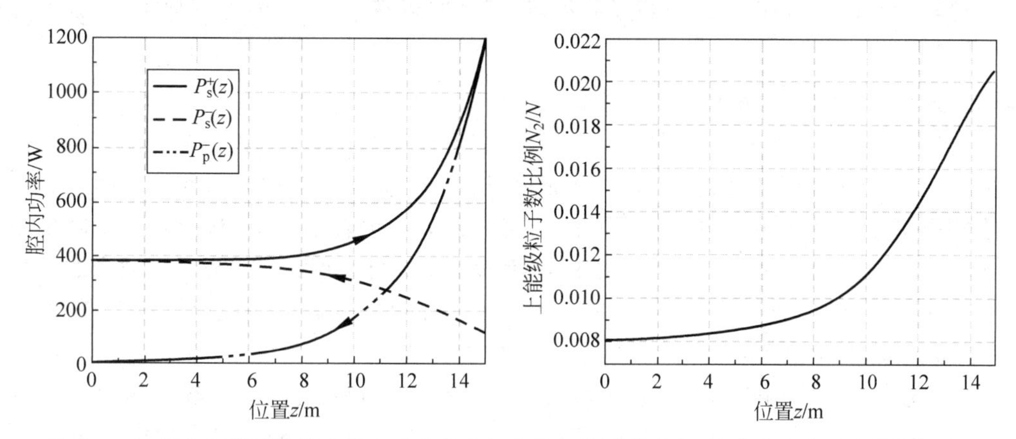

图 7.3.9　反向泵浦时掺镱光纤中功率分布与上能级粒子数分布(箭头方向表示光传输方向)

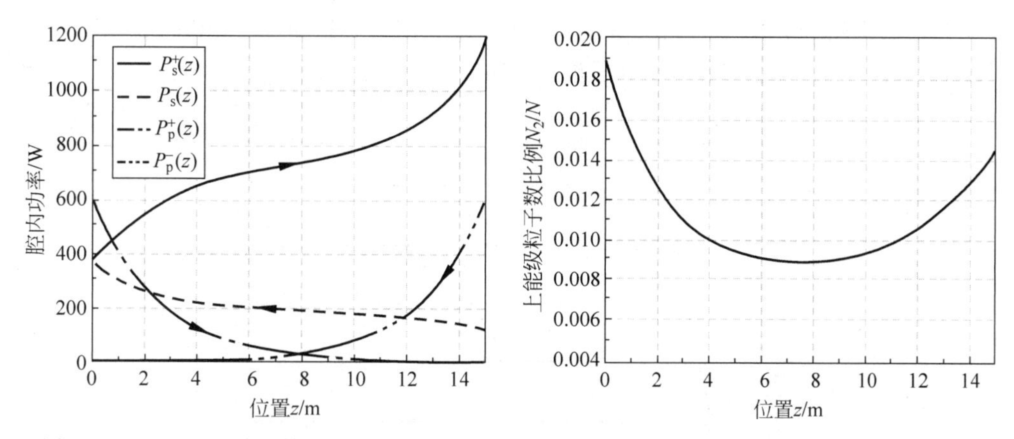

图 7.3.10　双向泵浦时掺镱光纤中功率分布与上能级粒子数分布(箭头方向表示光传输方向)

另外,比较图 7.3.8 和图 7.3.9 可以发现,反向泵浦相对正向泵浦来说,上能级粒子数分布(或者说腔内增益分布)更加平坦。对于正向泵浦,泵浦光在光纤前端吸收较多,在 z 值较小时,腔内增益很高,激光在腔内的功率迅速增长,在 $z=5\text{m}$ 左右的时候腔内的功率已经达到 1058.32W,此后腔内增益减小,激光功率增长的速度也随之减慢,但是在剩下的光纤长度内激光功率一直维持比较高的水平；对于反向泵浦，泵浦光在光纤尾端吸收较多，前端较少，在 z 值较小时腔内增益比较低，激光的功率增长较慢，腔内激光功率一直维持比较低的水平，直到接近光纤另一端及 $z=10\text{m}$ 以后，随着腔内增益的增长，激光功率也迅猛增加。相比于正向泵浦，反向泵浦最大的好处是在激光功率较大的增益光纤后段，泵浦光功率也较大，因此可以提供更高的增益，抑制该区域的激光重吸收（再吸收），减少 ASE。这对于增益光纤长度较长（重吸收较严重）的系统比较有利。此外，由于反向泵浦在光纤很大的一部分长度内，腔内激光功率都比较低，从抑制非线性的角度来，反向泵浦更有优势。

双向泵浦是两种泵浦方式的一个组合，因此这种泵浦方式的输出功率和增益分布介于前两者之间。另外，双向泵浦具有一个突出优点，就是泵浦光功率分布更加平坦，在高功率泵浦时，整个光纤上的热负载较低，因此，高功率连续波输出的光纤激光器通常采用双向泵浦。

以上分析了各种泵浦方式的特点和优缺点，在光纤激光器设计过程中，具体采用哪种泵浦方式还要结合实际情况。值得指出的是，在后面的仿真模拟中，除非特别指出，均采用正向泵浦方式。

2. 光纤长度对激光输出特性的影响

合理选择掺杂光纤的长度是双包层光纤激光器设计中非常重要的因素。最佳的光纤长度的选择主要依赖于光纤的掺杂浓度、纤芯-包层面积比、光纤对激光的损耗等因素。光纤长度过短，泵浦吸收不够充分，浪费泵浦光，降低激光器的转换效率，其中对于双向泵浦来说，剩余泵浦光还会损伤另一端泵浦的 LD；而过长的光纤长度会导致光纤对激光的二次吸收，进一步损耗激光，使得输出功率下降。对于每一个确定的激光系统，增益光纤的长度都有一个最佳值，实验设计时应充分考虑各种条件加以选择。

图 7.3.11 是不同泵浦功率下激光输出功率随光纤长度的变化，可以看出，对于每个固定的泵浦功率，光纤都有一个最佳长度，光纤远离这个长度都会导致输出激光功率下降。另外，泵浦功率越大，最佳光纤长度有所变长，但差别并不大，此时泵浦光刚好被光纤基本吸收完全。图 7.3.12 是不同泵浦功率下残余泵浦光功率随光纤长度的变化，可以看出在光纤长度为 10m 的时候，残余泵浦光不足 4%；当光纤长度为 15m 的时候，剩余泵浦光不足 2%；此后光纤长

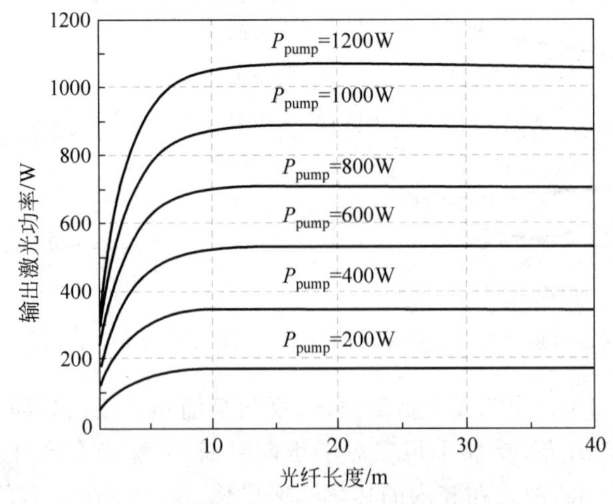

图 7.3.11 不同泵浦功率下输出激光功率随光纤长度的变化

度再增长对泵浦光的吸收意义不大。另外，对比图 7.3.11 和图 7.3.12，可以发现，最佳光纤长度基本在泵浦光最佳吸收长度 10～15m 的范围内（对应残余泵浦光比例为 2%～4%）。

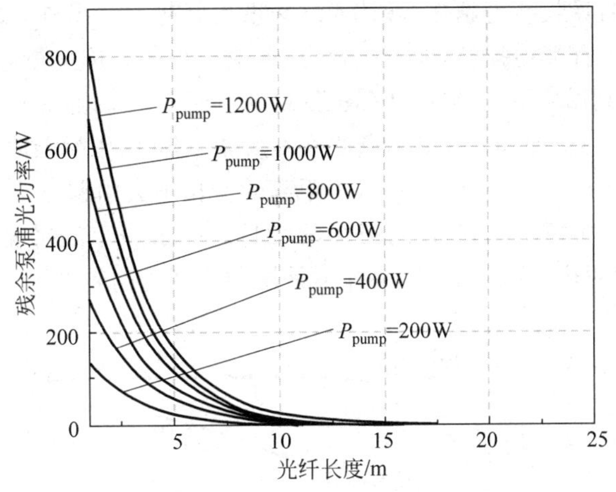

图 7.3.12　不同泵浦功率下残余泵浦光功率随光纤长度的变化

图 7.3.13 是激光器阈值功率随光纤长度的变化关系。可以看出，在光纤长度很短的时候，光纤阈值功率比较高，需要更强的泵浦光才能达到超过损耗的增益，随着光纤长度的增加迅速下降，此后又随着光纤长度的增加近似线性增加。一般来说，阈值功率最低处对应的光纤的长度并不一定和光纤的最佳长度重合。当光纤长度从 4～40m 时，阈值功率大概增加了 2W。对于高功率光纤激光器来说，这一点泵浦功率的牺牲基本可以忽略。所以实际光纤长度的选择主要以获得最佳输出功率为准。

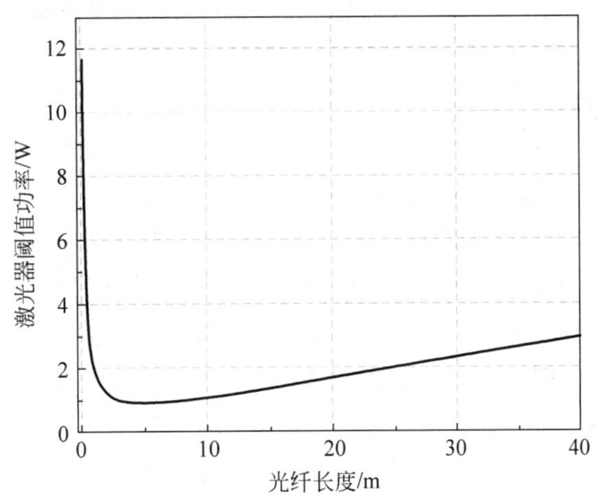

图 7.3.13　激光器阈值功率随光纤长度变化

3. 掺杂浓度对激光输出特性的影响

掺 Yb^{3+} 光纤的一个重要优点就是 Yb^{3+} 的能级结构简单，没有激发态吸收和浓度淬灭，因此，可以采用高的掺杂浓度。高掺杂浓度意味着大的泵浦光的吸收系数，可以使用更短的光纤长度。这对于避免高功率光纤激光器的非线性效应是十分必要的。

图 7.3.14 给出了 1200W 泵浦功率下，Yb^{3+} 掺杂的粒子数密度分别为 $2.0\times10^{19}/cm^3$、

$8.0\times10^{19}/cm^3$、$1.5\times10^{20}/cm^3$ 时，输出激光功率随光纤长度的变化。可见，掺杂浓度越高，光纤的最佳长度越短，并且在最佳光纤长度处得到的输出功率也越高。这是因为光纤掺杂浓度越高，对泵浦光的吸收能力越强，最佳光纤长度也就越短。另外，泵浦光在光纤中传输，除了被光纤吸收外，还有其他损耗，如荧光效应、散射损耗等。因此掺杂浓度高、光纤长度短的激光系统对泵浦光利用率更高，输出功率也就越高。还可以看出，高掺杂浓度在选择最佳光纤长度时要求要苛刻一点，而在光纤的掺杂浓度不太高(例如图中掺杂浓度为 $2.0\times10^{19}/cm^3$)时，则对光纤长度的选择上稍微宽松一些，短距离的变化不会引起输出功率太大的波动。另外，从散热的角度来分析，高掺杂浓度对应短的纤长。对于一定的泵浦功率来说，光纤长度越短意味着单位长度的热负载越大，因此并不是掺杂浓度越高越好。

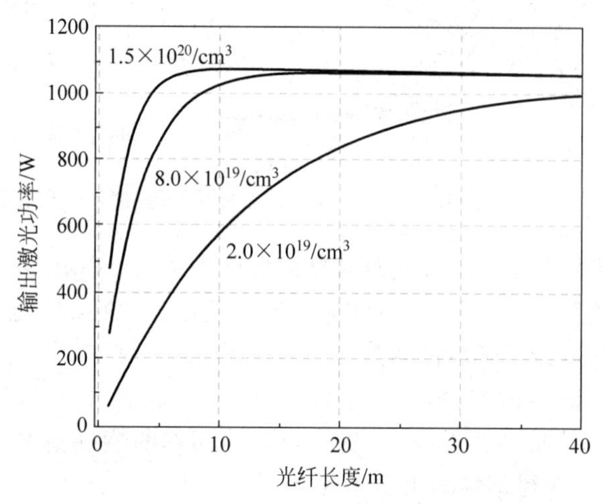

图 7.3.14 不同掺杂浓度对光纤掺杂浓度的影响

4. 腔镜反射率对激光输出特性的影响

光纤光栅对的反射率对光纤激光器的输出特性尤其是斜率效率有很大影响。在双包层增益光纤参数确定并对泵浦光吸收足够充分的情况下，光纤激光器的斜率效率主要与泵浦光和激光的波长以及光纤光栅对的反射率有关。光纤激光器的斜率效率和光纤光栅对反射率的关系，如图 7.3.15 所示。从图中可以看出，为了使光纤激光器获得高斜率效率，高反光栅的反射率 R_1 越高越好，而位于输出端的低反光栅的反射率 R_2 则需要比较低。当高反光栅反射率 R_1 较高(0.99)时，低反光栅的反射率 R_2 在很大的变化范围内(0～0.8)，斜率效率都维持在比较高的水平。当低反光栅反射率 R_2 为 10%时，高反光栅反射率 R_1 只要在 90%以上，斜率效率基本没有损失。当然，为了保证光纤前端器件，激光器最好单向输出，高反光栅反射率 R_1 越高越好。

图 7.3.16 是阈值功率随光纤光栅对反射率的变化关系。当低反光栅反射率 R_2 一定的情况下，随着高反光栅反射率的增大，阈值功率降低；同样当高反光栅反射率 R_1 一定的情况下，随着低反光栅反射率 R_2 的增大，阈值功率降低。这是因为激光器阈值功率是激光腔内的增益与损耗达到平衡时的泵浦功率，光栅反射率增大意味着激光器损耗的降低，因此激光器阈值功率会相应降低。

综上所述，基于稳态速率方程和边界条件，利用微分方程组的数值求解方法，可以得到

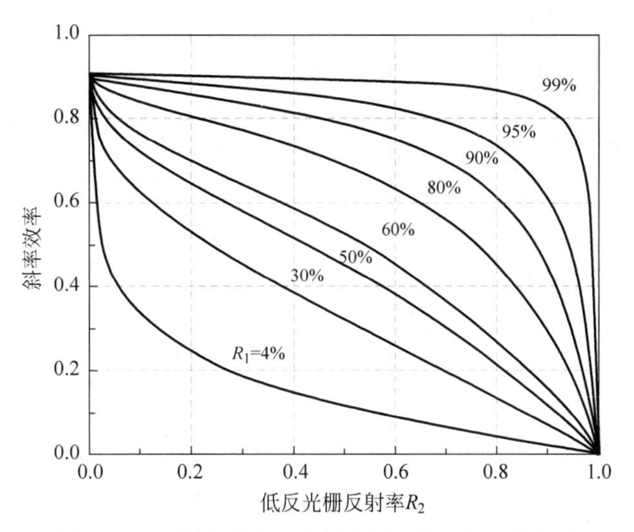

图 7.3.15　斜率效率与光纤光栅对的反射率的关系

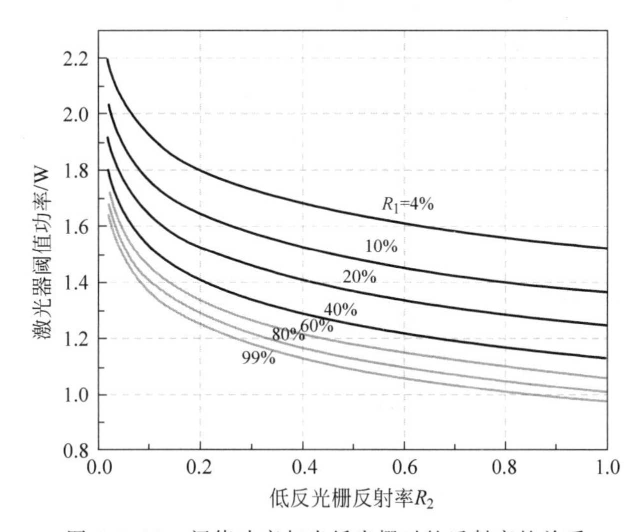

图 7.3.16　阈值功率与光纤光栅对的反射率的关系

光纤激光器的输出特性随激光器结构参数的变化关系。上述分析表明，基于 20/400μm 大模场掺镱光纤，当光纤长度 L 优化为 15m，高反光栅反射率 R_1 为 99%，输出端低反光栅反射率 R_2 为 10%时，在 1200W 的 976nm 半导体激光正向泵浦下，大模场掺镱光纤激光器输出激光功率 1066W，光光转换效率达到 88.8%，实现了 1μm 波段千瓦级掺镱光纤激光器的高效输出。

以上仿真所得的变化规律为光纤振荡器的优化设计和性能分析提供了指导，但是实际的输出性能可能还会受到温度、ASE、非线性效应、纵向烧孔效应、横向烧孔效应、偏振烧孔效应等诸多因素的影响，需要依据实际情况对速率方程进行补充和改写。

虽然以上给出的是关于光纤振荡器的计算模型，但是描述振荡器和放大器的稳态速率方程式相同，区别主要体现在边界条件上（放大器有注入的激光，但无腔镜），因此以上分析过程和方法可以很容易地移植到光纤放大器上。

7.4 超快脉冲光纤激光器

超快脉冲光纤激光器具有窄脉冲宽度、高峰值功率等优点，被广泛应用到微机械加工、国防军事、生物医学诊断等多个领域。目前，获得超快脉冲的方法主要包括调 Q 技术以及锁模技术，调 Q 技术产生的脉冲宽度通常在纳秒量级，而锁模技术产生的脉冲宽度可以达到飞秒量级，超快脉冲光纤激光器的峰值功率已经达到 10MW 量级。

1. 调 Q 光纤激光器

调 Q 技术也称为 Q 开关技术，Q 是指品质因数，是描述激光器谐振腔损耗大小的物理量。谐振腔的光学损耗越低，其 Q 值越高，反之亦然。

1）调 Q 光纤激光器的工作原理以及类型

调 Q 技术的工作原理如下：在光泵浦初期设法将谐振腔的 Q 值调低，使谐振腔首先具有较大的损耗，从而抑制激光振荡的产生，使工作物质上能量粒子数得到积累；随着光泵的继续激励，上能级粒子数逐渐积累到最大值；此时突然降低损耗（提高 Q 值），那么积累在上能级的大量粒子便雪崩式地跃迁到激光下能级，在极短的时间内将储存的能量释放出来，从而获得峰值功率极高的激光脉冲输出。

表 7.4.1 列举了调 Q 光纤激光器几种常见的基本结构及其特点。按基本结构划分，调 Q 光纤激光器分为非光纤型和光纤型，其中，非光纤型分为声光（AOM）调 Q、电光（EOM）调 Q 以及可饱和吸收体被动调 Q 等；光纤型分为光纤迈克耳孙干涉仪调 Q 以及光纤马赫-曾德尔干涉仪调 Q 等，与非光纤型相比，光纤型具有更低的插入损耗。按调 Q 方式划分，调 Q 光纤激光器分为主动调 Q 和被动调 Q。

表 7.4.1 调 Q 光纤激光器几种常见的基本结构及其特点

类型	基本结构	调 Q 方式	特点
非光纤型	声光（AOM）调 Q	主动调 Q	开关时间较快，消光比高，脉冲宽度一般为十几纳秒到几十纳秒，重复频率高（1～20kHz）、调制电压低（一般＜200V），但插入损耗大，稳定性较差
	电光（EOM）调 Q	主动调 Q	开关时间快（几纳秒），消光比高，峰值功率高，但插入损耗大，稳定性较差，需要几千伏的高压，产生的电子干扰大
	可饱和吸收体被动调 Q	被动调 Q	结构紧凑，输出脉冲的脉宽低至 10ns，开关速度慢，插入损耗大
光纤型	光纤迈克耳孙干涉仪调 Q	主动调 Q	开关速度较慢，要求两臂光纤光栅完全相同，这样的两个光纤光栅比较难制作，消光比不高
	光纤马赫-曾德尔干涉仪调 Q	主动调 Q	插入损耗低，但开关时间较慢
	布拉格光栅型声光调 Q	主动调 Q	插入损耗低，开关时间较快，重复频率高（可以在几赫兹到几十千赫兹之间调节）、调制电压低
	光纤可饱和吸体调 Q	被动调 Q	结构简单，可靠性强，可以应用于各种波长，产生脉冲的重频高，基于饱和吸收体的脉冲激光器普遍输出功率较低

2）可饱和吸收体被动调Q光纤激光器

将可饱和吸收体(SA)嵌入光纤激光器腔内是实现超快光纤激光器的最简单方法。SA用于激光器调Q的原理是激光器腔内强度起伏的自由光入射到SA上，较弱的入射光会被SA吸收并损耗，而强光会使SA价带被漂白，SA吸收饱和，无法继续吸收光子，此时SA相对于强度较高的入射光是透明的，入射光经反射镜重新反射回激光器腔内，当泵浦功率大于启动阈值时，腔内就会达到动态平衡，形成脉冲。

用于超快光纤激光器中SA的材料很多，如石墨烯、黑磷、镀金属硫化物等二维材料，以及基于石墨烯复合结构等异质结材料。这些材料由于其宽光谱响应、低饱和通量等特性，已被广泛研究。同时，一些传统的半导体材料如GaAs、InAs、ZnO等，也可用于光纤激光器来产生脉冲，其中ZnO作为一种具有六方纤锌矿结构的宽禁带半导体，具有制备简单、化学稳定性高、皮秒级光学响应等优异性能，重要的是，ZnO材料在红外光脉冲的照射下表现出超快的响应和宽光谱的饱和吸收特性。

图7.4.1为ZnO作为可饱和吸收体的调Q光纤激光器实验装置示意图。中心波长为980nm的半导体激光器作为激光器的泵浦源，1.3m长的掺铒光纤(EDF)作为激光器的增益介质，所有器件组成的闭合回路构成激光器的谐振腔。泵浦源的980nm激光器通过波分复用器耦合到环形腔内，将EDF中掺杂的铒离子泵浦到高能级，发射出C波段的放大自发辐射，自发辐射光经过环形器打到ZnO-SA上，并重新耦合回环形腔中，通过输出耦合器提取出10%的激光用于测量，90%的激光重新通过波分复用器耦合进环形腔中，两个偏振控制器是为了精确控制脉冲激光的偏振态。所有器件的尾纤均为单模光纤。分别使用光电探测器、数字示波器、光谱分析仪、射频频谱分析仪和自相关仪对超快光纤激光器的输出特性进行监测与分析。在泵浦功率为400mW时，输出的脉冲宽度为4.17μs，单脉冲能量为60nJ，重频为25.5kHz，输出功率为1.57mW。

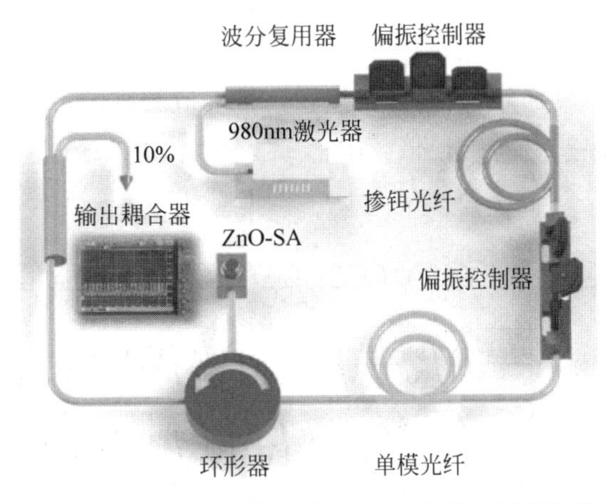

图7.4.1　ZnO作为可饱和吸收体的调Q光纤激光器实验装置示意图

2. 锁模光纤激光器

相比调Q光纤激光器，锁模光纤激光器由于具有飞秒级的时域脉宽、锁模方式的多样性、灵活性等优势，因而得到了更为广泛的研究。

1）锁模光纤激光器的工作原理

激光器输出一般是多纵模振荡模式，纵模之间的振幅与相位彼此独立；如果能使得各个独立模式在时间上同步、振荡相位一致，则总光场是各个模式光场的相干叠加，输出为一超短脉冲。这种把激光中各个纵模的相位关系锁定，形成脉冲序列的方法称为锁模。

若共有$(2n+1)$个纵模，则激光的电场强度可表示为

$$E(t)=\sum_{q=-n}^{n}E_q\cos(\omega_q t+\varphi_q)$$

其中，E_q、ω_q、φ_q 分别为纵模 q 的振幅、频率和相位。

总的光强为

$$\overline{I(t)}\propto\overline{E^2(t)}=\frac{1}{t}\sum_{q=-n}^{n}\int_0^t E_q^2(t)\mathrm{d}t=\sum_{q=-n}^{n}\frac{E_q^2}{2}$$

如果各纵模之间相位彼此相互独立并呈无规则变化，则各纵模之间相干项在时间平均下为零，平均输出光强是纵模之和，不会出现相干加强或相干减弱时域脉冲波输出，而是呈现出存在幅度和相位噪声的连续光输出。

若使 $\varphi_{q+1}-\varphi_q=a$，即相邻纵模间的相位差均保持为某一常数 a（通常称此为相位锁定或锁模），且相邻纵模频率间隔为 $\Delta\omega$，则第 q 个纵模可以表示为

$$E_q=E_q\cos[(\omega_0+q\Delta\omega)t+qa]$$

激光总的电场强度为

$$E(t)=\sum_{q=-n}^{n}E_q\cos[(\omega_0+q\Delta\omega)t+qa]$$

总的光强为

$$I(t)\propto|E(t)|^2=E_q^2\frac{\sin^2\left[\frac{1}{2}(2n+1)\Delta\omega t\right]}{\sin^2\left(\frac{1}{2}\Delta\omega t\right)}$$

可见，多个纵模相干叠加后，使能量聚集在一个峰值较高的波包中，形成锁模脉冲，脉冲峰值功率比未锁模时提高了$(2n+1)$倍。图 7.4.2 展示了腔长为 L 的谐振腔内三个纵模锁模振荡的过程。

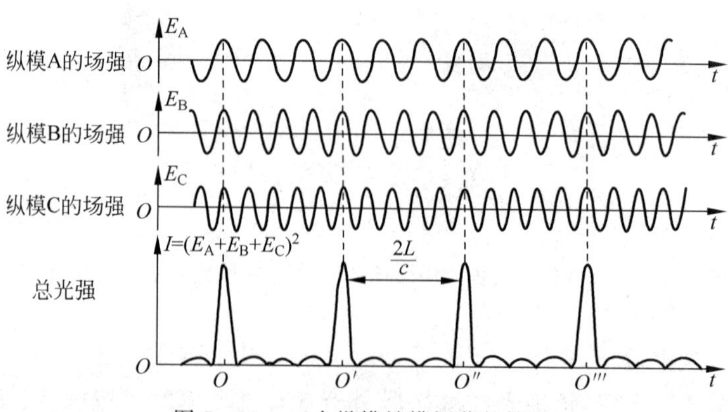

图 7.4.2　三个纵模锁模振荡的情形

2）锁模激光器的工作特性

锁模脉冲的时间间隔为 $\Delta t=2L/c$。由于 $2L/c$ 恰好是一个光脉冲在腔内往返一次所需的时间，所以锁模的结果可以理解为只有一个光脉冲在腔内往返传播。而激光器的输出则是时间间隔为 $\Delta t=2L/c$ 的规则脉冲序列。

总光强 $E(t)$ 的振幅 $A(t)_{\max}=(2n+1)E_q$，这说明在锁模脉冲振幅出现极值的时刻，各振荡纵模的振幅同时到达极大值。

锁模后所得激光脉冲的宽度为 $\Delta t=[(2n+1)\Delta v_q]^{-1}=1/\Delta v$，式中，$\Delta v_q$ 为激光器的纵模间隔；Δv 为 $(2n+1)$ 个纵模的频谱宽度，近似等于光纤增益介质的线宽，也就是说增益线宽越宽，锁模脉宽越窄。

3）锁模光纤激光器类型以及新型锁模激光器

基于锁模机制、振荡器结构、增益介质等分类方法，锁模光纤激光器可分为表 7.4.2 所示的几种类型。

表 7.4.2　锁模光纤激光器分类方法

分类方法	包　含
锁模机制	根据锁模机制进行分类，锁模光纤激光器可以分为主动锁模、被动锁模和混合锁模
色散特性	基于色散特性，锁模光纤激光器可以分为反常色散、全正色散、色散管理腔三类，对应的典型锁模机制分别是传统孤子锁模、耗散孤子锁模、自相似或色散管理孤子锁模
实现方法	根据锁模实现方法进行分类，锁模光纤激光器又可以分为非线性偏振旋转器、非线性环形镜、非线性放大环形镜、可饱和吸收体（半导体可饱和吸收镜、碳纳米管、石墨烯、金属纳米颗粒等）、Mamyshev 再生器等
增益介质	根据增益介质进行分类，锁模光纤激光器又可以分为掺镱（Yb^{3+}）、铒（Er^{3+}）、铥（Tm^{3+}）等稀土离子的光纤激光器

以上分类方法既不相互矛盾，也不相互独立，而是互有交叉，同一种锁模实现方法可以有不同的色散管理方案和增益介质。近年来涌现出的新型被动锁模光纤激光技术，包括“9 字腔”结构锁模光纤激光器、Mamyshev 锁模光纤激光器和时空锁模光纤激光器。下面对这三种新型被动锁模光纤激光技术的原理进行介绍。

（1）“9 字腔”结构锁模光纤激光器。典型“9 字腔”结构如图 7.4.3 所示。“9 字腔”结构锁模光纤激光器是最近发展出来的一种新型腔体结构。从理论上讲，“9 字腔”结构仍然属于非线性环形镜结构的一种，它是对传统“8 字腔”非线性环形镜结构的一种改进。具体而言，“9 字腔”结构是在原来“8 字腔”的基础上，将次环打开，利用反射镜直接将透射光再反射到主环中。由于次环经改进之后的形状非常像阿拉伯数字“9”，故该激光器称为“9 字腔”激光器。这种改进带来了两个好处：①缩短腔长，提高重复频率；②简化结构，不再需要环形器或者隔离器来保证次环内的单向运转，稳定性更好。长腔“9 字腔”典型结构如图 7.4.4 所示。含“9 字腔”结构的激光器虽然没有了次环，缩短了腔长，但在腔长变短的情况下，其铒光纤中非线性相移积累将更加困难，这使得非线性放大环形镜很难工作在可饱和吸收状态。因此，为了积累足够的非线性相移，可以采用增强分束器来提高泵浦功率、增加主环中光纤长度或者加入非对称互易元件等手段来提供初始相移。

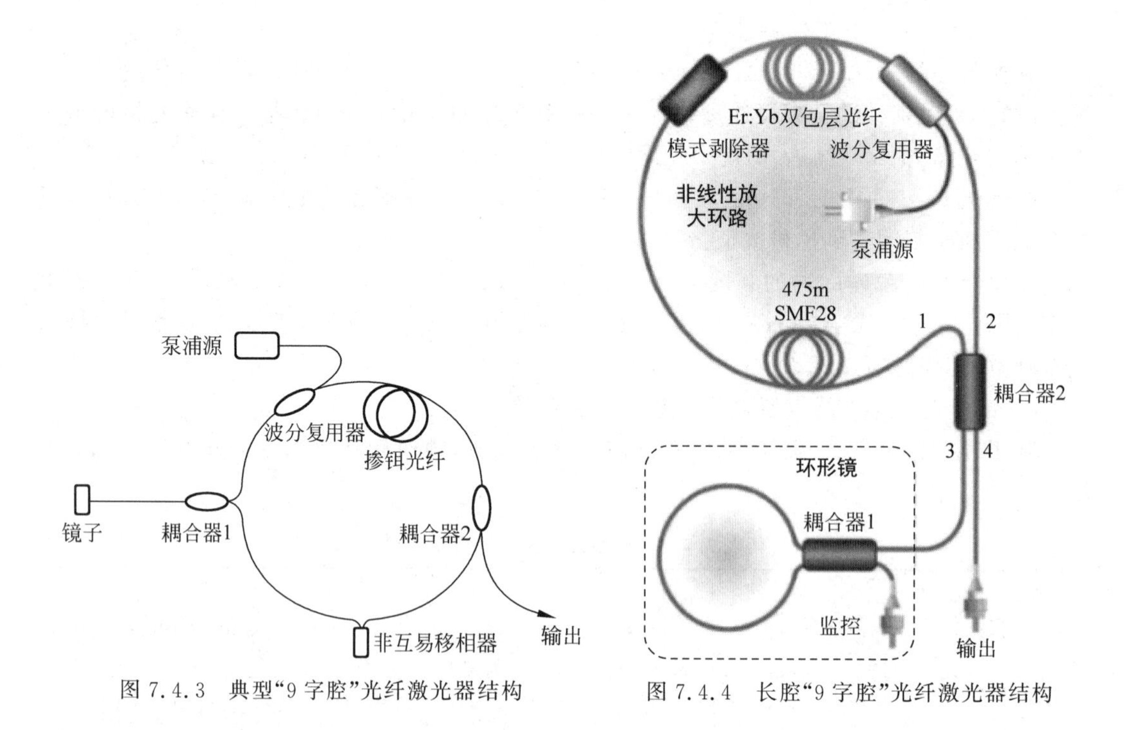

图 7.4.3　典型“9 字腔”光纤激光器结构

图 7.4.4　长腔“9 字腔”光纤激光器结构

(2) Mamyshev 锁模光纤激光器。Mamyshev 锁模光纤激光器借鉴光通信中的脉冲再生技术，可以将其理解为两个 Mamyshev 再生器的串联。单个 Mamyshev 再生器的工作原理为：注入脉冲进入非线性介质(通常是无源或有源光纤)后，经自相位调制(SPM)产生光谱展宽，展宽后的脉冲经过一个偏离脉冲中心波长的带通滤波器被滤波，如图 7.4.5 所示。该机制可以看作等效的饱和吸收效应：强度较低的脉冲产生的 SPM 展宽不足，无法通过偏移滤波器，只有强度足够高的脉冲才会产生足够的 SPM 展宽并可通过滤波器，从而实现脉冲锁模和时域窄化。通过级联 Mamyshev 再生器(即通过使用两个不同中心波长的滤波器重复此过程)可以增强等效可饱和吸收作用，最终使得强度高于某个阈值的脉冲得到不断放大和窄化，从而实现锁模脉冲输出。两个 Mamyshev 再生器级联的振荡器典型结构如图 7.4.6 所示。最终输出脉冲的波长将取决于这两个带通滤波器的特性，尤其是它们的中心波长和带宽。理论上，如果两个滤波器的带宽有重叠，并且它们的滤波范围是连续的或者至少是部分重叠的，那么输出脉冲的波长将位于这两个滤波范围的交集中。

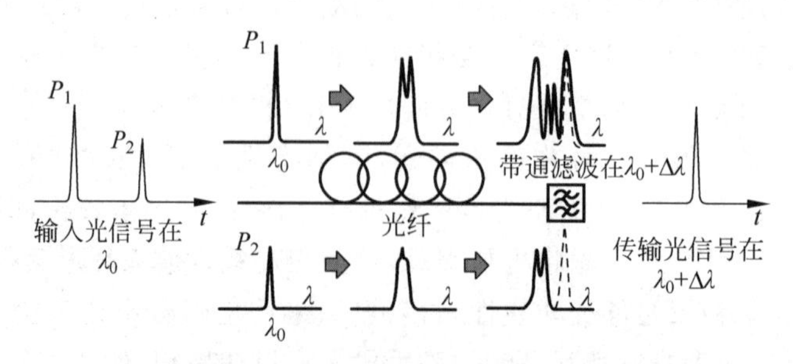

图 7.4.5　Mamyshev 再生器的工作原理

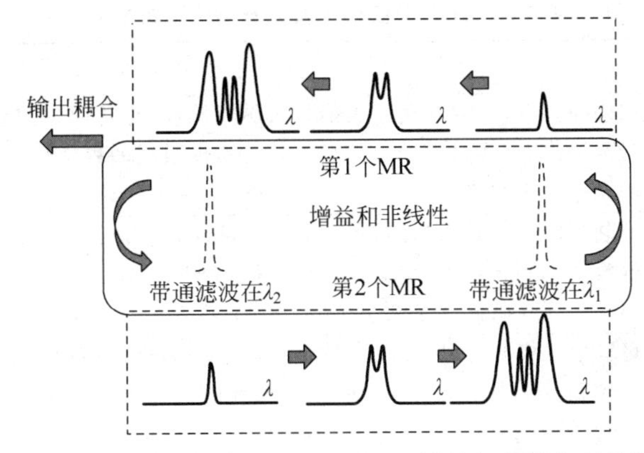

图 7.4.6 两个 Mamyshev 再生器级联的振荡器典型结构

(3) 时空锁模光纤激光器。基于多模光纤的时空锁模技术,可同时锁定光纤腔内的众多横模与纵模。图 7.4.7 给出了一种典型的时空锁模光纤激光器结构,在该结构中,通过少模增益光纤和多模光纤的偏心熔接激发出高阶横模。少模增益光纤仅支持 3 种横模,用来实现空间滤波,并使得增益随着模式数量的增加而饱和,从而抑制模式之间的增益竞争和相互间的非线性作用;渐变型折射率多模光纤主要用于降低模式色散,使得模式色散可以与色度色散相比拟,这是实现时空锁模的关键;1/4 波片、半波片以及偏振分束器用来实现非线性偏振旋转(NPE)锁模。非线性偏振旋转锁模的原理是:当一个脉冲的两正交偏振分量在光纤中传输时,由 SPM 和 XPM 效应引起强度依赖的偏振态变化,配合两个偏振控制器产生一个具有自幅度调制作用的等效快速可饱和吸收体的被动锁模机制,实现脉冲的窄化。对于 NPE 腔,可以很容易地通过一组耦合的广义非线性薛定谔方程(GNLSE)进行建模,同时可以在相对较低的激光功率下观察多模锁模过程;光谱滤波器用来实现单程带通滤波作用。

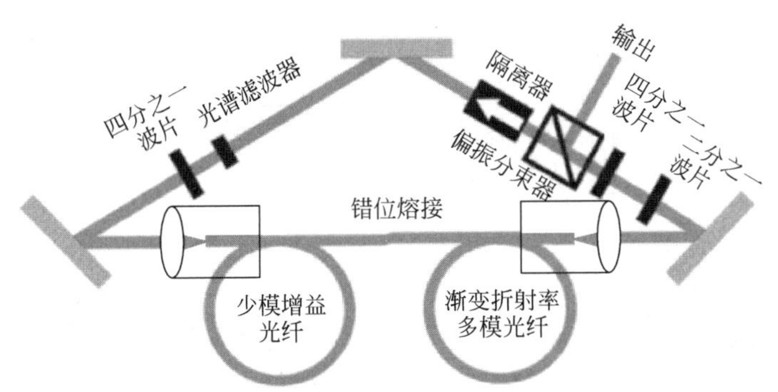

图 7.4.7 时空锁模光纤激光器结构

2017 年,康奈尔大学的 Wright 等构建了全光纤型多模光纤的时空锁模激光器。通过激发并锁定多个横模,在实验中获得了能量为 150nJ、脉宽为 150fs 的脉冲输出,对应于 10W 的平均输出功率以及 1MW 的峰值功率,并进一步指出,利用更大芯径的光纤有望将脉冲能量再提高 2 个数量级。

三种新型被动锁模光纤激光器的特点总结如表 7.4.3 所示。

表 7.4.3 三种新型被动锁模光纤激光器的特点对比

类　型	特　点
“9 字腔”结构锁模光纤激光器	结构简单，既可以适用于大能量长脉宽输出，也可以通过色散管理实现飞秒(fs)量级输出，且通过采用全保偏光纤可实现很高的稳定性。但其输出能量有限，腔的设计较为严格
Mamyshev 锁模光纤激光器	调制深度很大，可以在保持飞秒(fs)量级脉冲输出的情况下实现超过 10MW 的峰值功率和超过微焦(μJ)量级的脉冲能量。但存在结构复杂和自启动问题，需要外部注入脉冲种子来实现其自启动
时空锁模光纤激光器	可输出多模脉冲，因此具备输出飞秒、毫焦量级脉冲的能力，同时具有腔内时空光场调控能力。但目前对时空锁模光纤激光器的研究处于理论探索阶段，受限于时空锁模条件，在能量提升方面还有待研究

3. 超短脉冲光纤激光放大技术

除了各种新体制、高性能的振荡器之外，超短脉冲光纤激光放大技术也是实现更短脉冲和更高峰值功率输出的有效方法。

在脉冲能量和峰值功率不断提高的情况下，光纤中的非线性效应以及最终的自聚焦效应限制了飞秒光纤激光器性能的进一步提升。1985 年，随着啁啾脉冲放大(CPA)技术的出现，激光聚焦功率密度实现飞跃式的提升。从光纤啁啾脉冲放大(FCPA)的基本原理图(见图 7.4.8)可见，整个系统分为振荡器、展宽器、放大器和压缩器。在激光振荡器产生的超短脉冲直接输入放大器之前，先利用展宽器对振荡器输出的超短飞秒脉冲引入一定的色散，将脉冲宽度在时域上展宽约百万倍，至百皮秒甚至纳秒量级。这样不仅极大地降低了峰值功率，而且保证了单位面积上的能量密度。然后在光纤放大器中进行放大，这样既降低了相关元件损伤的风险，还避免了增益饱和等许多不利的非线性效应，有利于高效吸收增益介质储存能量。获得较高的能量以后，再通过压缩器补偿色散，将脉冲宽度压缩回飞秒量级。

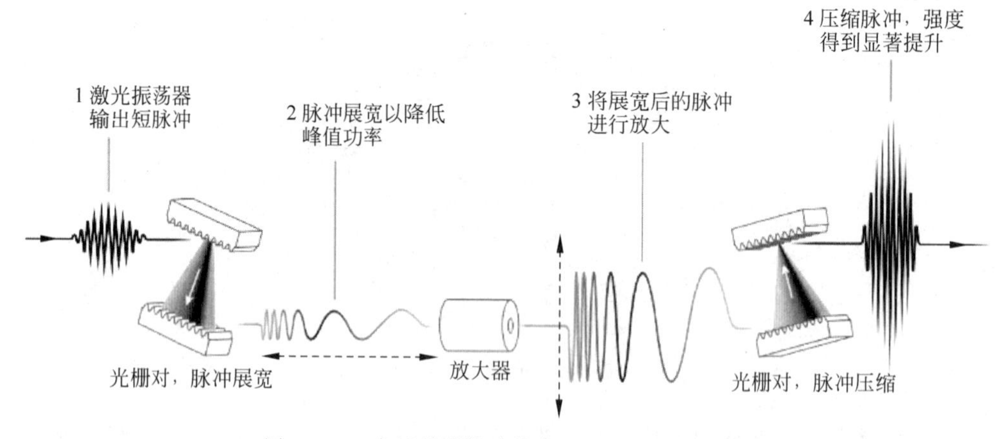

图 7.4.8 光纤啁啾脉冲放大(FCPA)系统原理图

为了突破光纤输出的极限，研究人员已经开始考虑光纤超快激光相干合束技术。通过对脉冲在空间域、时域或者光谱域的相干合束，获得更高峰值功率的超快脉冲输出。

课后拓展

现代生活中，组合优化问题无处不在，许多重要的应用，例如电路设计、路线规划、传感和药物发现，都可以通过组合优化问题进行数学描述。众所周知，许多此类问题是NP难度问题或NP完全问题。然而，通过传统的(冯诺依曼)计算架构来解决这些NP问题是计算机科学中的一个基本挑战，因为计算状态的数量随着问题的大小呈指数增长。这一挑战激发了大量研究，旨在开发非冯诺依曼架构。

基于光电振荡器的伊辛机为高效求解组合优化问题提供了一种可能的方案。光电振荡器的自然演化特性保证了计算的高效性。利用基于振荡器的伊辛机求解组合优化问题的原理为最小能量损耗原理。这与传统振荡的模式选择是一致的。在基于振荡器的伊辛机中，不同的组合态对应着不同的损耗，对应伊辛问题最优解的组合态对应着系统的最小损耗。

为了方便读者进一步了解光纤和激光器如何辅助高效解决组合优化问题，本节推荐阅读见二维码。

7.5　其他类型光纤激光器

除上述光纤激光器外，常见的光纤激光器还有单频光纤激光器、拉曼光纤激光器、超连续光纤激光器、随机分布式反馈光纤激光器、全光纤ASE光源、高阶模光纤激光器以及智能光纤激光器等。

1. 单频光纤激光器

单频光纤激光器(也称为单纵模激光器)是一种以稀土离子掺杂光纤作为增益介质，实现单一模式输出的窄线宽激光光源。单频光纤激光器具有线宽窄、噪声低、相干性好、全光纤化等优点，在激光武器、激光雷达、空间激光通信、高精度光谱测量、微波光子学、远距离传感系统等领域有着广泛的应用，成为了近年来激光领域研究的热点。按照单频光纤激光器中谐振腔的结构和工作原理，可将其分为分布布拉格反射(DBR)型、分布反馈(DFB)型和环形腔型单频光纤激光器，其中DBR型和DFB型单频光纤激光器的腔型为线形腔结构，环形腔型为行波腔结构。近年来，研究人员在线宽压窄和高功率方面都取得了不错的进展。

2. 拉曼光纤激光器

许多实际应用中(如气体探测、激光雷达、钠激光导引星等)需要特定波长的大功率激光器，使用稀土离子掺杂的光纤激光器往往无法满足需求。相比于稀土掺杂光纤激光器，拉曼光纤激光器的激射波长由泵浦波长和光纤的拉曼频移决定，拉曼光纤激光器可实现任意波长的激光输出，是获得特殊波长激光的最重要手段。此外，拉曼光纤激光器具有量子亏损小、自发背景噪声低、无光子暗化等优点，是实现高功率、高亮度激光的重要途径之一。从发展现状看，拉曼光纤激光器是一种目前可同时实现高功率与宽波段输出的光纤激光器。在波长为1.1μm附近，拉曼光纤激光器的功率可达数万瓦；随着波长的增加，其功率呈指数减小。采用的拉曼增益光纤主要包括石英光纤(包括掺锗和掺磷石英光纤)、氟化物光纤和硫系化合物光纤等。

3. 超连续光纤激光器

超连续光纤激光器是一种新型光纤激光器，同时具有普通光源的宽光谱（几百至几千纳米）特性和单色激光光源的高亮度等特征。超连续谱的产生通常是指窄带激光入射到非线性介质后，入射激光在多种非线性效应（如调制不稳定性、自相位调制、交叉相位调制、四波混频、孤子自频移和受激拉曼散射等）和色散的综合影响下，光谱得到极大展宽的现象。主要发展方向是高功率、中红外波段、更宽的超连续光谱覆盖范围。

在生物医学领域，基于超连续谱激光光源的光学相干层析技术，可实现对视网膜和冠状动脉等活体组织的三维成像和临床诊断；在食品安全领域，利用超连续谱激光光源照射被测样品，可在短时间内采集到样本的吸收光谱和透射光谱，从而实现对食品的快速检验；在通信领域，超连续谱激光光源可充当"运输超人"的角色，被应用在波分复用通信系统，成为当今信息时代的"及时雨"；在成像领域，超连续谱激光光源正在照亮大到器官、小到分子的物体，帮助人类更加清晰地探知世界。

4. 随机分布式反馈光纤激光器

随机分布式反馈光纤激光器（random fiber laser，RFL）（简称为随机光纤激光）的标准结构里可以仅包含光纤，没有点反馈器件（如光纤光栅），也可以包含光纤和不成对的点反馈器件（如单独的高反光栅）。其"随机"特性体现在由光纤中随机位置发生的瑞利散射提供分布式反馈，因而输出激光的模式随机且无特定的纵模结构。2010 年英国阿斯顿大学 Turitsyn 教授等提出随机拉曼光纤激光器，此激光器结构可以不需要有源光纤，仅仅采用无源光纤的受激拉曼散射效应产生增益。随机拉曼光纤激光器利用光纤结构中折射率非均匀性导致的瑞利散射提供随机分布式反馈，同时利用被动光纤的受激拉曼散射提供增益，实现随机激光的振荡输出。由于光纤准一维结构的特殊性，径向的散射被限制，所以区别于传统的随机激光器，随机光纤激光器表征出良好的方向性和低阈值特性，并依托于光纤激光器的发展，可以实现高效率、高功率的激光输出。随机光纤激光由于其优良的时域稳定性，被认为是有助于实现放大级展宽抑制的种子光源。清华大学研究团队基于随机光纤激光的放大，已实现了万瓦级别的展宽抑制随机光纤激光放大输出结果。

5. 全光纤 ASE 光源

全光纤 ASE 光源，利用光纤激光器未达到起振状态时的 ASE 状态产生 ASE 宽带光输出。全光纤 ASE 光源和光纤振荡器相比，没有采用光纤光栅作为谐振腔，而是通过具有低反射率的两个光纤端面提高谐振腔的激光起振阈值，从而形成高阈值的谐振腔，如图 7.5.1 所示。实际工作时，控制包层泵浦光功率在激光起振阈值之下，使得谐振腔仅产生宽带的 ASE 光。全光纤 ASE 光源具有温度稳定性强、荧光谱线宽、输出功率高、非相干性高等特点。全光纤 ASE 光源在低相干干涉测量、光纤陀螺仪、光纤传感和材料加工等方面有诸多的应用。

6. 高阶模光纤激光器

近年来，光纤中的高阶模，包括标量模、柱矢量光束和光学涡旋光束，由于其在光通信、粒子俘获、高维量子纠缠、高分辨率成像和材料加工等领域的潜在应用，引起了人们的广泛兴趣。在光纤激光系统中基于光纤本征模式的光场调控和模式相干控制，为新型光场调控提供了新的思路。光纤中不同高阶矢量模场是光纤本征模式，其能够在光纤中稳定有效地

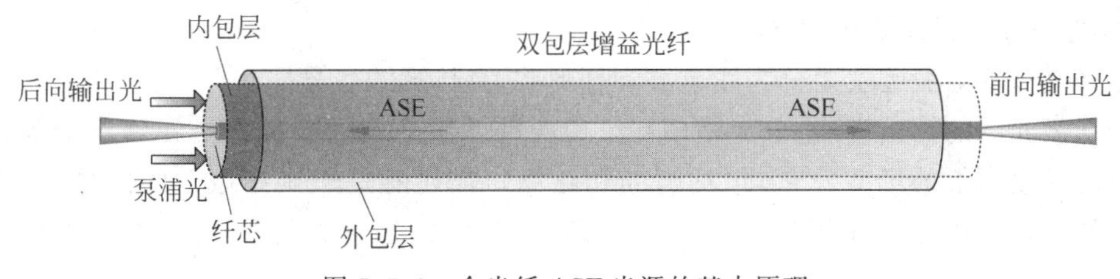

图 7.5.1　全光纤 ASE 光源的基本原理

传输，抗干扰能力强，同时具有全光纤结构紧凑、制作简单、成本低廉、损耗低等优点。目前光纤模式转换器主要通过在少模光纤中产生和传输高阶模式来实现，具体方式包括错位激发、光栅模式耦合、光纤倏逝场耦合以及声光模式耦合等。

7. 智能光纤激光器

智能光纤激光器采用人工智能的优化技术（机器学习和深度学习算法等），实现了对激光输出性能的自动调整和优化。2020 年，Woodward 等[17]基于遗传算法在 8 字形掺铒光纤激光器中实现了稳定单脉冲锁模的智能定位、全光纤超快脉冲源的优化以及可靠的自启动。具体地，通过使用一个复合适应度函数监视激光的时间和光谱输出特性，实现稳定的超短脉冲。此外，自寻优方案可以快速地搜索到大的多参数空间，在存在外部干扰的情况下定位并保持全局最优。这个研究为实现全自动“智能激光器”铺平了道路。

7.6　总　　结

1. 光纤激光产生的物理基础、受激辐射放大的基本条件、激光振荡的基本条件

①光纤激光产生的物理基础是受激辐射。光纤激光掺杂离子需要具备的基本条件是：有适合产生受激辐射的能级结构。②要实现光纤激光受激辐射光放大，需要一个激励源（激励的方法一般有光激励、放电激励、热能激励、核能激励等），把增益光纤的掺杂离子不断地由低能级抽运到高能级，以实现粒子数反转。可以说，泵浦过程是实现激光受激辐射光放大的基本条件。③光纤激光振荡的基本条件是激光谐振腔内的增益大于损耗。

2. 光纤激光器的基本结构和泵浦技术

光纤激光器通常分为光纤振荡器和光纤放大器两种结构。光纤振荡器的结构主要由泵浦源、增益介质、谐振腔三大部分构成。光纤放大器的结构主要由种子源和放大级组成，放大级主要由泵浦源和增益介质构成。

关键泵浦技术主要包括：①泵浦耦合技术。全光纤激光器通过波分复用器、$N\times1$ 泵浦合束器、$(N+1)\times1$ 泵浦耦合器等实现光纤激光器端面、侧面以及正向、反向或双向高效泵浦。②包层泵浦技术。泵浦光直接耦合到双包层光纤的内包层，以多模形式在内包层传输，泵浦光在内包层传输时，多次透过纤芯，并被纤芯吸收，从而实现沿光纤纤芯的全长度泵浦，由此大大提高泵浦效率。③直接泵浦和级联泵浦技术。直接泵浦是指整个系统仅有一次主要的光光转换过程，直接由 LD 泵浦光产生最终输出的激光；级联泵浦是指用激光泵浦激光，即激光在光光转换过程中的多次级联。级联泵浦分散了整个激光转换过程中的量子亏损，因而系统具有低热负载的特点，有利于产生更高功率的光纤激光。

3. 光纤激光器腔型和输出模式

光纤激光器谐振腔主要分为线形腔和环形腔,具体形式各异。

光纤激光器的输出模式,分为横模和纵模两种。激光器的横模是指在垂直于激光传播方向上的横截面上的场型分布(包括电场和磁场),描述的是激光光斑上的能量分布情况。激光器的纵模是指在激光器谐振腔内形成的稳定驻波,即谐振腔所允许的光场纵向稳定分布。

常见的横模选择方法有:光纤弯曲选模法、模式转换法、基于光纤结构设计的单模输出光纤等。常见的纵模选择方法有:在谐振腔中加入光纤 F-P 滤波器、采用复合环形腔结构、引入未泵浦的掺铒光纤作为饱和吸收体以形成自跟踪的窄带滤波器、采用相移光纤光栅作为窄带滤波器、利用反馈自注入等方法。

4. 掺铒光纤放大器的性能参数:功率增益、饱和输出功率、增益带宽以及噪声特性

掺铒光纤放大器(EDFA)在光通信领域有广泛应用,其特性参数在很大程度上决定了光通信系统的水平。这些性能参数主要包括以下几项。①功率增益。EDFA 的功率增益 G 是描述光放大器对信号放大能力的参数,影响 EDFA 功率增益大小的因素有信号光的注入功率、泵浦功率、光纤的掺杂浓度以及长度等。②饱和输出功率。通常定义放大器增益降至最大信号增益的一半时的输出功率为放大器的饱和输出功率,即 3dB 饱和输出功率,它代表了掺铒光纤放大器的最大输出能力。当输入光功率较小时,随着输入信号光功率的增大,增益 G 基本保持不变;当输入光功率继续增大,受激辐射加快,反转的粒子数减小,出现增益饱和现象。③增益带宽。实际放大器有一定的带宽,带宽是指 EDFA 能进行平坦放大的光波长(频率)范围,增益带宽通常是指光纤放大器的增益由最大值下降到 3dB 所对应的波长带宽。④噪声特性。光信号经光放大器放大后信噪比下降,信噪比的劣化用噪声系数 NF 来表示,NF 定义为光放大器中输入光信号的 S/N 和放大光信号的 S/N 的比。

5. 双包层掺镱连续光纤激光器及其理论模拟分析

双包层掺镱连续光纤激光器具有输出功率高、光束质量好、光-光转换效率高的特点,应用广泛。

无论分析对象是光纤激光振荡器还是光纤激光放大器,速率方程都是目前最为主要的理论研究方法。对于连续输出的光纤激光器,建立速率方程的时候只考虑稳态的情况,即:翻转粒子数和功率水平是不随时间变化的。稳态速率方程可以计算反转粒子数分布和腔内各处的激光功率分布。基于稳态速率方程和边界条件,利用微分方程组的数值求解方法,可以得到激光器的输出特性随激光器结构参数的变化关系,进而可以为光纤激光器的优化设计和性能分析提供指导。

为了获得高转换效率的光纤激光器,需要高的泵浦吸收效率,这对泵浦光波长、增益光纤掺杂浓度、增益光纤长度提出了要求,需要设置合理的光纤谐振腔参数,考虑增益和损耗,输出耦合存在最佳透过率。这些是光纤激光器设计中最基本的出发点。

6. 各类光纤激光器机理各异、发展迅速

光纤激光器品种繁多,了解在能量域获得高功率的方法,在时域上获得调 Q 和锁模超快脉冲的原理和方法,在频域上获得单频、超连续谱、拉曼谱的方法,在空域获得单模、高阶模、控制模式转换的方法。熟悉光纤激光器构型,跟踪光纤激光器技术发展水平。

课程实践

1. 实践题目

作为 20 世纪 70 年代出现的新型测温技术，光纤温度传感器具有体积小、精度高、抗电磁干扰、安全防爆等独特的优越性，在现代工农业生产、科学研究、国防安全等领域得到了越来越广泛的应用。保偏光纤是能够保持光的偏振态稳定传输的特种光纤，自诞生以来在光纤传感领域发挥了重要作用。双包层线偏振光纤激光器正是利用了应力型双折射光纤的特性以及包层泵浦技术，实现了高效率的线偏振输出。

请结合保偏光纤的双折射效应及温度特性，利用保偏光纤中两个正交偏振模之间的干涉原理设计一种温度传感系统。试从基础理论依据、系统基本结构、传感过程数学模型的建立、温度传感灵敏度的计算、实践思考等方面来完成本次设计。

2. 实践基础理论

1）保偏光纤的温度特性

从物理本质来看，温度一般从三个方面影响光纤的特性：光纤材料的热光效应、光纤材料的热膨胀效应、光纤自身内部热应力导致的光弹性效应。

热光效应是指材料的折射率随温度变化而变化的性质，通常用热光系数来表示该效应的强弱，表达式为

$$\zeta = \frac{1}{n}\frac{\mathrm{d}n}{\mathrm{d}T} \tag{1}$$

设材料在温度为 T_0 时的折射率为 n_0，则任一温度 T 时的折射率可以表示为

$$n = n_0 + \zeta \cdot n_0 \cdot (T - T_0) \tag{2}$$

其中，ζ 是热光系数，对于保偏光纤来说热光系数 ζ 在特定温度区间为定值。保偏光纤的快、慢轴上有不同的有效折射率，因此对于保偏光纤，有

$$n_x = n_{x0} + \zeta \cdot n_{x0} \cdot (T - T_0) \tag{3}$$

$$n_y = n_{y0} + \zeta \cdot n_{y0} \cdot (T - T_0) \tag{4}$$

可以推导出保偏光纤双折射参数 B 的变化与温度的关系：

$$B = B_0[1 + \zeta \cdot (T - T_0)] \tag{5}$$

其中，B_0 是温度为 T_0 时的双折射参数。

2）保偏光纤的模间干涉

光纤中传输的光存在多种不同的模式，而不同模式对应不同的传播常数，因此在同一段传播路径中不同模式会产生相位差，当满足干涉条件时就会发生干涉。不同模式间产生的干涉称为模间干涉。通常保偏光纤中的模间干涉分为两类，一类是芯模和包层模之间发生干涉，另一类是两个正交偏振模之间发生干涉。

利用保偏光纤中两个正交偏振模之间的干涉原理，主要步骤是先在保偏光纤中激发出两个正交偏振模，之后再将两束光引入到同一振动方向上，使之发生干涉。

3）全光纤保偏光纤温度传感系统结构

基于模间干涉理论以及保偏光纤的双折射效应、温度特性，本次设计建立的全光纤保偏光纤温度传感系统如图 1 所示。偏振激光器（光源部分）尾纤与传感光纤以 45°角转轴熔接，

传感光纤总长为 L，其中置于变温环境的长度为 L_1，其末端同样以45°角转轴熔接输出。通过两个转轴熔接点的光最终经由准直透镜会聚到半波片上，通过旋转半波片使输出光的两个偏振方向与后端偏振分光棱镜(PBS)的两个主轴重合，功率计示数达到最大时的探测功率即为干涉信号。

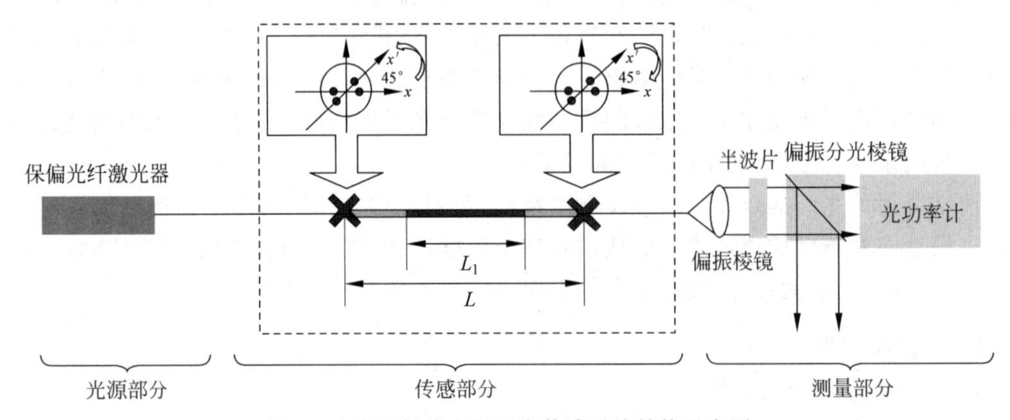

图1 全光纤保偏光纤温度传感系统结构示意图

需要注意的是，这里建立的是基于全光纤结构的温度测量系统，为了实现正交偏振模的激发与干涉，需要采用保偏光纤之间的转轴熔接方式。当然也可以采用偏振片、耦合透镜等实现空间结构的系统的搭建。

3. 温度传感系统数学模型的建立

假设保偏光纤激光器的输出为理想线偏振光，其振幅为 E_0，功率为 P_0，且 $P_0 \propto E_0^2$，偏振方向与 x 轴方向一致。当输出光沿着激光器尾纤到达与传感光纤的转轴熔接点时，在传感偏振光纤中会激发出两个正交偏振模式，沿着传感光纤慢轴(x')方向和快轴(y')方向上的振幅分别可以表示为

$$E_{x'} = E_0 \cdot \cos 45° \cdot \cos(\omega t + \phi_0)$$

$$E_{y'} = E_0 \cdot \sin 45° \cdot \cos(\omega t + \phi_0)$$

这两个正交偏振模式在沿着传感光纤继续传输过程中，会由于双折射效应积累不同的相位 ϕ_1、ϕ_2，从而产生相位差 $\delta = |\phi_2 - \phi_1|$，其中 δ 可表示为

$$\delta = \Delta\beta_1 \cdot L_1 + \Delta\beta_2 \cdot (L - L_1) \tag{6}$$

其中，$\Delta\beta_1$、$\Delta\beta_2$ 分别表示正交偏振模式在传感光纤中 L_1 及 $L - L_1$ 部分的传播常数差。

式(6)所示的等式右边第一项表示置于变温环境部分因双折射和温度引起的相位差，第二项表示其他部分因双折射和温度引起的相位差。

由式(5)可进一步推导出

$$\delta = \frac{4\pi}{\lambda}[B_0 \xi L_1 \Delta T + B_0 L] \tag{7}$$

当到达第二个转轴熔接点时，这两个正交偏振模式分别再次被激发出沿 x、y 方向的两个分量

$$E_{x'x} = E_0 \cdot \cos^2 45° \cdot \cos(\omega t + \phi_0 + \phi_1)$$

$$E_{y'x} = E_0 \cdot \sin^2 45° \cdot \cos(\omega t + \phi_0 + \phi_2)$$

$$E_{x'y}=E_0\cdot\sin45^\circ\cdot\cos45^\circ\cdot\cos(\omega t+\phi_0+\phi_1)$$

$$E_{y'y}=E_0\cdot\sin45^\circ\cdot\cos45^\circ\cdot\cos(\omega t+\phi_0+\phi_2)$$

此时在熔接处，x、y 方向上分别发生干涉，根据光的干涉理论，这两个方向上的干涉结果可分别表示为

$$E_x^2=E_0^2\left[1+\frac{1}{2}\sin^2 90^\circ\cdot(\cos\delta-1)\right] \tag{8}$$

$$E_y^2=E_0^2\left[\frac{1}{2}\sin^2 90^\circ\cdot(1-\cos\delta)\right] \tag{9}$$

根据功率与振幅平方成正比的关系，在系统输出端主轴方向上探测到的功率可表示为

$$P_x=P_0\left[1+\frac{1}{2}\sin^2 90^\circ\cdot(\cos\delta-1)\right] \tag{10}$$

$$P_y=P_0\left[\frac{1}{2}\sin^2 90^\circ\cdot(1-\cos\delta)\right] \tag{11}$$

4. 温度传感器系统灵敏度测试

由上述建立的传感系统数学模型可知，干涉信号 P_x 或 P_y 的表达式中包含了随温度变化的部分(通过干涉将温度引起的相位变化转化为强度变化)，因此通过测量干涉信号 P_x 或 P_y 随温度的变化曲线，即可以拟合出该光纤温度传感器的传感曲线。通过拟合数据点得到的拟合曲线往往不是纯线性的，但是通常会选取线性区域作为传感区域，线性区域所对应的温度范围为温度传感范围，线性区域所对应的斜率系数为传感器的灵敏度系数。

将传感保偏光纤(PLMA-GDF-10/125)放置于半导体致冷器(TEC)上，通过驱动电流改变 TEC 的温度，从而改变保偏光纤周围的温度。当传感保偏光纤长 30cm 时，在测试范围的一个线性区内，测得的输出功率与温度传感曲线如图 2 所示，实验表明，在 30～25.5℃范围内，保偏光纤模间干涉温度传感系统实现了灵敏度约为 11mW/℃的精密温度传感。并且可以发现，传感保偏光纤长度 L_1 越大，线性动态范围越小，灵敏度越高。

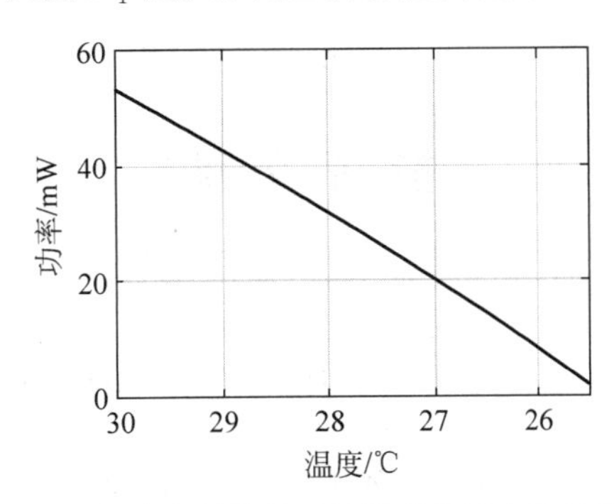

图 2　保偏光纤模间干涉温度传感实验结果

5. 实践思考

(1) 温度传感系统的测温范围和灵敏度受到哪些参数的影响？应当如何调整与优化？

(2) 实验结果的误差中，包含的系统误差可能有哪些？随机误差可能有哪些？

(3) 如果保偏光纤激光器输出的光并非理想线偏振光，而是存在一定的消光比 PER，请分析消光比 PER 对测量功率 P_x、P_y 的影响。

思考题与习题 7

1. 试比较常见的掺杂光纤的辐射波段及其特点。

2. 试列举目前用于光纤激光器的谐振腔的结构形式。

3. 利用光纤环形腔构成光纤激光器时,对光纤环形腔有何要求?为什么?

4. 试阐述正向泵浦型、反向泵浦型与双向泵浦型光纤放大器的结构及工作特点。

5. 将泵浦光耦合进双包层光纤内包层的方法有哪些?各自有什么特点?

6. 简要说明双包层光纤激光器的工作原理,并说明双包层光纤的出现极大地促进激光功率提升的原因。

7. 与稀土掺杂光纤产生激光直接相关的物理参数有哪些?并说明这些参数是如何影响光纤激光器的性能的?

8. 石英光纤中 Yb^{3+} 在 915nm 和 975nm 处有两个吸收峰,试从吸收峰的峰值、温控要求、吸收截面以及量子效率四个方面比较这两个吸收峰的特点。

9. 掺铒光纤激光器的泵浦波长有哪几种选择?各种有哪些特点?该如何选择?

10. 请用 980/1550nm 的波分复用耦合器、2/8 Y 形耦合器、光纤环形器、布拉格光纤光栅、980nm 半导体激光器、一段掺铒光纤、单模光纤若干米,分别构成光纤放大器与激光器,画出结构示意图,并简单介绍工作原理。

11. 影响 YDFA(掺镱光纤放大器)光光转换效率的因素有哪些?ASE 是如何影响 YDFA 转换效率的?

12. 试分析比较光纤激光器和光纤放大器的异同点。

13. 试说明超短脉冲光纤激光器提升峰值功率的技术有哪些?

14. 试分析影响激光器全光纤化的主要因素。

15. 调研有关光纤激光器方面的最新文献,整理出一篇有关新型光纤激光器的专题报告。

参考文献

[1] KOPLOW J P,KLINER D A V,GOLDBERG L. Single-mode operation of a coiled multimode fiber amplifier[J]. Opt. Lett. ,2000,25(7): 442-444.

[2] RAMACHANDRAN S,NICHOLSON J W,GHALMI S, et al. Light propagation with ultralarge modal areas in optical fibers[J]. Opt. Lett. ,2006,31: 1797-1799.

[3] DI TEODORO F,BROOKS C D. Multi-MW peak power, single-transverse mode operation of a 100 micron core diameter, Yb-doped photonic crystal rod amplifier[C]//Fiber Lasers IV: Technology, Systems, and Applications. SPIE,2007,6453: 281-285.

[4] MICHAEL CRAIG S,CHI-HUNG L,DOUG G, et al. 33μm core effectively single-mode chirally-coupled-core fiber laser at 1064-nm[C]. Optical Fiber Communication Conference and Exposition and The National Fiber Optic Engineers Conference: Optical Society of America,2008: OWU2.

[5] 奚小明,王鹏,杨保来,等. 全光纤激光振荡器输出功率突破 7kW[J]. 中国激光,2021,48(1): 1.

[6] 刘健,王旭,姚中辉,等. 基于 ZnO 可饱和吸收体的超快激光器[J]. 半导体技术,2021,46(07): 539-545.

[7] KRZEMPEK K,SOTOR J,ABRAMSKI K. Compact all-fiber figure-9 dissipative soliton resonance mode- locked double-clad Er: Yb laser[J]. Optics Letters,2016,4 (21): 4995-4998.

[8] FU W,WRIGHT L G,SIDORENKO P,et al. Several new directions for ultrafast fiber lasers[J]. Optics Express,2018,26(8): 9432-9463.

[9] WRIGHT L G,CHRISTODOULIDES D N,WISE F W. Spatiotemporal mode-locking in multimode fiber lasers [J]. Science,2017,358(6359): 94-97.

[10] MO S P,HUANG X,XU S H, et al. 600-Hz linewidth short-linear-cavity fiber laser [J]. Optics Letters,2014,39(20): 5818-5820.

[11] 杨昌盛,岑旭,徐善辉,等.单频光纤激光器研究进展[J].光学学报,2021,41(1): 0114002.

[12] HANWEI Z,HU X,PU Z,et al. 119-W monolithic single-mode1173-nm Raman fiber laser[J]. IEEE Photonics Journal,2013,5(5): 1501706.

[13] 杨未强,宋锐,韩凯,等.超连续谱激光光源研究进展[J].国防科技大学学报,2020,42(01): 1-9.

[14] TURITSYN S K,BABIN S A,EL-TAHER A E,et al. Random distributed feedback fibre laser[J]. Nature Photonics,2010,4(4): 231-235.

[15] 许将明,肖虎,冷进勇,等.单级功率放大结构超荧光光纤光源实现 2.53kW 功率输出[J].中国激光,2016,43(6): 310.

[16] 尧涵,曾祥龙,石帆,等.基于模式耦合器的锁模掺镱光纤激光器[J].光电工程,2020,47(11): 200040.

[17] WOODWARD R I,KELLEHER E J R. Towards "smart lasers": self-optimisation of an ultrafast pulse source using a genetic algorithm[J]. Scientific Reports,2016,6(1): 37616.

[18] SNITZER E. Optical maser action of Nd+3 in a barium crown glass[J]. Phys Rev Lett,1961,7: 444-446.

[19] SNITZER E. Proposed fiber cavities for optical masers[J]. J Appl Phys,1961,32(1): 36-39.

[20] 肖起榕.高功率光纤激光器泵浦耦合技术研究[D].北京: 清华大学,2012.

[21] 周朴,黄良金,冷进勇,等.高功率双包层光纤激光器: 30 周年的发展历程[J].中国科学: 技术科学,2020,50(02): 123-135.

[22] 周朴,姚天甫,范晨晨,等.拉曼光纤激光:50 年的历程、现状与趋势(特邀)[J].红外与激光工程,2022,51(1): 20220015.

[23] JAUREGUI C,EIDAM T,OTTO H J,et al. Physical origin of mode instabilities in high-power fiber laser systems[J]. Optics express,2012,20(12): 12912-12925.

[24] YANG C,GUAN X,LIN W, et al. Efficient 1. 6μm linearly-polarized single-frequency phosphate glass fiber laser[J]. Optics Express,2017,25(23): 29078-29085.

[25] 范孟秋,夏汉定,许党朋,等.新体制锁模光纤激光器及其放大压缩技术研究进展[J].激光与光电子学进展,2021,58(3): 35-47.

[26] 周炳琨.激光原理[M].7 版.北京: 国防工业出版社,2014.

[27] 丁俊华.激光原理及应用[M].北京: 电子工业出版社,2004.

[28] 袁国良.光纤通信简明教程[M].北京: 清华大学出版社,2006.

第8章 现代典型光纤系统

光纤系统是利用光纤作为传输介质的系统，具有低损耗、高速度、抗干扰和低成本等优势，已经普及到国民经济的各个领域，使我国信息行业的发展得到巨大提升，使整个社会进入了一个信息高速发展的时代。现代典型光纤系统主要包括光纤通信系统、光纤传感系统和高功率光纤激光光源三种类型。

光纤通信系统是以光为载体，利用光纤作为传输媒介，通过光电变换，用光来传输信息的通信系统，它在搭建现代通信网络中扮演着重要的角色。随着物联网、大数据、云计算、虚拟现实和人工智能等新兴技术的涌现，信息传递需求与日俱增，这对光纤通信技术提出了更高要求，促使新兴核心技术在不断发展并逐渐成熟。

光纤传感系统是指利用光在光纤中产生的散射或干涉效应来检测外界物理量（如温度、压力、振动等）变化的高精度光电系统，它具有灵敏度高、分辨率高、响应速度快等特点，在工业控制、安防监测、医疗诊断等领域有着广泛应用。

高功率光纤激光光源是一种利用光纤作为增益介质的激光器，具有高功率、高效率、优质光束等特点，广泛应用于工业加工、先进制造、引力波探测以及军事安防等领域。

本章将分别介绍这三类光纤系统的基本原理、主要组成、关键技术和应用场景以及未来发展趋势。

本章主要内容：

（1）光纤通信系统主要组成部分、关键技术及未来发展趋势。

（2）各种典型光纤传感系统及应用场景。

（3）高功率光纤激光光源及典型应用。

8.1 光纤通信系统

光纤为目前最常见的光通信传输介质。光纤通信系统主要以发光二极管（LED）或激光二极管（LD）作为光源，具有损耗低、传输频带宽、容量大、抗电磁干扰、不易串扰等优点。随着光纤损耗的降低及新的激光器件和光检测器等光通信器件的不断研制成功，光纤通信得到爆炸式的发展，各种实用的光纤通信系统陆续出现。

为实现长距离高速信息通信，半导体激光高速调制、外调制、波分复用、密集波分复用及光相位调制与解调、超低损耗光纤、大功率半导体激光器、高灵敏度高速半导体探测器、光放大器、相干光通信及光孤子通信等技术相继出现并逐步发展成熟。

为实现系统大容量传输，在最小失真的情况下扩大现有光纤所承载的信息量成为研究重点。波分复用技术利用不同波长的光为载体来增加通信容量，随着技术的不断发展，未来从时间、频率、偏振等维度实现单纤传输容量的突破已经越来越困难，增加通道数的多芯光纤显然是一种重要的途径，空分复用将是下一阶段解决传输容量问题的重要方向。

8.1.1　光纤通信系统组成

光纤通信系统通常由光发射机、光纤传输线路和光接收机三个部分组成。光发射机负责将电信号转换为光信号，光纤传输线路为光信号提供传输途径，光接收机负责将光信号转换为电信号。光纤通信系统如图8.1.1所示。在具体实现上，模拟和数字光纤通信系统有所不同，它们各自由独特的模块组成。对于模拟信号光纤通信系统，模拟输入信号首先通过缓冲整形处理电路后进入模拟光发射机，经过光纤线路后进入模拟光接收机，后经放大匹配输出电路进行模拟信号输出。对于数字信号光纤通信系统，数字信号需要经过接口整形与编码电路后进入数字光发射机，经过光纤线路后进入数字光接收机，后经整形放大电路后进行数字信号输出。另外，数字系统还需进行时钟的输出和恢复。

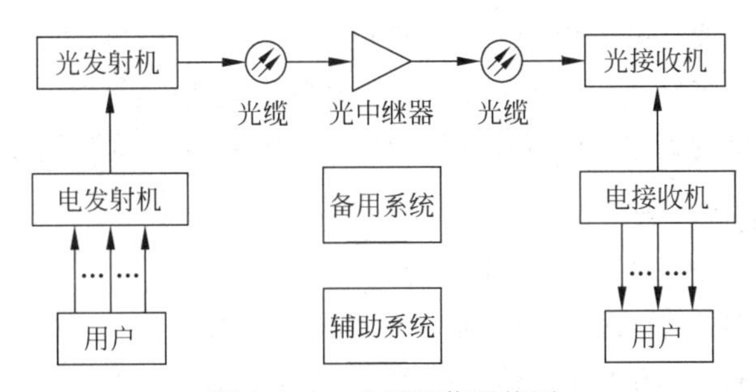

图8.1.1　光纤通信系统图

光发射机主要由驱动电路、光源、调制器和信道耦合器等组成，其中光源是发射机的核心部分，通常采用LD或LED作为光源。采用直接或者间接的方式对注入电流进行调制，前者一般在低功率、低带宽情况下进行，往往结构简单，成本较低，易于实现，后者在功率较大或带宽较宽时进行，一般较为复杂，成本较高，两种方式适用在不同的应用领域。光发射机的技术要求包括输出平均光功率、输出光功率稳定度、数字系统的消光比、模拟系统的调制深度、数字系统的速率、模拟系统的带宽等。一般数字光纤通信系统对稳定度的要求较低，而模拟系统的要求较高。数字光发射机消光比越高，输出光功率利用率越高，接收灵敏度也相应提高。模拟光发射机需要根据传输的技术指标要求来设置调制深度，为了平衡调制深度与非线性失真的矛盾，必要时需要进行非线性补偿。模拟信号占用的带宽较宽，相对带宽也较大，是模拟系统设计的难点和要点。

光纤传输线路将光信号从光发射机传送到光接收机。光纤最重要的两个参数是损耗和色散，分别限制了光纤通信系统的传输距离和传输容量。在使用多模光纤时，色散会很严重，脉冲展宽也因此而变大。因此，通信系统中大多采用单模光纤。

光接收机主要由耦合器、光电二极管和整形恢复电路组成。耦合器将光信号耦合到光电二极管上，光电二极管是主要部件，用于接收光信号变成电信号，放大后经恢复电路处理，得到恢复的电信号。电路一般根据接收的信号类型进行设计，并根据传输要求设定不同参数。无论是数字还是模拟光接收机，其中最为关键的部分为光电探测器和前置放大器。对于数字接收机，紧随其后的是限幅放大器，然后是时钟提取和判决电路。模拟接收机前置放大器后接放大器和输出级电路。数字接收机的主要技术指标包括信号速率、误码率和接收灵敏度等。模拟接收机的主要技术指标包括模拟带宽、信噪比和接收灵敏度等。

光纤通信系统的应用主要分为三类：点到点连接、广播与分配网络、星型和环型网络。点对点连接是光纤通信系统中最基本的网络结构。其应用跨度从短距离的几百米至跨大陆的数千千米。例如，越洋海底光纤通信系统的连接长度可以从数千千米扩展到上万千米。在这种系统中，解决光纤的损耗和带宽限制显得尤为关键。广播与分配网络主要包括树形分配拓扑、无源光网络的树形拓扑和总线拓扑。面对光信号损耗与分路数逐渐增加的问题，单根光纤总线的服务范围和用户数受到限制。虽然，当前光总线的成本和便捷性仍有待提高，但从长远视角看，总线拓扑结构具有巨大的发展潜力。局域网、城域网和广域网中都广泛采用了不同规模的星型和环型光纤通信网络。

8.1.2 光源与光放大技术

光纤通信系统在信息传输方面发挥着不可或缺的作用，而光源的性能对光纤通信系统的性能至关重要。理想的光纤通信光源需要满足合适的发光波长、足够的输出功率、高可靠性与长寿命、高输出效率、窄的光谱宽度以及良好的聚光性等要求，同时还要便于进行高速调制。

1. 典型光源及调制技术

这里列举几个在光纤通信系统中常用的光源：

法布里-珀罗激光器：这是最常见、最普通的半导体激光器，工作原理如图 8.1.2 所示。在调制速率小于 622Mb/s 的光纤通信系统中，相较于其他结构的激光器而言，法布里-珀罗激光器具有工艺简单、成本低廉等显著优势，故在对于传输速率要求不是特别高的光纤通信信息技术中，采用法布里-珀罗激光器较为合适。由于这种半导体激光器广为应用，并且我们国家在该半导体激光器领域的研究取得了很大的进步，各项技术都已十分稳定，所以我国普遍采用的是这种激光器，它也成为了我国应用最广的光纤通信光源。一般来说其光谱宽度(20dB)5～10nm。

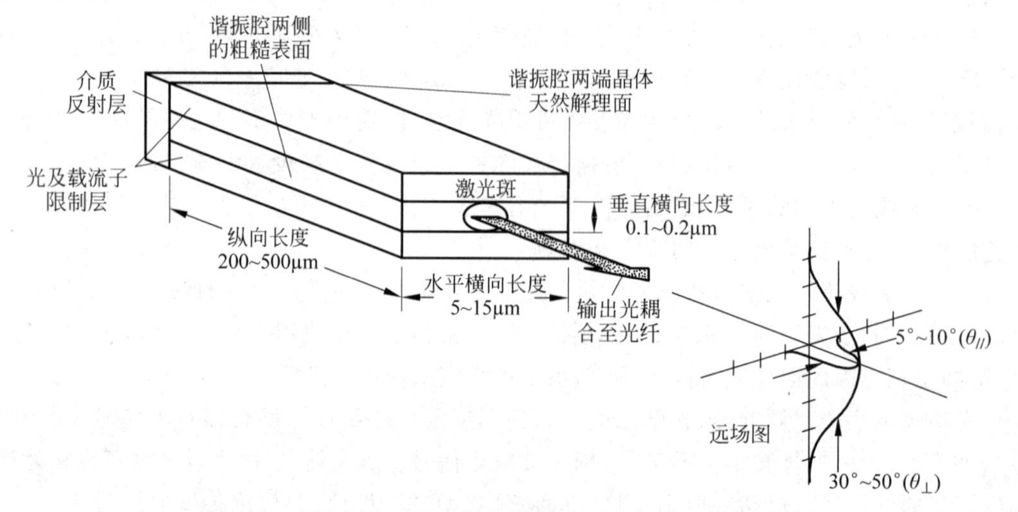

图 8.1.2 法布里-珀罗半导体激光器(FP-LD)原理与输出图

分布反馈式激光器：该激光器是随着集成光学的发展而出现的，具有动态单模特性和良好的线性，工作原理如图 8.1.3 所示。其结构特点是：激光振荡不是由反射镜面来提供，而是由折射率周期性变化的波纹结构(波纹光栅)来提供，即在有源区的一侧生长波纹光栅，只有符合反射条件的光会得到强烈反射经历放大过程。

普通结构的分布反馈(DFB)半导体激光器由于在高速调制下会出现一个致命的问题，那就是出现了多种模式工作的现象，使传输速率大大降低，因此该激光器内部设置一个布拉格光栅，可以很好地进行波长选择与单纵模输出。可实现到光谱宽度(20dB)约 0.1nm；线宽(3dB)千赫兹-兆赫兹量级、边模抑制比达到 35～45dB 的参数水平，同时啁啾比 FP-LD 小一个量级。

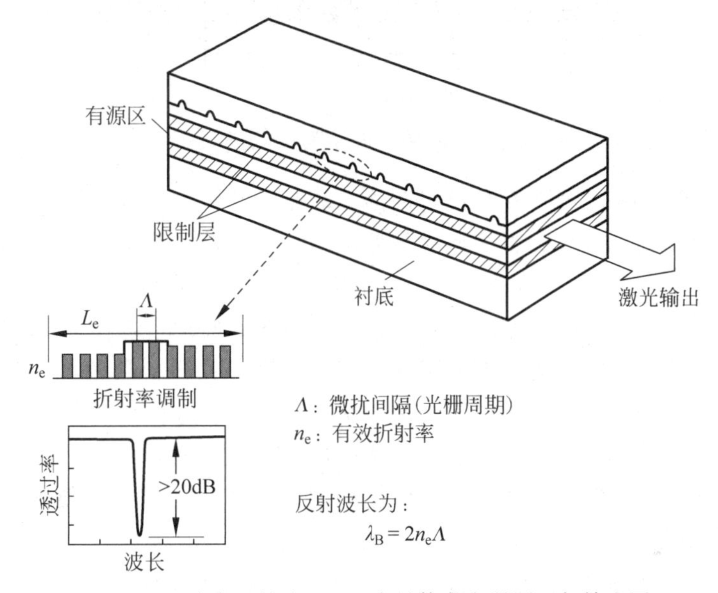

图 8.1.3　分布反馈式(DFB)半导体激光器原理与输出图

量子阱激光器：该激光器是指有源区采用量子阱结构的半导体激光器，采取两种不同成分的半导体材料在一个维度上以薄层的形式交替排列而形成的周期结构，从而将窄带隙的很薄的有源层夹在宽带隙的半导体材料之间，形成势能阱。

量子阱激光器(QWL)的有源区非常薄，普通 F-P 腔激光器的有源区厚度为 100～200nm，而量子阱激光器的有源区只有 1～10nm。当有源区的厚度小于电子的德布罗意波的波长时，电子在该方向的运动受到限制，态密度呈类阶梯形分布，从而形成超晶格结构。因此其阈值电流很低(<1mA)，而激光器的输出功率却相当高，还具有谱线宽度窄、调制速率高的特点，频率啁啾得到改善，比普通 LD 小 60%左右。

垂直腔表面发射激光器：普通激光器都是边发射激光器，这些边发射激光器一般都是一维集成，难以进行二维集成。与边发射器不同的是，垂直腔表面发射激光器(VCSEL)的出光方向垂直于基底，易于实现高密度二维阵列集成的大功率输出，在光通信、激光显示、光存储、消费电子等领域得到了广泛应用。VCSEL 工作原理如图 8.1.4 所示。

这种激光器在原理上和边发射激光器相比有很多优势：其有源区体积小，所以阈值电流极小(<100mA)；采用分布反馈半导体激光器结构，可以实现动态单模工作；有源区内置所以使用寿命很长；光束的质量高，容易耦合；可以在片测试，极大降低成本等。一般也

可应用于 WDM 多波长系统中。另外,最吸引人的一点是,制造这种激光器可以容易进行二维集成并且可以在片测试,可以大规模生产,从而将成本降到最低。

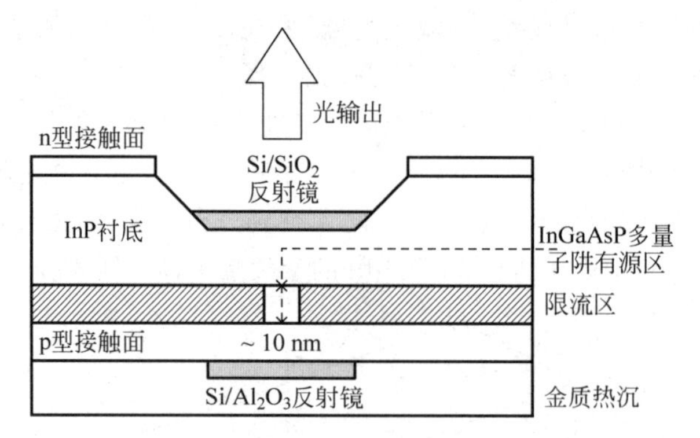

图 8.1.4 垂直腔表面发射激光器原理与输出图

在光纤通信系统中,需要对光源进行调制以满足通信需求与传输信息的需要。在光发射端,对光信号的调制一般分为直接调制与外部调制。对直接调制来说,光源中注入电流的变化,会导致载流子的变化,造成半导体的折射率发生变化,从而引起输出波长变化的啁啾现象,即动态谱线展宽。但高速系统中对色散要求苛刻,数据间隙小,从而限制了光纤的传输容量。另外,由于半导体激光的上升下降时间、开通时间、张弛振荡等现象均影响直接调制,这些都限制了半导体激光器的高速直接调制。因此调制过程大多采用外部调制,这是指在激光形成之后,于激光器外的光路上放置调制器,用调制信号改变调制器的物理特性,当激光通过调制器时,就会使光波的某参量受到调制。这样的方式更方便,调制速率高(约比直接调制高一个数量级),而且调制带宽也会增加很多。

近年来,云计算、数据中心的不断发展对短距离宽带传输的需求越来越大,极大地推动着数据中心传输速度从 10Gb/s/25Gb/s 朝 40Gb/s/100Gb/s 架构的升级,这将大幅提升对高速率光模块的需求,因此我们需要实现更高速率和更远距离的传输,应运而生了具有大调制带宽和低频率啁啾特点,且在消光比、眼图、抖动、传输距离等性能方面具有优势的高速调制技术。

2. 光放大器

实现光信号放大的方案有很多,放大器工作原理均不尽相同,放大效果也各有千秋,以下列举常用的放大器类型。

受激拉曼散射光纤放大器:该放大器主要利用光纤的受激拉曼散射,产生 800~1100cm^{-1} 的拉曼频移,具有结构紧凑、成本较低的特点。但这类激光器由于明显的量子亏损使得热效应较为严重,限制了其输出功率的进一步扩展,同时也使得拉曼增益降低,影响了效率。同时对于温度较为敏感,也会使激光线宽增宽。

受激布里渊散射光纤放大器:该放大器主要利用的是光纤的受激布里渊散射,产生布里渊频移,但因频移场为声场,因此受激布里渊散射过程的量子转换效率很高,理论上可达 99.9%以上。与此同时,其所需泵浦功率没有受激拉曼散射那么高,容易获得低阈值且窄线宽的布里渊激光输出,但其输出功率会受到一定限制。

半导体放大器:该放大器是利用半导体晶体放大激光信号,其结构和工作原理如

图8.1.5所示。最主要的激励方式是PN结注入电流激励。其增益介质半导体晶体由于能级分裂会形成导带、禁带和价带,半导体光发射通常是由于导带与价带载流子的复合产生的。但是由于材料特性与能带结构限制,其功耗较高,由半导体带来的增益对温度十分敏感,会导致波长漂移和输出功率的变化。除此之外,放大器还有可能导致多模式的输出,制造成本也会比较高。

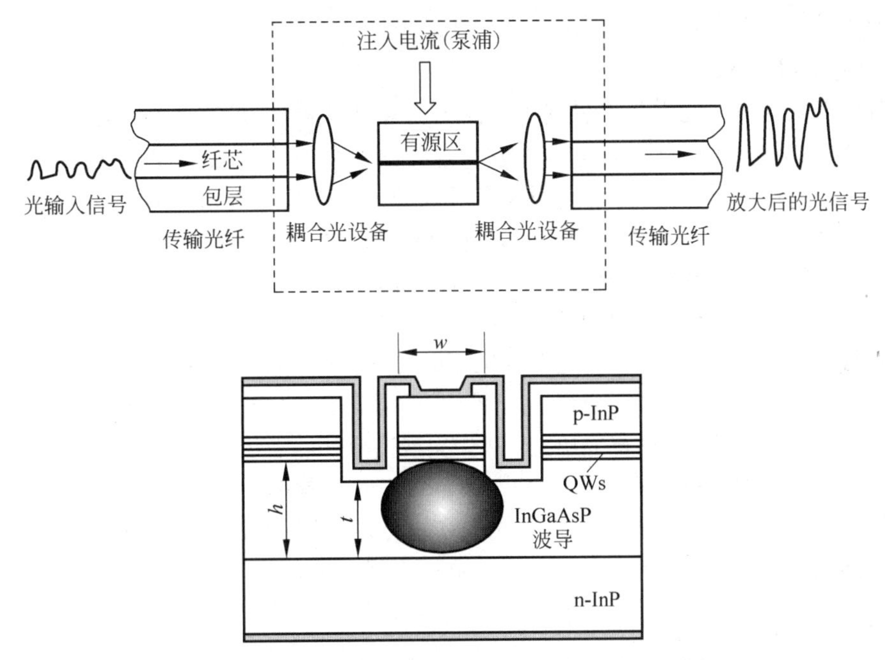

图8.1.5　半导体放大器结构图与内部发光原理图

掺铒光纤放大器：以典型掺铒光纤放大器为例,单泵浦掺铒光纤放大器(EDFA)增益通常在10～20dB之间,多泵浦EDFA增益范围可以达到20～30dB。目前EDFA的最高增益指标可以超过80dB。实际可达到的最高增益还取决于多个因素,包括光纤材料、掺杂浓度、器件结构和制造工艺等。随着EDFA技术的不断成熟,主要从C波段向L波段发展,并且通过局部平坦的EDFA与光纤拉曼放大器串联使用进一步提高增益平坦程度。更高性能和更多功能的EDFA将继续推动光通信网络摆脱点对点传输的限制,向复杂光应用网络转变。EDFA是掺杂光纤放大器中应用最广泛的,也是各类光纤放大器中的主要选择。

8.1.3　光纤光缆和信道复用技术

1. 光纤光缆

光通信中主要使用多模和单模两种光纤。多模光纤纤芯直径大,对发射机、连接器的要求更低。然而,多模光纤引入了多模色散,会限制系统的带宽和长度。此外,由于有更高的杂质含量,多模光纤通常会有更高的损耗。单模光纤的纤芯直径较小,对发射机、连接器的要求更高,但能够搭建传输距离更长、性能更好的系统。

光缆已成为5G竞争的重点之一,5G网络为消费者提供更可靠、更强连接的高速和低延迟服务。但要做到这一点,由于5G频段较高且网络覆盖范围有限,必须建设更多的5G

基站。并且预计到2025年,全球5G基站总数将达到650万个,这对光缆的性能和产量提出了更高的要求。目前,5G网络架构和技术方案的选择还存在一定的不确定性。但在基础物理层,5G光缆要满足当前应用和未来发展的需求。在一定程度上解决5G网络建设问题的5种光缆有:用于简易5G室内微型基站的弯曲不敏感光纤、应用于5G核心网的OM5多模光纤、实现更高的光纤密度的微米直径光纤、可延长5G链路长度的有效面积大的超低损耗(ULL)光纤、用于更快5G网络安装的光纤电缆。

2. 信道复用技术

光通信系统在过去几十年里表现出了巨大的容量扩展,承载的业务负载也在同步增长。信道复用技术是将多个信号通过合理的方式合并到一个通信信道中,以实现多路复用和资源共享。在光纤通信系统中,信道复用技术可以分为时分复用(time division multiplexing,TDM)、频分复用(frequency division multiplexing,FDM)、波分复用(wavelength division multiplexing,WDM)以及空分复用(space division multiplexing,SDM)等。

时分复用技术是将不同用户的信号按照时间片的方式依次传输,每个用户在不同的时间段内占用光纤的传输资源。其传输速率取决于时钟同步的精度和可靠性、调度算法的效率和性能,以及硬件设备和传输介质的质量。这种技术适用于用户对实时性要求较高的场景,如电话通信。通过合理的调度算法,时分复用技术可以实现多用户同时传输,提高了光纤的利用率。

频分复用技术则是将不同用户的信号分配到不同的频率带上进行传输,每个用户在不同的频段内占用光纤的传输资源。光纤的带宽越大,能够支持的频分复用信号数量就越多,传输速率也就越高。因此,光纤的带宽是影响频分复用传输速率的关键因素之一。频分复用的调制技术和设备性能也直接影响传输速率。频分复用可以充分利用系统的带宽资源,提高传输容量;提高系统的抗干扰能力,保证传输的稳定性和可靠性;同时,它还可以降低系统的建设和维护成本。频分复用技术适用于用户对带宽要求较高的场景,如宽带互联网接入。频分复用技术通过合理的频率划分,实现了多用户同时传输,提高了光纤的传输能力。

波分复用技术是光纤通信系统中最为重要和常用的信道复用技术。它利用不同波长的光信号进行复用,将多个用户的信号通过不同波长的光波同时传输。影响传输速率的因素主要包括光纤的带宽、光纤的色散特性、光纤的衰减特性和非线性特性等。选择高带宽的光纤、采取色散补偿措施、克服衰减和非线性效应,以及使用高性能的光器件,都是提高波分复用系统传输速率的关键。波分复用技术可以同时满足用户对实时性和带宽的要求,广泛应用于光纤通信系统中。通过合理的波长分配和光波复用技术,波分复用可以实现高速、大容量的数据传输。

波分复用工作原理如图8.1.6所示,整个波长频带被划分为若干个波长范围,每路信号占用一个波长范围来进行传输。WDM又可分为粗波分复用(CWDM)、密集波分复用(DWDM)、中间波分复用(MWDM)以及长波波分复用(LWDM)。粗波分复用(CWDM):波长间隔较大(20nm),通常在1270~1610nm范围内,波长数量较少(18条),主要用于接入网和企业网;密集波分复用(DWDM):波长间隔小(1.6nm,0.8nm,0.4nm),通常工作在C波段(1525~1565nm)和L波段(1570~1610nm),波长数量可以达到80~160条,主要应用于长途骨干传输与都市网络;中等波分复用(MWDM):波长间隔介于CWDM和DWDM之间,可实现区域传输;LWDM是基于以太网通道的波分复用(LAN WDM),也有人称之为细波分复用,它是按照800GHz的通道间隔,从已有的8波扩展到12波。各类波分复用特性汇总如表8.1.1所示。

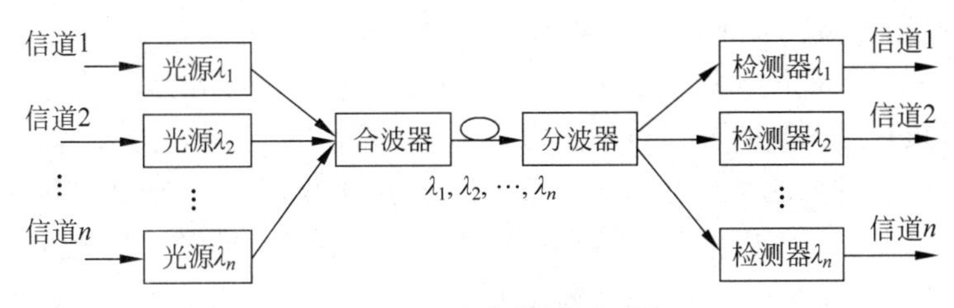

图 8.1.6　波分复用原理图

表 8.1.1　各类波分复用特征汇总表

	CWDM	DWDM	MWDM	LWDM
信道间隔	20nm	1.6、0.8、0.4nm	7nm	4nm
工作波段	1270～1610nm O、E、S＋C＋L 波段	1525～1565nm（C 波段） 1570～1610nm（L 波段）	1267.5、1274.5、1287.5、1294.5、1307.5、1314.5、1327.5、1334.5、1347.5、1354.5、1367.5、1374.5nm	1269.23、1273.54、1277.89、1282.26、1286.66、1291.10、1295.56、1300.05、1304.58、1309.14、1313.73、1318.35nm
通道数	18 通道	40，80，高达 160 通道	12 波	12 波
成本	低成本	价格比较贵		
应用	城域网接入层、电信、企业网、校园网等	适用于长距离、大容量长途干线网，或超大容量的城域网核心节点，电信 5G、城域网、骨干网、数据中心等	中国移动方案	中国电信方案

国际上在使用波分复用技术时，对各个波长进行了序号标定，防止接收光信号和解码出现问题。图 8.1.7 是一个波分复用波段的实例，截出其中一段，各通信波长间仅相差 0.4nm，即 50GHz，国际对此的标号从 34～41，精细的波长划分是通过滤波片来实现的，对于片上覆盖滤波膜的技术比粗波分复用要更困难与复杂，其厚度也更大。在这样的信道规划情况下，数据传输容量与速度迎来了极高的突破，单光纤可以达到 400Gb/s 的传输速度。

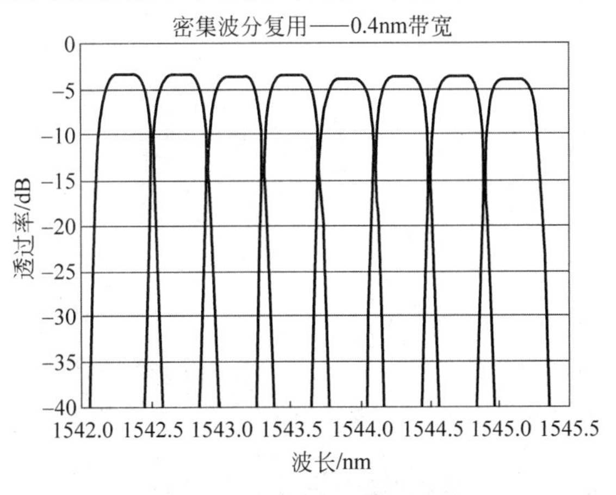

图 8.1.7　波分复用波段实例

空分复用技术通过在单根光纤内集成多个纤芯实现，根据纤芯支持光模式数量可分为单模多芯光纤(MCF)及少模多芯光纤(MC-FMF)。MCF 又可分为弱耦合 MCF 和强耦合 MCF，弱耦合 MCF 对系统的要求和目前的 SMF 最接近，基于现有技术，最容易实现弱耦合 MCF 系统的应用。常见的空分复用技术由表 8.1.2 可见，主要包括基于传统的光纤束、光纤阵列的并行光纤传输，基于多芯光纤的高密度传输，基于少模光纤的模式复用传输，基于多芯少模光纤的高密度复用传输，基于轨道角动量(OAM)复用的传输。其中，多芯少模的复用则是将多芯与少模结合在一起，在多个纤芯中各传递一定的模式数量；OAM 物理本质上属于模分复用，即对横模展开多个通道。

表 8.1.2 空分复用分类

	并行单模复用	多芯复用	少模复用	多芯少模复用	轨道角动量复用
光纤类型	光纤束/光纤阵列	多芯光纤	少模光纤	多芯少模光纤	OAM 复用光纤
信道数量	＞100	可做到 38 及以上	可做到 6 及以上	较典型的有 7 芯 4 模	可做到 12 及以上
示例			LP_{01} LP_{11}		

多芯光纤的纤芯复用存在多芯光纤芯间串扰问题，较为常见的解决办法是在纤芯周围设计空气孔或者较深的折射率下陷沟槽，如图 8.1.8 所示，通过纤芯周围的折射率深下陷或者空气孔结构，提升纤芯对光信号的束缚能力，减小光信号的横向传输，从而抑制纤芯信号干扰。通过沟槽辅助，烽火通信科技公司生产的 7 芯光纤芯间串扰已达到≤－45dB/(100km)的水平，对实际链路传输的影响较小。同时匹配多芯光纤的扇入/扇出光器件设计及制备技术已逐渐成熟，目前主要有熔融拉锥及飞秒直写两种技术路线，耦合损耗可降至 1dB 以内。

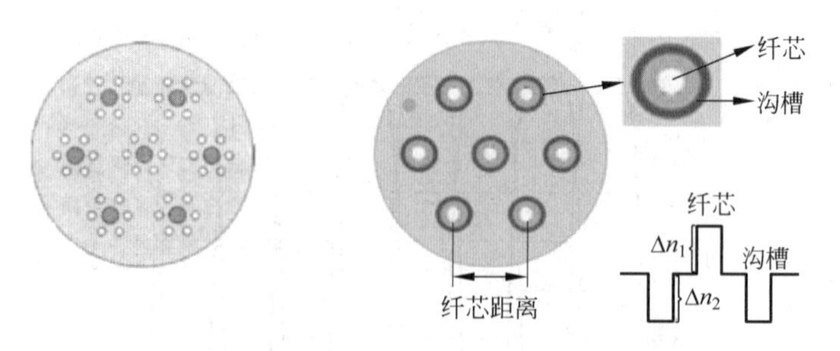

空气孔型光纤　　烽火沟槽辅助型多芯光纤

图 8.1.8 多芯复用的沟槽辅助型改造实例

随着复用技术的发展，通信系统的通道数和容量在进一步提升。2020 年，中山大学和长江光纤光缆有限公司研究团队通过实验演示了在单跨 100km 低衰减、低串扰环形光纤(RCF)上使用 8 种轨道角动量模式进行模分复用(MDM)传输的情况。每个 OAM 模式信道在 C 波段传输 10 个波分复用信号信道,每个 WDM 信道依次传输 16-GBaud 正交相移键控信号,总容量为 2.56Tb/s,总频谱效率为 10.24b/s·Hz。最长的 SDM 传输演示达到 14 350km,数据传输速率为 105Tb/s,使用的是带有单模 EDFA 的 12 芯光纤。迄今为止,使用弱耦合多芯光纤(WC-MCF)实现的最高数据传输速率是 2.15Pb/s,使用的是 22 芯光纤,每芯吞吐量接近 100Tb/s。在四芯光纤中使用 S、C 和 L 传输带时,每芯的最高数据传输速率超过 150Tb/s,在类似光纤中,在 3001km 的距离上传输了近 80Tb/s。与单模光纤中极化模式色散的缓解策略类似,空间信道之间的强耦合可有效降低空间模式色散(SMD),从而减少为了弥补 SMD 所需的时间记忆长度,还能减少模式相关损耗(MDL)和基于克尔效应的非线性信号失真的影响。据报道,芯间强耦合双芯光缆的 SMD 为 $1.5\text{ps}/\sqrt{\text{km}}$,而报道的芯间强耦合四芯光缆的 SMD 为 $2.5\text{ps}/\sqrt{\text{km}}$。

8.1.4　光接收技术

光接收机是光纤网络中的重要组成部分,它扮演着接收端的角色,与光发射机相对应。光接收机的作用是检测经过传输的微弱光脉冲信号,转换为电信号,并放大、整形,再生成原传输信号。一旦信息转化为电能,信息就可以由连接到网络的电子设备(例如计算机)读取。典型的光接收机结构主要可分为三个部分:前端、线性通道、数据恢复,如图 8.1.9 所示。

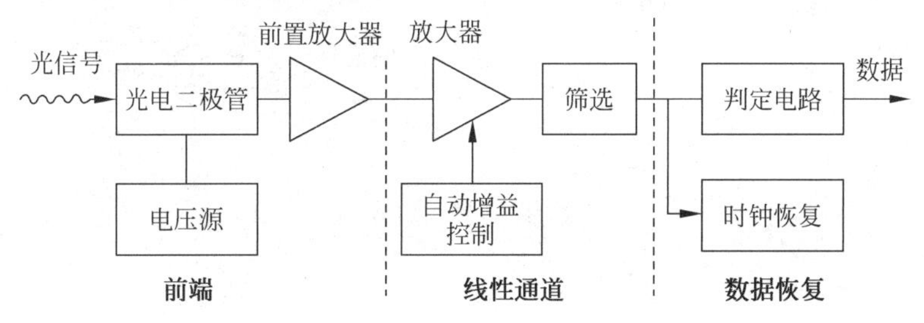

图 8.1.9　光接收机的典型架构

接收机的前端由光探测器和前置放大器组成。光探测器利用光电效应将入射的光信号转为电信号。光探测器通常是半导体为基础的光电二极管,例如 p-n 结二极管、p-i-n 二极管,或是雪崩型二极管。另外"金属-半导体-金属"(metal-semiconductor-metal,MSM)光探测器也因为与电路集成性佳,而被应用在光再生器或是波分复用器中。前置放大器的作用是放大电信号以进行进一步处理。

光接收机中的线性通道部分由高增益放大器(主放大器)和低通滤波器组成。有时在放大器之前存在一个均衡器,以校正前端的有限带宽。放大器增益自动控制,以将平均输出电压限制在固定电平,而与接收器的入射平均光功率无关。低通滤波器塑造电压脉冲,其目的是在不引入太多码间干扰(ISI)的情况下降低噪声。接收器噪声与接收器带宽成正比,为了降低噪声,可以使用带宽小于信号有效带宽的低通滤波器。由于接收器的其他组件设计为带宽大于滤波器带宽,因此接收器带宽由线性通道中使用的低通滤波器决定。

光接收器的数据恢复部分由决策电路和时钟恢复电路组成。判定电路在时钟恢复电路确定的采样时间内,将线性通道的输出与阈值电平进行比较,并判定信号对应的是 1 位还是

0 位。最佳采样时间对应于 1 位和 0 位之间信号电平差最大的情况。时钟恢复电路的作用是从接收信号中分离出频率等于带宽处的频谱成分。该分量为决策电路提供位槽信息，并帮助同步决策过程。

光接收机主要的性能指标是误码率(BER)、灵敏度以及动态范围。误码率是指在一定的时间间隔内，发生差错的脉冲数和在这个时间间隔内传输的总脉冲数之比。例如误码率为 10^{-9} 表示平均每发送十亿个脉冲有一个误码出现。光纤通信系统的典型误码率范围是 $10^{-9}\sim10^{-12}$。光接收机的误码来自于系统的各种噪声和干扰。这种噪声经接收机转换为电流噪声叠加在接收机前端的信号上，使得接收机不是对任何微弱的信号都能正确接收的。

2021 年，复旦大学的研究团队利用单片集成 PIN 阵列光接收器(图 8.1.10)，实现了高速可见光通信，在 1.2m 的距离上成功实现了 1.45Gb/s 的最高数据传输速率。最大传输距离为 4.2m，数据传输速率阈值为 1Gb/s。

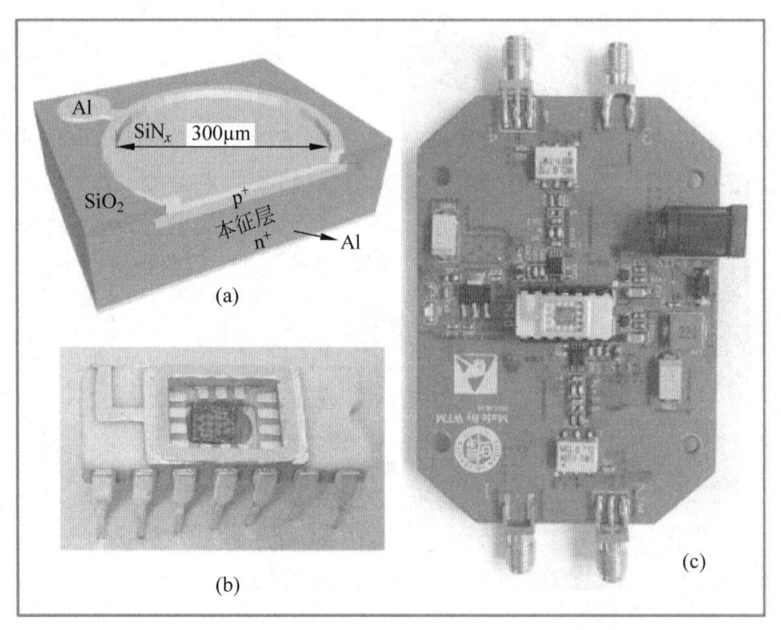

图 8.1.10 用于单片集成 PIN 阵列的 PIN 器件和集成接收器模块

(a) PIN 器件的横截面图；(b) 单片集成 PIN 阵列的封装结构；(c) 单片集成光接收器的封装结构

8.1.5 光纤通信系统发展方向

随着时代的飞速发展，光纤通信系统正朝着更高效、安全和集成的方向快速进化。其中，全光网络通信、光纤量子通信以及集成光通信器件作为这一进程中的三大关键技术领域，为现代通信技术的未来蓝图描绘了鲜明的轮廓。首先，全光网络通信，通过避免电-光-电的转换，旨在提高数据传输的速度和效率，满足未来大数据和超高速互联网的需求。其次，光纤量子通信带来了前所未有的通信安全性。它利用量子力学的特性，为密钥分发和信息传输提供了近乎不可破解的安全保障。最后，集成光通信器件则集中了当今光子技术的最新研究成果，目标是提供更小、更快、更高效的通信组件。

1. 全光网络通信

随着互联网、云计算和物联网的爆炸性发展,传统的光-电-光转换在通信节点中已经无法满足现代通信需求的延迟和带宽。为了应对这一挑战,全光网络这一新概念应运而生。全光网络是一种基于光信号传输和处理的通信网络,旨在实现网络中数据传输、交换和处理的全部光化。在全光网络中,光信号被用作传输和交换信息的载体,从而实现高速、大容量和低延迟的数据传输。相比传统的电信号网络,全光网络具有更高的带宽和更低的信号衰减。全光网络的组成主要包括光纤传输介质、光放大器、光开关、光调制器、光检测器等部分。全光网络的工作原理是利用光信号在光纤中的传输特性进行信息传输。数字信号经过调制器转换为光信号,然后通过光纤进行传输。在传输过程中,光信号可能经过光放大器进行信号增强,经过光开关进行路由和交换,最后通过光检测器将光信号转换为电信号进行解码和处理。这意味着在数据的传输路径中,不再需要任何光到电的转换,大大减少了传输延迟并提高了网络的带宽和效率。全光网络具有以下独特优势:其一,超高带宽。由于其基于纯光信号操作,全光网络能够更充分地利用光的频带,从而提供 Tb/s 级别的带宽,这为超高清视频、虚拟现实和大数据中心间的数据高速交换提供了可能。其二,低延迟。消除光-电-光转换意味着数据在网络中的传输速度更快,这在高频交易、在线游戏和其他延迟敏感的场景中尤为关键。其三,可配置性和灵活性。通过使用光开关和其他高端光器件,全光网络能够实现动态的网络配置,灵活适应不同的应用和服务需求。

尽管全光网络的概念已提出多年,但其商业化部署仍受制于多种因素,如业务应用需求、光传输和调度能力以及组网和运营的整体成本。国外运营商在十多年前已开始部署基于波长通路调度的 ROADM(reconfigurable optical add-drop multiplexer,是一种可以在光域中动态配置光信号路径的技术,它是全光网络中的关键技术之一)网络,近几年以美国 AT&T 等为主的运营商聚力推动基于 Open ROADM 架构在城域的部署应用。国内运营商最近几年在骨干层面逐步规模部署 ROADM 网络,并推动向城域核心层面延伸。伴随着以云为代表的互联网技术(IT)技术和以网络为代表的通信技术(CT)技术的进一步深度融合和整个社会数字化转型的加速,5G/6G、数据中心、互联网等持续发展,基于云化的分布式计算和存储等需求强劲,云、网络、算力和应用之间的构成和协同(或融合)更为繁杂,全光网络拥有的超大容量、超低时延、低功耗、灵活智能和低成本等组网应用优势将进一步得到发挥。

2. 光纤量子通信

量子光通信系统被视为未来光通信技术的重要发展方向。与经典光通信系统主要利用光的波动性质(如振幅、相位和频率)进行信息传输不同,量子通信基于量子力学的原理,利用光子的量子态(或称为量子比特)来携带和传输信息。常见的量子态包括光子的极化态和相位态等。量子光通信基本工作流程为:第一,量子源制备。使用特定的量子光源(如特定的激光器或非线性光学过程)产生单光子或纠缠光子对。第二,信息编码。利用光子的量子属性来编码信息。第三,传输与探测。编码后的光子通过光纤或自由空间进行传输。在接收端,使用量子探测器对光子进行测量,从而解码所携带的信息。第四,安全验证。在某些协议,如量子密钥分发中,双方可以通过公共经典通信渠道验证是否有窃听行为,从而确保通信的安全性。

量子通信的真正突破性优势在于其固有的安全性。根据量子物理的无克隆定理,一个尚未测量的量子态是不可能被完美复制的。这意味着,如果有第三方试图窃听在通信过程中的量子信息,这种干预必然会导致量子系统的扰动。接收方可以通过检测这种扰动来发现和确认窃听活动,确保通信的安全性。因此,量子通信提供了一种在理论上完全安全的通信方式,尤其适合高安全性需求的应用。

量子纠缠是量子通信中的核心概念,为量子通信提供了一种增强安全性和实现更高级量子协议(如量子隐形传态和量子网络)的机制。量子纠缠描述了两个或多个粒子之间的强关联性,当粒子处于纠缠状态时,即使它们在空间上相隔很远,对其中一个粒子的测量都会立即影响到其他纠缠粒子的状态。量子纠缠的一个重要应用是"量子隐形传态",在此协议中,可以将一个粒子的量子信息"传输"到另一个远程粒子,而无须物理地移动任何粒子。这并不意味着信息的超光速传播,而是利用纠缠的特性,使得一个位置的信息可以在另一个位置被精确地重建。量子纠缠还是实现量子网络的关键。在未来的量子互联网中,信息可以安全地在纠缠的节点间传输。此外,为了克服量子信息在长距离传输中的损耗,量子重复器被提出。它使用纠缠来实现所谓的"纠缠交换",这可以有效地延长量子信息传输的距离,使得跨大陆甚至跨星球的量子通信成为可能。

量子密钥分发(QKD)是最著名的量子通信应用之一,如图8.1.11所示,它允许两个用户生成一个共享的、对外部窃听者是秘密的随机密钥。QKD的基本步骤包括:①量子密钥的生成和分配。发送方(通常称为Alice)通过量子信道向接收方(通常称为Bob)发送一系列的量子比特(例如,使用不同的光子极化状态),Bob接收这些量子比特并记录他的测量结果。②量子密钥的确认。Alice和Bob通过公开的经典信道讨论他们的测量设置和部分结果,以检测是否存在窃听行为。如果他们发现错误率低于一个预定的阈值,那么他们可以确信密钥是安全的。③量子密钥的纠错和提纯。通过使用经典的纠错技术和量子隐私放大,Alice和Bob可以从他们初步生成的密钥中产生一个更短但更加保密的最终密钥。在实际应用中,大部分的QKD系统需要两条通信路径。一条是量子信道,用于传输量子信息(如光子的极化状态),而另一条是经典信道,用于交换协议中所需的后处理和密钥确认信息。这使得QKD与传统的光纤通信技术紧密结合,同时保证了通信的绝对安全性。

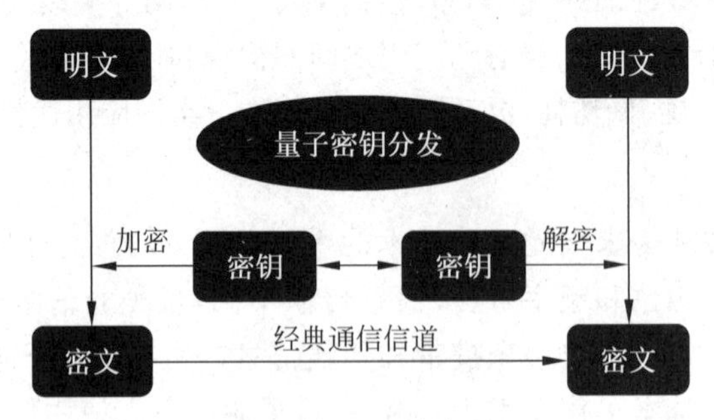

图8.1.11 量子密钥分发

3. 集成光通信系统

集成光通信系统被广泛认为是光纤通信的重要发展方向,其核心在于集成光通信器件。相较于传统的光通信系统,集成光通信系统能在更为紧凑的空间内完成更多功能,从而使得整个通信系统更小型、更节省成本。随着技术的发展,各种先进的光子技术不断涌现,尤其是硅基光子(Silicon Photonics)、超导纳米线单光子检测器(SNSPD)以及纳米激光(Nanolasers)等新型光子器件技术,它们对实现高容量、高效率、低功耗的集成光通信至关重要。

硅基光子主要利用硅作为基础材料来实现光子集成电路,它的主要优势在于与当前的电子集成电路制造过程兼容。由于可以采用现有的CMOS工艺,这为大规模且低成本的集成光子芯片制造提供了巨大的潜力。

单光子检测器是使用超导纳米线材料制造的探测器,能够在极低温度下实现高效的单光子检测。其具有以下特点:高检测效率,单光子检测器具有超过90%的单光子检测效率;高时间分辨率,时间分辨率可以达到10ps量级,这对于量子光通信是极为重要的。低温工作,单光子检测器需要在2K左右的温度下工作。

纳米激光利用量子点或其他低维纳米材料作为增益介质的激光器。它具有小尺寸以及低阈值等特点。其大小可能仅为数十纳米,非常适合于大规模集成;有望实现室温下的低阈值激光,这对于高效能光通信非常重要。

8.2　光纤传感系统

由于光纤具有极低的传输损耗,光纤作为最佳的导光介质为通信行业带来了颠覆性的变革。随着光电子技术的发展,人们认识到这种同时拥有高柔韧性、高灵敏度、低传播损耗、低制造成本、抗电磁干扰等特性的介质也非常适用于传感系统。随着过去几十年的研究开展,目前已开发出了针对温度、应力、转动、声场、速度、湿度等多种物理场的高性能光纤传感器。此外,通过利用光纤光栅、光纤干涉仪、布里渊散射和拉曼散射、表面等离子体激元、微结构光纤、纳米线等新型光纤技术,光纤的传感能力得到了显著提高。事实上,一些光纤传感器已经被用于飞机、船舶和桥梁的实时形变监测。随着对人体友好型智能材料的发展,利用光纤设备的健康监测系统也受到了极大的关注。下面将从干涉型光纤传感系统、光纤陀螺、分布式光纤传感器、光纤成像系统和微纳光纤传感器这五类系统出发,介绍光纤在现代传感领域的应用技术。

8.2.1　干涉型光纤传感系统

光纤传感器可以分为传感型(功能型)和传光型(非功能型)两类。功能型光纤传感器是利用光纤本身的特性把光纤作为敏感元件,被测物理量对光纤内传输的光信号进行调制,经过解调得到被测信号。光纤在其中不仅是导光介质,同时也是敏感元件,传感光纤多采用多模光纤。非功能型光纤传感器是利用其他敏感元件来接收被测量的变化,光纤仅作为信息的传输介质,因此常采用单模光纤。而干涉型光纤传感器就属于传感型的光纤传感器,它同时具有光纤传感器和干涉测量的优点,能够实现高精度、高灵敏度和小型化的传感。

光纤干涉仪利用沿不同路径传输的两束光的干涉得到被测信息,因此需要使用光纤分束和合束器件。通常情况下,其中一路光作为参考光,置于已知的物理环境中,而另外一路光束置于待探测的变化物理场中,通过检测探测光信号变化引起干涉结果的变化,就能够获得被探测对象的相关信息。

目前最常见的四种干涉型光纤传感器,分别是迈克耳孙光纤干涉仪、M-Z光纤干涉仪、

F-P 光纤干涉仪和 Sagnac 光纤干涉仪。下面将分别介绍这四种干涉型光纤传感器的工作原理、特点、应用案例以及测试的能力(精度、动态范围、响应速度、适应场景)等。

1. 迈克耳孙光纤干涉仪

基于迈克耳孙干涉仪的光纤传感器与传统的迈克耳孙干涉仪一样,基本原理是让两根不同光纤中的光束进行干涉,每条路径的光束在各自光纤的末端进行反射,如图 8.2.1(a)所示。测量臂在被测信号的作用下,其传输光波的相位会发生变化,从而导致干涉条纹变化,进而解调出被测量。由于使用了反射的模式,迈克耳孙干涉仪在使用过程和搭建的过程中非常紧凑和方便,并且能够将多个传感器进行并联以实现多路复用。然而,基于干涉条件,必须要在光源的相干长度范围内调整参考臂和测量臂之间的光纤长度差。一种单纤式迈克耳孙光纤干涉仪如图 8.2.1(b)所示,在纤芯中传输的光束的一部分耦合到包层中,包层光和未耦合的纤芯光束一起被光纤末端的反射镜反射。

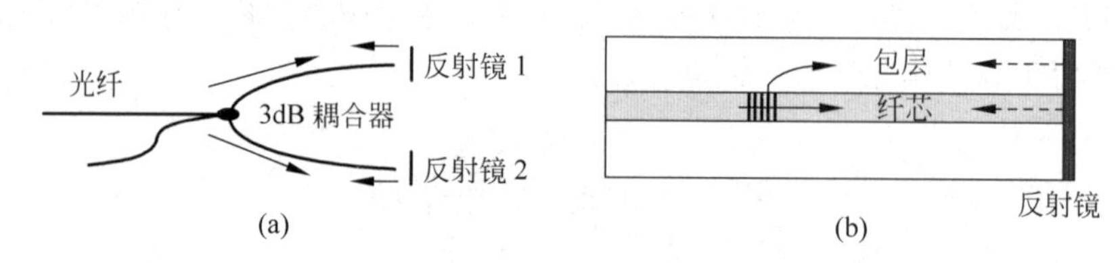

图 8.2.1　迈克耳孙光纤干涉仪

(a) 基本结构;(b) 一种紧凑的单纤迈克耳孙光纤干涉仪示意图

从应用场景来看,迈克耳孙干涉仪主要用于测量温度和折射率。2016 年,Duan 等利用多芯光纤和球形反射结构构造的迈克耳孙光纤干涉仪实现了 250~900℃的温度传感,灵敏度达 165pm/℃,该干涉仪可用于进行极端恶劣环境下的温度监测。2018 年 Musa 等利用单模光纤、多模光纤和色散补偿光纤,构建了折射率光纤传感器,实现了 RIU(折射率单位)为 1.30~1.38,灵敏度为 −22~−5dB/RIU 的监测。此外,迈克耳孙光纤干涉仪还可用于相对湿度传感。

2. M-Z 光纤干涉仪

M-Z 光纤干涉仪具有与迈克耳孙光纤干涉仪类似的结构,早期的 M-Z 光纤干涉仪同样具有两个独立的臂,如图 8.2.2 所示。温度、应变和环境引起光纤折射率的改变,进一步引起的测量臂的变化会改变光程差,通过分析干涉分量的改变很容易探知出测量值。

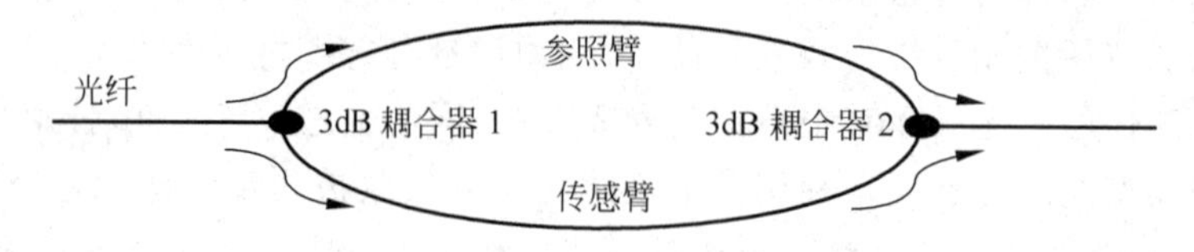

图 8.2.2　M-Z 光纤干涉仪的原理图

随着长周期光纤光栅的出现,基于单纤的 M-Z 光纤干涉仪迅速取代了传统的两臂式干涉仪方案。如图 8.2.3(a)所示,在一根单模光纤的纤芯中传输的光束通过一个长周期光纤光栅耦合到同一根光纤的包层中,然后再通过另一个长周期光纤光栅耦合回纤芯,由于包层折射率相较纤芯折射率更低,所以纤芯光和包层光具有不同的光程长度。另一种将一根光纤中的光束分离成纤芯光和包层光的方法是将两根具有微小横向偏移的光纤进行拼接,如

图 8.2.3(b)所示。这种方法基本不受光源波长的影响。与长周期光纤光栅相比，偏移法的成本更低，更易于制备。另外，通过插入不同芯径的光纤也可以实现光束的分裂，如图 8.2.3(c)、(d)所示。还可以如图 8.2.3(e)所示通过拉制光纤实现，纤芯中传输的光会在通过锥区时耦合到包层中。这种方法成本很低，且制备简单，但容易损伤，尤其是锥形光纤区域。此外，还有使用双包层光纤、微腔光纤、双芯光纤和光子晶体光纤(PCFS)的 M-Z 光纤干涉仪。

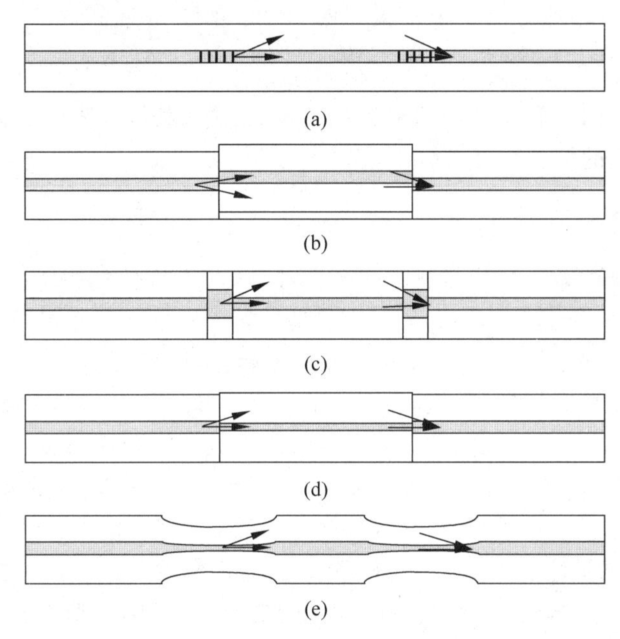

图 8.2.3　各种类型的单纤式 M-Z 光纤干涉仪

(a) 一对长周期光纤光栅；(b) 纤芯错位；(c) 一段多模光纤；(d) 小芯径单模光纤；(e) 锥形光纤

与迈克耳孙光纤干涉仪类似，M-Z 光纤干涉仪通常用于测量温度、曲率和折射率等物理参数。2020 年，Gao 等利用单模-石英毛细管-单模偏芯焊接的方式实现了 21.2nm/℃的高灵敏度，20～27℃的测量范围。2016 年，Hu 利用异质结构包层实心光子带隙光纤实现了 25～1000℃的高温大范围探测，90pm/℃的灵敏度。曲率传感方面，2015 年，Sun 利用特殊结构的光子晶体光纤实现的 M-Z 光纤传感器灵敏度达到了 50.5nm/m^{-1}，曲率范围为 0～2.8m^{-1}。2020 年，Guo 等利用单层石墨烯包覆的锥形多芯光纤实现了 12.62μm/RIU 的折射率传感。

3. F-P 光纤干涉仪

F-P 干涉仪也称为 F-P 标准具。对于光纤来说，可以通过在光纤内部或外部加入反射镜来简单地形成 F-P 干涉仪。外部型传感器使用来自外部空腔的反射，图 8.2.4(a)显示了一个外部型传感器，其中空气腔由一个辅助结构形成。由于外部型传感器可以利用高反射镜，外部结构有利于获得高灵敏度且制作相对简单，成本较低。然而，外部型传感器也存在耦合效率低、需要精确对准、不易封装等问题。另一方面，内部型传感器在光纤内部具有反射元件，图 8.2.4(b)所示的干涉仪便是一种内部型 F-P 干涉仪。内部型 F-P 干涉仪的腔可以通过多种方法制备，如微加工、光纤布拉格光栅、化学刻蚀和薄膜沉积等。然而，这些制备方法存在需要使用高成本的设备来制造反射腔的问题。

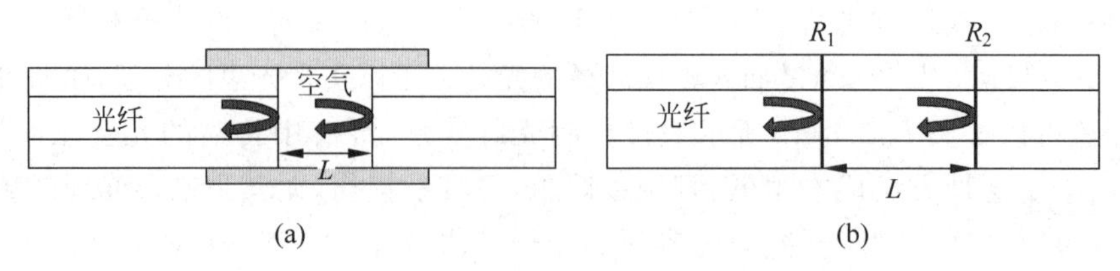

图 8.2.4　F-P 光纤干涉仪
(a) 外部型 F-P 光纤传感器；(b) 内部型 F-P 光纤传感器

F-P 光纤干涉仪的反射光谱和透射光谱可以描述为对输入光谱的波长相关的强度调制。F-P 光纤干涉仪的相位差可以简单表示为

$$\delta_{\mathrm{FP}}=\frac{2\pi}{\lambda}n2L \tag{8.2.1}$$

式中，λ 为入射光波长；n 为腔体材料的有效折射率；L 为腔体的物理长度。

通过测量 F-P 干涉光谱的位移，可以定量地获得施加在光纤干涉仪上的应变。自由光谱范围(FSR)，也受到光程差变化的影响。光程差越短，FSR 越大。尽管较大的 FSR 为传感器提供了一个较宽的动态范围，但同时，由于峰值信号的钝化，分辨率较差。因此，根据应用的不同，设计同时满足动态范围和分辨率要求的 F-P 干涉仪是很重要的。

F-P 干涉仪主要用于温度、压力和折射率传感，是一种稳定紧凑的方案。2015 年，Wen 等通过在单模光纤中插入空气间隙，并将其粘在 V 形铁槽上，实现了超灵敏温度传感，灵敏度达 260.7nm/℃，测量范围为 25.2～28.2℃。Zhang 等同样使用单模光纤-空气间隙-单模光纤的结构实现了从室温到 700℃左右的大范围传感，灵敏度达到 60pm/℃。压力传感方面，F-P 光纤干涉仪也实现了 1.13mm/MPa 的灵敏度，以及应用于医疗领域的高压传感，传感范围为 6900～48 300MPa。结合单模光纤和特殊结构光子晶体光纤的 F-P 干涉仪实现了折射率传感，测量范围为 0.0529RIU，在 1550nm 处的灵敏度达 1635.62nm/RIU。

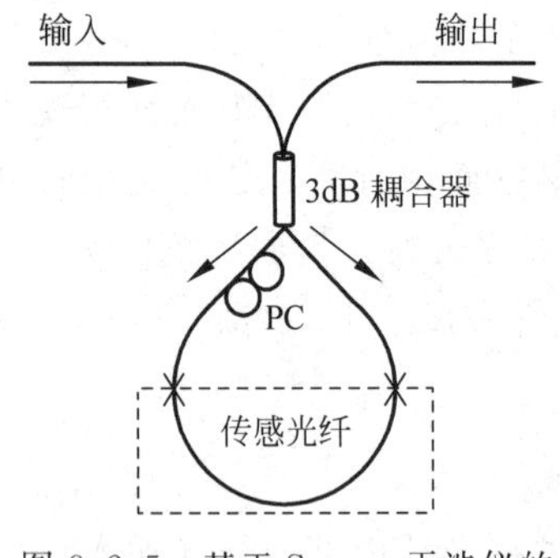

图 8.2.5　基于 Sagnac 干涉仪的传感器原理图

4. Sagnac 光纤干涉仪

Sagnac 光纤干涉仪由于其结构简单、易于制备和高鲁棒性等优点，近年来在多种传感应用中引起了广泛的兴趣。Sagnac 干涉仪由一个光纤环组成，两束不同偏振态的光沿光纤环反向传播，如图 8.2.5 所示。为了最大限度地利用 Sagnac 干涉仪的偏振相关特性，传感光纤部分通常使用双折射率光纤。一个放置在传感光纤前端的偏振控制器对光的偏振态进行调整。光纤耦合器的输出信号由沿慢轴和快轴偏振的光束之间的干涉进行调制。干涉分量的相位可以表示为

$$\delta_{\mathrm{S}}=\frac{2\pi}{\lambda}BL,\quad B=|n_{\mathrm{f}}-n_{\mathrm{s}}| \tag{8.2.2}$$

式中，B 为传感光纤的双折射参数；L 为传感光纤的长度；n_{f} 和 n_{s} 分别为快轴光和慢轴光的有效折射率。

基于 Sagnac 干涉仪的光纤传感器一般具有较高的相位灵敏度、高稳定、易于制造等优点，常用于温度、应变和压力传感。基于两段高双折射率光纤的 Sagnac 光纤干涉仪实现了

17.99nm/℃的温度传感。基于保偏光纤的 Sagnac 压力传感器，实现了自由形态下 2.33nm/(N·m)的灵敏度。

下面从一个实际案例出发，进一步介绍混合式光纤干涉仪的传感原理和技术路径。

图 8.2.6(a)显示了基于保偏光纤和长周期光纤光栅对的混合 Sagnac-M-Z 光纤传感器的实验装置，该实验装置用于同时测量温度和应变。它由一段保偏光纤和一对级联在同一个光纤回路中的长周期光纤光栅组成。将传感光纤固定在计算机控制的位移台上，通过改变位移量进行应变传感。同时将传感光纤放入烘箱，改变箱内的温度进行温度传感。实测透射谱如图 8.2.6(b)所示，可以看到波长范围内两个干扰信号。左边在 1500nm 附近的大峰是由保偏 Sagnac 干涉仪形成的，另一个在 1530nm 附近的小峰是由长周期光纤光栅对构成的 M-Z 干涉仪形成的。图 8.2.6(c)显示了混合 Sagnac-M-Z 传感器的温度响应。随着温度的升高，两种干涉信号都向短波长方向移动；然而，保偏光纤的敏感性比光栅对高 4 倍。应变响应如图 8.2.6(d)所示，保偏光纤同样比光栅对更敏感。通过综合两个传感器的峰值偏移量可以解算出温度和应变的变化，进而实现同时对温度场和应力场的传感。

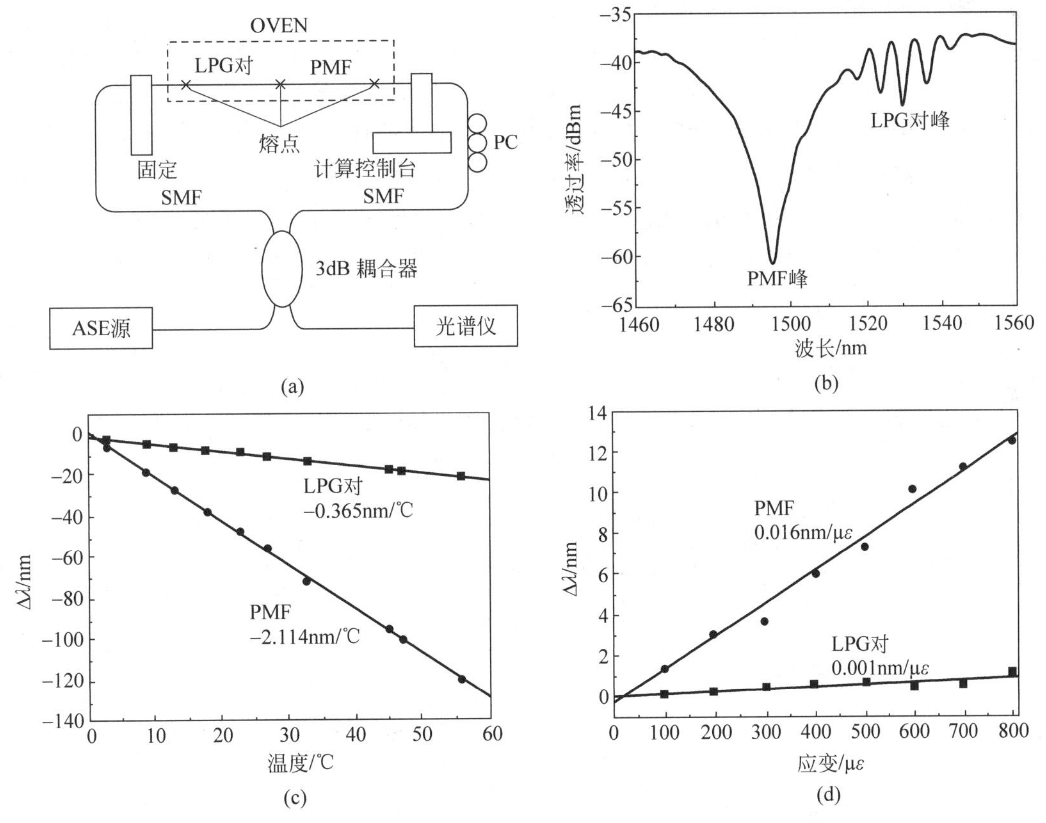

图 8.2.6 用于同时测量温度和应变的混合 Sagnac-M-Z 光纤传感器

(a) Sagnac 干涉传感器结合长周期光纤光栅对构成的 M-Z 传感器的实验装置；(b) 实验测得的透射谱；(c) 温度响应；(d) 应变响应

正如上面所介绍的应用案例，许多干涉式光纤传感器通过结合不同的干涉方案和结构实现多种物理量的同时监测，并提高传感器的灵敏度。此外，光纤传感器的性能(灵敏度，测量范围等)不仅取决于传感技术，还取决于传感元件，即使用的传感光纤。因此在许多情况下，特殊结构的光子晶体光纤和多芯光纤等特种光纤由于存在独特的双折射、色散、温度依赖性和非线性效应，往往具有更加出色的表现。干涉式光纤传感器在许多实际应用中具有巨大的潜力，如飞机、船舶、桥梁的实时变形监测。另外，针对温度、电磁场和相对湿度等参数的环境传感器和针对健康监测的生物医学传感器也是干涉型光纤传感器的新兴领域。随着特种光纤和特殊光纤装置的发展，这些新型传感器的性能将进一步提升，其应用范围将进一步扩大。

8.2.2 光纤陀螺

陀螺仪是安装在框架上的设备，如果框架旋转，陀螺仪就能够感知角速度。陀螺仪有许多种类，如机械陀螺仪、环形激光陀螺仪、微机电系统陀螺仪和光纤陀螺仪。陀螺仪可以单独被使用或被包括在更复杂的系统中，如陀螺罗经、惯性测量单元、惯性导航系统和姿态航向参考系统。光纤陀螺具有无机械活动部件、无预热时间、动态范围宽、体积小，寿命长等优点。除此之外，光纤陀螺还克服了环形激光陀螺成本高和闭锁现象等致命缺点。因此，近年来光纤陀螺受到许多国家的重视，市场占比进一步提升。

光纤陀螺的工作原理基于 Sagnac 效应。实际上，传统的光纤陀螺就是一种 Sagnac 光纤干涉仪。从同一光源发出特征相同的两束光，以相反的方向进行传播，最后汇合到同一探测点输出。若绕垂直于闭合光路所在平面的轴线，相对惯性空间内存在着转动角速度，则正、反方向传播的光束走过的光程不同，其光程差与旋转的角速度成正比。因而只要知道了光程差及与之相应的相位差的信息，就可得到旋转角速度。考虑一个半径为 R 的圆盘，它沿垂直于圆盘平面的旋转轴旋转，角速度为 Ω；正、反方向传播的光束引起的光程差 ΔS 可以表示为

$$\Delta L = \frac{4A}{c_0}\Omega = 2\Delta S \tag{8.2.3}$$

其中 A 是周长 L 包围的面积；c_0 是真空中的光速。光纤陀螺的工作原理如图 8.2.7 所示。

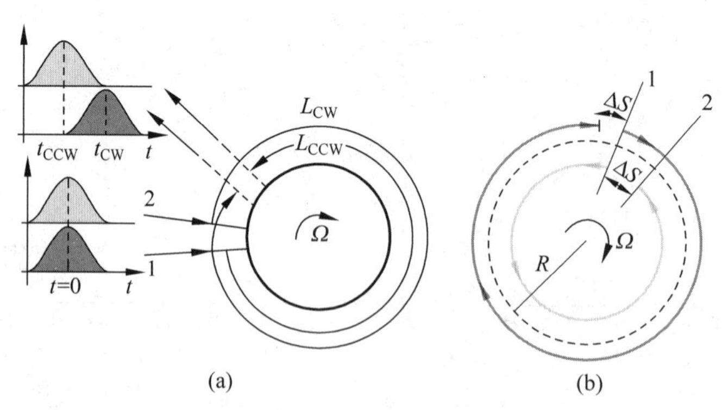

图 8.2.7 在以顺时针旋转的光纤陀螺

(a) 不同的旋转诱导光路分别为顺时针光束、逆时针光束以及相对应的光程 L_{CW}，L_{CCW}；(b) 顺时针和逆时针光束的旋转诱导光路与静止光路差相等，均为 ΔS

光纤陀螺仪根据工作原理可以分为三类：干涉型光纤陀螺仪(IFOG)、谐振式光纤陀螺仪(RFOG)和受激布里渊散射光纤陀螺仪(BFOG)。

1. 干涉型光纤陀螺仪(IFOG)

干涉型光纤陀螺仪基于一个开放的光路(即 N 圈光纤线圈),目前应用最为广泛。它采用多匝光纤圈来增强 Sagnac 效应,但是一个由多圈单模光纤线圈构成的双光束环形干涉仪虽然可以实现较高的精度,但也势必会使整体结构更加复杂。按照检测相位的方法可以将 IFOG 分为开环型和闭环型。开环型干涉型光纤陀螺是指依据 Sagnac 原理,通过干涉光强的变化直接检测干涉后的 Sagnac 相移,从而计算出旋转角速率。开环型光纤陀螺的优点是电路简单,但是开环型光纤陀螺输出存在非线性响应,因而动态范围较窄,检测精度低。闭环型光纤陀螺的基本原理是在环路中人为地引入非互易的补偿相移,以抵消由于光纤陀螺仪旋转产生的 Sagnac 相移,补偿相移与 Sagnac 效应产生的相移大小相等、方向相反。光纤陀螺始终工作在灵敏度最高的零位相差点附近,可以由补偿相移得知陀螺仪的输出信号,闭环型光纤陀螺仪的动态范围取决于引入补偿位相的器件性能。与开环型光纤陀螺仪相比,闭环型光纤陀螺仪避免了陀螺输出的非线性响应,动态范围广,检测精度高。另外,闭环方案使得光纤陀螺能自动调整优化状态,进行动态探测追踪。

2. 谐振式光纤陀螺仪(RFOG)

在过去的几年里,人们提出了不同的解决方案来提高光纤陀螺仪的性能。谐振式光纤陀螺仪采用环形谐振腔增强 Sagnac 效应,其谐振频率也随着陀螺仪的旋转速度而变化,利用循环传播提高精度,仅使用数十米长的谐振光纤回路,便可达到与 IFOG 中数千米长的光纤线圈相同的性能,因此也可以进一步降低光纤尺寸。使用较短的光纤也使得光纤环路中由温度分布不均而导致的附加漂移减弱,同时由于谐振频率与旋转角速度成正比,所以检测精度提高,动态范围增大。RFOG 需要采用强相干光源来增强谐振腔的谐振效应,这虽然使波长更加稳定,但强相干光源也带来许多寄生效应,如何消除这些寄生效应是目前的主要技术障碍。

3. 受激布里渊散射光纤陀螺仪(BFOG)

当光纤环中传输的光强达到一定程度时就会产生布里渊散射,散射光的频率受到 Sagnac 效应的影响。因此,相向而行的两束布里渊散射光的频差与旋转角速度 Ω 成正比。通过检测两个方向产生的散射光的频率,两束光的干涉便会产生拍频,从而计算得到光纤环的旋转角速度,这便是受激布里渊散射光纤陀螺仪的工作原理。受激布里渊散射光纤陀螺仪是随着布里渊光纤激光器的发展而出现的一种新型光纤陀螺仪。

1977 年,McDonnell Douglas 宇航公司启动了一个项目,将 DRIMS 惯性测量系统(图 8.2.8(a))中的机械陀螺仪替换为光学陀螺仪,以辅助 Delta 运载火箭(图 8.2.8(b))。这使得 1978 年诞生了世界上第一个闭环光纤陀螺仪(图 8.2.8(c)),1979 年诞生了第一台固态光纤陀螺仪(图 8.2.8(d))。世界各国紧随其后,到 20 世纪 80 年代初,许多其他公司和组织开始积极努力开发光纤陀螺。2014 年,Wang 等展示了一种新型双偏振 IFOG,它只需要一个耦合器,不需要偏振器,在 2km 线圈和开环配置下,其偏差不稳定性为 0.02(°)/h,随机游走系数为 $0.0015(°)/h^{1/2}$。随机游走系数反映的是光纤陀螺仪输出的角速度积分随时间积累的不确定性,因此也可称为角随机游走。随机游走系数(ARW)反映了陀螺仪的研制水平,也反映了陀螺仪最小可检测的角速率。

美国 Honeywell 公司使用 4000m 光纤、140mm 保偏光纤环和掺铒光纤光源进行了稳

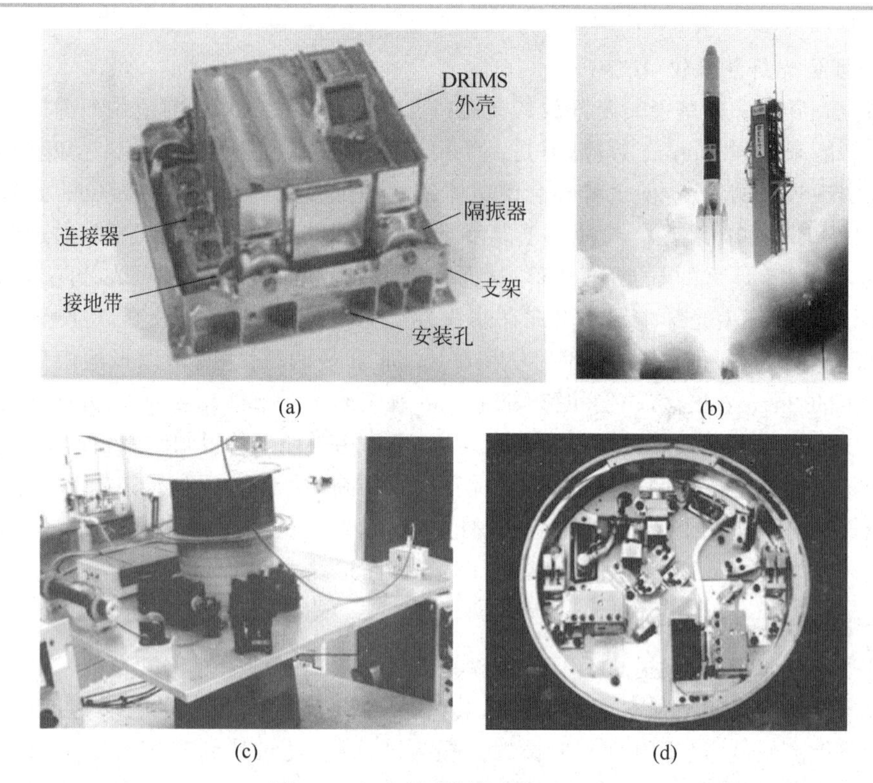

(a) (b) (c) (d)

图 8.2.8 光纤陀螺仪的诞生历史

(a) DRIMS 惯性测量系统中的机械陀螺仪；(b) Delta 运载火箭；(c) 第一个闭环光纤陀螺仪；(d) 第一台固态光纤陀螺仪

定温度条件下的闭环漂移测试。角度随机游走精度为 0.000 19(°)/$h^{1/2}$，偏置稳定性优于 0.0003(°)/h，这相当于漂移率为一个半世纪旋转一周。除了导航级和战略级光纤陀螺，Honeywell 公司还开发了参考级 IFOG 的原型，经测试，其偏差不稳定优于 0.000 03(°)/h，ARW 约为 0.000 016(°)/$h^{1/2}$。法国生产的 IMU120 使用的光纤陀螺偏置稳定性达到 0.003(°)/h，ARW 达到 0.000 15(°)/$h^{1/2}$。

2022 年，Yu 等展示了一种具有低相对强度噪声的光纤陀螺仪，其系统结构如图 8.2.9 所示。该方案通过调节调制深度使光纤环中的两束光强始终匹配，因此光纤陀螺仪可以保持对相对光强噪声的最佳抑制效果，从而提高陀螺仪的精度。该系统包括一台 ASE 光源、保偏环形器、98/2 保偏耦合器、Y 型波导结构、光纤环、保偏隔离器、两个探测器和信号处理模块。

相对强度噪声是指光源输出能量的波动。它是由宽带光源的各级傅里叶分量之间的拍频引起的附加噪声，反映了光源的幅值特性，与探测过程无关。发射噪声是光子转换成电子时产生的随机噪声。它是光纤陀螺最基本的噪声源，决定了干涉式光纤陀螺的测量极限。为了抑制相对强度噪声，系统采用了相位差补偿技术，通过控制电路中的比较器实时检测信号光和参考光的大小。当信号光与参考光不匹配时，相对强度噪声的抑制效果将减小，因此需要通过闭环控制，调整施加于 Y 型波导的调制深度，改变信号光路的光强，使两路光功率重新实现匹配，从而达到相对强度噪声抑制的最佳效果。系统抑制噪声前的零偏稳定性为 0.03(°)/h，而通过闭环反馈调制对相对强度噪声进行抑制后，零偏稳定性可达到 0.027(°)/h 左右，精度提高了 10%。

光纤陀螺仪经过近 40 年的发展，不断成熟完善，年产量数以万计，目前已经广泛应用于

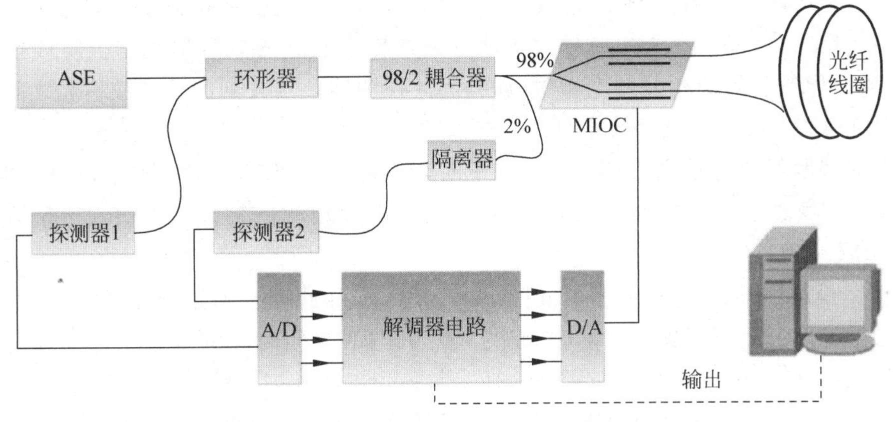

图 8.2.9　低相对强度噪声的光纤陀螺系统结构

航空航天、舰船、无人机、高稳定性天线和相机等领域。在未来，光纤陀螺仪将继续向高精度、高稳定性、高集成度、小尺寸、低成本以及多轴化等方向发展。

8.2.3　分布式光纤传感器

由于光纤特有的物理结构，人们提出了一种能够实时测量和监控长距离路径上多种物理量变化的传感器，即分布式光纤传感器。它充分利用了光纤同时作为传输介质和敏感元件的特性，将传感光纤沿长达几十千米待测场排布，这样可以同时获得待测物理量的空间分布和时间变化。随着电力、石油石化、航空航天及要地安防等行业的快速发展，安全生产、损伤检测或边界监控的要求越来越高。在管线安全、周界防范、地震和海啸检测、海洋检测勘探、飞行器机体损伤监测等重要领域内，对声场、振动场、温度场等多物理场的时空分布状态进行测量和实时监控的需求也越来越迫切。因此，在这些应用场景中已经发挥出色表现，并具有独特优势的分布式光纤传感技术，逐渐成为了光纤传感领域的研究热点。

分布式光纤传感器按照工作原理可以分为干涉式和散射式。分布式干涉仪与普通光纤干涉仪类似，也可分为迈克耳孙分布式光纤传感器、M-Z 分布式光纤传感器、Sagnac 分布式光纤传感器等，干涉型分布式光纤传感器具有灵敏度高的优点。

在分布式光纤干涉仪中，人们还通过优化算法来提高分布式传感系统的探测范围和分辨率。2014 年，Wang 提出了基于 Sagnac 干涉仪的二次快速傅里叶变换算法，实现了 41km 检测长度、100m 空间分辨率的多点振动信号监测。由于单一的干涉型传感器空间定位能力较差且易受干扰，人们陆续提出了多种结合多个干涉仪的复合型分布式光纤传感器。2011 年，清华大学 Xie 等人提出了基于双 M-Z 干涉仪的均方差预测理论，提高了定位精度。

由于干涉型分布式传感易受干扰，空间定位能力较差，人们转而将目光投向利用光纤内本身存在的散射光来进行逐点探测，这也是目前最常见的分布式光纤传感器类型。根据散射光的类型，分布式光纤传感器可以分为基于瑞利散射的分布式光纤传感器、基于布里渊散射的分布式光纤传感器和基于拉曼散射的分布式光纤传感器。

1. 基于瑞利散射的分布式光纤传感器

一般情况下，光散射是一个随机统计过程，发生在所有角度的方向上。但由于光纤波导的边界条件，只有前向和后向的散射光能够长距离传输。而分布式光纤传感主要利用后向散射光。当光纤所处的物理场(如温度场、应力场、声场等)发生变化或光纤线路中某一位置处出现损伤点时,弹光和热光效应导致了该位置处传感光纤的散射单元的长度和折射率发生改变,从而导致后向瑞利散射光相位改变,因此探测器处接收到的瑞利散射光之间的相位差和散射光强发生变化。

基于瑞利散射的分布式传感技术有光学时域反射计(OTDR)、相敏光学时域反射计(Φ-OTDR)、偏振敏感的光学时域反射计(P-OTDR)、光学频域反射计(OFDR)和光学低相干反射计(OLCR)等。

OTDR 最早由 Barnoski 和 Jensen 提出,高功率光脉冲耦合到被测光纤中,同时后向瑞利散射信号是用一个环形器输出的,它是光纤输入端的返回时间的函数。由于瑞利后向散射是一个线性过程,任何点的后向散射光功率与该位置的前向传播光功率成线性比例,前提是光纤沿其长度理想均匀。OTDR 通常采用短脉宽的高相干性激光器,由光电二极管(PD)电路将检测到的波形转换成数字格式,并在数据采集设备(DAQ)中进行分析。DAQ 与光脉冲源同步,以便精确计算后向散射信号的传播时间,从而准确定位后向散射变化发生的位置,光路结构如图 8.2.10(a)所示。

由于无法在脉冲持续时间内分离两个单独的事件,所以 OTDR 的空间分辨率由脉冲持续时间决定。OTDR 的动态范围取决于系统的灵敏度,由脉冲持续时间、脉冲功率和光电二极管灵敏度决定。高脉冲功率和宽脉冲持续时间增加了信噪比,使远程测量成为可能。然而更宽的脉冲宽度,会降低系统的空间分辨率。另外,脉冲的功率也不能过高,过高的光功率会带来非线性效应,从而干扰探测,甚至会损坏光纤。考虑从一微小距离 $\mathrm{d}z$ 光纤内产生的瑞利后向散射光。从位置 x 返回到输入端的瑞利后向散射功率可以表示如下:

$$P(z)=\frac{v_{\mathrm{g}}\tau}{2}\eta\alpha_{\mathrm{s}}(z)P_0\exp\left[-2\int_0^z\alpha(z)\mathrm{d}x\right] \tag{8.2.4}$$

式中 v_{g} 是光纤中的群速度;τ 是脉冲宽度;P_0 为输入光功率;$\alpha_{\mathrm{s}}(z)$ 为瑞利散射的衰减因子;$\alpha(z)$ 为总衰减系数,包括吸收损失和瑞利散射损失;η 是光纤捕获的散射光的收集效率,它取决于光纤的折射率分布、模场直径和数值孔径等特性。

一旦反射功率突然下降,就能检测出光纤的损耗并定位光纤的断裂或损坏。对于毫米级分辨率的 OTDR 来说,需要一个具有几十千兆赫兹带宽的 DAQ 设备,这使得高精度的 OTDR 成本过高,因此采用 OTDR 的分布式光纤传感器的分辨率一般在米量级。目前用于通信网络故障诊断的传统 OTDR 采用 10ns 响应时间的电子设备,可以达到 1m 的分辨率,并获得高动态范围。

相敏 OTDR(Φ-OTDR) 结构与传统 OTDR 非常相似,区别在于相敏 OTDR 使用的激光光源是窄线宽、稳频的激光器,其相干长度远大于传感光纤的长度。对外界扰动敏感的 Φ-OTDR 系统,利用脉冲宽度内不同散射中心的瑞利后向散射光之间的干涉产生相干尖峰来进行传感。Φ-OTDR 最早由 Taylor 首先提出。被检测信号的强度与来自不同散射中心的光在脉冲宽度对应的空间距离内的相对相位有关。由于散射中心沿光纤随机分布,Φ-OTDR 轨迹具有典型的随机振荡特征。如果散射中心没有表现出任何变化,这种模式随时间保持不变。如果在某一特定位置有任何扰动,则后向散射光的相对相位会发生变化,Φ-OTDR 轨迹在该扰动位置也会发生变化。因此,通过跟踪未被扰动信号与被扰动信号的差值就可以得到扰动位置。Φ-OTDR 轨迹将显示与振动频率同步的局部变化,因此

Φ-OTDR 常用于分布式振动传感中。

Φ-OTDR 的典型结构如图 8.2.10(b)所示。传统的 Φ-OTDR 适用于小范围内的探测，为了提高系统的应变和振动的测量能力，解决瑞利后向散射光强度较低的问题，人们将后向散射光和参考光混合，相干检测的引入大大提高了检测信号的信噪比和灵敏度。通过相干检测 Φ-OTDR，已证明了 2km 的传感范围、10m 的空间分辨率，其可用于频率高达 1kHz 的振动传感。通过采用保偏光纤(PMF)，空间分辨率可以提高到 1m，频率范围提高到 2kHz 以上。目前长距离管道、配电线路、发电和配电设备以及井道监测都受益于这种分布式传感技术。随着设备成本的进一步降低，它可能会在全球范围的大型事件监测中得到应用。

由于光纤传感器不受电磁干扰，在与偏振特性无关的传感技术中只需要使用非偏振光源和低双折射光纤。传统 OTDR 仅利用瑞利散射光的强度信息，而偏振敏感 OTDR(P-OTDR) 是传统 OTDR 的扩展，它能够监测瑞利散射光的偏振状态。典型的 P-OTDR 结构如图 8.2.10(c)所示。为了避免瑞利后向散射光引起的干涉，系统使用了一种相对较宽线宽的连续波激光器。窄脉冲是通过使用电光调制器(EOM)产生的，偏振脉冲通过一个环形器注入被测光纤中。通过偏振分析仪采集传感光纤的后向散射斯托克斯偏振参数，可以得到沿光纤的偏振分布。通过分析局部偏振态变化，可以求得测量值。

P-OTDR 技术首先被证明是一种用于静态物理参数(如温度、应变或电磁场)检测的全分布式光纤传感器。由于 P-OTDR 是一种优秀的光通信诊断和传感工具，预计它将在未来的工业应用中得到更多应用。

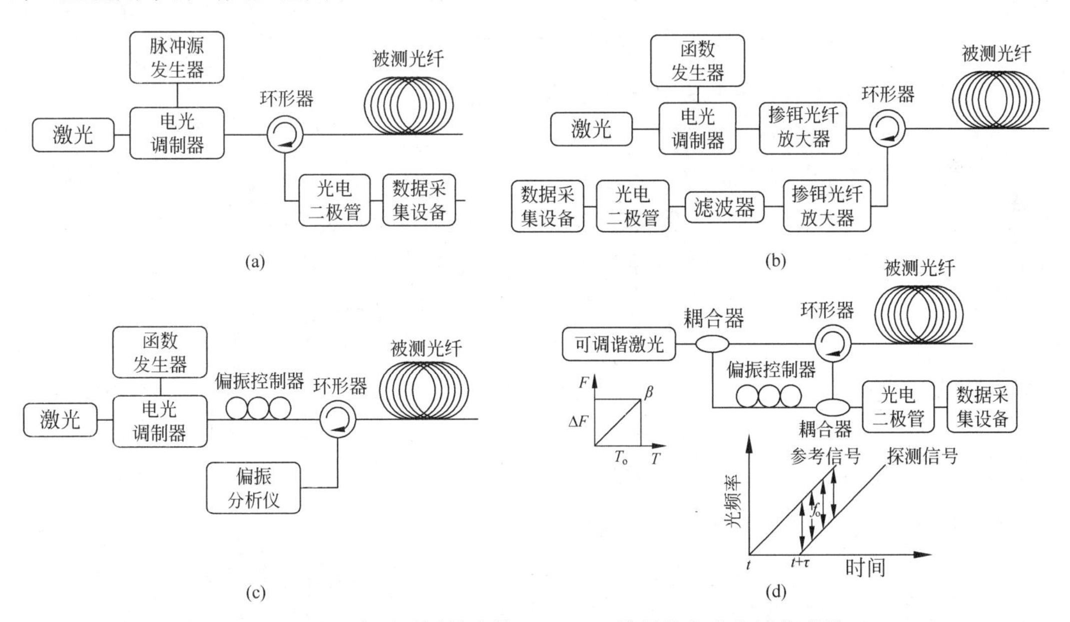

图 8.2.10　应用不同技术的 Rayleigh 散射分布式光纤传感器

(a) 典型的 OTDR 结构；(b) 用于振动测量的 Φ-OTDR 系统的实验装置；(c) P-OTDR 系统结构；(d) OFDR 结构

空间分辨率和测量范围是分布式测量系统的两个重要参数。传统的 OTDR 技术可以进行远距离测量，但在许多应用中，米量级的空间分辨率不足以实现分布式传感。近年来，OFDR 由于其相对较高的分辨率和较大的动态范围，在分布式传感应用中受到了广泛关注。OFDR 采用一个频率随时间线性扫描的连续波光源，如图 8.2.10(d)所示。线性扫频信号分为两个信号：探测信号和参考信号。探测信号输入到测试光纤(FUT)中，从 FUT 后向散射的光与参考信号相结合并进行相干检测。由于两路信号来自同一光源，后向散射信号本质上仅相较参考信号存在一个时间延迟。当这两个信号在接收端相干叠加时，产生的光电流具有恒定的拍频。OFDR 所需的电路带宽是扫描速率和传播延迟或者说光纤长度的函数，通过控制扫描速率可以将其降低到兆赫兹量级，这消除了对高速光电探测器和数字化仪的需求，有助于降低系统的成本，但代价是要保持相同的空间分辨率需要更大的总样本量。

OFDR 的空间分辨率由频率扫描范围决定，更宽的频率扫描光源可以实现更高的空间分辨率。使用具有数十纳米波长扫描范围的可调谐激光源的 OFDR 能够提供微米级的空间分辨率。然而，这种可调谐激光源价格昂贵，且频率通常与控制参数有关。实现扫频波源的另一种方法是使用外部调制器和扫频射频合成器对激光源进行外部调制，例如研究人员通过调制常见的分布反馈(DFB)激光器的驱动电流来代替扫频波长激光源。这可能是实现扫描激光源最便宜的方法，但是扫描存在非线性和范围较窄是该技术的问题。随着测量范围接近激光相干长度，相位噪声显著增加，信噪比降低。这是传统 OFDR 系统仅限于短程(小于几十米)测量应用的主要原因。一种称为相位噪声补偿 OFDR 的方法能够补偿信号后处理中的激光相位噪声，并进行几十公里的远程测量。

光学低相干反射计(OLCR)作为光学时域反射计(OTDR)和光学频域反射计(OFDR)之外的一种替代技术，主要用于测量光学反射率。OLCR 已被证明是一种能够对微小光学元件的精细结构进行高空间分辨率和高反射灵敏度测量的传感方法，同时它还可以以接近工作波长的精细空间分辨率对静态物理参数进行测量。

2. 基于布里渊散射的分布式光纤传感器

近年来，基于布里渊散射的分布式光纤传感器因其远距离(超过几十公里)的传感能力以及同时测量应变和温度而受到广泛关注。基于布里渊散射的分布式光纤传感技术按照工作原理也可以分为布里渊光时域反射技术(BOTDR)、布里渊光时域分析技术(BOTDA)、布里渊相关域分析技术(BOCDA)和布里渊光频域分析技术(BOFDA)等。

2016 年，华南理工大学 Yang 等提出的差分布里渊光时域反射 BOTDR 实现了 7.8m 的传感距离和 0.4m 的空间分辨率；电子科技大学的 Zhang 等利用光梳泵浦和脉冲编码的布里渊放大 BOTDA 实现了 50m 范围内 1m 空间精度和 1.6℃精度的温度传感；2017 年，Ryu 等通过同时检测 10km 传感范围内的多个相关峰值来增强 BOCDA 系统，实现了 10km 范围内 5cm 空间精度和 70$\mu\varepsilon$ 应变精度的传感。

3. 基于拉曼散射的分布式光纤传感器

基于拉曼散射的 OTDR 是最成熟、应用最广泛的拉曼散射的分布式温度传感技术。Soto 等通过光学编码技术改善了基于拉曼散射的分布式温度传感器，在仅 30s 测量时间内便获得了 1m 的空间分辨率和 3℃的温度分辨率。同瑞利散射和布里渊散射一样，基于拉曼散射的分布式光纤传感器同样可以采用频域检测技术。基于拉曼散射的非相干 OFDR 实现了 16km 传感范围内 1m 的空间分辨率和 2℃的温度分辨率。

除了光学编码技术，目前还有许多新型技术或材料被引入到不同类型的分布式光纤传感系统中，例如高分子聚合光纤、多芯光纤等特种光纤，以及利用相关向量机、神经网络等进行模式识别。2021 年，Li 等构建了用于输油管道安全监测事件识别和确定的 4 层反向传播神经网络(BP-NN),如图 8.2.11 所示,通过一个 Φ-OTDR 系统采集振动数据。BP-NN 包含一个输入层、两个隐藏层和一个输出层。在输入层,以小波能量(WE)或小波包能量(WPE)作为基本的输入特征。将 3 个典型事件信号的样本输入到网络中进行训练,计算出最优的网络参数。最终实现了两种输入情况下对 3 个事件的识别率均达到 90%以上。

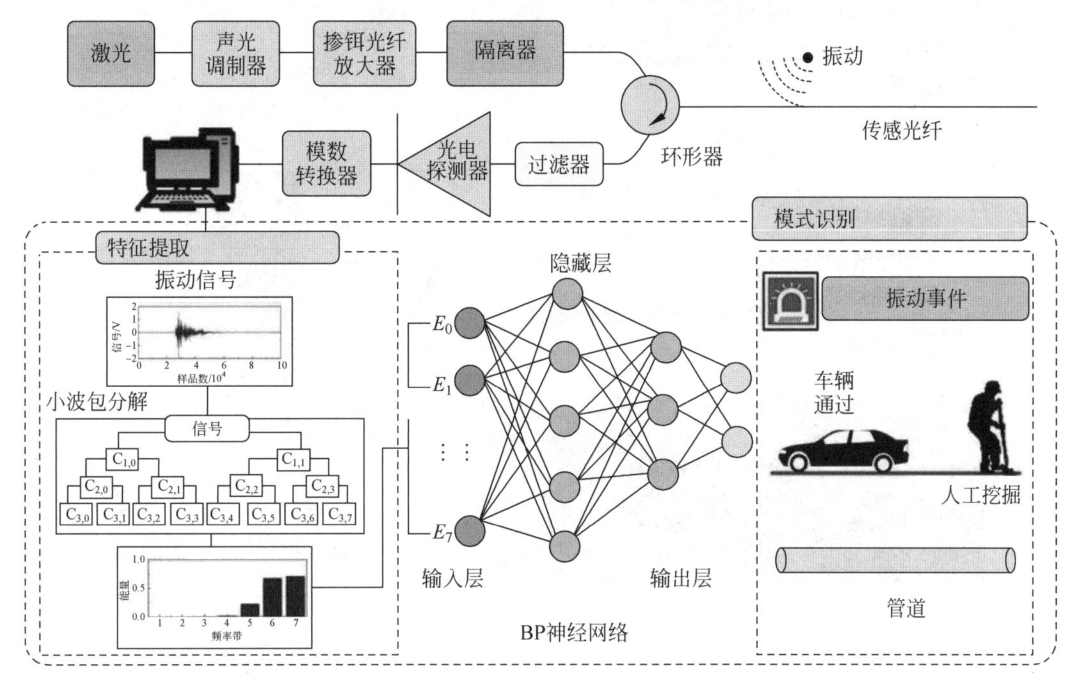

图 8.2.11　基于 4 层反向传播神经网络的 Φ-OTDR 系统结构和工作原理

尽管这些分布式光纤传感系统自出现在电信领域以来就吸引了大量的关注,但仍有一些关键问题阻碍了它们的广泛应用。目前最突出的障碍是较为昂贵的询问系统,它阻碍了分布式光纤传感器系统的进一步推广。另外,虽然光纤传感技术提供了高空间分辨率的超远距离传感,但这也使它们容易因地震和火灾等自然现象而损坏。在现场安装过程中可能会引入弯曲,特别是急弯可能会对基于瑞利散射的分布式光纤传感系统性能造成不利影响。

尽管存在一些问题,分布式光纤的传感器的性能仍然超过大部分传统的传感器。除了上文提到的要地安防和桥梁、舰船等损伤检测,在化学分析、地质水文检测、康复与医疗等领域,分布式光纤传感系统也表现出了优异的性能。随着制造水平的提高和生产数量的增加,预计所有传感系统中组件的成本会进一步下降,因此会有更多低成本、高性能的分布式光纤传感器出现,以满足更多的市场需求。

8.2.4　光纤成像系统

由光纤的小尺寸和可形变特性延伸出了另一类光纤感知和探测系统,这类利用光纤的可插入性和感知传输一体化的系统,通常在光纤一端设计一些特殊结构或配件进行感知,在光纤的另一端对响应信号进行接收,通过不同的解调技术得到需要的探测信息。不同类型的光纤探针结构如图 8.2.12 所示,它们可以用于访问难以直接观测的狭窄空间和生物体内,而通过接收光场的波前,对物体的空间分布进行探测,这类光纤成像系统成为人们关注的重点。

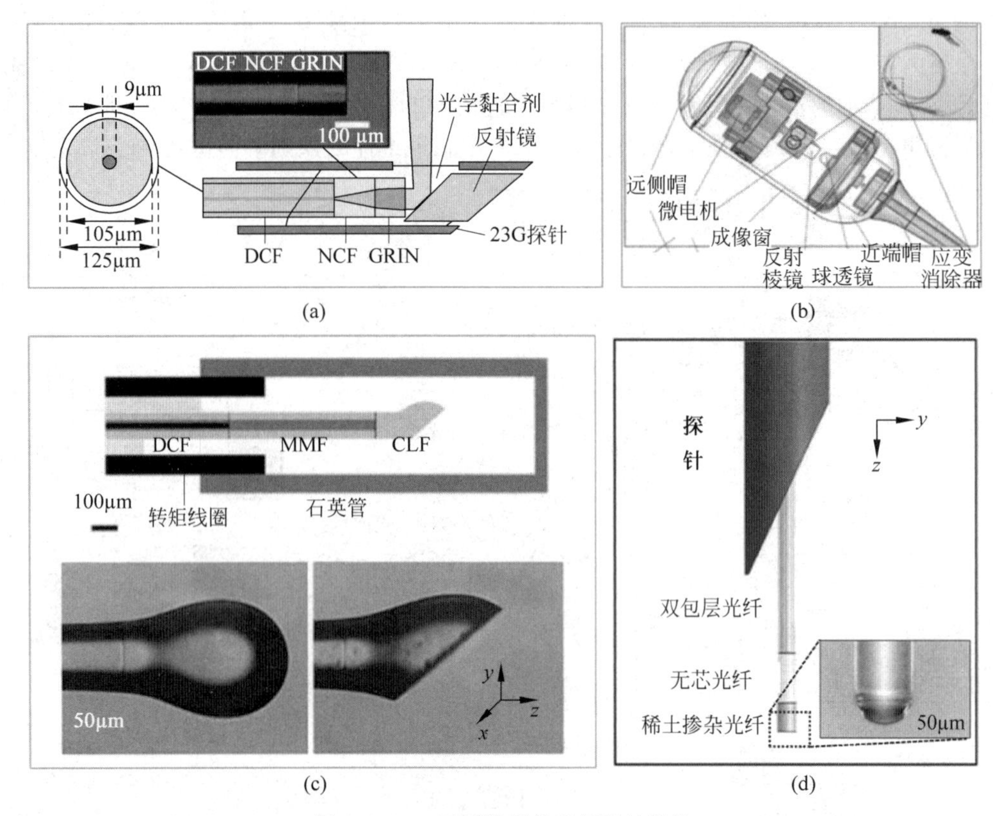

(a) (b) (c) (d)

图 8.2.12 不同类型的光纤探针结构

(a) 使用双包层光纤(DCF)、无芯光纤(NCF)和梯度折射率透镜(GRIN)的一体化探头；(b) 胶囊导管；(c) 基于单个球透镜的探头；(d) 带有弯曲聚焦元件的温度感应探针及探针顶端的显微照片

光纤成像系统可以根据所使用的光纤类型，分为多芯光纤束成像、梯度折射率微透镜(GRIN)成像、单模光纤成像和多模光纤成像。

1. 多芯光纤束成像

多芯光纤束通常集成了上万根纤芯，每根纤芯的直径为2.0～4.0μm，相邻芯的间距为3.2～6μm，因此通常一根集成多芯光纤束的直径大约在数百微米至几毫米之间。这些高折射率的纤芯嵌入到低折射率的包层中，每个纤芯作为图像信息的单个像素进行独立传输。这使得多芯光纤束能够通过在前端加装镜头，使物体的像直接投影到光纤端面，进而通过感应每一点的光强信息进行空间直接对应传输，从而实现宽视野成像，因此多芯光纤束成像通常无须扫描。

除了传统的直接对光强分布进行传导，多芯光纤束还可用于多种成像方式，包括共聚焦显微镜、差分结构照明、编码孔径成像等。由于易于使用并且无须扫描或重建图像，多芯光纤束成像是目前大多数柔性内窥镜的成像方式。但是，由于纤芯的离散化分布，芯与芯之间存在非成像空间，因此会产生像素化伪影，如图8.2.13所示。因此，光纤束在样品平面上的横向分辨率受限于总纤芯数。此外，由于相邻光纤芯之间的包层光存在串扰，成像对比度会下降。为了消除像素化伪影，人们开发了各种图像处理方法，获取多幅图像并进行计算后处理可以提高光纤束的分辨率。

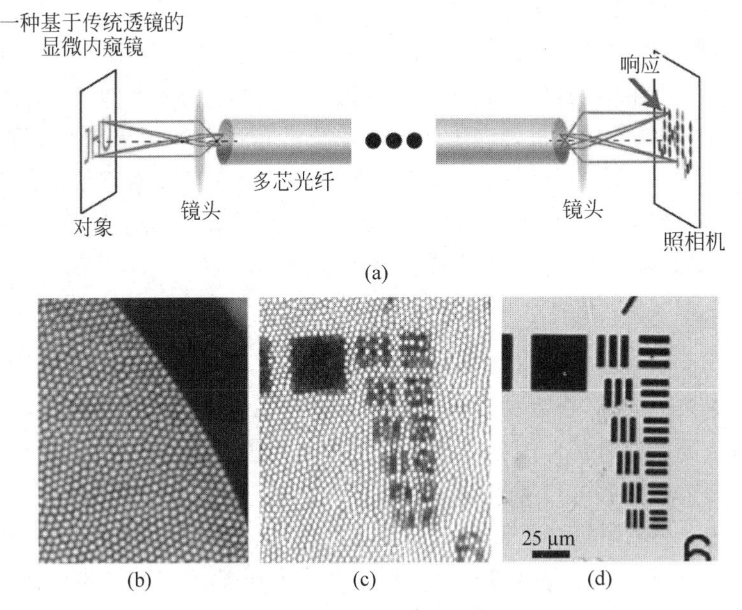

图 8.2.13　多芯光纤束成像及像素伪影

(a) 传统多芯光纤束成像原理；(b) 多芯光纤束的边缘显微照片；(c) 通过光纤束观察 USAF 分辨率目标的图像像素伪影；(d) 显微镜拍摄的同一区域照片

2. 梯度折射率微透镜成像

非扫描方法也可使用 GRIN 微透镜作为成像探头，其原理与渐变型折射率的多模光纤类似。直径为 350～1000μm 的 GRIN 透镜呈圆柱形，其折射率呈径向变化，因此 GRIN 透镜直径较窄，且易于安装。其折射率分布可以近似表示为式(6.1.1)，与使用曲面对光进行折射的传统透镜不同，GRIN 透镜使用近似抛物线形状的径向折射率分布来引导光，使之呈现余弦光线轨迹。

因此，这种透镜通常被用作无创显微内窥镜的探头，可以传输工作距离为几厘米的高分辨率图像。使用植入哺乳动物大脑的 GRIN 微透镜探针，可以对垂体进行长期和重复的观察，光学分辨率可以达到 2.5μm。除了具有较高的成像分辨率，可以使用各种成像方式(单光子、双光子、共聚焦等)也是 GRIN 透镜成像的另一个优点，但是其刚性的探头一定程度上影响了操作灵活性，并且像其他光学成像元件一样，GRIN 透镜的引入带来了一定程度的像差。

3. 单模光纤成像

单模光纤的纤芯直径非常小，单模光纤通过基于不同的扫描方式进行成像。为了获得 2D 和 3D 图像，成像光纤探头处需要加装一个微型扫描设备。由于只有一个空间传输模式，单个空间模式可以以一个近衍射极限点聚焦到样品平面，进行高分辨率的成像。

除了直接扫描不同位置处的光强分布，单模光纤还可使用光谱编码共聚焦显微镜技术，一个宽带光源通过衍射光栅在横向上分散，以便在空间位置上以波长编码。所有波长都可以通过一根单模光纤传输，反射光的空间位置通过光谱检测解码。另外，通过扫描振幅调制的共振单模光纤，也可以进行成像。这种系统由一根单模光纤、产生振动共振的压电致动管、扫描器外壳和记录反向散射信号的检测器组成。压电致动管以其谐振频率驱动光纤尖端,形成350个螺旋形的扩展图案,以15Hz的帧率产生二维扫描图案。当投射的光被透镜组件聚焦到样品平面上时,背向散射或发射的光通过收集纤维被收集起来,从而将探测光路与照明光路分开,图像由计算机处理生成。该系统已在食管和胃等人类上消化道器官的大管腔中进行了测试。单模光纤成像通过点扫描的方式同样可以实现较高的分辨率,但是它需要在近端或远端放置一个扫描系统,扫描的方式不仅增加了成像时间,而且会增加不必要的尺寸,一定程度上浪费了单模光纤的尺寸优势。

4. 多模光纤成像

与单模光纤不同,具有大量传输模式的多模光纤具有并行传输信息的能力。然而由于模式色散带来的波前失真,在近端输入的图像信息会在传输过程中被打乱,并在多模光纤的另一端会输出杂乱的散斑场。随着光在散射介质中的传输理论的发展,近年来,利用多模光纤直接成像引起了研究者的广泛兴趣。

2012年,Choi等的研究小组提出了一种新型内窥镜,它使用单根多模光纤进行宽场成像。利用散斑成像和浑浊透镜成像技术,通过求解多模光纤的传输矩阵进行成像,实现了1.8μm的成像分辨率和40μm的景深。2015年,Tomas等预测了一些特殊线偏振模式的存在,这些模式在光纤中传播期间不会改变其场分布,进而实现了对不同形态的多模光纤的传输矩阵进行预测,这在一定程度上解决了多模光纤弯曲敏感的问题。2018年,Sergey等通过调控多模光纤照明光场,在远端扫描聚焦点,实现了对小鼠脑神经元活动的观测。2021年,压缩采样和基于记忆效应的导星辅助成像技术也被引入到多模光纤成像系统中,以提高传输矩阵的采集速度和系统的鲁棒性。

除此之外,近年来,通过构建的输入图像和输出散斑之间联系的深度学习方法也被证明可用于多模光纤成像系统实现图像重建。2021年,利用飞行时间法的多模光纤成像系统实现了三维图像还原。2022年,清华大学的研究小组通过将二维图像信息转化为一维脉冲分布,实现了高速显微成像,系统结构和成像原理如图8.2.14所示。

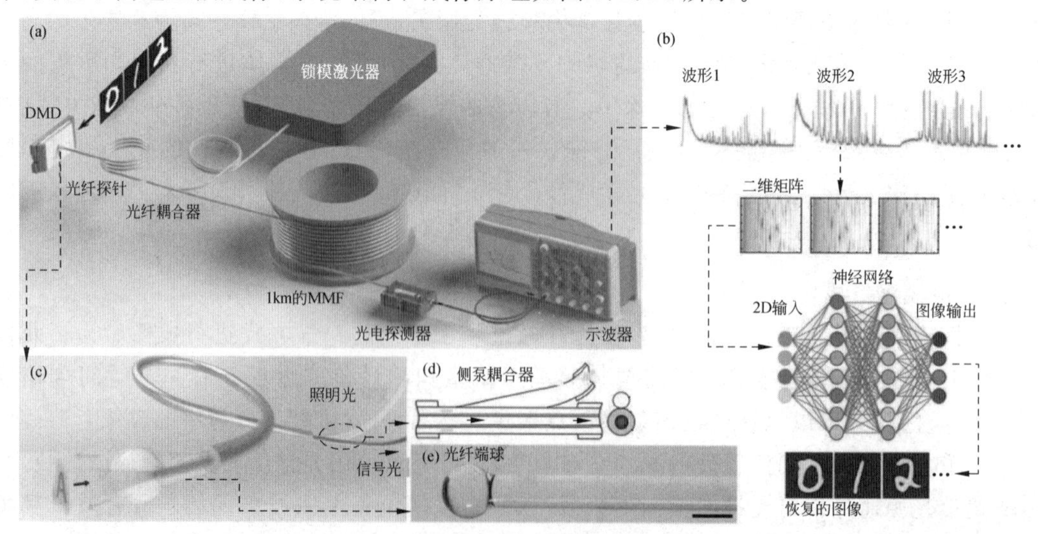

图8.2.14 多模光纤高速探测系统

(a) 实验装置;(b) 从脉冲波形到图像的重建过程;(c) 球形透镜和照明探测一体化探头;(d) 光纤面耦合器结构;(e) 光纤端球结构

另外，利用双包层光纤纤芯和内包层的并行传播能力，一些同时实现多种传感功能和成像的系统也被提出。典型的实现方式是将结构成像方式，如光学相干断层扫描(OCT)，与化学传感方式相结合。OCT 使用低相干干涉测量法，其分辨率约为几十微米。然而，这对成像质量会造成一定影响，因为它可能诱发多种干扰效应，这种效应表现为“鬼影”的出现。目前已经提出了一些缓解这种效应的解决方案。

图 8.2.15 展示了部分结合不同传感功能的光纤成像系统，其中图 8.2.15(a)～(d)为光纤温度传感与成像复合系统，图 8.2.15(e)～(f)为光纤 pH 值传感与成像复合系统。2018 年，Li 等提出了用于深部组织的联合成像和传感的微型单纤维探针，实现了对小鼠大脑的离体成像和温度传感。2020 年，Chen 等通过使用双包层光纤-无芯光纤-梯度折射率光纤三段结构实现了生物组织的离体成像和 0.01 单位的 pH 值检测。2021 年，Capon 等同样通过三段结构实现了对产生乳酸的卵母细胞进行了成像和 pH 值变化监测。

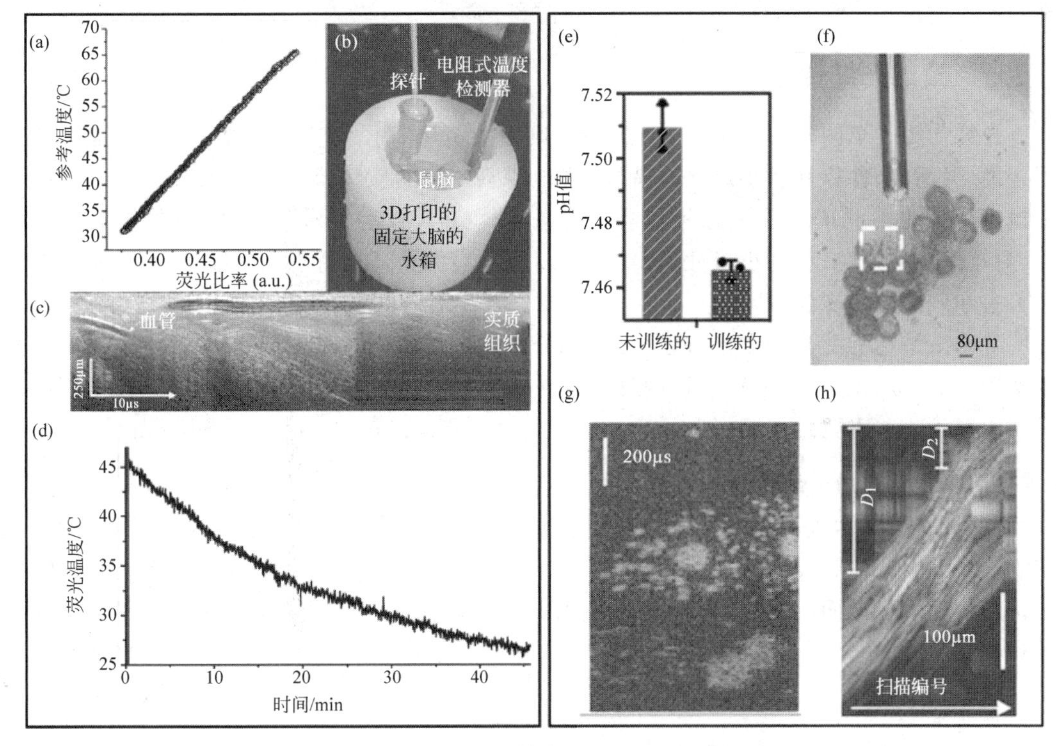

图 8.2.15　结合不同传感功能的光纤成像系统

(a) 荧光比与参考温度的关系；(b) 对离体小鼠大脑进行探测的实验装置；(c) 探针插入时 OCT 成像图像；(d) 成像的同时获得的小鼠大脑温度变化曲线；(e) 使用光纤探针，探测到的 $COCl_2$ 处理(点区域)或不处理(斜线区域)的卵丘-卵母细胞复合体(COCs)的 pH 值；(f) 光纤探针在 COCs 附近进行探测的光学显微镜图像，白框标出了大致的探测范围；(g) OCT 获得的 COCs 图像；(h) 当光纤探头向 COC 移动时，一系列 OCT 扫描得到的综合图像

此外，一些光纤系统被植入到生物体中进行光治疗、荧光传感和成像。近年来，随着纳米光学的发展，诞生出了一些新型微纳光纤器件，这为光纤成像系统带来了新的可能性。例如，2021 年，Liu 等提出的基于超透镜和多芯光纤束的内窥镜实现了亚微米级的分辨率。

课后拓展

近几十年来，数码相机不断小型化，这使相机能够广泛用于医学成像、安全技术、智能手机、机器人和自动驾驶汽车。小一个数量级的相机还可以在微创医学、纳米机器人、可穿戴设备或AR和VR中实现许多新应用。不过，现有的小型数码相机方案受到基本的技术局限，比如透镜体积难以缩小。

一些无镜头数码相机设计通过振幅掩膜来替换光学元件，以缩小相机尺寸，缺点是空间分辨率有限，图像采集时间长。而为了解决上述问题，近期普林斯顿和华盛顿大学组成的科研团队研发出粗盐粒大小的相机。其原理是基于超表面人工光学材料，其特点是厚度小于波长，可灵活控制电磁波振幅、相位、极化方式、传播模式。超表面微型相机的关键创新在于将光学表面与信号处理算法集成，从而提升了相机在自然光条件中的表现。阅读链接见二维码。

8.2.5 微纳光纤传感器

光纤作为一个圆柱形对称的传光介质，典型的包层直径为50～250μm，这使得其具有侵入性、灵活性、鲁棒性和小尺寸的特性，这对传感系统的应用具有强大的吸引力。光纤传感器(OFS)也因此成为了传感领域的关键技术。OFS具有许多优点，如对外壳的高灵敏度、对电磁辐射的免疫力、小尺寸、鲁棒性强以及容易网格部署等，这使OFS具有强劲的发展势头和广阔的发展前景。

基于微纳结构的光纤技术可以分为“光纤中的实验室”(lab in fiber，LIF)以及“光纤上的实验室”(lab on fiber，LOF)，这两种技术在基于生物、化学、机械、压力和非热光学等传感系统中都发挥着重要的作用。

1. 基于LIF的光纤传感

基于LIF技术的传感光纤大部分采用微结构光纤(microstructure optical fibers，MOFs)，其结构如图8.2.16所示。作为一个广泛的设备平台，MOFs可以实现光学、材料、结构和化学等多方面的检测和驱动功能。LIF思想内核的发展得益于与其他新兴和发展中的科学领域(如新材料、微流体和生物技术)的不断融合，这也增强了LIF概念的跨学科特性。

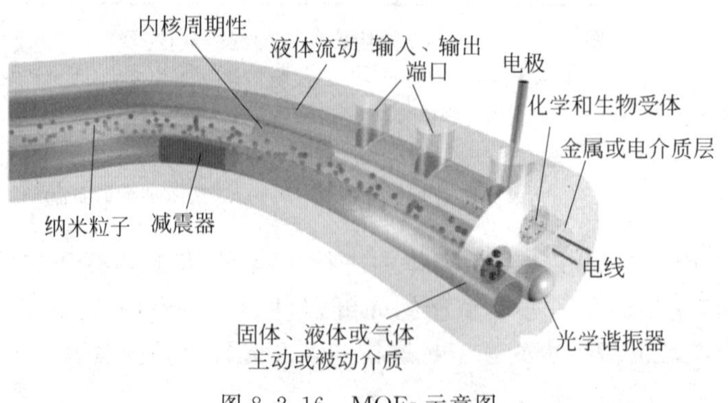

图8.2.16 MOFs示意图

光流学领域的出现为光纤、光流控器件的进一步发展提供了额外的催化剂，其流控矩阵被视为动态、折射率、损耗和散射光学元件。显而易见，MOFs 是一个非常理想的宿主，它方便使用流体进行传感和驱动，允许沿着 MOFs 的纵轴进行流体运动、渗透和控制。此外，微米尺寸的 PCFs/MOFs，结合其壁面的表面特性，可以对纳米颗粒在其分散液体中的内部流动进行控制，便于分离科学应用的研究。

纳米技术领域的蓬勃发展，促进了纳米材料和生物材料领域的突破。湿化学法、自组装法或液体烧蚀法等方法的发展和应用，促进了具有光、磁、化学特性的纳米级的物质和结构的直接生长，使这些物质和结构更容易嵌入到 PCFs 和 MOFs 的微观几何结构中。

促进 LIF 发展的另一个因素是基于激光的微纳米加工技术，在 LIF 的制造过程中，由于无尘室的光刻方法非常先进，可以很容易地实现远低于 100nm 的空间分辨率。激光加工的出现，特别是飞秒激光，成为了实现可用于 LIF 器件的基本光学和流体元件的有力工具。基于 LIF 的器件主要用在生物、化学、电磁等领域。

1）生物传感

基于 LIF 的传感器件探头可以直接进入生物内部，并可以测量不同的参数，实现不同的功能，因此这类特殊光纤可以用于生物传感中的光流控，具有满足最低样品需求的能力。生物传感装置包含检测折射率和吸收损耗变化的装置、基于荧光的装置和利用非弹性散射效应（例如，拉曼效应）追踪物种的装置等。

2）化学传感

在工业不断发展的同时，安全和保障，环境和能源是社会发展重点关注的领域，因此化学传感一直是大力研究的方向。用于光介导化学传感的 LIF 器件表现出两个显著的特点：提供了较长的光和浸润物质的模态相互作用时间；可以处理最小数量的样本。前者可以大大提高灵敏度和探测水平，后者是用于安全追踪剧毒物质的关键因素，这大大提高了传感的操作效率和适用性。化学传感可以对气体、液体和固体进行检测。化学传感大部分通过吸收或非弹性光谱检测的方法进行辨别。

3）电磁传感

电磁传感主要针对工业和能源相关应用，该应用主要依赖于具有电光和（或）磁光特性的特定转换材料。探测电/磁场的强度、方向、时间调制是应用中的关键测量要点。基于 LIF 的设备可以提供高灵敏度和潜在的无热操作，主要优势体现在便携性和探针尺寸小。

此外，由于光纤中涡旋模式的产生和传输已被成功证明，基于光纤涡旋光束的光纤传感器的发展成为可能，是未来的一个发展热点。基于涡旋光束的光纤传感器在未来可以进一步增加支持涡旋模式的阶数，采用中空的光纤集成各种微尺度材料进行场增强，选择合适的解调方法等方式来提高灵敏度。基于 PCFs/MOFs 的器件领域的科学和技术进步使 LIF 的想法得到巩固，使 LIF 成为解决新的或现有传感应用一个非常有前途的方法。LIF 器件有望通过改善光定位、光流控、生物相容性和导通能力来增强或优化其操作功能，同时可以进一步推动人体内窥镜、细胞处理、激光束传输、成像、光发射和纳米传感等应用领域。

2. 基于 LOF 的光纤传感

超材料和超构表面技术的出现使得光学和光子学领域发生了革命性的变化。超材料和超构表面对光场的强度、相位、偏振等光学特性具有调控的能力。“光纤上的实验室”技术的逐步发展(见图 8.2.17),有力地推动了超表面与光纤的集成的“全光纤”超表面器件这一新的技术平台。小型化即插即用光纤超表面器件具有优良的光调控能力、体积小以及生物相容性等优点,因此在生物医学和临床领域,包括实时生物参数测试、液体活检、癌症诊断和高分辨率活体医学成像等,具有广泛的光学应用前景。

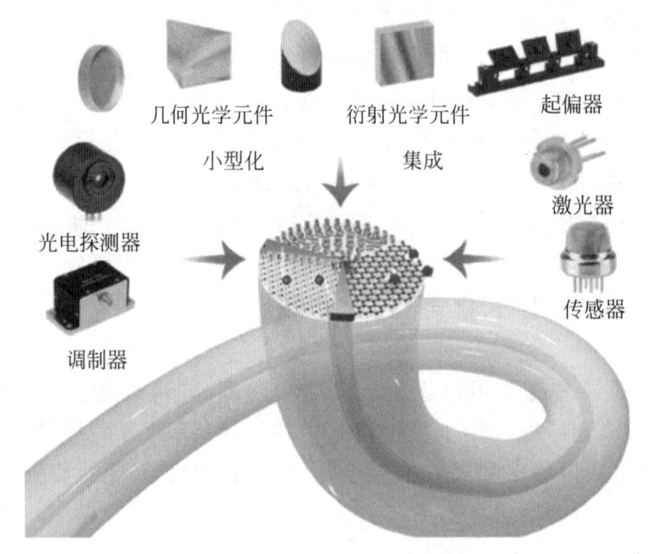

图 8.2.17 LOF 示意图

1) 3D 微结构集成

利用微结构制成的在光纤端面上的 F-P 谐振腔可以用于在遥远的、空间有限的和恶劣的环境中制造压力、温度、震动和声学传感器。

2) 纳米材料集成

金属、金属氧化物及其复合材料在内的纳米材料,以及碳纳米管、石墨烯和氧化石墨烯等低维材料已被应用于光纤物理、化学和生物传感器。结合菲涅耳反射、干涉仪和表面等离子体共振(SPR)的原理,各种纳米材料薄膜被集成到光纤端面,从而产生了专门用于检测特定气体、挥发性有机物和重金属离子的化学传感器。

3) 纳米阵列集成

具有各种纳米特征的金属纳米阵列也已被制备在光纤端面上,包括周期性、准周期性或随机分布的纳米柱、纳米点、纳米孔、纳米盘和纳米光栅等。超表面作为亚波长尺度上的二维人工电磁介质,可以通过引入局域等离子体模等共振激励来引导和控制电磁场的传播。超表面和光纤技术的集成有助于在光纤端面的纳米级阵列控制光,可应用于通信、信号处理、成像和传感领域。基于纳米阵列实现传感通常利用局域表面等离子体共振(localized surface plasmon resonance, LSPR)效应和表面增强拉曼散射(surface-enhanced Raman scattering, SERS)效应来实现化学、生物等传感,前者可以通过折射率、温度或分子结合的变化导致的共振波长的移动来分析化学反应或生物相互作用,后者可以通过电磁增强或活性表面与所附着的目标分子之间的化学相互作用使得分子的拉曼散射强度提高百万倍。

由于 SPR 和 LSPR 效应对光与物质的相互作用具有增强效应,将等离子体超表面与光纤结合的等离子体纳米光纤传感器可以对局部电磁场进行增强,从而实现对周围环境变化的超高传感灵敏度测量。图 8.2.18(a)为等离子体纳米光纤传感器示意图,超表面的扫描电子显微镜图(SEM)如图 8.2.18(b)所示。

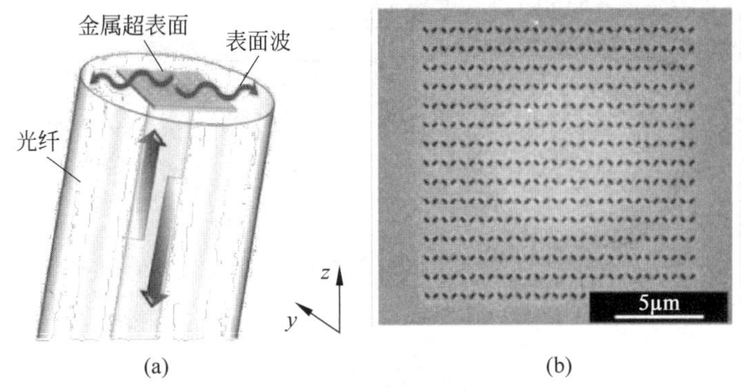

图 8.2.18　等离子体纳米光纤传感器和超表面的 SEM 图

(a) 等离子体纳米光纤传感器；(b) 超表面的 SEM 图

8.3　高功率光纤激光光源

高功率光纤激光器是以掺稀土元素光纤为增益介质的一类新型固体激光器,具有输出功率高、电光效率高、光束质量好、热管理简单和环境适应性强等优点。目前,高功率光纤激光系统的电光转换效率可达 40%以上,转换效率的提升,有效减小了对冷却系统的要求,进而优化了系统的结构及体积重量,使紧凑灵活的高能光纤激光系统在工业加工、先进制造、清洁能源、国防军事、大科学工程、科学研究等领域都有广泛的应用。

8.3.1　高功率光纤激光技术及光源系统

对于掺镱(ytterbium,Yb)光纤激光器,一般认为输出光功率在百瓦量级以上的可称为高功率。对于掺钬(holmium,Ho)光纤、掺铥(thulium,Tm)光纤激光器,输出光功率在十瓦量级以上的即可称为高功率。对于掺铒(erbium,Er)光纤激光器,输出光功率在瓦量级以上的,即可视为较高功率。随着技术的日新月异,这些单纤激光功率指标的数值在不断变化,如掺铒光纤激光目前的连续光输出功率已经达到数百瓦,并很有可能在较短时间内突破千瓦量级;掺镱光纤激光器已突破 20kW 量级。

本节所说的高功率,是指更高的光纤激光器的输出功率。在激光器处于高功率输出工作状态时,受限于光纤的光热效应、光纤损伤阈值、模式不稳定性、泵浦功率限制、受激拉曼散射和受激布里渊散射等因素,单链路光纤激光器输出功率不可能无限提升。这就意味着,若要实现更高的激光功率输出,则需要通过光纤激光光束合成的方法来实现。

根据输出激光光束之间的相位关系,光纤激光光束合成主要分为非相干合成和相干合成两大类,如图 8.3.1 所示。光纤激光器固有的紧凑结构非常适合于构建大规模的激光阵列,通过相干或非相干的方式构建更具应用前景的高功率光纤激光系统。其中,相干合成以及非相干合成中的光谱合成与功率合成技术获得了长足的发展。

相干合成(coherent beam combining,CBC)是一种利用多个激光器的相位关系将它们的光束叠加在一起,形成一个高功率、高质量的单一光束的技术。这种技术需要对每个激光

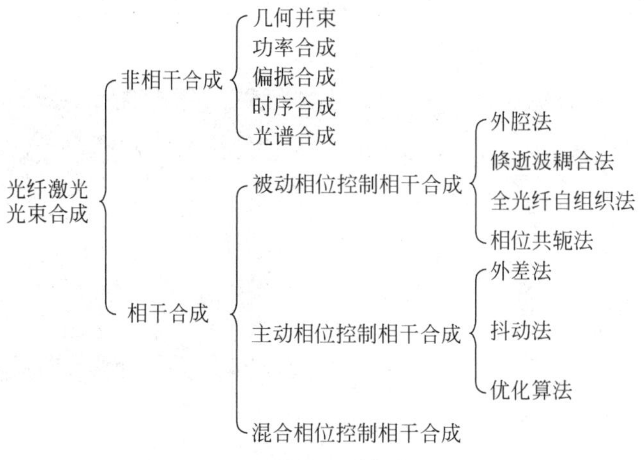

图 8.3.1 光纤激光光束合成的方法

通道进行精确的相位控制和调节。相干合成技术需要各激光子束之间彼此完全干涉,因此需要精确匹配来自不同光纤激光器输出光束的相位,从而形成相长干涉,以产生高亮度输出。根据锁相方式的不同,相干合成技术一般会被归类为主动式和被动式。图 8.3.2 所示的系统是采用抖动法主动实施相位控制的光纤激光器相干合成系统,主振荡激光器的输出光束被分为 N 路,每路均含有相位调制器和光纤放大器,各路激光分别经不同频率的射频调相后准直输出。经过分光镜后,一小部分的光束再经由透镜聚焦于光电探测器上,探测器设置有小孔光阑。利用信号处理电路处理每一路的相位误差信号并反馈给相位调制器,以实现各路激光的相位锁定。

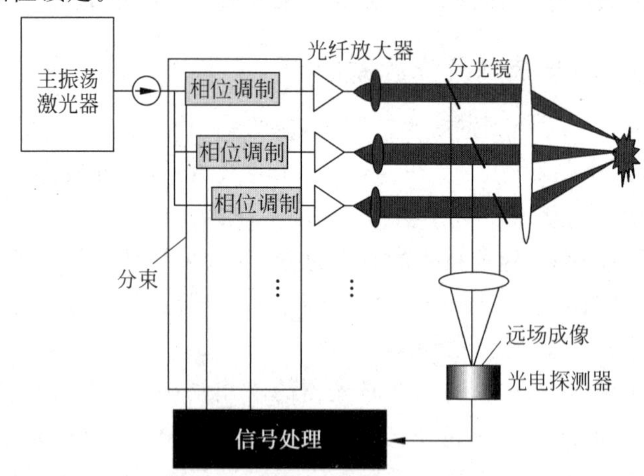

图 8.3.2 光纤激光器相干合成原理图

近年来,向大阵元数目扩展是光纤激光相干合成的重要发展方向之一。法国巴黎综合理工学院、法国 Thales 研究所、美国 Lawrence Berkeley 国家实验室、美国 Dayton 大学、国防科技大学、中国工程物理研究院等单位都实现了数十路甚至数百路光纤激光的相干合成。2020 年,以色列 Civan 公司实现了 37 路输出功率为 16kW 的光纤激光相干合成。2022 年,国防科技大学基于二维光场计算首次实现了近 400 束光纤激光相干合成,单路千瓦级的动态活塞相位噪声得到了有效的抑制,研究结果为百千瓦级相干合成系统的构建奠定了技术基础。

光谱合成(spectral beam combining,SBC)是一种利用色散元件,使多路不同波长的激光在近场和远场同时实现空间重叠,从而合成一个高功率、宽带的单一光束的技术。这种技术不需要对每个激光通道进行相位控制,但是会降低输出光束的光谱亮度。

光谱合成技术中可能用到的色散元件包括棱镜、双色片(DM)、体布拉格光栅(VBG)、多层电介质(MLD)衍射光栅。基于棱镜的光束合成由于色散能力较弱,难以分辨波长间隔为纳米级的窄线宽激光,因此阵列规模的扩展性较差。而基于 DM 的光谱合成受透射谱带宽和陡峭度的制约,在阵列规模的扩展方面同样受到了限制。基于 VBG 光栅的光谱合成是一种结构简洁、能够实现高光束质量激光输出的合成方法,如图 8.3.3(a)所示,通过 N 个体布拉格光栅,将多个波长为 λ_i 的窄线宽激光,合成为总功率是各波长激光功率 P_i 之和的宽带单一激光光束。VBG 在一定的光谱范围内具有高衍射效率与低吸收率的特性,并且能够实现衍射效率与热吸收率的优化。但是,高功率运转时 VBG 光栅的热效应问题会导致合成激光光束质量的退化和衍射效率的降低,这使得基于 VBG 的光谱合成方案向更高功率发展时面临挑战。

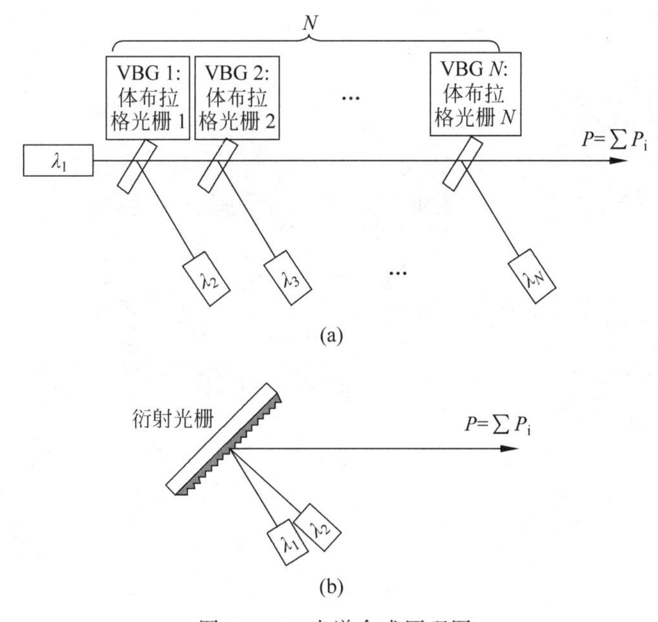

图 8.3.3　光谱合成原理图

(a) 基于体布拉格光栅的光谱合成;(b) 基于衍射光栅的光谱合成

功率合成(power beam combining,PBC)是一种利用多个激光器将它们的光束通过空间或时间上的叠加方式增加总输出功率的技术。这种技术不要求激光器之间有相干关系,也不要求激光器有特定的波长和谱宽。功率合成在提升系统输出功率的同时并不能保持光束质量;相比之下,光谱合成和相干合成则都具备提升功率的同时保持光束质量的能力。因此,对于同时需要高功率、高光束质量的应用场合,光谱合成和相干合成更具有优势。而功率合成更适用于工业加工领域。2013 年,IPG 公司发布的工业级 100kW 光纤激光器系统正是利用非相干功率合成的方式实现多模稳定输出。该系统首先采用 19×1 的信号合束器,将 15 个输出功率为 1.2kW,工作波长为 1070.5nm 的单模光纤激光器合束形成多模激光器模块,6 组模块之间再采用 7×1 的合束器并束为 105.5kW 的激光输出。该系统电光效率可以达到 35.4%。

在高功率光纤激光器系统中,除了光纤激光器部分之外,通常还包括为泵浦源提供能量的电驱动系统、为光纤提供热管理的散热结构以及整个系统的机械承载结构等。由于光纤的柔性特性,在保证连接关系的情况下,整个系统各器件的摆放位置非常灵活,可设计空间十分广阔,能满足各种不同的需要。图 8.3.4 为深圳市创鑫激光股份有限公司(简称为“创鑫激光”)的 50kW 光纤激光器产品构造图。该系统包括了若干光模块、合束模块、电模块、智能主控模块以及万瓦级输出头几个部分。创鑫激光 50kW 高亮度激光器中的光纤采用独家三包层专利技术,光能量承载力更大,是常规双包层光纤的 10 倍,承受温升能力更强,以确保小芯径高能量输出的稳定性;50kW 激光器输出光纤芯径可做到 100μm,能量密度高达 637MW/cm^2;对所用核心元器件均以最严苛的标准进行测试,确保整机生产品质,长期功率衰减小于 3%。

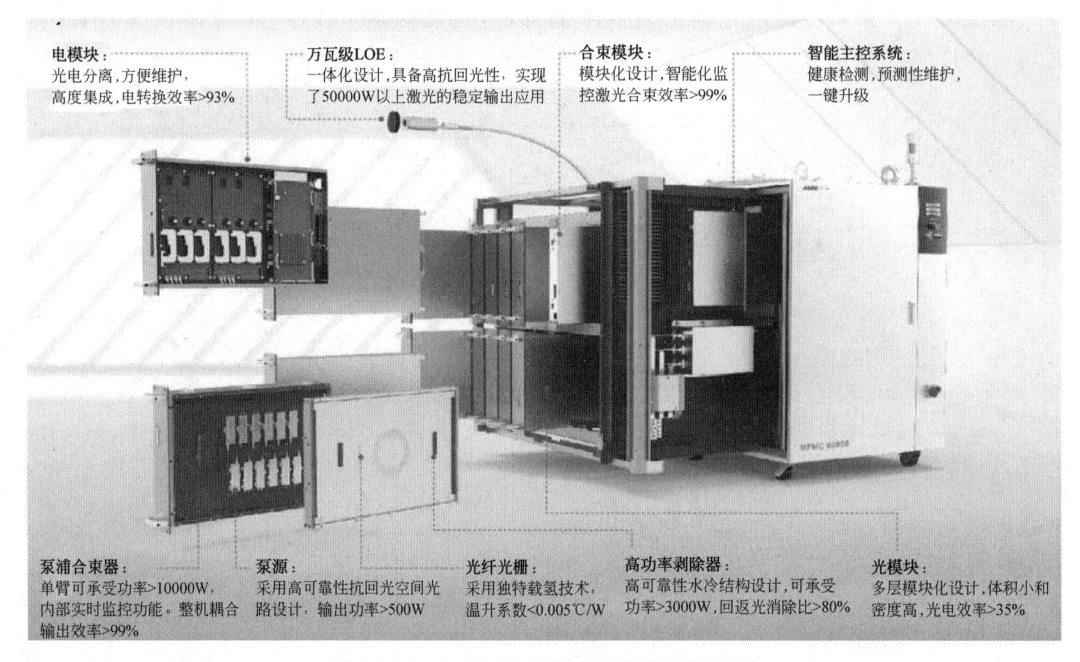

图 8.3.4 50kW 高功率光纤激光器构造图

其中,光模块采用多层模块化设计,体积小,密度高,每个光模块包括增益光纤、光纤光栅、高功率包层光剥除器以及泵浦源、泵浦合束器等,用于产生数千瓦光纤激光,该光模块电光效率大于 35%;采用国产高亮度泵浦源,具有高可靠性抗回光光路设计,单个 LD 泵浦源输出功率大于 500W,数个高亮度 LD 输出功率通过高功率泵浦合束器注入增益光纤,泵浦耦合效率超过 99%;为了保证激光模块的稳定性和可靠性,需要制冷机组将光模块产生的废热及时地散发出去,并保证核心器件(比如光纤光栅和耦合器、泄漏器)的工作环境温度适当,从而保证光纤激光器的正常工作。

合束模块的作用是将多路千瓦级光模块的单束激光合束到一根光纤中输出,获得 50kW 激光输出。合束模块仍采用模块化设计,功率合束效率大于 99%。

电模块通过控制 LD 泵浦源的驱动电流、电压和温度等参数,改变泵浦源的输出功率和波长等参数,进而可以改变激光模块的工作状态。电模块采用光电分离方式,易于维护,高度集成，电转换效率大于 93%。

智能主控模块对 50kW 高功率光纤激光器进行总控制，并具有智能监控功能。通常要对整个光纤激光器各个部分进行监控和检测，包括光模块、泵浦耦合器、合束模块甚至温度、冷却液流量等。高亮度 50kW 光纤激光器不仅有 EtherCAT 总线通信，还增加了功率闭环控制功能，如激光器出光功率检测(精度≤3%)、健康智能检测、对功率衰减、烧机风险、回光风险、故障诊断、手机远程服务等进行检测，以实时监控激光器健康状态，提高使用寿命。

万瓦级输出头采用一体化设计，具有高抗回光性能，实现了 50kW 以上激光的稳定输出应用。创鑫激光为高功率光纤激光器配套了独立研发的 50kW 切割头，并通过协同优化激光器和切割头的内部技术参数，同时与系统适配，充分发挥激光器、切割头、系统在同一平台运行的潜力，让产品上市即可落地终端使用。

8.3.2　在智能制造中的应用

高功率激光是实现我国制造业优势的关键光源。光纤激光制造是指光纤激光束作用于物体的表面而引起物体形状或性能改变的一种加工手段。光纤激光制造以激光束作为高密度热源，通过激光与材料的相互作用，实现表面改性、去除、连接、增材制造等过程。自 20 世纪 70 年代大功率激光器件诞生以来，已形成了激光焊接、激光切割、激光打孔、激光表面处理、激光合金化、激光熔覆、激光快速原型制造、金属零件激光直接成形、激光刻槽、激光标记和激光掺杂等十几种应用工艺。激光先进制造有多种分类方式。例如，按照激光与材料的作用机理，激光先进制造可分为"热加工"和"冷加工"；按照材料是否增减，激光先进制造可分为激光增材制造、激光减材制造和激光表面工程；按加工目的，激光先进制造主要有激光表面处理技术、激光去除技术、激光连接技术、激光增材制造技术四大类，如图 8.3.5 所示。除此之外，还发展了许多新的技术，如激光材料制备等。

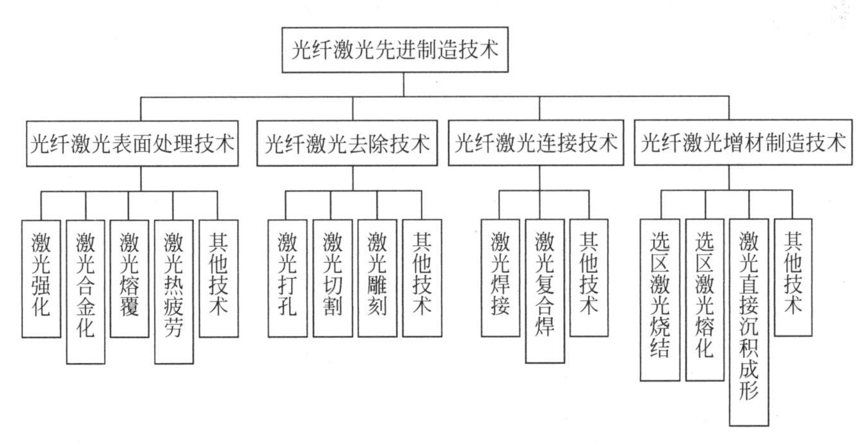

图 8.3.5　光纤激光先进制造技术的分类

图 8.3.6 显示了激光材料加工的典型示意图。从图 8.3.6 可以看出，材料加工设备通常包括用于对准的可见引导激光器、CCD 成像系统、由镜子和透镜等组成的光学系统、高功率激光器、具有平移能力的工作台和加工件。

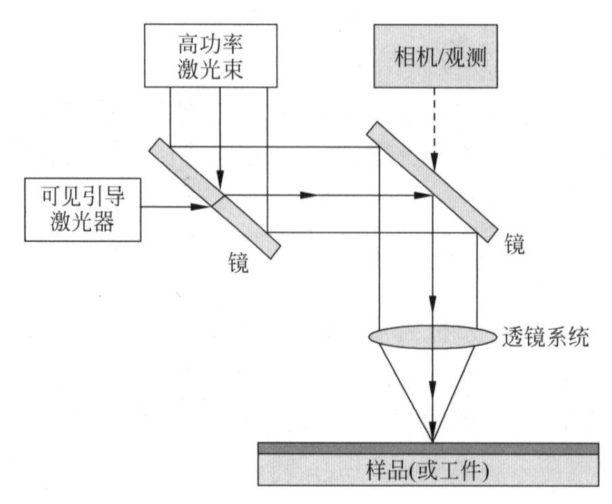

图 8.3.6 激光材料加工示意图

1. 光纤激光切割

光纤激光切割(laser cutting)是一种重要加工方法。光纤激光切割具有以下几个主要优势：①非接触式的加工避免了传统机械切割中的刀具损耗；②加工质量和效果易于调整(通过调整激光的特性)；③由于非接触式的特点，可实现特殊部位(如传统机械加工中，狭窄、不便进刀的部位)的切割，加工工序更灵活，适用性更好；④切割速度很快；⑤激光的聚焦后光斑半径可以很小，适合进行微加工切割。在成本、效率等平衡后，激光切割具有很好的综合经济效果，正在迅速取代一部分传统的机械切割加工方法，在汽车金属外壳等大尺寸工业原料的切割环节大范围普及。光纤激光切割还广泛用于胶合玻璃、晶圆透镜、蓝宝石窗口、蓝宝石手机盖板/背板、厚玻璃、毛玻璃等材料的切割。

影响光纤激光切割效果的参数有：切割焦点位置、切割功率、切割频率、切割占空比、切割气压及切割速度。硬件条件有：保护镜片、气体纯度、板材质量、聚焦镜及准直镜。

表 8.3.1 不同切割焦点示意图以及特征

焦点位置	示意图	特征
零焦距 焦点在工件表面	喷嘴 切幅	适用于 3mm 以下薄碳钢等； 焦点在工件表面，上表面切割光滑，下表面则不光滑
负焦距 焦点在工件表面下方	喷嘴 切幅	不锈钢都采用这种方式； 不锈钢切割时，切割用高压氮气，吹去溶渣保护断面，切缝随工件板厚的增加而增宽
正焦距 焦点在工件表面上方	喷嘴 切幅	切割厚碳钢板工件的使用方式； 切幅比零焦距的切幅宽，切割时气体流量较大，穿孔时间比零焦距长

在光纤激光切割中，焦点位置对材料的切割效果影响很大，不同的材质或厚度，在激光切割时对应不同的焦点位置，如表8.3.1所示。光束经短焦距聚焦镜后光斑直径相对较小、焦深短，焦点处功率密度很高，这样有利于高速切割薄型材料，且切割精度高。经长焦距透镜后，焦深长，但焦点直径相对较大，只要具有足够功率密度，就比较适合切割厚工件。

激光输出功率直接影响激光切割机的性能。通常，随板厚的增加，所需的激光功率也越大。在同种同厚度板材切割中，激光输出功率越大，切割速度越快，切割端面也越光滑；但在输出功率确定后，切割速度须和材料材质及其厚度吻合好，这样才能达到最好的切割效果，速度过快和过慢都会影响激光切割的效果。

激光切割速度取决于激光切割机的功率、材料的厚度和硬度、切割气体的种类和压力等因素。例如：用功率为1200W的激光切割2mm厚的低碳钢板时，切割速度可达600cm/min；切割5mm厚的聚丙烯树脂板时，切割速度可达1200cm/min。对于不同材料，激光切割机的切割速度也不同，例如：500W光纤激光切割机切割碳钢时的最大速度是13m/min；切割不锈钢材料时的最大速度是14m/min；切割铝板材料时的最大速度是5.5m/min；切割铜板材料时的最大速度是5.5m/min。

与光纤激光切割作用过程类似的应用还包括光纤激光打孔(laser perforation)、光纤激光打标(laser marking)、光纤激光雕刻(laser carving)等。

2. 光纤激光焊接

光纤激光焊接(laser welding)通过高功率光纤激光照射加热熔化金属等材料，并让其重新凝固，以达到焊接目的。按熔池的深度，激光焊接可分为热传导焊、深熔焊等；按焊接前两部分材料的空间位置关系，激光焊接可分为穿透焊、缝焊等；按使用光源的特性，激光焊接可分为脉冲焊、连续焊等。由于非接触式的加工，激光焊接也可以实现对许多传统焊接工艺难以接近的结构部件进行焊接，加工自由度大。同时，由于不存在电弧焊接中电弧受气流扰动和不稳定的问题，激光焊接可以实现更为可控的焊接质量，并可以对非导体实现焊接。但是，焊接质量是一个较为复杂的问题，与传统焊接工艺类似，激光焊接也会面临气孔、裂纹、飞溅等焊接质量缺陷。此外，导电性较好的材料，如金属，反射率一般都很高，例如，对于掺镱光纤激光常用的1.06μm波长，银的反射率为96%，铝的反射率为92%，铜的反射率为90%，铁的反射率为60%。因此，控制用于焊接的激光功率和激光波长是十分必要的。为了提升焊接过程中的能量吸收，避免反射光损坏激光器和透镜等，还可以在待焊材料上涂磷酸盐、炭黑、石墨等。

光纤激光焊接的原理可分为热传导型焊接和激光深熔焊接。功率密度小于10^4～10^5W/cm^{2}时的激光焊接为热传导型焊接，此时熔深浅，焊接速度慢；功率密度大于10^5～10^7W/cm^{2}时，金属表面受热作用而下凹成“孔穴”，形成激光深熔焊接，深熔焊具有焊接速度快、深宽比大的特点。激光焊接中存在一个激光功率密度阈值，低于此值时，熔深很浅，激光功率密度一旦达到或超过此值，熔深会大幅度提高。只有当工件上的激光功率密度超过阈值(与材料有关)，等离子体才会产生，这标志着稳定深熔焊的进行。如果激光功率低于此阈值，工件仅发生表面熔化，也即焊接以稳定热传导型进行。而当激光功率密度处于小孔形成的临界条件附近时，深熔焊和传导焊交替进行，成为不稳定焊接过程，导致熔深波动很大。激光深熔焊时，激光功率同时控制熔透深度和焊接速度。焊接的熔深直接与光束功率密度有关，且是入射光束功率和光束焦斑的函数。一般来说，对一定直径的激光束，熔深随着光束功率提高而增加。

对于焊缝的要求主要体现在以下几个指标：表面形貌，熔池宽深比，是否有气孔、裂纹、杂质、咬边等缺陷。正常焊缝和存在缺陷焊缝的示意图如图 8.3.7 所示。

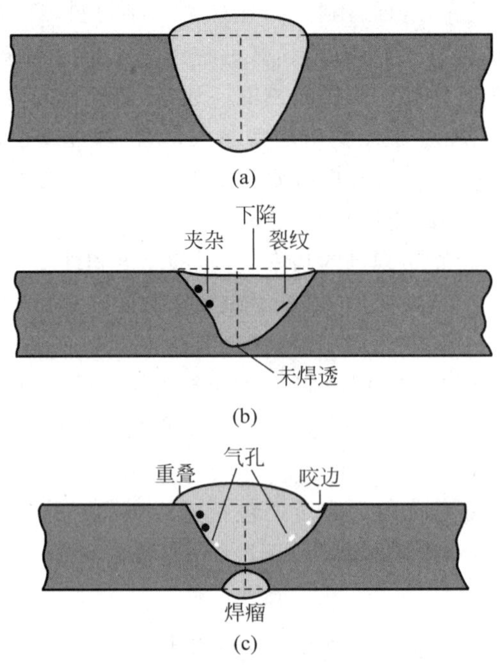

图 8.3.7 正常焊缝、存在缺陷焊缝的示意图

(a) 正常焊缝；(b) 杂质、裂纹、未焊透缺陷焊缝；(c) 气孔、咬边、重叠、焊瘤缺陷焊缝

连续激光出光频率非常高，如果在采取了很好的焊接保护及合适的焊接参数的情况下，连续激光焊接可以得到一条均匀而光滑的焊缝，这种焊缝基本不需要打磨或者抛光处理。而脉冲激光焊接由于出光频率较低，在工作中就可以听出清晰而间断的敲击声，得到的是一条平整的鱼鳞状焊缝。在工艺加工过程中，连续焊接只需要选定合适的焊接轨迹、运行速度、功率大小等几个参数，相对简单，而脉冲焊接就需要对脉宽、出光频率，单脉冲功率、运行速度及脉冲波形等较多参数进行综合考虑，相对复杂。图 8.3.8 所示为不同厚度材料激光点焊所需的脉冲能量和脉冲宽度，可以看出，脉冲能量和脉冲宽度呈线性关系，同时，随着焊件厚度的增加，所需的激光功率密度相应增大。在金属的焊接领域，一般来说脉冲焊接使用的激光器基本都是 Nd:YAG 固体激光器，而连续焊接大部分情况下使用的是光纤激光器。随着激光技术的发展，脉冲光纤激光器也开始应用于金属焊接。

与光纤激光焊接作用过程类似的应用还包括光纤激光烧结(laser sintering)、光纤激光钎焊(laser brazing，laser soldering)、光纤激光 3D 打印(laser 3D printing)等。

3. 光纤激光清洗

光纤激光清洗(laser cleaning)则是用高功率光纤激光照射待清洗的工件表面，使得工件表面瞬间吸收聚焦的激光能量，形成急剧膨胀的等离子体，使其表面的油污、锈斑、粉尘渣、涂层、氧化层或膜层等发生气化或剥离，从而实现迅速清洁材料表面，或实现相应的改性目的，如图 8.3.9 所示。其用于清洗不同材料时的微观物理过程较为复杂，可包含气化过程、等离子体冲击波过程以及固体热胀冷缩的振荡过程等。气化是指污染物以蒸汽形式脱

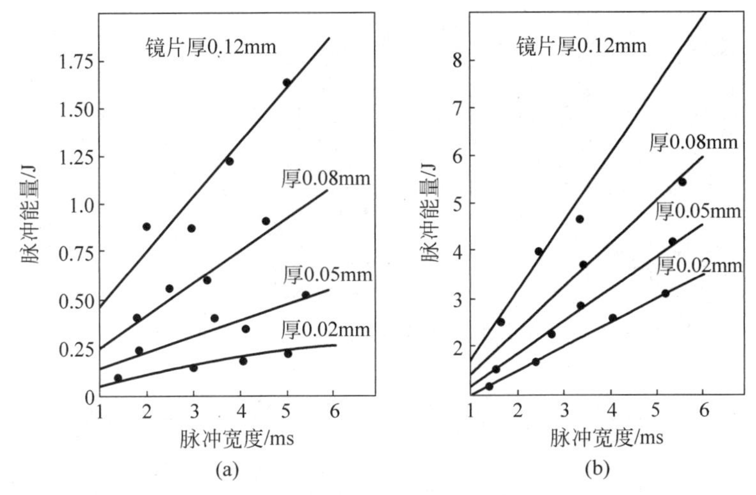

图 8.3.8　对不同厚度材料激光点焊所需的脉冲能量和脉冲宽度

(a) 镍片；(b) 铜片

离材料表面，例如用紫外光清洗有机物时有机物发生化学反应，气化是清洗大理石等材料时的主要过程。等离子体冲击波通常存在于湿法清洗中，即先在要清洗的表面均匀涂抹一层很薄的液体膜，然后在高能激光照射下，表面高温，进入等离子体状态，等离子体具有极强的吸收和屏蔽作用，会强烈吸收全部的光能，形成压强可达$(1\sim100)\times10^2$MPa 的高压区域，进而像微型炸弹一样在表面爆炸，将其屏蔽的下方材料震碎，从而实现污染物的剥离。热胀冷缩的振荡过程是指表面的固体颗粒等本身因脉冲光加热导致的循环热胀冷缩而从材料表面断裂脱落的过程。

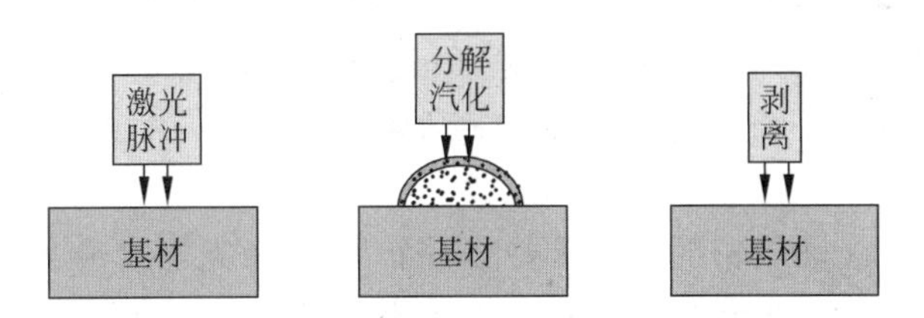

图 8.3.9　激光清洗物理过程示意图

激光清洗的速度遥遥领先于传统机械磨抛或化学清洗，具有无接触、无耗材、无化学污染和无残留、精度高、对材料无损伤等特点，尤其对于亚微米级颗粒、油漆、矿物油脂等具有独特的清洗效果，其目标应用场景包括各种模具、精密仪器、钢轨、航空器、船舶等。图 8.3.10 展示了金属模具激光清洗前后的效果，图 8.3.11 展示了锈蚀钢轨激光清洗前后的效果。与光纤激光清洗作用过程类似的应用还包括光纤激光去毛刺、光纤激光去油墨(手机等微电子产品制造中的工序)、光纤激光熔覆(laser cladding)、光纤激光硬化(laser hardening)等。

光纤激光清洗的主要参数包括激光波长、激光功率、激光脉冲宽度、激光重复频率、激光束直径、扫描次数、清洗距离等。

其中，激光波长是影响清洗效果的关键参数之一，不同材料对不同波长的激光吸收率不同，选择合适的波长可以提高清洗效果。例如，对于铁锈、铜锈、铝合金氧化物等，选择波长为 1064nm 的激光束较为合适。

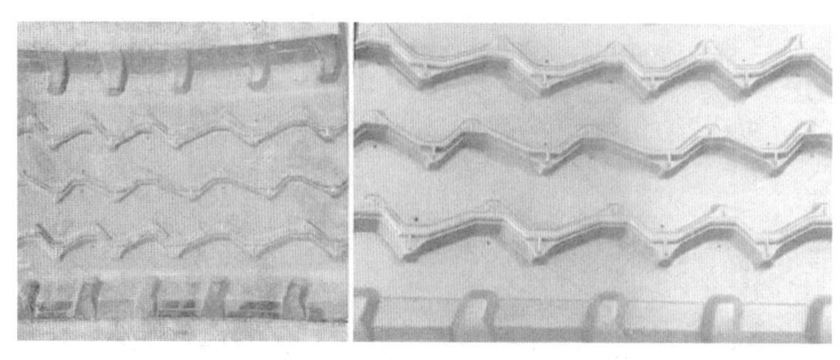

图 8.3.10 左右图分别是激光清洗金属模具前后的效果

图 8.3.11 左右图分别是激光清洗锈蚀的钢轨前后的效果

激光功率和脉冲宽度是影响清洗速度和效果的重要参数。激光功率越大,清洗速度越快,但过高的功率会损伤基材。脉冲宽度越短,清洗效果越好,但过短的脉冲宽度会导致能量密度过高而损伤基材;在相同频率下短脉宽相比长脉宽能容易将铝合金和碳钢表面漆层去除干净;在相同脉宽下,频率越低越容易对基体造成损伤,当频率大于某个值时,频率越高漆层去除效果就越差。

因此,可以看出激光能量密度是最重要的一个参数,激光能量密度过低,无论扫描多久、扫描多少遍都无法除锈,如果激光能量密度过高,会损伤基底金属,激光能量密度的取值范围在一个狭小的空间内,最佳取值范围是一个精确值。激光能量密度刚刚能达到清洗的值称为清洗阈值,激光能量密度刚刚能损伤基底金属的值称为损伤阈值,激光能量密度取值必须在清洗阈值和损伤阈值之间,不锈钢清洗阈值是 $3.96\times10^3\,W/cm^2$,基底损伤阈值是 $5.52\times10^3\,W/cm^2$,激光能量密度的最佳取值为损伤阈值的 80%。

连续光纤激光器和脉冲光纤激光器在激光清洗领域均占据重要的位置。在功率相同的条件下,脉冲激光器清洗的效率远高于连续激光器,同时,脉冲激光器可以更好地控制热量输入,防止基材温度过高或产生微熔。连续激光器价格具有优势,可以通过使用高功率激光器来弥补效率上与脉冲激光器的差距。脉冲光清洗铝合金表面漆层时的优选参数结果如图 8.3.12(a)所示,连续光清洗铝合金表面漆层时的优选参数结果如图 8.3.12(b)所示。使用脉冲光清洗后,样件表面的漆层被完全去除,样件的表面呈现出金属白色,并且对样件基材几乎无损伤。使用连续光清洗后,样件表面的漆层也完全被去除,但是样件表面呈现出灰黑色,样件的基材也出现了微熔现象。因此使用连续光比使用脉冲光,更容易对基材造成损伤。连续光纤激光器和脉冲光纤激光器在应用场景上有着根本性的差别。对于精密度高，需要严格控制基材升温，要求基材无损的应用场景，比如模具，就应该选择脉冲激光器。对于一些大型钢结构、管道等，由于体积大、散热快，对基材损伤要求不高，则可以选择连续光纤激光器。

(a)　(b)

图 8.3.12　脉冲光与连续光除漆宏观效果对比

(a) 脉冲光；(b) 连续光

以上智能制造中使用的高功率和高能激光，虽然有基于光纤激光的，也有基于固体激光、二氧化碳激光、氟化氪准分子激光等多种类型的激光器，但基于光纤激光器的工业激光加工装备占比逐年增大。

工业激光市场中，连续光纤激光器的输出光功率可以拓展到 30～120kW。图 8.3.13 展示了武汉锐科光纤激光技术股份有限公司(简称为"锐科激光")的工业用光纤激光系统系列产品照片。目前工业加工市场中应用的千瓦级以上的高功率光纤激光基本都是掺镱光纤激光(YDFL)，其主流输出波长在 1064nm 附近，并且系统基于 MOPA 结构。由于掺镱光纤激光输出功率高，易于实现各类高能脉冲，且多种材料对该波长的吸收率适中，所以高功率掺镱光纤激光光源在上述应用中具有很大优势。

图 8.3.13　锐科激光公司的工业用光纤激光系统实物照片

8.3.3　在国防中的应用

随着电子战中对数据容量的需求不断增加，需要更广泛的频谱通信和宽带雷达系统，无线电频率无法满足使用需求，激光就成为了更好的选择。近年来，成熟的激光技术以其性价比高、波长灵活和信息传输速度快等特点在诸如遥感、定向能武器和通信等国防领域发挥重要作用。另外,激光束的载波选择在非可见光波段,信号会变得难以探测、观察或拦截。此外,由于能够通过光载波提供更大的信息容量,基于激光的通信系统在尺寸、重量、功率和成本等要求方面优于射频系统。因此,军事强国将激光器作为国防军事的重要发展方向,升级探测、打击、防御、通信等多种军事系统。

激光武器是定向能武器,利用强大的定向激光光束直接毁伤目标或使之失效。激光武器是能够摧毁敌方飞机、导弹和车辆等目标的高技术新概念武器。激光武器是当前世界军事强国竞相发展的新质攻防装备,可作为常规动能武器的重要补充。

激光武器的系统构成如图 8.3.14 所示,其中高功率激光器是激光武器的核心,目标探测系统实现目标的大视场搜索、小视场跟踪和目标的距离探测,精确瞄准系统用于将高功率激光束对准目标,光束控制发射系统用于高功率激光束的变换与聚焦,换热冷却系统用于对高功率激光器冷却,供电系统实现整个武器系统的供电,指挥控制系统实现对于各分系统的协调控制。激光武器装备如图 8.3.15 所示。

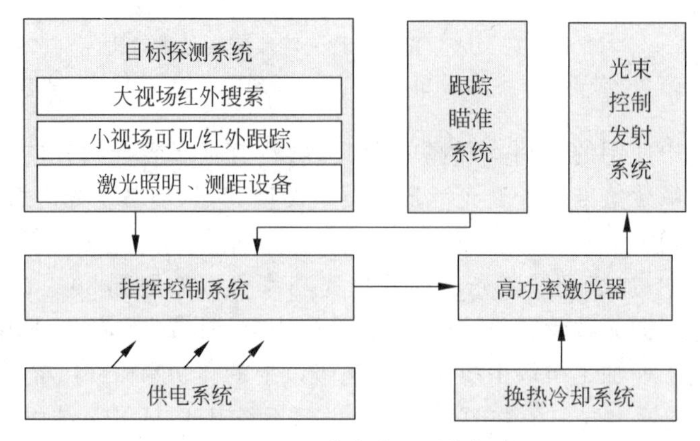

图 8.3.14 激光武器系统框图

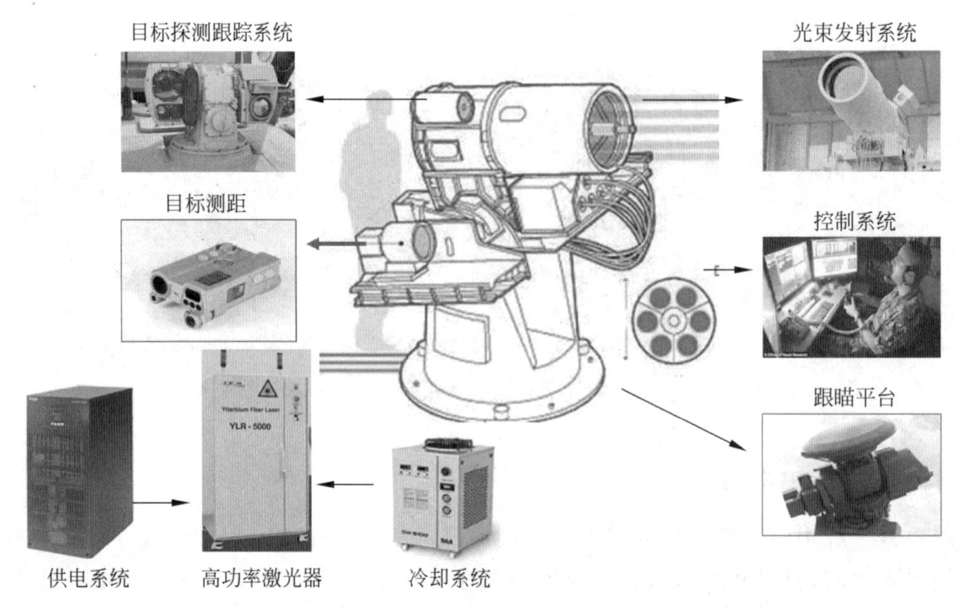

图 8.3.15 激光武器装备示意图

激光光源作为激光武器的关键分系统，主要分为光纤、板条、化学等技术体制。光纤激光通过电激励驱动柔性光纤产生激光，具有结构高可靠、低成本使用、有电即可出光等优点，已成为当前激光技术武器化发展的重点技术路线。

高功率光纤激光光源在国防方面的主要应用有：

(1) 激光武器。光纤激光器细长的光纤增益介质散热性能好，光束质量好，因此能够实现大功率激光输出，提高作用距离和作战效能。例如，20kW 光纤激光器以其良好的光束质量，可在 1～3km 作用距离内瞬间烧蚀损毁金属材料。利用激光武器光速杀伤的优点，激光武器作用于近程低空小型慢目标时，跟瞄时间短，做到“发现即击毁”。

(2) 激光致盲。激光致盲探测器的原理是，在激光持续照射下，半导体光电器件的温度会升高，从而引起材料自身的介电常数发生变化，引起材料内部的光学响应的改变；此外，此时工作波长会向长波移动，原工作波长的光谱响应能力下降，工作性能遭到破坏，从而被致盲。光纤激光器的光束质量好，能量更集中，因此相比传统激光器，在利用减小发散角、提升致盲距离方面具有优势。

(3) 长距离通信。光纤激光器能够通过改变光纤的掺杂粒子来改变输出激光波长，具有多个工作波段，相比传统通信手段能够更有效地提高信息容量，并且光纤具备轻便、抗干扰能力强的特性，因此光纤激光器适用于军事中的长距离通信。

(4) 作为信标光源。高功率激光武器想获得更好的目标打击效果，需对大气的湍流引起的光束畸变进行补偿，以光纤激光器作为信标光源，借助其光束质量好的特性，利用自适应光学进行畸变补偿，能够提升激光武器打击效果。

8.3.4　其他领域应用

激光钻井(laser drilling)是一种能源开采手段。石油和天然气的开采需要在深厚的岩层中钻井，传统机械方法需要冲击、切削、钻井液清洗等环节，机械钻头在切割较软的岩石时，通过旋转具有高质量的切割面来产生应力。超硬岩体相对钻头的抗力造成钻进速度慢，钻头寿命短，钻井成本高昂。激光钻井关键在于高能激光与机械钻井的有机结合。采用激光钻井不仅没有工具损耗，在理论上还可以提供更低的综合能耗和极高的钻井效率，综合经济效益好。图 8.3.16 展示的是激光切削岩石的过程。激光钻井的概念在 20 世纪就已提出，经过数十年的努力，其理论和实践都得到了长足的发展。目前在对激光与机械联合破岩技术的研究开发方面，美国 Fore Energy 公司走在世界的前列，其钻井系统如图 8.3.17 所示。该钻井系统在机械钻井的过程中，使用 20kW 的光纤激光系统，向岩石表面发射高功率激光束，将岩石迅速加热到数百摄氏度，以使其软化破裂。钻头承受的扭矩也因高温岩石的软化破裂而大幅降低，从而显著提高其使用寿命，大大降低了成本。激光钻井钻进速度是传统硬岩钻探技术的 2～4 倍，能够在单次井下作业中完成钻井任务，无须多次往返或使用耗材。此外，激光钻井切割精度更高，不会对邻近材料造成损害。总体而言，激光钻井与传统硬岩钻探技术相比，具有高达 10 倍的经济效益。

激光引雷(lightning control by laser)是一种天气干预手段，通过高能激光场在空气介质中的成丝(filament)效应，产生可导电的等离子体通道，将大气中积累的电荷引导到地面释放，可以干预雷暴等的形成，避免或减轻极端天气自然灾害。目前主流的引雷技术是通过发射带地线的火箭(像风筝一样)，典型例子如图 8.3.18 所示。激光引雷要求发射时机精准，且不可重复使用。激光引雷在理论上可获得重复性优势。

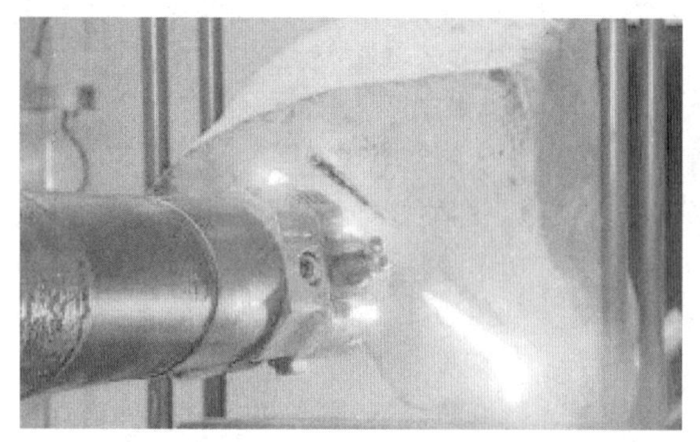

图 8.3.16 激光切削岩石

图 8.3.17 激光钻井系统

激光推进(laser propulsion)技术随着激光能量的不断提高和航天技术的飞速发展,日益受到人们重视。激光推进的实质就是激光与物质的相互作用,其基本原理如图 8.3.19 所示。将远距离激光能量导入推进器中的推进剂中,使其温度急剧升高,形成高温高压气体或等离子体,然后从喷管中喷射出来,从而产生推力。其性能主要取决于三个参数:所用工作物质的特性、加热室的压力和激光器的功率。激光输出方式有连续和脉冲两种。连续激光推进中等离子体在高温下能损失很大的辐射能量,从而增加了对推进器耐热材料的要求;另外,连续激光推进中产生的等离子体屏蔽效应可将激光束与推进剂隔离,从而降低推进效率。而脉宽足够窄的脉冲激光推进能够解决连续激光推进中存在的上述两个问题。早期激光推进设计应用于小型人造卫星的环地球低轨道飞行和将较轻的载荷(如军事情报搜集卫星)快速布放到不同的轨道上。另外,激光推进还可应用到卫星姿态调整和清除空间垃圾等领域。

图 8.3.18 中国科学院的人工激光引雷实验

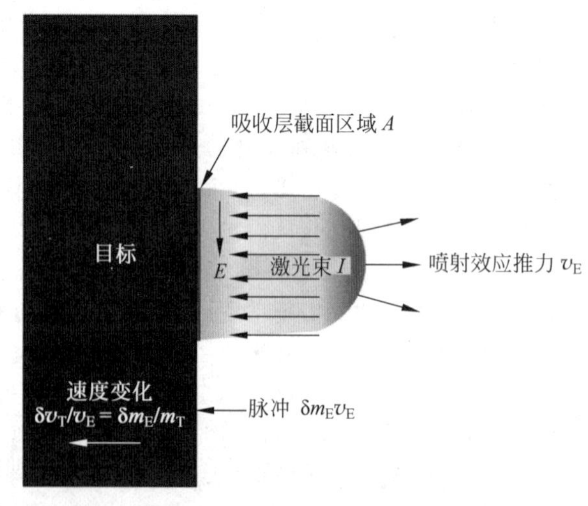

图 8.3.19 激光推进示意图

光船(light craft)是一种未来空间旅行的设想,它利用光子的动量推动飞船在太空中前进。除了利用太阳光提供动力的“太阳帆”,光船在理论上还可以利用自身发射激光,或者借助地球表面发射的激光,来实现动量交换和飞行。要实现这一设想,无疑也需要极高功率的激光光源。当激光技术发展到可以满足需求的那一天时,光船也将成功问世,带领人类走向新的发展历程。

高功率光纤激光光源的应用场景设想层出不穷,人类将在无尽的想象力和不断挑战工程困难的勇气驱动下向前发展。

8.4 总　　结

1. 光纤通信系统主要组成部分、关键技术及未来发展趋势

光纤通信系统通常由光发射机、光纤传输线路和光接收机三个部分组成。光发射机将电信号转换为光信号,光纤传输线路用于光信号传输,光接收机将光信号转换为电信号。光发射机,主要由驱动电路、光源、调制器和信道耦合器等组成,其中光源是发射机的核心部分,通常采用 LD 或 LED 作为光源。光纤传输线路将光信号从光发射机传送到光接收机。光接收机主要由耦合器、光电二极管和整形恢复电路组成。

光纤通信关键技术主要包括信道复用(频率、时间、正交、偏振和空间)技术。

光纤通信未来发展方向是提升单波长信号的传输速率、扩大光纤可用的信道带宽、空分复用技术实现超大容量光传输和全光通信网络。

2. 各种典型光纤传感系统

典型光纤传感系统包括干涉型光纤传感系统、光纤陀螺、分布式光纤传感器、光纤成像和微纳光纤传感器这五类。

常见的四种干涉型光纤传感器分别是迈克尔逊光纤干涉仪、M-Z 光纤干涉仪、Sagnac 光纤干涉仪和 F-P 光纤干涉仪。

根据工作原理,光纤陀螺仪可以分为三类:干涉型光纤陀螺仪(IFOG)、谐振式光纤陀螺仪(RFOG)和受激布里渊散射光纤陀螺仪(BFOG)。

根据散射光的类型,分布式光纤传感器可以分为基于瑞利散射的分布式光纤传感、基于布里渊散射的分布式光纤传感和基于拉曼散射的分布式光纤传感。

根据所使用的光纤类型,光纤成像系统可以分为多芯光纤束成像、梯度折射率微透镜(GRIN)成像、单模光纤成像和多模光纤成像。

基于微纳结构的光纤技术可以分为“光纤中的实验室”(lab-in-a-fiber,LIF) 以及“光纤上的实验室”(lab-on-fiber,LOF),即 LIF 传感和 LOF 传感。

3. 高功率光纤激光器典型应用

在工业加工方面,高功率光纤激光器广泛应用于智能制造领域,形成了光纤激光切割、激光焊接、激光清洗、激光表面改性、激光熔覆、激光打孔等制造加工技术。

在国防方面,高功率光纤激光器在近程低、小、慢目标毁伤、远程光电对抗、长距离激光测距、激光雷达、目标跟踪定位、主动照明等方面发挥着重要作用。

此外,高功率光纤激光器的应用还包括激光引雷、激光钻井、激光推进等。

思考题与习题 8

1. 什么是光纤通信系统？它有哪些组成部分和功能？
2. 光纤通信技术的发展趋势如何？它面临哪些挑战和机遇？
3. 光纤传感技术有哪些类型？各有什么特点和优势？
4. 什么是高功率光纤激光器？它有哪些应用领域？
5. 调研华为全光感知解决方案，其内容是什么？它有哪些特点和优势？

参考文献

[1] 吕向东，等. 光通信技术研究现状及发展趋势[J]. 电信科学，2019，35(2)：70-78.

[2] GLICK Y，et al. High power，high efficiency diode pumped Raman fiber laser[J]. Laser Physics Letters，2016，13(6)：065101.

[3] 高铭洁. 光纤通信用半导体激光器[J]. 电子世界，2018(23)：194-195.

[4] MILLER，STEWART，ed. Optical fiber telecommunications[M]. Elsevier，2012.

[5] GLICK Y，SHAMIR Y，WOLF A A，et al. Highly efficient all-fiber continuous-wave Raman graded-index fiber laser pumped by a fiber laser[J]. Optics letters，2018，43(5)：1027-1030.

[6] LEE B H，et al. Interferometric fiber optic sensors[J]. Sensors，2012，12(3)：2467-2486.

[7] HYUN-MIN K，et al. Simultaneous measurement of strain and temperature with high sensing accuracy[C]//2009 14th OptoElectronics and Communications Conference，2009.

[8] PASSARO V M N，CUCCOVILLO A，VAIANI L，et al. Gyroscope technology and applications：A review in the industrial perspective[J]. Sensors，2017，17(10)：2284.

[9] UDD E，SCHEEL I U. Personal reflections on fiber optic gyros mid-1970s to the present[C]//Conference on Fiber Optic Sensors and Applications XVI. 2019. Baltimore，MD.

[10] HONGYU Y，SHENG J，YANG H. A fiber optic gyroscope with low relative intensity noise[J]. Proceedings of SPIE，2022. 12169：121696W.

[11] LU P，et al. Distributed optical fiber sensing：Review and perspective[J]. Applied Physics Reviews，2019，6(4)：041302.

[12] LI J，et al. Pattern recognition for distributed optical fiber vibration sensing：a review[J]. Ieee Sensors Journal，2021，21(10)：11983-11998.

[13] SCHENATO L. A review of distributed fibre optic sensors for geo-hydrological applications [J]. Applied Sciences-Basel，2017，7(9)：896.

[14] LEAL JUNIOR A，THEODOSIOU A，DIAZ C，et al. Fiber bragg gratings in CYTOP fibers embedded in a 3D-printed flexible support for assessment of human-robot interaction forces [J]. Materials，2018，11(11)：2305.

[15] BEISENOVA A，ISSATAYEVA A，IORDACHITA I，et al. Distributed fiber optics 3D shape sensing by means of high scattering NP-doped fibers simultaneous spatial multiplexing [J]. Opt Express，2019，27(16)：22074-22087.

[16] PARENT F，GERARD M，MONET F，et al. Intra-arterial image guidance with optical frequency domain reflectometry shape sensing [J]. Ieee Transactions on Medical Imaging，2019，38(2)：482-492.

[17] BEAUDETTE K，et al. Double-clad fiber-based multifunctional biosensors and multimodal

bioimaging systems: technology and applications[J]. Biosensors-Basel,2022,12(2): 90.

[18] SHIN J,et al. A minimally invasive lens-free computational microendoscope[J]. Science Advances, 2019,5(12): eaaw5595.

[19] DUMAS J,et al. A compressed sensing approach for resolution improvement in fiber-bundle based endomicroscopy[J]. SPIE BiOS,2018: 10470.

[20] RAHMANI B,et al. Learning to image and compute with multimode optical fibers [J]. Nanophotonics,2022,11(6): 1071-1082.

[21] BORHANI N,et al. Learning to see through multimode fibers[J]. Optica,2018,5(8): 960-966.

[22] LIU Z,et al. All-fiber high-speed image detection enabled by deep learning[J]. Nature Communications, 2022,13(1): 1433.

[23] LI J,et al. Miniaturized single-fiber-based needle probe for combined imaging and sensing in deep tissue[J]. Optics Letters,2018,43(8): 1682-1685.

[24] CAPON P K,et al. A silk-based functionalization architecture for single fiber imaging and sensing [J]. Advanced Functional Materials,2022,32(3): 202010713.

[25] PISSADAKIS S. Lab-in-a-fiber sensors: s review[J]. Microelectronic Engineering,2019,217: 111105.

[26] PANG F,et al. Review on fiber-optic vortices and their sensing applications[J]. Journal of Lightwave Technology,2021,39(12): 3740-3750.

[27] XIONG Y,XU F. Multifunctional integration on optical fiber tips: challenges and opportunities[J]. Journal of Advanced Photonics,2020,2(6): 064001.

[28] CONSALES M,et al. Metasurface-enhanced lab-on-fiber biosensors[J]. Laser & Photonics Reviews, 2020,14(12): 202000180.

[29] 星之球激光. IPG光纤激光器如何实现低成本切割[EB/OL]. (2015-11-11)[2023-05-06]. http://www.laserfair.com/peitao/201511/11/62930.html.

[30] 宝宇激光. 一文看懂工业清洗的"颠覆者": 激光清洗[EB/OL]. (2021-12-27)[2023-03-08]. https://baijiahao.baidu.com/s?id=1720261055549990949.

[31] 单丽馨. QYResearch预测:2025年全球高功率红外光纤雷射行业市场总收入达到25.8亿美元[EB/OL]. (2019-03-18)[2023-04-05]. https://zhuanlan.zhihu.com/p/59572621.

[32] 虞钢,何秀丽,李少霞. 激光先进制造技术及其应用[M]. 北京: 国防工业出版社,2016.

[33] 刘泽金,周朴,许晓军. 高平均功率光纤激光相干合成[M]. 北京: 国防工业出版社,2016.